Helmut Tributsch

Zeitpfeil

als Spur der Energie

Logischer Schlüssel
zu einem geistreichen Universum

Umschlaggestaltung, Satz: Barbara Baumgartner-Tributsch

Druck und Vertrieb im Auftrag der Autorin/des Autors: Buchschmiede von Dataform Media GmbH, Wien

www.buchschmiede.com

ISBN:
978-3-99084-476-2 (Paperback)
978-3-99084-477-9 (Hardcover)
978-3-99084-478-6 (e-Book)

Printed in Austria

Die Zeit des Zeitpfeils ist der durch Energie
ausgelöste Fluss von Wirkung.

Die Natur ist die Selbstverwirklichung
der Energie über die Zeit.

Die Zeit des Zeitpfeils ist der Verlust
von Information über die Vergangenheit.

Gewidmet all jenen, die nicht aufgehört haben darauf zu vertrauen, dass die Natur logisch zu verstehen ist.

Danke an meine Frau Barbara, die den Text mit mir durchging und unermüdlich auf Verständlichkeit hinterfragte.

INHALT

Vorwort

Durch meine Erfahrung mit der Natur bin ich zur Überzeugung gelangt, dass die Naturwissenschaft – bei all ihrer Bedeutung und ihren Erfolgen für das moderne Leben und bei all der Faszination, die sie ausstrahlt – auf einen problematischen Kurs geraten ist. Meiner Ansicht nach ist dies ein Abweg, der gravierende Konsequenzen für das Weltbild, die Gesellschaft und die Bildung mit sich bringt.

Die Naturwissenschaft begann vor einem Jahrhundert im Rahmen der Quantentheorie und der Relativitätstheorie, irrationale, der menschlichen Erfahrung entgegenlaufende wissenschaftliche Vorstellungen und Schlussfolgerungen zuzulassen und diese auf viele Naturphänomene anzuwenden. Damit wurde für das „Nichtverstehen" ein Umfeld der Toleranz kaum verständlicher Dogmen geschaffen. Dieses „Nichtverstehen" durchdringt jetzt die Naturwissenschaft als ein Gespinst von etablierten Theorien, die der menschlichen Logik widersprechen. Das Übergehen der menschlichen Vernunft könnte die moderne Gesellschaft davon abhalten, anstehende Probleme logisch zu erkennen sowie auch die faszinierenden Energietechnologien der Biologie erfolgreich nachzuvollziehen. Es könnte auch davon ablenken, wahrzunehmen, dass eine überzeugende Vorstellung von der Natur auch eine Erklärung für Intelligenz und Bewusstsein sowie deren Evolution miteinschließen muss. Nur mit einer, auf rein rationalen Grundsätzen aufbauenden Strategie des Erkennens wird die Realität des Universums zu verstehen sein. Auf dem Weg dahin wird man begreifen, warum die Evolution dem Menschen einen tief verwurzelten Instinkt für Rationalität sowie das Vertrauen auf Kausalität, Ursächlichkeit, mitgegeben hat.

Alles in der realen Umgebung ändert sich in eine Richtung, folgt einem Zeitpfeil. Nur die aktuelle Naturwissenschaft beschreibt und erklärt die Bausteine der Natur als zeitneutral und gestaltet ihre grundlegenden Gesetze so, dass sie zeitumkehrbar sind. Vorstellungen von Nichtkausalität, von Wirkungen ohne Ursachen, von Nichtlokalität, Gegenständen, die sich gleichzeitig an zwei Orten befinden, und von einem leeren Raum, der Bewegungen und Zeit manipuliert, sind bereits etabliert. Weitere betreffen das Big Bang Szenario über den Ursprung des Universums, rätselhafte Energie, die aus dem Nichts hervorspringt, eine gewaltige Aufblähung des leeren Raumes oder die rätselhaften Zeitreisen. Dunkle Materie, dunkle Energie und ein immer schneller expandierendes Universum mit Galaxien, deren Fluchtbewegung sich der Lichtgeschwindigkeit nähert, verwirren gegenwärtig naturwissenschaftliche Vorstellungen. Verhält sich die Natur wirklich so seltsam? Sind wesentliche fundamentale Mechanismen der Natur tatsächlich unlogisch? Oder ist es, wie ich vermute, die Wissenschaft, die auf irrationalen Erklärungen aufbaut, weil sie – auf eine zeitneutrale Welt bestehend – keine anderen Antworten kennt? Wenn das der Fall ist, befindet sich die Naturwissenschaft auf einem falschen Pfad und zeichnet ein Universum, wie es in Wirklichkeit nicht existiert.

Als Junge, der in einem Bergdorf in Friaul, Nordostitalien, aufwuchs, lernte ich früh, dass es wenig Zukunft darin gab, dieses harsche, felsige Land zu kultivieren. Die Alternative war, den Ort zu verlassen und einen modernen Beruf zu erlernen. Da mich die Natur faszinierte, hatte ich den Wunsch, sie zu verstehen. So wurde ich Naturwissenschaftler. Die Wissenschaft gab mir auf viele Fragen zufriedenstellende Antworten. Sie erzeugte aber gleichzeitig eine tiefe Verwirrung, da sie für relevante fundamentale Mechanismen auch auf irrationalen Erklärungen bestand. Verhält sich die Natur in so grundlegenden Phänomenen wie der Kausalität irrational? Sind Raum und Zeit tatsächlich verwoben und werden durch Materie manipuliert? Können Energie und Teilchen wirklich aus dem Nichts entstehen? Wenn diese fundamentale Irrationalität tatsächlich Teil der Natur wäre, warum erleben wir dann nicht, dass bei irgendwelchen der fantastischen technologischen Entwicklungen der lebenden Natur Unlogik auftritt? Dort ist alles, was entdeckt und untersucht wurde, letztlich logisch verständlich. Es gibt keinen Platz für irrationale Mechanismen. Wurden diese von der physikalischen Wissenschaft durch Unverständnis etabliert?

Nimmt man an, dass Irrationalitäten durch einen Mangel an Information in wissenschaftlichen Theorien entstehen, dann muss man sich mit der angewandten Vorstellung von Energie auseinandersetzen. Denn: Information erfordert Energie. Wenn Information fehlt, dann fehlt Energie oder es wird nicht angemessen mit ihr umgegangen. Es kann gefolgert werden, dass wesentliche theoretische Modelle, die energierelevante Fragestellungen betreffen, unvollständig oder falsch konzipiert sind. Auch eine passive Energie und Zeitneutralität scheinen in eine Sackgasse zu führen. Energieumwandlung erzeugt nämlich Bewegung und Veränderung. Die Suche nach Ungereimtheiten in der etablierten Energievorstellung wurde folglich zum Schlüssel meiner intellektuellen Herausforderung und zur Grundlage der hier entwickelten Arbeitsstrategie.

Darum beginne ich in diesem Buch mit einem kurzen Ausflug in die Geschichte des wissenschaftlichen Denkens über Energie. Ich entdeckte darin einen Widerspruch und so schlage ich eine Änderung der Vorstellung, wie Energie sich verhält, vor. Energie sollte nicht, wie derzeit definiert, nur die Fähigkeit besitzen, Arbeit auszuführen. Sie müsste vielmehr auch die Tendenz oder das Interesse haben, dies zu tun. Es scheint nur eine kleine Umgestaltung zu sein, ist aber in Wirklichkeit eine radikale Änderung in den fundamentalen Modellen des Denkens und bedeutet einen Paradigmenwechsel. Wir haben es dann nicht mehr, wie bisher wissenschaftlich formuliert, mit einer zeitneutralen Welt im Zustand des Gleichgewichtes zu tun, in der alle fundamentalen Prozesse in der Zeit umkehrbar sind. Stattdessen wird die Welt fundamental irreversibel, sie folgt einem energiegetriebenen Zeitpfeil. Alles ist zeitlich gerichtet. Energieumwandlung erzeugt Wirkung und „bewirkt" damit den Fortgang der Zeit. Die Zeit ist ein Fluss von Wirkung. Er ist es, der das „Vorher" und das „Nachher" in der Natur bestimmt und letztlich die Selbstorganisation von Energie und Materie, die Schöpfungskraft unseres Universums, durch Prozesse der Rückkopplung überhaupt erst ermöglicht. Die Zeit ist damit nicht lediglich eine Entwicklung in Richtung größerer Wahrscheinlichkeit, größerer Unordnung, wie heute in der Physik angenommen, sondern der wirksame Zeitpfeil wäre die Spur, welche die Energie, genauer der Umsatz von Energie, in der Umwelt hinterließ, hinterlässt oder ziehen wird. Ein solcher Zeitpfeil funktioniert nicht mit einer „uninteressierten" Energie, sondern setzt dynamische Energieeigenschaften voraus. Ich werde zeigen, dass das sehr fundamentale Prinzip der kleinsten Wirkung, das die Grundlage vieler Naturgesetze bildet, zu genau derselben Schlussfolgerung einer gerichteten Welt und einem Zeitpfeil als Spur der Energie führt, wenn man es mathematisch neu bewertet und dynamisch versteht.

Sondiert man mit dieser Idee konsequent verschiedene Gebiete der Naturwissenschaft, stellt man fest, dass von den bisher bestehenden Irrationalitäten und Paradoxien eine nach der anderen wegfällt oder eliminiert werden kann. Ein Schlüsselelement ist hier auch die nötige Neuinterpretation des Teilchen-Welle-Dualismus in der Quantenphysik. Die dynamische Eigenschaft der Energie bewirkt, dass sich Materie von der Teilchenform in die Wellenform umwandelt. Die Qualität der Energie in einem kleinen Teilchen und in einer weit ausgebreiteten Welle ist nicht identisch. Mit dieser Beobachtung decke ich einen fundamentalen Fehler der traditionellen Quantentheorie auf. In der Wellenform ist die Energie verteilt und benötigt Information, um zurück in die konzentrierte Teilchenform verwandelt zu werden. Diese Information über die Energieverteilung in einem modifizierten, dynamischen Quantenzustand nenne ich „Informationsabbild-der-Materie". Sie muss bereitgestellt werden, um eine „dynamische" Teilchen-Welle-Dualität aufrecht zu erhalten, beinhaltet Energie und stellt sich, weil sie alle Teilchen umgibt, als das Phänomen der Gravitation heraus. Diese Information über Materie eliminiert im Folgenden bisher unbegreifliche Irrationalitäten. Sie kann überraschenderweise

auch die Immer-konstante-Lichtgeschwindigkeit als lokales Phänomen des Lichtes erklären. Die Notwendigkeit, eine vierdimensionale Raumzeit-Welt zu postulieren, die auch die Realität manipulieren und die Lichtgeschwindigkeit kontrollieren soll, entfällt. Dieses erstaunliche Ergebnis entfernt weitere Irrationalitäten. Als Konsequenz werden die kosmische Rotverschiebung des Sternenlichtes und die Big Bang Explosion des Universums unter den eben erklärten Rahmenbedingungen untersucht und in einer einfachen Weise verstanden. Sich ausbreitendes Licht erzeugt Entropie, büßt also nutzbare Energie ein, was die hier vorgeschlagene dynamische Quantenphysik erlaubt, nicht aber die historisch gewachsene, zeitneutrale Theorie. Es wird damit möglich, ein alternatives Modell für die Entstehung und die Funktion des Universums, ein „Abbilduniversum" für die bisher erkannten 500 Milliarden Galaxien vorzuschlagen.
Die Themen, die betrachtet werden, behandeln auch die Evolution sowie die Frage, wie spontane Mutationen langfristig zu hoch entwickeltem, intelligentem Leben führen können. Die Schlussfolgerung aus meinen Studien ist, dass, im Gegensatz zum aktuell vorherrschenden Verständnis, die biologische Evolution ein Ziel hat. Dieses Ziel wird durch die hier erkannte Tendenz von selbstorganisierten Systemen, ihren Energie- beziehungsweise Entropieumsatz zu maximieren, bestimmt. Genetische Mechanismen überlagerten sich in der Anfangsphase der Evolution und hatten mit dieser gerichteten Eigenschaft des Lebens zurechtzukommen.
Die erstaunliche Dynamik in der Natur kann somit durch rationale Denkmodelle erklärt werden. Dieses Ergebnis untermauert das vorgeschlagene dynamische Verständnis von Energie und Natur und eröffnet den Weg in Richtung einer neuen Front: Menschlicher Geist und Bewusstsein können als geradlinige Konsequenz von dynamischer Energie und Zeitpfeil verstanden werden. Dynamische Energie und der Drang selbstorganisierter Systeme in Richtung maximalen Energieumsatzes ermöglichen die Selbstorganisation von Information und erzeugen auf diese Weise eine Art von „lebender Information" des Bewusstseins und des Geistes. Wir haben es mit einer Hierarchie von Informationsverarbeitung zu tun, die über der des reinen Rechnens, wie wir es vom Computer her kennen, steht. Es wird letztlich sogar belegbar, dass die Entwicklung von Geist als das wahre Ziel der Evolution angesehen werden kann. Ein solch überraschendes Ergebnis verändert nahezu alles, was wir gegenwärtig im Zusammenhang mit der Bedeutung und der Funktion des Universums und der Rolle des Menschen in ihm zu verstehen glauben.

Helmut Tributsch

Kurzfassungen der Kapitel

URSPRUNG UND HERAUSFORDERUNG IRRATIONALER VORSTELLUNGEN

Kapitel 1-6:

Die Irrationalität in wichtigen physikalischen Theorien wird diskutiert und philosophische Betrachtungen werden herangezogen, um mit dieser Irrationalität umzugehen. Erste Problempunkte werden erkannt.

1 Irrationalität in der Physik und in der Gesellschaft

Der Mensch ist, von der Evolution her, mit einem Sinn für Rationalität ausgestattet. Die Naturwissenschaft aber versucht seit hundert Jahren mit der Quantenphysik, der Relativitätstheorie und der Kosmologie zu überzeugen, dass die Natur wesentliche irrationale Elemente enthalten solle (Wirkung ohne Ursache, vierdimensionale Raumzeit, Zeitreisen...).

2 Werkzeuge zum Begreifen der Natur

Was sagen die Philosophen über das Erkennen der Natur? Die Vorstellung von Ernst Cassirer, einem Anhänger der Kant-Schule, von „symbolischen Formen“ (einem logischen Werkzeug, das man zum Begreifen der Realität braucht) eröffnet eine nützliche Vorgehensweise.

3 Erkenntnis mit widersprüchlichen symbolischen Formen?

Da Quantenphysik und klassische Physik als nicht vereinbar gelten, sind es auch nicht die jeweils verwendeten symbolischen Formen zum Erkennen der Natur.

4 Wie soll man mit Irrationalitäten umgehen?

Es wird hier davon ausgegangen, dass für ein rationales Erkennen der Quantenphysik Information fehlt (im Gegensatz zu den Behauptungen der Quantenphysik). Da Information Energie erfordert, muss ein Unterschied in den Energievorstellungen der klassischen Physik und der Quantenphysik bestehen.

5 Zwei Arten von Energieeigenschaften

Tatsächlich findet sich zwischen klassischer Physik und Quantenphysik ein Unterschied in den Gesetzen der Energie. In der Quantenphysik behält auch stark verdünnte Energie ihre Arbeitsfähigkeit, in der klassischen Physik nicht.

6 Energieverdünnung im Raum und Konsequenzen

Dieser Abschnitt erklärt an verschiedenen Beispielen, wie die Energie bei Verdünnung im Raum an Arbeitsfähigkeit verliert.

DYNAMISCHE ENERGIE: PARADIGMENWECHSEL HIN ZUR RATIONALITÄT

Kapitel 7-16:

Sie definieren nötige Veränderungen, um die Zeitorientierung als fundamental und ausgebreitete Energie als nicht äquivalent zu konzentrierter Energie zu beschreiben. Auf dieser Grundlage setzen sie sich mit den Irrationalitäten in der Quantenphysik (Wirkung ohne Ursache, Teilchen nichtlokal, ...) auseinander und erklären, wie diese durch ein erweitertes Modell des Quantenzustandes, der ein Informationsabbild-der-Materie beinhaltet, überwunden werden können.

7 Ein Dynamisches Energiekonzept: Warum?

Wie weit muss man bei einer Änderung der Energievorstellung gehen, um die Natur rational zu verstehen? Es werden vier Argumente präsentiert, die begründen, warum wir Dynamische Energie brauchen – eine Energie, welche die Zeit antreibt.

8 Beobachtungen zur entropischen Zeitorientierung und zur Information

Die derzeit in der Physik vertretene Vorstellung von zeitneutralen Teilchen und einem statistischen Zeitpfeil beruht auf Rechnungen, in denen Information zur Vereinfachung aufgegeben wird. Information beinhaltet aber Energie. Diese wegzuwerfen verändert die Formel so, dass sie aus einem zeitumkehrbaren Mechanismus einen zeitorientierten macht. In Wirklichkeit ist es mathematische Manipulation.

9 Das neue Energie-Theorem

Hier wird im Gegensatz zur herkömmlichen Physik, welche die Energie als Zahl definiert, die kein Interesse hat, Arbeit zu verrichten, eine Dynamische Energie vorgeschlagen: Sie hat Interesse, Arbeit zu leisten und versucht, ihre Anwesenheit pro Zustand, ihre Energiedichte, zu verringern (im Wesentlichen das, was wir in unserer Umgebung beobachten).

10 Die Reduktion der Energie pro Zustand und das Prinzip der kleinsten Wirkung

Es wird gezeigt, dass vom Prinzip der kleinsten Wirkung, auf dem wesentliche Gesetze der Physik beruhen, eine Dynamische Energie abgeleitet werden kann.

Auch wird erklärt, wie die klassische Physik angepasste mathematische Manipulation nutzte, um aus einer Energie, welche nur eine Zahl ist, nützliche Bewegungsgesetze abzuleiten.

11 Thermodynamische Gesetze sind Konsequenzen des Zeitpfeils

Von der neu definierten dynamischen Energie kann der zweite Hauptsatz der Thermodynamik ohne Schwierigkeit hergeleitet werden (was klassisch bisher nicht möglich ist). Außerdem wird ein Entropiegesetz für selbstorganisierte Systeme (wie es das Leben ist) angegeben. Diese entwickeln sich in Richtung maximaler Entropieproduktion.

12 Wie wurde die Quantenphysik irrational?

Sie wurde irrational, weil Teilchen (konzentrierte Energie) und Welle (weit verteilte Energie) in ihrer Dualität gleichgesetzt wurden.

13 Wie können die Quantenparadoxien überwunden werden?

Der Teilchen-Welle-Dualismus muss auf Basis einer Dynamischen Energie unterschiedlich formuliert werden. Da in der Welle die Energie weniger Arbeitsfähigkeit aufweist, muss Information beiseitegestellt werden, um das Teilchen zurück zu erzeugen. Das heißt, man braucht neben der Beschreibung der Materie auch Information über die Materie (ein Informationsabbild von ihr).

14 Was bedeutet die Quantenunbestimmtheit in der Natur ?

Da Dynamische Energie problemlos eine Selbstorganisation zulässt, werden Elementarteilchen als selbstorganisierte Energie beschrieben. Die statistische Erscheinung quantenphysikalischer Phänomene wird über chaotisch deterministische Mechanismen gedeutet. Wirkung ohne Ursache gibt es nicht. Die Quantenunbestimmtheit ist chaotisch deterministisch.

15 Paradoxien können eliminiert werden

Das berühmte Doppelschlitzexperiment wird hier erstmals logisch erklärt. Dies ist möglich, weil die Zeitorientierung jetzt als fundamental erkannt ist.

16 Was kann allgemein über Nichtlokalität gesagt werden ?

Die Nichtlokalität, von der abgeleitet wird, dass ein Teilchen gleichzeitig an zwei Orten sein kann, wird hier völlig anders, nämlich rational, interpretiert. Es ist einfach ein Informationsaustausch, der fälschlicherweise Nichtlokalität vortäuscht. Auch das Tunnel-Phänomen und Schrödingers Katze werden logisch erläutert.

RÜCKKEHR ZU EINER GLAUBHAFTEN KOSMOLOGIE

Kapitel 17-24:

Es wird gezeigt, dass das in diesem Buch eingeführte Informationsabbild-der-Materie die beobachtete Immer-konstante-Lichtgeschwindigkeit erklären kann. Man braucht nicht, wie bisher in der Relativitätstheorie, einen vierdimensionalen Raum anzunehmen, der die konstante Lichtgeschwindigkeit aus sich heraus erzeugt. Dadurch werden die vielen Irrationalitäten der Relativitätstheorie eliminiert. Auch wird die Gravitation damit gedeutet und die Rotverschiebung des Sternenlichtes als Entropiephänomen zur Diskussion gestellt. Da sich das derzeitige Bild des Universums aus der herkömmlichen Quantenphysik und der Relativitätstheorie ergibt, muss es weitgehend in Frage gestellt werden.

17 Die Immer-konstante-Lichtgeschwindigkeit: Was bedeutet sie genau?

Die Paradoxie einer Immer-konstanten-Lichtgeschwindigkeit hat zur Relativitätstheorie geführt, die einen vierdimensionalen Raum definierte, der diese Eigenschaft in mathematischer Weise bewerkstelligt.

18 Die vierdimensionale Raumzeit: eine Illusion

Das für den neuen Teilchen-Welle-Dualismus definierte Informationsabbild-der-Materie kann die Immer-konstante-Lichtgeschwindigkeit erklären und als Gravitation verstanden werden. Man braucht keinen Raum, welcher sich krümmt und die Zeit manipuliert. Die unglaublichen Behauptungen der Relativitätstheorie werden unter die Lupe genommen. Sie erübrigen sich.

19 Zeitreisen: endlose Paradoxien

Die Irrationalitäten, die aus Zeitreisen entstehen, werden diskutiert. Es wird gezeigt, warum es keine Zeitreisen geben kann.

20 Elementarteilchen und fundamentale Kräfte

Elementarteilchen werden als selbstorganisierte Materie und völlig anders als im Standardmodell gedeutet. Die fundamentalen Kräfte unterstützen die Energie darin, ihre Anwesenheit pro Zustand zu verringern.

21 Gravitation: Informationsabbild-der-Materie

Das die Teilchen-Welle-Dualität unterstützende Informationsabbild-der-Materie muss um Materie herum messbar sein und mit ihrer Menge anwachsen. Es wird als

Gravitation erkannt. Gravitation ist demnach Information über das durch Naturgesetze bestimmte Verhalten der Materie.

22 Kosmologische Rotverschiebung: die logischere Deutung

Die Quantenphysik lässt es nicht zu, dass von Sternen ausgesandte Photonen, ohne Zusammenstöße mit Materie oder Wechselwirkung mit Gravitation, Energie verlieren. Lichtstrahlung müsste aber bei Verdünnung Energie in Form von Entropie abgeben und verlieren. Die neue Interpretation des Quantenzustandes ermöglicht dies und relativiert damit das jetzige Modell des explodierenden Universums.

23 Die Irrationalität des Big Bang

Die verschiedenen irrationalen Annahmen im Zusammenhang mit der Big Bang Theorie werden diskutiert und der neuen Deutung des, von Information gesteuerten, Universums gegenübergestellt.

24 Kosmische Objekte von Galaxien bis zu Schwarzen Löchern

Schwarze Löcher und Ihre Assoziationen mit Quasaren werden auf der Basis der dynamischen Energievorstellung neu interpretiert. Da Gravitation als Information über Materie verstanden wird, sind Schwarze Löcher Informationsturbinen für die Zerkleinerung von Materie. Quasare helfen, maximalen Energie- (Entropie-) Umsatz zu erzielen.

ZEIT, EVOLUTION UND GEIST

Kapitel 25-30:

In einer fundamental zeitorientierten Welt kann die dynamische Selbstorganisation galaktischer Systeme und des Lebens unmittelbar erklärt werden. Es wird gezeigt, dass selbstorganisierte Systeme um maximalen Energieumsatz konkurrieren. Deswegen wird immer mehr Energie umgesetzt, wenn die Einschränkungen gelockert werden. Auch Information (die einen Energieinhalt besitzt) kann sich selbstorganisieren. Dies wird als Bewusstsein gedeutet.

25 Eine alternative, kurze Geschichte der Zeit

Die Zeit ist keine Illusion, wie es die Physik heute behauptet, sondern die Spur, welche die Energieumwandlung in uns und unserer Umgebung hinterlässt. Energieumwandlung erzeugt einen Fluss von Wirkung, Energie mal Zeit. Es ist die neue Wirkungszeit. Alternativ bedeutet diese wirkliche Zeit den „Verlust von Information über die Vergangenheit". Die Uhrzeit selbst kann dem Fluss der Wirkung, dem eigentlichen Strom der Veränderungen, durch Rechnung und Eichung in Uhren entnommen werden, wirkt aber nur mehr als Maßstab unabhängig vom Energieumsatz und ist durch Naturkonstanten bestimmt.

26 Der Zeitpfeil und die Selbstorganisation der Materie

Dieser energiegetriebene Zeitpfeil erlaubt problemlos die Selbstorganisation von Materie, weil es ein „Vorher" und ein „Nachher" gibt, eine Voraussetzung für die Rückkopplung und den Aufbau von Ordnung.

27 Evolution: Das Ziel ist hoher Energieumsatz und Geist

Selbstorganisierte Systeme tendieren zu maximalem Energie- und Entropieumsatz. Wenn solche miteinander konkurrieren, verringern sich die Einschränkungen und der Energieumsatz nimmt bei den erfolgreichen Systemen allmählich zu. Hohe Energieumsätze ermöglichen auch die Selbstorganisation von Information.

28 Selbstorganisation von Information: Bewusstsein

Da Information einen Energieinhalt hat, kann sich in einer dynamischen Energiewelt Information auch selbstorganisieren. Dies wird als Bewusstsein interpretiert und seine Evolution, seine Eigenschaften sowie sein Verhalten werden diskutiert.

29 Der genetische Code, selbstorganisiert

Auch chemische Information kann sich demnach selbstorganisieren. Dies erklärt, warum der Vererbungscode in den Genen mit einer recht niedrigen Speicherfähigkeit für Information auskommt und warum sich Information in Lebensprozessen vervielfachen kann.

30 Evolution und Funktion des Universums

Hier wird das neue Bild des Kosmos vorgestellt. Das ausgelaugte Universum wird durch das Abbild-der-Materie, die Gravitation, letztlich wiedererstellt.

DIE MENSCHHEIT AUF DER BAHN DES ZEITPFEILS

Kapitel 31-35:

betreffen eine Analyse der Situation der Menschheit mit ihrem steigenden Energiebedarf und eine Evaluierung der Geld- und Finanzwirtschaft auf der Grundlage dieser neuen Energietheorie. Es wird erklärt, mit welcher neuen Vorstellung von der

Welt und dem Universum die Menschheit konfrontiert wäre. Evolution mit einem Ziel, ein Universum ohne Raumzeit, dazu Information und Geist, die beide Materie kontrollieren, machen einen Unterschied.

31 Die Energieherausforderung für die Menschheit

Nach den entwickelten Überlegungen zielt die Evolution auf mehr und mehr Energieumsatz. Dies ist eine große Herausforderung in Bezug auf die Zerstörung der Umwelt. Der sich parallel entwickelnde Geist sollte diese in Griff bekommen.

32 Geld als Äquivalent für Energie

Das Dynamische Energiemodell erklärt die Gesetzmäßigkeiten der Geldwirtschaft viel besser als heutige Interpretationen.

33 Was ist das Äquivalent für Wertpapierhandel und Finanzwirtschaft?

Das Informationsabbild-der-Energie scheint auch die auf Spekulation (Information) aufgebaute Finanzwirtschaft erstaunlich gut zu umreissen.

34 Ein Weltbild ohne Irrationalitäten

Fasst zusammen, welche Irrationalitäten die neuen „symbolischen Formen" zum Erkennen der Natur eliminieren konnten.

35 Evolution – Geist inbegriffen

Das vorgestellte, Dynamische Energiemodell liefert die erste materialistische Theorie, welche die Evolution des Geistes erklären kann. Es führt zu einem freundlicheren, konstruktiveren Universum.

EINE RATIONAL VERSTÄNDLICHE NATUR

Kapitel 36-39:

diskutieren die wichtigsten Konsequenzen, die sich ergeben, wenn Irrationalitäten aus unserem heutigen Weltbild eliminiert sind. Eine Zusammenfassung der dynamischen Energie-Welt wird erstellt, einschließlich einer Analyse der Auswirkung auf den Disput zwischen Naturwissenschaft und Religion. Die seit zweieinhalb Jahrtausenden immer wieder aufflackernde philosophische Strömung des Panpsychismus steckt den gedanklichen Rahmen ab, in den die Überlegungen zum Zeitpfeil als Spur der Energie führen.

36 Was können wir von einer dynamischen Energiewelt lernen?

Belegt, dass die Annahme einer zeitlich orientierten Welt rund zehn wesentliche Paradoxien und Irrationalitäten aus wissenschaftlichen Theorien eliminiert. Die Welt ist rational erklärbar, aber nur wenn man versteht, dass sie zeitlich orientiert abläuft. Diesen energiegetriebenen Zeitpfeil erkennt man auch unmittelbar in der sich entwickelnden Umwelt.

37 Die Zeit und das Schicksal der Menschheit neu verstanden

Hier wird zusammengefasst, wie der energiegetriebene Zeitpfeil begriffen werden kann und wirkt. Es wird gezeigt, wie die menschliche Zivilisation im Laufe ihrer Entwicklung tatsächlich viele von der Umwelt auferlegte Einschränkungen abgestreift hat und immer mehr Energie umsetzt. Die Menschen sind zwangsläufig der Vernichtung durch eine allmählich degradierende Umwelt ausgesetzt, wenn sie nicht entschlossen und mit Geist dagegen steuern.

38 Anmerkungen zum Disput zwischen Wissenschaft und Religion

Es wird erklärt, was der vorgeschlagene Paradigmenwechsel in der Kontroverse zwischen Naturwissenschaft und Religion bewirkt. Er könnte wesentliche Konflikte überwinden, indem er zeigt, dass das bisherige Weltbild der Naturwissenschaft wenig logisch ist und das hier neu beschriebene nicht in Widerspruch zur Religion steht.

39 Der „Panpsychismus" oder das ewige Rätseln um Geist in der Natur

Diese seit zweieinhalb Jahrtausenden immer wieder aufflackernde philosophische Vorstellung von Geist innerhalb natürlicher Abläufe steckt den Rahmen ab, in dem sich die hier auf rein materialistischer Grundlage erarbeiteten Gedanken wiederfinden und weiterentwickelt werden können.

40 Abschließende Bemerkungen

Diese erzählen von den Schwierigkeiten, eine radikal neue Idee, die eine Paradigmenänderung mit sich bringt, zur Diskussion zu stellen.

URSPRUNG UND HERAUSFORDERUNG IRRATIONALER VORSTELLUNGEN

1 Irrationalität in der Physik und in der Gesellschaft

Ich bin überzeugt, dass die Evolution und die Gesetze der Natur dem Menschen das rationale Denken aufprägten. Für diejenigen, die nicht rational dachten oder handelten, war das Risiko zu versagen und eliminiert zu werden deutlich höher. Eine wichtige Grundlage für Handlungsmuster war immer die Kausalität, denn jede Wirkung hat eine Ursache. Dabei sind offenbar Energiegesetze miteingebunden. Energie muss fließen, um Veränderungen zu bewirken. Kausalität reflektiert einfach das Verhalten von Energie im Hinblick auf Veränderungen. Die Gesetze, welche die Natur steuern, scheinen rationalen Regeln zu folgen. Der Mensch musste sich ihnen anpassen. Er beobachtete die Natur und reagierte dementsprechend. Rationales Denken ist bioanaloges Denken, es folgt den Gesetzmäßigkeiten der Natur. Organismen in der Natur gehorchen rationalen Gesetzen. Warum sollten anorganische, leblose Phänomene wie die Quantenprozesse oder auch der leere Raum eine Ausnahme bilden? Als sich frühe Philosophen daran machten, die Mechanismen der Natur gründlicher zu erforschen, wählten sie den Weg, den das rationale Denken in Richtung eines tieferen Verständnisses anbot. Unter den verschiedenen Möglichkeiten entschieden sie sich für die rationalen und eliminierten die irrationalen. Die in diesem Buch ausgedrückte Meinung stimmt mit den Schlussfolgerungen bedeutender Philosophen überein. In seiner „Kritik der reinen Vernunft" sagte Immanuel Kant (1781), dass „alle Veränderungen nach dem Gesetz der Verknüpfung zwischen Ursache und Wirkung geschehen". Der Wissenschaftsphilosoph Karl Popper (1997) bestätigt, dass „der Glaube an die Kausalität offenbar genetisch und a priori" vorliegt. Er wurde uns durch die Evolution gegeben.

Ein perfektes Beispiel von Rationalität und Logik ist die Mathematik. Physiker sind überzeugt, dass alle Naturphänomene durch sie beschrieben werden können. Ziehen wir eine komplexe mathematische Abhandlung mit vielen rationalen Rechenschritten in Betracht, die zu einem erwarteten Ergebnis führen sollen. Wäre nur ein einziger Schritt irrational oder mathematisch falsch, so würde die gesamte mathematische Bemühung fehlschlagen. Das Ergebnis wäre falsch und niemand würde dies bezweifeln. Wenn die physikalische Realität mit Mathematik beschrieben werden kann, warum soll es dann erlaubt sein, irrationale Mechanismen, welche der

Logik widersprechen, wie die Nichtkausalität, Zeitreisen oder einen leeren Raum, der sich aufbläht, einzuführen? Entweder die mathematische Architektur der Physik oder die Gegenwart irrationaler neben rationalen Mechanismen in der Physik müsste in diesem Fall auf Probleme stoßen. Die Akzeptanz von Irrationalität in der Wissenschaft sollte demnach eine Entwicklung entlang eines falschen Pfades sein. Ich will in diesem Buch zeigen, dass dies tatsächlich der Fall ist.

Über viele Jahrhunderte hinweg suchten Wissenschaftler nach logischen Erklärungen für Prozesse, die in der Natur ablaufen. Die Quantentheorie und die Relativitätstheorie, Anfang des zwanzigsten Jahrhunderts, änderten die Situation aber gründlich. Irrationalität, unterstützt von komplexen mathematischen Modellen, die wenige Interessierte überhaupt zu bewerten in der Lage sind, wurde akzeptabel. Die Relativitätstheorie, die wesentlich von Einstein entwickelt wurde, verblüffte mit einer Zeit und mit Gegenständen, die manipuliert werden konnten. Die Krönung war die Einführung einer vierdimensionalen Raumzeit, die scheinbar sowohl die Bewegung von Objekten als auch den Fluss der Zeit kontrollierte und damit das Universum sehr speziell gestaltete. Die Menschen wurden mit einer theoretisch geschaffenen Welt konfrontiert, die mit ihrer realen Erfahrung nicht vereinbar, also nicht durch die Evolution vorgeprägt war. Die Quantentheorie folgte mit ihren Irrationalitäten. Sie nahm ihren Anfang ganz rational mit Max Plancks erfolgreicher Interpretation der Strahlung von einem erhitzten schwarzen Körper und mit Einsteins Deutung des Elektronenaustritts aus festen Oberflächen. Die Quantentheorie wurde dann durch zahlreiche Wissenschaftler fortgeführt. Unter ihnen befanden sich Persönlichkeiten wie Sommerfeld, Born, Bohr, Schrödinger, de Broglie, Pauli, Heisenberg und Dirac, die im Prinzip alle versuchten, den mathematischen Formalismus an experimentelle Quantenresultate anzupassen. Die Ergebnisse waren erstaunlich. Einstein selbst hatte das Gefühl, dass er diesen nicht folgen konnte. Er wollte zum Beispiel nicht akzeptieren, dass das Kausalitätsprinzip aufgegeben werde sollte: Er schrieb an Max Born: „Der Gedanke, dass ein einem Strahl ausgesetztes Elektron aus freiem Entschluss den Augenblick und die Richtung wählt, in der es fortspringen will, ist mir unerträglich" (Daecke, 1991). Doch die Quantentheoretiker bestanden und bestehen darauf, dass es für Quantenphänomene, wie dem Zerfall eines unstabilen Teilchens oder eines radioaktiven Atoms, keine Ursache gäbe. Nur statistische Aussagen könnten gemacht werden. Es wäre fundamental unmöglich, mehr Informationen über einen solchen Prozess zu erhalten. Aber die Quantentheorie brachte noch mehr irrationale Überraschungen hervor. Ein Objekt, zum Beispiel ein Elementarteilchen, konnte sich gleichzeitig an zwei verschiedenen Orten aufhalten. Eine Art augenblicklichen Informationstransfers zwischen

entfernten Mitgliedern eines Quantensystems konnte stattfinden. Es verfestigte sich auch die Behauptung, dass ein Teilchen nur dann existent wäre, wenn es gemessen würde.
Ideen aus der Quantenwelt eroberten allmählich die Kosmologie und überraschten mit weiteren Irrationalitäten. Die geschätzte Anzahl der Galaxien in unserem sichtbaren Universum liegt nahe bei 500 Milliarden (Galaxies, 2013). Eine Galaxie beherbergt allein über 100 Milliarden Sterne. Von dieser unvorstellbar riesigen Menge an Materie nimmt man an, dass sie aus einem explodierenden Big Bang Ereignis hervorgegangen sein soll. Es nahm seinen Anfang als Samenkorn, kleiner als ein Atom. Damals soll die Raumzeit ihren Ursprung erfahren haben. Aber das ist nicht alles. Obwohl eine Festlegung der Zeit, der Uhrzeit, unter Big Bang Bedingungen überhaupt keinen Sinn zu machen scheint, unterscheiden Astrophysiker zehn signifikante Big Bang Perioden, bis das Universum eine Sekunde alt wurde. Dieser Zeitplan kennt sogar unglaublich kurze Intervalle von 10^{-43} Sekunden (eins dividiert durch eine Eins mit 43 Nullen). Steven Weinberg, ein amerikanischer Nobelpreisträger, schrieb über den Ursprung des Universums ein Buch mit dem Titel: „Die ersten drei Minuten". Aber welche Zeit war es, wenn, nach Einstein, Zeit von Bewegung abhängt, eine Illusion sein soll und die Uhrzeit stark von der Gravitation beeinflusst wird (Chronology, 2014)? Was noch erstaunlicher ist: Diese unglaubliche Dynamik von Energie wird abgeleitet und interpretiert über die Allgemeine Relativitätstheorie, die von vollkommen zeitumkehrbaren fundamentalen Gesetzen hergeleitet wird und zudem das Energieerhaltungsgesetz ignoriert.
Gegenwärtige Modelle des Universums schließen auch vielfache Universen nicht aus und erlauben der Energie, aus dem Nichts hervorzuspringen. Diese Modelle berechnen das Verhalten des Universums, indem sie riesige Mengen an nicht identifizierter dunkler Materie annehmen. Wissenschaftler diskutieren auch die Existenz einer unsichtbaren Energie gewaltigen Ausmaßes, die das Universum aufpustet und die Galaxien auf Geschwindigkeiten beschleunigt, die sich der Lichtgeschwindigkeit nähern.
Verhält sich die Natur wirklich so bizarr oder könnte es sein, dass unsere Zivilisation zu wenig davon versteht und beobachtete Phänomene schlicht falsch interpretiert? Begab sich die Wissenschaft auf einen ungesicherten Weg, indem sie, auf Grundlage einer zeitneutralen Weltvorstellung, Irrationalitäten tolerierte und in ihre Modelle integrierte? Erfindet sie jetzt immer raffiniertere Irrationalitäten, wie zusätzliche Dimensionen und vielfache Welten, die miteinander wechselwirken, um eine unbegreifliche Wissensstruktur am Zusammenbruch zu hindern? Meiner Meinung nach liegt dieses Abgleiten auf einen Irrweg, wie hier später genauer

diskutiert werden wird, einfach daran, dass die sichtbar einem energiegetriebenen Zeitpfeil unterworfene Welt gegenwärtig allein durch zeitumkehrbare Naturgesetze beschrieben wird. Dazu kommt die Duldung einer erfahrenen passiven Zeit in Richtung zunehmender Unordnung durch die heutige Wissenschaft.

Dies hat übrigens auch gravierende Konsequenzen für den wissenschaftlichen Fortschritt, besonders in Richtung bioanaloger Katalysatoren und Energiesysteme. Ich habe dies kürzlich in einer Publikation am Beispiel der Wasserspaltung in der Photosynthese ausführlicher erläutert (Tributsch, 2018 c). Nach einem halben Jahrhundert intensiver Forschung über die Wasserspaltung ist dieser Prozess in der Natur, zudem auf Grundlage eines Katalysators, der das häufige Metall Mangan enthält, immer noch deutlich wirksamer als in allen bisherigen technischen Versuchen mit viel edleren Katalysatormetallen. Ein anderes bemerkenswertes Beispiel ist die „tensile" Wassertechnologie der Bäume, die ihnen erlaubt, Wasser durch solare Verdunstung hundert Meter hoch zu ziehen oder, wie in Mangroven, Wasser bei Umgebungstemperatur zu entsalzen. Eine solche Technologie wäre für die Menschheit mit ihren zunehmenden Wasserproblemen unglaublich nützlich, aber es gibt kaum Bemühungen oder Fortschritte. Der Grund dafür ist auch, dass die Natur selbstorganisierte Prozesse einsetzt, die erst durch Rückkopplung fern vom Gleichgewicht möglich werden (Tributsch et al., 2005). Das Problem ist nun, dass man mit Vorstellungen, die auf zeitneutralen Grundannahmen beruhen, weder die richtigen Fragen stellt, noch über die angemessenen mathematischen Formeln verfügt, um die Vorgänge zu beschreiben beziehungsweise zu ergründen. Und wenn man es versucht, gerät man leicht mit den Konventionen in Konflikt. Man müsste Mechanismen propagieren, welche nicht etabliert und anerkannt sind. Dies könnte vor allem für die Karrieren junger Forscher gravierende Konsequenzen haben. Deswegen lässt man besser die Hände davon. Dass dies Realität ist, zeigt auch die Erfahrung mit den Ideen zu diesem Buch, die ich trotz eines guten Standbeins in der Energie- und Naturforschung sammelte (Kap. 40, Abschließende Bemerkungen).

Vor vielen Jahren entschied ich, zunächst den Grund für die Abweichung der Naturwissenschaft auf den Pfad der Irrationalität herauszufinden. Daher begann ich, über Irrationalität und Unlogik nachzudenken und auch darüber, was sie für Naturwissenschaft und Gesellschaft bedeuteten.

Ist es möglich, den wahren Ursprung der Irrationalitäten zu ergründen? Ist es erforschbar, ob sie wirklich fundamental, naturgegeben sind, wie es die Naturwissenschaft heute behauptet? Was ist eigentlich Irrationalität? Sie ist definiert als ein Erkennen, Denken, Reden oder Handeln, ohne Rationalität zu berücksichtigen. Irrationalität ist eine Meinung oder Handlung, die durch unangemessenen Ge-

brauch von Verstand oder durch kognitive Mängel geprägt ist (Irrationality, 2014). Von der Wissenschaft erwartet man weder, dass sie so agiert, noch möchten Wissenschaftler in solcher Weise handeln. Über Theorien, die trotz irrationaler Aspekte praktische Ergebnisse liefern, durch komplexe mathematische Modelle, die keine greifbare Realität mehr reflektieren, und aus komplexen historischen und soziologischen Gründen passiert es dennoch, weil scheinbar Alternativen fehlen.
Seit dem Aufstieg von Quanten- und Relativitätstheorie ist nun ein Jahrhundert vergangen, während dem ein großes Ausmaß an Forschung und Entwicklung erfolgte. Die Irrationalitäten, die im Zusammenhang mit natürlichen Phänomenen für unvermeidlich gehalten wurden, blieben nicht nur in Diskussion, sondern konnten ihre Präsenz in Wissenschaft und Gesellschaft definitiv festigen. Mit der modernen Informationstechnologie hat sich die Kenntnis von irrationalen Vorgängen in der Natur in die meisten Haushalte ausgebreitet. Die diskutierten Phänomene haben begonnen, viele Nichtwissenschaftler zu verblüffen und in gewisser Weise zu faszinieren. Die Botschaft, dass es um uns herum etwas Mysteriöses und für unsere Wahrnehmung Unverständliches gibt, erweckt sogar besondere Aufmerksamkeit. Übersinnliche, unbegreifliche Vorstellungen dürften in einer unsicheren Welt eine Art Zufluchtsort sein und mystische Prozesse scheinen die Natur zu beherrschen. Oder dienen sie auch als Ausrede für aus der Kontrolle geratende Entwicklungen und um deren reale Hintergründe auszublenden?
Es ist interessant, dass die Konfrontation zwischen Irrationalität in Wissenschaft und Gesellschaft ein nicht völlig neues Phänomen darstellt. Bereits während der ersten Jahrzehnte des letzten Jahrhunderts war es gegenwärtig. Etablierte Quantenphysiker wie Arnold Sommerfeld und Max Planck beklagten sich über Irrationalität in der Gesellschaft in Form von Wunderglauben, Astrologie und esoterischen Kräften (Meyenn, 1994). Andere, wie der berühmte Mathematiker David Hilbert oder der Philosoph und Diplomat Kurt Riezler, kritisierten sogar einen Verfall der Wissenschaft wegen geübter Irrationalität. Es scheint, dass schon damals ein Abgleiten in die Unlogik manche Beobachter störte und sie einen Zusammenhang zwischen Irrationalität in der Wissenschaft und in der Gesellschaft gesehen hatten. Einstein selbst fühlte sich veranlasst zu kommentieren, dass „eine seltsame Ironie in der Tatsache liegt, dass viele Leute glauben, dass die antirationalen Tendenzen dieser Tage einen Rückhalt in der Relativitätstheorie finden“. Tatsächlich führt diese Theorie zu unlösbaren Widersprüchen mit der Logik (siehe Kap. 17, 18 und 19).
Dies unterstreicht ein soziologisches Phänomen: Wenn respektierte Wissenschaftler irrationale Weltmodelle vorschlagen und diskutieren, dann werden sie auch für

aufgeschlossene Menschen, die keine Experten sind, annehmbar, modern und tolerierbar. Wenn in der Wissenschaft, zum Beispiel, die Zeit manipuliert werden kann, Zeitreisen möglich sind und diese in Science-Fiction Filmen mitverfolgt werden können, warum sollte man dann nicht mit solchen Ideen im Alltag spielen?
Es dürfte tatsächlich eine starke Beziehung zwischen der Irrationalität in der Wissenschaft und der in der Gesellschaft geben. Mir fiel dies zum ersten Mal auf, als ich vor längerer Zeit gebeten wurde, das sehr erfolgreiche Buch „Eine kurze Geschichte der Zeit" von Stephen Hawking (1991) für eine deutsche Rundfunkstation zu kommentieren. Das Buch ist weitgehend kompetent geschrieben. Doch schlug Hawking darin auch ein Modell für das Universum vor, in dem sich die Zeit zu einer Schleife schließt. Sein Schluss war, dass es für ein solches Universum keinen Anfang und auch kein Ende gäbe. Es könnte ewig weiter existieren. Sein Modell verletzt das grundlegendste Erfahrungsgesetz der traditionellen Wissenschaft, den zweiten Hauptsatz der Thermodynamik. Dieser beruht auf vollständig verifizierten, empirischen Beobachtungen über Energie und behauptet, dass isolierte, abgeschlossene Systeme immer so wirken, dass sich die Unordnung (Entropie) durch Ansammlung von Energie in Form von kleinen, chaotischen Mengen, die praktisch nicht mehr verwertet werden können, vergrößert. Hawking geht sogar weiter und benutzt sein Modell, um zu behaupten, dass für ein solches Universum kein Gott gebraucht würde. Die Naturwissenschaft hat eigentlich keine Autorität, Schlussfolgerungen über die Existenz Gottes zu verbreiten, zudem sie derzeit nicht einmal in der Lage ist, die Evolution von Bewusstsein und Geist zu erklären, die das Menschsein begleiten. Die Ableitung einer solchen Aussage über ein verletztes, etabliertes Naturgesetz ist zudem irrational und, wenn es durch einen Wissenschaftler erfolgt, von dem man zuverlässiges Wissen voraussetzt, zusätzlich unfair. Wie auch immer, jenes Buch hatte eine immense Wirkung auf die Öffentlichkeit. Die ansonsten sehr kritische deutsche Zeitschrift „Die Zeit" schrieb im „Zeit-Magazin": „Der Physiker Stephen Hawking ist im Begriff, die Formel zu finden, welche die Welt erklärt". Das Buch wurde ein außergewöhnlicher Bestseller und in 40 Sprachen übersetzt.
Mit phantastischen und irrationalen Wissenschaftskreationen kann Geld verdient werden. Man kann dies vor allem bei Science-Fiction-Filmen nachvollziehen, in denen „Zeitreisen", das „Beamen" von Menschen und „Wurmlöcher durch das Universum" Motor filmischer Kreativität geworden sind. Der Marktwert von Irrationalitäten lässt selbst respektierte Wissenschaftsinstitutionen nicht unberührt. Die Europäische Forschungseinrichtung CERN, zum Beispiel, rechtfertigte ihren 7 Milliarden Euro teuren Teilchenbeschleuniger mit Experimenten, welche die Big Bang Bedingungen erforschen sollen. Dies setzt zunächst voraus, dass die Big Bang Ex-

plosion eine Realität war. Weiterhin wird angenommen, dass das winzige Saat-Universum, das die Geburt von geschätzten 500 Milliarden Galaxien in unserem Universum ermöglicht haben soll, mit technischen Bemühungen simuliert und interpretiert werden könnte.
Das Gefühl, dass nahezu alles möglich sei und von obskuren, unverständlichen Gesetzen bestimmt werde, scheint in der Tat signifikanten Einfluss auf Ansichten in der Gesellschaft zu haben. Ein Beispiel ihrer Durchdringung mit irrationalen Ideen aus der Physik kann auch in einem Sketch gesehen werden, den ein österreichischer Kabarettist in Graz zum Besten gab (Gery Seidl, 2014). Seine Aufführung enthielt folgende Szene: „Ich aß eine Wurst, als ein Bekannter, ein Physiker vorbeikam. Der Wissenschaftler sagte, dass vielleicht genau dieselbe Wurst in diesem Augenblick von einer anderen Person im entfernten Salzburg gegessen werde. Und das Beste ist, dass die Kuh, von der die Wurst stammt, noch nicht einmal geschlachtet worden ist. Sie lebt noch immer. Aber dies kümmert sie (die Physiker) ohnehin nicht. Für sie existiert weder Zeit noch Raum". Dieser Sketch ist offensichtlich eine Anspielung auf die Nichtlokalität (dasselbe Objekt an zwei Plätzen), auf Schrödingers Katze (die lebend oder tot sein kann), die Zeit-Vorstellung (Zeit ist eine Illusion) und die augenblickliche Quantenkommunikation (der Raum ist nicht relevant). Über Irrationalitäten, die weit verbreitet werden, bekommen die Menschen nicht nur einen merkwürdigen Eindruck von den Aktivitäten und Errungenschaften der Wissenschaft. Vielmehr werden auch potentielle, rational denkende Studenten irritiert und entmutigt, wenn sie eine Ausbildung in Physik oder Ingenieurberufen in Betracht ziehen.
Seit 2007 existiert ein erfolgreiches österreichisches Wissenschaftskabarett mit dem Namen „Science Busters", welches Wissenschaft humorvoll kommentiert. In einer Fernsehsendung zogen ein theoretischer Physiker, ein Experimentalphysiker und ein Kabarettkünstler ihre Pointen aus Themen wie der Big Bang Theorie, der Inflationstheorie, multiplen Universen und dunkler Materie. Am Beispiel der Stringtheorie wurde die erhebliche Größe der aktiven Forschergemeinschaft mit ihren zahlreichen Studien satirisch betrachtet. Es folgte die Frage, ob die zahlreichen Dimensionen, welche dieses Modell unserer Welt aufprägt, auch eine Entsprechung in der realen Welt fänden? Dies wurde verneint. Immerhin gab es Übereinstimmung darüber, dass viele Wissenschaftler durch diese Forschungsidee zumindest eine Arbeitsmöglichkeit erhalten konnten. Der Humor provozierte wohl eine Wissenschaft, die ihre Ziele zu lebensfremd wählt.
Es gibt ein weiteres Beispiel dafür, wie irrationale Behauptungen der Wissenschaft das Alltagsleben durchdringen: Die „Quantenheilung". Sie ist eine Methode, die

mit einem großen Angebot an Ausbildungen und Seminaren auf die Heilung von Gesundheitsproblemen abzielt, die vom Burn-out-Syndrom bis zum Übergewicht reichen. Quantenvorstellungen wie Schrödingers Katze, Nichtlokalität und verletzte Kausalität werden herangezogen, um ihr Funktionieren zu erklären, allerdings wohl ohne einen rationalen Rückhalt. Quantenparadoxien werden als Verkaufsstrategie benutzt, um einen Zugang zu mysteriösen und heilenden Fähigkeiten vorzugeben.

Ich hörte von begabten Studenten, die das Physikstudium abbrachen. Sie hatten das Gefühl, dass sie mit Vorstellungen, die sie weder verstehen noch jemals verstehen würden, nicht umgehen könnten. Ich erinnere mich auch an die Irritation, der ich mich ausgesetzt sah, als ich erstmals mit der Quantentheorie konfrontiert wurde. Irrationalitäten, die in der Wissenschaft übermittelt werden, geben so manchen Studenten den Eindruck, mit den Ansprüchen der Disziplin nicht zurechtzukommen. Sie wenden sich anderen Berufen zu. Andererseits, könnte es auch sein, dass Irrationalitäten in der Wissenschaft gerade solche Studenten anziehen, die für unlogische Phänomene aufgeschlossen sind? Vielleicht wirken bereits solche Persönlichkeiten? Ist es das, was die Wissenschaft möchte? Braucht sie Forschung über vielfache Welten und mehrfache Dimensionen, die wir experimentell wohl nie erfassen werden? Was sind die Auswirkungen von erfundenen Phänomenen (wie den Zeitreisen, den Wurmlöchern, dem „Beamen" von Menschen und dem Transport durch den Raum mit nahezu Lichtgeschwindigkeit) auf den Geist und auf die Visionen des modernen Menschen? Werden damit nicht Bausteine für eine irrationale Zukunft zusammengefügt, eine Zukunft, in der logisches Denken keine Priorität mehr hat? Oder hat der Mensch ein tief verwurzeltes Bedürfnis nach Irrationalität, das er stillen möchte? Gibt es in der Persönlichkeit des Menschen gar einen Gegenpol zur Rationalität, der zu Abweichungen von der Logik verleitet? Irrationalitäten führen, wenn sie als Tatsachen präsentiert werden, zu Verwirrung. Echte Tatsachen werden dann weniger ernst genommen, als sie es sollten. Gesetze, Konventionen und Verantwortlichkeiten aller Art werden in Frage gestellt. Haben Phänomene der Irrationalität und das Spielen mit unlogischen Handlungen das tägliche Leben erreicht und beeinflusst?

Beispiele aus Bereichen wie der Politik, dem Finanzwesen oder dem Umgang mit Drogen drängen sich auf. Ich will mit ein paar Worten über die Handhabung globaler Umweltprobleme ausdrücken, was ich meine. Warum folgen zahlreiche Umweltkonferenzen aufeinander, ohne dass relevante Entscheidungen getroffen werden? Politiker wissen, dass sich der Zustand unserer Welt allmählich verschlechtert und sie zu wenig Gelegenheit erhält, sich zu erholen. Davon unbeirrt gibt es dennoch die Erwartung, dass alles irgendwie gut ausgehen wird. Ich habe die Geburtswehen eines globalen Umweltbewusstseins selbst miterlebt. 1979, vor 40 Jahren, publizierte ich ein Buch mit dem Titel „Rückkehr zur Sonne", das sich mit der Notwendigkeit auseinandersetzte, eine nachhaltige Energiewirtschaft aufzubauen (Tributsch, 1979). Zahlreiche andere Wissenschaftler warnten ebenfalls vor den drohenden Gefahren für die Umwelt. Die Argumente sind heute immer noch dieselben. Doch rationale Argumente scheinen weniger attraktiv zu sein als irrationale Vorstellungen. Heute wissen wir, dass die falschen, ebenfalls oft von Wissenschaftlern ausgesprochenen Versprechungen einer billigen und sicheren Kernenergie nicht eingetroffen sind. Deren Experten betonten immer wieder, dass sie die Probleme, selbst die von geplanten, mit Plutonium bestückten Brutreaktoren, in den Griff bekommen würden.

Obwohl die Konsequenzen für viele Menschen in von Strahlung heimgesuchten Gebieten inzwischen schwerwiegend sind, wird die Verantwortung der Wissenschaft kaum hinterfragt. Der Umstand, dass einige Wissenschaftler die Treibhaustheorie aus diversen Gründen anzweifeln, dient heute als Rechtfertigung dafür, nichts zum Schutz des Klimas zu unternehmen. Einige Länder haben die bequeme politische Strategie eingeschlagen, auf einen endgültigen Beweis aus der Wissenschaft zu warten. Doch dieser wird nie kommen, weil es immer einige Wissenschaftler geben wird, die konträrer Meinung sind oder es sein wollen.

Man sollte jedoch definitiv vorausschauend handeln und auf der sicheren Seite bleiben, um Vorsorge für die Zukunft zu treffen. Auch wenn es noch immer Ungewissheiten gibt, müsste man weitsichtig vorgehen, da es die beste Strategie für die Bewahrung unseres Globus wäre. Eine solche Strategie beruht auf einer Erfahrung der Menschheit, die von alters her immer wieder bestätigt wurde. Der weise chinesische Philosoph Konfuzius, der um 500 vor Christus lebte, kommentierte sie mit folgendem Ausspruch: „Ob Gott existiert oder nicht, wissen wir nicht. Lasst uns ihm deswegen Opfer darbringen".

Wenn die „wahrheitssuchende" Wissenschaft selbst mit Irrationalitäten lebt, warum sollten diese dann für ein alltägliches Leben nicht annehmbar sein? Werden zukünftige Generationen unsere gegenwärtige Gesellschaft als eine Gesellschaft beurteilen, die durch irrationale Vorstellungen verführt wurde? Ist sie eine Gesellschaft, welche die wirklichen Herausforderungen hinter einem Spiegel selbsterzeugter Irrationalitäten verschleiert? Sollte nicht die Wissenschaft als ein Bollwerk gegen Lügen und Irrationalitäten wirken? Kann sie dies vollbringen, wenn sie selbst unlogisch argumentiert? Dies hat auch Konsequenzen für die Wissenschaftsausbildung an Schulen und Universitäten, wo sich Schüler und Studenten an die vermutlich aus Nachlässigkeit installierten Paradoxien der Wissenschaft gewöhnen müssen.

Auf Grund des Bevölkerungswachstums auf der Erde, wegen der Vereinnahmung von fruchtbaren Böden und produktiven Ozeanen, der Herausforderung von Energie und Umweltverschmutzung, ebenso wegen des aggressiven Fortschrittes in der Technologie, brauchen wir eine Wissenschaft, die weit in die Zukunft blickt. In den meisten ihrer Disziplinen handelt die Naturwissenschaft rational und arbeitet, meiner Meinung nach, sachlich konsequent und angemessen. Ich gebe diesen Kommentar als ein Wissenschaftler, der seine eigene Berufsbranche beurteilt. Dennoch glaube ich auch, dass die Irrationalitäten, die sich in der fundamentalen Wissenschaft ausbreiteten, die Entschlossenheit untergraben, bei wesentlichen Herausforderungen in Richtung wirklicher, rationaler Problemlösungen zu arbeiten. Schließlich basieren darauf auch unsere gegenwärtigen Vorstellungen von einem chaotisch explodierenden Universum und einer Evolution ohne Sinn und Ziel. Mit Sicherheit prägen solche Visionen auch die Einstellung der Menschen zum Leben. Beruht aber diese jetzige Vision auf Wahrheit? Während ich mich auf Wahrheit berufe, fällt mir ein inzwischen verstorbener Philosoph ein, der zuletzt an der Universität Stanford unterrichtete und behauptete, dass es keine Wahrheit gäbe und es für den Fortschritt besser wäre, man würde sich von Wahrheitsvorstellungen lösen (Rorty, 2003). Dies ist eine konträre Meinung zu den meisten Philosophen und Wissenschaftlern, die bestrebt sind, wahre Zusammenhänge aufzuspüren und passt zu den etablierten Irrationalitäten in der modernen Naturwissenschaft.

Sind diese von mir gesehenen Abwege in die Irrationalität eine Schöpfung der Wissenschaft, weil sie die Natur nicht richtig versteht oder ist doch die Natur fundamental irrational strukturiert? Dann hätte die Wissenschaft mit ihren teilweise irrationalen Denkmodellen selbstverständlich keine Alternative und wäre entlastet. Wir müssten mit einem solch unverstandenen Problem fundamentaler Unlogik weiterleben und seine Hintergründe erforschen.

Ich machte mich daran, dies herauszufinden, indem ich nach rationalen Alternativen zu irrationalen Theorien in der fundamentalen Wissenschaft suchte. Es war ein sehr ehrgeiziges, anspruchsvolles Abenteuer. Aber es schien ein sinnvolles Experiment zu sein, eine Bestandsaufnahme in unserer sich schnell bewegenden Welt der Wissenschaft und des Fortschrittes.

Wenn es mir gelingt, die Irrationalität in der Wissenschaft herauszufordern, ist das Ziel des Buches erreicht. Es gäbe die Chance, zu einer rationaleren, verständlicheren Welt zurückzukehren, die ihren Problemen entschlossener in die Augen sehen könnte. Besonders spannend scheint es herauszufinden, wie ein solch logisches

Universum funktionieren könnte. Vielleicht eröffnet eine so geartete Welt auch ganz neue Blickwinkel in die Zukunft der Menschheit? Wenn diese anspruchsvolle Suche nicht gelingen sollte, wäre die Initiative immerhin ein interessantes Zeugnis darüber, wie ein erfahrener Wissenschaftler die natürliche Welt sehr anders interpretiert und versteht als Kollegen, die sich der Schulmeinung angeschlossen haben.

2 Werkzeuge zum Begreifen der Natur

Um zwischen Rationalität und Irrationalität zu unterscheiden, versuchen wir zuerst zu klären, was Wahrnehmen und Verstehen für unser Erkennen bedeutet. Philosophen sind schon seit langer Zeit bemüht, diese Frage zu beantworten. Einen guten Schritt vorwärts erzielte der tiefsinnige Immanuel Kant. Er wurde 1724 in Königsberg, Deutschland, heute Kaliningrad, Russland, geboren. Er führte dort ein extrem diszipliniertes Leben und wurde für sein klares, rationales Denken bekannt. Kant versuchte herauszufinden, was es bedeutet, unsere Welt zu verstehen. Er unterscheidet zwischen einer sogenannten „noumenalen" Welt (vom griechischen Wort „noumenon"), einer Welt mit Dingen, wie sie wirklich sind und wie wir sie nicht direkt verstehen können, und einer veränderten „phänomenalen" Welt, die unser Verstand erzeugt, wenn er sie wahrnimmt. Diese Sicht der Welt in unserer Vorstellung kann ziemlich anders aussehen als die reale Welt. Kant sieht die erkannten Objekte als Folge der Zusammenführung einer Vielfalt wahrgenommener Information. Im Grunde bringt der Geist sogenannte Kategorien (mit der Bedeutung von „Konzept" oder „Diagramm") in Verbindung mit Intuition (Kant, neu publiziert 1958). Diese Kategorien nennt er „Schema". Auf diese Weise funktioniert dann unser Verstehen von Phänomenen in unserer Welt (Fig. 1).
Die philosophische Schule, die Kant begründete, hatte viele Nachfolger. Ein sehr prominenter Vertreter war Ernst Cassirer. 1874 in Breslau geboren, damals Deutschland, heute Wroclaw, Polen, wurde er ein sehr produktiver, gut informierter Philosoph und breit interessierter Philosophieprofessor.
Wegen seiner jüdischen Abstammung hatte Cassirer ein sehr turbulentes Leben, das ihn zwang, nach Schweden und dann in die USA zu emigrieren. Er publizierte über viele Themen, die für die Philosophie interessant sind. Unter seinen zahlreichen Artikeln und Büchern findet man „Kants Leben und Werk" genauso wie „Einsteins Relativitätstheorie" oder „Determinismus und Indeterminismus in der modernen Physik". Für mich ist er der Philosoph, welcher der Antwort auf die Frage

„Was bedeutet Verstehen?" am nächsten kommt. Für Ernst Cassirer (1923, 1924, 1929, 1997) wird die menschliche Welt der Realität durch „symbolische Formen" des Denkens „geschaffen". Seine „symbolischen Formen" sind im Wesentlichen eine Neugestaltung und Weiterentwicklung von Immanuel Kants „Schema". Cassirer definiert diese symbolischen Formen unabhängig für Mythen, Religion, Wissenschaft, Kunst und Sprache. Jede Disziplin betrachtet die Welt aus ihrem jeweiligen Blickwinkel. Die „symbolische Form" ist das Medium, durch welches das Denken und Wahrnehmen erfolgt.

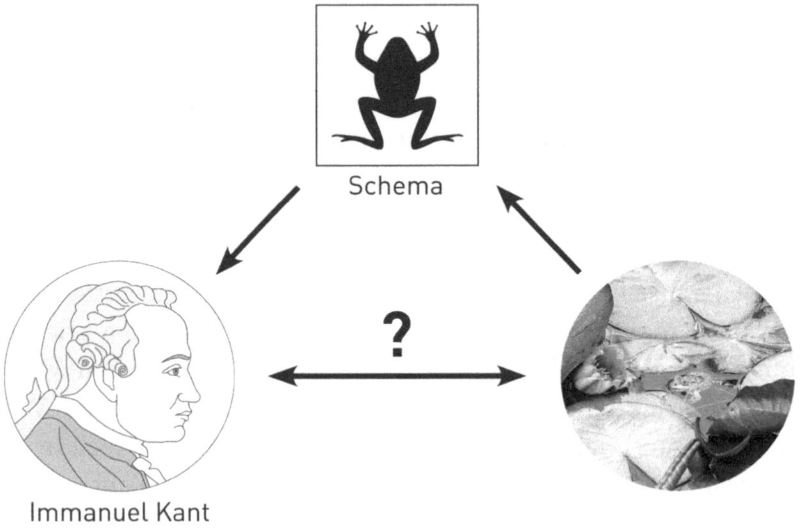

Fig. 1. Immanuel Kant wurde wegen seiner logischen Herangehensweise an wichtige Fragen der Philosophie bekannt. Er stellte sich ein „Schema", eine Synthese von Information und Intuition, als Hilfe vor, um so die Welt zu erkennen, wie sie ist. Der Wissenschaftsphilosoph Karl Popper (1979) versteht dieses Schema als „intellektuelle Stütze" oder als „logisches Werkzeug".

Die Symbole können untereinander vielfache Verknüpfungen aufweisen. Sie sind genau genommen ein Werkzeug, das hilft, eine Synthese mit der zu begreifenden Welt zu erreichen. Jedes Symbol ist dabei ein Faktor innerhalb eines Systems von Symbolen, die für die verschiedenen Disziplinen charakteristisch sind. Die symbolischen Formen für Kunst, zum Beispiel, können uns nach Cassirer nicht helfen, Wissenschaft oder Religion zu verstehen. Für die Naturwissenschaft umfassen, neben Aussagen in Form von Zahlen und des Kausalitätsgesetzes, symbolische Formen die fundamentalsten Gesetze und Prinzipien der Natur, wie sie durch ihre Entdeckung, Erforschung und Vermittlung eingeführt und verbreitet wurden (Cassirer, 1964; Schmitz-Regal, 2002). Wenn man diese Gesetze und Prinzipien, welche die relevanten symbolischen Formen darstellen, im Kopf hat und über ein wissenschaftliches Problem nachdenkt, wird man dieses rational verstehen. Die hilfreichen symbolischen Formen sind Elemente des Wissens und der Logik der Wissenschaft. Sie sind dafür gedacht, überzeugende Zusammenhänge zwischen spezifischen Ursachen und ihren Wirkungen herauszufinden. Sie zielen darauf ab, universelle Regeln für neue Erkenntnisse zu erstellen.

Gibt es ein einfaches Beispiel für eine symbolische Form, die für das Verstehen von Naturwissenschaft hilfreich ist? Eine natürliche symbolische Form, die Zugang zum Verstehen der lebenden Natur verschafft, ist die DNA. Sie ist der molekulare, genetische Schlüssel für Information und biologische Vererbung sowie für dessen Mechanismus der Umsetzung (Fig. 2). Dadurch, dass man weiß, wie er funktioniert, wie Information von Generation zu Generation übertragen wird und wie diese Information Individuen formt, können wir wesentliche Funktionen der lebenden Natur verstehen. Würden wir die Funktion der DNA nicht verstehen, könnten wir das Leben nicht ausreichend gut begreifen. Es fehlte uns eine symbolische Form.

Später, wenn wir über die ziemlich begrenzte Speicherkapazität des Genoms (des Erbguts) für Information sprechen (Kapitel 29), wird klar werden, dass eine zusätzliche „symbolische Form“, nämlich eine Selbstorganisation von Information, berücksichtigt werden muss, damit die Funktion der DNA rational besser verstanden werden kann.

Fig. 2. Eine wichtige natürliche „symbolische Form“ für das Verständnis molekularbiologischer Mechanismen und der Evolution ist der genetische Code, die DNA. Die Veranschaulichung ihrer Struktur und ihrer rein chemischen Funktion dürfte für ein volles Verständnis jedoch noch nicht ausreichend sein.

Ernst Cassirer machte einen klaren Unterschied zwischen symbolischen Formen für die moderne Wissenschaft und für primitive menschliche Gesellschaften. Die symbolischen Formen der letzteren verstand er so, dass sie von Mythen kontrolliert würden. Sie würden beherrscht von fehlender Differenzierung zwischen Individuen und deren Umgebung, zwischen Teilen eines Objektes und dem gesamten Objekt und durch unterschiedliche Vorstellungen über Ursache und Wirkung. Jedoch unterschätzte Cassirer die logischen Fähigkeiten primitiver Gesellschaften. Er hatte keine Erfahrung mit ihrer wirklichen Lebensweise. Der Anthropologe Malinowski korrigierte ihn in dieser Ansicht (Malinowski, 1948). Er wies nach, dass primitive Gesellschaften nur teilweise einer mythischen Mentalität ausgesetzt sind. Was ihr wirkliches Überleben betrifft, ihre Art mit Naturphänomenen umzugehen, ihre Strategie beim Jagen und bei landwirtschaftlichen Aktivitäten, so verhalten sie sich auf sehr logische und systematische Weise. Sie folgen symbolischen Formen, die ähnlich rational sind, wie man sie von der Wissenschaft erwartet, aber natürlich auf dem besonderen Niveau ihrer erworbenen Erfahrungen.

Das persönlich Erlebte ist für die Wahrnehmung ebenfalls sehr wichtig. Es ist bekannt, dass die Erziehung, die Erfahrung und der erlernte Beruf für das Verstehen und Handhaben von Information wesentlich sind. Abhängig von der Vorgeschichte des Menschen können das Erfassen und die Interpretation erkannter Gegenstände sehr unterschiedlich sein (Fig. 3). Aber all diese Menschen werden versuchen, ein logisches Verstehen der Umwelt zu erzielen. Wenn wir zum Beispiel durch die Straßen einer Stadt gehen, wählt unser Unterbewusstsein bereits bevorzugte Objekte aus. Eine Mutter erinnert sich beispielsweise später vornehmlich an die Plätze, wo ihre Kinder spielen konnten, ein Kind an einen Kiosk mit Süßigkeiten oder ein Motorradfahrer an ein Geschäft für Motorräder. Werden Objekte von Personen mit unterschiedlicher Ausbildung analysiert, werden sie ebenfalls verschieden gesehen. Persönliche symbolische Formen werden aktiv und helfen, logische Interpretationen zu finden. Der Befund, dass sich primitive Gesellschaften dann, wenn es ums Überleben geht, auf logische symbolische Formen verlassen, unterstützt die anfangs geäußerte Feststellung, dass logisches Vorgehen durch die Evolution vorgegeben ist. Logisches Denken ist eine Strategie, die durch die Gesetze der Natur ausgelöst und veranlasst wird. Später, in Kapitel 27, werden wir erkennen, dass diese Gesetze durch den Zeitpfeil aufgeprägt werden, der durch Energieflüsse die Ursache mit der Wirkung verknüpft. Diese Strategie, den Weg der Natur instinktiv zu verstehen, hat dem Menschen geholfen, hunderttausende von Jahren zu überleben. Sie sollte respektiert und kultiviert werden, weil sie dem Menschen auch dabei helfen könnte, die Zukunft zu bewältigen.

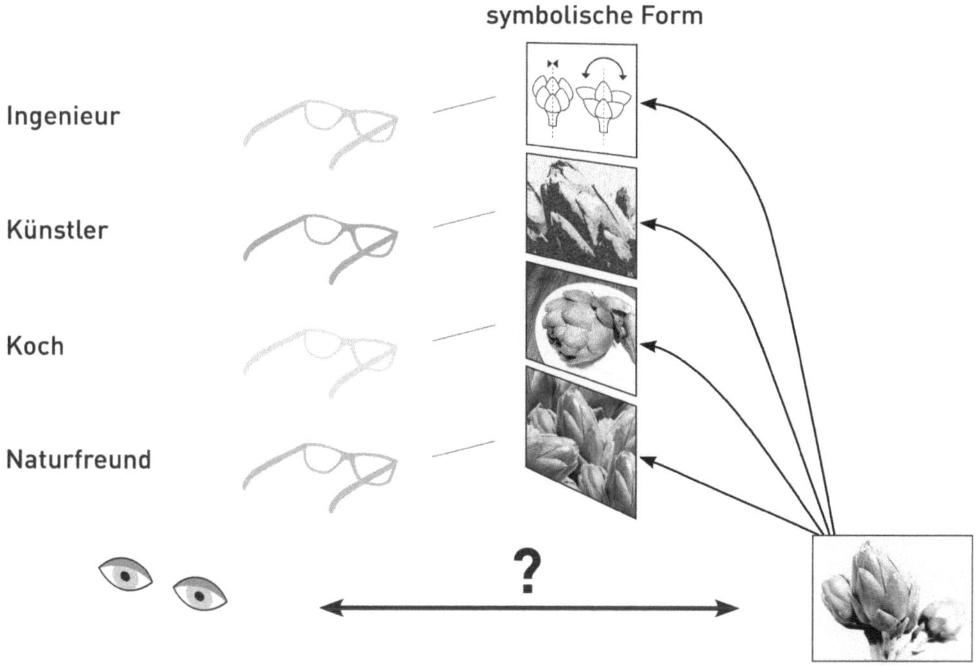

Fig. 3. Ein Objekt, hier eine Artischocke, wird mit den Augen von Menschen verschiedener Berufe unterschiedlich gesehen und verstanden. Sie kann als Ingenieursstück, als Kunstwerk, als Nahrung oder als beeindruckendes Lebewesen erkannt werden.

Die biologische Rolle des logischen Erkennens als Form natürlicher Anpassung ist auch für Karl Popper (1979) offensichtlich. Für die Einsicht in wissenschaftliche Zusammenhänge empfiehlt er: „Um zu erkennen, muss man nach Gesetzen suchen". Gesetze dieser Art werden über die Zuverlässigkeit der angewandten „symbolischen Formen" entscheiden. Es ist auch Ziel dieses Buches, solche Gesetze zu identifizieren. Sie sollen die Logik dort, wo sie fehlt, in die fundamentale Wissenschaft zurückbringen. Wie kann dies gelingen?

Dem Philosophen Cassirer war nicht klar, dass sich primitive Gesellschaften logisch verhalten, wenn sie Handlungen durchführen, die für das Überleben wichtig sind. Er fand immerhin heraus, dass das Auffinden grundlegender Gesetze für zuverlässige symbolische Formen eine bedeutende Herausforderung für die Wissenschaft ist (Fig. 4). Deshalb veränderte sich seine Vorstellung über die Natur solcher Gesetze während seines langen beruflichen Lebens. Seine Ansichten wurden auch durch die dramatische Zunahme von Information über die Quantenphysik und die Relativitätstheorie beeinflusst, die sich während seiner Lebenszeit abspielte.

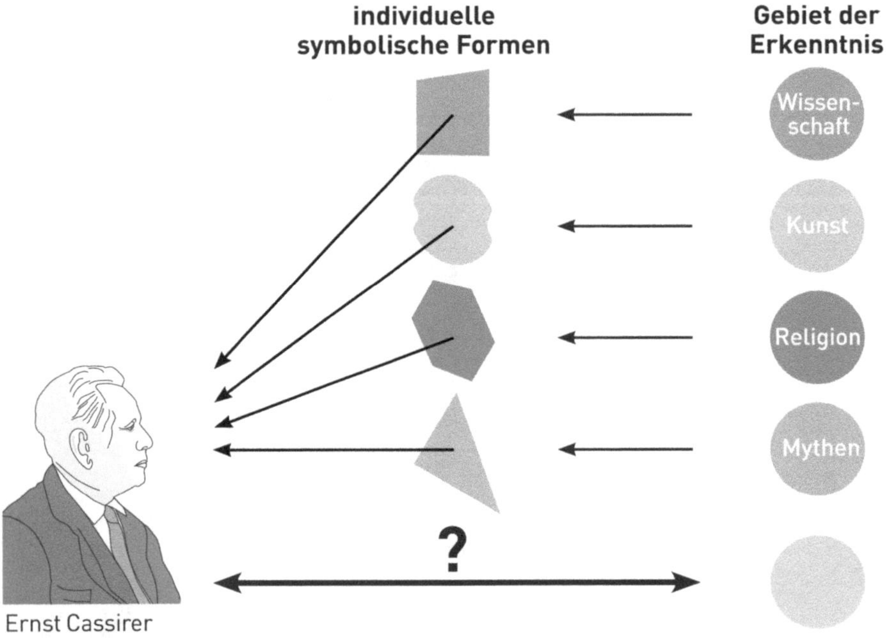

Fig. 4. Ernst Cassirer wurde wesentlich durch Immanuel Kants Ideen inspiriert. Er entwickelte die Vorstellung von „symbolischen Formen" als Werkzeug für das Verstehen. Die Auswahl des entsprechenden, angemessenen symbolischen Werkzeuges vermittelt das Verstehen von Wissenschaft, von Mythen, Kunst und Religion.

Auf der Grundlage solcher Überlegungen über symbolische Formen können wir folgende Schlussfolgerungen ziehen: Wir verstehen die Natur und die wissenschaftlichen Prinzipien, die sie steuern, nur deswegen, weil wir, in unseren Bemühungen zu verstehen, vereinheitlichende Mechanismen erkennen und anwenden. Diese sind zum Beispiel das Prinzip der kleinsten Wirkung und die grundlegenden Gesetze über Energie und Materie sowie ihr Verhalten in Raum und Zeit. Diese und andere Prinzipien und Gesetze, die wir als fundamentales und empirisches Netzwerk verwenden, und der mathematische Formalismus, den die Wissenschaft darum herum geschaffen hat, formen und bestimmen, was wir wissenschaftliches Erkennen nennen. Es ist der Prozess der Wahrnehmung oder des Verstehens der Umwelt über menschliche Sinne und das menschliche Gehirn. Jedoch zeigte die jüngere Forschung auf dem Gebiet der Wissenschaftsphilosophie, dass die Situation, der man beim Erkennen der Natur begegnet, sogar noch komplizierter ist. Im Wesentlichen wurde kritisiert, dass ein Naturforscher, der die Funktion und die symbolische Form der DNA (Fig. 2) sowie die Gesetze und Prinzipien der Physik anwendete, das Leben immer noch nicht umfassend begreifen würde. Er würde das

Bewusstsein nicht verstehen, ebenso wenig wie den menschlichen Geist mit seinem Willen zu handeln (Nagel, 2014) (für eine Kritik der Standardtheorien vergleiche auch Saphiro, 1986). Es wurde argumentiert, dass in diesem Fall die angewandten fundamentalen Prinzipien, die „symbolischen Formen" nicht vollständig oder sogar unrichtig seien, da sie es nicht ermöglichten, die Funktion des menschlichen Geistes zu verstehen. Die Naturgesetze müssten die Entwicklung des Geistes schon erlaubt haben, bevor der Mensch auf der Erde in Erscheinung trat. Ich werde dieses Argument ernst nehmen und später darauf zurückkommen, indem ich zeige, dass der vorgeschlagene energiegetriebene Zeitpfeil die Evolution von Bewusstsein und Geist erklären kann. Vorher möchte ich aber zur Vertiefung des Verständnisses noch bei den irrationalen Theorien in der Wissenschaft verbleiben.

Was bedeutet eigentlich die oben diskutierte Vorstellung von der Wahrnehmung, wenn Wissenschaftler eine Theorie aufstellen, die irrational ist wie „dass es (wie beim Zerfall eines Atoms) keine Ursache für die Wirkung gäbe"? Ist ein Versagen des rationalen Verstehens in der Quantenphysik oder in der Relativitätstheorie etwa eine Art von wissenschaftlichem Verstehen? Bedeutet es „verstehen", wenn etablierte Physiker wie Richard Feynman, Roger Penrose oder Steven Weinberg zum Schluss kommen, dass die Quantentheorie „keinen Sinn ergibt oder dass sie diese nie richtig verstanden hätten, obwohl sie die Experimente richtig beschreibt"? Dies kann man nachvollziehen, da letztlich die Theorie an die Experimente angepasst wurde und nicht am Bedürfnis des Beobachters, die beobachteten Vorgänge rational zu verstehen.

Der Nobelpreisträger John Wheeler bemerkte einst ironisch: „Wenn du durch die Quantenphysik nicht komplett verwirrt bist, verstehst du sie nicht". Offensichtlich wollte er damit einfach ausdrücken, dass die Art, wie die Quantenphysik auf einem praktischen Niveau funktioniert, für den Menschen fundamental unverständlich sei. Wo bleibt dann unser Traum vom Verstehen der Natur, wenn wir mit der Forderung von Anton Zeilinger, einem wohlbekannten österreichischen Wissenschaftler, der über Quantenphänomene arbeitet, konfrontiert werden? Er hält es für notwendig zu akzeptieren, dass eine realistische Beschreibung der Grundlagen der Physik nicht möglich sei (Zeilinger, 1999, 2000). Er kommentierte sogar: „Wir werden wohl dem naiven Realismus Lebewohl sagen müssen, dem zufolge die Welt selbst existiert, ohne dass wir Hand daran legen, und ohne unsere Beobachtung" (Naica-Loebell, 2001). Dies kommt der bekannten Interpretation der Kopenhagener Schule nahe, die im Wesentlichen das gegenwärtige Verständnis oder besser das „Unverständnis" der Quantenphänomene prägte. Ich erörtere dies, weil man die folgende Frage stellen muss: Welchen Sinn haben symbolische Formen für das

Verstehen von Quantenphänomenen, wenn es keine Hoffnung gibt, dass wir sie logisch begreifen können? Dies ist in der Tat eine fundamentale Frage, die durch die Behauptung von Richard Rorty (2003), dass es keine Wahrheit gebe, noch weiter zugespitzt wird.

Nach Zeilinger (2007) besteht ein unvermeidlicher, ideologischer Meilenstein darin, dass ein Naturbetrachter das zu messende System nicht nur störe, sondern es mit dem Beobachten erst herbeischaffe. Weiterhin muss nach ihm der lokale Realismus, das Verstehen, dass die beobachteten Einzelheiten tatsächlich zu den Eigenschaften des beobachteten Systems gehören, aufgegeben werden. Die augenblickliche Wirkung über beliebig große Entfernungen, welche die Quantenphysik postuliert, widerspricht dem lokalen Realismus, der beobachtete Objekte im Wesentlichen als unabhängig voneinander beschreibt. Sehr bemerkenswert ist zudem die schon erwähnte Aussage der Quantenphysiker, dass die Ergebnisse von Quantenereignissen, wie der Zerfall eines radioaktiven Atoms, zufällig seien. Sie geschehen ja angeblich ohne eine verborgene Ursache.

Hier ist eine provokante Frage gerechtfertigt. Wenn erst die Messungen die Realität schaffen und die beobachteten Ergebnisse bewirken, warum gibt dann die Gesellschaft so viel Geld für deren Finanzierung aus, zum Beispiel in der Forschungseinrichtung CERN? Warum sind wir an experimentellen Ergebnissen interessiert, die nicht die objektive Realität unserer Welt reflektieren, sondern zweifelhafte Informationen darstellen, welche die Messungen selbst herstellen und manipulieren? Man ahnt, dass sich dabei die Wissenschaft mit ihren Interpretationen selbst eine Falle stellt.

Zeilinger (2000, 2007), der sich auf Experimente konzentriert, die auf die Teleportation abzielen, erkennt noch ein weiteres Prinzip. Während beim klassischen Denken die Realität und die Information über diese Realität getrennt sind – das heißt, dass sich die Realität nicht um die Information über diese Realität kümmert – sind beim Quantenverstehen beide stark vernetzt: „Wenn Information existiert, beeinflusst sie das Ergebnis der Messungen, gleichgültig, ob man sich der Information bewusst ist oder nicht". Es ist interessant, diese ungewöhnliche Aussage eines erfahrenen experimentellen Quantenphysikers später mit den hier in diesem Buch präsentierten, neuen Ergebnissen über den „dynamischen Quantenzustand" zu vergleichen (Fig. 19 b, c und Kap. 36). Dieser funktioniert tatsächlich über Information. Eine unkonventionelle, bequeme Idee im Zusammenhang mit dem Problem des Nichtverstehens wurde vom Philosophen Richard Healey (2012) vorgeschlagen. Auf Grundlage seiner pragmatischen Meinung „besteht die wirkliche Bedeutung der Quantentheorie für die Wissenschaftsphilosophie darin, wie sie die Ziele der

Physik voranbringt, ohne uns mit neuartigen Mitteln zur Darstellung der Welt zu versorgen". Dies bedeutet offensichtlich, dass wir den praktischen Vorteil der Quantenphysik als Arbeitswerkzeug akzeptieren sollten, ohne Fortschritte in Richtung fundamentaler Einsichten in physikalische Realitäten ableiten zu können. Wollen wir wirklich, dass wissenschaftliche Theorien so funktionieren? Oder ist dies ein Zeichen der Resignation, eine Strategie, die uns erlaubt, mit mathematisch angepassten und damit beschreibbaren, aber unverständlichen Phänomenen zu leben? Healey argumentiert, dass eine physikalische Theorie vollkommen erfolgreich sein könnte, ohne überhaupt eine Darstellung der Realität anzubieten.

Ich sehe das anders: Wenn wir eine solche Meinung annähmen, würde unsere Welt ärmer werden. Damit würde nämlich die Motivation genommen, die Welt vernünftig zu begreifen und die Zukunft konstruktiv mitzugestalten.

In diesem Buch schlage ich einen anderen, einen rationalen Weg hinsichtlich der Bedeutung und Interpretation der Quantenphysik, der Relativitätstheorie und kosmologischer Theorien vor. Wir werden von den philosophischen Ideen ausgehen, die von Ernst Cassirer vertreten wurden, und nach den wahren „symbolischen Formen" für ein logisches Verstehen der Natur suchen.

Im Besonderen will ich auch zeigen, dass die Quantentheorie nur deswegen zu bizarren Paradoxien führt, weil für den Beobachter wichtige Information unterdrückt wurde oder inkorrekt ist. Dabei strukturiere ich die „symbolische Form", die für das Erkennen des wissenschaftlichen Gegenstandes angewandt wird, neu. Bereits an dieser Stelle werden sich die Kollegen von der Quantenphysik gegen einen solchen Vorstoß wehren: In einer gut bekannten Publikation von 1935 versuchten Einstein, Podolsky und Rosen durch Diskussion einer Paradoxie zu demonstrieren, dass die Quantenmechanik unvollständig sei. Ihre Schlussfolgerung war, dass entweder verborgene Variable existierten, die das Quantensystem besser definierten oder dass Informationen über das Quantensystem nicht definiert wären, bis die Messung erfolgte. Dies nährte die Hoffnung, dass eine weiter fortgeschrittene Theorie möglich wäre. Sie sollte die vorhergesagte, von Einstein als Paradoxie kritisierte „gespenstische Wechselwirkung über eine Entfernung" überwinden oder rational erklären können.

John Bell jedoch leitete 1964 ein Theorem ab, das behauptet, dass keine Theorie, die sich auf lokale, verborgene Variable" stützt, jemals die seltsamen, verifizierbaren Vorhersagen der Quantenmechanik generieren könne (Bell, 1964). Das Theorem zielte auf die Unterscheidung zwischen rationalen klassischen Theorien und irrationalen Quantenmodellen. Es wurde ein Grenzwert für Messdaten angegeben, den rationale klassische Theorien einhalten müssen.

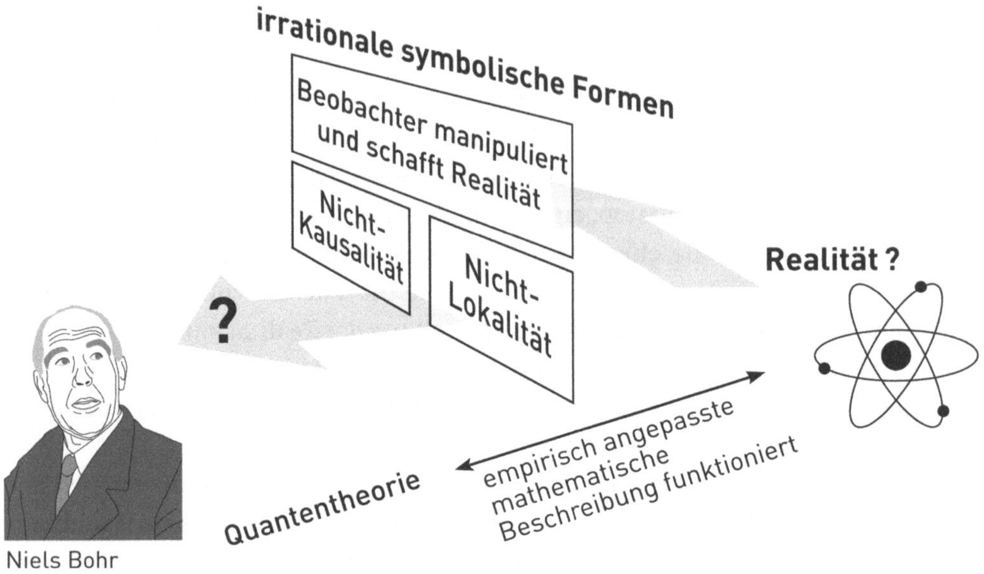

Fig. 5. Phänomene wie die Nichtkausalität, die Nichtlokalität und die vom Beobachter manipulierte Realität machen die Quantenwelt für den Betrachter irrational. Ist dies noch immer eine rationale Wahrnehmung? Hatte Niels Bohr recht, indem er annahm, dass der Beobachter die Natur wesentlich manipuliert und gestaltet?

Eine nichtrationale, nichtlokale Theorie verletzt diesen Grenzwert. In einer solchen nichtlokalen Theorie sind die Messdaten abhängig von der Messung und von Wechselwirkungen über größere Distanzen. Sie zeigen also die Paradoxien, dass der Experimentator die Wirklichkeit generiert und Teilchen über große Entfernungen verknüpft sind. Weitere Forscher fanden, dass die Quantenmessungen diese Grenze, die das Bell-Theorem angibt, tatsächlich verletzten. Dieses Ergebnis würde die Paradoxien für real erklären. Es folgten detaillierte experimentelle Studien, die zu bestätigen scheinen, dass realistische lokale Theorien die Quantenmechanik nie erklären könnten (Clauser et. al, 1978) (Aspect, 1981). Auf der Basis eines solchen Quantenverständnisses gäbe es keine Hoffnung auf eine rationale Interpretation quantenphysikalischer Paradoxien (Fig. 5). Tatsächlich wurden die Schlussfolgerungen von Bell auf zahlreichen wissenschaftlichen Tagungen bestätigt.
Wie ich diese komplizierten Gedankengänge und Messungen verstehe, beweisen sie jedoch nicht, dass die quantenmechanische Theorie vollständig ist. Die Schlussfolgerungen basieren, wie ich noch zeigen werde, auf einem falschen Verständnis von Zeitneutralität bei den Energieeigenschaften. Es ist in diesem Zusammenhang auch wert erwähnt zu werden, dass der Mathematiker Kurt Gödel 1930 in einem

Vortrag in Königsberg (heute Kaliningrad) bewies, dass man „nur von außerhalb eines formalen Systems“ demonstrieren könne, dass es logisch konsistent sei: Ein System kann nicht zum Beweis seiner eigenen Widerspruchsfreiheit verwendet werden. Bell führte die Analyse innerhalb des Systems durch. Ich werde es mit einer neuen Sicht von außerhalb durchführen und zeigen, dass die Quantenphysik logisch sein kann, wenn man ihr einen energiegetriebenen Zeitpfeil zu Grunde legt. Ich werde auch eine logische Erklärung für die Wirkung über eine Entfernung innerhalb des Phänomens der Quantenkorrelation vorschlagen. Sie funktioniert über Information, was völlig logisch verstanden werden kann, und nicht dadurch, dass sich die Teilchen gleichzeitig an verschiedenen Orten aufhalten.

Zuerst möchte ich aber die philosophische Interpretation der Wahrnehmung wissenschaftlicher Sachverhalte zu Ende verfolgen. Ernst Cassirer repräsentierte die Neo-Kant Schule in Marburg und suchte infolgedessen nach einer rationalen und A-priori-Theorie der Wahrnehmung. Dies wäre eine Theorie des Wissens, eine Epistemologie, wie die Philosophen sie nennen, die durch wohl definierte grundlegende Gesetze bestimmt ist. Wegen der Unschärferelation, der Relativitätstheorie wie auch wegen der vernetzten Eigenschaften von Raum und Zeit erfüllte die Physik die klassischen Existenzkriterien für eine Substanz (z.B. ein Teilchen mit einer bestimmten Masse) im Sinne der Philosophie von Immanuel Kant nicht mehr. Als Konsequenz schlug Ernst Cassirer vor, diese Existenzkriterien für eine Substanz durch Kriterien für ihre Funktion zu ersetzen. Diese sollten a priori durch Naturgesetze gegeben sein (Cassirer, 1921, 1937). Cassirer dachte, dass dieser neue Ansatz, die Einbeziehung der Funktion in den Mechanismus der „symbolischen Form“, letztlich zu einem tieferen Verständnis der modernen Physik führen würde. Zum Beispiel überlegte er, dass die allgemeine Kovarianz, die Unveränderlichkeit der Gesetze gegenüber Transformationen in verschiedene Bezugsysteme, ein Prinzip der Objektivität für eine fortschrittliche Wahrnehmung der physikalischen Realität werden könnte. In diesem Fall wäre es nicht mehr die Existenz spezieller Objekte, die sich in Raum und Zeit bewegten und die Realität reflektierten. Vielmehr wäre es die Unveränderlichkeit der Beziehungen während der Transformation zwischen verschiedenen Referenzsystemen (Werkmeister, 1958; Itzkoff, 1997; Ihnig, 1999; Ryckman, 1999; French, 2001). Diese Unveränderlichkeit gegenüber Transformationen zu erzielen, war auch das Ziel von Einsteins Relativitätstheorie. Aber reflektiert seine Theorie mit ihren irrationalen Folgerungen tatsächlich Objektivität?

3 Erkenntnis mit widersprüchlichen symbolischen Formen?

Um sich an den Umgang mit symbolischen Formen zu gewöhnen, wollen wir hier ein einfaches gedankliches Experiment entwickeln (Leser, die mit mathematischen Symbolen nicht vertraut sind, können diese überspringen und das Ergebnis direkt aus Fig. 6 beziehen. Die nummerierten Formeln und Lehrsätze sind übrigens, um leichter auf sie zurückgreifen zu können, am Ende des Buches nochmals zusammengefasst). Nehmen wir an, dass wir zwei verschiedene Vorstellungen von fundamentalen Naturgesetzen haben, eine richtige und eine unrichtige. Wir wollen sie beide als symbolische Formen nutzen, um in einem breiteren Gebiet physikalischer Phänomene wissenschaftliches Verständnis zu erzielen. Ziel ist, die Unvereinbarkeit im Verständnis von klassischer Physik und Quantenphysik zu veranschaulichen. Wir wollen als symbolische Formen fundamentale Energiegesetze wählen (die auch berücksichtigen, dass Energie und Masse auf der Basis von $E = mc^2$ äquivalent sind). Nun soll versucht werden, diese Gesetze ((E_1) und (E_2)), wobei nur der Satz (E_1) richtig ist, als Grundlage für das Erkennen und Verstehen der Natur einzusetzen. Dann wird die Erkenntnis P_1 (z.B. anwendbar auf die klassische Physik), die wir mit dem ersten Satz von Energiegesetzen (E_1) erzielen, eine Funktion, eine Konsequenz dieses Satzes sein (f bedeutet: Funktion von):

$$P_1 = f(E_1) \tag{1}$$

Alternativ wird die Erkenntnis, die wir auf Basis des zweiten Satzes (E_2) von Energiegesetzen in einem benachbarten Gebiet der physikalischen Wissenschaften (z.B. der Quantenphysik) erzielen, gegeben sein durch:

$$P_2 = f(E_2) \tag{2}$$

Wenn der Unterschied zwischen den beiden Energievorstellungen E_1 und E_2 signifikant ist, dann wird auch die Erkenntnis P_1 signifikant unterschiedlich von der Erkenntnis P_2 sein. Wenn die Energievorstellungen E_1 (klassische Physik) und E_2 (Quantenphysik) widersprüchlich sind ($E_1 \neq E_2$), dann sollten auch die Erkenntnisse P_1 und P_2 widersprüchlich oder wenigstens partiell inkompatibel sein. Wenn P_1 (klassische Physik) ein verständliches Wissenschaftskonzept lieferte, würde P_2 (Quantenphysik) es dann natürlich nicht tun.

Trotzdem könnte das Erkennen physikalischer Zusammenhänge teilweise erfolgreich und zufriedenstellend sein, wenn die symbolische Form E_2 wenigstens zum Teil korrekt wäre. Wesentliche mathematische Mechanismen könnten immer noch funktionieren. Aber jemand, der mittels einer inkorrekten oder unvollständigen symbolischen Form Erkenntnis P auf einem Gebiet sucht, in dem beide Wissensgebiete gefordert sind, zum Beispiel in der Kosmologie, wird mit irrationalen Widersprüchen konfrontiert sein.

Da Information einen Energieinhalt hat (siehe später), wird eine unvollständige oder inkorrekte Energievorstellung E_2 einen Mangel an Information für den Beobachter bedeuten, der wissenschaftliche Einsicht sucht. In anderen Worten: Wenn in benachbarten Wissenschaftsgebieten widersprüchliche symbolische Formen E_1 und E_2 angewandt werden, dann kann das wissenschaftliche Verstehen der Natur über P, das über das gemeinsame Erkennen beider Gebiete P_1 und P_2 erzielt wird (zum Beispiel wenn Quantenphysik und klassische Physik in der Kosmologie angewandt werden), nicht in ein allgemeines und einheitliches Erkennen (P), zusammengeführt werden (das Symbol $\neq$ bedeutet ungleich):

$$P \neq P_1 + P_2 = f(E_1, E_2) \tag{3}$$

Das Ergebnis wäre weitgehend widersprüchlich oder unverständlich, da es auf nicht vereinbare Annahmen fundamentaler Gesetze E_1 und E_2 beruhte. Es würden, wegen der unvollständigen oder widersprüchlichen Aussagen über Energie, für den Erkenntnis suchenden Beobachter einfach Informationen fehlen. Wir würden beim Erkennen wissenschaftlicher Phänomene in eine teils irrationale Situation geraten, weil das Erkennen eben nicht auf widersprüchliche „symbolische Formen" aufgebaut werden kann.

An diesem Punkt ist es nützlich, nach einer Art von objektivem Kriterium zu suchen, um zwischen rationalen und irrationalen Erklärungen von Phänomenen in unserer Umwelt zu unterscheiden. Ich denke, es ist das Maß an Information, das den Unterschied definiert. Eine logische Erklärung braucht, verglichen mit einer unlogischen oder irrationalen Erklärung, typischerweise viel weniger Information. Wenn man eine Situation versteht, hört man auf, weiter zu fragen.

Andererseits fesselt eine irrationale Erklärung den Fragenden in einer Situation, in der er fortfährt, Fragen zu stellen. Die Quantenphysik bietet innerhalb ihrer Struktur der „symbolischen Form" offensichtlich verwirrende Information, die nicht zu einer zufriedenstellenden Erklärung führt. Sie zwingt den Beobachter vielmehr, eine Menge zusätzlicher Energie aufzubringen, die beim Kopfzerbrechen über die

Irrationalität als Informationsumsatz verschwendet wird (vergleiche Fig. 6). Wie wir später genauer sehen werden, beinhaltet Information Energie. Energie muss aufgebracht werden, um Information zu schaffen oder umzusetzen. Der Mensch hat sich offenbar so entwickelt, dass er natürliche Phänomene auf Basis eines minimalen Informationsumsatzes (und damit eines minimalen Energieumsatzes) zu verstehen versucht. Dies hat ihm geholfen, besser zu überleben. „Irrationale", mystische Erklärungen wurden z.B. in Form von Religion, Aberglaube oder Mythologie jedoch toleriert und kultiviert, wenn in relevanten Situationen keine rationalen Erklärungen verfügbar waren.

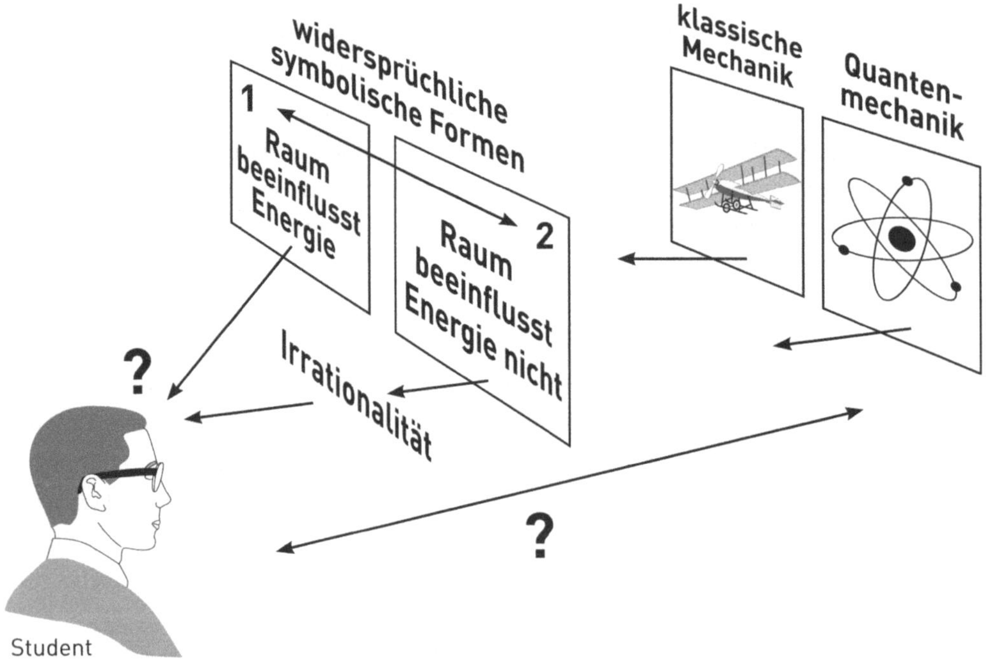

Fig. 6. Wenn man versucht, benachbarte Wissenschaftsgebiete zu verstehen, indem man sich auf nicht identische Energievorstellungen als „symbolische Formen" verlässt, dann wird ein einheitliches, übergeordnetes Verstehen nicht möglich sein.

4 Wie soll man mit Irrationalitäten umgehen?

Ich behaupte, dass die Situation des Nichtverstehens, die durch die Formeln (1) bis (3) und in Fig. 6 beschrieben wird, kein hypothetisches Modell ist. Es ist die aktuelle

Situation in der modernen Naturwissenschaft, sofern sie die Quantenphysik und die Relativitätstheorie im Verhältnis zur klassischen Physik und ihre Anwendung in der Kosmologie betrifft.

Die Quantenphysik entwickelte sich während der ersten Hälfte des 20. Jahrhunderts als eine empirische Anpassung mathematischer Formeln an experimentell bestätigte, physikalische Quantenergebnisse. Der angepasste Formalismus erwies sich als sehr praktikabel. Er wurde deshalb erfolgreich, da er mit dem Ziel angepasst wurde, numerische Daten vorherzusagen. Er wurde aber nicht dahingehend vervollständigt, um, wie in der klassischen Mechanik, intuitiv verständliche Vorstellungen zu ermöglichen.

Der Formalismus der Quantenphysik hat, wie wir gesehen haben, mit drastischen wissenschaftlichen Behauptungen nicht nur die Wissenschaft revolutioniert, sondern auch die Philosophie: Das Prinzip der Kausalität musste aufgegeben (Atomkerne und Elementarteilchen sollen demnach ohne vorgegebenen Grund zerfallen) und ein Wahrscheinlichkeitsprozess angenommen werden, bei dem der Zusammenhang zwischen Ursache und Wirkung anhand von bizarren Annahmen über Wahrscheinlichkeit erklärt wird.

Die klassischen Ideen zur Kausalität, wie sie durch David Hume (Hume, 1740, 1748) ausgearbeitet wurden, mussten erweitert und in Frage gestellt werden. Viele philosophische Studien und Konflikte ergaben sich aus dieser Situation (vergleiche Hall, 2004; Collins et al, 2004; Baumgartner, 2014).

Ein anderes bizarres Ergebnis aus der Quantenphysik besteht darin, dass einzelne Objekte gleichzeitig an verschiedenen Plätzen existieren sollen (Doppelschlitzexperiment, Nichtlokalität). Zudem kann einer beobachteten Größe, bevor sie beobachtet und gemessen wird, scheinbar kein wohldefinierter Wert zugeordnet werden. Relevanten Interpretationen zufolge generiere erst der Beobachter diese Größe. Außerdem sollen sogenannte quantenkorrelierte Teilchen über beliebige Entfernungen augenblicklich miteinander kommunizieren können.

Das Tunnelphänomen erlaubt Teilchen, ohne die klassisch erforderliche Aktivierungsenergie aufzubringen, eine Energiebarriere zu überwinden. Die Durchdringung erfolgt ohne irgendeinen Zeitverlust. Dies sind die sogenannten Quantenparadoxien (Bub, 1979; Amelino-Camelia, 2000; Laloe, 2001; Aharonov, Rohrlich, 2005; Selleri, 1990; Berkovitz, 1998a; Berkovitz, 1998b; Dickson, 1998). Sie alle kann man auf Basis praktischer Erfahrung nicht als logisch verständlich erkennen. Ein solches Verhalten der Quantenphysik begreifen wir als Irrationalität. Wie kann etwas ohne Ursache geschehen? Wie kann dasselbe Objekt gleichzeitig an zwei Orten sein, aber wenn gemessen, nur an einem? Wie kann Information augenblicklich über beliebig große Entfernungen übertragen werden? Die Behauptung von Quantenphysikern (Bell-Theorem, (Bell, 1964)), dass sie beweisen könnten, die Irrationalität der Quantenphysik sei real, ist eine sehr beunruhigende Tatsache. Die Irrationalität könne nicht durch eine Ergänzung der Theorie überwunden werden, zum Beispiel durch Einführung von verborgenen Variablen, also zusätzlichen Größen, die das System besser definierten. Unter solchen Umständen sind Behauptungen der Quantenphysiker, dass Irrationalität und ein Verhalten gegen die menschliche Intuition fundamentale Eigenschaften der Natur seien (Zeilinger, 1999, 2000) und wir akzeptieren sollten, dass die Natur nicht rational verstanden werden könne, wenig überraschend.

Nicht wenige Bücher bemühen sich darum, den Leser durch die komplexe, paradoxe Natur der Quantentheorie zu navigieren (z.B. Bricmont, 2016). Es wurden nach der Entwicklung der Quantentheorie auch Versuche unternommen, solche abstrakte, unverständliche Quantenaspekte auf Bereiche der Kosmologie, Philosophie (Capra, 1975; Zukov, 1979) und auf Spekulationen über das Bewusstsein zu übertragen (Penrose, 1994; Butterfield, 1995). Die abstrakte Quanteninformation, die mit dem Phänomen der „Verschränkung“ von Teilchen auf beliebige Entfernung zusammenhängt, wurde, unter dem Ausdruck „Protyposis“ zur Erklärung von Energie, Materie, Leben, Bewusstsein und Geist herangezogen (Görnitz, 2009). Schwer verständliche Phänomene über unverständliche, paradoxe Bauelemente zu beschreiben vervielfacht allerdings, trotz guter Absicht, die Irrationalität, mit der ein Betrachter letztlich konfrontiert wird.

Da die Quantenphysik bei der Handhabung von Eigenschaften der submikroskopischen Welt in der technischen Anwendung erfolgreich ist und die Physik-Gemeinde überzeugt ist, die „Wahrheit ergründet“ zu haben, werden die Quantenparadoxien ernst genommen. Unsere Gesellschaft gibt damit einen wichtigen Anspruch auf, der seit der Zeit der antiken Philosophen bestanden hat, nämlich logische Erklärungen für physikalische Phänomene zu finden und unlogische auszusortieren und zu vermeiden.

In der Tat unterschied die Griechische Philosophie zwischen „wahren“, rationalen Annahmen, dem Bereich der Wissenschaft und Philosophie, und „falschen“, irrationalen Annahmen, dem für spirituelle Aktivitäten wie Kunst und Dichtung zugänglichem Gebiet. Wir wissen heute, dass die spirituellen Bereiche menschlichen Schaffens und viele andere wie die Religion, die auf sinnliche und emotionelle Handlungen basieren, auch kreativ sein können, indem sie ihren eigenen Gesetzen folgen. Philosophen wie Blaise Pascal und John Locke haben dies ausführlich betont. Aber was sollen wir über die Wissenschaft sagen? Ist das Aufgeben der

Rationalität in der Wissenschaft gerechtfertigt und hilfreich? Wird Irrationalität in zunehmendem Maße unsere Wahrnehmung der Natur dominieren? Werden Vorstellungen von vielfachen Welten, von Energie, die aus dem Nichts kommt, von nichtkausalen Vorgängen und von dunkler Materie Bestand haben und unser rationales Verstehen ablösen?

Wie vorhin erwähnt, schlägt Richard Healey (Healey, 2012) vor, dass wir die Quantentheorie als Arbeitswerkzeug für das praktische Handhaben der Quantenphysik akzeptieren sollten, ohne eine neue Weltdarstellung zu erwarten. Ich verstehe diesen Vorschlag als Aufforderung, uns nicht zu sehr um die Quantenparadoxien zu kümmern, sondern sie als Kuriositäten eines ziemlich „erfolgreichen und praktischen theoretischen Quantenwerkzeugs" zu akzeptieren. Folglich müsste man auch mit der Relativitätstheorie und kosmologischen Modellen so verfahren.

Im Gegensatz zu Healeys Meinung werden im vorliegenden Buch Quantenparadoxien und Irrationalitäten philosophisch ernst genommen. Man kann sie in der Weise interpretieren, dass der Quantentheorie, die ursprünglich den experimentellen Ergebnissen und nicht dem Verständnis von Beobachtern angepasst wurde, noch einige relevante Informationen fehlen, die wir als Beobachter benötigen würden, um die ablaufenden Phänomene verstehen zu können. Es wird hier der Versuch unternommen, mit dieser Arbeitshypothese den aufgeworfenen Problemen auf den Grund zu gehen.

Zu diesem Zweck müssen wir tiefer über die Bedeutung fehlender Informationen nachdenken. Was bedeutet, in physikalischen Größen und Parametern ausgedrückt, ein Fehlen von wichtiger Information in einer Theorie, die irrationale Paradoxien liefert? Wenn man sich dieser Herausforderung zuwendet, kann man zeigen, dass die Antwort leichtfällt: Es stellt sich heraus, dass Information einen Energieinhalt hat. Für 1 bit muss eine Energiemenge von kTln2 aktiviert werden (k ist der Boltzmann-Faktor, T die absolute Temperatur und ln2 der natürliche Logarithmus von 2). Dies ist eine sehr kleine, aber nicht zu vernachlässigende Energiemenge. Bei Raumtemperatur beträgt sie ungefähr $0{,}7 \times 10^{-21}$ Kalorien (0,7 dividiert durch eine Eins mit 21 Nullen). Energie wird also gebraucht, um Information zu erzeugen und umzusetzen.

Wir können schließen: Wenn eine Theorie nicht die für ein logisches Verständnis nötige Information liefert, ist sie in Bezug auf die Handhabung von Energie, wie wir sie aus der Praxis kennen, nicht vollständig oder zumindest widersprüchlich. Unsere Arbeitshypothese muss demzufolge sein, dass bei der Handhabung der Energievorstellung in der Quantenphysik, im Vergleich zur klassischen Physik, etwas falsch gelaufen oder unvollständig ist. Was könnte dies sein?

5 Zwei Arten von Energieeigenschaften

Die Feststellung, dass das Problem der Irrationalität in der Quantenphysik ein Problem mit der Energie darstellen könnte, bringt eine wichtige Einsicht. Man kann sie verifizieren, indem man die Energievorstellungen für die klassische Physik und die Quantenphysik vergleicht.

Es mag sein, dass die Quantentheorie mathematisch funktioniert, da sie für die Beschreibung physikalischer Daten nicht das gesamte Informationsmuster einer vollständigen Quantentheorie braucht (dies würde den Vorschlag von Healey (2012) unterstützen). Sie verwendet in diesem Fall nur einen abstrakten Bestandteil der Quantentheorie und braucht den komplementären Informationsanteil nicht, den das menschliche Erkennen erfordert. Diese unzureichende Information, dieser Mangel in Bezug auf die Energievorstellung, könnte die Paradoxien hervorrufen.

Wenn wir nun zusätzliche Information in die Quantentheorie einführen wollen, um sie damit logisch zu verstehen und unser Verständnis der physikalischen Bedeutung zu vertiefen, müssen wir uns mit der Frage einer unvollständigen oder teilweise falschen Energievorstellung auseinandersetzen. Die unrichtige oder unvollständige Darstellung der Energie sollte infolgedessen den Kern des Problems in der Quantenphysik ausmachen. Im Gegensatz dazu können wir in der klassischen Mechanik Zusammenhänge anschaulich verstehen. Das weist darauf hin, dass die Energie dort in korrekterer Weise berücksichtigt wird. „In korrekterer Weise", weil auch die klassische Mechanik unvollständig zu sein scheint. Der aus Erfahrung gewonnene wichtige zweite Hauptsatz der Thermodynamik, der besagt, dass die Unordnung, Entropie, eines geschlossenen Systems zunimmt, kann nämlich nicht ohne Zusatzannahmen von den Newtonschen Bewegungsgleichungen abgeleitet werden. Kann diese Herausforderung gemeistert werden, indem wir die Energievorstellung in der Physik in angemessener Genauigkeit unter die Lupe nehmen? Wollen wir es versuchen!

In Rahmen dieses Buches wird gezeigt werden, dass das Problem der Irrationalität in der Quantenphysik im Wesentlichen auf der Situation beruht, die durch die Formel (3) oder Fig. 6 ausgedrückt wird. Die Irrationalität wird durch widersprüchliche „symbolische Formen" verursacht, die durch Energiegesetze vorgegeben werden. Konsequenterweise werden wir damit beginnen, die fundamentalen Energieeigenschaften (E_1) und (E_2) in der klassischen Mechanik und in der Quantenmechanik einander gegenüber zu stellen (Fig. 6).

Wir wollen zunächst die Energieeigenschaften einiger Teilchen vergleichen, die innerhalb eines kleinen Volumens zusammengruppiert sind und sich dann auf ein großes Volumen ausdehnen (Fig. 7 a). Die Masse der Teilchen selbst steht mit der Energie über die wohlbekannte Formel $E = mc^2$ in Beziehung. Die Formel stellt fest, dass die Energie äquivalent ist zur Masse, multipliziert mit dem Quadrat der Lichtgeschwindigkeit. Sie wird als eine exakte Beziehung verstanden, sodass wir nun auf ein Bild der reinen Energie blicken, die sich in den Raum ausdehnt, sowohl in der klassischen Physik (Fig. 7 a) als auch in der Quantenphysik (Fig. 7 b). In diesem Sinne macht es nichts aus, ob wir auf einzelne oder viele Teilchen blicken. Wenn sich eine Gruppe klassischer Teilchen (Fig. 7 a) von einem Volumen V_0 in ein größeres Volumen V ausdehnt, dann wird, wie auch der empirische 2. Hauptsatz der Thermodynamik aussagt, für die anschließende Arbeit weniger (freie) Energie zur Verfügung stehen. Das Energieerhaltungsgesetz wird selbstverständlich nicht verletzt. Aber die Entropie S, die in Zusammenhang mit der erzeugten Unordnung steht und ein Maß für die Unordnung und nicht mehr nützliche Energie des Systems ist, erhöht sich um

$$\Delta S = nR \ln(V / V_0) \tag{4}$$

(R = Gaskonstante, n = Materialmenge). Die Formel (4) beschreibt, wenn sie mit der Temperatur multipliziert wird, die Erzeugung von nicht verfügbarer, chaotischer Energie (Formel (5)), wenn Materie oder Energie sich verdünnen. Und diese Formeln (4) und (5) könnten die Art und Weise ändern, wie die Quantenphysik und unser Universum zu verstehen sind (siehe Kapitel 22). Entropie, welche die obige Formel (4) beschreibt, ist eine Größe, die verschieden definiert wurde. Ursprünglich wurde sie als Wärme beschrieben, die durch die Temperatur dividiert wird. Bei niedriger Temperatur ist die Entropie viel höher, was mit der Erfahrung übereinstimmt, dass Wärme bei niedriger Temperatur für eine Energieumwandlung nicht gut genutzt werden kann. Wir wollen hier eine solche Energie „chaotisch" oder „nicht nutzbar" nennen. Nach Ludwig Boltzmann ist eine hohe Entropie äquivalent einer großen Vielfalt oder einer großen Unordnung. Eine geringe Entropie entspricht einer geringen Unordnung beziehungsweise einer hohen Ordnung. Boltzmann identifizierte das Volumenverhältnis in Formel (4) mit der Wahrscheinlichkeit, das Teilchen aufzufinden oder die Information über das Teilchen festzulegen. Die Rolle der Information kann von einem einfachen Beispiel abgeleitet werden: Ein Haufen ungeordneter Bausteine kann mit einer „großen" Entropie identifiziert werden, ein Schloss, das aus Bausteinen gebaut ist, mit niedriger Entropie. Die erste Ansammlung enthält keine, die zweite viel Information.

Man sieht, dass die Entropie, die mit der Zunahme von Unordnung in Zusammenhang steht, mit dem Logarithmus der Volumenverhältnisse zunimmt. Um den Anteil der Energie, der nicht mehr verfügbar ist, zu berechnen muss man die Entropiezunahme mit der absoluten Temperatur T multiplizieren. Dies ergibt:

$$T\Delta S = nRT \ln(V / V_0) \qquad (5)$$

Die mit wachsendem Volumen verbundene Zunahme dieser „entropischen" Energie ist ein experimentell verifizierter Mechanismus und gilt für die Expansion elektromagnetischer Strahlung genauso wie für ein ideales Gas.
Die Entropie für expandierende elektromagnetische Strahlung (analog zu Beziehung (4)) wurde erstmals durch Wilhelm Wien um 1896 berechnet und dann von Einstein (1905) für die Ableitung des Planck-Theorems benutzt. Einstein hat aus der Tatsache, dass sich die Entropieformel für expandierende Lichtstrahlung analog zu der von expandierendem Gas verhält, geschlossen, dass Licht wie ein Gas aus Teilchen zusammengesetzt ist (Einstein, 1905). Dass diese Erkenntnis Einsteins und die Erklärung der Rolle dieser Teilchen (Photonen) beim Herausschlagen von Elektronen aus Festkörpern zu seinem Nobelpreis beigetragen haben, ist wohl bekannt. Diese Entropieformel (4) gilt also auch für Lichtteilchen, Photonen, die von Sternen in den freien Raum ausgeschickt werden, allerdings mit unterschiedlichen Werten vor dem Logarithmus. Es ist eine bemerkenswerte wissenschaftsphilosophische Tatsache, dass Einstein ein irreversibles Phänomen, wie die Entropieerzeugung bei sich ausbreitendem Licht, verwendete, um jenes Quantenobjekt zu erklären, das wir nun als Photon bezeichnen. Die Quantenphysik, die auf zeitumkehrbare oder zeitlose Phänomene aufbaut, erlaubt es den sich ausbreitenden Photonen nämlich nicht, Energie abzugeben, ohne mit Materie in Wechselwirkung zu treten. Es ist ein wichtiges Faktum, dass auf Grund der niedrigen Temperatur des Weltraumes die Energie, die für die Erzeugung von Entropie umgesetzt wird, ebenfalls sehr niedrig ist. Energieverluste durch Photonen werden nur über große Entfernungen bemerkbar sein. Auf jeden Fall ist die Entropieerzeugung dabei ein irreversibler Prozess. Gleichzeitig mit der Expansion von Gas oder Lichtteilchen nimmt unsere Information über das System ab. Da Masse zur Energie äquivalent ist, kann man folgern, dass Energie Arbeitsfähigkeit und Information verliert, wenn sie sich in den Raum ausdehnt und verdünnt (Fig. 7 a).
Dies bestätigt, dass der Raum für die klassische Physik ein relevanter Faktor ist. Wenn sich Energie im Raum ausdehnt, ändern sich die Energieeigenschaften.
Schauen wir nun auf die Quantenphysik. Wenn dieselben Teilchen innerhalb eines

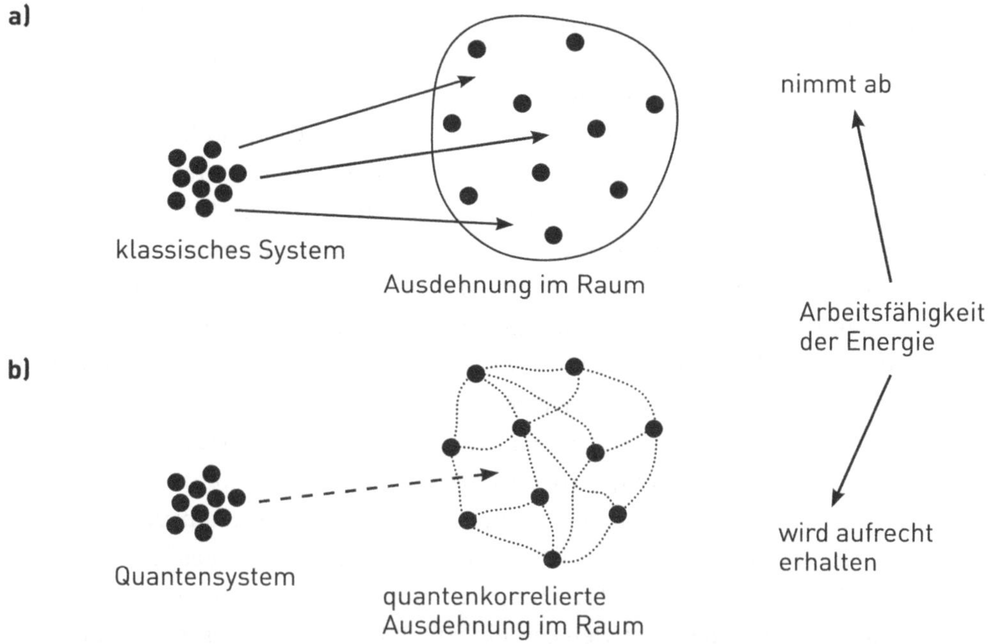

Fig. 7. Die Expansion von Teilchen der Masse m (Energie $E = mc^2$) in den Raum hat unterschiedliche Konsequenzen für klassische und „quantenkorrelierte" Systeme. Die Arbeitsfähigkeit der Energie verringert sich im ersten (klassischen) Fall (a), nicht jedoch im zweiten (quantenmechanischen) Fall (b).

quantenmechanischen Vielteilchensystems „quantenkorreliert" sind, dann ist die Situation deutlich anders (Fig. 7 b). Quantenkorreliert zu sein bedeutet, dass zwei oder mehrere Teilchen über nichtlokale Wechselwirkungen miteinander verbunden sind, was charakteristisch für Quantensysteme ist. Wenn spezifische Größen gemessen werden, dann teilen die betroffenen Teilchen jene Eigenschaften, die gemessen werden sollen. Auf Kosten von individuellen Eigenschaften tauchen vernetzte Eigenschaften auf. Infolgedessen ereignen sich zwischen ihnen spontane Wechselwirkungen, Korrelationen. Eine Veränderung bei einem Teilchen kann eine augenblickliche Konsequenz bei einem entfernten, korrelierten Teilchen auslösen. Große Ansammlungen korrelierter Teilchen wurden inzwischen beobachtet (Krenn et al., 2014).

Das Energieerhaltungsgesetz (entsprechend dem 1. Hauptsatz der Thermodynamik) und verwandte Energievorstellungen stimmen mit jenen der klassischen Mechanik überein. Die Konsequenzen einer Energieverdünnung im Raum (entsprechend dem 2. Hauptsatz der Thermodynamik) sind jedoch nicht berücksichtigt.

Nach der Erfahrung der Thermodynamik wird beim Verdünnen von Energie ein Teil der Energie in nicht verfügbare Form umgewandelt werden, wobei die Energieerhaltung selbstverständlich respektiert wird.
Dies ist in der Quantenphysik aber nicht der Fall (Fig. 7 b). Gleichgültig über welche Entfernungen sich Teilchen ausbreiten, bleiben die Quantenkorrelation und die Funktionseigenschaften quantenkorrelierter Systeme erhalten. Quantentheoretiker sprechen von Entfernungen quer durch Galaxien, über die quantenkorrelierte Systeme voll funktionsfähig bleiben und dabei ihre statistisch berechneten ursprünglichen Entropiewerte beibehalten sollen. Dies wird einfach aus dem empirisch erhaltenen physikalischen Mechanismus geschlossen, der die korrelierten Teilchen beschreibt, ohne den Raum dazwischen zu berücksichtigen.
Wird zum Beispiel der „Spin", der eine innere Form eines Drehmomentes darstellt, von einem Teilchen umgedreht, wird ein anderes „quantenkorreliertes" Teilchen in beliebig großer Entfernung augenblicklich mit einer korrelierten umgekehrten Spin-Umdrehung reagieren. Dies ist das Quantenphänomen, das Einstein „gespenstische Wechselwirkung auf Abstand" nannte. „Quantenkorrelation" bedeutet in der Quantenphysik, dass es einen gemeinsamen Erwartungswert für das Produkt der Ergebnisse auf beiden Seiten gibt. Für Spezialisten: Im Bra-Ket Formalismus können zum Beispiel die überlagerten quantenkorrelierten Zustände von zwei Teilchen A und B im Singulet-Zustand beschrieben werden durch:

$$|\psi\rangle_{AB} = \frac{1}{\sqrt{2}}\left(|0\rangle_A|1\rangle_B - |1\rangle_A|0\rangle_B\right) \quad (6)$$

Für diesen korrelierten Zustand ist es statistisch möglich, eine durch Paarung (oder, im Falle vieler Teilchen, durch Gruppierung) reduzierte Entropie zu berechnen. Unabhängig von der Größe des Raumes, der sich zwischen den Teilchen erstreckt, wenn sie sich ausdehnen, werden sich die quantenkorrelierten Teilchen immer nach derselben mathematischen Formel verhalten (Beziehung (6)). Diese Formel enthält keine vom Raum abhängige Variable und beschreibt ein einfaches Zweiteilchensystem (Ausdrücke für viele Teilchen sind entsprechend komplizierter). Sie hält auch den ursprünglichen Entropiewert aufrecht und bleibt trotz der Ausdehnung im Raum denselben Energiebedingungen unterworfen. Dies ist der erhebliche Unterschied im Verständnis des Energieverhaltens zwischen klassischer Physik und Quantenphysik, wie er hier gesucht wurde. Auch nicht korrelierten Photonen, die sich im Raum ausbreiten, fehlt nach quantenphysikalischen Vorstellungen ein Mechanismus, der es ihnen erlaubt, Entropie zu erzeugen. Sie können im freien Raum, während der Ausbreitung, keine Energie abgeben, es sei denn, sie treten mit Materie oder Gravitation in Wechselwirkung. Dies steht natürlich in Widerspruch zur Formel für die Entropieerzeugung eines sich ausdehnenden Strahlungsfeldes, von der Einstein die Teilchennatur des Lichtes ableitete.

Es gibt auch eine Frage im Zusammenhang mit der Übertragung von Information in der Quantenphysik, die zu einem ähnlichen Ergebnis führt. Wenn eine Spinumkehr in einem quantenkorrelierten System in beliebiger Entfernung eine korrelierte gegenläufige Spinumdrehung bewirkt, handelt es sich um eine Übertragung von (interner) Information (Quantenphysiker versuchen diese auch zu nutzen (Ma et. al., 2012)). Da Information einen Energieinhalt hat, ist die Übertragung von Information eine Übertragung und ein Austausch von Energie. Eine allgemeine, klassisch physikalische Erfahrung ist, dass die auftretenden Energieverluste umso größer sind, je größer die Entfernung der Energieübertragung wird. Nur der Ferntransport von Information oder (äquivalent) von Energie in quantenkorrelierten Systemen scheint eine Ausnahme zu bilden. Was steckt dahinter? In Kap. 31 und Fig. 21 wird dies beantwortet werden.

Energie in Quantensystemen wird so gehandhabt, als ob der Raum eliminiert wäre. Der Raum existiert darin einfach nicht. In quantenkorrelierten Systemen beeinflussen die Entfernung und der Raum weder den Zustand noch die Verfügbarkeit oder die Übertragung der Energie.

Es ist interessant, dass sich in der Allgemeinen Relativitätstheorie Energie in Form von Materie vergleichsweise sehr verschieden verhält. Sie übt darin sogar aktiven Einfluss auf den Raum aus. Sie kann ihn verbiegen und den Raum, und sogar die Zeit, manipulieren, was eine erstaunliche Eigenschaft wäre, die später noch kommentiert werden soll. Dies mag übrigens ein Grund sein, warum die Quantenphysik und die Relativitätstheorie nicht vereinbar sind.

Wenn sich ein quantenkorreliertes Teilchensystem im Raum ausdehnt, reduziert Energie ihre Fähigkeit, Arbeit zu verrichten, nicht. Anders in einem klassischen System, bei dem eine Ausdehnung im Raum Entropie erzeugt, was Verlust an Arbeitsfähigkeit bedeutet. In der Quantenphysik hat der Raum somit seine Bedeutung für Energie verloren. Diese Eigenschaft wurde offenbar übersehen, als die Quantenformeln empirisch an die experimentellen Ergebnisse angepasst wurden. Die Energie bleibt trotz Verdünnung dieselbe. Im Quantenformalismus gibt es scheinbar keinen Mechanismus, der die Qualität der Energie ändert, wenn diese Energie verdünnt wird. Von diesem hier identifizierten, unterschiedlichen Verhalten von Energie in der Quantenphysik, verglichen mit der klassischen Physik, ist zu erwarten, dass es den Ursprung der Paradoxien und Irrationalitäten in dieser speziellen Disziplin erklärt (Fig. 6). Wir wollen infolgedessen mehr über den Zusammenhang zwischen Energie und Raum lernen, um die Grundlage dieses Mechanismus zu verstehen. Wir sollten auch versuchen herauszufinden, warum die Quantenphysik diese Eigenschaft nicht berücksichtigt. Schließlich wird es wichtig sein zu entdecken, an welcher Stelle der Einfluss des Raumes am besten in die Quantenphysik eingeführt werden kann.

6 Energieverdünnung im Raum und Konsequenzen

Es wird hier argumentiert, dass der Raum auch bei einem quantenmechanischen System ein relevanter Faktor für die Energie sein muss, wenigstens für die Fähigkeit der Energie, Arbeit zu leisten. Energie ist eine sogenannte extensive Eigenschaft eines Systems. Ein größerer Anteil eines Systems oder ein System mit mehr Materie enthält mehr Energie. Was hier postuliert wird: Dehnt sich ein System mit einer bestimmten Energiemenge in den freien Raum aus und verdünnt sich, verliert es Fähigkeit, Arbeit zu verrichten. Nicht die totale Energiegröße selbst, sondern eine „dynamische" Eigenschaft der Energie, ihre Fähigkeit, nützliche Arbeit zu verrichten, ändert sich während ihrer Ausdehnung in den Raum. Ein quantenmechanisches System hat aber in der herkömmlichen Betrachtungsweise keine dynamische Eigenschaft. Für eine dynamische Energietheorie, welche dieses Buch gestalten will, ist aber eine dynamische Eigenschaft der Energie essentiell, und wir werden später darauf zurückkommen. Während der Ausdehnung der Energie wird ein Teil der nutzbaren Energie in nicht verfügbare Energie umgewandelt. Es wird „entropische", nicht verfügbare, chaotische Energie erzeugt.

Die Reversible Thermodynamik, die auf praktische Erfahrung aufbaut und die Grundlage für das Verstehen eines breiten Spektrums von Energiewandlungsprozessen darstellt, bietet überzeugende Beispiele für diese Eigenschaft der Energie, bei abnehmender Energiedichte in einem vergrößerten Raum ihre Arbeitsfähigkeit zu verringern. Eine Dampfmaschine arbeitet zwischen einem Wärmebad bei höherer Temperatur und einem Bad mit der Temperatur der Umgebung. Es ist vom sogenannten Carnot-Gesetz her bekannt, dass ein energieliefferndes Wärmebad niedrigerer Temperatur einen niedrigeren energetischen Wert und eine geringere Arbeitsfähigkeit während einer thermischen Energiekonversion aufweist, als ein Wärmebad bei höherer Temperatur. Das bedeutet, man braucht bei niedriger Temperatur ein größeres Wärmebad, wenn man über dieselbe Menge von Energie verfügen möchte. Aber selbst mit dem größeren Energiereservoir wird das Ergebnis

der Energieumwandlung ungünstiger sein, da die Energieausbeute geringer ist. Der Unterschied im Verhalten wird mit der Vorstellung der Entropie beschrieben. Entropie ist ein Maß für die Unordnung eines Systems. Die Entropie bezieht sich auch auf die Zahl der mikroskopischen Zustände, in dem sich ein System befinden kann. Es ist ein Maß für das Unwissen über das System. Große Entropie weist auf viel Unwissen und eine energetisch „chaotische" Situation hin. Das System ist durch wenig Information charakterisiert, die wir darüber verfügen. Molekulare Bewegung in einem Wärmebad bei tieferer Temperatur bedeutet weniger kinetische, mechanische Energie als in einem Wärmebad bei höherer Temperatur. Ähnlich kann ein mit Gas gefüllter Raum bei hohem Druck mehr mechanische Arbeit leisten als ein mit Gas gefüllter Raum bei sehr niedrigem Druck. Eine höhere Konzentration mechanischer Energie entspricht wiederum einer höheren Arbeitsfähigkeit.
Wollen wir nun ein Beispiel außerhalb der Thermodynamik suchen und die Arbeitsfähigkeit konzentrierter Lichtteilchen, Photonen, mit der Arbeitsfähigkeit verdünnter Lichtteilchen vergleichen. Ein Blatt einer grünen Pflanze wächst im Sonnenlicht mit einer Quantenflussdichte für Sonnenlicht von ungefähr 10^{-3} Einstein/m^2 (1 Einstein ist 6 mal 10^{23} Photonen/sec; 10^{23} ist eine Eins mit 23 Nullen). Unter ähnlichen Bedingungen kann eine Solarzelle Quantenenergie mit 10 bis 15% Ausbeute in Elektrizität umwandeln. Im Mondlicht, mit einer Quantenflussdichte in der Größenordnung von 10^{-7} Einstein/m^2, ist eine Solarzelle bereits nutzlos und ein grünes Blatt wird nicht wachsen. Wenn die Photonendichte viel niedriger ist, können die Photonen noch immer physikalisch-chemische Impulse auslösen, aber spezielle Nachweissysteme werden benötigt, die zudem externe Energie verbrauchen. Dies geschieht in der ans Dunkle angepassten Retina des Auges oder in einem elektrisch versorgten Photonenverstärker. Sogar bei der lichtinduzierten Wasserspaltung in einer Elektrolysezelle wird ein Mindest-Photonenfluss benötigt, um die chemische Potentialdifferenz für die Freisetzung von Wasserstoff und Sauerstoff zu erzeugen (Gregg, Nozik, 1993). Wenn dieser Grenzwert nicht erreicht wird, gibt es keine Wasserspaltung und damit keine Energieumwandlung. Dies bedeutet einfach, dass ein elektromagnetisches Photonenfeld hoher Dichte wertvoller und effizienter für die Energiewandlung ist, als ein Feld niedriger Dichte. Ein solches Verhalten ist auch von anderen Beispielen her bekannt. Sonnenlicht zündet keinen Wald an, aber eine Linse, die Licht konzentriert, kann es (Fig. 8). Wir werden später sehen, dass der Unterschied hier im Wesentlichen Information ist, die in Form der Gesetzmäßigkeit einer Linse zugeführt werden muss. Es ergeben sich daraus auch praktische Konsequenzen für das Ernten von Energie.

a)

Sonnenschein erwärmt Holz

konzentriertes Sonnenlicht entzündet Holz

b)

Fig. 8. Energie ist nützlicher, wenn sie konzentriert ist. a) Das Beispiel zeigt, wie Feuer durch eine Linse im Sonnenschein entfacht werden kann, aber nicht durch Sonnenschein allein. b) Genügend Wärme auf einer Herdplatte kann Eier zum Kochen bringen, aber dieselbe Wärmemenge auf die Küche verteilt kann es nicht.

Keine Maschine könnte einen vergleichbar hohen Energieanteil aus einem hochverdünnten (expandierten) Energiefeld ernten wie aus einem konzentrierten (zusammengezogenen). Ähnliche Überlegungen lassen sich für die Energieumwandlung durch elektrische, magnetische oder Gravitationsfelder entwickeln. Mit abnehmender Energiedichte wird die Fähigkeit der Energie, Arbeit zu leisten, geringer und die Wirkung ineffizienter.

Das Verhalten elektromagnetischer Strahlung wird durch die wohlbekannten Maxwell Gleichungen, benannt nach dem berühmten schottischen Wissenschaftler aus dem 19. Jahrhundert, beschrieben. Sie formulieren einen zeitumkehrbaren Mechanismus, aufgrund dessen sich Strahlung gleichwertig in positive und negative Zeitrichtung entwickeln kann. Wenn elektromagnetische Felder hoher Dichte ähnliche Arbeitsfähigkeit hätten wie Felder niedriger Dichte, könnten sie reversibel ausgedehnt oder zusammengezogen werden, was die Maxwell Gleichungen im Prinzip erlauben. Tatsache ist jedoch, dass das konzentrierte Strahlungsfeld um eine Antenne (um einen Sender) herum nur in Richtung Horizont expandiert. Die Strah-

lung vom Horizont jedoch wird sich, ohne zusätzliche Energie von außen, nicht zur Antenne hin konzentrieren. Strahlungsprozesse sind irreversibel. Dies wurde bereits in einer polemischen Diskussion zwischen Planck und Boltzmann 1897 klargestellt (Plancks Strahlungstheorie, 1897).
Ein Phänomen der spontanen Konzentration von Strahlungsenergie, von der Umgebung auf eine Antenne hin, wurde nie beobachtet (in der Hoffnung auf unerschöpfliche Energie aus der Umwelt propagieren dies allerdings noch immer einige Leute unter dem Namen „Tesla Freie Energie Generator"). Gibt es weitere Hinweise für Strahlung, die im Gegensatz zur gegenwärtig angenommenen zeitumkehrbaren Theorie, einer Zeitorientierung folgt, wenn sie sich in den Raum ausbreitet?
Interessanterweise können unsere Mobiltelefone dafür Hinweise geben. Frühere Generationen dieser Geräte hatten sichtbare Antennen, die manuell ausgezogen werden mussten. Die aktuellen Modelle zeigen sie nicht mehr, sondern integrieren sie im Gehäuse, da sie bereits sehr klein sind. Trotzdem funktionieren diese Antennen viel besser und arbeiten in einem breiteren Frequenzbereich. Das Geheimnis ist die fraktale Geometrie der Antenne, die mit selbstähnlichen Strukturmerkmalen funktioniert (Fig. 9). In fraktalen Strukturen wiederholen sich die Formen über mehrere Größenordnungen und diese Formen sehen in allen Dimensionen im Wesentlichen gleich aus. Wiederholt man eine mathematische Operation immer wieder, indem man das Ergebnis jeweils anwendet, um einen neuen Zyklus zu beginnen, erhält man solche Fraktale.

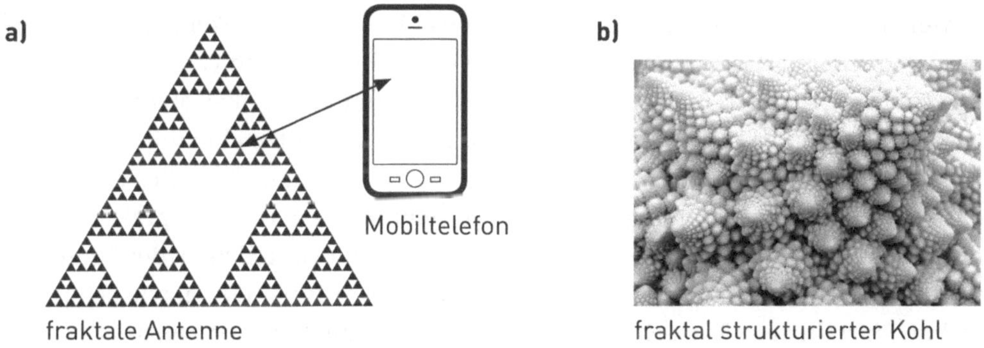

Fig. 9. a) Fraktale, selbstähnliche Antennen geben modernen Mobiltelefonen hohe Aufnahmeleistung und Breitbandempfindlichkeit. b) Diese fraktalen Strukturen werden in biologischen Strukturen, wie zum Beispiel beim Kohl, angewandt. Dies deutet auf eine zeitorientierte, irreversible Natur beider Mechanismen hin.

Eine fraktale Antenne kann auch eingesetzt werden, um Strahlung in den Raum wirksam abzustrahlen. Diese Entdeckung war mehr oder weniger ein Zufall (Fractal antenna, 2010) (Rusu et al., 2010) und erwies sich für die moderne Informationstechnologie als sehr nützlich. Das Besondere daran ist, dass selbstorganisierte biologische Systeme ebenfalls viel von fraktaler Geometrie und fraktalen Prozessen profitieren. Der menschliche Herzrhythmus folgt einer fraktalen, selbstähnlichen Funktion, ähnlich wie das Nervensystem, die Lungen oder die DNA Sequenz. Die schönen fraktalen Formen beim Kohl und in vielen anderen biologischen Strukturen sind wohlbekannt (Fig. 9 b). In allen Fällen erfordert die Erzeugung und Strukturierung solcher Muster Rückkopplungsprozesse, die eine gerichtete Zeit voraussetzen, ein „Vorher" und ein „Nachher". Wenn Mobiltelefone mit fraktalen Antennen viel besser funktionieren, dann zeigen sie bei der Handhabung der Selbstähnlichkeit eine fundamentale Analogie mit biologischen Systemen. Der Grund für diese Ähnlichkeit kann nur die Zeitorientierung sein, weil fraktale und ähnliche, deterministische, chaotische Strukturen nur dann funktionieren, wenn es eine Richtung und einen Fluss der Zeit gibt.

Ein verdünntes Strahlungsfeld hat also Eigenschaften, die sich von denen eines konzentrierteren Strahlungsfeldes unterscheiden. Es hat offensichtlich geringere Fähigkeit, Arbeit zu verrichten, weil Ausdehnung von Strahlung Entropie erzeugt, was im Wesentlichen nicht verfügbarer Energie entspricht. Ich erwähnte bereits, dass dies im Prinzip schon vor über einem Jahrhundert vom deutschen Nobelpreisträger Wilhelm Wien mit seinem „Verteilungsgesetz" gefunden wurde. Es sagt aus, dass sich die Wellenlänge, die ein schwarzer Körper im Maximum seiner Strahlung aussendet, hin zu kürzeren Wellenlängen verschiebt, wenn die Temperatur erhöht wird. Jeder kennt das beschriebene Phänomen am Beispiel sich verändernder Farben bei Eisen, wenn es erhitzt wird. Die Farbe beginnt bei Dunkelrot, das eine längere Lichtwellenlänge hat, und wird mit zunehmender Hitze allmählich weiß, da die Lichtwellenlängen bei höherer Temperatur kürzer werden. Es stellt sich heraus, dass diese temperaturabhängige Energieverteilung der Strahlung praktisch mit derselben Formel beschreibbar ist, wie ein Behälter mit Gasteilchen, der Temperatur- und Volumenänderungen unterworfen wird. Um 1905 nutzte, wie schon erwähnt, Einstein diese Tatsache zur Rechtfertigung seiner Behauptung, dass Licht in Form von Teilchen, später Photonen genannt, verstanden werden könne (Einstein, 1905). Wenn Strahlungsfelder expandieren, sollte sich demnach ihre Energieverteilung so ändern, wie es in einem Gas passiert, das sich in den Raum ausdehnt. Es wird Entropie erzeugt, was auch einer Situation von größerer Wahrscheinlichkeit und geringerem Informationsinhalt entspricht.

Am thermodynamischen Beispiel eines expandierenden Gases kann gezeigt wer-

den, dass Information (die ja Energie beinhaltet) von außen benötigt wird, um den Prozess rückgängig zu machen. Sie wird im Gedankenexperiment durch einen imaginären, sogenannten Maxwell-Dämon bereitgestellt, um zur höheren Energiedichte nützlicher Energie zurückzukehren.
Da die Ideen zum gedachten Experiment mit einem Maxwell Dämon wichtig für unsere zukünftigen Überlegungen sind, ist es sinnvoll, mehr darüber zu erfahren. Während der Entwicklung von Theorien und Technologien im Zeitalter der Dampfmaschine in der zweiten Hälfte des 19. Jahrhunderts gab es auch Diskussionen über den Bau einer Maschine, die Leistung so erzeugen sollte, dass sie ein Wärmereservoir bei einer gegebenen Temperatur abkühlte. Das wäre zum Beispiel ein Schiff, das dadurch fahren sollte, dass es Wärme und Energie aus dem Meer entnähme. Eine solche Maschine wird „Perpetuum Mobile zweiter Art" genannt und wurde von den meisten Wissenschaftlern als nicht machbar angesehen. Im Jahre 1871 tauchte aber J. C. Maxwell mit einem intellektuellen Experiment auf, das diese Ansicht herausfordern sollte. Er wollte zeigen, wie über einen geschickten hypothetischen Dämon bei einer einzelnen Temperatur Energie aus einem Wärmebad herausgeholt werden könne. Er teilte den Wärmetank in zwei Hälften und stellte sich vor, dass ein Dämon sein Auge auf die Geschwindigkeit der Wassermoleküle warf. Dann öffnete der Dämon einen Schlitz zwischen den zwei Wärmetanks so, dass nur schnelle Moleküle fähig waren, von einer Hälfte in die andere zu wechseln (Fig. 10). Auf diese Weise konnte, lediglich durch die Aktion des Dämons, eine Temperaturdifferenz und dadurch eine Arbeitsfähigkeit des Systems aufgebaut werden.

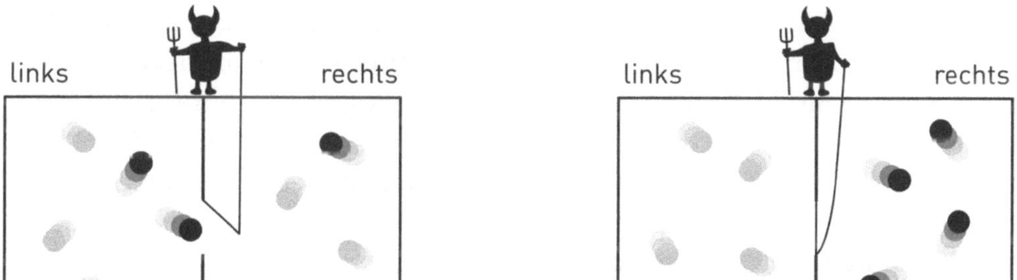

Fig. 10. Durch rechtzeitiges Öffnen und Schließen eines Schlitzes kann ein imaginärer „Maxwell" Dämon schnellen Molekülen ermöglichen, von einem Wärmetank (links) in einen anderen (rechts) überzuwechseln, wobei der Energieinhalt des rechten erhöht wird. Auf diese Weise könnte eine Maschine betrieben werden und ein Schiff fahren, während es das Ozeanwasser abkühlt. Der Dämon muss allerdings Information einsetzen, was Energie von außen erfordert.

Die Situation, die durch den Dämon geschaffen wurde, war zu seiner Zeit rätselhaft und niemand konnte seine Aktivitäten imitieren. Der Grund dafür wurde viel später entdeckt, nämlich durch die Beiträge zu diesem Problem von Szilard, Brillion und von Neumann (Szilard, 1929) (Brillion, 1951) (von Neumann, 1966). Es stellte sich heraus, dass Information, die der Dämon für seine Arbeit benötigt, einen Energiebedarf hat. Diese Energie beträgt, wie schon vorher erwähnt, kTln2 = 0,69 kT für 1 bit logischer Operation (k = Boltzmann Konstante, T = absolute Temperatur, ln2 = natürlicher Logarithmus von 2). Der Dämon muss infolgedessen mit Energie von außen versorgt werden, andernfalls funktioniert der Prozess nicht. Nur diese bereitgestellte Energie macht die Rückgewinnung „entropischer" Energie möglich und hält das System am Laufen.

Die Versorgung von außen in Form von Information verwandelt also das vorher unmögliche „Perpetuum Mobile" zweiter Art in ein zulässiges, funktionierendes Energiesystem. Später werden wir lernen, dass nutzbare Energie immer mehr Information mitführt als weniger oder nicht nutzbare Energie. Im Beispiel von Fig. 10 hat der Dämon diese Information zugeführt und durch seine Tätigkeit nicht nutzbare in nutzbare Energie umgewandelt.

Im Falle sich ausbreitender Strahlung, die sich nicht von selbst auf eine Antenne zurückkonzentriert, könnten entsprechend angeordnete, reflektierende Spiegel am Horizont die Situation verändern. Sie könnten verdünnte Strahlung zurück auf die Antenne lenken. Die angemessene Anordnung von reflektierenden Spiegeln erfordert jedoch Information (geliefert durch einen Maxwell-artigen Dämon) und damit Energie. Es entstünde kein Widerspruch zur Behauptung, dass Verdünnung von Energie zu einem Verlust an Arbeitsfähigkeit oder an Information führe. Dieses Beispiel in Zusammenhang mit elektromagnetischer Strahlung legt nahe, dass nicht nur thermische Systeme, sondern alle Energiesysteme während einer Ausdehnung in den Raum degradieren. Wollen wir auch einen Blick auf die Schallwanderung in der Umgebung eines Mikrofons werfen. Trotz der angenommenen, zeitumkehrbaren fundamentalen Physik wurde niemals beobachtet, dass sich Schall spontan konzentriert, was auch seine Fähigkeit, Arbeit zu leisten, vergrößern würde. Energie, die ihre Arbeitsfähigkeit durch Verdünnung im Raum verringert, reagiert auch in Bezug auf die Zeit. Wenn sich Energie so verhält, wählt sie die Zeitrichtung, die wir erleben. Infolgedessen muss es eine fundamentale Eigenschaft der Energie geben, eine, die nicht zeitumkehrbar, sondern zeitlich orientiert ist. Dies ist eine sehr wichtige Schlussfolgerung, ist nicht, was uns die gegenwärtige Physik erzählt, und muss wohl detaillierter hinterfragt werden. Sie verdeutlicht nämlich die Notwendigkeit, nach dieser zeitabhängigen Eigenschaft der Energie zu suchen.

DYNAMISCHE ENERGIE: PARADIGMENWECHSEL HIN ZUR RATIONALITÄT

7 Ein Dynamisches Energiekonzept: Warum?

Das vorhergehende Kapitel hat schon gezeigt, dass Energie eigentlich eine „dynamische" Eigenschaft bräuchte. Ihre Verdünnung im Raum verändert die Energie. Information von außen kann eine Verdünnung rückgängig machen. Also enthält nützliche Energie mehr Information. Aber warum hat Energie die Tendenz, sich zu verdünnen und Information abzubauen? Und warum konzentriert sie sich nicht mehr von selbst, indem sie Information aufbaut? Später in Kap. 25 werden wir lernen, dass in dieser Eigenschaft das Wesen der Irreversibilität in der Natur verborgen liegt. Innerhalb unserer jetzigen Energievorstellung, bei der Energie nur eine Zahl, eine skalare Größe darstellt, die zwar Arbeit verrichten kann, aber kein Interesse daran hat, ist eigenes, dynamisches Energieverhalten nicht vorstellbar. Ein mögliches Fehlen von Information in der Quantentheorie und die darin praktizierte Vernachlässigung des Raumes bezüglich Energie weist ebenfalls darauf hin, dass mit unserem gegenwärtig angewandten Energieformalismus etwas nicht stimmen kann.

Dies ist eine Herausforderung, verstärkt über das Wesen der Energie nachzudenken. Damit verbundene Überlegungen führten mich zu einigen zusätzlichen Argumenten und dem Schluss, dass die gegenwärtig etablierte Vorstellung von Energie, und damit der Zeit, der Grund für die fundamentalen Irrationalitäten in der Quantenphysik, der Relativitätstheorie und damit in den Theorien des Universums ist. Während die Energievorstellung, meist auf Grundlage systematischer Experimente, ein sehr nützliches und erfolgreiches praktisches Werkzeug für die moderne Wissenschaft und Technologie wurde, blieb ihre theoretische Grundlage teilweise fraglich.

Die folgenden vier Beobachtungen veranschaulichen einleuchtend, dass Energie aktive Veränderung beinhalten muss. Sie haben überzeugendes Potential, das Verständnis für Energie zu verändern.

Beobachtung 1:

Eine meiner Entdeckungen betrifft die historische Entwicklung der Energievorstellung (wie bereits früher diskutiert (Tributsch, 2008 a)). Seit dem Altertum haben

Philosophen und Wissenschaftler auf eine sich immerzu ändernde Umgebung geblickt und über etwas spekuliert, was innerhalb all dieser Änderungen erhalten bleibt. Viel später stellte sich die Energie als diese Größe heraus. Sie geht nicht verloren, sondern bleibt erhalten, allerdings verändert in ihrer Verfügbarkeit. Bereits der antike Philosoph Heraklit von Ephesus, der um 540 vor Christus geboren wurde, kam intuitiv nahe an ein solches Verständnis. Wenig ist uns über sein Denken erhalten geblieben, aber wir wissen, dass er beim Erkennen und Beschreiben der Weltordnung auf Rationalität, in der Griechischen Sprache „logos", bestand. Er war von der Tatsache beeindruckt, dass sich alles um ihn herum veränderte. Der griechische Schriftsteller Plutarch überlieferte Heraklits Worte seines berühmten Gleichnisses zu diesen immerwährenden Veränderungen: „Du steigst niemals in denselben Fluss".
Aber er betrachtete Feuer (Energie), für ihn eine Substanz des Universums, als Quelle für alle Veränderungen und als etwas Stabiles: „Die Welt ist ein ewig lebendes Feuer". Dieses Feuer konnte in Phänomene menschlicher Erfahrung umgewandelt werden. Er verglich die Kraft mit einer Spannung, wie sie von einem gespannten Bogen oder der gezupften Saite einer Lyra freigesetzt werden kann (Fig. 11).

Die Suche nach etwas, was innerhalb all der Veränderungen herum erhalten und stabil bleibt, war immer eine fundamentale und nicht vollständig beantwortete Herausforderung für die Menschheit und ist es auch jetzt noch.
Während desselben 6. Jahrhunderts vor Christus suchte übrigens eine andere berühmte Persönlichkeit auf spirituellem Gebiet nach etwas Stabilem und Unveränderlichem innerhalb des Flusses der menschlichen Existenz, bestimmt durch Geburt, Jugend, Leben, Leiden, Alter, Krankheit und Tod. Wir kennen sie als Siddhartha Gautama, verehrt als Buddha. Es war eine Zeitperiode, die ein intensives Streben nach Erkenntnis erlebte. Kehren wir aber zur Energie zurück, die, durch alle physikalischen Veränderungen hindurch, in ihrer Menge erhalten bleibt:
Aristoteles prägte den Ausdruck „energeia", der viel später, um 1700, von Johann Bernoulli übernommen wurde und sich als moderne Bezeichnung für Energie durchsetzte. Die Entwicklung der Energievorstellung ging mit dem Philosophen Leibniz weiter, der um 1695 von einer „vis viva", einer „lebenden Kraft", sprach und, um 1788, mit Lagrange. Dieser fügte zur „lebenden Kraft" eine Energiegröße hinzu, die von der Lage der Objekte abhing. Sein Befund war, dass die Summe dann zeitlich konstant wurde und die Energie somit erhalten blieb. Viele Experimente über Wärme als Energie folgten und kreative Wissenschaftler wie Julius Robert Mayer (1814-1878) und James Prescott Joule (1818-1889) waren tätig, um die moderne

Vorstellung von Energie zu prägen: Das Feuer des Heraklit wurde zu unserer Energie, einer nicht zerstörbaren, aber transformierbaren, substanzlosen, scheinbar gewichtslosen Eigenschaft von Systemen, die sich dynamisch ändern.

Fig. 11. Heraklit von Ephesus sinnierte über die ablaufenden Veränderungen um ihn herum und besonders darüber, was mit einem Fluss passiert. Und er spekulierte über die vermutete Stabilität von Feuer, einer kosmischen Substanz, von der er annahm, dass sie die Quelle aller Veränderungen sei.

Eine merkwürdige Situation besteht nun darin, dass die gegenwärtige Vorstellung von Energie jede Beziehung zu den Veränderungen um uns herum verloren hat, von denen sie dank vieler Bemühungen ursprünglich abgeleitet wurde. Veränderungen und dynamisches Verhalten sind erstaunlicherweise aus der Vorstellung von Energie verschwunden. Energie ist nun lediglich als Zahl definiert. Außerdem beschreibt sie als solche sowohl die „freie", nützliche Energie, wie auch die nicht mehr nützliche. Sie ist eine sogenannte „skalare", nichtorientierte Größe. Sie hat das Potential, Arbeit zu verrichten, aber überhaupt kein Interesse, dies zu tun. Man braucht in der derzeitigen Vorstellung zusätzliche Mechanismen, welche die Energie aktivieren, um Arbeit zu verrichten.

Diese merkwürdige Eigenschaft entging übrigens nicht der Aufmerksamkeit

Albert Einsteins. Er stellte fest, dass die Energie „schläft“ und machte einen interessanten Vergleich: „Energie verhält sich wie ein Bettler, der eigentlich ein Millionär ist. Aber niemand erkennt dies“ (Fig. 12 a).

Solch ein Bettler gibt sein Geld nicht aus und zeigt es nicht wie typische reiche Personen. Sein Leben ist nicht charakteristisch für seinen Reichtum. Solche Bettlerpersönlichkeiten gab es manchmal, vielleicht weil sie geizig waren oder weil sie sich in speziellen Situationen befanden.

a)

„schlafende“ Energie / Bettler

b)

„dynamische“ Energie / aktiver Mann

Fig. 12. In der klassischen Physik hat, wie Einstein bemerkte, Energie die Eigenschaft eines Bettlers, der im Geheimen ein Millionär ist, dies aber nicht zeigt (a). Wie hier gefolgert wird, verhält sich Energie eher wie eine gewöhnliche Person (b). Sie versucht mit dem verfügbaren Geld ein angemessenes Leben zu führen.

Als Beispiel sei die bemerkenswerte Französin Alexandra David-Néel angeführt, die 1921 als Bettlerin verkleidet und nur von einem Rotkappen-Lama-Mönch begleitet, die für Fremde verbotene tibetanische Hauptstadt Lhasa erreichte. In ihrem Buch (David-Néel, 1994) beschrieb sie ihr erbärmliches Wanderleben und den Hunger, den sie als Bettlerin erlitt, während sie ihr Reisegold am Körper verborgen hatte. Sie konnte es jedoch nicht ausgeben, da sie sofort als ausländischer Eindringling erkannt worden wäre.

Später werden wir darüber sprechen, dass Geld in der Tat das finanzielle Äquivalent des physikalischen Wertes von Energie ist. Man kann es verwenden, um Waren, Dienstleistungen und Wissen zu kaufen. Und ich werde vorschlagen, das Verständnis von Energie (von Geld) zu ändern: vom eigensinnigen, geizigen Bettler zu dem eines gewöhnlichen, Geld ausgebenden Menschen (Fig. 12 b).

Wie konnte die Energievorstellung in der gegenwärtigen Physik ihre Beziehung zu Veränderungen verlieren, von denen sie ursprünglich umgeben war und von denen sie ausgegangen ist? Der italienisch-französische Mathematiker J.-L. Lagrange zog um etwa 1788 noch Bedingungen in Betracht, die Irreversibilität und Zeitorientierung berücksichtigten, als er seine berühmten Energiegleichungen für dynamische Systeme studierte. Dies bedeutet, dass er Veränderungen Aufmerksamkeit geschenkt hatte. Auch der irische Wissenschaftler W. R. Hamilton argumentierte noch, dass externe irreversible Vorgänge berücksichtigt werden sollten, als er während der ersten Hälfte des 19. Jahrhunderts die heute berühmten Hamilton Funktionen ableitete. Auch er fühlte, dass es einen Bezug zu Veränderungen geben sollte. Später wurden die Parameter, die gerade diese Veränderungen betrafen, aus der Vorstellung über die Energie einfach fallen gelassen. Geschah dies auf der Suche nach Einfachheit und mathematischer Schönheit, aus Oberflächlichkeit, oder weil man nicht begriff, wo man ansetzen sollte? Was, bei einer Energie, die erhalten bleibt, macht sie zeitorientiert und sensibel auf Veränderungen? Da nach einer Energieumwandlung die sich ergebende nicht mehr nutzbare Energie viel Unordnung und wenig Information enthält, und weil man Information braucht, um Energie wieder zu verdichten, fällt schon jetzt der Verdacht auf einen Umsatz von Information, Information über eine Ordnung, welche die nutzbare Energie bei ihrer Funktion begleitet (vergleiche dazu später Kap. 25).

Das fortwährende „Feuer" des Heraklit verlor historisch jedenfalls jede dynamische Beziehung zu Veränderungen und zum verglühenden Holz im Feuer. Die Energie wurde nur zu einer Zahl, ohne jeglichen Zusammenhang mit Veränderungen. Diese Nachlässigkeit hat, wie noch gezeigt wird, unser späteres Verständnis von der Natur und vom Universum nachhaltig geprägt und uns letztlich in eine immer unübersichtlicher werdende Sackgasse von Irrationalitäten geführt.

Ich habe selbst lange über diese seltsame Entwicklung der Vorstellung von Energie in der Physik und über deren Konsequenzen nachgedacht (Tributsch, 2008 a). Meine Schlussfolgerung ist, dass wir nur dann Veränderungen in unserer Umwelt sowie die biologische Evolution in der Natur richtig erklären können, wenn wir der Energie erlauben, eine Beziehung zu Veränderungen aufrecht zu halten. Energie muss, obwohl sie erhalten bleibt, eine zusätzliche Eigenschaft haben, die mit Veränderungen zusammenhängt. Diese Eigenschaft müsste über die Auslösung von Wirkung und Veränderung einen fundamentalen Zeitpfeil antreiben.

Heute werden jedoch alle grundlegenden Gesetze der Physik so formuliert, dass sie sich zeitumkehrbar verhalten können und die Energie neutral gegenüber Zeit und Veränderungen verstanden wird. Wenn aber Veränderungen abhängig von Energie sind, was offensichtlich ist, dann muss auch Energie abhängig von Veränderungen sein. Mathematisch kann man dies beweisen: Wenn Veränderungen eine Funktion von Energie sind, dann ist Energie eine Funktion von Veränderungen. Was in der Energie, die insgesamt erhalten bleibt, erfüllt diese Aufgabe und bewirkt die Veränderungen, bewegt die Zeit?

Dieser Punkt ist sehr wichtig. Ein wesentliches Anliegen dieses Buches besteht darin, Energie mit den Veränderungen um uns herum in Verbindung zu bringen. Ich versuche, die Spur der Forschung, die antike Wissenschaftsphilosophen hinterlassen haben, wieder aufzunehmen und im Gestrüpp der modernen Wissenschaft einen neuen Weg zu bahnen. Aristoteles, im 4. Jahrhundert vor Christus, hat nämlich schon erkannt, worauf es bei der Zeit ankommt: „Die Zeit ist das Maß einer Bewegung, die sich von einem Vorher zu einem Nachher vollzieht". Es ist das, was Bewegung hervorruft, was die Zeit letztlich antreibt. Heute wissen wir, dass es Energie ist, was Bewegung hervorruft, aber rätselhafterweise verweigert man der Energie die Fähigkeit, dies spontan zu tun. Man beschreibt sie nur als Zahl, die ihre Fähigkeit Arbeit zu leisten, anderen Mechanismen überlässt. Nur wenn wir diese Denkweise radikal verändern, wenn wir der Energie die Fähigkeit geben, aktiv zu werden, wird es möglich sein, die dynamische Natur so zu verstehen, wie sie, mit all ihrer Kreativität und ihren ablaufenden Veränderungen, beobachtbar ist. Nützliche Energie muss eine Eigenschaft haben, welche Veränderungen sowie die Zeit bewirkt. Nur so scheint es denkbar, die gegenwärtig bestehenden Irrationalitäten und Paradoxien in Wissenschaftsmodellen zu eliminieren.

Nur wenn wir der Energie und der Zeit ihre Richtung zurückgeben, werden wir auch die beeindruckende Energietechnologie der Natur, ihre effizienten Katalysatoren und ihre hohe Reaktivität bei Umgebungstemperatur imitieren können. Die Gerichtetheit der Natur spielt, wie jeder beobachten kann, eine fundamental konstruktive Rolle, indem sie verschiedenartigste Strukturen erzeugt, Evolution auslöst, Leben und Vielfalt sowie natürlich auch deren Verfall einleitet. Sie muss infolgedessen auf einem fundamentalen Niveau berücksichtigt werden. Zeitneutralität und Reversibilität sind eine Illusion, sogar in submikroskopischem Maßstab. Wissenschaftler sind absolut nicht in der Lage, ihre Experimente zeitlich ohne zusätzliche Veränderungen umzukehren, nicht einmal in wohl kontrollierten, einfachen Experimenten mit Elementarteilchen.

Beobachtung 2:
Die zweite Überlegung, die der Energie eine dynamische Eigenschaft nahelegt, bezieht sich auf oben beschriebene Vorstellungen der Quantenphysik, welche eine Bedeutung des Raumes für Energie ignorieren (Fig. 7).
In der Quantenphysik ist die Dualität von Teilchen und Welle heute ein allgemein akzeptiertes Prinzip, aber nach meinen Überlegungen stellt sie im Sinne der Energie keine Dualität dar. Es gibt zwischen konzentrierter und verdünnter Energie einen Unterschied in ihrer Fähigkeit, Arbeit zu verrichten. Das Photon gilt als punktförmig und ist viel kleiner als ein Atom. Mit abnehmender Energie wird die Wellenlänge größer. Kurzwellen der Radioübertragung sind schon 10-100 Meter, Langwellen 1-10 Kilometer ausgedehnt. Wenn Energie in einem Teilchen und in der entsprechenden Welle qualitativ nicht dieselbe ist, dann muss es eine Triebkraft und einen eingebauten Mechanismus geben, der die Energie von der eines Teilchens in die einer Welle umwandelt. Andernfalls würde die experimentell erwiesene „Dualität" zwischen Teilchen und Welle nicht funktionieren. Auch aus diesem Grunde muss die Energie, wenigstens der arbeitsfähige Anteil der Energie, eine orientierte, „vektorielle" Größe sein. In ihrer Tendenz, ihre Anwesenheit pro Zustand zu verringern, müsste die Energie von einem Teilchen zu einer Welle wechseln. Dies erfordert eine dynamische Eigenschaft der Energie. Energie im Teilchenzustand sollte den Drang verspüren, Energie in Wellenform, also Energie in einem Zustand mit geringerer Verfügbarkeit aber großräumigerer Verteilung, zu erkunden.

Beobachtung 3:
Die dritte Überlegung betrifft die Notwendigkeit, die experimentell erkannte Dualität von Teilchen und Welle aufrecht zu erhalten, solange der Quantenzustand aktiv ist. Es muss deswegen einen Mechanismus geben, der die Rückumwandlung einer Welle in ein Teilchen ermöglicht. Energie in Form von Information, aktiviert durch einen fundamentalen Dämon (ein Denkmodell), muss in der Rückumwandlung von der verdünnten Energie der Welle in die der konzentrierten Energie des Teilchens involviert sein. Diese Information wird gebraucht, um die Entropie zu

berücksichtigen und zu kompensieren, die in der verdünnten Energie der Welle vorliegt. Nur eine „Dynamische Energie" (als ein hier eingeführter Begriff im Folgenden großgeschrieben) kann ein solch dynamisches Phänomen des Energieaustausches handhaben. Eine konventionelle, „schlafende" Energie hätte kein Interesse an Arbeit und Veränderungen.

Beobachtung 4:
Eine vierte Überlegung betrifft die Schwierigkeit, die Zeitorientierung und die Selbstorganisation der Materie, ausgehend von unserer gegenwärtigen zeitumkehrbaren Physik, zu erklären und zu beschreiben. Die Zeitorientierung und die Selbstorganisation sind aber in unserer Umwelt überall sichtbar. Es muss also einen Mechanismus geben, der diese erlaubt und antreibt. Um dieses Problem zu bewältigen, wird eine fundamentale Zeitorientierung gebraucht und der einzig vernünftige Weg, dies zu bewerkstelligen, ist eine vektorielle, zeitgenerierende Energie. Nur wo Energie umgewandelt, in ihrer Eigenart von nützlicher zu nicht mehr nützlicher Energie verändert wird, ereignen sich dynamische Veränderungen und zeitabhängige Prozesse. In ihrer Nützlichkeit steckt die Zeitorientierung, denn sie löst die Veränderungen aus. Nur wo es Zeitorientierung gibt, wo wir ein „Vorher" und ein „Nachher" unterscheiden können, gibt es Rückkopplung und Selbstorganisation. Selbstorganisation aber ist eine außerordentlich kreative Eigenschaft unseres Universums. Um das damit verbundene Problem der Zeit besser verstehen zu können, sehen wir uns zunächst an, wie die Zeitorientierung in der Wissenschaft gegenwärtig als rein statistisches Phänomen gehandhabt wird.

8 Beobachtungen zur entropischen Zeitorientierung und zur Information

Nach unserer gegenwärtigen Physik verhalten sich Elementarteilchen zeitneutral. In ihr wurden alle fundamentalen physikalischen Gesetze so formuliert, dass sie zeitumkehrbar sind. Für jede Lösung eines zeitumkehrbaren Naturgesetzes x(t), kann eine zeitumgekehrte Lösung x(-t) gefunden werden. Ein solches Universum wird als fixes „Block-Universum" verstanden, an dem die Zeit nur scheinbar, als Illusion, vorübergleitet. Die großen Theorien, die Relativitätstheorie, die Quantenphysik und die Standardtheorie der Elementarteilchen, interpretieren die Natur unabhängig davon, ob die Zeit vorwärts oder rückwärts läuft und wissen auch

nichts über den Augenblick der Gegenwart auszusagen. Wie aber kann sich ein Prozess dann in nur eine Richtung entwickeln, wie wir es im Alltag stets erfahren? Warum zerbricht ein Milchkrug, setzt sich aber nicht von selbst zusammen und sammelt die Milch? Es ist bekannt, dass in der klassischen Physik ein statistischer Zeitpfeil wahrgenommen und in Richtung der Entropieerzeugung, der Entstehung von Unordnung definiert wird. Diese entwickelt sich in Richtung zunehmender Wahrscheinlichkeit und abnehmender Information über das betrachtete System. Damit berücksichtigt man eine nicht zu leugnende praktische Erfahrung, die im empirischen zweiten Hauptsatz der Thermodynamik festgeschrieben ist (Fig. 13). Die Zeit wird als Problem vieler Teilchen betrachtet, die eine totale Unordnung anstreben und dabei Information aufgeben. Diese erlebte Richtung wird gegenwärtig als Richtung der Zeit akzeptiert, obwohl sich ein solcher Prozess theoretisch auch in die Vergangenheit entwickeln könnte. Aber was diese Orientierung bedeutet, darüber werden keine weiteren Fragen gestellt. Eine solche könnte sein, wohin die Energie geht, die in der Information, die aufgegeben wird, steckte, bevor das System total chaotisch wird. Bekanntlich kann Energie nicht verloren gehen. Die Physik nutzt heute die gemessene Uhrzeit einfach als Maßstab, um Ereignisse zu ordnen. Die Zeit selbst wird als Illusion angesehen, da die Relativitätstheorie aussagt, dass in verschieden bewegten Referenzsystemen verschiedene Zeitflüsse auftreten.
Die Zunahme der Entropie S, der Unordnung, hat durch Boltzmanns berühmte Formel $S = k \ln W$, welche die Entropie S mit dem natürlichen Logarithmus der Zahl der möglichen Mikrozustände W in Beziehung bringt, eine statistische Interpretation erfahren (mit dem Boltzmann-Faktor k als Proportionalitätsfaktor). Kann eine solche Entropiezunahme in Richtung größerer Wahrscheinlichkeit auch von einer rein energetischen Interpretation abgeleitet werden, welche Dynamische Energie für ihre Erklärung einsetzt? Die klassische Interpretation der Entropie lautet, dass diese umso kleiner ist, je geordneter ein System ist, je mehr Information darüber vorliegt, und umgekehrt. Diese Erkenntnis wurde durch Studien belegt, die der österreichische Physiker und Philosoph Ludwig Boltzmann, der von 1844 bis 1906 lebte, durchführte. Er leitete das sogenannte H-Theorem ab, das zeigen will, dass sich eine zeitumkehrbare statistische Gruppe von zeitneutralen Teilchen schließlich in eine zeitorientierte umwandelt (ein Phänomen, das die statistische, „entropische" Zeitorientierung definieren soll). Dies wurde als Beweis dafür gewertet, dass die Entropiezunahme ein rein statistisches Phänomen wäre. Sie wird als ein Prozess angesehen, der auf der chaotisch statistischen Aktivität einer großen Zahl von Teilchen beruht, die ursprünglich einer zeitumkehrbaren Physik unterworfen waren. Meine Interpretation, dass es die von der Energie fundamental angestrebte

Verdünnung von Energie in Raum und Zeit, mit der Abnahme darin enthaltener Ordnung, Information, ist, welche die Entropie zunehmen lässt, scheint dieser rein statistischen Auslegung der Entropiezunahme zu widersprechen. Es ist deswegen notwendig, die Ableitung des klassischen, statistischen Zeitformalismus in Richtung höherer Wahrscheinlichkeit näher in Augenschein zu nehmen.

a)

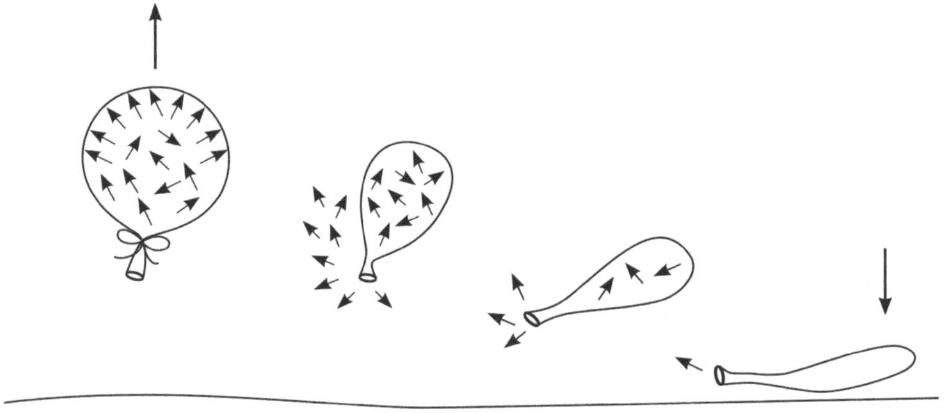

Es wird beobachtet, dass Helium aus dem Ballon ausströmt.

b)

Es wird nie beobachtet, dass sich der Prozess von alleine umkehrt.

Fig. 13. Helium-Atome, die aus einem Ballon austreten, illustrieren das Phänomen der Irreversibilität (a). Um 1876 argumentierte Josef Loschmidt, dass wegen der zeitumkehrbaren Physik eine Zeitumkehr die Moleküle zurück zwingen könnte (b). Heute bringt die Physik die Quantenunsicherheit und chaotische Wechselwirkungen ins Spiel, um einen statistischen Zeitpfeil in nur eine Richtung zu rechtfertigen. Hier schlage ich vor, dass die erlebte Zeitorientierung fundamental ist und als Zeitpfeil von einer Dynamischen Energie angetrieben wird.

Dieser Formalismus betrachtet ein Gas, in dem Teilchen völlig umkehrbaren, statistisch erfolgenden Zusammenstößen unterworfen sind. Boltzmann beschrieb das zeitumkehrbare Verhalten der Teilchen mit Hilfe von Formeln und studierte, wie sich ihr Verhalten entwickeln könnte. Er machte dies, indem er eine anfangs sehr detaillierte Beschreibung der einzelnen Teilchen dadurch vereinfachte, dass er die Teilchen innerhalb ausgewählter Gruppen sortierte.

Die Ableitung des H-Theorems durch Boltzmann beruht, strenggenommen, auf dem Austausch einer sehr genauen Beschreibung durch eine oberflächliche Abschätzung (die so genannte Markov-Mischung). Es ist eine statistische Prozedur, die darauf abzielt, auf Grundlage von wenigen Informationen über die Vergangenheit zukünftige Wahrscheinlichkeiten vorherzusagen. Sie beinhaltet einen zufälligen Prozess, der als „erinnerungslos" charakterisiert werden kann. Erinnerung und Information gehen dadurch einfach teilweise verloren. Der Übergang von sehr detaillierten anfänglichen Beschreibungen zur eben beschriebenen Vorgehensweise ist physikalisch und mathematisch mit einem Verlust von Information verbunden. Dies passiert entweder dadurch, dass man die detaillierte Wechselbeziehung zwischen den Teilchen oder den Subsystemen ignoriert, oder durch einen sogenannten Grobkörnungsprozess. Hierbei wird eine feinkörnige frühere Beschreibung durch eine grobkörnige ersetzt. Was Boltzmann noch nicht wusste und was wir bereits lernten, als der Maxwell Dämon erklärt wurde (Fig. 10), ist, dass Information einen Energieinhalt besitzt (Energie = kTln2 = 0,69 kT für 1 bit einer logischen Operation, k = Boltzmann Konstante, T = absolute Temperatur) (Szilard, 1929) (von Neumann, 1966). Boltzmann warf bei seiner Ableitung Information – und damit Energie – einfach weg.

Das H-Theorem und ähnliche modernere, statistisch mathematische Berechnungen, die von zeitumkehrbaren, fundamentalen Prozessen eine statistische, entropische Zeitorientierung ableiten, verlieren infolgedessen Information und diese hat einen Energieinhalt. Sie wandeln durch diesen Verlust verfügbare Energie in nicht verfügbare um. Das System erhält auf diese Weise, indem es Information in Form von Energie verliert, automatisch eine entropische Zeitorientierung. Es kann aus diesem Grunde nicht mehr in der Zeit umgedreht werden. Die Anfangsbedingungen können offensichtlich nicht mehr erreicht werden, was man mit der Rechnung auch anstrebte. Aber diese Eigenschaft ist künstlich. Sie wird durch den statistisch mechanischen Rechenprozess, der im Laufe der mathematischen Operation Information aufgibt, erzwungen. Das System ist, nachdem energiebezogene Information mathematisch eliminiert wurde, nicht mehr dasselbe. Diese bemerkenswerte Tatsache wird in Lehrbüchern nicht erwähnt, wenn der statistisch „entropische" Zeitpfeil erklärt wird, und unterstreicht eine schon hier erkannte gegenwärtige Tendenz: Die Rolle, die Information in der fundamentalen physikalischen Wissenschaft eigentlich spielen sollte, wird vernachlässigt. Man versteht sie nicht hinreichend und kommt zu fehlerhaften Ergebnissen. Einer dieser Fehler ist die falsche Herleitung der gegenwärtig einzig tolerierten Zeit in Richtung zunehmender Wahrscheinlichkeit. Man kann nun argumentieren: Gut, die Ableitung der statistischen Zeit ist problematisch, aber das heißt noch nicht, dass diese rein statistische Zeit in Realität nicht existierte. Tatsächlich gibt es auch ein stichhaltiges Argument dagegen. Bei diesem statistischen Zeitpfeil verliert das System Information. Da Information einen Energieinhalt hat, verliert es infolgedessen Energie. Wohin geht sie? Das Gesetz der Energieerhaltung darf nicht verletzt werden.

Heute ist jedermann Zeuge des dramatischen Einflusses des Einsatzes und der Handhabung von Information auf unser tägliches Leben. Meines Erachtens spielt Information eine ähnlich große Rolle in der Natur, was immer mehr Interesse anzieht (z.B. Johannsen, 2016). Sie müsste vor allem in Gesetzen der Physik aufscheinen. Aber sie wird bisher nicht angemessen berücksichtigt. Bei dem in diesem Buch verfolgten Ansatz spielt die Information letztlich eine Schlüsselrolle. Die bisherige Rolle von Information bei der Ableitung mathematischer Formeln für das Beschreiben der Physik ist, wie gezeigt wurde, fragwürdig und müsste tiefergehend untersucht werden. Mathematische Ableitungen physikalischer Situationen werden oft vereinfacht, um elegantere und „aussagekräftigere" Formeln zu erzielen (am Beispiel des H-Theorems von Boltzmann wurde dies genauer erläutert). Wenn durch das Vereinfachen Information über ein physikalisches System verloren geht, beschreibt die Formel nicht mehr genau die ursprüngliche Situation. Entsprechend der Menge an fallengelassener Information und ihrer Bedeutung wird das beschriebene System jetzt ein mehr oder weniger großes Energiedefizit aufweisen. Es ist nicht mehr dasselbe und wird sich unterschiedlich verhalten. Ein so mathematisch manipuliertes System ist nicht reversibel und kann sich nicht mehr in Richtung Vergangenheit, aus der es hergeleitet wurde, zurückentwickeln. Die Entwicklung des Systems, dessen zeitliches Verhalten man berechnen wollte, wird in eine entropische Zeitorientierung gezwungen. Der statistische Zeitpfeil in Richtung größerer Wahrscheinlichkeit ist eine mathematische Konstruktion. Ein Maxwell Dämon mit Information beziehungsweise Energie von außerhalb würde benötigt, um das System wiederum in Richtung einer Entropiereduktion und einer negativen Zeit umzudrehen. Allerdings würde ein solcher Prozess nicht die Zeitorientierung umdrehen. Dies ist übrigens ein weiterer Beweis, der zeigt, dass sich Systeme nur in eine Richtung entwickeln, indem sie einem fundamentalen Gesetz folgen.

In der Zwischenzeit wurde sogar experimentell nachgewiesen, dass über Zufuhr von Information (Energie) thermische Energie aus einer Wärmequelle nach dem Konzept des Maxwell Dämons geerntet werden kann (Toyabe et al., 2010). Wie erklärt wurde, stellt dieser Maxwell Dämon durch diese Zufuhr von Information wieder Ordnung aus dem Chaos her. Es erfolgt dabei keine Änderung der Zeitorientierung. Diese Zeit schreitet auch bei einer Verringerung von Entropie in dieselbe

Richtung fort, die wir erleben. Den statistischen, entropischen Zeitpfeil, den Boltzmann statistisch-mathematisch berechnete, kann man übrigens wegen der Zeitumkehrbarkeit der festgeschriebenen Naturgesetze auch für eine negative Zeit errechnen. Niemand jedoch hat diese negative Zeitorientierung beobachtet. Daraus sollte man zusätzlich schließen, dass der ganze Ansatz des statistisch berechneten Zeitpfeils problematisch und zumindest teilweise unrichtig ist. Dies sieht man auch schon daran, dass man in lebenden Systemen Molekülstrukturen beobachtet, welche durch Rückkopplungsprozesse, also über das Erkennen von vorher und nachher, lokal Ordnung aufbauen und so Entropie reduzieren. Wie könnten solche Moleküle anhand einer statistischen Zeitorientierung, an der viele Teilchen beteiligt sein müssten und Unordnung und Entropie erzeugen, die Zeit ablesen?
Wenn außerdem die Zeitorientierung durch mathematische Statistik manipuliert werden musste, um den statistischen Entropiepfeil herzuleiten, und wenn ein Wegwerfen von Information auf dem Weg zu maximaler Wahrscheinlichkeit gegen die Energieerhaltung verstößt, was dann erzeugt die Zeitorientierung, die wir in unserer Umgebung real erkennen? Mein Verständnis ist, dass Energieumwandlung die Zeit antreibt. Die Veränderungen, welche die Zeit bestimmen, werden durch Energieumwandlungsprozesse verursacht. Ohne Energieumwandlung ändert sich nichts. Aber welche Zeit genau ist es, die dabei abläuft, und wie kann Energie einen fundamentalen Zeitpfeil antreiben?

9 Das neue Energie-Theorem

Die neue Energieeigenschaft, die ich als fundamentales Gesetz definiere, ist sehr einfach zu beschreiben:

„Energie hat, innerhalb der Einschränkungen des Systems, die Tendenz, ihre Anwesenheit pro Zustand zu verringern und zu minimieren“ (7)

Energie erhält somit eine dynamische Eigenschaft, was ihrem Namen – er wird vom griechischen „energeia“ abgeleitet, was soviel wie „wirkende Kraft“ oder „das Treibende“ bedeutet – durchaus gerecht wird. Diese Minimierung von nutzbarer Energie soll so verstanden werden, dass sie sowohl in Bezug auf die Zeit als auch auf den Raum geschieht, da ein vergrößerter Raum zusätzliche Zustände anbietet, die besetzt werden können. Raum ist also für das Verhalten von Energie wesentlich. Das neue Energieprinzip soll nun unter Verwendung eines einfachen Beispiels erklärt werden. Ein Zustand, wie er hier erwähnt wird, ist die spezielle Form, die Materie annimmt, um, temporär oder permanent, Energie zu speichern. Wenn ein Molekül, wie der grüne Pflanzenfarbstoff Chlorophyll (Fig. 14), Energie in Form eines Lichtteilchens absorbiert, dann wird ein Elektron von einem niedrigeren auf einen höheren Energiezustand angehoben (angeregt). Dieser Zustand stellt eine diffuse Verteilung des Elektrons innerhalb des Chlorophyll-Moleküls dar, die verschieden von der Verteilung des Elektrons ist, bevor Licht absorbiert wurde. Im höheren Energiezustand kann das Elektron den Bruchteil einer Millionstel Sekunde überleben. Dann wird es wieder auf einen niedrigeren Zustand herunterfallen, während es Energie in Form von Schwingungen, Rotationsbewegungen von Molekülen und (oder) Licht niedrigerer Energie freisetzt. Diese Prozesse folgen dem vorgeschlagenen Gesetz, dass „Energie die Tendenz hat, ihre Anwesenheit pro Zustand zu minimieren“. Die Energie, die ursprünglich auf den höheren Zustand konzentriert war, wird in viele chaotische, kleinere Energieeinheiten umgewandelt, die alle zur Wärmebildung beitragen.

Später, in Kap. 25 und über den Lehrsatz (17), wird erkannt werden, dass die Irreversibilität der Energieprozesse dadurch entsteht, dass Energie in Summe zwar erhalten bleibt, dabei aber Information über Energie aufgegeben wird. Energie mit hohem Informationsgehalt und einem entsprechend hohen Ordnungszustand (freie, verfügbare Energie) wandelt sich in Energie mit niedrigem Informationsinhalt (nicht verfügbare Energie in Form von Entropie). Da die Information mit Energie gekoppelt ist (es handelt sich um jeweils andere Organisationszustände der Energie) ist die Energiebilanz gewährleistet, auch wenn Information dabei verlorengeht. Ihr Energieinhalt wird einfach bei der Energie mitgezählt. Durch Selbstorganisation oder Information von außen kann Energie Ordnung aufbauen und diese auch wieder abgeben. Die Beziehung (7) drückt damit aus, dass nützliche Energie dadurch umgewandelt wird, dass enthaltene Information (Ordnung) abgebaut wird, und die Energie sich als Folge davon in Formen geringerer Ordnung umstrukturiert und nicht mehr nutzbar wird. Dass Energie eine Informationskomponente besitzen sollte, wurde übrigens bereits vom Biologen Stonier, 1990, angenommen, da man ihr verschiedene Ordnungsgrade zuordnen kann. Blicken wir nun auf einen Laserstrahl aus einem Gaslaser. Er beinhaltet ein hohes Maß an Information. Erzeugen kann man ihn, indem man ein Gas zwischen zwei Spiegeln über Strom zum Leuchten bringt. Das Laserlicht entsteht durch einen Selbstorganisationsprozess, der Information, also Ordnung, aufbaut. Wenn dieser Laserstrahl Wirkung erzeugt und Information dabei abgebaut wird, entsteht Zeit.

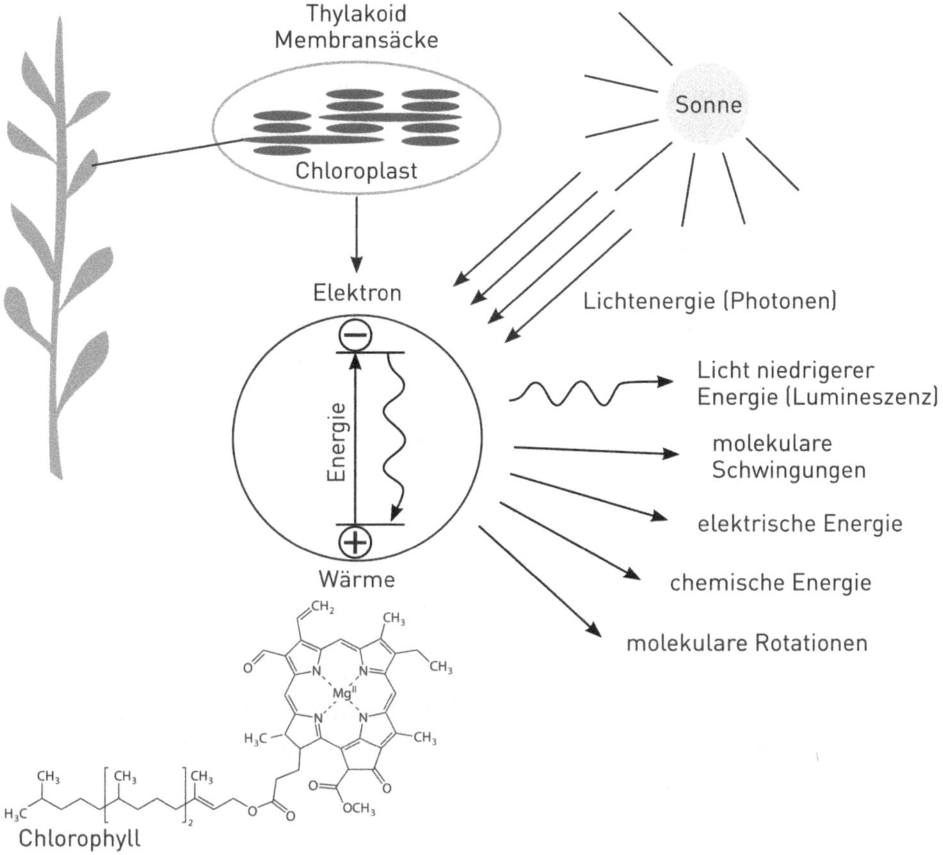

Fig. 14. Bei natürlichen Prozessen wird beobachtet, wie freie, verfügbare Energie ihre Anwesenheit pro Zustand mit der Zeit verringert und sich in ein größeres Volumen ausbreitet. Das hier ausgewählte Beispiel zeigt ein Chlorophyll-Molekül in einem grünen Blatt, in dem nach der Lichtabsorption ein Elektron in einen energiereicheren Zustand überführt wird. Von dort aus wird seine Energie auf ungeordnetere Zustände umverteilt. Eine Abnahme von Information begleitet den Prozess.

Was wir an Veränderungen in der Zeit sehen, ist das, was die Energieumwandlung generiert. Es ist Wirkung, die als Zeitintegral über Energie, vereinfacht als „Energie multipliziert mit der Zeit“ definiert ist. Diese Wirkung ist in der Wissenschaft eine sehr wichtige Größe, weil sie innerhalb eines sehr fundamentalen Prinzips angesprochen wird, dem Prinzip der kleinsten Wirkung. Energie hat, wie Fig. 14 aufzeigt, zwei Möglichkeiten, ihre Anwesenheit pro Zustand zu verringern. Sie kann es in Abhängigkeit von der Zeit tun oder auch dadurch, dass sie ihre Anwesenheit im Raum verdünnt. Energie kann zum Beispiel den Ort in Form von Wärme oder in

Form von Lumineszenzlicht verlassen. Energie wird dabei umgewandelt, was bedeutet, dass freie, verfügbare Energie weniger oder nicht mehr verfügbar wird. Dies geschieht zum Beispiel in Form von molekularen Schwingungen oder Rotationen, welche die mäßige Temperatur der Umgebung ausmachen. Diese nicht mehr verfügbare Energie (entropische Energie, beschrieben durch das Produkt von Entropie und Temperatur) kann in Form eines Wärmereservoirs vorliegen, allerdings mit einer geringeren Temperatur als nötig wäre, um Energie zurück gewinnen zu können. Diese Tendenz einer Entropiezunahme in einem abgegrenzten Raum ist genau das, was das 2. Gesetz der Thermodynamik beschreibt. In einem geschlossenen Raum strebt die Entropie einem Maximum zu (siehe später).
Von diesen und früheren Überlegungen, und weil Entropie nicht verfügbare Energie bedeutet (wenn man sie mit der absoluten Temperatur multipliziert), kann das folgende fundamentale Gesetz abgeleitet werden:

„Eine Verdünnung der Energiedichte verringert die Arbeitsfähigkeit der Energie“ (8)

Dies bedeutet, dass ihr „entropischer“ Energieinhalt, ihr Gehalt an nicht verfügbarer Energie, zunimmt, wenn Energie im Raum verdünnt wird. Gleichzeitig nimmt die Information, die der Energie zugeordnet werden kann, ab. Wir werden später sehen, dass diese so formulierte fundamentale Eigenschaft genau das ist, was die Quantenphysik, mit der Konsequenz, dass Paradoxien entstehen, vernachlässigt.
Wie können wir an einem einfachen Beispiel anschaulich verstehen, dass verdünnte, verteilte Energie einen geringeren Energiewert hat? Blicken auf einen traditionellen Köhler, der Holzkohle erzeugt. Er braucht eine bestimmte Menge an Energie in Form von Holz, um einen mit Erde bedeckten Holzstoß aufzubauen und dann das Holz in Abwesenheit von Sauerstoff für die Holzkohleproduktion zu erhitzen. Dieser Prozess spielte im Mittelalter eine große Rolle und in manchen Gegenden Zentralafrikas trägt er noch heute zur Vernichtung riesiger Wälder bei. Zwei Situationen sind in Fig. 15 dargestellt. In einem Fall (a) befindet sich das Holz schon am Ort der Holzkohleherstellung. Im zweiten Fall (b) ist es noch in Form kleiner Haufen in der umliegenden Waldgegend verstreut. In beiden Fällen ist die gesamte Energiemenge in Form von Holz identisch. Doch das verteilte Holz hat einen geringeren Energiewert, denn zusätzliche Energie wird in Form von Information über die Position der kleinen Holzhaufen sowie für den Transport des Holzes an den Platz, wo die Holzkohle gebrannt wird, benötigt.
Viele weitere Beispiele könnten vorgestellt werden, die zeigen, dass dieselbe Menge

konzentrierter Energie nützlicher ist, als ihr Äquivalent in verdünnter Form. Wenn man einen Topf Kaffee in die Sonne stellt, wird er nicht kochen. Mit einem Parabolspiegel aber kann man ihn zum Kochen bringen. Hier lenkt ein technisches Gerät, das Information für das Licht beinhaltet, die Sonnenstrahlen um und konzentriert sie. Information hilft also, Entropie zu reduzieren.

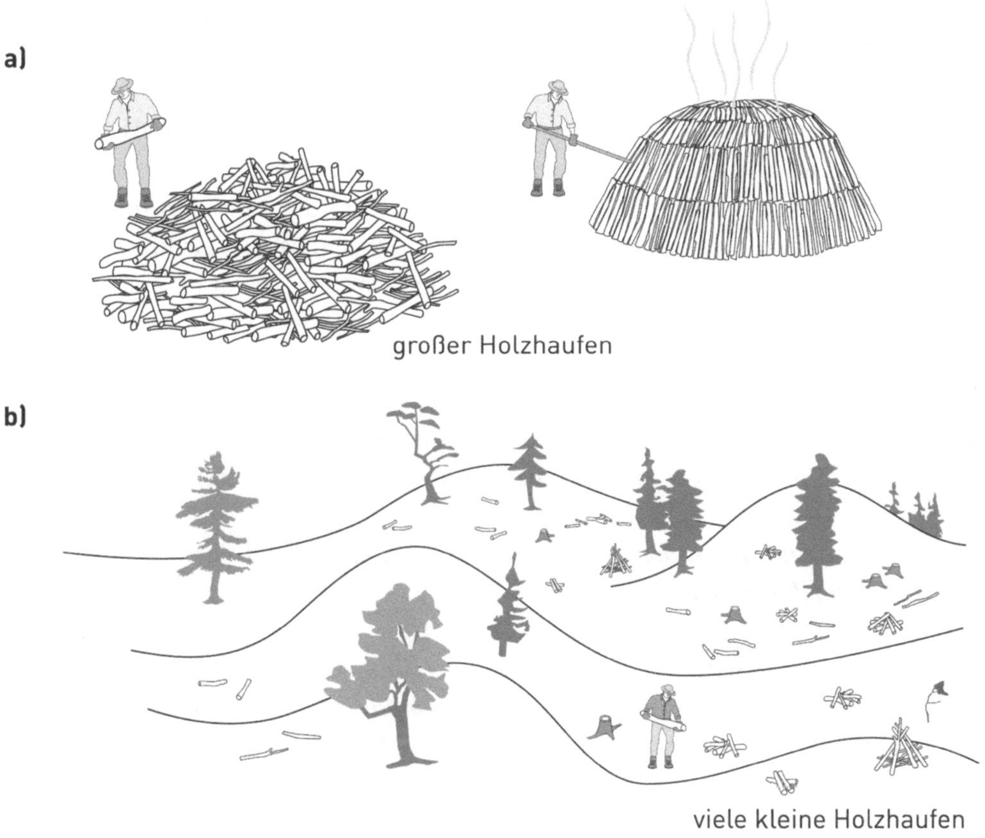

Fig. 15. Das Bild zeigt einen Köhler, der einen Holzstapel für die Holzkohlenproduktion vorbereitet. In einem Fall (a) ist das Holz bereits neben dem zukünftigen Kohlemeiler aufgehäuft. Im zweiten Fall (b) ist das Holz noch in kleinen Haufen im umliegenden, gelichteten Wald verteilt. Warum ist der effektive Energiewert des Holzes im Fall (b) kleiner? Zusätzliche Information, und damit Energie, wird gebraucht, um es zu sammeln und zu transportieren.

Ein Prozess der spontanen Umverteilung von Energie, von einer konzentrierten Form in eine verteilte Form, funktioniert natürlich nur, wenn dieser nicht durch andere Einschränkungen unterbunden wird. Ein Quantenzustand kann als solches

Energiesystem aufgefasst werden. Er kann von einem Elektron oder einem Photon (Licht) repräsentiert werden. Licht kann als Teilchen oder als Welle beschrieben werden. Wird Licht durch ein kleines Molekül absorbiert, funktioniert Licht wie ein winziges Teilchen. Wird es durch eine Linse gebrochen, verhält es sich wie eine ausgebreitete Welle. Nehmen wir an, dass der Zustand des Teilchens aktiviert ist. Nach der klassischen Quantentheorie kann das Photon ohne geeignete Wechselwirkungsmöglichkeiten weder Energie umwandeln noch in der Zeit reagieren. Es kann keine Wirkung „Energie mal Zeit" produzieren. Das Photon wird jedoch versuchen, die Anwesenheit seiner Energie pro Zustand zu reduzieren und dabei seine konzentrierte Energie in die Energie einer Welle zu verdünnen. Es wird zwischen dem Teilchenzustand und dem Wellenzustand wechseln, da beide Eigenschaften alternativ verfügbar sind. Abhängig von der Art der Strahlung kann die Ausdehnung der Welle Bruchteile eines Mikrometers (ein Millionstel Meter) bis hin zu ganzen Metern oder Kilometern betragen. Es gibt offensichtlich eine dramatische Änderung der Energiedichte zwischen einem Teilchen und einer Welle. Da die Physik entdeckt hat, dass eine Teilchendarstellung und eine Wellendarstellung der elektromagnetischen Strahlung äquivalent sind, und da die Energie nach unseren Überlegungen bestrebt ist, ihre Energiedichte zu verringern (Postulat (7)), kann folgende Regel für das Verhalten eines Quantenzustandes abgeleitet werden:

„Es gibt einen fortwährenden Wechsel zwischen dem Zustand eines Teilchens und dem einer Welle" (9)

Als Unterstützung für diesen Anspruch kann argumentiert werden, dass ein Quant, wenn es ankommt, im Voraus nicht weiß, ob es einem kleinen Molekül für eine Absorption oder einer ausgedehnten, schichtartigen Struktur für eine Interferenz begegnen wird. Ein Quant muss infolgedessen in der Lage sein, von der Teilchenform in die Wellenform und umgekehrt zu wechseln.

Um den Vorschlag noch einmal zusammenzufassen: Verfügbare Energie hat die Tendenz, ihre Anwesenheit pro Zustand in Raum und Zeit zu verringern. In einem Quantenzustand, in dem eine Energieumwandlung nicht erlaubt oder vorgesehen ist, oszilliert die Energie in ihrem Bemühen, die Anwesenheit pro Zustand zu verringern, zwischen dem Teilchenzustand und dem Wellenzustand. Energie sondiert damit den Effekt des Raumes. Da diese Situation für den Quantenzustand eine Sackgasse darstellt, wandelt sich das System zurück in ein Teilchen. Wie dies funktioniert und im Einzelnen verstanden werden kann, wird später erläutert werden. Zuvor soll betont werden, dass die drei Postulate im Zusammenhang mit der

Dynamischen Energie (7), (8) und (9) im Wesentlichen zu einem Teil unserer neuen „symbolischen Form" geworden sind. Das erste ist das wichtigste und fordert eine Eigenschaft der Energie, die auf die Verringerung ihrer Anwesenheit pro Zustand abzielt. Diese Eigenschaft besteht darin, dass letztlich interne Information (Ordnung innerhalb von selbstorganisierter Energie) zugunsten von Unordnung aufgegeben wird. Nützliche Energie (chemische Energie, Lichtenergie, elektrische Energie, Schallenergie, mechanische Energie) beinhaltet ein gewisses Maß an Ordnung und damit Information. Wärme, die mechanisch-kinetisch Energie darstellt, besitzt bei höherer Temperatur mehr Information als bei niedriger. Die zwei zusätzlichen Postulate (8) und (9) sind im Wesentlichen vom ersten abgeleitet und helfen, die Natur in gewissen Situationen zu verstehen. Sie betreffen die Abnahme der Energiequalität, und damit der enthaltenen Information, aufgrund einer Verdünnung von Energie im Raum und das Verhalten der Dynamischen Energie im Zusammenhang mit dem Teilchen-Welle-Dualismus. Später wird sich herausstellen, dass die Nichtberücksichtigung solcher Eigenschaften in der historisch gewachsenen Quantentheorie für die Irrationalitäten und Paradoxien verantwortlich ist.

Was ich als Dynamisches Energietheorem definiert habe, klingt auch deshalb schlüssig, weil dynamische Veränderungen und eine Umverteilung von Energie in kleinere Einheiten überall in unserer Umwelt beobachtet werden können. Ohne Energieumwandlung passiert praktisch nichts. Ein fundamentaler Zeitfluss, der mit dem Energieumsatz zusammenhängt, ist infolgedessen intuitiv erkennbar. Meine Forderung und die neue „symbolische Form" bedeuten einen Paradigmenwechsel. Thomas Kuhn, ein eminenter Wissenschaftshistoriker, beschreibt ein Paradigma als einen Satz von Praktiken, die eine wissenschaftliche Disziplin im Wesentlichen über universell anerkannte wissenschaftliche Errungenschaften definieren (Kuhn, 1970). Es gibt gegenwärtig in der Physik kein existierendes grundlegendes Gesetz, das einen fundamentalen, durch Energie betriebenen Zeitpfeil definiert. Der oben diskutierte, statistische, entropische Zeitfluss, der darauf abzielte, Veränderungen zu erklären, beruht auf einer mathematischen Manipulation. Dabei wird Information über das ursprünglich beschriebene und berechnete statistische Ensemble, das sich im zeitneutralen Gleichgewicht befunden hat, aufgegeben. Man lässt Information verschwinden, um gleichzeitig zu zeigen, dass sie dem System abhandenkommt. Ich jedoch bestehe darauf, dass ein fundamentaler Zeitpfeil, wie er durch (7), (8) und (9) definiert wird, notwendig ist, um Irrationalitäten in der Physik zu eliminieren. Ich bin sogar überzeugt, dass dieser Zeitpfeil von der klassischen physikalischen Erfahrung in geradliniger Weise abgeleitet werden kann, was im nächsten Kapitel gezeigt wird.

10 Die Reduktion der Energie pro Zustand und das Prinzip der kleinsten Wirkung

Wir sollten hier kurz anhalten und über die fundamentale Bedeutung der vorhin abgeleiteten Aussage über die Dynamische Energie nachdenken. Ist sie etwas grundsätzlich Neues oder gibt es eine überzeugende Verbindung zur klassischen Physik? Wir wollen auf einen Stein blicken, der einen Hügel herabrollt (Fig. 16). Er wird einem besonderen Weg folgen, entlang dem er verschiedene Werte an Energie der Lage (potentielle Energie) und Bewegung (kinetische Energie) annehmen wird. In der Physik ist bekannt, dass der Weg, den der Stein zurücklegt, dem „Prinzip der kleinsten Wirkung" folgt. Dies bedeutet, dass das Zeitintegral über die verfügbare Energie E einem Minimum entgegenstrebt (E ist in diesem Fall die Differenz zwischen kinetischer Energie T, der Energie, die in der Geschwindigkeit steckt, und der potentiellen Energie V, der Energie, die der Position im Gravitationsfeld über dem Boden entspricht (also E=T-V). Das Ergebnis ist eine Zahl. In anderen Worten: Von der Natur wird der effizienteste und energiesparendste Weg als Bahn eines Steines den Hügel hinunter gewählt.

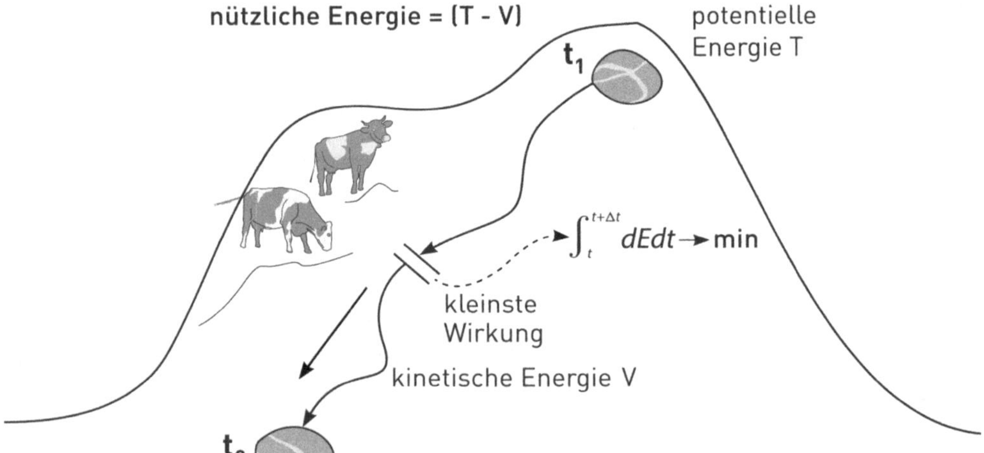

Fig. 16. Ein Stein, der von einem Hügel rollt, folgt dem Prinzip der kleinsten Wirkung. Die Natur wählt den in Raum und Zeit wirksamsten Weg. Da jeder winzige Abschnitt des Integrals, das auf die „kleinste Wirkung" abzielt, gleichfalls minimal werden muss, folgt als notwendige Konsequenz die Zeitorientierung der Energie. Es ist das hier vorgeschlagene, neue Dynamische Energieparadigma.

Das Prinzip der kleinsten Wirkung ist sehr fundamental und viele Gesetze der Physik können davon abgeleitet werden. Beispiele sind die klassischen Bewegungsgleichungen und die Prinzipien von Maupertuis und Hamilton. Der Weg eines Steines, der durch die Luft geworfen wird, ebenso wie die Bahn eines Planeten, der um die Sonne kreist, sind vom Prinzip der kleinsten Wirkung ableitbar. Das Fermat'sche Prinzip der Optik, das aussagt, dass das Licht den kürzesten Weg einschlägt, beruht ebenfalls darauf. Das Prinzip der kleinsten Wirkung kann auch für die Ableitung der Allgemeinen Relativitätstheorie dienen. Das Prinzip der kleinsten Wirkung ist ein ausgesprochen fundamentaler Mechanismus, den die Natur generell anwendet. Bis jetzt konnte niemand erklären, warum die Natur dieses Prinzip angenommen hat und was es fundamental bedeutet. Die gegenwärtige Wissenschaft ist mit der Vorstellung einer „schlafenden" Energie, die dem Prinzip der kleinsten Wirkung unterworfen ist, zufrieden. Ich kann es nicht sein und werde zeigen, dass dieses wichtige Prinzip mehr erklärt, als dies klassisch erwartet wird.
Wir wollen uns einen rollenden Stein ansehen. Wenn der Zeitrahmen des Integrals der „kleinsten Wirkung" für den rollenden Stein ($\int_{t1}^{t2}(T-V)dt$) in viele kleine Zeitintegrale über die Energie unterteilt wird, müssen diese schmalen Ausschnitte ebenfalls minimal werden. Dies bedeutet, dass auch jedes infinitesimal kleine Integral $\int_{t}^{t+\Delta t} E(t)dt$ über die Energie zur Zeit t ein Minimum anstreben muss. Dies ist mathematisches Wissen, das in Lehrbüchern behandelt wird (z.B. Feynman, Lectures on Physics, 1964). Das Produkt E(t)Δt muss demzufolge von sich aus ein Minimum ansteuern. Wir wollen nun untersuchen, was es bedeutet, wenn diese sehr engen Zeitintegrale über die Energie, beziehungsweise das Produkt von Energie mal Zeit, minimal werden sollen. Das klassische Verständnis von Energie in der Physik ist, dass sie sich als „skalare" Größe verhält. Die Energie „schläft". Ein „Skalar" ist nicht eine orientierte, vektorielle Größe, sondern einfach eine gegebene Zahl. Ich sage, dass eine gegebene Zahl kein Minimum anstreben kann, weil eine Zahl an sich als unveränderlich definiert ist. Um imstande zu sein, sich einem Minimum anzunähern, wie es das Prinzip der kleinsten Wirkung verlangt, muss die Wirkung eine Eigenschaft haben, die solches Verhalten erlaubt. Energie muss deswegen eine orientierte Größe sein, eine Größe, die zeitlich gerichtet und in der Lage ist, ein Minimum auch wirklich anzustreben. Beim Prinzip der kleinsten Wirkung ist demnach das Zeitintegral über Energie als Aussage über einen Zustand zu verstehen, der sich weit weg vom Gleichgewicht befindet: Die lokal verfügbare Energie E(t) zielt darauf ab, ein Minimum zu werden. Im anderen Fall, als reine Zahl, kann

Energie aus sich heraus kein Minimum anstreben. Wenn man die dreidimensionale Geometrie eines Hügels, von dem der Stein herabrollt (Fig. 16), betrachtet, dann erfolgt dabei eine Minimierung der freien Energie des Steines in Zeit und Raum. Dies ist genau das neue Dynamische Energiepostulat (7), das ich hier vorschlage.

Der Paradigmenwechsel für Energie, der hier eingeführt wird, ist daher nichts anderes als eine dynamische Interpretation des Prinzips der kleinsten Wirkung, angewandt auf eine infinitesimal enge Zeitperiode. Er macht dieses Prinzip zu einer Aussage, die mit der fundamentalsten Grundlage des Verstehens von physikalischen Mechanismen vereinbar ist.

Eine solche Schlussfolgerung kann auch über ein anderes Argument bestätigt werden: Wirkung „Energie mal Zeit" ist die Konsequenz von Ursachen. Eine solche Konsequenz erfordert einen Zeitfluss. Wirkung ist infolgedessen mit einem Zeitfluss verbunden – dies allerdings nicht in der herkömmlichen Physik! Weder Energie noch Zeit sind dort orientiert und mit einem echten Zeitfluss verknüpft.

Bisher hat niemand verstanden, warum die Natur das Prinzip der kleinsten Wirkung als grundlegendes Prinzip ausgewählt hat. Eben wurde gezeigt, wie das hier vorgeschlagene Dynamische Energiepostulat (Aussage (7)) von diesem Prinzip abgeleitet werden kann und dass verfügbare, freie Energie „dynamisch" ist und in der Lage sein muss, sich zu minimieren. Der dynamische Charakter der verfügbaren, „freien" Energie steckt in ihrer inneren Ordnung (Information), die während der Energieumwandlung abgebaut und umstrukturiert wird. Das Prinzip der kleinsten Wirkung kann als dem Dynamischen Energiepostulat äquivalent angesehen werden. Um das Minimum des Integrals zu finden, welches dieses Prinzip ausdrückt, muss man es differenzieren. Nach der Leibniz-Regel, die für diesen Zweck anzuwenden ist, bleibt die „Dynamische" Energie übrig und muss ihren (freien) Energieinhalt minimieren. Dabei wird nicht die Energie selbst reduziert. Sie bleibt ja insgesamt erhalten. Reduziert wird die innere Ordnung und die damit verbundene Information, was zu einer Umstrukturierung der Energie führt. Dies bestätigt, dass das „Dynamische" Energiepostulat vollkommen nachvollziehbar ist. Und es führt zu einem anderen erstaunlichen Ergebnis: Das Prinzip der kleinsten Wirkung, das für die klassische Physik so wichtig geworden ist, drückt nichts anderes aus, als die Existenz einer Dynamischen Energie und eines orientierten, von Energie beziehungsweise ihrer inneren Ordnung angetriebenen Zeitpfeils in der Natur. Zum ersten Mal in der Geschichte der Wissenschaft, nach 300 Jahren kontroverser Diskussion, wird für die fundamentale Bedeutung des Prinzips der kleinsten Wirkung eine einleuchtende Erklärung offensichtlich (Tributsch, 2017). Es ist eine zutiefst logische Erklärung. Sie besagt, dass die Natur fundamental irreversibel und dynamisch

ist. Wenn ein energieenthaltendes System seinen freien, nützlichen Energieinhalt über den Abbau von Ordnung und Wegfall von Information minimiert und die Zeit antreibt, löst dies eine Spur von Veränderungen aus.
Die Veränderungen entstehen, weil sich die im Energiesystem enthaltene Information ändert. Es ist mehr oder weniger das, wonach der antike Philosoph Heraklit (Fig. 11) suchte, nach dem „Unveränderlichen, dem alle Veränderungen entspringen". Die Energie ist das Unveränderliche. Daraus, und in der Energiebilanz mitgezählt, entspringt die Information, die Ordnung, welche abgebaut wird und dabei die Veränderungen bewirkt. Am Anfang der Energiewandlung ist ein höherer Anteil als Information deklariert. Am Ende der Energiewandlung ist es insgesamt nur mehr ein kleinerer. Die Energiebilanz bleibt erfüllt, weil die Energie der Information in der Gesamtbilanz der Energie enthalten ist. Aber die Arbeitsfähigkeit wurde durch Verlust dieser Information, beziehungsweise Ordnung, eingebüßt.
Das Prinzip der kleinsten Wirkung behauptet genau diese Tatsache einer solchen dynamischen Energie und drückt einen fundamentalen, von Energie angetriebenen Zeitpfeil aus. Niemand vorher scheint hinter dem mysteriösen Prinzip der kleinsten Wirkung eine solch einfache Wahrheit gesehen zu haben. Der Stein in Figur 16 weiß einfach seinen Weg, weil er diesem Zeitpfeil folgt.
Der Grund, warum die fundamental dynamische Natur des Prinzips der kleinsten Wirkung nicht vorher erkannt und in einem solchen Zusammenhang gewertet wurde, dürfte zwei einleuchtende Ursachen haben. Erstens wurde Energie bisher als ein Skalar definiert, als eine Zahl, die kein Interesse hat, Veränderungen hervorzurufen. Und zweitens wurden alle fundamentalen Gesetze, sogar diejenigen, die vom dynamischen Prinzip der kleinsten Wirkung abgeleitet wurden, als vollkommen zeitumkehrbar gehandhabt. Die im Prinzip der kleinsten Wirkung verborgenen zeitorientierten Mechanismen wurden einfach nicht erkannt und achtlos beiseite gelassen, weil sie den reversiblen und zeitumkehrbaren Eigenschaften der klassischen Messgrößen in der Physik zu widersprechen schienen. Ein Dynamisches Energieprinzip, welches das Prinzip der kleinsten Wirkung darstellt, wurde auf eine zeitumkehrbare Physik und auf skalare, zeitneutrale Energiewerte in Form von Zahlen angewandt. Auf der Basis dieser Überlegungen versteht man auch die Manipulation, welche die mathematische Physik angestellt hat, um wichtige Mechanismen abzuleiten. Da man die Fähigkeit der freien Energie, ihre Anwesenheit pro Zustand selbst zu minimieren, ignoriert hat und da sich einfache Zahlen (schlafende Energie als Skalar) auch nicht selbst minimieren, setzte man einfach ein geeignetes mathematisches Verfahren ein, das diese Aufgabe übernahm. Mit der sogenannten Variationsrechnung kann man tatsächlich die Möglichkeiten abtasten

und die Kurve identifizieren, für welche die Wirkung ein Minimum wird. Man geht also unter dem mathematischen Deckmantel so vor, als ob Energie tatsächlich dynamisch wäre, und erhält damit dynamische Bewegung von skalaren, nichtorientierten Größen. Ähnlich ist die Situation bei anderen Anwendungen des Prinzips der kleinsten Wirkung. Einstein, zum Beispiel, setzte viele Bemühungen daran, die Allgemeine Relativitätstheorie vom Prinzip der kleinsten Wirkung formal abzuleiten. Er nutzte dafür die klassische Interpretation der Energie als Skalar, als Zahl, und der Zeit als einen einfachen Parameter, als einen Maßstab, der Veränderungen misst. Einstein berücksichtigte in seiner Theorie auch nur zeitumkehrbare physikalische Gesetze. Eine Zeitorientierung war auf diese Weise in den abgeleiteten Mechanismen ausgeschlossen. Trotzdem wird die Allgemeine Relativitätstheorie dazu verwendet, unglaublich dynamische, hypothetische Prozesse wie den Big Bang oder die sie begleitende Inflation als eine explosive Expansion des leeren Raumes zu beschreiben. Dies alles geschieht nur durch Änderung von Parametern und Zahlen in der Theorie und durch Betrachtung der Ergebnisse in Bildern. Es ist an der Zeit, solch unrealistische Annahmen neu zu evaluieren, was ich später versuchen werde.

Über die dynamische Interpretation des Prinzips der kleinsten Wirkung wird auch das Entstehen eines fundamentalen Zeitflusses offensichtlich. Die Realität von Veränderung ist Wirkung in ihrer dynamischen, zeitorientierten Form. Diese Wirkung wird, wie in folgenden Kapiteln noch vertieft ausgeführt, durch einen Abbau von Information innerhalb der verfügbaren Energie, auf ihrem Weg zur nicht mehr verfügbaren Energie, ausgelöst. Dies entspricht einer Reduktion von Ordnung im Energiesystem mit der Konsequenz, dass Wirkung erzeugt wird. Die Summe über die vielen kleinen Elemente von Wirkung stellt das dar, was wir als Veränderungen in der Umwelt erkennen. Sie prägt den wirklichen Zeitfluss. Man kann ihn somit auch als Abbau von Information über die Vergangenheit verstehen.
Von diesem Fluss von Wirkung kann die klassische Uhrzeit formal herausgerechnet werden, wenn die Wirkung (Energie mal Zeit) durch die umgesetzte Energie dividiert wird, also durch Normierung von ihr befreit wird. So erhält man ein geeichtes Maß für Veränderungen, das die Uhrzeit ergibt. Jedoch ist eine solche Zeit, die Uhrzeit, ein künstlicher, genormter Maßstab, der von der bewirkenden Energie befreit ist, welche die Zeit antreibt. Er ist ein Werkzeug für Messungen und Berechnungen, ein Werkzeug lediglich für die Erfassung von Veränderungen. Diese Uhrzeit repräsentiert keine reale Substanz mehr, die fließt. Sie bezieht sich weder auf Materie noch auf Energie. Sie kann deswegen nicht mehr direkt, wie fließendes Wasser oder wehender Wind, vermessen werden. Sie wird mit Hilfe eines speziel-

len Gerätes, einer Uhr, erzeugt, die durch zur Verfügung gestellte Energie die Bewegung eines Pendels, die Oszillation eines Quarzkristalls oder den Elektronenübergang eines Atoms aktiviert. Was durch diese periodischen Bewegungen an Zeitintervallen gemessen wird, hat nichts mehr mit Energieumwandlung zu tun. Sie werden lediglich von Naturkonstanten und Materialparametern beschrieben und dienen zur Vermessung von Sekunden, Stunden und Tagen, die durch astronomische Fakten vorgegeben sind. Die Uhrzeit beschreibt, wenn sie geeicht ist, einfach die Uhrzeit, wie sie Einstein in seiner Relativitätstheorie nutzte. Diese klassische Zeit, die Uhrzeit, ist nur ein Maßstab. Ein Zeitmaßstab misst nur, aber bewirkt nichts und erklärt nicht dynamische Veränderungen. Innerhalb der Dynamischen Energie steuert nur der Fluss der Wirkung, Energie mal Zeit, beziehungsweise der ihn begleitende Abbau von Information, den wirklichen Zeitpfeil in der Natur und bestimmt damit seine Gesetzmäßigkeiten. Ich werde die damit verbundene, gerichtete Zeit „Wirkungszeit" nennen. Sie ist die wirkliche Zeit und kann, wegen ihrer Wirkung, auch direkt gemessen werden. Die Uhrzeit, andererseits, die nur ein genormter, von Energie befreiter Maßstab für die Zeit ist, könnte man mit einem „Alias" auf dem Computer vergleichen. Es weist auf das Programm hin, verbindet mit ihm, ist aber nicht das Programm. Das echte Zeitprogramm der dynamischen Energiewelt, die operative Zeit des Zeitpfeils ist die „Wirkungszeit". Dieser Fluss von Wirkung beziehungsweise Information ist für verschieden große Energiesysteme verschieden intensiv. Das ist verständlich, denn wo viel Energie umgesetzt wird, gibt es auch viele Veränderungen, wo wenig Energie umgesetzt wird, wenige. Alle zusammen prägen die erlebbaren Veränderungen in unserer Umgebung. Um sie insgesamt und gemittelt verfolgen zu können, hat die Technik Uhren mit ihrer Uhrzeit entwickelt, die, losgelöst von Energieumsatz und angepasst an astronomische periodische Ereignisse, einen ausgeglichenen Maßstab für den Ablauf von Zeitprozessen vermittelt. Sie gibt dem Menschen die Anhaltspunkte, die er für die Organisation seiner Aktivitäten in einer dynamischen Welt braucht.

Nun wollen wir uns aber noch mit einem weiteren, recht wichtigen Sachverhalt auseinandersetzen: Die Phänomene, welche die in der jetzigen Physik etablierte Zeitvorstellung motiviert haben – Entwicklungen in Richtung zunehmender Wahrscheinlichkeit und wachsender Entropie – existieren wirklich. Beispielsweise verdünnt sich konzentriertes Gas und strebt durch die Verdünnung einen Zustand größter Unordnung und geringster Information an. Die Entropie nimmt also auch auf diese Weise zu. Stellen wir uns nun vor, dass sich die Entropie S eines zeitneutral angenommenen Gases von S_1 auf S_2 erhöht. Wenn man die Entropie mit der Temperatur des Systems multipliziert, erhält man entsprechend TS_1 beziehungsweise TS_2. Dies sind Energiewerte. Der Energieinhalt des sich in Richtung zunehmender Wahrscheinlichkeit entwickelnden Systems hat sich um $T\Delta S$ vergrößert (ΔS bedeutet Entropieunterschied). Durch den statistischen Prozess ist nicht verfügbare, entropische Energie entstanden. Was bedeutet dies? Energie kann, wie man vom ersten Hauptsatz der Thermodynamik weiß, weder aus dem Nichts erzeugt werden, noch kann man sie vernichten. Man kann sie nur umwandeln. Dies bedeutet, dass die im statistischen Prozess erzeugte, entropische Energie aus einer vorher vorhandenen, verfügbaren Energie erzeugt worden sein muss und dass dabei verfügbare Energie in nicht verfügbare Energie umgewandelt wurde. Dies ist genau das, was vorher mit dem Theorem (7) vorgeschlagen wurde. Es besagt im Wesentlichen, dass sich verfügbare Energie mit einem höheren Grad von Ordnung, also mit mehr Information, in nicht verfügbare Energie mit geringer Ordnung und wenig Information umwandelt. Dabei bleibt die Energie insgesamt erhalten. Aber die enthaltene Information nimmt ab. Obwohl die Information einen Energieinhalt hat, ist dies kein Problem, da der Informationsverlust an Energie an den Zeitpfeil als Spur der Energie gekoppelt ist. Die Energiebilanz schließt die Information innerhalb der Energie mit ein und stimmt.

Ganz anders verhält es sich mit der in der Physik bisher üblichen, rein entropischen Zeitrichtung in Richtung größerer Wahrscheinlichkeit und abnehmenden Informationsgehalts. Ein solcher Vorgang bedeutet einfach, dass dem System Information verloren geht. Da Information einen Energieinhalt hat, heißt dies aber, dass damit Energie verloren gegangen ist. Dies verstößt gegen den Energieerhaltungssatz und erklärt auch nicht, wohin diese Energie gegangen ist. Ich betrachte dieses Argument als einen Beweis gegen die Realität einer entropisch-statistischen Zeitrichtung, wie sie in der Physik gegenwärtig als alleinige Zeitrichtung gehandhabt wird. Sie ist nicht echt und führt zu Widersprüchen, ganz zu schweigen davon, dass sie Ordnung aufbauenden Molekülen unmöglich den Zeittakt für Rückkopplungsprozesse vorgeben kann. Die Informationsumsätze, welche den Zeitablauf begleiten, müssen an Energie (oder Materie) gekoppelt sein, wie es der energiegetriebene Zeitpfeil mit Beziehung (7) ausdrückt.

Der hier eingeführte fundamentale Zeitpfeil als Spur der Energie erklärt also auch den statistischen Zeitpfeil in Richtung zunehmender Entropie, allerdings auf Grundlage einer dabei ablaufenden Energieumwandlung. Er vollzieht dies aber viel grundlegender. Zum Beispiel erklärt er, warum die Zeit nur in die erlebte Richtung läuft und nicht in die umgekehrte, was mit dem statistischen Zeitpfeil möglich wäre. Außerdem braucht der fundamentale Zeitpfeil keine statistische Entwicklung in Richtung höherer Wahrscheinlichkeit, an der viele Teilchen beteiligt sein müssen. Der fundamentale Zeitpfeil funktioniert bei jeder Energieumwandlung, also auch in molekularen Komplexen, wenn Rückkopplungsprozesse ablaufen, die ein „Vorher“ und ein „Nachher“ erfordern. Wie sollte auch eine statistische Entropiezunahme einem Molekül den Zeittakt vorgeben? Wie sollte dies durch Unordnung gelingen, wenn das Molekül durch Selbstorganisation sogar Ordnung aufbaut? Der vorgeschlagene fundamentale Zeitpfeil ist durch das Prinzip der kleinsten Wirkung fundiert und tief in der Natur verwurzelt. Es ist der Zeitpfeil als Spur der Energie, der in der Natur den Takt angibt.

Nachdem wir diese dynamische Eigenschaft der Energie mit der damit verbundenen „Wirkungszeit“, oder die neu geschaffene symbolische Form, vom sehr fundamentalen Prinzip der kleinsten Wirkung abgeleitet haben, werden wir sie im Folgenden dafür verwenden, um Irrationalitäten und Widersprüche in den Wissenschaftstheorien zu eliminieren. Wenn wir diese neuen symbolischen Formen anwenden, sollte die Natur für uns verständlicher werden.

In den zwei vorangegangenen Kapiteln haben wir nach relevanten Gesetzen gesucht, ausgedrückt als Aussagen (7), (8) und (9), die als plausible neue „symbolische Formen“ dienen werden, um die fundamentale Physik besser zu verstehen. Dies folgt dem Ratschlag von Karl Popper (1978): „Wenn du erkennen willst, dann musst Du nach Gesetzen suchen“. Diese Gesetze sind gefunden und sollen nun angewendet werden.

11 Thermodynamische Gesetze sind Konsequenzen des Zeitpfeils

Da Energieumwandlung Wirkung erzeugt und in der Natur eine Zeitorientierung und ein Zeitfluss beobachtet werden, sollte die Entropieproduktion, also die Erzeugung von Unordnung, eine fundamentale energetische Funktion haben und für dynamische Phänomene geschwindigkeitsbestimmend sein. Der Paradigmenwechsel für die Physik, der mittels Beziehung (7) vorgeschlagen wird, drückt genau dies aus. Er fordert, dass die Anwesenheit der (nützlichen) Energie pro Zustand eines Systems, und damit auch die damit zusammenhängende Ordnung und Information, abnimmt und sich in Zeit und Raum minimiert. Dies widerspricht zwar der gegenwärtig noch üblichen Definition der Energieeigenschaften, aber keineswegs der Alltagserfahrung.

Wenn sich in der Kälte aus Luftfeuchtigkeit Eiskristalle mit ihren faszinierenden

Formen herausbilden, spricht man von passiver Selbstorganisation. Man erklärt im Unterricht, dass die freie (verfügbare) Energie des Systems ein Minimum anstrebt (was auch experimentell gemessen werden kann). Dies ist genau, was mit Aussage (7) als fundamental definiert wurde und erklärt auch die perfekte Kristallisation.

Im vorhergehenden Kapitel wurde gezeigt, dass die Erkenntnis, freie, nützliche Energie strebe einem Minimum zu, lediglich aus einem bestehenden, aber bisher nicht vollkommen verstandenen Naturprinzip herausgefiltert werden muss. Es kann als dem Prinzip der kleinsten Wirkung äquivalent betrachtet werden, wenn dieses konsequent dynamisch interpretiert wird. Dieses Streben nutzbarer Energie nach einem Minimum, was dem Abbau innerer Ordnung und Information entspricht, soll als fundamentale Basis der Zeitorientierung angenommen werden. Es ist auch die Ursache des Naturverhaltens, das im empirischen zweiten Hauptsatz der Thermodynamik ausgedrückt wird. Dieser sagt aus, dass Entropie und damit nicht nutzbare, „chaotische" Energie in einem geschlossenen System zunimmt. Dies entspricht einer Abnahme von Information über das System. Würde dieser Prozess jedoch als Folge des gegenwärtig etablierten statistischen Zeitpfeils interpretiert werden, müsste man sich fragen, wohin der Energieinhalt der verlorenen Information geht. Als Folge einer Dynamischen Energie gesehen, gibt es andererseits kein Problem mit der Energieerhaltung, weil in Bezug auf Information nur innere Eigenschaften der Energie betroffen sind, die in der Gesamtbilanz der Energie mitgezählt werden. Bis heute musste man das 2. Gesetz der Thermodynamik als rein empirisches Gesetz betrachten. Es leitete sich von vielen experimentellen Beobachtungen ab, letzten Endes vom Bohren von Kanonenrohren, bei dem es zu einer massiven Wärmeabgabe an die Umgebung kam.

Es stellt sich allerdings als unmöglich heraus, den 2. Hauptsatz von Newtons Gesetzen der Mechanik abzuleiten. Dies ist wahrhaftig eine Katastrophe, über die Physiker nicht gerne sprechen. Sie hat mit der Tatsache zu tun, dass die fundamentalen Gesetze Newtons vollkommen zeitumkehrbar sind. Sie kümmern sich nicht um die Zeitorientierung, was aber der zweite Hauptsatz der Thermodynamik macht.

Er wurde empirisch erschlossen und ist definitiv richtig. Nimmt man die Energie, wie hier vorgeschlagen, als fundamental „dynamisch" an (Beziehung (7)), folgt der 2. Hauptsatz der Thermodynamik unmittelbar daraus. Durch Abbau innerer Ordnung und Information organisiert sich nützliche Energie um und erzeugt Entropie. Da die dynamische Eigenschaft der Energie auf diese Weise als fundamental deklariert wird und sich mathematisch vom Prinzip der kleinsten Wirkung herleiten lässt, ist sie auch auf elementare und molekulare Prozesse anzuwenden. Dies wird sich für die Eliminierung von Paradoxien und das Erreichen logischer Zusammen-

hänge in der Quantenphysik als sehr wichtig erweisen. Infolgedessen ist es kein Widerspruch, das mathematisch „manipulierte“ und erzwungene statistische H-Theorem von Boltzmann zu ersetzen. Die Entropiezunahme (wie in Kapitel 8 diskutiert) kann über das postulierte neue Energiegesetz (Aussage (7)) erklärt werden, nämlich über die Tendenz der Energie, ihre Anwesenheit pro Zustand, beziehungsweise die enthaltene Information, in Zeit und Raum zu reduzieren (erstmals diskutiert in (Tributsch, 2008 a)). Das Ergebnis ist identisch und erklärt die Abnahme der Arbeitsfähigkeit der Energie in Bezug auf Zeit und Raum. Sie ereignet sich dadurch, dass die anfangs vorhandene freie, verfügbare Energie auf fundamentaler Basis, durch Abbau von innerer Ordnung und Information, unter Auslösung von Energieumwandlung und Erzeugung „chaotischer“ Energie abnimmt. Dies erlaubt nicht nur, sondern fordert sogar, dass dieses Dynamische Energiekonzept auch auf Quantenprozesse angewandt wird.
Was außerdem sehr wichtig ist: Die Dynamische Energievorstellung legt, im Gegensatz zur gegenwärtig etablierten statistischen, entropischen Zeitvorstellung, gleichzeitig eine fundamentale, energiebezogene Orientierung der Zeit fest. Diese Zeit ist nicht die Uhrzeit, da diese nur eine Messlatte zum Anzeigen von Veränderungen ist. Es existiert eine dynamische, gerichtete Zeit. Es ist der Fluss von Wirkung, die „Wirkungszeit“, wie sie durch das Prinzip der kleinsten Wirkung generiert wird. Man erkennt sie am vom Hügel rollenden Stein oder am fließenden Sand der Sanduhr.
Folgender Lehrsatz kann aufgestellt werden:

„Zeit ist die Spur, die der Umsatz von Energie in unsere Umwelt oder in unser Gedächtnis gräbt, indem er Sequenzen von Wirkung erzeugt“ (10)

Die neue, dynamische Zeitdefinition zeigt sofort ihren Vorteil: Die Entropieerzeugung selbst kann sich sowohl lokal wie auch zeitlich verändern. Real kann sich an einem Ort durch Erzeugung von Ordnung eine Reduktion der Entropie und gleichzeitig an einem anderen Ort in der Nähe eine Erhöhung der Entropie ereignen. Eine Zeitvorstellung allein in Richtung zunehmender Entropie, wie bisher in der Physik praktiziert, beinhaltet in diesem Zusammenhang erkennbare Schwierigkeiten. Die wirkliche Zeit, wie ich sie definiert habe (10), schreitet in bestimmterer und genauerer Weise voran, als es die Zunahme von Entropie vorgibt. Die Zeit wird durch das Gesetz der kleinsten Wirkung diktiert und bewegt sich mit dem dadurch ausgelösten Fluss der Wirkung in die Zukunft.
Diese Neuinterpretation von Energieeigenschaften und die veränderte Vorstellung

von Zeit als gerichtete Größe führt automatisch zum 2. Hauptsatz der Thermodynamik (Tributsch, 2006), was aber, wie schon erwähnt, auf fundamentaler Basis heißt: Es gibt nun ein Energiegesetz (7), das diesen 2. Hauptsatz zur Folge hat. Dies hat eine weitere Konsequenz: Die fundamentale zeit- und raumorientierte Energieeigenschaft (Tributsch, 2008 a) erfordert zwingend die Ausdehnung dieses Energieverhaltens auf Quantenphänomene.

Auf diese Weise wird es möglich und notwendig, die neue „symbolische Form" auf Elementarteilchen und Quantenprozesse anzuwenden, was weiter unten geschehen wird. Die hier eingeführte Definition einer Dynamischen Energie erklärt nicht nur den empirischen zweiten Hauptsatz der Thermodynamik, sondern erweist sich auch als eine folgerichtige Grundlage für die Irreversible Thermodynamik, dem Wissenschaftsgebiet, das sich mit grundsätzlich nicht umkehrbaren, hoch nichtlinearen Prozessen beschäftigt, zu denen auch das Leben selbst und die Entstehung von Hurrikans oder Galaxien gehören. Der Übergang von der Reversiblen Thermodynamik, in welcher Energiegrößen sogenannte „Zustandsgrößen" sind, zur Irreversiblen Thermodynamik, in der sie zeitorientierte und dynamische Variable darstellen sollten, war für die Wissenschaft über viele Jahrzehnte eine vergebliche Herausforderung. Große Bemühungen konzentrierten sich darauf, „mikroskopische Instabilitäten von zeitumkehrbaren Prozessen" als Quellen makroskopischer Instabilitäten zu erklären, die einen statistischen Zeitfluss erzeugen (Nicolis und Prigogine, 1977; Antoniou und Prigogine, 1993; Prigogine, 1980, 1984).

Um das Gesetz von der minimalen Entropieproduktion „abzuleiten", welches im linearen, vereinfachten Bereich der Irreversiblen Thermodynamik gilt (Fig. 17), mussten bereits komplizierte mathematische Manipulationen durchgeführt werden. Zum Beispiel wurden individuelle Bahnen von Teilchen in Gruppierungen von Bahnen zusammengefasst. Unter gewissen Bedingungen entwickelten sich diese in Richtung Chaos, das dem System nicht mehr erlaubt, zu den ursprünglichen Bedingungen zurückzukehren. Es handelt sich um die sogenannte Reaktion der „Symmetriebrechung": Kleine Fluktuationen wirken auf das System, bis es einen kritischen Punkt überschreitet, was dann über das zukünftige Schicksal des Systems entscheidet. So eröffnet sich ein neuer Zweig einer „Bifurkation", von der das System nicht mehr zurückkehrt. Irreversibilität ist damit erreicht.

Bei diesen mathematischen Versuchen, zeitorientiertes Verhalten von einer zeitumkehrbaren Physik abzuleiten, wurde, durch den Übergang von einzelnen Bahnen auf Gruppierungen von Bahnen, wiederum Information, also Energie, weggeworfen. Das System verändert sich durch die angewandte mathematische Manipulation. Es ist nicht mehr dasselbe System wie zuvor. Neben dieser Strategie zur

Schaffung einer Zeitorientierung, ausgehend von zeitneutralen Verhältnissen, gibt es zusätzlich noch ein anderes, ernsteres Problem. Für den Übergang eines Systems in deterministisches Chaos, das einen Weg ohne Wiederkehr eröffnet, würde eine Zeitorientierung bereits benötigt, bevor das Chaos erscheint. Es gibt einfach kein deterministisches Chaos ohne Rückkopplungsprozesse. Ein einfaches Beispiel einer Rückkopplung ist die Selbstregulierung eines Heizungssystem. Eine Rückkopplung erfordert eine Unterscheidung zwischen „vorher" und „nachher". Diese Unterscheidung ist nur in Gegenwart eines Zeitflusses, eines Zeitpfeiles, möglich. Wenn die Raumtemperatur unter eine bestimmte Temperatur fällt, dann reagiert der Thermostat, indem er die Heizung wieder hochfährt.

In einer theoretischen Beschreibung des Chaos müssen Größen, die man über einen gegebenen Algorithmus erhält, wieder in die ursprünglichen Ausgangsformeln eingeführt werden, um den erforderlichen Grad an Komplexität zu erreichen. Die relevanten Gleichungen werden auf diese Weise nichtlinear. Vereinfacht erklärt: Das Ergebnis weicht von einer Geraden ab, wenn es in einem Diagramm über die Anfangswerte aufgetragen wird.

Geht man von einer zeitumkehrbaren Gleichgewichtswelt aus, ist eine derartige Steigerung der Komplexität des Verhaltens ohne mathematische Manipulation nicht möglich. Trotzdem wird in verschiedenen Bereichen der Naturwissenschaften, wo Chaos oder andere Selbstorganisationsprozesse untersucht werden, eine so durch mathematische Manipulation entstandene Zeitorientierung als real angenommen. Aus reiner Notwendigkeit, weil man die Phänomene sonst nicht beschreiben könnte, arbeitet man formal mit einer irreversibel gerichteten Zeit, obwohl sie dies bei einer zeitneutralen Physik nicht sein dürfte.

Alle diese komplizierten mathematischen Probleme verschwinden mit der hier vorgeschlagenen und teilweise bereits diskutierten Hypothese der Dynamischen Energie (Tributsch, 2008 a). Energie ist hier eine dynamische Variable. Diese Dynamische Energie treibt, über die Aufgabe von Information, einen Zeitpfeil, wobei die Entropie ebenfalls eine dynamische Variable wird. Rückkopplungsprozesse sind möglich, weil der Informationsumsatz die Richtung der Zeit angibt. Als Konsequenz kann eine Selbstorganisation der Materie erfolgen. Das Tor in Richtung Irreversible Thermodynamik, jener Wissenschaft, welche die Voraussetzungen mitbringt, das Leben und alle markanten Veränderungen um uns herum zu beschreiben, ist völlig offen.

Wir wollen nun zur Bedeutung der Irreversiblen Thermodynamik zurückkehren, die Prozesse fern vom Gleichgewicht, wie das Leben, Wirbel in einem Wasserlauf oder einen Hurrikan, beschreibt.

Wir erinnern uns an die Aussage des 2. Hauptsatzes der Reversiblen Thermodynamik, dass in einem geschlossenen System ein Zustand maximaler Entropie angestrebt und erreicht wird. Wohin zielt die Irreversible Thermodynamik in physikalisch-chemischen Prozessen, die offenen Systemen entsprechen, durch die Energie fließen kann? Ist eine Aussage möglich, die erklärt, wohin sich die Entropie eines Systems entwickelt, das nichtlinearen, irreversiblen thermodynamischen Bedingungen ausgesetzt ist, wie ein Hurrikan oder das Leben?
Die „symbolische Form" der hier vorgestellten Dynamischen Energiehypothese erlaubt eine eindeutige Schlussfolgerung: Wenn genügend Energie im Spiel ist und diese Energie verbraucht werden kann, wird sich das Energiesystem, z.B. ein Wetterzustand oder ein ökologisches System, in Richtung maximaler Entropieproduktion entwickeln. All die Energie, die einem System zugeführt wird oder welche dieses System erntet und die ihre Anwesenheit pro Zustand reduziert, wird schließlich als nicht verfügbare Energie enden. Die Energie bleibt als solche erhalten, aber ihre Verfügbarkeit in Bezug auf Ordnung und Information nimmt ab. Eine Dynamische Energie erzwingt diese Situation. Mit welcher Geschwindigkeit wird dies geschehen? Es wird von den Einschränkungen des Systems abhängen. Einige Systeme werden langsamere Wege erschließen, um die Anwesenheit der Energie pro Zustand zu reduzieren, andere schnellere. Entfernt man Einschränkungen, wird die Entropieproduktion zunehmen.
Das nichtlineare Gebiet der Irreversiblen Thermodynamik erlaubt die Selbstorganisation der Materie (Fig. 17). Prozesse dieser Art sind bei der Energieumwandlung schneller als gewöhnliche, viel einfachere Abläufe, da sie Autokatalyse und Rückkoppelungsprozesse beinhalten. Entstehende Produkte nehmen wieder an der Hauptreaktion teil und beschleunigen sie. Wenn sich selbstorganisierte Systeme entwickeln, werden sie mit ihrem „Energiehunger" untereinander um die verfügbare Energie konkurrieren, sodass die Geschwindigkeit des Energieverbrauchs und der Entropieproduktion allmählich maximiert wird:

„Weit weg vom Gleichgewicht wird die Entropieproduktion (und der gleichzeitige Aufbau von Ordnung und Information) innerhalb der Einschränkungen des Systems einem Maximum zustreben" (10a)

Unsere Analyse der neuen „symbolischen Form" hat also auch ein thermodynamisches Kriterium für den nichtlinearen Bereich der Irreversiblen Thermodynamik ergeben. Wir haben jetzt eine Vorstellung, welches prinzipielle Ziel Phänomene wie ein Hurrikan oder das Leben im Auge haben. Wie ein Feuer greifen sie nach

Energie, wo immer sie verfügbar ist. Da das Stichwort „Feuer" gefallen ist, lohnt es sich, darauf hinzuweisen, dass es sich auch dabei um einen selbstorganisierten Prozess handelt. Hitze setzt aus Brennmaterialien Gase frei, die unter Umsetzung von Energie weitere Wärme erzeugen, was wiederum Gase aus Materialien freisetzt. Hitze lässt verbrauchte Luft aufsteigen, was frische, das Feuer fördernde Luft seitlich nachzieht. Manchmal registriert man beim Feuer sichtbare periodische oder akustische Phänomene oder kurze explosionsartige Zwischenfälle. Auch wenn die Einzelmechanismen kompliziert sind, versteht man, dass sich das Feuer Energie nimmt, wo immer es geht. Wie andere selbstorganisierte Systeme strebt es nach maximalem (Entropie-) Energieumsatz innerhalb der gegebenen und begrenzenden Einschränkungen.

Macht diese Schlussfolgerung Sinn? Auf Grundlage empirischer Beobachtungen wurde ein ähnliches Ergebnis bereits von anderen Wissenschaftlern mitgeteilt, aber sie konnten es nicht von fundamentaleren Gesetzen ableiten und beweisen. Die erste Überlegung zur maximalen Entropieproduktion scheint auf Jaynes (1957) zurückzugehen, der sie im Zusammenhang mit statistischen Prozessen studierte und als die „am wenigsten informative Verteilung von Information" definierte. Eine maximale Geschwindigkeit der Entropieproduktion in der Atmosphäre, als ein Zustand, der das Klima bestimmt, wurde von Paltridge (1979) vorgeschlagen und später von anderen (Nicolis, 1980; Lucia, 2007; Liu et al. 2011) diskutiert. Schwierigkeiten in der Theorie dieser Vorstellung waren offensichtlich. Ich verknüpfe diese mit der herkömmlichen, zeitneutralen Energievorstellung (siehe weiter unten). Pionierarbeit über die Maximierung der Geschwindigkeit der Entropieproduktion im Zusammenhang mit der Humanökologie leistete, beginnend ab 1988, auch Swenson (Swenson, 1997).

Maximale Entropieproduktion innerhalb der Einschränkungen eines Systems weit weg vom Gleichgewicht kann man auf der Basis eines einfachen Beispiels nachvollziehen. Eine Person, ein selbstorganisiertes System, in einem Wintersturm verliert Wärme durch ihre Kleidung hindurch. Wenn der Mantel abgelegt wird, ändert sich die Einschränkung des Systems und der Wärmeverlust vergrößert sich. Es erfolgt vermehrte Entropieproduktion. Wenn sich die Person weiter entkleidet, folgt eine weitere Zunahme der Entropieproduktion, ausgelöst auch durch einen aktivierten Kreislauf, Zittern und Muskelbewegungen sowie das Bedürfnis nach Energiequellen. Das System versucht, den Entropieumsatz innerhalb der gegebenen Einschränkungen (hier Kleidung) zu maximieren. Dies sind ganz normale Erfahrungen, an die wir Menschen uns bereits gewöhnt haben. Aber sie haben Konsequenzen:

Die Aktivitäten und Entwicklungsmöglichkeiten des Menschen werden in kritischer Weise durch den Energieumsatz bestimmt. Seit der Zeit seines ursprünglichen, nomadischen Lebens hat der Mensch die Einschränkungen für diesen Energieumsatz kontinuierlich verändert und reduziert. Er setzt jetzt 60- bis 120-mal mehr Energie und damit Entropie um, als in seiner Rolle als Sammler und Jäger.

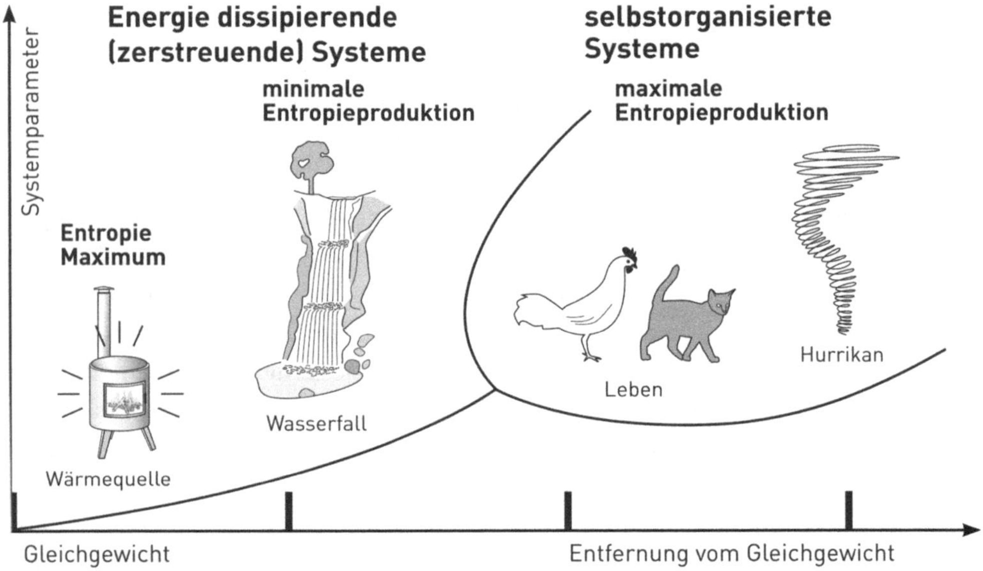

Fig. 17. Physikalisch-chemische Systeme folgen verschiedenen Entropiegesetzen in Abhängigkeit von ihrem Abstand vom Gleichgewicht. Ein geschlossenes System im Gleichgewicht entwickelt sich in Richtung maximaler Entropie. Nahe dem Gleichgewicht findet man eine minimale Entropieproduktion. Weit weg vom Gleichgewicht, wo Leben funktioniert, wird nach den hier vorgestellten Überlegungen eine maximale Entropieproduktion angestrebt. Diese Eigenschaft wird sich für das neue Verständnis der Evolution und des Universums als wesentlich erweisen.

Dieses Prinzip der maximalen Entropieproduktion, das von empirischen Beobachtungen ableitbar ist und welches auch hier über den energiegetriebenen Zeitpfeil festgeschrieben wird, begegnete in der Vergangenheit jedoch ernsthafter Kritik. Der erfahrene, verstorbene Chemiker John Ross von der Stanford Universität argumentierte, dass die Geschwindigkeiten chemischer Reaktionen durch (nichtvektorielle, nicht gerichtete) thermodynamische Größen, wie die freie (Gibbs) Energie und Aktivierungsenergie, und nicht durch die Geschwindigkeit der Entropieproduktion, kontrolliert werden (Ross, 2008). Als Konsequenz sprach er von der „Ungültigkeit des Prinzips der maximalen Entropieproduktion“. Die Kritik, die von

John Ross geäußert wurde, war vollkommen vernünftig. Aber sie ist nur sinnvoll auf der Grundlage der Reversiblen Thermodynamik, ihren nichtdynamischen, zeitneutralen Energiegrößen und ihrem traditionellen Verständnis von kinetischen Mechanismen. Diese Situation wird durch meinen Vorschlag, eine dynamische Eigenschaft der Energie und somit einen vom Prinzip der kleinsten Wirkung hergeleiteten, energiegetriebenen Zeitpfeil einzuführen, vollkommen verändert.
Wenn man dem vorgeschlagenen Postulat der „Dynamischen Energie" folgend der Energie, der freien (Gibbs) Energie, die Eigenschaft zubilligt, ihre Anwesenheit pro Zustand zu verringern, dann bestimmt diese Eigenschaft gleichzeitig die Geschwindigkeit der Entropieproduktion. Dies führt, angefeuert durch Rückkopplung in selbstorganisierten Reaktionen, unmittelbar zu einer maximalen Entropieproduktion fern vom Gleichgewicht, begrenzt natürlich durch die Einschränkungen des Systems. Um diese genauer zu verstehen, muss man sich mit der Art der möglichen Rückkopplung auseinandersetzen. Bei einem Überwiegen von positiver Rückkopplung kommt es zu einer Selbstverstärkung des Systems, bei negativer Rückkopplung zu einer Selbstbegrenzung. In beiden Fällen strebt das System, innerhalb seiner Einschränkungen, maximale Entropieproduktion an. Ein Hurrikan verstärkt sich unter positiver Rückkopplung und schwächt sich unter negativer Rückkopplung wieder ab. Wenn mehr Energie zur Verfügung steht, wird eben mehr umgesetzt. Entropieerzeugung ist, innerhalb der Einschränkungen eines Systems, geschwindigkeitsbestimmend. Die von J. Ross geäußerte Kritik ist nun, auf Grundlage einer „Dynamischen Energie", nicht mehr relevant. Die Welt unter dem Zeitpfeil als Spur der Energie verhält sich anders. Tatsächlich entspricht die von Ross erwähnte Notwendigkeit eines Mechanismus, der die Entropieproduktion kontrolliert, genau dem eingeführten Paradigmenwechsel. Die freie, verfügbare Energie „schläft" nicht mehr, sondern treibt die Entropieproduktion an. Das Gesetz der „maximalen Entropieproduktion innerhalb der Einschränkungen eines Systems" für den nichtlinearen Bereich der Irreversiblen Thermodynamik ist eine zwangsläufige Konsequenz des „Dynamischen" Energiepostulats. Dass dies abgeleitet werden kann, ist ein Zugewinn, der dem Zeitpfeil als Spur der Energie grundlegende Bedeutung zumisst. Das Gesetz der maximalen Entropieproduktion wird von einer großen Menge empirischer Belege unterstützt. Es erklärt zum Beispiel auch das destruktive und bisher schlecht vorhersehbare Potential atmosphärischer Stürme. So können Hurrikane relativ klein bleiben oder innerhalb eines einzigen Tages ihre Stärke um mehrere Kategorien erhöhen. Dies geschah zum Beispiel 1992 mit dem Hurrikan Andrew. Auf anderen Planeten können solche Stürme noch viel dramatischer anwachsen und wirken. Auf dem kalten Jupiter tobt seit Jahrhunderten ein Hurrikan,

der sich über eine Fläche von 22.000 mal 12.000 km ausdehnt und in seinem Auge eine Temperatur von 1300 °C erreicht. Was offenbar bei der schrittweisen Entwicklung eines Hurrikans geschieht, ist eine durch die Umwelt vorgegebene entsprechende Reduktion der Einschränkungen entlang seines Weges. Dies ermöglicht dem Hurrikan, sofern die Situation es zulässt, immer mehr Energie umzusetzen, bis er eine Grenze, eine neue Einschränkung, zum Beispiel Festland, erreicht. Dass dieses Phänomen qualitativ erklärt werden kann, ist ein weiteres Zeichen dafür, dass der Dynamische Energieansatz auf der richtigen Spur ist.
Später, in Kapitel 27, werde ich über die biologische Evolution sprechen, während welcher die selbstorganisierten Systeme im Wettbewerb um das Überleben stehen. Bisher bestand, innerhalb des Neo-Darwinismus, die nicht verhandelbare Meinung, dass die Evolution keinerlei Ziel verfolge. Der genetische, auf statistische Mutationen und Auslese beruhende Vorgang ist aber dem selbstorganisierten Leben mit seinem fundamentalen Energiehunger aufgeprägt. Dieses Leben zielt auf maximalen Energie- beziehungsweise Entropieumsatz. Der genetische Mechanismus steuert lediglich den Fluss des Lebens innerhalb dieser Zielsetzung. Er gibt die Information zwischen den Generationen so weiter, dass das Leben erfolgreich fortbesteht und den Parameterraum, in dem die Selbstorganisation abläuft, nicht verlässt. Wenn ihn das lebende System aufgeben sollte, würde es ausgemerzt. Lebende Systeme, die der Evolution ausgesetzt sind, unterliegen damit dem grundlegenden, hier erkannten Gesetz des maximalen Energie- beziehungsweise Entropieumsatzes (Tributsch, 2018 b). Es ist ein rein materielles Ziel, wie es auch ein Hurrikan anstrebt. Ein spezieller Weg, dieses Ziel zu erreichen, besteht darin, immer größer zu werden, weil damit auch der Energieumsatz maximiert wird. Die mächtigsten Landtiere lebten zur Saurierzeit, aber nicht ohne Grund existieren die insgesamt größten Lebewesen heute. Es sind dies der Blauwal, der Berg-Mammutbaum (Sequoia gigantea) und ein riesiger unterirdischer Pilz (Armillaria ostoyae), den man in Oregon entdeckt hat. Außerdem weiß man, dass Inseln (z.B. Australien, Neuseeland, Mauritius), wo Einschränkungen durch Konkurrenz geringer waren, die Entwicklung erstaunlich großer Lebewesen begünstigt haben, die aber inzwischen durch den Menschen leider ausgerottet wurden. Dieser Hunger nach mehr Energieumsatz erklärt auch den oft fanatischen Überlebensdrang biologischer Systeme und hat weitere, markante Konsequenzen (siehe später Kap. 27-29) zur Folge.

12 Wie wurde die Quantenphysik irrational?

Nach diesem positiven Eindruck von der Anwendbarkeit der vorgeschlagenen, neuen „symbolischen Formen“ auf die Irreversible Thermodynamik und auf selbstorganisierte Systeme wie das Leben, wollen wir zunächst fortfahren, Paradoxien der Physik zu hinterfragen. Ziel sollte jetzt sein, sich der Herausforderung der Irrationalität in der Quantenphysik zu stellen. Ich habe argumentiert, dass die Quantenphysik ein Problem mit mangelnder Information für den Beobachter hat. Die Quantenphysiker streiten dies auf der Basis des Bell-Theorems ab (Bell, 1964). Dieses Theorem behauptet, dass keine physikalische, lokale Theorie – also eine Theorie, die darauf verzichtet, Teilchen über große Entfernungen als verknüpft zu betrachten – auf Grundlage verborgener, neu hinzugefügter Variablen alle Vorhersagen der Quantenmechanik reproduzieren kann. Genau genommen wird gezeigt, dass die gleichzeitige Annahme von verborgenen Variablen und Lokalität in der Quantenbeschreibung zu Widersprüchen führt. In anderen Worten, das Theorem besteht im Wesentlichen darauf, dass die Irrationalitäten in der Quantenphysik fundamental sind. Ich argumentiere jedoch, dass die Quantenphysik ein Problem mit den „symbolischen Formen“ hat, die verwendet werden, um sie zu verstehen. Die „symbolischen Formen“, die bis jetzt angewandt werden, sind so gewählt, dass sie die Natur als zeitneutral betrachten und „nicht wissen“, dass eine Verdünnung der Energie deren Eigenschaften verändert. Die Art, wie man klassisch mit Hilfe der von der Kopenhagen-Schule gelieferten „symbolischen Form“ auf Quantensysteme blickt, erlaubt kein rationales Verstehen. Auf keinen Fall wollen wir alle Vorhersagen der Quantenphysik einschließlich ihrer Paradoxien kopieren, sondern wir wollen eine bereinigte, verständliche Version erarbeiten, die immer noch voll mit den experimentellen Ergebnissen verträglich ist.
Woher kommt übrigens in der konventionellen Quantenphysik die merkwürdige Eigenschaft einer Energie, die von einer Verdünnung im Raum unberührt bleibt? Dies ist eine sehr wichtige Frage, aber erfreulicherweise relativ einfach zu beantworten. Bei der Bemühung, Quantenphänomene sowohl im Teilchenbild als auch im Wellenbild zu erklären, behaupten Quantenphysiker, dass die Darstellung eines Systems als Teilchen äquivalent zu seiner Darstellung als Welle wäre. Einige Quantenphänomene können nur im Teilchenbild verstanden werden, wie die Absorption von Licht durch Atome oder kleine Moleküle. In diesem Fall absorbieren Atome oder Moleküle das Licht einer Wellenlänge, die leicht tausend Mal größer ist als die eigene Dimension. Wie könnte Lichtenergie während der Absorption so dramatisch schnell fokussiert werden, wenn nicht durch ein bereits existierendes

Lichtteilchen? Andere optische Phänomene wie Interferenzfarben, zum Beispiel von Ölfilmen, die auf Wasser schwimmen, können nur im Wellenbild erklärt werden. Abhängig von der Schichtdicke, die diese Interferenz erzeugt, werden unterschiedliche Wellenlängen überlagert oder eliminiert. Die physikalische Schulmeinung besteht darauf, dass Teilchen- und Wellenerscheinung des Lichtes äquivalent sind. Da sie diese beiden Erscheinungsformen von Energie als zeitneutral annimmt, kann auch die eine nicht als Folge der anderen aufgefasst werden.
Was diese Dualität von Teilchen und Welle tatsächlich bedeutet, ist in Fig. 15 a dargestellt. Ein Teilchen konzentriert seine Energie $E = mc^2$ auf einen Punkt in der Größe des Teilchens. Andererseits ist die innerhalb der Welle enthaltene Energie über ein Gebiet von der Dimension der Wellenlänge verteilt. Diese Wellenlänge kann, wenn die Strahlenenergie niedrig wird, makroskopische Dimensionen von Millimetern, Metern oder Kilometern erreichen.
Durch die Gleichsetzung eines punktförmigen Teilchens mit einer ausgedehnten Welle, in anderen Worten durch die Festlegung der Teilchen-Welle Identität, haben Quantenphysiker den Raum mit seinem Einfluss auf Energieeigenschaften einfach ausgeblendet. In der Quantentheorie bleibt die Energie, wenn sie von einem Punkt (einem Teilchen) in den Raum expandiert, um eine Wellenform anzunehmen, einfach gleich groß. Sie verliert dabei nicht an Fähigkeit, Arbeit zu verrichten, obwohl sich dabei ein punktförmiges Teilchen auf eine Welle mit drastisch vergrößerter Dimension ausdehnt. Die Energiegesetze der Quantenmechanik sind verglichen mit denen der klassischen Physik und physikalischen Chemie in einem signifikanten Maße unvollständig und provozieren Widersprüche. Im Gegensatz zur klassischen Physik und zur Reversiblen Thermodynamik ist in der Quantenmechanik der Raum für die Energiegesetze nicht relevant. Die Wissenschaft wendet in benachbarten Gebieten der Physik, wie der Quantenphysik und der klassischen Physik, widersprüchliche „symbolische Formen" an. Dies ist genau, was in Beziehung (3) (Kapitel 3, Fig. 6) ausgedrückt wird. Notwendigerweise muss dies beim Versuch, ablaufende Mechanismen zu verstehen zu einem gewissen Maß an Irrationalität führen. Sie entsteht als Folge widersprüchlicher symbolischer Formen, durch die wir versuchen, Erkenntnis zu sammeln. Infolgedessen wird hier gefordert, dass das identifizierte Dynamische Energieverhalten, bei dem Arbeitsfähigkeit bei Ausdehnung in Raum und Zeit verloren geht (Tributsch, 2008 a), als fundamentales Naturgesetz auch in der Quantenphysik gelten soll. In einer zukünftigen ausgearbeiteten Theorie muss diese Energieeigenschaft als eine vektorielle (orientierte), dynamische Eigenschaft der Energie berücksichtigt werden, die auf Raum und Zeit reagiert. Wenn sie in den Raum hinein verdünnt wird, ändert sich die Energie, indem

sie einen Teil ihrer Arbeitsfähigkeit abgibt. Wenn sie sich in die Zeit hinein verdünnt, wenn Energie also versucht, ihre Anwesenheit pro Zustand zu verringern, geht ebenfalls Arbeitsfähigkeit verloren.

Dabei wird der Zeitpfeil als Spur der Energie erzeugt. Die generierte „Wirkungszeit" ist der Fluss der dabei erzeugten Wirkung oder der Fluss der dabei aufgegebenen Information. In Bezug auf den Verlust von Arbeitsfähigkeit bei der Verdünnung in Raum und Zeit hat die Dynamische Energie symmetrische Eigenschaften.

Wie ich schon erwähnt habe, hat das Prinzip der Kausalität, die Beobachtung, dass es immer eine Ursache für eine Wirkung oder Konsequenz gibt, unser Verständnis von Wissenschaft seit der Zeit der antiken griechischen Philosophen geprägt. Es ist nicht schwer zu erkennen, dass Energiegesetze das Prinzip der Kausalität bestimmen. Ohne Energieumwandlung gibt es keine Veränderungen. Typischerweise beziehen sich diese Veränderungen auf Raum und Zeit. Auch wenn ein entfernter Vorgang durch Übertragung von Information ausgelöst wird, zum Beispiel durch ein Ferngespräch, ist Energieumwandlung im Spiel. Information beinhaltet Energie, genauso wie jede Erzeugung, Übertragung und Veränderung von Information. Es ist daher die Folge von Energieumwandlungsprozessen entlang einer Kette von Wirkungen, welche die Kausalität gestaltet (siehe dazu eine noch präzisere Aussage in Kap. 37).

Der empirische mathematische Formalismus, den die Quantenphysik entwickelte, ignorierte nicht nur Energieeigenschaften in Hinblick auf den Raum, wie oben diskutiert (Fig. 18). Die Quantentheorie eliminierte wegen der angenommenen Zeitneutralität auch die Zeit. Aber die Zeit wird für die Kausalität benötigt, um zwischen vorher und nachher unterscheiden zu können. Quantenphänomene unterscheiden nicht zwischen vorher, jetzt und nachher. Phänomene der Quantenkorrelation an sich sind zeitlos, da sie Zustände repräsentieren, die nicht unmittelbar in Energieumwandlungsprozesse involviert sind. Für Phänomene ohne Bezug zur Zeit ist die Kausalität selbstverständlich nicht definiert und muss in einem erweiterten Zusammenhang mit Erkenntnis interpretiert werden. Da Energie letztlich zwischen Quantenzuständen ausgetauscht wird, war die Einführung der Zeit in den mathematischen Quantenformalismus jedoch notwendig.

Die zeitabhängige Schrödinger-Gleichung der Quantentheorie erhielt die Zeit als Parameter mittels der klassischen Störungstheorie. Es war die Zeit der klassischen Physik, die schlichte Uhrzeit, welche dort eingeführt wurde. Die Quantenphysik versucht damit zeitlose und zeitbezogene Prozesse zu kombinieren. Auch die Unschärferelation von Heisenberg, in Energie und Zeit ausgedrückt, basiert auf der klassischen Uhrzeit, die nur ein Parameter, ein Maßstab, ist, also nicht die richtige, ausschlaggebende Wirkungszeit. Außerdem ist auch die zeitneutrale Energie nicht die Energie, die mit Veränderungen verknüpft ist. Bei solchen Besonderheiten von Energieeigenschaften in Bezug auf Raum und Zeit sollte man nicht verwundert sein, dass die klassische Kausalitätsvorstellung auf Quantenphänomene nicht mehr generell anwendbar ist. Im Folgenden wird klar werden, dass mit der fundamental gerichteten Eigenschaft von Energie und Zeit eine deterministische Erklärung der Quantenphysik möglich wird. In diesem Zusammenhang lohnt es sich, einen zweiten Blick auf das Bell-Theorem zu werfen, das beansprucht, die Vollständigkeit der Quantenphysik zu beweisen (Bell, 1964).

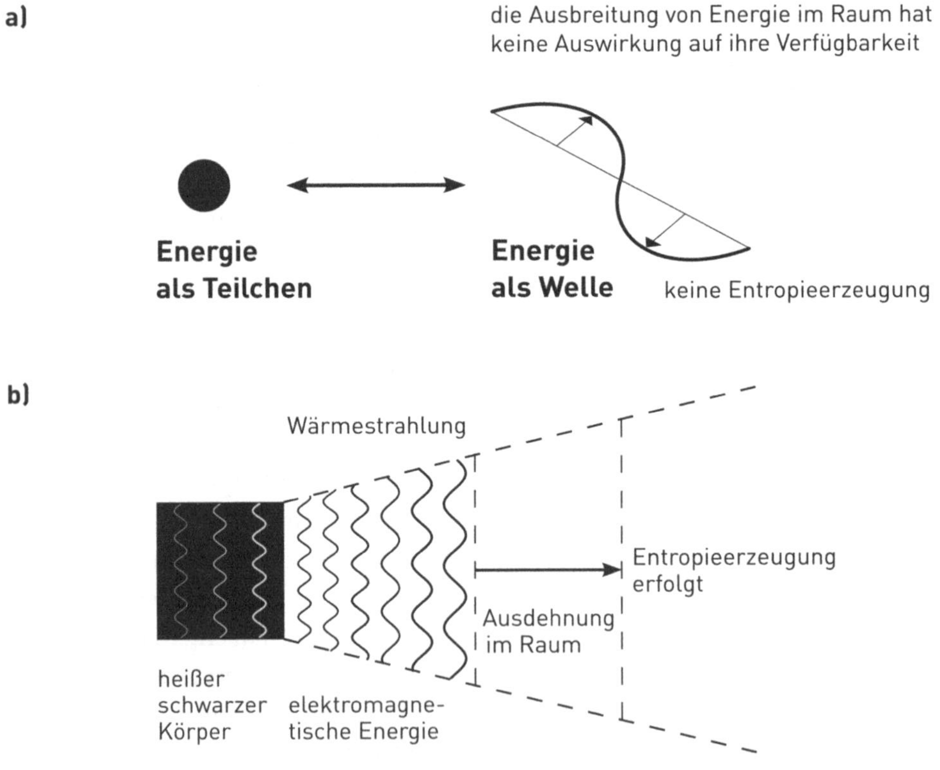

Fig. 18. Dadurch, dass sie eine Dualität und Äquivalenz von Teilchen und Welle (Energie konzentriert beziehungsweise verteilt) proklamierte, eliminierte die historisch gewachsene Quantenphysik die Relevanz des Raumes für die Energie (a). Von der klassischen Physik ist jedoch bekannt, dass nicht verfügbare Energie in Form von Entropie erzeugt wird, wenn sich Strahlung von einem schwarzen Körper ausdehnt, expandiert (b).

Wenn man dieses ernst nähme, könnte die Quantenphysik durch die Einführung zusätzlicher, sogenannter „verborgener" Variablen weder erweitert noch besser erklärt werden, da dies Widersprüche zu experimentellen Ergebnissen herbeiführen würde. Unser Verständnis ist jedoch differenzierter: Von einer Theorie, die auf der Ebene der „symbolischen Form" von falschen Voraussetzungen (Zeitneutralität, Raum ohne Bedeutung für Energie) ausgeht, kann nicht bewiesen werden, dass sie korrekt und allgemein gültig ist. Es kann nur bewiesen werden, dass sie innerhalb der angenommenen, nur teilweise richtigen Aussage der angewandten „symbolischen Form" konsistent und nicht verbesserbar ist. Aber das erzielte Verstehen kann immer noch fragmentarisch und unvollständig sein, wie man es von Beziehung (3) ableiten kann. Dies bedeutet, dass wir uns vom Bell-Theorem nicht einschüchtern lassen sollten, auch wenn Quantenphysiker behaupten, dass die Quantenparadoxien fundamental und bewiesen wären. Sie sind nur innerhalb der angewandten „symbolischen Form", mit der sie betrachtet werden, fundamental. Diese „symbolische Form" legte fälschlicherweise fest, dass der Raum für Energie nicht relevant wäre und die Welt fundamental zeitumkehrbar funktionierte.

13 Wie können die Quantenparadoxien überwunden werden?

Wir können somit folgern, dass die klassische Physik und die Quantenphysik auf der Annahme teilweise unterschiedlicher Energieeigenschaften beruhen. Die Ausdehnung der Energie in den Raum beeinflusst, wie man seit langem weiß, eine relevante Energieeigenschaft: die Fähigkeit, Arbeit zu leisten. Dies wird in der klassischen Physik berücksichtigt, nicht aber in der Quantenphysik. Unser historisch gewachsenes Verständnis der Physik beruht infolgedessen auf Beziehung (3). Wir erfassen benachbarte Wissenschaftsgebiete, klassische Mechanik und Quantenmechanik, mittels zum Teil widersprüchlicher „symbolischer Formen". Dies erklärt, warum wir in einem der Gebiete, der Quantenphysik, mit Irrationalitäten (Paradoxien) und fehlender Anschaulichkeit konfrontiert sind. Physiker versuchen, die Physik mit zwei unterschiedlichen und teilweise widersprüchlichen symbolischen Formen zu verstehen. Diese Analyse weist darauf hin, dass die bestehenden Erkenntnisprobleme in der Quantenphysik von der Wissenschaft selbst generiert wurden. Es ist nicht die Natur, die irrational ist, nein: Das Problem sind der unzulängliche Mechanismus und die Vorgehensweise in Richtung des Verstehens der

Natur. Die Quantentheorie liefert wohl nur deshalb ein funktionierendes praktisches Werkzeug (gemäß Healey, 2012), weil es experimentell angepasst wurde, genau so zu funktionieren und die entsprechenden Daten zu liefern. Doch die zugehörige Theorie liefert keine ausreichend logische Erklärung. Theorie und Erklärung sind in Bezug auf die Information nicht vollständig, was durch die zu Grunde gelegte, nur teilweise korrekte Energievorstellung und die Zeitneutralität bewirkt wird, die ja hier auch wegen der dynamischen Interpretation des Prinzips der kleinsten Wirkung für die klassische Physik in Frage gestellt wird. Um diesen Mangel zu korrigieren, gibt es einen geradlinigen Weg zu einer Lösung. Wir müssen identische fundamentale Energievorstellungen anwenden, das heißt, in Beziehung (3) ist E_2 mit E_1 gleichzusetzen. Da das klassische physikalische Verstehen der Energie – in Bezug auf die Ausdehnung im Raum – außerhalb der Quantenphysik logischer Natur ist, bietet es sich an, diese Gesetzmäßigkeit auch für die Quantenphysik zu übernehmen. Andererseits haben die Überlegungen zum Prinzip der kleinsten Wirkung innerhalb der klassischen Mechanik gezeigt, dass sich Energie auch in Richtung Zeit dynamisch verhalten müsste.

Es liegt vollkommen nahe, beide dynamischen Energieeigenschaften, sowohl die in Richtung Raum als auch die in Richtung Zeit, bei der Neudefinition der Energieeigenschaften für den Teilchen-Welle-Dualismus zu berücksichtigen. Deshalb wird die Dynamische Energie versuchen, sich vom selbstorganisierten Zustand des Teilchens in den Raum auszudehnen und dynamisch zwischen der Teilchen- und Wellenform zu oszillieren. Dabei ist die Volumenänderung, die vom Quantensystem und somit von seiner Energie erfahren wird, erheblich. Wenn man eine Energieverdünnung in den Raum hinein ohne einen Verlust an Arbeitsfähigkeit zuließe, würden Widersprüche auftreten. Die empirischen Erfahrungen mit der Thermodynamik und mit der elektromagnetischen Strahlung sprächen deutlich gegen ein solches Naturverhalten.

In jedem Fall muss, um die Teilchen-Welle-Dualität innerhalb des Quantenphänomens zu beschreiben, die reversible Natur des Energietransformationsprozesses von Teilchen zu Welle und zurück zum Teilchen berücksichtigt werden (letztlich wird keine freie Energie umgewandelt, vergleiche Beziehung (11) weiter unten). Die Energie in Quantensystemen muss expandieren können und verliert gleichzeitig Arbeitsfähigkeit, während sie „entropische", als Entropie vorliegende, nicht verfügbare Energie erzeugt. Der Formalismus für Quantensysteme müsste dann allerdings auch Energie in Form von Information reservieren, um die Rückreaktion zu garantieren (falls keine Energieumwandlung erfolgte). Es braucht dafür eine Art fundamentalen Maxwell Dämon, um die in einer Welle verteilte Energie wieder in die Gestalt eines Teilchens zurück zu führen. Da der Dämon Information und damit Energie benötigt, um dies zu bewerkstelligen, muss diese Energie vom Teilchen beiseitegestellt und somit reserviert werden, bevor es sich in eine Welle wandelt. Die Information muss so beiseitegestellt werden, dass sie von außerhalb des expandierenden Systems wirken kann.

Die Energie von Teilchen und Welle kann nicht identisch sein, wie es die Quantenmechanik gegenwärtig versteht und wie es in Fig. 18 a dargestellt ist. Es muss zudem der Effekt des Raumes berücksichtigt werden, wie dies in der klassischen Mechanik geschieht.

Vielmehr sollte die Energie des Teilchens E_p äquivalent zur im Raum verteilten Energie der Welle $\sum_w E_w$ (sie beschreibt die Summe über alle w winzigen Energieteilchen) sein, plus dem Anteil der Energie E_e (er ist wegen der Ausdehnung in den Raum für die Arbeit nicht mehr verfügbar und trägt zur Entropie bei), plus der „negentropischen" Energie E_n (Energie in Form von Information), die benötigt wird, um die Energieumwandlung umkehrbar zu machen (siehe den vorgeschlagenen Mechanismus in Fig. 19 b). Dies muss über einen fundamental gedachten Maxwell Dämon funktionieren. Er nutzt Information mit dem Energieinhalt E_n, um die Rückführung der in der Welle verteilten Energie zur Wiederherstellung des ursprünglichen Teilchens mit der Energie E_p zu bewerkstelligen (h = Plancksches Wirkungsquantum, ν = Lichtfrequenz):

$$h\nu = E_p \longleftrightarrow \sum_w E_w + E_e + E_n \qquad (11)$$

In anderen Worten: Die Energie im Teilchen E_p verwandelt sich in die verteilte Energie der Welle $\sum_w E_w$, plus der nicht verfügbaren Energie in Form von Entropie E_e, plus der Energie E_n, die vorher für die Rückumwandlung zum Teilchen in Form von Information beiseite gestellt wurde. Die Energie E_n gehört zu dem, was wir „Informationsabbild-der-Materie" nennen. Dieses Abbild in Form von Information kennt die Gestalt der Welle und weiß, wie daraus wieder ein Teilchen hergestellt werden kann. Mit der Umgebung wird keine Energie oder Materie ausgetauscht. Die Energie in Form von Information ist so bemessen, dass die totale Energie, wie sie in Formel (11) beschrieben wird, erhalten bleibt. Es wird also zugelassen, dass die Energie, die von einem Teilchen in eine Welle umgewandelt wird, einen Teil ihrer Arbeitsfähigkeit verliert (sie nimmt eine mikroskopische Form von

entropischer Energie an). Gleichzeitig aber wird Energie in Form von Information bereitgestellt (auch negentropische Energie genannt, da sie in gewisser Hinsicht gegensätzlich zur entropischen, chaotischen Energie wirkt), die in Folge die entropische Energie zurückwandelt. Die Information, von einem hypothetischen Maxwell-Dämon gehandhabt, wird dazu verwendet, die Welle in ein Teilchen zurück zu konzentrieren (Fig. 19 b). Dies steht im Einklang mit dem 2. Hauptsatz der Thermodynamik, der aussagt, dass die Entropie in einem geschlossenen Raum oder Volumen zunimmt. Denn vom Informationsabbild-der-Materie kann man annehmen, dass es vorher vom Teilchen bereitgestellt wird und anschließend für die Rückwandlung der Welle von außen wirkt. Das System funktioniert, wie es mit Information geschieht, die an einen 3D-Drucker gesandt wird, der aus unstrukturierter Materie ein dreidimensionales, strukturiertes Objekt über reine Information und Energie herstellt. Dieser Mechanismus ist erforderlich, um die Reversibilität der Umwandlung zwischen Welle und Teilchen innerhalb der Teilchen-Welle-Dualität zu gewährleisten. Wenn das Teilchen genügend Energie aktiviert, um die Information für die Rekonstruktion bereit zu stellen, kann die Rückkonversion vom Zustand der verteilten Wellenenergie plus der begleitenden entropischen Energie tatsächlich nach der Gleichung (11) erfolgen.
Es könnte jetzt gefragt werden, wie die wechselseitige Umwandlung zwischen Teilchen und Welle tatsächlich arbeitet. Später (in Kapitel 20) wird gezeigt, dass Energie und Materie sich selbstorganisieren können, da die durch Energiewandlung bewirkte Zeitorientierung durch den energiegetriebenen Zeitpfeil als fundamental vorgegeben ist. Bei selbstorganisierten Systemen kann durch eine kleine Parameteränderung eine geordnete Struktur in eine andere geordnete Form umgewandelt werden. Dies dürfte sich auch bei der wechselseitigen Umwandlung von Welle und Teilchen so abspielen, allerdings immer unter Beteiligung von Information.
Um diesen wichtigen, hier über Dynamische Energie und Information vorgenommenen Eingriff in die Beschreibung des Teilchen-Welle-Dualismus des Quantenzustandes anschaulich zu erläutern und um klarzustellen, dass es sich um eine schlüssige, durch Naturgesetze gestützte Vorgehensweise handelt, soll ein relevantes technisches Beispiel herangezogen werden: die analog-digitale Umwandlung und die digital-analoge Rückumwandlung elektrischer Signale, wie sie heute in jedem Tonstudio oder Mobiltelefon funktionieren. Stellen wir uns das Analogsignal als Teilchen und die entsprechende Summe digitaler Daten als Welle vor.
Das analoge Signal aus dem Mikrophon wird zunächst in einem Audio-Interface in einer gewählten Frequenz, meist in Kilohertz, z.B. 48.000-mal pro Sekunde, abgetastet. Der Computer muss sich die Abtaststellen genau merken, um das Analog-

signal später möglichst störungsfrei wiederherstellen zu können. Die Amplituden, die Lautstärken des Signals pro Abtastpunkt, werden dabei als Digitalwerte, also als Information, gespeichert, wobei die sogenannte Bit-Tiefe, Entstörungsprozeduren, Minimierung von Rechenleistung und Speicherbedarf eine Rolle spielen. Bevor nun das Signal über den Geräteausgang die Monitore oder den Kopfhörer erreicht, müssen die erzeugten Stufen wieder in ein geglättetes Analogsignal umgewandelt werden. Der abgelesene Spannungswert wird, 48.000-mal pro Sekunde, so lange gehalten, bis der nächste Wert ausgelesen wird. Das erhaltene, treppenförmige Signalmuster würde hochfrequente Störungen erzeugen, die deshalb durch geeignete Filter entfernt werden müssen. Damit eine möglichst gute Reproduktion des analogen Anfangssignals erreicht wird, ist es auch notwendig, ganz bestimmte Regeln einzuhalten, die durch das Nyquist-Shannon-Abtasttheorem vorgegeben werden.

Was kann man von diesem Vergleich lernen? Analogsignal und Digitalsignal (Teilchen und Welle) existieren nicht von selbst gleichwertig nebeneinander, wie es die historisch gewachsene Quantenphysik von Teilchen und Welle behauptet. Man braucht vielmehr Information, Regeln, Programme und Speicherkapazität, um eine Form in die andere umzuwandeln. Die Analog-Digitalwandler liefern sie mit zusätzlicher Energie von außen. Bei der hier vorgeschlagenen „dynamischen" Quantenphysik ist es das „Informationsabbild-der-Materie", das zur Aufrechterhaltung des Dualismus bereitgestellt wird. In der elektronischen Praxis wird der benötigte Rechenaufwand aus technisch-wirtschaftlichen Gründen, und da die Prozesse auch schnell ablaufen müssen, minimiert. Später wird gezeigt werden, dass die Natur mit dem Informationsabbild-der-Materie genau dasselbe macht und die Folge davon die Quantisierung der Materie ist (vergleiche weiter unten Fig. 20). Dies bedeutet, dass die Quantisierung erstaunlicherweise eine direkte Konsequenz der Dynamischen Energie ist.
Das Informationsabbild-der-Materie, das hier als notwendige Verbindung zwischen Teilchen und Welle erkannt und eingeführt wird, hat zweifellos einen Energieinhalt (E_n). Dieser Energieinhalt muss, wenn es sich um ein wirklich existierendes Phänomen handelt, um Materie herum beobachtbar sein. Er muss auch zunehmen, wenn sich die Teilchenzahl erhöht, da sich die Energiewerte addieren. Die Existenz dieses Informationsabbildes-der-Materie muss demnach in der Natur definitiv nachweisbar sein. Und es muss um Materie herum identifizierbar sein. Dies ist offensichtlich ein wesentlicher Prüfstein für das vorgeschlagene Modell. Weiter unten werde ich zeigen, dass es, erstaunlicherweise, die Gravitation um Materie herum ist, die alle Merkmale und Eigenschaften dieser fundamentalen, dynami-

schen Information über Materie besitzt (Kap. 21). Diese neue Interpretation des Teilchen-Welle-Dualismus, einschließlich seiner „Gravitation“ (Fig. 19 b), steht in krassem Widerspruch zum klassischen quantenmechanischen Verständnis der zeitneutralen Teilchen-Welle-Dualität (Fig. 19 a). Dazu ein paar Worte über Information: Wir leben jetzt in einer Zeitperiode, in der wir Zeugen einer dynamischen Expansion von Informationstechnologien sind. Sie berühren bereits nahezu jeden Aspekt unseres Lebens und unserer Zivilisation. Wir erfahren im Alltag immer mehr, wozu Information fähig ist. Aber was ist sie physikalisch?

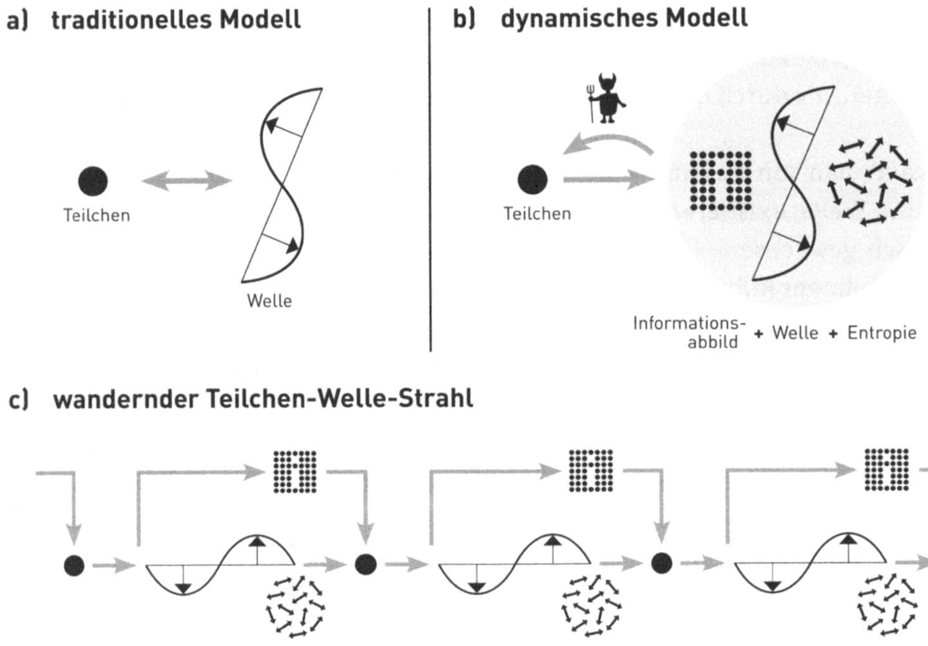

Fig. 19. a) Traditionelles Modell des Quantenzustandes: In der Quantentheorie sind Teilchen und Welle energetisch äquivalent. b) Vorgeschlagenes, neues Modell: Wenn sich ein Teilchen in eine Welle umwandelt, hat die verteilte Energie geringere Arbeitsfähigkeit. Als Kompensation wird entropische, „chaotische“ Energie erzeugt. Um die Reversibilität zu garantieren, wird ein Teil der Teilchenenergie zu Beginn des Vorgangs reserviert, um Information an einen imaginären, fundamentalen „Maxwell Dämon“ zu liefern, der das Teilchen wieder aus der Welle zurück wandelt. c) Schema für wanderndes Licht, das über die Zwischenform der Information laufend zwischen Teilchen- und Wellenzustand oszilliert.

Information ist weder Energie noch Materie. Sie benötigt jedoch freie und verfügbare Energie, um erzeugt und vermittelt zu werden. Sie braucht außerdem Materie, um umgesetzt zu werden. Information wirkt auch additiv, oder, wenn widersprüchlich, subtraktiv. Die Energie der Information E_n ist proportional zur Information oder zur „Negentropie", zur negativen Entropie (Brillouin, 1951). Information kann erzeugt oder vernichtet werden. Aber im Gegensatz zur Energie bleibt Information in einem isolierten, geschlossenen System nicht erhalten. Sie wandelt sich in Energie um. Man betrachte den Raum einer Villa im antiken Pompei, voll von Schriftrollen, bedeckt und isoliert von vulkanischer Asche. Als er noch in Gebrauch war, enthielt er eine große Menge an Information. Dann, während vieler vorüberziehender Jahrhunderte, zerfielen die Schriftrollen und die Information ging verloren. Die Energie blieb jedoch erhalten, wandelte sich aber in chaotische, nicht nutzbare Form um, während die Entropie ein Maximum wurde. Obwohl die Information bei der Gestaltung von Technologie so kraftvoll ist, fand die Vorstellung von Information kaum Eingang in die grundlegende Wissenschaft und in fundamentale wissenschaftliche Gesetze. Dies ist sehr seltsam und weist darauf hin, dass bei unserem Verständnis von der Natur etwas Wesentliches fehlt. Warum sollte die Natur in ihren grundlegenden Gesetzen Mechanismen vermieden haben, die sich für unsere Technologie und Zivilisation als so zielführend und nützlich erweisen? Wir wenden letztendlich nur existierende Naturgesetze an, wenn wir die Informationstechnologie handhaben. Warum sollte dies die Natur nicht selbst mit ihren eigenen Werkzeugen tun? Mit der obigen Formel (11) wird eine fundamentale Berücksichtigung der Information für das Funktionieren natürlicher Phänomene realisiert. Demnach erzeugt und benutzt die Natur in Quantenprozessen Informationsabbilder von sich selbst, von Materie. Diese begleiten die ablaufenden Quantenmechanismen. Genau genommen sind dabei Anfangsprodukt (Subjekt) und Endprodukt (Objekt) eines Prozesses nicht mehr klar getrennt. Sie bleiben über Information miteinander verbunden, wie analoge und digitale Bilder in der Technik. Später wird klar werden, dass diese Informationsabbilder, ausgedrückt im Energie-Term E_n in (11), der Schlüssel sind, um Irrationalitäten und Paradoxien zu überwinden. Dieses Phänomen der gegenseitigen Abhängigkeit von Subjekt und Objekt über die Information sollte deswegen einen fundamentalen Charakter haben. Folgende Schlussfolgerung kann, auch auf Grundlage weiter unten gegebener, rationaler Erklärungen von Quantenphänomenen, gezogen werden:

„Realität, Materie und Energie, sowie Information über diese Realität, müssen gemeinsam berücksichtigt werden, um ein rationales Verstehen von Quantenprozessen zu erzielen" (11a)

In Gegenwart von Materie, die dem Teilchen-Welle-Dualismus unterworfen ist, wird dieses Informationsabbild-der-Materie in Form von Information immer zugegen sein. Die Energie E_n, die in dieser postulierten Information involviert ist (negentropische Energie), muss deswegen dort, wo in der Natur größere Mengen von Materie geballt sind, deutlich in Erscheinung treten. Dies ist eine notwendige Konsequenz der fundamental dynamischen Eigenschaften von Materie und Energie (Gleichung (11)). Später (in Kapitel 20) wird klar werden, dass diese „Substanz" der Information die Gravitation ist. Dass wir sie als Informationsabbild-der-Materie (beziehungsweise Informationsabbild-der-Energie) identifizieren, wird uns später helfen, einige fundamentale Aspekte der Gravitation und der Dynamik unseres Universums neu zu verstehen. Außerdem wird später (in Kap. 26) klar werden, warum Energie, die bei einer Umwandlung letztlich erhalten bleibt, trotzdem Veränderungen auslöst und den Zeitpfeil antreibt. Sie macht es durch die Veränderung im Informationsabbild-der-Energie. Information wird aufgegeben und, als Folge davon, Energie auf mehr und mehr Zustände verteilt. Es zeichnet sich schon ab, dass sich Information als logischer Schlüssel für das Begreifen sowohl der Elementarteilchen als auch des Universums herausstellt.
Es soll erwähnt werden, dass einige Wissenschaftler bereits darüber spekuliert haben, dass Information eine Rolle in der Quantenphysik spielen könnte. Bohm (1980) und Bohm mit Hiley (1993), zum Beispiel, versuchten, angeregt durch Vorstellungen von de Broglie, die unverständlichen Quanteneigenschaften der Elementarteilchen mit Informationen, die diese Teilchen aus beigeordneten Feldern herauslesen könnten, in Verbindung zu bringen. Man erwartete von den Teilchen, dass sie eine „reiche und komplexe innere Struktur und rudimentäre geistähnliche Qualitäten" besäßen. Das angenommene assoziierte Feld würde das Teilchen zum Beispiel durch einen Schirm mit einem oder mit zwei Schlitzen lenken. Die so gelenkten Teilchen wären aber, nach Bohms Theorie, nicht vom restlichen Universum isoliert, das unzählige, ja unendlich viele Dimensionen annehmen müsste. Kann man sich das vorstellen? Auch Zeilinger (2007) erwog das Mitwirken von Information im Zusammenhang mit der Quantenkorrelation, und T. und B. Görnitz (2009) verfolgten die Idee, zurückgehend auf C. F. v. Weizsäcker, dass die Einheiten der Quanteninformation, Qubits, Materie und Energie beschreiben lassen.
Es soll daran erinnert werden, dass die Energie im hier vorgeschlagenen Modell nicht mehr ein Skalar, eine Zahl, ist, sondern zu einer dynamischen, vektoriellen Größe verändert wurde. Sie ist eine Größe, die auf den Raum reagiert und im Fall der Energieumwandlung Wirkung produziert und die Zeit antreibt. Während der Energieumwandlung, wenn der Quantenzustand verlassen oder verändert wird,

reorganisiert sich der Energiegehalt eines Systems, um eine effektive Entropiezunahme zu erreichen. Diese manifestiert sich durch Wärme (Schwingungsenergie), die über verschiedene Zustände und auch im Raum verteilt wird oder energieschwache Strahlung freisetzt. Ein zeitgenerierender Prozess hat sich ereignet, bei dem die Entropieerzeugung geschwindigkeitsbestimmend ist.

Dieser Paradigmenwechsel für Energie, von einer skalaren, inaktiven Größe hin zu einer vektoriellen, dynamischen, wie in Beziehung (11) ausgedrückt, hat weitreichende Konsequenzen. Diese meine Vorstellung einer Dynamischen Energie ist vergleichbar mit dem „Stoff", der seit der Antike gesucht wurde und seit Beginn des 19. Jh. „Energie" genannt wird (Lindsay 1971, 1975). Die Energie ist der Stoff, der innerhalb aller Veränderungen, die in unserer Umwelt beobachtet werden, erhalten bleibt. Eine Dynamische Energie ist deutlich besser mit der Realität vereinbar als unsere gegenwärtige etablierte Vorstellung von einer Energie, die keinen Bezug mehr zu Veränderungen hat und kein Interesse zeigt, Arbeit zu verrichten. Die sich ergebende Vorstellung von einer gerichteten, Dynamischen Energie wurde weitgehend ausgearbeitet (Tributsch, 2008 a). In jener Publikation wurden schon Belege dafür gegeben, dass diese Korrekturen an der Energie und an der quantenmechanischen Teilchen-Welle-Dualität der experimentellen Realität nicht widersprechen. Die gegenwärtig noch bevorzugte reversibel angenommene Welt kann in bestimmten Situationen auch als Grenzwert und Näherung von einer gerichteten Welt abgeleitet werden. Man kann auch die etablierten, empirischen, quantenmechanischen Formeln und die Schrödinger-Gleichung weiterverwenden. Die neuen „symbolischen Formen" (Beziehungen (6) bis (10)) aber erlauben uns ein rationales Verstehen und Vorgehen. Zusätzlich werden sie eine detailliertere Interpretation und ein wirkungsvolleres Hinterfragen quantenmechanischer Mechanismen ermöglichen, wenn Paradoxien vermieden werden können.

Insbesondere in Bezug auf die Mechanismen der Umsetzung von Information, von der ich behaupte, dass sie in der Quantenphysik involviert ist und durch die Größe E_n in der Beziehung (11) ausgedrückt wird, können neue Einsichten erwartet werden. Max Planck versuchte um 1900 über eine mathematische Formel die von heißen schwarzen Körpern emittierte Strahlung abzuleiten und fand heraus, dass Energie in Form von quantisierten Mengen emittiert wird. Heute ist bekannt, dass Atome und Moleküle auf wohldefinierten, quantisierten Zuständen um den Atomkern beziehungsweise die Atomkerne (wenn es Moleküle sind) Elektronen beherbergen. Auf diesen Zuständen verhalten sich die Elektronen verhältnismäßig stabil. Zu Beginn der Entwicklung der Quantentheorie war dies keinesfalls offensichtlich, da man von den umkreisenden, negativ geladenen Elektronen erwartete, dass sie über Strahlung Energie verlieren und schließlich mit dem positiven Kern kollabieren würden. Es war aber möglich, sich vorzustellen, dass die umkreisenden Elektronen als Wellen auftreten. Wenn man versuchsweise annimmt, dass nur volle Wellenzahlen stabil aufrechterhalten werden (was wohl von der Rotationsgeschwindigkeit der Elektronen abhängt), ist eine Quantisierung der elektronischen Zustände vorstellbar. Mit der, nach dem Ausschlussprinzip von Pauli, zusätzlichen Annahme, dass nur ein oder zwei Elektronen eine Bahn in Form einer Welle besetzen können, ist die Begrenzung der Elektronenzahlen in einem Atom rational verständlich. Wir haben es mit den Elektronenbahnen zu tun, wie sie sich erstmals Niels Bohr vorstellte. Heute weiß man, dass dieses Modell etwas zu einfach ist und stellt sich vor, dass die Bahnen wegen des Unbestimmtheitsprinzips weniger gut definiert sind.

Wenn ein Quantensystem, zum Beispiel ein Atom, das aus einem positiven Kern und einem negativ geladenen Elektron besteht, seine Energie pro Zustand reduziert, wie es der grundlegende Anspruch (7) fordert, wird es seine Energie auf der Basis von Beziehung (11) minimieren. Dies betrifft auch Elektronen auf der Umlaufbahn um den Atomkern. Da die Energie zwischen dem Teilchen- und dem Wellenzustand des Elektrons oszilliert, muss auch die Energie E_n, die in der Information enthalten ist, minimiert werden. E_n beschreibt die Information, die gebraucht wird, um eine Welle in ein Teilchen bestimmter Eigenschaften zurück zu verwandeln. Eine einfache stehende Welle wird eine minimale Menge an Energie für Information beanspruchen. Eine chaotische, unstabile oder sich ständig verändernde Welle wird eine viel größere Menge an Energie für die Bereitstellung von beschreibender Information erfordern. Dies hat notgedrungen die Konsequenz, dass von der Natur nur Zustände mit wohl definierter, stabiler Elektronendichteverteilung (einfache stehende Wellenmuster) für energetische Übergänge ausgewählt werden. Die anderen Verteilungen der Elektronendichte wären unterdrückt (Fig. 20). Auch die Einnahme einer leicht niedrigeren Position mit nicht angepasstem Wellenmuster wäre nicht möglich, weil damit die Energie für Information zur Beschreibung der Bahn, das Informationsabbild, anstiege. Eine Quantisierung der Elektronenbahnen wäre die unmittelbare Konsequenz. Im Zusammenhang mit einer Minimierung der aufgewendeten Information ist es hilfreich darauf hinzuweisen, dass auch in technischen Beispielen, etwa beim Analog-Digital/Digital-Analog-Wandler, die nötige Rechenleistung minimiert wird, weil sie Energie und Zeit kostet. Die Quantisierung ist also die Konsequenz aus der Suche des Systems nach der minimalen Energie pro Zustand. Die ursprünglich angenommene „Dynamische" Energieeigenschaft, angewandt auf den Quantenprozess, erklärt dies von selbst.

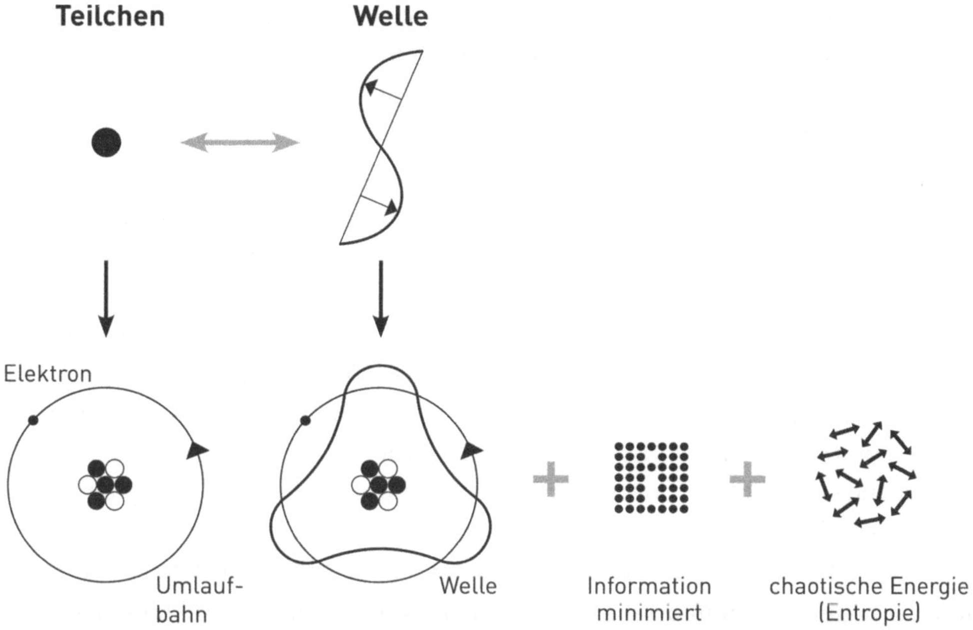

Fig. 20. Wenn ein Elektron eine Bahn um einen Atomkern aussucht, ist es, auch währenddem es eine Welle ausbildet, bestrebt, seine Energie pro Zustand zu minimieren. Wenn man Beziehung (11) berücksichtigt, bedeutet dies, dass auch die Energie minimiert werden muss, die für die Information gebraucht wird. Als Konsequenz werden nur die einfachsten Wellenmuster um den Atomkern herum angenommen. Sie beinhalten ein Minimum an Information. Dies ist die Quantisierung.

Die Quantisierung ist ein „dynamisches" Phänomen, das durch Energie und Information bestimmt wird und auf deren Minimierung pro Zustand ausgerichtet ist. Eine solche Deutung steht im Einklang mit dem experimentellen Wissen. Es scheint, dass diese Überlegungen das Phänomen der Quantisierung qualitativ vernünftig erklären. Ich betrachte dies als ein erstes, sehr wichtiges Ergebnis, da es uns tatsächlich nahebringt, warum ein System quantisierte Energiewerte auswählt. Wenn Bahnen zwischen den Quantenzuständen gewählt würden, wäre viel mehr Information (und Energie E_n) für die Beschreibung einer deutlich komplizierteren Verteilung von Energie innerhalb der Welle nötig. Von einer angemessenen Theorie, welche die Informationsaspekte berücksichtigt, sollte man quantitative Ergebnisse erwarten. Dies unterstreicht die Logik der neuen „symbolischen Form", die für das Verstehen der Quantenphysik erkannt wurde.

Man könnte auch einen Schritt weiter gehen und darüber spekulieren, warum ein frei wanderndes Teilchen auch als Welle, mit einem sich periodisch ändernden elektrischen und magnetischen Feld, in Erscheinung treten kann. In diesem Fall ist die einfachste Form von verteilter Energie, ausgedrückt als Information, die für ihre Beschreibung gebraucht wird, eine periodisch veränderliche wandernde Welle. Jedes kompliziertere Muster der Energieverteilung würde mehr Energie (E_n) in Form von Information benötigen. Das Bestreben, die Energie pro Zustand zu minimieren, hätte auch in diesem Fall zur Minimierung der Energiebeziehung (11) und damit zum Wellenmuster geführt. Es entspricht einem Minimalbeitrag an Energie E_n, jener Energie, welche die Information beschreibt.

Die Quantenkorrelation, die Eigenschaft, die es Quantenteilchen erlaubt, in kleinere Teilchen aufzuspalten und den Kontakt über offenbar beliebig große Entfernungen aufrecht zu erhalten, ist ein bekanntes Phänomen, das bereits erwähnt wurde (Fig. 7). Es ist ein Werkzeug, Forschungsarbeiten in Richtung Quanteninformation und Quantenteleportation oder ähnlicher innovativer Technologien voranzutreiben (Zeilinger, 2007). Ohne auf Details einzugehen, behaupte ich, dass die Information, die mit E_n in Zusammenhang steht und verfügbar ist, für die Konstruktion des neuen quantenkorrelierten Teilchenzustandes in diesem Phänomen verantwortlich ist.

Wenn ein Teilchen in zwei Teilchen aufspaltet, um ein quantenkorreliertes Paar zu erzeugen, dann muss das Informationsabbild, das für das ursprüngliche Teilchen existierte, ebenfalls aufgespalten und in gewissem Maße umstrukturiert werden, um die neue Situation zu beschreiben. Was macht nun diese Information, wenn die quantenkorrelierten Teilchen auseinanderfliegen? Dies wird von der Information abhängen, die gehandhabt werden muss. Es wird solche Information geben, die leicht aufgespalten und jedem der beiden Teilchen zugeordnet werden kann, und andere Information, die ihre Relevanz für beide Teilchen gemeinsam behält. Zur letzteren mag man das innere Drehmoment, den „Spin" des Systems, zählen, der für das gesamte Quantensystem erhalten bleiben muss. Dies ist ein bekanntes Naturgesetz. Daraus kann geschlossen werden, dass das Aufspalten und Verdoppeln der Information nur teilweise erfolgen kann und dass ein Teil der Information den Kontakt zwischen den sich trennenden und sich entfernenden Teilchen aufrechterhalten muss (Fig. 21). Eine Aufspaltung ist dann nicht ohne weiteres möglich. Eine noch bestehende Informationsverbindung wird deswegen die sich trennenden Teilchen, trotz größer werdenden Abstandes, weiterhin vereinen müssen. Dies ist tatsächlich eine charakteristische Eigenschaft quantenkorrelierter Teilchen. Sie erklärt, warum es einen Effekt auf ein entferntes quantenkorreliertes zweites Teilchen gibt, wenn ein Experimentator ein Teilchen manipuliert und zum Beispiel dessen Drehimpuls (Spin) ändert.

Ein rationales Verstehen des Phänomens, das in der Quantenkorrelation involviert ist, ist also grundsätzlich möglich. Und es gibt eine Überraschung. Die Informationsverbindung zwischen zwei sich trennenden quantenkorrelierten Teilchen ist demnach keine „gespenstische Wechselwirkung", wie dies Einstein vermutete. Sie hat sich stattdessen als eine notwendige Konsequenz der Aufspaltung von Information erwiesen, die im Informationsabbild-der-Materie des ursprünglichen, ungetrennten Systems bereits vorhanden war. Kombinierte Information über den Zustand der Teilchen muss aufrechterhalten werden, andernfalls müssten bekannte Grundgesetze der Physik verletzt werden. In Bezug auf das Bell-Theorem kann gesagt werden, dass man das Phänomen der Quantenkorrelation rational verstehen kann. Jedoch muss Information über Materie und Energie in die Beschreibung der Quantenrealität mit einbezogen werden. Ein Teil dieser Information ist für die beobachtete Wechselwirkung auf große Entfernung verantwortlich. Verglichen mit einem Bild aus unserem Alltag wäre es so, wie wenn sich zwei Personen in einer Stadt trennten und eine Kommunikation über das Handy aufrechterhielten. Angenommen, sie suchten in verschiedenen Geschäften nach zwei unterschiedlichen Artikeln. Wenn die erste Person einen davon in einem Geschäft findet, informiert sie die zweite Person, die sich dann nur mehr darauf konzentriert, den zweiten Artikel zu finden. Ich betrachte dies als Handlung innerhalb eines klassischen, lokalen Realismus. Sie wurde jedoch nur möglich, nachdem das Mobiltelefon erfunden wurde. Dieses arbeitet auf der Grundlage von Naturgesetzen und der Informationstechnologie. Es ist anzunehmen, dass die Natur ihre Gesetze auch selbst anwendet und Information und Kommunikation für ihre Abläufe einsetzen kann. Wie für die alltägliche Welt am Beispiel mit der Handykommunikation gezeigt wurde, kann nicht behauptet werden, dass die Eigenschaft der beteiligten Systeme nichtlokal sei, wie dies von den Physikern im Falle der Quantenkorrelation behauptet wird. Kommunikation über eine Entfernung mag nur in besonderen Fällen erfolgen, nämlich wenn gemeinsame Information über sich trennende Teilchen nicht ohne weiteres unterteilt werden kann. Das System weiß einfach nicht, was es bei der Aufspaltung der Teilchen mit gemeinsamer, untrennbarer Information anfangen soll. Sie bleibt deswegen erhalten und durch eine Informationsspur zwischen den sich trennenden Teilchen verbunden. Später wird genauer diskutiert werden, warum Gravitation identisch mit dem ist, was hier als Informationsabbild-der-Materie erkannt wurde. Die Quantenkorrelation ist somit eine unter bestimmten Bedingungen erzeugte Art von Fernwirkung der Gravitation (Information) über einen aufrecht erhaltenen speziellen Informationskanal.

Das Informationsabbild der sich trennenden Teilchen ist somit ein Schlüssel zu

einem tieferen Verständnis der Quantenkorrelation. Die Realität der sich trennenden Teilchen und Information über diese Realität sind demgemäß in einer gemischten Funktion involviert. Nur wenn beide berücksichtigt werden, wird das Quantenphänomen rational verständlich. Wie in Fig. 21 veranschaulicht, verbindet eine Spur von „gemeinsamer" Information die quantenkorrelierten Systeme.
Dies bedeutet nicht, dass Information zwischen den zwei korrelierten Teilchen wandert. Die Information verbindet lediglich die Teilchen, weil sie sich nicht in separate Teilinformationen trennen lässt. Bei einer Messung an einem der korrelierten Teilchen, wenn also die Aufteilung der gemeinsamen Information geklärt ist, reißt dann die Verbindung. Die verbleibende komplementäre Information wird daraufhin am zweiten Teilchen realisiert und umgesetzt. Eine solchermaßen ausgelöste räumliche Aufteilung gemeinsamer Information bräuchte nicht durch die Lichtgeschwindigkeit limitiert zu sein, was mit experimentellen Beobachtungen übereinzustimmen scheint.

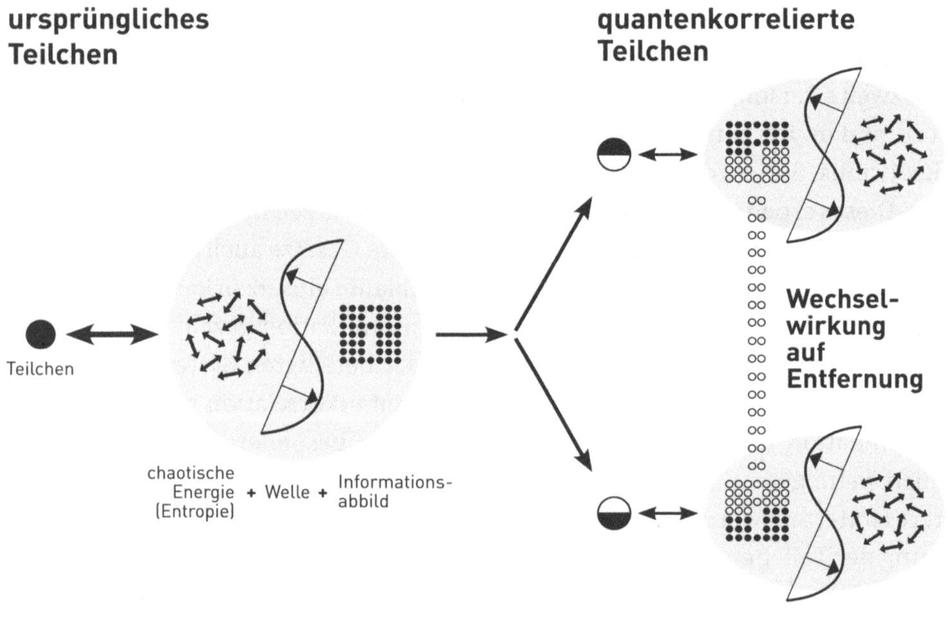

Fig. 21. Wenn quantenkorrelierte Teilchen aufspalten, dann muss die Information über ihren Teilchen-Welle Zustand ebenfalls aufgespalten werden. Gewisse gemeinsame Informationsstrukturen müssen jedoch aufrechterhalten werden, wenn Erhaltungssätze dies einfordern. Man kann sich vorstellen, dass es diese nicht trennbare Information ist, die den mysteriösen, „gespenstischen" Korrelations-Kontakt ermöglicht.

Denn man hat es nicht mit einer Informationsübertragung durch Licht oder Materie zu tun, sondern mit einer besonderen, hier neu entdeckten und zu studierenden, Fähigkeit der Gravitation. Um auf das erwähnte Beispiel der Analog-Digital-Analog Umwandlung für die Teilchen-Welle-Dualität zurückzukehren: Die Verbindung zwischen den beteiligten Analogsignalen wird über einen Informationskanal, der Energie beansprucht (erzeugte Digitalsignale), aufrechterhalten. Wenn es eine Veränderung, z.B. eine Unterbrechung an einem Ende gibt, folgt eine unmittelbare Konsequenz am anderen Ende. Man merkt es, wenn der Informationskanal gestört wird. Bei quantenkorrelierten Teilchen erfolgt der Informationsfluss über das Informationsabbild-der-Materie, das hier mit Gravitation identifiziert wird (Kap. 21). Wir sollten uns nun vergegenwärtigen, dass bereits vor Jahren versucht wurde, dieses hier logisch verständlich erklärte, vorher nur als paradox begriffene, Phänomen, das der Übertragung von Quanteninformation zugrunde liegt, als Baustein für physikalisches „Verstehen" einzusetzen. Gerade seine bisherige Unerklärbarkeit und die Erwartung einer fundamentalen Bedeutung wurden für die Beschreibung von Energie, Materie, Leben, Bewusstsein und sogar Geist herangezogen – in der Hoffnung, andere nicht verstandene Mechanismen damit deuten zu können (Görnitz, 2009).

Materie wurde, zum Beispiel, als „gestaltete" Quanteninformation interpretiert, Bewusstsein als „nichtmaterielle" Quanteninformation. Schon anhand der oben gebrauchten Erklärung der Informationsübertragung über eine Handy-Kommunikationsverbindung begreift man, dass ein solcher Erklärungsversuch, der auf C.F. v. Weizsäcker zurückgeht, nicht überzeugend ist und dass die Verwendung ursprünglich paradox verstandener Effekte zur Deutung komplexer realer Phänomene wohl nicht zielführend sein kann. Dies bestätigt den Verdacht, dass die Akzeptanz von Irrationalität in der Naturwissenschaft immer mehr in die Irre führt.

Später, in Kapitel 21, werden wir genauer verstehen, warum das Informationsabbild mit der Gravitation identifiziert werden kann. Gravitation braucht Masse, um aufzutreten, sie ist aber keine Konsequenz von Wirkung. Da Wirkung eine Folge von Ursache ist, was einen Zeitfluss erfordert, sollte die Gravitation nicht dem Fluss der Zeit ausgesetzt sein. Infolgedessen könnte ein Prozess, der innerhalb einer „Gravitationsverbindung" auftritt, wie in Fig. 21 gezeigt, augenblicklich erfolgen.

Solch ein informationsbasiertes Bild elementarer Prozesse sollte auch einen grundlegenderen Zugang zu den ablaufenden Geheimnissen der Quantenphysik gewähren. Die betroffene Information wird an Hand einer detaillierteren Theorie und gezielter Experimente eingehend studiert werden müssen.

Zum Abschluss dieser Überlegungen kann man sagen, dass die Quantisierung und die Quantenkorrelation, ebenso wie die Teilchen-Welle-Dualität in ihrer erweiterten Form (Gleichung (11)), direkt aus dem ursprünglichen Postulat hervorgeht, nämlich dass Energie darauf abzielt, ihre Anwesenheit pro Zustand, beziehungsweise die Information in ihr, zu reduzieren. Es handelt sich um Phänomene der „Dynamischen Energie“. Später wird man begreifen, dass die Tendenz zum Abbau von Information der Schlüssel zum Verstehen der Irreversibilität in der Natur ist.

14 Was bedeutet die Quantenunbestimmtheit in der Natur?

Es gibt noch ein anderes Quantenphänomen, das unsere Art, die Natur zu erkennen und zu verstehen, verändert hat, da es gegenwärtig als fundamental akzeptiert ist. Es wird durch die Unbestimmtheitsbeziehung beschrieben, die erstmals 1926 von Werner Heisenberg vorgeschlagen wurde und den parallelen Welleneigenschaften eines Teilchens zugeschrieben wird. Die Unbestimmtheitsrelation behauptet, dass Ort und Impuls ebenso wie Energie und Zeit eines Quantenobjektes nicht genau gemessen werden können. Möglich wäre dies nur mit einer Unbestimmtheit, die proportional zum Planck'schen Wirkungsquantum (h) ist. Dies wurde zu einer mysteriösen Grundlage der Quantentheorie, die auf diese Weise eine fundamentale Eigenschaft der Unvorhersagbarkeit und Unbestimmtheit annahm. Die Quantenmechanik beschreibt deshalb nicht die Wirklichkeit der Teilchen, sondern die statistische Beobachtung und Messung dieser Teilchen. Einstein war über eine solche Aussicht nicht amüsiert und man erinnert sich, dass er dies entsprechend kommentierte: „Gott spielt nicht mit Würfeln“.

Die Behauptung von Heisenbergs Unbestimmtheitsbeziehung steht, wie bereits Karl Popper (1979) bemerkte, in Widerspruch sowohl zum a priori Kausalitätsprinzip von Immanuel Kant (Kant, 1985, Neuauflage) als auch zur These Ludwig Wittgensteins über die Allmacht der Wissenschaft (Wittgenstein, 1918): „Wenn die Position eines Elektrons bekannt ist, kann seine Geschwindigkeit nicht genau bestimmt werden.“

Wie könnte solch ein Würfelspiel innerhalb der „Dynamischen Energiehypothese“ verstanden werden? Bedeutet dieses, von empirischen Erfahrungen mathematisch abgeleitete Quantenphänomen tatsächlich einen Abschied von Kausalität und Rationalität? Spontan kann man, wenn man die Energie-Zeit Version der Unbestimmtheitsrelation hernimmt, sagen, dass darin die Eigenschaften sowohl der

Energie als auch der Uhrzeit falsch verstanden sind. Um mit der dynamischen Wirklichkeit zu korrespondieren, müsste die Energie „dynamisch“ sein, die Zeit die „Wirkungszeit“ beschreiben. Zusammen haben sie eine andere Bedeutung.
In der Gleichung (11) kann die Frequenz ν (eins über die Zeit) als t (Zeit) auf die rechte Seite übertragen und das Ergebnis dann im Zähler und im Nenner mit E_p, der Gesamtenergie des Teilchens, multipliziert werden. Durch diese Umstrukturierung erhalten wir eine Gleichung, welche die Struktur der Unbestimmtheitsrelation hat: $E = E_p$, die Gesamtenergie eines Teilchens, multipliziert mit t, der Zeit, ist proportional zu h, der Planck'schen Wirkungskonstanten. Was jetzt interessant ist, betrifft die Proportionalitätskonstante, die in dieser Beziehung auftritt. Sie entspricht dem Verhältnis von Energie des Teilchens zur Energie der Welle (zusammengesetzt aus verteilter Energie, entropischer Energie und Energie der Information). Die Größe der Proportionalitätskonstante wird dementsprechend einfach variieren. Sie wird davon abhängen, ob sich die Energie im Augenblick der Messung mehr im Teilchen oder mehr in der Welle aufhält. Dies legt nahe, dass die Heisenbergsche Unbestimmtheit im Zusammenhang mit der zwischenzeitlichen Anwesenheit der Energie in Form einer Welle und in Form von Information über Energie für die Rekonstruktion des Teilchens aus der Welle verstanden werden kann. In Abhängigkeit vom Zeitpunkt des Schnappschusses der Umwandlung zwischen Teilchen und Welle während des Messaktes stehen also Materie und Information nur fragmentarisch zur Verfügung. Deshalb können nur fluktuierende und bruchstückartige Teilcheneigenschaften aus der Welle rekonstruiert werden. Dieses Ergebnis zeigt ganz klar, dass das Phänomen der Quantenunbestimmtheit mit der Wellennatur der Teilchen in Zusammenhang steht. Infolgedessen ist auch das Informationsabbild des Teilchens im Spiel. Es gibt aber überhaupt keinen Grund, einen fundamentalen Ursprung der Unbestimmtheit anzunehmen. Es stimmt, dass eine detaillierte mathematische Theorie für unsere Interpretation des Teilchen-Welle-Dualismus noch entwickelt werden muss. Aber es ist definitiv anzunehmen, dass ein deterministischer, jedoch chaotischer Mechanismus als Ursache für die beobachtete Unbestimmtheit erwartet werden kann. Der vorgeschlagene Prozess der Umwandlung zwischen Teilchen und Welle mit seinem Informationsabbild ist für die statistische Rekonstruktion der Teilcheneigenschaften verantwortlich. Es gibt keinen Anlass, eine Abweichung von der Kausalität anzunehmen. Das Unbestimmtheitsphänomen wird lediglich durch ein komplexes Naturphänomen gestaltet, das die Umsetzung von Information beinhaltet. Mit seiner Komplexität verschleiert es die logische Physik, die dahintersteht. Es ist wohlbekannt, dass die Heisenbergsche Unbestimmtheitsrelation auch vorhersagt, dass eine „Nullpunkt-

energie" übrigbleibt, wenn alle andere Energie aus einem System entfernt wird. Wäre dies nicht der Fall, wären Position und Impuls eines Teilchens in seinem niedrigsten Energiezustand zur selben Zeit genau bekannt. Die Existenz einer solchen Nullpunktenergie wird in der Wissenschaftsgemeinschaft deswegen generell anerkannt. Die Folge daraus wäre aber, dass ein Ozean solcher Energie aus dem Nichts hervorspringen und über den ganzen Weltraum verteilt sein müsste. Eine unrealistisch große Menge an Nullpunktenergie, mit einer Diskrepanz zwischen Theorie und Beobachtung von 120 Größenordnungen (der Unterschied zwischen 1 und 10 ist eine Größenordnung), ergäbe sich daraus. Diese mysteriöse Energie steht im Mittelpunkt seltsamer Spekulationen über das mögliche Einsammeln freier Energie aus dem Raum und über dunkle Energie, die den Weltraum aufbläht. Ich folgere, dass ein solches Phänomen der fundamentalen Quantenunbestimmtheit nicht real ist, sondern durch den diskutierten Wellen- und Informationsaspekt der Teilchen-Welle-Dualität vorgetäuscht wird. Das Hervorspringen von Energie aus dem Nichts ist auf der Grundlage dieses neuen Verstehens der Heisenbergschen Unbestimmt-heitsrelation sicherlich unmöglich.

Im Weiteren wird klar werden, dass man sich Elementarteilchen als Produkt der Selbstorganisation von Energie vorstellen kann. Deterministische chaotische Zustände sind erwiesenermaßen Erscheinungsformen von selbstorganisierten Systemen, vor allem, wenn sie unstabil werden. Es ist deswegen wahrscheinlich, dass in der Quantenunbestimmtheit deterministische chaotische Prozesse involviert sind. Die Umwandlung von Teilchen in Welle und umgekehrt erfolgt über kleinste Parameteränderungen. Als Konsequenz spielt, wie Einstein vermutete, Gott nicht mit Würfeln sondern wir Beobachter sind ignorant, konfrontiert mit einem Mechanismus, bei dem kleine Parameteränderungen während der Messung große statistische Konsequenzen erzeugen können.

Da eine solche Schlussfolgerung sehr wichtig ist, blicken wir nun noch einmal auf die Situation mit der Unbestimmtheitsbeziehung. Die Unbestimmtheit in der Quantenphysik erscheint wesentlich zu sein, wenn die Welle in Bezug auf das Teilchen interpretiert wird. Wellen allein können wohl in deterministischer Weise beschrieben werden und dies geschieht über die sogenannte Schrödinger-Gleichung. Das Ergebnis ist trotzdem wahrscheinlichkeitsbezogen, aber niemand scheint genau zu verstehen, warum. In meiner Interpretation der Teilchen-Welle-Dualität (11) ist es demzufolge die Rückkonversion der Welle (die rechte Seite der Beziehung (11)) zum Teilchen, welche die Unbestimmtheit während des Messprozesses hervorruft. Offensichtlich gibt es eine statistische Beeinflussung durch die Information, welche in E_n wirkt.

Das Ergebnis einer Quantenmessung hängt offenbar vom Zustand und der Handhabung der Information in E_n ab, die, wenn sie nur teilweise übertragen wird, chaotische, nicht reproduzierbare Beiträge zum Messresultat liefern kann.
Nehmen wir wieder den Vergleich mit dem Analog-Digital-Analog Konverter: Wenn man durch einen Eingriff von außen den nötigen Informationsfluss zum Abtasten des Eingangssignals stört, kann man nicht erwarten, ein sauberes und deutlich reproduzierbares Ausgangssignal zu erhalten. Ein solcher Schluss, dass die scheinbare Unbestimmtheit lediglich die Folge von chaotischen Mechanismen während der Erholung von einer Messung ist, hat ziemlich dramatische Konsequenzen: Die Welt ist keinesfalls fundamental unbestimmt und nichtdeterministisch, wie es die Theoretiker der Quantenmechanik behaupten.
Nach meinen Überlegungen sind bei quantenmechanischen Messungen lediglich chaotische Bedingungen involviert, die deterministische, aber statistisch chaotische Ergebnisse erzeugen. Mit angepassten experimentellen Techniken kann das Ergebnis solcher Messungen verbessert werden. Ich erinnere mich an meine Studienzeiten in den 1960er Jahren, als man noch lernte, dass man wegen der Unbestimmtheitsrelation nie ein Atom sehen würde. Heute kann man mittels Tunnelelektronenmikroskopie sehr wohl die schönen, geordneten Muster beobachten, in denen Atome in Grenzflächen von Festkörpern angeordnet sind (Fig. 22).

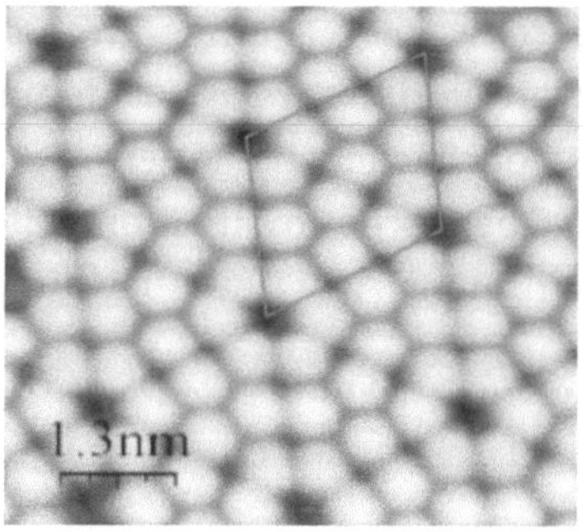

Fig. 22. Moderne Tunnelelektronenmikroskopie-Bilder (hier einer Silizium-Oberfläche) erlauben die Sichtbarmachung der Anordnung einzelner Atome in Oberflächen. In der Vergangenheit ließen eingeschränktere Interpretationen der Unbestimmtheitsrelation dies nicht erwarten (Bild: B. Kaiser, Technische Universität Darmstadt, der Maßstab entspricht einem 1,3 Milliardstel Meter).

Man kann sogar sichtbar machen, wie die Atome herumwandern und miteinander wechselwirken. Nach der Identifizierung des Problems der Unbestimmtheit als eine Konsequenz von Messunsicherheiten während der Rückumwandlung der

Welle in ein Teilchen mittels Information, kann man einen wichtigen Schluss ziehen: Innerhalb des diskutierten Dynamischen Energiemodells gibt es keine Grundlage für die Behauptung, dass Teilchen, und damit Energie, aus dem Nichts hervortreten könnten. Solch ein Mechanismus wird in der Inflationstheorie des Raumes in Zusammenhang mit dem Big Bang eingesetzt, um die Erzeugung des riesigen Ausmaßes an Materie zu erklären, die im Universum beobachtet wird (500 Milliarden Galaxien). Der Mechanismus wurde auch benutzt, um die Hawking-Strahlung aus Schwarzen Löchern herzuleiten oder um Rätsel bei der Mikrowellenhintergrundstrahlung, auf ihrem vermuteten Weg von kleinsten Schwankungen hin zur Bildung von Galaxien, zu erklären. Ohne die Möglichkeit, Materie und Energie über die Unbestimmtheitsbeziehung aus dem Nichts zu generieren, würden relevante, gegenwärtig bevorzugte Weltraumtheorien einfach zusammenbrechen.

Es gibt noch eine wichtige Schlussfolgerung: Es würde keine Grundlage für die Behauptung von Nichtkausalität mehr geben. Solche Vorgänge ohne Ursache beunruhigen kritische Geister bereits seit einem Jahrhundert, da sie der menschlichen Erfahrung widersprechen. Aber die derzeit etablierte Quantentheorie scheint sie unvermeidbar zu machen. Der Casimir-Effekt, die Anziehung zweier Metallplatten über einen sehr kleinen Abstand, wird gewöhnlich als ein Phänomen erwähnt, das die Quanteninterpretation von Teilchen, die aus dem Nichts hervortreten, unterstützen soll. Dieser Effekt kann jedoch leicht mit den Erfahrungen der Oberflächenphysik auf der Grundlage schwacher (Van-der-Waals-)Wechselwirkungen zwischen den Platten erklärt werden (Jaffe, 2005). Es handelt sich um Interaktionen zwischen polarisierbaren Oberflächenzuständen, Zentren mit verschiebbaren elektrischen Ladungen und Oberflächenmolekülen. Ich kann dies aus erster Hand bestätigen, da ich selbst zahlreiche Arbeiten über die physikalische Chemie von Oberflächen publiziert habe.

15 Paradoxien können eliminiert werden

Um weiter zu demonstrieren, dass der Dynamische Energieansatz Sinn macht, will ich nun erklären, wie das viel diskutierte Doppelschlitzexperiment und sein zugrunde liegender, als paradox angenommener Mechanismus vollkommen verständlich werden. Der experimentelle Aufbau des Doppelschlitzexperimentes ist sehr einfach (Fig. 23). Man erlaubt Photonen oder Elementarteilchen durch einen Doppelschlitz in einem Schirm zu treten, wobei auf der dahinterliegenden Fläche ein Beugungsmuster beobachtet wird. Dieses ist sehr charakteristisch und unterscheidet sich von dem ziemlich einfachen Muster, das bei nur einem Schlitz beobachtet wird. Diese Doppelschlitzbeugung ist leicht zu verstehen, wenn die Welleneigenschaften des Lichtes berücksichtigt werden: Die Länge des Lichtweges variiert mit dem Winkel, was zu Überlagerungen oder Auslöschungen von Wellen führt und so das beobachtete Interferenzmuster hervorbringt. Das Problem dabei ist, dass die Wellenvorstellung das Beugungsmuster hinter dem Doppelschlitz sehr wohl erklären kann, die Teilchenvorstellung hingegen nicht. Merkwürdigerweise funktioniert das Experiment auch dann, wenn eine sehr niedrige Belichtungsintensität eingestellt ist. Man erwartet, dass sich Lichtteilchen einzeln durch die Schlitze bewegen. Wenn Elementarteilchen wie Elektronen, die ja auch eine Wellenlänge besitzen, die mit ihrer Energie in Zusammenhang steht, durch den Schlitz gelenkt werden, findet man genau das gleiche Beugungsmuster und man findet es auch, wenn Elektronen einzeln durch die Schlitze treten. Wie aber können einzelne Teilchen, die durch einen Schlitz treten, etwas von der Existenz des zweiten Schlitzes wissen, um genau dasselbe Beugungsmuster zu erzeugen wie eine Welle? Die quantentheoretische Erklärung scheint oberflächlich einleuchtend zu sein, ist aber irrational, wenn sie sagt: „Ein durchlaufendes Teilchen scheint gleichzeitig in beiden Schlitzen anwesend zu sein. Es nimmt zwei verschiedene Positionen an."

Die hier diskutierte Vorstellung von einer Dynamischen Energie kann eine eindeutige und anschauliche Erklärung liefern (Fig. 23). Sie ermöglicht sowohl ein Oszillieren zwischen Teilchen und Welle, als auch die Aktivierung einer Energie in Form von Information, E_n, um die entropische Energie der expandierten Welle zu kompensieren (11). Das Informationsabbild-der-Materie, das im Zusammenhang mit der Welle und ihrer Rückumwandlung auftritt, erkennt und bildet das Muster des Doppelschlitzes in charakteristischer Weise ab. Diese Information, die während des Wellenzustandes aktiviert ist, wird während der Rückumwandlung der Informationsenergie (der negentropischen Energie) für das Teilchen wiedergewonnen. Auf diese Weise können einzelne Teilchen, die nacheinander durch einen Schlitz treten, auch den zweiten Schlitz „erkennen" und vermögen ein Beugungsmuster zu erzeugen, wie es der äquivalenten Welle entspricht. Es ist die Energie in Form von Information, E_n, die aktiviert wird und die Expansion und Lage der Welle um den Doppelschlitz herum abbildet, die für einen solchen Ablauf des Vorganges verantwortlich ist. Das Doppelschlitzexperiment kann infolgedessen, durch Berücksichtigung von Information als Teil der Teilchen-Welle-Dualität (Beziehung (11)), auf vollkommen anschauliche Weise verstanden werden. Die Information, die von der expandierenden Welle innerhalb der Doppelschlitzgeometrie gesammelt wird, hat eine Rückwirkung auf das Schicksal des Teilchens, wenn es den Schlitz verlässt. Die neue „symbolische Form", die ich vorschlage, funktioniert. Der rational denkende Verstand ist mit der gegebenen Erklärung zufrieden.

Wir wollen uns in der rätselhaften Welt der etablierten Quantenphysik noch etwas länger umsehen. Rufen wir in Erinnerung, dass sich bewegende Teilchen einen einzelnen Weg wählen, der dem Prinzip der kleinsten Wirkung gehorcht (Fig. 16). Im Gegensatz dazu fand man für Quantensysteme heraus, dass sie gleichzeitig alle denkbaren Wege in Richtung Ziel zu berücksichtigen scheinen. Im Falle des Doppelschlitzexperimentes (Fig. 23) würde ein einzelnes Teilchen beide Wege durch beide Schlitze wählen. Solch ein Verhalten, ein doppelter Weg für ein einzelnes Teilchen, ist irrational, kann aber berechnet werden und erklärt tatsächlich auch das beobachtete Muster auf dem Schirm hinter den Schlitzen. Die angewandte Rechenmethode, die „Summe-über-Wege Methode" hat zum Nobelpreis für Richard Feynman beigetragen. Wie könnte man sich ein solches Summe-über-Wege Phänomen im Lichte der hier vorgeschlagenen alternativen Interpretation rational vorstellen? Ein ausgelöstes Teilchen folgt dem Prinzip der kleinsten Wirkung. Dann verwandelt es sich in eine Welle, was gleichwertig mit vielen verteilten winzigen Energiepunkten ist. Jeder dieser Punkte fährt fort, dem Prinzip der kleinsten Wirkung zu folgen und tritt durch einen der beiden Schlitze. Hinter diesen gruppieren sich die winzigen Energiepunkte mit Hilfe des Informationsabbildes zurück, um wieder ein Teilchen zu bilden, ein Teilchen, das „beide" Schlitze gesehen hat. Das Phänomen bleibt rational verständlich. Man braucht jedoch keinesfalls anzunehmen, dass ein Teilchen zwei verschiedene Wege hinter sich gebracht hätte und über „nichtlokale" Eigenschaften verfügte.

Um zum Beispiel des Informationsbedarfes und der Rolle der Information bei der Analog-Digital-Analog Umwandlung zurückzukehren: Der Wandler (Informationsabbild-der-Materie) erkennt die Verzerrung des Digitalsignals (der Welle, verursacht durch den Doppelschlitz) und entwirft ein entsprechend modifiziertes Abbild für die Rekonstruktion eines Analogsignals (des Teilchens). Das Teilchen besitzt nun auch die Information, welche die Welle gesammelt hat, über beide Schlitze und bildet sie auf dem Schirm ab.

Welchen Hinweis gibt es aber, dass Photonen tatsächlich zwischen dem Teilchen- und dem Wellenzustand oszillieren, wie die neue Quantenvorstellung (Beziehung 11) es erfordert? Dieser kann von einer einfachen Beobachtung abgeleitet werden: Ein Photon, das sich mit Lichtgeschwindigkeit einer Grenzfläche nähert, weiß nicht, ob es Licht absorbierenden Molekülen, die mit Teilchen wechselwirken, begegnet, oder einer Licht beugenden Struktur, die nur mit einer Welle wechselwirkt.

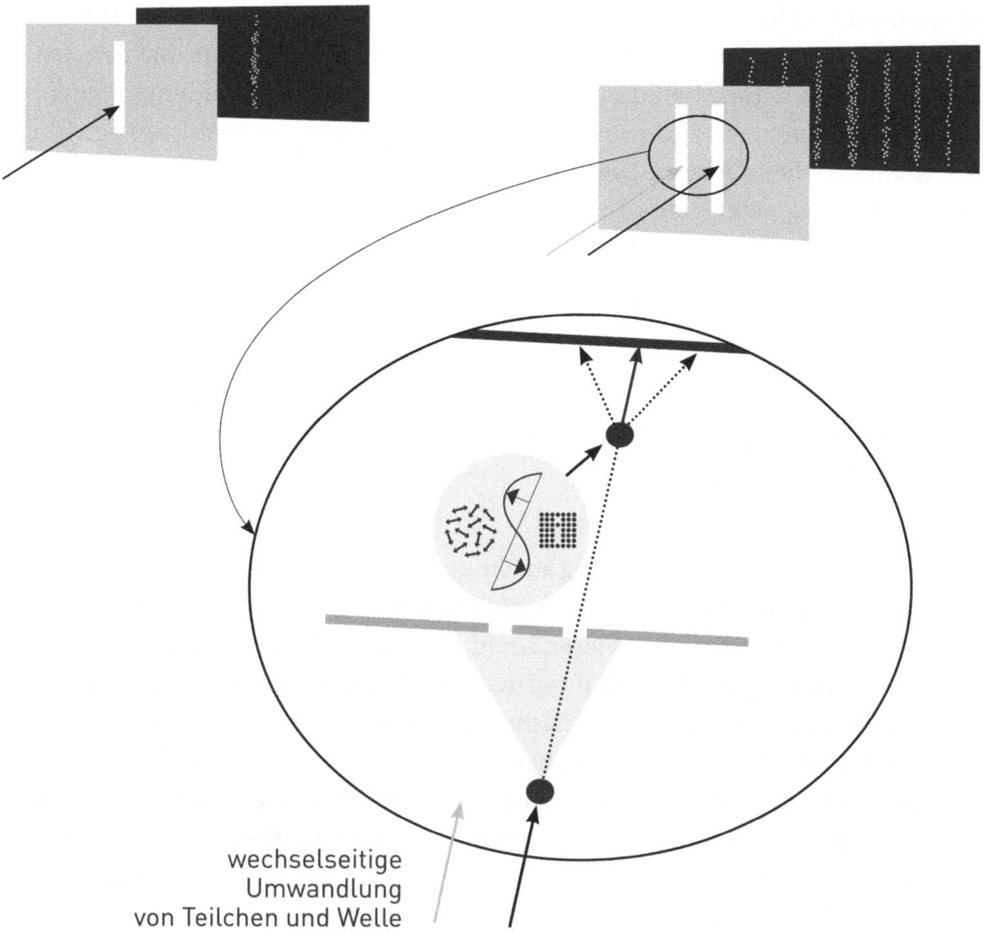

Fig. 23. Die Beugungsmuster für Licht und Elementarteilchen sind hinter einem einzelnen und einem doppelten Schlitz sehr unterschiedlich. Selbst wenn Teilchen einzeln passieren, ändern sich die Muster nicht. Das dynamische Teilchen-Welle-Modell, bei dem Information zwischen Teilchen und Welle vermittelt (siehe Symbole am Doppelschlitz), liefert eine Erklärung. Das Informationsabbild (i) bildet die durch den Doppelschlitz verformte Welle (grauschattierter Bereich) ab und wandelt sie in das Teilchen zurück, welches die Information übernimmt und das Abbildungsmuster generiert.

Trotzdem können beide Mechanismen augenblicklich aktiviert werden. Beide, der Teilchenzustand mit konzentrierter Energie und der Wellenzustand mit verdünnter Energie, müssen infolgedessen innerhalb eines sehr kurzen Zeitintervalls funktionsfähig sein.

Da die Quantenphysik Teilchen und Welle als zeitneutral und äquivalent annimmt, kümmert sie eine wechselseitige Umwandlung nicht, schafft damit aber den Grund für die Quantenparadoxien. Denn für die wechselseitige Umwandlung von Welle in Teilchen braucht man Information. Sie wegzulassen würde Ähnliches bewirken, wie wenn man beim Analog-Digital-Konverter auf die Infrastruktur für Informationsverarbeitung verzichtete. Er würde nicht funktionieren. Es scheint daher gerechtfertigt zu sein, zu schließen, dass das herkömmliche Teilchen-Wellenbild (Fig. 19 a) falsch ist.

16 Was kann allgemein über Nichtlokalität gesagt werden?

Die Nichtlokalität oder die Wirkung auf eine Entfernung ist, wie wir gesehen haben, eine extrem verblüffende Eigenschaft, die von der Quantenphysik als reales Phänomen beansprucht wird und gravierende philosophische Konsequenzen einforderte. Deswegen ist es notwendig, sich intensiver mit den Argumenten der Quantenphysiker auseinander zu setzen. Die Nichtlokalität leitet sich von der Welleneigenschaft der Quantenobjekte her und beschreibt ihre Fähigkeit, augenblicklich über beliebig weite Entfernungen zu kommunizieren, wenn sie quantenmechanisch verbunden oder korreliert sind. Eine rationale Erklärung der Korrelation im Rahmen der „Dynamischen Energie" wurde oben gegeben (Fig. 21), indem ein teilweise aufgespaltenes Informationsabbild-der-Materie vorgeschlagen wurde. Das Phänomen kann auch vom Doppelschlitzexperiment abgeleitet werden. Es wurde traditionell so interpretiert, dass ein Teilchen gleichzeitig an zwei deutlich getrennten Orten anwesend sein könnte. Ein Teilchen, das sich durch einen Schlitz bewegt, wüsste über die Anwesenheit des zweiten Schlitzes. Infolgedessen müsste es dort gewesen sein, also über nichtlokale Eigenschaften verfügen.
Wie kommt die Quantentheorie zur Aussage der Nichtlokalität? Eine Welle ist über einen viel größeren Bereich des Raumes verteilt als ein Teilchen. Wenn man, wie in der traditionellen Quantenphysik, die Verteilung der Welle mit der Wahrscheinlichkeit identifiziert, das Teilchen an einem bestimmten Ort anzutreffen, dann kann sich das Teilchen an sehr unterschiedlichen Orten befinden. Wenn das Teilchen nun an einem Ort gemessen wird, dann kollabiert die Wahrscheinlichkeit, das Teilchen an einer spezifischen, entfernten Stelle zu finden. Das Teilchen kann nicht mehr anderswo sein. Dieser Kollaps wird als augenblicklich angenommen. Infolge-

dessen hat die lokale Messung einen nichtlokalen Effekt auf alle entfernten Orte, an denen die Wellenfunktion noch anwesend ist. Das Phänomen ist besonders bemerkenswert, wenn zwei oder mehrere Teilchen korreliert und verbunden sind. Dann scheint eine unmittelbare Wirkung über eine beliebige Entfernung möglich, da die Messung an einem Ort die Wahrscheinlichkeit der Existenz und des Verhaltens an einem beliebig entfernten Ort beeinflusst. Als dieses Phänomen erstmals diskutiert wurde, wehrte es Albert Einstein als „gespenstische Wirkung auf Entfernung" ab (Einstein et. al., 1935). Es wurde aber später durch die berühmte Arbeit von John Bell um 1964, mit den Experimenten von John Clauser und Stuart Freedman um 1972 und durch die von Alain Aspect um 1982 festgezurrt.
Was ist nun beim hier diskutierten Dynamischen Energieansatz anders? Eine wichtige Tatsache ist, dass die räumliche Verteilung der Welle nicht mehr die Wahrscheinlichkeit wiedergibt, das Teilchen zu finden. Die Welle resultiert vielmehr aus dem Bestreben des Teilchens, die Anwesenheit der Energie pro Zustand durch Verdünnung der Energie im Raum zu verringern. Wie vorher erklärt und wie in Form der Gleichung (11) beschrieben, sind im „Wellenmuster" auch die nicht nutzbare, „entropische" Energie und Energie in Form von Information involviert (Fig. 19 b). Da diese zusammen eine Minimalmenge an Energie pro Zustand, innerhalb der Einschränkungen des Systems, reflektieren sollen, wird auch die betroffene Information minimiert. Das einfache Wellenmuster ist die Konsequenz. Die Anwesenheit von Wellenenergie an einem entfernten Ort kann man definitiv nicht mit einer Wahrscheinlichkeit identifizieren, dort das Teilchen anzutreffen.
Dies bedeutet, man kann nicht von einer Nichtlokalität eines Teilchens oder eines Objektes sprechen. Stattdessen hat man es mit einem Quantensystem zu tun, das versucht, die Anwesenheit der Energie pro Zustand durch Expansion in den Raum herabzusetzen. Ein solch irrationales Phänomen wie die Nichtlokalität ist nicht existent. Dies konnte bereits festgestellt werden, als das Doppelschlitzexperiment interpretiert wurde (Fig. 23). Demnach wird auch diese Paradoxie der Nichtlokalität über die „symbolische Form" der „Dynamischen Energie" eliminiert.
Die Quantenphysik-Community von heute verlässt sich jedoch auf das Quantenverhalten, wie es durch Clauser, Freedman (1972) oder Aspect (1981) beobachtet und interpretiert wurde. Aspect scheint in Experimenten, die er mit J. Dalibard und G. Roger (1982) über quantenkorrelierte Photonen durchführte, nachgewiesen zu haben, er hätte Einsteins Vorstellung, dass verborgene Variable die Theorie verbessern könnten, falsifiziert: Keine zusätzlich Variable und Ergänzung in der Theorie würde sie verbessern können.
Die Konsequenz ist entweder die „gespenstische" Wechselwirkung über eine Ent-

fernung oder die Verifizierung der Vorstellung der Nichtlokalität der Kopenhagener Schule. Die von den Forschern gezogene Schlussfolgerung ist, dass die Quantennichtlokalität eine „Eigenschaft des Universums" wäre, die „unabhängig von der Art ist, wie wir die Natur beschreiben" (Quantum nonlocality, 2014). Dies ist eine sehr arrogante Behauptung. Sie schließt aus, dass irgendeine neue Idee oder Erkenntnis klärendes Licht in die Irrationalität bringen könnte. Sie ist äquivalent zur Aussage, dass eine wichtige Grundlage der Natur für unseren Verstand fundamental irrational sei. Ist dies wirklich wahr? Auf der Basis der Argumente, die hier vorgestellt werden, ist es inakzeptabel, eine solche Schlussfolgerung zu ziehen. Meine Analyse auf Grundlage der neuen „symbolischen Formen" vermittelt eine andere Situation. Es gibt keine Veranlassung, Nichtlokalität zu postulieren. Der „Beweis", der für die Nichtlokalität herangezogen wurde, muss also falsch oder falsch interpretiert sein. Die vermeintliche Nichtlokalität ist keine „Eigenschaft des Universums". Es ist die Information über Energie, das Informationsabbild-der-Materie, ausgedrückt als E_n in der dynamischen Teilchen-Welle Vorstellung (Beziehung (11)), die für das beobachtete Quantenverhalten verantwortlich ist und eine rationale Erklärung liefert. Es wurde oben (Fig. 21) gezeigt, wie dieses Informationsabbild bereits eine verständliche Vorstellung von der Quantenkorrelation liefert, dem Phänomen, das Teilchen über eine Entfernung verbindet. Dies ist offensichtlich ein reales Phänomen, das über eine verständliche Eigenschaft des Informationsabbildes-der-Materie erklärt werden kann. Die „gespenstische Wechselwirkung über eine Entfernung" ist nicht gespenstisch, sondern real und im Prinzip verständlich. Wenn Information Bestandteil des Teilchen-Welle-Dualismus und für beide sich trennende Teilchen gemeinsam wichtig ist, weil ein Naturgesetz ihre Aufrechterhaltung vorschreibt, dann bleiben sie über die Information weiter verbunden. Es ist, wie wenn zwei Personen ihre Aktivitäten über ihre Handys koordinieren, was nicht der menschlichen Logik widerspricht. Man versteht, wie Informationsübertragung funktioniert. Keine andere Theorie konnte dies bisher auf rationaler Grundlage erklären. Eine besser entwickelte und mathematisch formalisierte theoretische Vorstellung ist nötig, um grundlegende Details quantitativ herauszuarbeiten. Eine Eigenschaft der Nichtlokalität, wie sie gegenwärtig von der Quantenphysik vertreten wird, kann sicher nicht das Ergebnis sein. Die Paradoxie der Nichtlokalität ist meiner Ansicht nach auszuschließen. Sie ist die Konsequenz einer unangemessenen Beschreibung physikalischer Realität. Es handelt sich stattdessen um ein Informationsphänomen, das für dieses ungewöhnliche, experimentelle Verhalten verantwortlich ist. Es betrifft die Eigenschaft des Informationsabbildes, das im Zusammenhang mit der Teilchen-Welle-Dualität der Materie steht, über das

wir noch lernen müssen, es besser zu verstehen. Im Informationszeitalter mit Mobilfunk und Cloud-Speichern wissen wir aber bereits, dass Informationsaustauch über Entfernungen rational verständlich ist.
Ein bisher unanschauliches Phänomen ist auch das Tunnelphänomen. Es beschreibt die Beobachtung, dass ein atomares Teilchen eine Potentialbarriere sogar dann durchdringen kann, wenn seine Energie kleiner als die Höhe der Barriere ist. Der radioaktive Zerfall von Atomen über die Emission von Alpha-Teilchen gibt ein Beispiel. Aufbauend auf die neue Interpretation des Teilchen-Welle-Dualismus (11) mit Information als vermittelnde Form von Energie, ist eine Erklärung ziemlich einfach. Das Teilchen wandelt sich in eine Welle um, während es mit der Barriere wechselwirkt. Dabei wird neben entropischer, chaotischer Energie auch Information umgesetzt, die das Teilchen wiederherstellen kann. Die Information vermag die Barriere zu durchdringen und mit einer bestimmten Wahrscheinlichkeit an der Hinterseite das Teilchen wiederherzustellen. Die neue „symbolische Form", ein Teilchen-Welle-Dualismus, der Information miteinschließt, hilft uns, den Tunneleffekt rational zu verstehen. Die Erfahrung, dass ein 3D-Drucker tatsächlich Information in ein dreidimensionales Objekt verwandeln kann, gibt uns das Vertrauen, dass wir es mit einem logisch verständlichen Phänomen zu tun haben. Mittlerweile ist es möglich, über einen 3D-Drucker ein gesamtes fahrbares Auto aus Kunststoffmaterial zu drucken. Aktuell ist die Industrie daran interessiert, diese Technologie auf ein weites Spektrum kommerzieller Produkte anzuwenden. Komplizierte Ersatzteile und Haushaltsartikel sind ebenso miteingeschlossen, wie Nahrungsmittel, Spielzeug und Kunstgegenstände. Eine Firma scannt Menschen und produziert davon perfekte Miniaturversionen. Eine Wiederherstellung von Objekten unter Verwendung reiner Information ist definitiv möglich! Später (in Kapitel 21) wird klar werden, warum das Informationsabbild-der-Materie, welches das Teilchen wiederherstellt, Barrieren aus Energie oder Materie leicht durchdringen kann. Es stellt sich nämlich heraus, dass dieses Informationsabbild mit Gravitation identifiziert werden kann. Von ihr weiß man ja, dass sie Materie, also auch Barrieren aus Materie, ohne Schwierigkeiten durchdringt.
Als weitere Quantenparadoxie sollte man das Gedankenexperiment von Schrödingers Katze ansprechen. Erwin Schrödinger beabsichtigte, es heranzuziehen, um die bizarren Eigenschaften und die mögliche Unvollständigkeit der Quantentheorie aufzuzeigen. Dabei wird eine Katze in eine Schachtel eingesperrt und einem Quantenprozess ausgesetzt, der die Freisetzung von Gift auslösen kann. Die Quantentheorie erlaubt dem Quantensystem, gleichzeitig in überlagerten Zuständen, aktiv und nichtaktiv, zu funktionieren. Die Wellenfunktion der Schrödinger-Gleichung, we-

nigstens ihr zum Quadrat erhobener absoluter Wert, der nur statistische Information bereitstellt, beschreibt dies. Bis die Schachtel schließlich geöffnet wird, um den Zustand der Katze festzustellen, sollte sich das Tier ebenfalls in einem kombinierten Zustand von lebend und tot befinden. Dies ist jedoch nach bisheriger menschlicher Erfahrung nicht glaubhaft. Es wurde vorher betont, dass auf Grundlage der neuen, hier diskutierten Interpretation das seltsame statistische Verhalten von Quantenzuständen auf die Information zurückzuführen ist, die zwischen Teilchen und Welle vermittelt (Fig. 19 b). Zur Beschreibung einer materiellen Realität, wie die von Teilchen oder Welle, ist es notwendig, die erforderliche Information über diese Realität hinzuzufügen. Dies ist anhand der Beziehung (11) logisch verständlich. Die Überlagerung von „toter und lebender Katze" ist letztlich die Überlagerung von Teilchen und Welle. Zusätzliche Information ist nötig, um zu wissen, in welchem Verhältnis Teilchen und Welle vorhanden sind. Diese Information ist in der klassischen Quantentheorie nicht verfügbar, weswegen die Paradoxie mit zwei gleichzeitigen Existenzmöglichkeiten vorliegt. In der Welt der Dynamischen Energie ist diese Information definitiv vorhanden, die Unsicherheit besteht nicht.
Wenn Energie umgewandelt und die Schachtel geöffnet wird, entscheidet das System zwischen Teilchen- oder Welleneigenschaften, und zwar mit deterministisch statistischer Wahrscheinlichkeit, weil Energiemechanismen selbstorganisierten Abläufen folgen. Die Information ist jetzt verfügbar.
Was, wenn die hier gegebenen Erklärungen richtig sind? Was sollten wir dann vom mathematischen und experimentellen „Beweis" der Nichtlokalität und Irrationalität halten, von einer „Eigenschaft des Universums", auf welcher die Wissenschaftsgemeinschaft bestanden hat und besteht? Wäre es nicht angemessener, wenn die Wissenschaft zugäbe, die Zusammenhänge noch nicht richtig verstanden zu haben und dabei ist, nach einem glaubhaften, rationalen Mechanismus zu suchen?

RÜCKKEHR ZU EINER GLAUBHAFTEN KOSMOLOGIE

17 Die Immer-konstante-Lichtgeschwindigkeit: Was bedeutet sie genau?

Ein relevantes, für die Quantenphysik neu durchdachtes Denkmodell wird auch Auswirkungen auf benachbarte Wissenschaftsgebiete haben. Wir sollten uns deswegen auf die Relativitätstheorie konzentrieren, von der sich inzwischen herausgestellt hat, dass sie schwer mit bisherigen Vorstellungen der Quantenphysik zu vereinbaren ist. Die gemessene Konstanz der Lichtgeschwindigkeit, unabhängig von der relativen Bewegung des Detektors zur Lichtquelle hin oder von ihr weg, ist eine Paradoxie, die das menschliche Gehirn logisch nicht verstehen kann. Die entscheidenden Experimente, welche die Immer-konstante-Lichtgeschwindigkeit demonstrierten, begannen um 1887 mit Michelson und später mit Morley. Sie vermaßen die Geschwindigkeit des Lichtes, das aus dem Weltraum auf der Erde ankommt, und zwar sowohl in Richtung als auch in Gegenrichtung der Erdbewegung. Sie fanden keinen Unterschied. Diese experimentelle Tatsache ist sehr rätselhaft und für einen durchschnittlichen Beobachter unverständlich. Er ist gewohnt, einen Effekt des sich bewegenden Körpers wahrzunehmen, wenn dieser ein Signal aussendet. Ein Beispiel ist der Schall, den man von einem vorbeifahrenden Zug hört. Der von einem ankommenden und einem wegfahrenden Zug wahrgenommene Schall ist unterschiedlich, weil die Geschwindigkeit des Zuges von der Geschwindigkeit des Schalls abgezogen oder zu ihr addiert wird. So ändern sich die effektiven Längen der Schallwellen, die unser Ohr als Schallfrequenz unterscheiden kann. Auch Autofahrer wissen, dass ein Zusammenstoß viel zerstörerischer ist, wenn, verglichen mit einem Auffahrunfall, die betroffenen Autos aus Gegenrichtungen aufeinanderprallen (Fig. 24, unten).

Eine Immer-konstante-Lichtgeschwindigkeit, die unabhängig von der Bewegungsrichtung des Beobachters ist, wird auf Grundlage der experimentellen Erfahrung einfach als irrationale Tatsache zur Kenntnis genommen. Wie kommt es dazu?

Abgesehen von einer später wieder fallen gelassenen „Äthertheorie" fand die paradoxe Beobachtung keine vernünftige Erklärung, bis die Immer-konstante-Lichtgeschwindigkeit eine Grundlage von Einsteins Relativitätstheorie wurde. In ihr musste ein gespenstischer Raum angenommen werden, der die unglaubliche Eigenschaft besitzen sollte, die Lichtgeschwindigkeit für einen Beobachter immer konstant zu halten. Dies sollte immer gelten, unabhängig davon, mit welcher Geschwindigkeit sich der Beobachter auf eine Lichtquelle zubewegt oder sich von ihr entfernt. Die dabei auftretende Irrationalität erscheint umso offensichtlicher, als der leere Raum um ein wanderndes Lichtteilchen herum herausfinden müsste, mit welcher Geschwindigkeit sich der Beobachter näherte. Der Raum müsste dann augenblicklich die beobachtete Lichtgeschwindigkeit für das neue Bezugssystem anpassen. Zusätzlich erfolgt im Mechanismus der Allgemeinen Relativitätstheorie auch eine Manipulation von Raum und Zeit, wenn eine sich nähernde Masse involviert ist. Denn der Raum um eine Masse herum wird gekrümmt und die Zeitflüsse, wenigstens die Abstände zwischen den Zeitmarken, in ihm werden verändert, und zwar in Abhängigkeit von der Entfernung von der Masse. In der Allgemeinen Relativitätstheorie wird angenommen, dass dies im leeren Raum automatisch passiert. Und dies alles sollte auf Grundlage fundamental zeitneutraler Gesetze geschehen, die sich nicht um Zeitorientierung kümmern? Nichts, was wir über reale physikalische Mechanismen wissen, kann uns das zu verstehen helfen.

Vor Einsteins Relativitätstheorie gab es signifikante Versuche, die Immer-konstante-Lichtgeschwindigkeit mit der Vorstellung eines Äthers zu erklären. Gedacht war an eine sehr leichte, flüchtige Substanz, von der man annahm, dass sie die Fortbewegung des Lichtes an eine Immer-konstante-Lichtgeschwindigkeit anpasste. Henri Poincaré und Lorentz wandten schon das Relativitätsprinzip an, wobei sie auch eine konstante Lichtgeschwindigkeit festlegten. Sie landeten bei der berühmten Lorentz-Transformation, die später auch Einstein nutzte. Ihr wirklicher Pionier war jedoch wohl W. Voigt schon um 1887. Eine Zeitverzerrung und eine Kontraktion von bewegten Objekten wurden berechnet und als Konsequenzen eines Äthers angenommen, der die konstante Lichtgeschwindigkeit ermöglichte. Einstein argumentierte, dass die Berücksichtigung eines Äthers für die Relativitätstheorie nicht nötig wäre und nahm an, dass der „leere Raum" die Immer-konstante-Lichtgeschwindigkeit einstellte. Seine Forderung war, dass relativ bewegte Körper denselben Naturgesetzen unterworfen sind. Eine Immer-konstante-Lichtgeschwindigkeit wurde als eines dieser Gesetze betrachtet. Folglich stellte sich der Raum als sehr speziell heraus. Er wurde vierdimensional, wobei die vierte Dimension durch Entfernungen bestimmt wurde, die durch Lichtgeschwindigkeit und Uhrzeit festgelegt waren (multipliziert ergeben sie eine Länge, als vierte Dimension).

Die anschaulich nicht verständliche Tatsache einer Immer-konstanten-Lichtgeschwindigkeit wurde auf diese Weise zu einer „symbolischen Form" für die Relativitätstheorie, die selbst auch einem rationalen Erkennen nicht zugänglich ist. Die Prozesse in unserem Gehirn erlauben es nicht, uns den Raum in vier Dimensionen vorzustellen. Mathematisch kann man allerdings sehr wohl definieren, dass ein Punkt nicht nur von drei Ortskoordinaten bestimmt ist, sondern zusätzlich durch eine vierte, nämlich die Entfernung, die das Licht während einer bestimmten Zeit reisen kann.

Die Konsequenz ist ein vierdimensionaler Raum, der durch Massen plastisch und veränderlich manipuliert und verbogen wird, um die Gravitation, die Trägheit, wie auch die Konstanz der Lichtgeschwindigkeit zu implementieren. All dies sollte der leere Raum ermöglichen. In seiner Allgemeinen Relativitätstheorie schlug Einstein also einfach vor, die ungelösten Rätsel der Immer-konstanten-Lichtgeschwindigkeit, der Gravitation und der Trägheit von Massen durch mathematisch bizarr angepasste Eigenschaften des leeren Raumes zu erklären. Dies erscheint wie ein raffinierter Schlag mit dem Damoklesschwert, beinhaltet für die Suche nach Erkenntnis aber einen gravierenden Rückschlag. Da der „leere Raum" leer ist, wird man nie herausfinden können, wie es zu solchen Mechanismen kommt. Weil die eingeführte Manipulation des Raumes rational anschaulich nicht erfassbar ist, wird die Situation noch unübersichtlicher.

Kann die hier diskutierte, dynamische Vorstellung von der Teilchen-Welle-Dualität des Lichtes einen relevanten, neuen und logischen Einblick gewähren? Das Ergebnis ist sehr überzeugend und einfach: Wenn man, wie in Beziehung (11) ausgedrückt, von einer dynamischen Teilchen-Welle-Umwandlung ausgeht, wird klar, dass Photonen ständig über Energie in Form von Information (negentropische Energie E_n) umgewandelt werden. Dies bedeutet, dass das Informationsabbild laufend Lichtteilchen aus Lichtwellen zurückwandelt (Fig. 19 b, c).

Was passiert nun, wenn Licht in Form von Information E_n und verteilter Wellenenergie ankommt und sich neu zusammenfügt, um das Photonenteilchen E_p zu erzeugen? Man kann sich vorstellen, dass, um Photonen mit konstanter Lichtgeschwindigkeit zu generieren, Photonenenergie ähnlich übertragen wird, wie Fernsehbilder aus gesendeter, digitaler Information erzeugt werden. Dieser Prozess funktioniert gänzlich unabhängig von der Geschwindigkeit des Fernsehempfängers relativ zum Sender (zum Beispiel auf einem Flugzeug, Fig. 25). Unabhängig von der relativen Geschwindigkeit des Empfängers wird aus Information digitaler Signale ein scharfes Bild erzeugt. In ähnlicher Weise wird es, wegen der Mitwirkung von Energie in Form von Information, E_n, im vorgeschlagenen Denkmodell keine Rolle spielen, ob die Photonenenergie gegen oder in Richtung der eigenen Bewegung ankommt. Das Ergebnis ist im Referenzrahmen, in dem die Messung stattfindet, immer ein Lichtteilchen mit der von der Natur vorgegebenen identischen

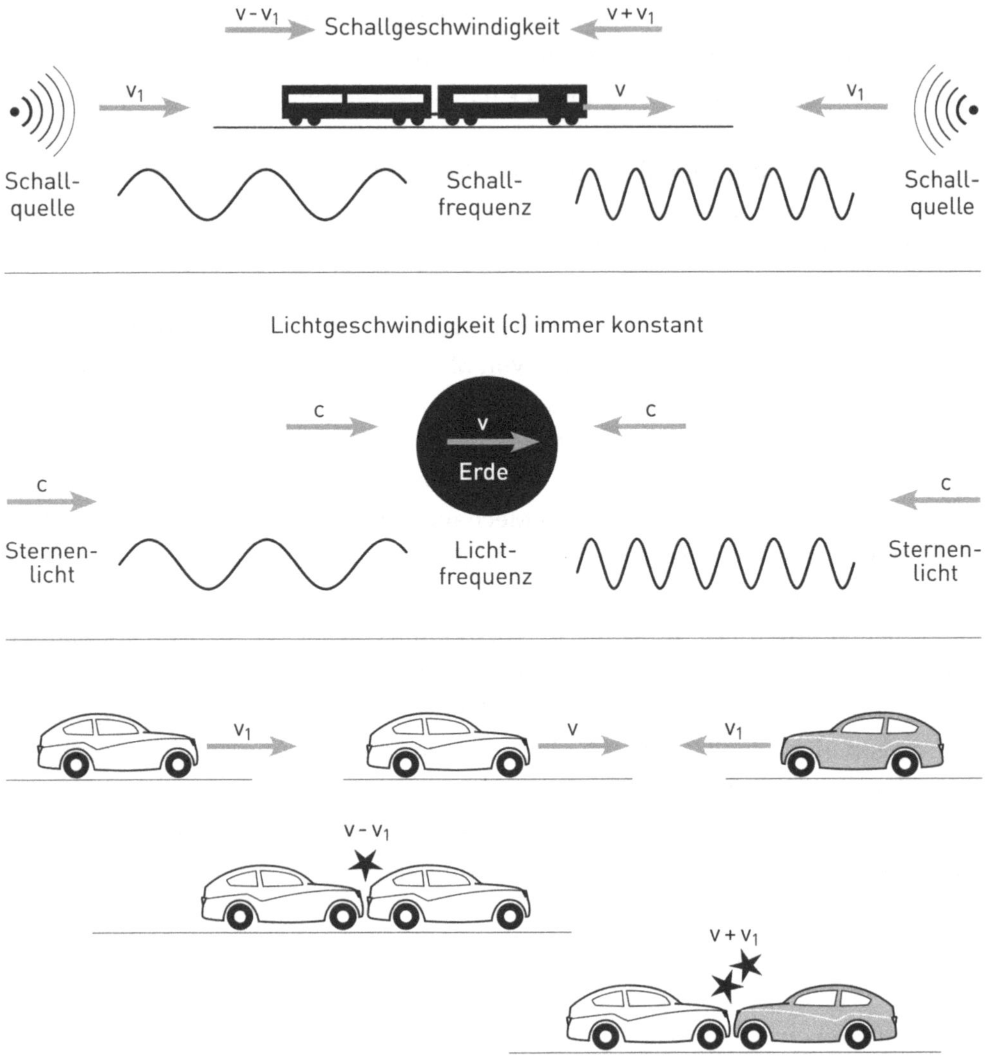

Fig. 24. Während sich die Geschwindigkeiten sich bewegender Objekte (unten) oder von Schall (oben) addieren oder subtrahieren, kümmert sich Licht nicht um relative Geschwindigkeiten (Mitte). Seine Geschwindigkeit im freien Raum wird immer als konstant gemessen. Die Relativitätstheorie behauptet, dass dies auf raffinierte Eigenschaften des Raumes selbst zurückzuführen sei. Im Gegensatz dazu erkennt das hier diskutierte Dynamische Energiemodell den Vorgang als charakteristische Eigenschaft des Lichtes, welches das Teilchen über ein Informationsabbild aus einer Welle fortlaufend wiederherstellt.

Lichtgeschwindigkeit. Es gibt keine Veranlassung, den leeren Raum zu verbiegen und zu deformieren, um eine Immer-konstante-Lichtgeschwindigkeit zu erzwingen. Sie wird durch das dynamische Quantenphänomen selbst umgesetzt. Man kann intuitiv sofort verstehen, dass unterschiedliche Relativgeschwindigkeiten des Systems, in dem Licht vermessen wird, kein Problem darstellen. Im Rahmen der Relativitätstheorie müsste der leere Raum die Geschwindigkeit des Photons jeweils an die des bewegten Beobachters anpassen. Dazu müsste die Relativgeschwindigkeit überhaupt erst vermessen werden. Kann man sich vorstellen, dass der leere Raum solch unglaubliche Eigenschaften besitzt? Im Gegensatz zu dieser unbeantwortbaren Frage ist nun klar: Unabhängig von der Geschwindigkeit des lichtmessenden Systems wird sich Information immer in ein Photon mit derselben maximalen Lichtgeschwindigkeit umwandeln, weil dies offensichtlich ein Naturgesetz festlegt, also von diesem umgesetzt wird.

Das Informationsabbild-der-Materie weiß, dass eine vorgegebene Lichtgeschwindigkeit nicht übertreten werden kann. Nicht der leere Raum, sondern das Informationsabbild macht die Arbeit und eine zusätzliche Annahme über die modifizierte Teilchen-Welle-Dualität erübrigt sich. Wenn man sich einer Lichtquelle nähert oder sich davon entfernt, bedeutet dies trotzdem einen Unterschied in der insgesamt beteiligten Energie. Aus Energieerhaltungsgründen sieht man deswegen das gegen die Bewegungsrichtung ankommende Licht blauverschoben und das in Bewegungsrichtung ankommende Licht rotverschoben. Dies ist der bekannte optische Doppler-Effekt.

Es ist ein bemerkenswertes Zeichen der Polarisierung unserer Naturwissenschaft in Richtung unlogischer Vorstellungen, dass während des vergangenen Jahrhunderts eine so einfache Erklärung für die Immer-konstante-Lichtgeschwindigkeit als Informationsphänomen nie zur Diskussion gebracht wurde. Vielleicht liegt es an der Zeitneutralität oder auch daran, dass man damals noch zu wenig über Information und ihre mögliche Rolle in der Natur nachgedacht hatte.

Wir leben gegenwärtig in einer Epoche mit boomenden Informationstechnologien. Handys, Internet und digital gesteuerte Maschinen haben unsere Welt verändert. Und es scheint erst der Anfang zu sein. Wo wird unsere Informationstechnologie in hundert Jahren stehen? Informationsbasierte Systeme nutzen einfach physikalische Prozesse. Sie reflektieren das, was die Natur in Form von Gesetzen und Mechanismen zu bieten in der Lage ist, wenn entsprechende Bedingungen gegeben sind. Dreidimensionales Drucken, zum Beispiel, erlaubt, ausgehend von reiner Information, die Produktion realer Objekte. Ich behaupte, dass es ein identischer Vorgang ist, wenn ein Photon über Information aus einer Welle zurückgewandelt wird. Dies ist keine Irrationalität, sondern es ist Rationalität, die uns zu verstehen erlaubt, was mit dem Photon während der Messung geschieht. Dreidimensionale Drucker arbeiten wirklich und man kann verstehen, wie sie arbeiten. Sie können ein Spielzeugauto herstellen, das in der Lage ist, sich in einem fliegenden Flugzeug mit einer bestimmten Geschwindigkeit fortzubewegen (Fig. 25).

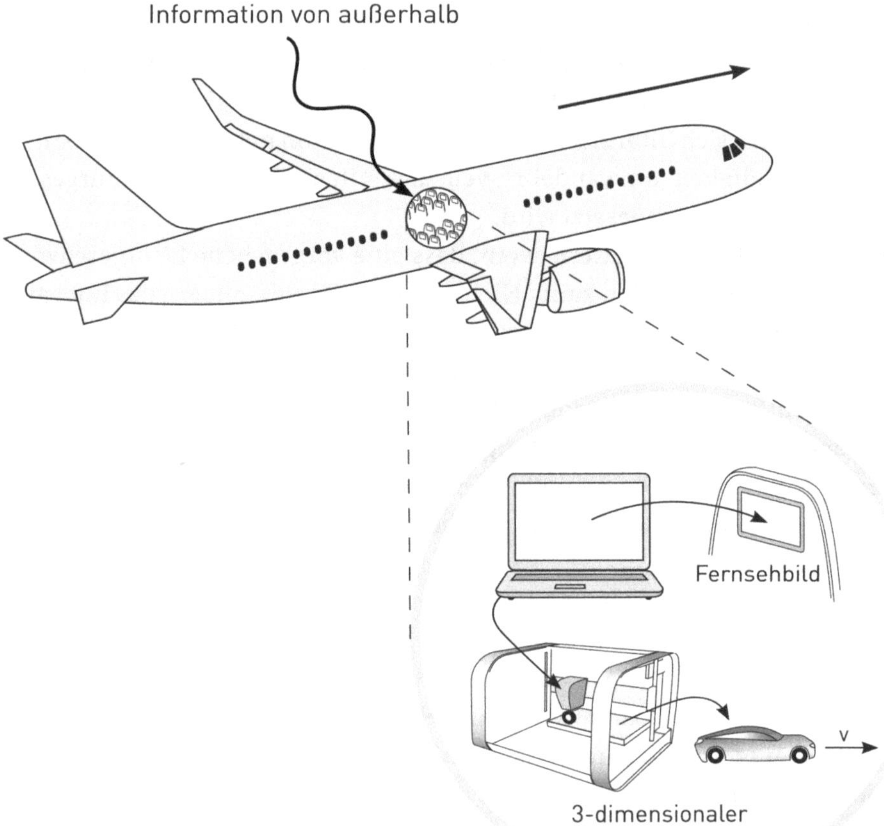

Fig. 25. Wie kann Information Lichtteilchen mit einer immer identischen Geschwindigkeit rekonstruieren? Es funktioniert genauso, wie man ein Fernsehprogramm oder Information für einen dreidimensionalen Drucker in ein fliegendes Flugzeug überträgt. Der Drucker kann ein Spielzeugauto herstellen, das mit einer gegebenen Geschwindigkeit fährt. Das Ergebnis ist festgelegt und wird immer identisch sein, unabhängig von der Flugrichtung und Geschwindigkeit des Flugzeugs.

Das Spielzeugauto kann mit derselben programmierten Geschwindigkeit im Flugzeug herumfahren, unabhängig davon, mit welcher Geschwindigkeit und ob das Flugzeug in Richtung oder in Gegenrichtung des ankommenden Signals fliegt. Wir verfügen über die Möglichkeit, Information dafür zu verwenden, ein Objekt mit gegebenen Eigenschaften zu konstruieren. Dies hilft uns, die „symbolische Form", die intellektuelle Plattform, die unser Erkennen bestimmt, zu verstehen. Man kann vom rekonstruierten Photon erwarten, dass es sich mit seiner charakteristischen, von einem Naturgesetz vorprogrammierten Geschwindigkeit, der Geschwindigkeit des Lichtes im Vakuum, fortbewegt. Es gibt keine Veranlassung dafür, einen vierdimensionalen Raum zu konstruieren, um die Konstanz der Lichtgeschwindigkeit durchzusetzen und die Zeit entsprechend zu manipulieren. Hiermit wird hergeleitet, dass die Information mit all ihren erstaunlichen Eigenschaften in der Natur schon in einem fundamentalen Zusammenhang aktiv ist. Von Gleichung (11), die ein Teilchen mit einer Welle verknüpft, kann man ablesen, dass die Realitäten eines Teilchens und einer Welle über ein Informationsabbild gekoppelt sind. Man braucht dieses, um das Teilchen und seine Eigenschaften aus der Welle zu rekonstruieren. Die Realität und die Information über diese Realität sind demnach verknüpft. Beide werden benötigt, um den Quantenprozess zu verstehen. Die über die Photoneneigenschaften bereitgestellte Information ist zudem genau der Grund, warum die konstante Lichtgeschwindigkeit dem Licht aufgezwungen wird. Die Information setzt ein fundamentales Naturgesetz, die konstante Lichtgeschwindigkeit, um, gleichgültig in welchem Bezugssystem das Photon vermessen wird.
Die scheinbare Paradoxie einer Immer-konstanten-Lichtgeschwindigkeit kann also völlig anschaulich und ohne Zusatzannahmen verstanden werden. Ein Photon wird nach Gleichung (11) immer auf dieselbe Weise wiederhergestellt, mit der Konsequenz, dass bei der Messung die von der Natur vorgegebene, konstante Lichtgeschwindigkeit registriert wird. Das Mysterium einer Immer-konstanten-Lichtgeschwindigkeit löst sich damit auf. Da Licht als Teilchen über die Zwischenform der Information regeneriert wird (Fig. 19 c), sind unterschiedliche relative Geschwindigkeiten ohne Konsequenz. Wir verstehen anschaulich, was geschieht: Ein Informationsabbild des Lichtteilchens kontrolliert und justiert das Naturphänomen der konstanten Lichtgeschwindigkeit.
Die „symbolische Form" der konstanten Lichtgeschwindigkeit, die zum fundamentalen Gesetz reifte und benutzt wurde, um die Relativitätstheorie über eine Manipulation des Raumes zu etablieren, ist in diesem Fall rational zugänglich und verständlich. Das konnte bisher keine andere Theorie zeigen, was belegt, dass die Vorstellung einer Dynamische Energie nicht nur als Werkzeug für die Ausmerzung

von Paradoxien in der Quantenphysik Sinn macht. Sie kann auch dazu verwendet werden, die Relativitätstheorie und auch weitere Theorien, die Irrationalitäten erzeugen, neu zu durchleuchten. Die so hinterfragte Natur verspricht rationale Erklärungen zu liefern.

Jedoch soll auf eine noch bevorstehende Aufgabe hingewiesen werden. Eine detailliertere mathematische Theorie über die Handhabung und Funktion von Information in der Quantenphysik, und in der Natur allgemein, ist noch zu entwickeln. Dies scheint eine nicht unbedeutende Herausforderung für die Zukunft zu sein. Eine solche Initiative wäre gerechtfertigt, um damit der derzeit fest etablierten Vorstellung von der rätselhaften vierdimensionalen Raumzeit, die allen natürlichen Situationen eine konstante Lichtgeschwindigkeit aufzwingt, eine Alternative entgegen zu stellen. Man könnte sich endlich von der fragwürdigen Vorstellung befreien, dass Raum und Uhrzeit (die nach vorliegender Theorie nur ein Messparameter ist) in irrationaler Weise miteinander wechselwirkten und sich dabei so anpassten, dass sich die Immer-konstante-Lichtgeschwindigkeit durchsetzt. Diese Vorstellung der Raumzeit ist ihrem Wesen nach unglaublich kompliziert und logischem Verständnis nicht zugänglich. Weder ist der vierdimensionale Raum begreifbar, noch ist er ein vollständig leerer Raum. Er hat nämlich, wenn eine Messung von einem sich bewegenden Objekt aus erfolgt, die Eigenschaft, ein ankommendes Photon in eine konstante Geschwindigkeit zu zwingen. Auch beschleunigt der derart konstruierte leere Raum Massen so, dass auf diese Weise deren Trägheit erklärt wird. Welcher rätselhafte Mechanismus und welche physikalischen Komponenten könnten im leeren Raum aktiv sein, um solche flexiblen und anspruchsvollen Reaktionen zu bewerkstelligen? Mit Formeln lässt sich dies ausdrücken, aber eine reale natürlich-technische Umsetzung ist kaum vorstellbar.

Es gibt auch weiterführende Folgen aus der hier vorgeschlagenen Erklärung der konstanten Lichtgeschwindigkeit: Neue „symbolische Formen“ (fundamentale Gesetze) gelten nun innerhalb des diskutierten Denkmodells und werden auch neue kritische Einsichten in die Behauptungen der Relativitätstheorie vermitteln. Ich will daran erinnern, dass die Quantentheorie und die Relativitätstheorie nicht vereint werden konnten. Die Suche nach einer Quantisierung des Raumes war ebenfalls nicht erfolgreich. Nun können wir vermuten, warum es diese Komplikationen gibt. Man muss sowohl die Quantentheorie als auch die Relativitätstheorie neu überdenken. Die erstere ist unvollständig und mit den Fehlern der Zeitneutralität und der Ignorierung des Raumes behaftet. Die zweite ist überflüssig, weil nach den hier präsentierten Überlegungen die konstante Lichtgeschwindigkeit keine Eigenschaft des Raumes ist. Außerdem stellt sich die Gravitation selbst als das eingeführte Informationsabbild-der-Materie heraus (siehe später, Kap. 21), das um Teilchen herum existiert und die Rückgewinnung des Teilchens aus der Welle vermittelt. Sie ist also keine Verzerrung der Raumzeit, wie die Allgemeine Relativitätstheorie dies sieht, sondern es handelt sich um Information über Materie, die um diese herum verteilt ist und die Funktion hat, die Mechanismen von Materie und Energie zu begleiten. Dieses Überdenken solch fundamentaler Fragen wird in den folgenden Kapiteln vertieft werden.

Zuerst will ich, als Anekdote, aber kurz meine persönliche Erfahrung mitteilen, die ich machte, als ich über die Bedeutung des Informationsabbildes-der-Materie nachdachte, welches in meiner Vorstellung über Energie den Teilchen-Welle-Dualismus bewerkstelligt. Es war im Jänner 2014 und ich fuhr, wie oft zur Winterzeit, nahe meinem Zuhause Schi. Es war ein Werktag und ich war nahezu alleine auf den Pisten. Ich genoss die Einsamkeit und versuchte zu verstehen, wo in der Natur dieses Informationsabbild-der-Materie, von dem ich schon überzeugt war, eine nachweisbare, messbare Wirkung haben könnte. Nach einer Zeit begriff ich, was eigentlich ganz selbstverständlich ist, nämlich, dass ich durch Information aus meinem Kopf die Geschwindigkeit des Schifahrens bequem kontrollieren konnte.

Könnte folglich nicht auch die Information, die mit dem Photon assoziiert ist, die Immer-konstante-Lichtgeschwindigkeit während einer Messung festlegen? Diese Lichtgeschwindigkeit könnte auch angepasst werden, wenn das Medium, durch welches das Licht fortschreitet, sich änderte. Es wäre, wie wenn man von einer gut präparierten Piste in einen tiefen, unberührten Schnee hinüberwechselte.

Die Konsequenz dieser Überlegungen, dass Information die Immer-konstante-Lichtgeschwindigkeit durchsetzen könnte, war anfangs für mich schockierend: Eine irrationale Raumzeit würde als Erklärung nicht mehr gebraucht werden. Als ich diese Idee hatte, musste ich die Abfahrt unterbrechen, weil mich diese Vorstellung zu sehr vom Schifahren ablenkte. Später suchte ich gedanklich nach einem experimentell beobachtbaren Phänomen, das charakteristisch und repräsentativ für das von mir erdachte Informationsabbild-der-Materie sein könnte. Es sollte eine Art Energie-Halo um die Materie erzeugen. Dieses müsste messbar sein und mit der Menge der Teilchen zunehmen. Was könnte es sein? Es gab schließlich als Erklärung kein anderes Phänomen als die Gravitation, die um Massen herum auftritt und sich mit der Masse vergrößert. Das Informationsabbild-der-Materie ist genau das, was wir als Gravitation kennen! Sie ist ein wohlbekanntes Phänomen, das aber bis heute nur wenig verstanden wird (siehe die Kapitel 18 und 21). Gravitation ist mit Materie assoziiert und verhält sich genau so, wie sich ein Informationsabbild verhalten sollte (vergleiche später Kap. 21). Man würde auch keinen verzerrten, vierdimensionalen Raum mehr brauchen, um die Gravitation und ihr Gegenstück, die Trägheit, zu erklären. Die Natur ist rational und um ihre Mechanismen zu verstehen, lohnt es sich, geduldig ihren geheimnisvollen Wegen zu folgen. Es war ein angenehmer Schitag und die kalte, frische Luft in den Bergen hat das Nachdenken über Rationalität in Naturgesetzen wohl beflügelt.

18 Die vierdimensionale Raumzeit: eine Illusion

Nachdem wir anhand des Dynamischen Energiemodells gelernt haben, die experimentell gut nachgewiesene, konstante Lichtgeschwindigkeit nicht als Eigenschaft des leeren Raumes, sondern als lokales Phänomen von Lichtteilchen zu verstehen, muss man nach den Konsequenzen fragen. Einsteins Relativitätstheorien, sowohl die Spezielle wie auch die Allgemeine, welche die Konstanz der Lichtgeschwindigkeit als Eigenschaft des Raumes deklarierten und zur Vorstellung einer vierdimensionalen Raumzeit führten, sind heutzutage in der Wissenschaftsgemeinschaft vollkommen akzeptiert. Dies geschieht nicht zuletzt deswegen, weil Spezialisten zahlreiche aufwendige Experimente durchgeführt haben, welche die Theorien zu bestätigen scheinen. Allein das Gravity Probe B und das LIGO-Experiment, auf die wir später noch zurückkommen werden, haben zusammen rund zwei Milliarden Dollar gekostet. Nur in jüngerer Zeit, bei der Diskussion von dunkler Materie und dunkler Energie, sowie beim detaillierteren Verständnis des Big Bang Szenarios und der Schwarzen Löcher, wurde zugegeben, dass die Allgemeine Relativitätstheorie, oder besser die komplexe Mathematik, die dahinter steht, an ihre Grenzen stößt und mit der beobachteten Realität nicht mehr vereinbar ist.
Raum und Zeit sind in dieser Theorie zu dynamischen Größen geworden, die es aber in einer zeitneutralen Welt nicht sein sollten. Sich bewegende Objekte beeinflussen Raum und Zeit (die Uhrzeit) um sich herum und die Raumzeit zwingt Objekte in wohldefinierte Bahnen. Eine solche Theorie ist in hohem Maße irrational: erstens, weil wir es mit einem leeren Raum zu tun haben, der nichts enthalten sollte, zweitens, weil dieser Raum eine zusätzliche Dimension erhielt, die nur mathematisch aber nicht real begreifbar ist, und drittens, weil man dieser Leere phantastische Eigenschaften zuschreibt. Die Leere des Raumes soll sogar die Zeit um Materie herum manipulieren können, eine Fähigkeit, die sich niemand vorstellen kann und die man nicht einmal mit Hilfe der raffiniertesten Technologie zuwege brächte. In ferner Vergangenheit wurde die Fähigkeit, den Zeitfluss zu manipu-

lieren, nur den Göttern und einigen ihrer Botschafter, den Schamanen, zugebilligt. Dies ist nicht verwunderlich, denn den Zeitfluss zu verändern bedeutete, nach meinem Verständnis, dass natürlich vorgegebene Konstanten, wie die Gravitationskonstante und Geschwindigkeitskonstanten, die Lichtgeschwindigkeit oder die Lebensdauer angeregter Moleküle manipuliert werden müssten. Wie könnte dies geschehen und wie sollte dies der leere Raum regelmäßig und dynamisch als Antwort auf Materie in der Umgebung tun? Außerdem ist die Zeit, die Einstein nutzt, um solche Eigenschaften möglich zu machen, gerade die Uhrzeit. Sie ist ein gewöhnlicher Ordnungsparameter, der eingesetzt wird, um Veränderungen zu registrieren. Er enthält weder Substanz noch Energie und kann nicht direkt gemessen werden. Uhren nutzen energetische Prozesse, um aus periodischen Schwingungen und deren Aufsummierung durch Eichung die Uhrzeit zu gewinnen. Sie hat selbst nichts mehr mit Energie zu tun. Wie könnte ein solch einfacher theoretischer Parameter, ein Maßstab, nur weil man ihn anwendet, um einen irrationalen vierdimensionalen Raum zu beschreiben, die Realität in so komplizierter Weise beschreiben und sogar kontrollieren? Diese verborgenen Eigenschaften der Allgemeinen Relativitätstheorie werden bis heute stillschweigend akzeptiert. Nach der fallengelassenen Äthertheorie schien niemand mehr eine Idee gehabt zu haben, wie man die experimentell verifizierte Immer-konstante-Lichtgeschwindigkeit anders erklären könnte als über einen Raum mit diesen angenommenen mysteriösen Eigenschaften. Es gibt allerdings auch eine sehr lange Geschichte von Kritik oder Ablehnung der zwei Relativitätstheorien, wie man im Internet nachlesen kann (conservapedia, 2014), (relativity criticism, 2014), (Wikipedia: Kritik an der Relativitätstheorie, 2019). Teilweise verlief und verläuft die Kontroverse, die unter anderem der etablierten Wissenschaft vorhält, offene Diskussionen zu meiden, sehr emotionell. Mein Eindruck ist, dass Kritik allein eben nicht ausreicht, da die Erfolge der Relativitätstheorie so überzeugend dargestellt sind. Man braucht dazu eine nachvollziehbare Gegentheorie. Eine solche entwirft nun der Zeitpfeil als Spur der Energie. Diese Gegentheorie entstand unbeabsichtigt und aus dem Nichts, einfach als Folge der Forderung nach Irreversibilität in der Natur.

Das vorgeschlagene Dynamische Energiemodell eröffnet die Möglichkeit, die Immer-konstante-Lichtgeschwindigkeit, wie auch die Gravitation selbst und den Zusammenhang zwischen Quantenphysik und Kosmologie in naheliegender Weise schlüssig und elegant zu deuten. Die Erklärung erfolgt nicht über komplexe Eigenschaften des Raumes. Diese kann man völlig vermeiden, was einen kritischen, neuen Blick auf die so veränderte Situation rechtfertigt. Die hier vorgeschlagene dynamische Teilchen-Welle-Dualität, eine geradlinige Konsequenz des „Dynamischen Energiemodells“, kann die konstante Lichtgeschwindigkeit über das beteiligte Informationsabbild-der-Materie zwanglos herbeiführen. Dieselbe Information ist auch das Phänomen der Gravitation selbst. Keine zusätzliche Annahme wird gebraucht. Wenn Information notwendig ist, um das Teilchen aus der Welle wiederherzustellen, eröffnet dies gleichzeitig die Möglichkeit, eine immer gleiche Lichtgeschwindigkeit während der Messprozedur oder der Lichtenergieumwandlung zu erzeugen. Es braucht lediglich akzeptiert zu werden, dass die Natur eine maximale Immer-konstante-Lichtgeschwindigkeit als Naturgesetz durchsetzt. Dies wird ja im Experiment beobachtet. Die Entdeckung einer Alternative zur vierdimensionalen, die konstante Lichtgeschwindigkeit erzwingenden und Gravitation erzeugenden Raumzeit eröffnet das Potential, dramatisch irrationale Vorstellungen in der Physik zu eliminieren. Ist dies nach hundertjähriger breiter Unterstützung der Relativitätstheorien aber wirklich eine realistische Option?

Um besser zu verstehen, welchen Vorteil diese neue Erklärung bringt, wollen wir zunächst weiter hinterfragen, was die Spezielle und die Allgemeine Relativitätstheorie für unser gegenwärtiges Weltbild tatsächlich bedeuten. Während der ersten Jahrzehnte des letzten Jahrhunderts, nachdem Einstein die Relativitätstheorie vorgeschlagen hatte, gab es bedeutende Kritik von etablierten Wissenschaftlern. Mittlerweile wird diese Theorie nicht nur von der Wissenschaftsgesellschaft unterstützt, sondern auch im Rahmen öffentlicher Wissenschaft weit verbreitet, in den Medien diskutiert und sogar in den Schulen unterrichtet.

Ursprünglich erwartete man, dass sich leerer Raum völlig homogen verhielte, das heißt, dass er vollkommen leer und frei von inneren Strukturen und besonderen Eigenschaften sein sollte. Er wurde als eine absolute Referenz genutzt, so wie es Isaak Newton gesehen hatte. Die Relativitätstheorie gab dann dem Raum sehr spezielle Eigenschaften. Der Raum wurde vierdimensional und gab der Lichtgeschwindigkeit beim Gestalten der Realität eine entscheidende Rolle. Dazu kam die Manipulation geometrischer Strukturen und der Zeit in der Umgebung von Materie. Der Raum wurde gekrümmt und die Bahnen des Lichtes um Materie herum wurden verzerrt. Deshalb und auch weil die Zeit in der Allgemeinen Relativitätstheorie „gekrümmt“ wird, beziehungsweise ihre (formale) „Fließgeschwindigkeit“ ändert, erfahren Objekte, die durch die Raumzeit reisen, eine Beschleunigung, die als Gravitation verstanden wird. Die Zeit verhält sich demnach um Materie herum auf besondere Weise, wenn sie der Gravitation ausgesetzt ist. Näher an der Materie verrinnt die Zeit langsamer und man erwartet, dass sie entfernt von Materie schneller abläuft. Wurde in der Relativitätstheorie die Zeit, wenn sie aufhörte, gleichförmig zu verrinnen, damit nicht abgeschafft? Als Uhrzeit sollte sie nur als eine gleich-

mäßig verstreichende Messgröße zum Registrieren von Abläufen dienen. Und dennoch kann man trotz all dieser Komplikationen mit der Relativitätstheorie auf die Zeit nicht verzichten. Wenn man durch den Raum reist, reist man unweigerlich auch durch die Zeit, wie Einstein sie definiert: „Die Zeit, die eine Uhr zeigt". Wie erwähnt, ist ein vierdimensionaler Raum ein Raum, der vier Parameter, vier Größen braucht, um einen Punkt festzulegen. Für die Raumzeit braucht man also zusätzlich zu drei Raumkoordinaten eine zeitabhängige Koordinate. Sie ist durch „Lichtgeschwindigkeit multipliziert mit der Uhrzeit" definiert. Diese zeitähnliche Koordinate bestimmt den sogenannten Ereignishorizont, weil die Lichtgeschwindigkeit die Möglichkeit eines kausalen Ereignisses begrenzt und sich als immer konstante Eigenschaft des Lichtes einbringt. Kann aber ein Maßstab für Zeit, der nichts mit Energieprozessen zu tun hat, mitteilen oder vorhersehen, was wirklich in der realen Welt passiert?
Über die Jahre sind zur Unterstützung der Relativitätstheorie eine Reihe von Experimenten durchgeführt worden. Zum Beispiel wurden sehr genaue Atomuhren in kommerziellen Flugzeugen auf den Flug um die Welt geschickt. Eine erwartete Zeitverschiebung von Bruchteilen einer Mikrosekunde, gemessen gegen eine zurückgelassene Uhr, wurde tatsächlich beobachtet (eine Erklärung im Sinne der Dynamischen Energie wird im Kapitel 25 gegeben). Bedeutendere Effekte werden bei Elementarteilchen, Myonen, vorgefunden, die von kosmischen Strahlen in der oberen Atmosphäre erzeugt werden. Sie legen scheinbar die Strecke (l_0) zur Erdoberfläche viel schneller zurück, als sie es auf Grundlage ihrer Geschwindigkeit tun sollten. Es ist, als ob sich die Entfernung verkürzt hätte. Eine solche Kontraktion wird in der Relativitätstheorie erwartet und würde einer ziemlich einfachen Formel folgen, in der das Verhältnis von Objektgeschwindigkeit v und Lichtgeschwindigkeit c als Quadrat eingeht und unter einer Wurzel von eins abgezogen wird. Ich will diese Beziehung niederschreiben, weil ich beabsichtige, später weitere Schlüsse daraus zu ziehen:

$$l = l_0 \sqrt{1 - v^2 / c^2} \qquad (12)$$

Der Ausdruck $1/\sqrt{1 - v^2 / c^2}$ wird Lorentz-Transformationsfaktor genannt und wurde schon von Lorentz in seiner Äthertheorie verwendet. Die Geschwindigkeit eines sich bewegenden Körpers, zum Beispiel eines Myons, ist durch v und die konstante Lichtgeschwindigkeit durch c ausgedrückt.
Als, vor Einstein, Lorentz und Poincaré versuchten, die Eigenschaften eines angenommenen Äthers anzupassen, um eine Immer-konstante-Lichtgeschwindigkeit

zu erhalten, wandten sie zum ersten Mal die Formel (12) an, die den Lorentz-Transformationsfaktor enthält. Die Formel beschrieb jedoch die Verzerrungen, die durch den Äther hervorgerufen werden, da die Geschwindigkeit relativ zum vermuteten Äther angenommen wurde (relativity, 2014). Einstein argumentierte, dass ein Äther nicht notwendig wäre, dafür aber lieferte nun eine irrationale Vorstellung von der Raumzeit den benötigten Mechanismus. Als die Allgemeine Relativitätstheorie die Raumzeit noch komplexer und verwickelter machte, berief sich Einstein später selbst wieder auf die alte Vorstellung von einem Äther, der für die Manipulation von Raum und Zeit durch die Gravitation verantwortlich zeichnen sollte (Einstein, 1920).

Das vorhin erwähnte Experiment erfasste die Myonen bei 99,8% der Lichtgeschwindigkeit. Die registrierte Kontraktion ihrer Flugbahn vollzog sich offenbar um den Faktor 15. Es seien dazu einige Fragen gestellt:

Jedes Objekt einer gegebenen Länge l auf einem Bezugssystem, das sich mit einer Geschwindigkeit v bewegte, würde entsprechend und abhängig von seiner Geschwindigkeit schrumpfen. Dies geschieht der Theorie nach aber immer in Richtung der relativen Bewegung. Es stellt sich die Frage, ob eine Rakete, die man schrumpfen sieht, tatsächlich schrumpft. In Wirklichkeit würde die extreme Spannung während des Schrumpfens die Rakete zerlegen. Warum sollte dies auch geschehen, nur weil jemand von außen auf das Objekt blickt? Und warum sieht man den Schrumpfungsprozess nicht senkrecht zur relativen Bewegung? Kann ein Gegenstand verschiedene Größen gleichzeitig haben? Die Antwort scheint zu sein, dass das Schrumpfen nicht real erfolgt, sondern eine Illusion, eine Art Fata Morgana, ist. Man hat eine komplexe Erscheinung vor sich, die sich bei näherer Betrachtung in Nichts auflöst. Sie wird durch die endliche Geschwindigkeit des Lichtes erzeugt, das für die Vermessung der Größe der Rakete oder des Raumschiffs und für die Formulierung der Theorie verwendet wird.

Dies sollte auch für die erwähnte Beobachtung des Myons der Fall sein. Die Relativitätstheorie wurde einst entwickelt, um es den grundlegenden Gesetzen der Physik zu ermöglichen, in Bezugssystemen mit verschiedenen Geschwindigkeiten in gleicher Weise zu funktionieren. Selbstverständlich würde man erwarten, dass diese grundlegenden Gesetze nicht von der Geschwindigkeit der Signalübermittlung zwischen den Bezugssystemen abhängen. Das tun sie aber.

Wir wollen nun ein kleines Gedankenexperiment durchführen und annehmen, dass sich das Objekt mit einer Geschwindigkeit v immer weiter der Lichtgeschwindigkeit c nähert. Die Formel (12) zeigt, dass in diesem Fall die Länge des Objektes gegen null geht, weil das Verhältnis v^2 / c^2 gegen eins geht. Das Objekt wäre bestrebt, kleiner und kleiner zu werden, um schließlich zu verschwinden. Nun soll die Lichtgeschwindigkeit c für die Signalübertragung versuchsweise modifiziert werden. Zuerst erhöhen wir in Formel (12) die Lichtgeschwindigkeit c gegen unendlich. Bei dieser damit einhergehenden Informationsübertragung über Lichtsignale extrem hoher Geschwindigkeit, in einem Weltraum der Gleichzeitigkeit, ist Information für einen entfernten Beobachter augenblicklich verfügbar. Bei einer unendlich schnellen Übertragung von Information (c --> ∞), geht die Wurzel in Gleichung (12) gegen eins, da v^2 / c^2 gegen null geht. Als Konsequenz bleibt die Länge l des Objektes bei der hohen Geschwindigkeit v unverändert. Das Objekt behält die ursprüngliche Länge l_0 bei. Dies ist ein erstaunliches Ergebnis, da man einen Informationstransfer mit unendlicher Geschwindigkeit, also bei Gleichzeitigkeit, als ideal und besonders zuverlässig betrachten könnte. Jedoch erfolgt in Formel (12), selbst bei sehr hoher Geschwindigkeit eines Flugkörpers, keine relativistische Veränderung der Länge.

Der beobachtete Effekt ist die Lorentz-Kontraktion, die dem Phänomen entspricht, dass ein Beobachter in Bewegung eine kürzere Entfernung zwischen zwei Punkten misst, als ein Beobachter in Ruhe. Er braucht ein Lichtsignal von beiden Endpunkten. Nachdem er das erste registriert hat, nähert er sich bereits dem zweiten, wenn das entsprechende zweite Lichtsignal ankommt. Das Verhältnis von Beobachtergeschwindigkeit und Lichtgeschwindigkeit beeinflusst die gemessene Distanz.

Bei einer unendlich schnellen Signalübertragung ist für relative Bewegungen keine Zeit verfügbar. Eine Längenverkürzung wird nach Formel (12) nicht beobachtet. Die eben variierte Lichtgeschwindigkeit c tritt in der Relativitätstheorie tatsächlich als Signalgeschwindigkeit auf, welche die so genannte „Zeitachse" ct des vierdimensionalen Raumes festlegt (Lichtgeschwindigkeit c multipliziert mit der Zeit t ergibt die Dimension Länge). Wenn man eine unendlich schnelle Signalübertragung annimmt, kommt man zum bemerkenswerten Ergebnis, dass sich die Länge des Objektes, wie sie durch Formel (12) definiert ist, sogar bei sehr hoher relativer Geschwindigkeit v nicht ändert. Die Relativitätstheorie zeigt die wohlbekannten Kontraktions- und Streckungseffekte von Länge und Zeit einfach nicht. Eine Rakete würde durch Schrumpfung nicht zerlegt werden. Dies unterstreicht, dass die Relativitätstheorie eine manipulierte Realität wiedergibt, die dadurch verursacht wird, dass man eine Signalübertragung mit endlicher Geschwindigkeit „c" annimmt. Die Überlegung wird durch folgende Tatsache unterstützt: Eine aus realen Materialien aufgebaute Rakete würde wegen einer vorgegebenen Geschwindigkeit einem Schrumpfungsprozess ausgesetzt sein. Sie könnte bei einer Landung ihre volle Länge nicht zurückgewinnen. Wir wollen nun in der Formel (12) die Lichtgeschwindigkeit c gegen null verändern. In diesem Fall wird der Wert unter der Wurzel zuerst kleiner als eins und dann negativ, wobei die Länge imaginär wird. Dies bedeutet, dass die Länge des Objektes l erst kleiner als das ursprüngliche Objekt l_0 ist und dann die Messung von l unmöglich wird. Die Geschwindigkeit des Messsignals wäre dann zu langsam.

Was können wir von diesem Gedankenexperiment lernen? Wir stellen fest, dass die Geschwindigkeit der Signalübertragung c die Länge des Objektes ändert, das sich mit der Geschwindigkeit v bewegt. Warum ist das so? Würden wir die Länge des Objektes von drei, an verschiedenen Orten sich unterschiedlich schnell bewegenden Raumschiffen aus messen, erhielten wir drei verschiedene Werte (Fig. 26).

Wie kann ein und dasselbe Objekt drei verschiedene Längen haben? Offensichtlich messen wir nicht das reale Objekt, sondern das Objekt so, wie wir es durch eine besondere Eigenschaft des informationsübertragenden Lichtsignals manipuliert und verändert sehen. Man misst eine Art „Messphantom". Die Physik verlässt sich also auf gemessene Signale, was in Ordnung ist, doch die Messung sollte nicht die Wirklichkeit verzerren, wenn wir gerade über diese Wirklichkeit etwas erfahren wollen. Die wirkliche Länge des studierten Objektes und die Zeit, die dort erlebt wird, sollten die Realität ausmachen. Gemäß der Formel (12) aber, ändert sich ein sonst festliegender Parameter abhängig von der Lichtgeschwindigkeit, die für die Signalübertragung genutzt wird. Dies ist nicht das, was man erwartet, wenn man ein fundamentales Naturgesetz untersucht.

Was genau ist Realität? In der Relativitätstheorie ist die Uhrzeit ein wichtiger Faktor, der die relativistische Realität beschreibt. Ich glaube jedoch, dass die Uhrzeit, wie Einstein sie beschreibt und verwendet, eine Größe ist, welche die zeitabhängige Realität von energiewandelnden Prozessen in der Natur nicht zu beschreiben vermag. Wie vorher diskutiert (Kapitel 11), muss die Zeit zusammen mit Energie als Fluss von Wirkung, als „Wirkungszeit" auf ein bewegtes System bezogen werden. Die reine Uhrzeit in einem vierdimensionalen Raum erklärt den kausalen Zusammenhang zwischen energieumwandelnden Systemen nicht. Sie ist nur ein theoretischer Faktor, ein Messparameter, der für die Beschreibung ablaufender Verzerrungen verwendet wird. Der Messparameter Uhrzeit drückt keine Substanz aus und man kann ihn allein nicht verwenden, um Veränderungen in ein anderes Referenzsystem zu transformieren und diese dort zu erkennen. Man muss die Wirkung übertragen, Energie multipliziert mit der Zeit, um das Verhalten des Zeitpfeils als Spur der Energie zu studieren. Man wird herausfinden, dass diese „Wirkungszeit" in verschieden bewegten Systemen unverändert bleibt. Welchen Sinn würde es auch machen, die Uhrzeit als reine Zahlenfolge ohne Bezug zur Energie für eine relativistische Beschreibung von energieumwandelnden Systemen einzusetzen? Dies kann zu keinen zielführenden Antworten führen.

Wir wollen nun den Blick auf eine weitere wichtige Formel richten, die Formel für die totale Energie eines Systems. Die berühmte Beziehung $E = mc^2$, die von Einstein aus der Relativitätstheorie hergeleitet wurde, beschreibt die Energie einer Masse m bei einer Geschwindigkeit null. Es dürfte interessant sein, zu erfahren, dass die Ableitung dieser Formel nicht wirklich auf logischen Überlegungen beruhte, sondern bei der Herleitung des Ergebnisses schon vorweggenommen war (siehe Ives, 1952). Klassische Ableitungen analoger Formeln wurden in der Literatur ebenso beschrieben (Gut, 1981). Einstein spekulierte, dass die Energieformel, die er für Licht ableitete und willkürliche Annahmen beinhaltete, auch allgemein für jede andere Energie gelten sollte. Zwei Jahre vor Einstein publizierte ein italienischer Geologe, Olinto de Pretto, dieselbe Beziehung zwischen Energie und Masse. Er leitete sie von einer nichtrelativistischen Überlegung ab (Olinto de Pretto, 1903). Er beobachtete, wie sich die Masse von Uran und Thorium beim radioaktiven Zerfall in Energie verwandelte. Vor ihm, um 1900, brütete Henri Poincaré scheinbar über derselben Formel. Ich erwähne dies nicht, weil ich die Leistung des Genies Einstein schmälern möchte. Der Punkt ist, dass wir verstehen wollen, was diese Formel im Zusammenhang mit der Relativitätstheorie tatsächlich bedeutet. Brauchen wir die Relativitätstheorie, um diese bewährte Formel abzuleiten? Die Formel $E = mc^2$ hat in Wirklichkeit nichts mit der Relativität zu tun. Sie wäre noch immer gültig, wenn der vierdimensionale Raum nicht existierte. Einstein hatte relativistische Überlegungen vernachlässigt, bevor er die berühmte Energie-Masse Formel herleitete. Diese Formel ist rein über klassische Argumente abzuleiten. Die wichtige Energie-Masse Beziehung kann daher nicht als Unterstützung für eine vierdimensionale Raumzeit verwendet werden, was für die Überlegungen hier ein wichtiges Argument darstellt und die Diskussion darüber rechtfertigt. Man braucht die Relativitätstheorie nicht, um diese bedeutende Formel zu erhalten. In Kapitel 20 wird gezeigt werden, dass auch die Dynamische Energie-Hypothese den Zusammenhang zwischen Energie und Masse bequem herstellt. Masse ist einfach selbstorganisierte Energie, also proportional zur Energie.

Wenn die Ruhemasse m auf eine Geschwindigkeit v beschleunigt wird, ändert sich die totale Energie mc^2 nach der Relativitätstheorie zu:

$$E = \frac{mc^2}{\sqrt{1 - v^2 / c^2}} \qquad (13)$$

Wir wollen auf diese Formel (13) blicken, während wir die Geschwindigkeit der Lichtübertragung c versuchsweise wieder ändern. Wenn sich die Geschwindigkeit eines Objektes v der Lichtgeschwindigkeit c nähert, dann geht die Energie E gegen unendlich. Dies wurde in Experimenten mit Teilchenbeschleunigern verifiziert und wird durch Formel (13) ausgedrückt, da der Wert der Wurzel gegen null geht. Wir sehen jedoch sofort: Sogar bei einer extrem hohen Geschwindigkeit des Objektes, werden wir, wenn die Lichtgeschwindigkeit für den Informationstransfer (hypothetisch) gegen unendlich geht (Situation der Gleichzeitigkeit im Raum), nur die Ruhemasse $E = mc^2$ erhalten. In diesem Fall wird die Wurzel daraus dem Wert eins zustreben. Aber würde die Energie von Objekten mit dem Quadrat der neuen Lichtgeschwindigkeit, der Geschwindigkeit der Signalübertragung, wirklich zunehmen und wenn ja, warum? Für eine in weiten Bereichen veränderliche Geschwindigkeit c könnte man eine Vielfalt verschiedener Werte für die Energie E erhalten. Wir könnten durch Veränderung der Geschwindigkeit der Signalübertragung c die Energie einer Masse erhöhen oder reduzieren. Dies stünde in Widerspruch zu unserem fundamentalen Verständnis von Energie und von Signal übermittelnden Informationssystemen. Die Realität eines Energiesystems sollte nicht von der Geschwindigkeit der Signalübertragung abhängen. In unterschiedlich schnell bewegten relativen Bezugssystemen würden Beobachter außerdem vom selben Objekt verschiedene Massen und Energien registrieren (Fig. 26). Wie könnte in einer solchen Umgebung die träge und schwere Masse gleich groß sein? Zusätzlich wären die Masse und Trägheit eines Objektes in Richtung der Relativbewegung und senkrecht dazu unterschiedlich. Ein System sollte nicht verschiedene Massen, Energie und Trägheit gleichzeitig aufweisen.
Es gibt noch ein anderes, sehr offensichtliches Problem: Energie kann nicht durch eine Änderung von Parametern für die Signalübertragung aus dem Nichts erzeugt oder vernichtet werden. Es wäre ein seltsames und bizarres Universum, das solchen Gesetzen folgte. Die Mathematik der Relativitätstheorie ist offenbar nicht konsistent, was übrigens von vielen Kritikern angemerkt wurde (conservapedia, 2014; relativity criticism, 2014; Smarandache, 2013). Dieser Umstand deutet darauf hin, dass die obige Formel (13) nicht die physikalische Realität eines Energiesystems beschreibt. Sie gibt vielmehr die verzerrten Informationen über ein System wieder, die durch Photonen erhalten werden, welche mit der Geschwindigkeit c wandern. Sind wir an diesen unwirklichen Verzerrungen interessiert, wenn wir von sich bewegenden Raumfahrzeugen sprechen und uns über dort sich ändernde Zeiten, Massen und Längen Gedanken machen? Oder sind wir an dem interessiert, was wirklich auf den beobachteten Objekten vor sich geht?

Es gibt auch eine philosophische Frage: Wenn der Energiewert so drastisch von der Geschwindigkeit der Signalübermittlung c abhängen soll, warum hängt dann die Energie der Ruhemasse $E = mc^2$ gerade von dieser Geschwindigkeit c ab, mit der das Licht gegenwärtig wandert? Die Masse eines Körpers mit der Lichtgeschwindigkeit zu verknüpfen, macht keinen logischen Sinn, außer dass damit die Dimension der Energie berücksichtigt wird. Dies hieße auch, dass sich bei einer hypothetischen Veränderung der signalübertragenden Lichtgeschwindigkeit all die Energie, die in der Masse des Universums enthalten ist, ebenfalls ändern müsste.

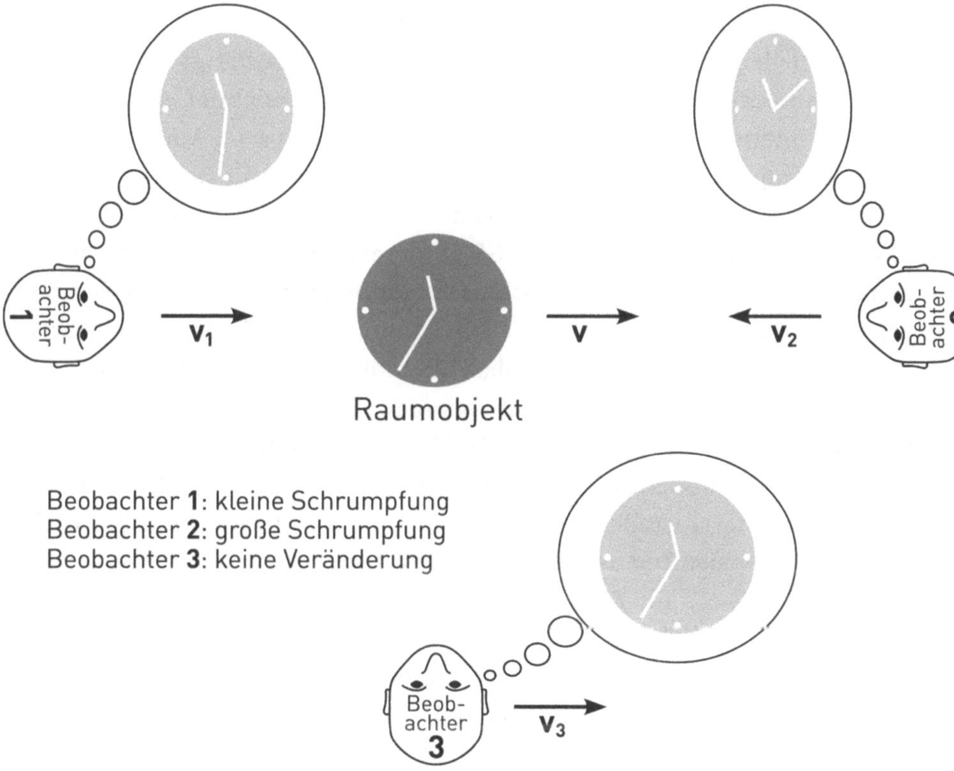

Fig. 26. Drei Beobachter mit drei relativen Geschwindigkeiten werden das Raumschiff verschieden geschrumpft sehen und auf ihm unterschiedliche Zeitflüsse erkennen. In Richtung der Bewegung des Raumschiffs wird das Raumschiff schrumpfen und es wird eine Zeitverschiebung geben, verschieden für die Beobachter mit unterschiedlichen Geschwindigkeiten. Senkrecht zur Bewegung wird keine Längen- oder Zeitverzerrung beobachtet werden. Welche Länge hat das Raumschiff dann tatsächlich, welche Zeit läuft auf ihm ab?

Warum wäre dies so und woher könnte diese Energie kommen oder wohin würde sie gehen? Es ist eine vielfach bestätigte experimentelle Tatsache, dass sich die Massen von Teilchen, die gegen die Lichtgeschwindigkeit hin beschleunigt werden, deutlich zunehmen. Ist die Relativitätstheorie dennoch unverzichtbar? Später (in Kap. 20) wird gezeigt werden, dass Elementarteilchen und Materie unter dem Zeitpfeil als selbstorganisierte Energie verstanden werden können. Dies erklärt nicht nur sofort die Äquivalenz von Masse und Energie, sondern eröffnet auch eine markante Eigenschaft selbstorganisierter Systeme: Sie können Energie aufnehmen und wachsen, also schwerer werden. Pflanzen machen dies im Licht, Tiere, wenn sie Nahrung aufnehmen. Damit fände auch dieses markante „relativistische" Phänomen eine ganz natürliche, alternative, aber logische Erklärung.
Da die Konstanz der Lichtgeschwindigkeit experimentell bestätigt wurde und da die Relativitätstheorie genau diese Tatsache formal berücksichtigt, sollten die Ergebnisse mathematisch und physikalisch dennoch nützlich sein. Auch für das globale Positionierungssystem (GPS) wird argumentiert, dass es die Berücksichtigung des Relativitätsphänomens erfordere. Andererseits wird dies jedoch auch bestritten und gegenteilig behauptet, dass das GPS System praktisch ohne Relativitätseffekte funktioniere (GPS, 2014). Die Schlussfolgerungen im Sinne des Zeitpfeils (Kap. 25) werden überraschend sein. Die von Atomuhren gemessenen „relativistischen" Zeitverschiebungen sind real, haben aber mit der durch Gravitation beeinflussten Quantisierung von Elektronenübergängen in Atomen (Fig. 20) zu tun. Weil sie auftreten und die Atomuhr in zunehmend fortgeschrittenen technischen Systemen eingesetzt wird, müssen diese Effekte gegebenenfalls auch berücksichtigt werden. Wichtig ist es festzustellen, dass die atomare Uhrzeit nichts mit der wirklichen, energiegetriebenen Zeit des Zeitpfeils, der Wirkungszeit, zu tun hat. Denn sie ist lediglich ein Maßstab für Zeit, dessen Eichung durch äußere Faktoren beeinflussbar ist.
Die Überlegungen, die hier präsentiert werden, sind völlig verschieden von der gegenwärtig in der Wissenschaftsgemeinschaft beobachteten, allgemein bejahenden Beurteilung der Relativitätstheorie (Will, 2006). Der Blick auf die Welt unter einem „Zeitpfeil als Spur der Energie" lässt keine Wahl zu. Da die Immer-konstante-Lichtgeschwindigkeit und die Gravitation (siehe Kap. 21) unter dem Zeitpfeil als Spur der Energie naturgegeben verstanden werden können, muss die Relativitätstheorie herausgefordert werden. Sie passt nicht in eine fundamental irreversible Welt.
Einsteins zwei Relativitätstheorien finden so viel Unterstützung, dass kritische Analysen gar nicht mehr zur Veröffentlichung angenommen werden. Beruht diese Überzeugungskraft der Theorien auf unwiderruflichen experimentellen Tat-

sachen? Einstein selbst kommentierte einmal einem Journalisten, dass es das „Mysterium des Nichtverstehens sei, welches viele Menschen anzieht, welche in der Tat nicht verstehen“ (Pais, 1995). Einige verstanden die Physik und Mathematik, konnten aber die Relativitätstheorie trotzdem nicht akzeptieren. Ein Beispiel ist der berühmte französische Mathematiker Henri Poincaré. Bis zu seinem Tod um 1912 stellte er sich der Theorie entgegen, wie Einstein selbst berichtete (Pais, 1995). Ein anderer berühmter Wissenschaftler, Paul Ehrenfest, ein österreichischer Professor, der in Amsterdam unterrichtete, beging 1933 Selbstmord. In einem Brief an seine Kollegen, einschließlich Einstein, kommentierte er, dass er nicht fortfahren könne, eine Wissenschaft zu unterrichten, der er nicht mehr folgen könne. Auch Albert A. Michelson, der erstmals, lange bevor Einstein sie in seiner Theorie berücksichtigte, die erstaunliche Konstanz der Lichtgeschwindigkeit nachgewiesen hatte, war über die Relativitätstheorie keineswegs erfreut. Er sagte, er würde es vorziehen zu glauben, dass seine Messungen falsch seien, bevor er an diese Theorie glaubte (Relativity Theory, 2014). Andere berühmte Wissenschaftler, die Zeugen des Aufstiegs der Relativitätstheorie waren und sie nicht akzeptierten, waren zum Beispiel Ernest Rutherford, Robert A. Millikan, Ernst Mach, Wilhelm C. Röntgen und Nicola Tesla. Während des weiteren 20. Jahrhunderts und bis heute haben sich noch viele Wissenschaftler über die Relativitätstheorie gewundert und sie kritisiert. Die von Jean de Climont (2012) zusammen getragene „Weltweite Liste dissidenter Wissenschaftler“ gibt sehr viele Beispiele. Sehr gründlich ging der theoretische Physiker und damalige Vizedirektor am Raumforschungsinstitut der Russischen Akademie der Wissenschaften, S. N. Arteha (2003) vor. Er produzierte ein 223 Seiten umfangreiches Buch mit dem Titel „Krtitik der Grundlagen der Relativitätstheorie“. Darin geht er physikalisch und mathematisch jedem nur denkbaren Aspekt beider Relativitätstheorien, einschließlich ihrer experimentellen Nachprüfung, nach und findet gravierende Widersprüche und Inkonsistenzen. Er spricht von einer Seifenblase und rät, zur klassischen Vorstellung von Raum und Zeit zurückzukehren.

Was mich betrifft, war ich selbst überrascht, bei einer sehr kritischen Beurteilung der Relativitätstheorie gelandet zu sein. Ich hatte nicht vor, sie so genau zu hinterfragen. Die Tatsache, dass die Relativitätstheorie in der modernen Wissenschaft so breit akzeptiert ist und sogar in Schulen als Pionierleistung der menschlichen Intelligenz präsentiert wird, ließ mich nicht schon früher auf die Idee kommen, sie ernsthaft anzuzweifeln. Der eben erwähnte russische Physiker Arteha spricht in seinem Buch von einer ähnlichen Erfahrung und kommentiert auch die wissenschaftssoziologischen Hintergründe dafür.

Doch die Konfrontation mit der Relativitätstheorie ist für mich eine logische Konse-

quenz meiner Überlegungen zur Energie und dem Zeitpfeil als Spur der Energie. Entweder führt der Zeitpfeil als Spur der Energie in die Irre oder die Relativitätstheorie. Sie können nicht nebeneinander existieren. Sie geben völlig widersprüchliche Erklärungen für Lichtgeschwindigkeit, Gravitation, Trägheit und Zeit.
Welche Konsequenzen kann man erwarten, wenn Photonen mittels des Informationsabbildes-der-Materie von selbst eine Immer-konstante-Lichtgeschwindigkeit einstellten (Fig. 25)? Das Licht allein und der Zeitpfeil, nicht die Raumzeit, würden die Immer-konstante-Lichtgeschwindigkeit bewirken. Die beteiligte Information über Materie würde auch die Gravitation erklären. Es ist die Gravitation! Die beunruhigenden Irrationalitäten im Zusammenhang mit der Raumzeit und ihre paradoxen Eigenschaften wären mit einem Schlag eliminiert.
Aber wie steht es um die behauptete eindeutige experimentelle Verifizierung der Relativitätstheorie? Um dies zu beurteilen und wegen ihrer immer wieder betonten Bedeutung für das Verständnis des Universums folgen hier zunächst einige weitere Worte zur Allgemeinen Relativitätstheorie, welche die Gravitation und die Trägheit über eine Krümmung des Raumes erklären will. Ihre Feldgleichungen beschreiben den Effekt, den Materie und Energie auf die Krümmung der Raumzeit ausüben. Umgekehrt legt diese Raumzeit durch ihre Geometrie fest, wie sich Materie und Energie bewegen. Die Feldgleichungen enthalten zehn unabhängige Größen und, über den sogenannten Energie-Impuls-Tensor, auch die Massendichte und Energiedichte. Die Allgemeine Relativitätstheorie beruht wegen ihrer Nichtlinearität auf einer komplizierten, unübersichtlichen Mathematik. Aber die Verfügbarkeit leistungsfähiger Computer mit Möglichkeiten mathematischer Näherungen hat ein Spielfeld für neue, darauf beruhende Vorstellungen über den Weltraum eröffnet.
Die Fragen, die weiter oben im Zusammenhang mit der Speziellen Relativitätstheorie aufgeworfen worden sind, gelten auch für die Allgemeine Relativitätstheorie. Wenn die vierdimensionale Raumzeit nicht existiert, gibt es keinen Bedarf für Gleichungen, „welche die Wirkung von Energie und Materie auf die Raumzeit“ beschreiben. Da diese Gleichungen die Lichtgeschwindigkeit berücksichtigen, sollte erneut gefragt werden, wie die Geschwindigkeit c der Signalübertragung den Energieinhalt und fundamentale Eigenschaften des Raumes kontrollieren könne. Wenn man die Signal-Übertragungsgeschwindigkeit c von null bis unendlich variieren lässt, könnten wiederum weit veränderliche Raumbedingungen und Energieinhalte erwartet werden. Und warum beinhaltet die Theorie keinen Erhaltungssatz für Energie? Die Theorie ist philosophisch rätselhaft und mathematisch nicht überzeugend. Der Verdacht kommt auf, dass, wie schon angedeutet, nicht die Realität beschrieben wird, sondern ein Raum, der mittels der Formeln auf Grundlage der

angenommenen Konstanz und Endlichkeit der Lichtgeschwindigkeit und der durch den Raum um Materie aufgeprägten Gravitation mathematisch verzerrt ist. Dieser leere Raum ist mit all seinen erhofften Eigenschaften so kompliziert geworden, dass die Annahme eines unterstützenden Äthers als Ausweg unvermeidbar schien. Tatsächlich überlegte Einstein dies, Jahre nachdem er die Relativitätstheorien publiziert hatte (Einstein, 1920). Ich betrachte solch komplizierte Eigenschaften eines „leeren Raumes" als eine Irrationalität, als ein Abgleiten in die mathematische Phantasie. Man drängt dem Raum auf, was man nicht versteht. Der einfallsreiche Physiker John Wheeler fand passende Worte, um zu beschreiben, was in der Raumzeit vor sich gehen sollte: „Die Materie sagt der Zeit, wie sie sich krümmen und der Raum sagt der Materie, wie sie sich bewegen soll". Als Beispiel sei gesagt, dass sich nach der Relativitätstheorie der leere Raum mit zunehmendem Abstand von Massen verdünnt und sich nahe bei den Massen zusammenzieht. Andererseits verdichten sich Zeitabstände mit zunehmender Entfernung von Massen und verdünnen sich nahe bei ihnen. Dies gibt einen ungefähren Eindruck von dem, was Theoretiker im leeren Raum zu erkennen glauben, wenn Licht oder Materie mit sich schnell bewegenden Objekten wechselwirken, und sich Lichtgeschwindigkeit, Gravitation und Trägheit durch Verbiegung der Raumzeit entsprechend anpassen. Elementarteilchen-Physiker machen die Raumzeit noch komplizierter, da erst das darin ebenfalls vermutete „Higgs"-Feld den Teilchen zur Masse verhelfen sollte. Was bliebe bei einem solch bizarren „Nichts" von der durch die Evolution erworbenen Erfahrung des Menschen über einen leeren Raum übrig? Und es gibt noch ein weiteres Fragezeichen: Die in die Relativitätstheorie eingebauten physikalischen Grundgesetze sind zeitumkehrbar und die Theorie erlaubt keine Rückschlüsse über Energieerhaltung. Ausgefeilte, energierelevante Überlegungen über extrem dynamische Vorgänge werden aber von der Allgemeinen Relativitätstheorie abgeleitet. Dazu zählen das Big Bang Szenario, die Aufblähung des leeren Raumes, die Schwarzen Löcher und die sich beschleunigende Ausdehnung des Weltraums.

Die seit der Antike bewährte, klassische Vorstellung von einem Raum, der homogen ist und nichts enthält als die Leere, hat lange Zeit als hilfreiche „symbolische Form" für eine rationale Vorstellung gedient. In diesen leeren Raum wurden Objekte gestellt, die sich darin bewegten und in ihrem Verhalten verstanden werden konnten. Eine Raumzeit aber, die sich biegen und den Fortgang der Zeit manipulieren können soll, ist schwer vorstellbar. Eine solche „symbolische Form" erzeugt kein Verständnis, sondern Verwirrung und Nichtverstehen. Wollen wir tatsächlich solche extremen Vorstellungen als eine Strategie akzeptieren, um Wissenschaft

mitzuteilen und die Natur zu erklären, vor allem wenn sich Alternativen auftun? Wenn die Gravitation Raum und Zeit manipulierte, beziehungsweise die Raumzeit die Gravitation implementierte, welche komplexen Eigenschaften müsste dann ein solcher Raum eingebaut haben, um dies zu bewirken? Und wie könnte ein leerer Raum dies umsetzen? Was wäre dann die Uhrzeit als registrierender Parameter, wenn der Raum um Materie herum diese Uhrzeit „beschleunigen" oder „verzögern" könnte? Wieso kann auch der einfache Ordnungsparameter Uhrzeit, dessen Intervalle nur durch Naturkonstanten und Materialparameter bestimmt sind und nichts mit Energieumsatz zu tun haben, in der Relativitätstheorie überhaupt tiefere Einsicht generieren? Für mich verdichtet sich der Eindruck, dass dies mathematische Fiktion ist. Anstatt natürliche Phänomene, wie die Konstanz der Lichtgeschwindigkeit oder die Gravitation, über logische „symbolische Formen" zu erklären, wurde einfach angenommen, dass der Raum diese komplexen Eigenschaften meisterte, ohne irgendwelche Hinweise auf die Funktion zu geben. Es wurde stattdessen eine unlogische „symbolische Form" eingeführt. Es ist eine „symbolische Form", welche die gewünschten Funktionen des leeren Raumes mathematisch anpasst, sodass sie einigermaßen erreicht sind. Aber niemand versteht, wie ein solcher Mechanismus funktionieren sollte. Im Vertrauen darauf, dass diese Idee von Albert Einstein realistisch sei, entwickelte sich die Irrationalität der Raumzeit zur „symbolischen Form" und bestimmt schon seit hundert Jahren die Vorstellungen von Raum und Zeit, die immer mehr durch raffinierte visuelle Animationen verstärkt werden.
Weitreichende Schlussfolgerungen über den Ursprung und die Dynamik des Weltraums wurden abgeleitet, indem man die extremen mathematischen Möglichkeiten der Relativitätstheorie voll ausschöpfte. Tatsache ist auch, dass hochgradig dynamische, irreversible Phänomene auf Basis von zeitumkehrbaren Grundgesetzen erklärt wurden, die in der Allgemeinen Relativitätstheorie verankert sind. Dies betrifft die Ausdehnung des Weltraumes, wie sie von Alexander Friedmann formuliert wurde, die Inflationstheorie, wie sie von Alan Guth vorgeschlagen wurde, Theorien über Schwarze Löcher, wie sie von Roger Penrose und Stephen Hawking diskutiert wurden, ebenso wie Big Bang Szenarien. Die letzteren drei Phänomene betreffen die sogenannten „Singularitäten" der Allgemeinen Relativitätstheorie. Dies sind extreme Situationen, die unter speziellen Konstellationen von Bedingungen auftreten und bei denen mögliche mathematische Lösungen in einen riesigen Gipfel oder in eine sehr steile und tiefe Senke hinein explodieren. Die große Zahl von Parametern in der Theorie lässt die Berechnung einer weiten Palette möglicher Szenarien, auch nicht interpretierbarer, zu. Manche Singularitäten sind sogar in der Lage, die Raumzeit selbst in Frage zu stellen.

Vom Experimentator erwartete und registrierte Messergebnisse sind für die Quantenphysik, die bereits einen bedeutsamen Einfluss auf Theorien über den Weltraum gewonnen hat, sehr wichtig. Es sollte daran erinnert werden, dass Einstein während einer Diskussion der Quanteninterpretation der Kopenhagener Schule bemerkte: „Glauben Sie wirklich, dass der Mond nicht da ist, wenn sie nicht nach ihm blicken?" (Pais, 1979). Ist die experimentelle, gemessene Verifizierung der Relativitätstheorie so glaubhaft, wie es weithin verkündet wird oder sieht man, wie vorhin diskutiert, durch die Messung über eine Immer-konstante-Lichtgeschwindigkeit die Wirklichkeit verzerrt?
Es sollte dennoch klargestellt werden, dass die Allgemeine Relativitätstheorie eine Reihe kritischer experimenteller Tests formal bestanden hat und immer noch im Mittelpunkt sehr aktiver Forschung steht. Einstein selbst schlug drei Experimente für seine Allgemeine Relativitätstheorie vor: die „Periheldrehung" der Merkur-Bahn, die Ablenkung des Lichtes durch die Gravitation der Sonne und die Gravitations-Rotverschiebung des Lichtes. Die durch Gravitation ausgelöste Veränderung des „Zeitflusses" und der Frequenzverschiebung beim beobachteten Licht wurde tatsächlich gefunden. Aber andere Erklärungen als die durch die Allgemeine Relativitätstheorie sind definitiv möglich, auch über den energiegetriebenen Zeitpfeil (Tributsch, 2019). Die begrenzte Genauigkeit der Messungen lässt außerdem nicht zu, andere Theorien auszuschließen (Ohanian et. al., 1994). Aber die Forschung geht weiter. Nach einer 45-jährigen Vorbereitungszeit und Kosten von 750 Millionen Dollar lieferte vor nicht langer Zeit die „Gravity Probe B" Satelliten-Mission Daten von Gyroskop-Drehungsmessungen im Weltraum (Messung der Änderungen in der Ausrichtung der Rotationsachse bei schnell rotierenden Kreiseln). Die Abweichung der Achse des Gyroskops von einer präzisen Orientierung wurde mit 1,7 Tausendstel Grad pro Jahr gemessen. Ein voller Kreis hat, wie man weiß, 360 Grad. Die extrem kleine beobachtete Abweichung wurde einer Gravitationsverzerrung der Raumzeit zugeordnet und es wurde festgestellt, dass sie mit Einsteins Relativitätstheorie in Einklang stünde (gravity probe B, 2014). Demonstrieren dermaßen kleine Effekte, die zudem an eine komplexe Theorie angepasst werden, tatsächlich eine vierdimensionale Raumzeit (vergleiche die Überlegungen zur begrenzten Genauigkeit analoger Messgrößen, wie es sie die Gravitation als verbogener Raum darstellt, in Kap. 37)? Eine Vermessung der Raumzeit, die schon Einstein vorgeschlagen hatte, betraf die Perihel-Präzession des Merkur. Dabei handelt es sich um die Verschiebung des sonnennahen Punktes seiner elliptischen Bahn, die pro Jahrhundert 0,159 Grad ausmacht. Ein Vorschub von 0,147 Grad pro Jahrhundert konnte klassisch über die Gleichungen von Newton erklärt werden. Der Ruhm der

Allgemeinen Relativitätstheorie besteht darin, dass sie dem richtigen Wert nahekommt. Allerdings wurde festgestellt, dass die dafür verwendete Formel durch Vereinfachung bereits jeden Zusammenhang mit der Relativitätstheorie verloren hätte. Es wurde auch behauptet, dass die Relativitätstheorie die Anomalie der Periheldrehung eines anderen Planeten, des Saturn, nicht erklären könne (Iorio, 2009). Ein Beispiel von der Kompliziertheit der experimentellen Bestätigung der Relativitätstheorie ist auch die Ablenkung des Sternenlichtes durch Himmelsobjekte. Man wusste bereits von klassischen Überlegungen zur Gravitation, dass diese Ablenkung eintritt. Jedoch sagte die Relativitätstheorie eine größere Abweichung, ungefähr zweimal so groß, voraus (wenn Parameter richtig angepasst werden). Dies wurde anfänglich durch die Expedition von Arthur Eddington um 1919 zum Ort einer Sonnenfinsternis in Westafrika bestätigt und machte Einstein und seine Theorie über Nacht berühmt. Später wurde jedoch durch eine sorgfältige Nachprüfung entdeckt, dass diese Bestätigung experimentell zweifelhaft war. Es bedurfte tatsächlich 50 Jahre an Debatten und Studien, bis scheinbar eine endgültige Entscheidung zugunsten der Relativitätstheorie gefällt wurde. Aber ist es die einzig richtige Erklärung und welche Rolle spielt die Anpassung der Parameter, die in diese Theorie eingehen? Ist solch eine extrem komplexe Theorie, die von schwer verifizierbaren Vorhersagen und sehr kleinen experimentellen Effekten unterstützt wird und die zudem viele irrationale und verwirrende Ergebnisse erzeugt, eine angemessene Grundlage, um den Ursprung, Eigenschaften und das Schicksal des Universums zu erklären? Wenn heute in Wissenschaftsdokumentationen Galaxien diskutiert werden, die sich über Gravitationslinsen verdoppeln, oder wenn die Energie-Masse Formel oder die Ausdehnung des Universums zur Sprache kommen, wird üblicherweise Einsteins Relativitätstheorie als Erklärung zitiert. In Wirklichkeit ist die Situation differenzierter.

Innerhalb des Vorstellungsrahmens der Dynamischen Energie kann die Gravitation als Informationsabbild-der-Materie und auch als ein Quantenphänomen gedeutet werden. Die Wechselwirkung von Gravitation mit Licht und Materie bedeutet, dass wir es mit einer Wechselwirkung von Information mit Information zu tun haben. Ein Effekt ist definitiv zu erwarten. Was genau dabei geschieht, wird anhand einer tiefergehenden Theorie auszuarbeiten sein. Teilchen, die der Teilchen-Welle-Dualität nach Formel (11) ausgesetzt sind und welche Energie in der Qualität von Information miteinschließen, werden unter Einfluss von Gravitation (Information von außen) untersucht werden müssen. Man weiß, dass Information additiv oder subtraktiv wirken kann. Effekte können in Abhängigkeit von der enthaltenen Information verstärkt oder abgeschwächt werden. Der Zeitpfeil als Spur der Energie lässt mit Sicherheit eine Wirkung der Gravitation auf die Dynamik von Photonen erwarten. Da Information Energie beinhaltet und als Gravitation Planeten und Sonnen umhüllt, ist außerdem zu erwarten, dass sich diese „Hüllen" aus Information (Gravitation) bei Wechselwirkung mit Massen und deren Gravitation verformen. Dies lässt zu, dass es räumliche Abweichungen von klassischem Gravitationsverhalten auch im Zeitpfeil- oder Abbild-Universum gibt und die geringen Effekte, die der Relativitätstheorie zugeschrieben werden, umgedeutet werden können. Diese Überlegungen zeigen, dass die gut etablierte Relativitätstheorie, mit welcher sich heute bereits Kinder auf der Schule auseinandersetzen müssen, durch die einfache logische Suche nach den Konsequenzen einer fundamental irreversiblen Welt in Frage gestellt werden kann.

Gemessen an der allgemeinen Akzeptanz der Relativitätstheorie in der Wissenschaft und der großen Aufmerksamkeit, die ihr in den Medien geschenkt wird, ist die hier erlangte Schlussfolgerung ein ziemlich erstaunliches Ergebnis, welches zu Beginn dieser Untersuchungen ganz und gar nicht zu erwarten war. Die Raumzeit-Theorie der konstanten Lichtgeschwindigkeit, der Gravitation und der Trägheit von Massen durch eine Theorie zu ersetzen, welche diese Phänomene über Information erklärt, ergibt sich als logische Schlussfolgerung (Tributsch, 2019). Nicht nur die Behauptung, dass der leere Raum über dermaßen bemerkenswerte Eigenschaften verfügte, erübrigt sich. Viele Unstimmigkeiten, Irrationalitäten und Widersprüche, welche die Relativitätstheorie generiert, verschwinden einfach. Auch der bisher vergeblich gesuchte Zusammenhang zwischen Quantenphysik und Kosmologie ergibt sich nun nahtlos. Und wenn logische Überlegungen wieder die Oberhand über Irrationalität erzeugende Gleichungen gewinnen, ist dies ebenfalls ein Fortschritt. Aber das wichtigste Argument ist, dass es nun eine Gegentheorie gibt, die alles das anders erklärt, was die Relativitätstheorie dem leeren Raum zumutet. Bisher konnten ihre Kritiker keine Gegentheorie vorweisen.

Einstein war bis zu seinem Tod nicht von der Richtigkeit einiger seiner Schlussfolgerungen überzeugt. Seine Formeln behaupten, dass wir in einer irrationalen, unverständlichen Welt existierten. Dies ist der Grund, warum sie hier analysiert und in Frage gestellt wurden. Um den erzielten Standpunkt weiter zu untermauern, lohnt es sich, noch ein weiteres, auffälliges Phänomen und eine markante Vorhersage der Relativitätstheorie in Augenschein zu nehmen:

19 Zeitreisen: endlose Paradoxien

Es gibt weitere Paradoxien, die von der Relativitätstheorie abgeleitet werden können und das Denken unserer Epoche beeinflussen. Wenn am Ort des Beobachters 1 zwischen zwei Ereignissen das Zeitintervall Δt (ein Uhrenzyklus) verstreicht, dann sagt die Relativitätstheorie für ein Objekt (z.B. ein Raumschiff) mit dem Beobachter 2 und einer Geschwindigkeit v relativ zum Beobachter 1 eine Zeitdehnung von $\Delta t'$ für ein dort ablaufendes, analoges Ereignis voraus:

$$\Delta t' = \frac{\Delta t}{\sqrt{1 - v^2 / c^2}} \qquad (14)$$

Aus der Formel ergibt sich, dass der Abstand zwischen zwei aufeinanderfolgenden zyklischen Ereignissen zunimmt, wenn sich die Geschwindigkeit v der Lichtgeschwindigkeit annähert. Der Uhrenzyklus (der Abstand zwischen einer Sekunde und der nächsten) wird für ein Teilchen, das wie ein Photon mit Lichtgeschwindigkeit reist, unendlich lang und die Zeit (die Uhrzeit) bleibt infolgedessen stehen. Das bedeutet, dass eine Uhr in einem sich beschleunigenden Raumschiff immer langsamer läuft und schließlich stillsteht. Diese Formel für die Zeitverlangsamung wurde ursprünglich, von Voigt, Lorentz und Larmor zwischen 1887 und 1897, lange vor Einsteins Relativitätstheorie, abgeleitet und angewandt. Aber sie bauten auf einen Äther für die Fortbewegung des Lichtes. Später argumentierte Einstein, dass die Formel (14) allein von den Annahmen überall gültiger Naturgesetze und der Immer-konstanten-Lichtgeschwindigkeit abgeleitet werden könne. Man stelle sich vor, was es bedeutete, wenn sich der Gang der Zeit änderte, zum Beispiel verlangsamte. Gegenstände fielen langsamer zu Boden, chemische Reaktionen dauerten länger, Pflanzen wüchsen langsamer. Letztlich müssten sich Naturkonstanten, Geschwindigkeitskonstanten, feststehende molekulare Eigenschaften, Materialparameter und bekannte thermodynamische Größen verändern lassen. Wie sollte dies gelingen, nur weil sich ein System bewegte?

Die Formel (14) schien die Möglichkeit zu eröffnen, dass Objekte und Organismen in der Zeit reisen könnten. Wenige wissenschaftsbezogene Phänomene haben die menschliche Phantasie mehr stimuliert als Zeitreisen. Eine unglaubliche Zahl wissenschaftlicher Artikel, Spekulationen, Bücher und Filme wurde und wird diesem Thema gewidmet. Auf jeden Fall begeistern mysteriöse Phänomene das Publikum. Heute scheinen die meisten Leute zu glauben, dass Zeitreisen irgendwie funktionierten. Das Interesse nahm seinen Anfang mit der Publikation von Einsteins

Relativitätstheorie um 1905. Sie sagte voraus, dass eine Uhr, die schnell von einem Bezugspunkt zu einem fernen Ziel reiste, entsprechend der obigen Beziehung (14) langsamer laufen würde. Da dies auch für den Rückweg der reisenden Uhr gelten würde, müsste die Zeit insgesamt langsamer vorübergegangen sein.
Um 1911 dehnte Einstein seine Überlegungen auf lebende Organismen aus. Er spekulierte, dass die in den Weltraum reisenden Lebewesen bei ihrer Rückkehr unter Umständen bereits Nachfolgegenerationen der lokalen, nichtreisenden Organismen vorfinden müssten (Einstein, 1911). Diese Interpretation überlebte und wuchs in vielen Spekulationen weiter. Das identifizierte Phänomen entwickelte sich für den kreativen Mathematiker Kurt Gödel im Jahre 1949 zu einer tiefergehenden Studie. Gödel, ein Freund Einsteins, widmete ihm diese zu seinem 70. Geburtstag (Gödel et. al., 2003) (Yourgrau, P., 2005). In seinem Weltmodell, dem Gödel-Universum, fand er eine neue Lösung für Einsteins Gleichungen, die als Allgemeine Relativitätstheorie bekannt sind. Allerdings verletzte sein Ansatz scheinbar das Mach'sche Prinzip, demnach die Bewegung eines Körpers nur in Bezug auf Bewegungen aller anderen Körper im Universum zu definieren sei. Seine mathematische Lösung rotiert und beschreibt zeitartige, geschlossene Kurven, Weltlinien, für Zeitreisen geeignet. Zeitreisen wären demnach mit der Relativitätstheorie verträglich. Verletzungen der Kausalität sind in diesem Modell offensichtlich möglich. Das beunruhigendste Ergebnis der Gödel'schen Studie jedoch ist, dass, wenn eine Zeitreise möglich wäre, die Zeit selbst, wie wir sie erfahren, als solche nicht mehr fassbar wäre. Das Relativitätsmodell, das darauf abzielte, ein Phänomen wie das der Zeit besser zu verstehen, führte also auch zu einer Antwort, die eine Bedeutung der Zeit, der Uhrzeit, in Frage stellt. Was ist genau betrachtet diese Uhrzeit, die in der Relativitätstheorie so wichtig ist? Wir haben bereits gelernt, dass die Uhrzeit etwas anderes ist als die Spur der Zeit, die durch Energieumsatz gezogen wird. Die Uhrzeit ist nur ein Werkzeug, um Veränderungen in einer zeitneutralen Welt zu vermessen.
Wir erleben die echte Zeit, die Wirkungszeit, als einen Fluss von Veränderungen. Diese sind, wenn man den hier entwickelten Zeitpfeil als Spur der Energie zugrunde legt, nur deshalb möglich, weil laufend Energie umgesetzt wird. Diese Feststellung gilt, wie schon erläutert wurde, interessanterweise auch für die gegenwärtig noch einzig anerkannte Zeit in Richtung größerer Wahrscheinlichkeit (Entropie), auf Grundlage folgender Überlegung: Wenn man die in Richtung größerer Unordnung erzielte Entropiezunahme mit der absoluten Temperatur multipliziert, erhält man die angesammelte chaotische Energie. Sie kann nicht aus dem Nichts erzeugt worden sein, sondern nur aus ursprünglich verfügbarer Energie, nämlich der des weniger wahrscheinlichen ursprünglichen Zustandes. Aber diese Energie müsste dann,

damit das beobachtete Verhalten erklärbar würde, eben die dynamischen Eigenschaften (7) aufweisen, die den Zeitpfeil als Spur der Energie prägen.
Wie ein zeiterzeugender Prozess ablaufen kann, erklärt das Prinzip der kleinsten Wirkung. Wenn ein Stein von einem Hügel rollt oder Sand in einer Sanduhr rieselt, dann geschieht Wirkung, es gibt Veränderungen. Dieser Fluss von Wirkung, Energie multipliziert mit der Zeit (formal die als reiner Maßstab verwendete Uhrzeit), ist der eigentliche Zeitfluss. Er drückt die Beziehung zu Veränderungen aus. Diese Wirkungszeit hat mit Energie zu tun und man kann sie direkt messen. Entkoppelt man sie von der Energie und eicht sie so, dass der Uhrzeiger in 12 Stunden einmal eine Kreisbewegung ausführt, misst man die Uhrzeit. Deswegen ist die Uhrzeit nicht der Zeitfluss selbst, sondern nur eine Art „Alias", eine Schablone und Folge von Zahlen zum Registrieren des gemittelten Zeitflusses. Wenn wir, anhand der relativistischen Formel (14), diese Uhrzeit auf ein sich mit der Geschwindigkeit v bewegendes Bezugssystem umrechnen, dann lernen wir nur, wie das Verhältnis von Relativgeschwindigkeit des Objektes und Lichtgeschwindigkeit die scheinbare Dauer des dortigen Uhrenzyklus verlängert. Dies geschieht, weil wegen der Eigengeschwindigkeit des Objektes zwischen der Messung der vorangehenden und der nachfolgenden Sekunde der Uhrenzyklus gedehnt wurde. Es wird einfach der Maßstab gestreckt. Der Effekt der Zeitverlangsamung würde verschwinden, wenn die Lichtsignale unendlich schnell reisten. Dies hat wenig mit dem wirklichen Zeitablauf auf dem bewegten Flugkörper zu tun. Diesen kontrolliert der Fluss der Wirkung, Energie mal Zeit, oder der Fluss der bei der Energieumwandlung aufgegebenen Information. Wenn man diese Wirkung, oder die Information, auf Bezugssysteme mit anderer relativer Geschwindigkeit transformiert, bleibt die Wirkung, oder Information, unverändert. Die Zeit für Energie umsetzende Systeme würde in Bezugssystemen mit unterschiedlicher relativer Geschwindigkeit gleich schnell ablaufen (beachte, dass Gleichung (14) den sich mit der Geschwindigkeit verlängernden Uhrenzyklus, zum Beispiel den Abstand zwischen den Sekunden, und nicht die sich damit verlangsamende Zeit anzeigt).
Diese Überlegungen unterstützen unsere obige Schlussfolgerung, dass der Zeitparameter t, die Uhrzeit, lediglich eine mathematische Konstruktion, ein gemittelter Maßstab ist und die physikalische Realität von Veränderungen nicht wiedergibt.
Diese Uhrzeit kann als Zahlenfolge zwar Veränderungen registrieren und veranschaulichen, diese aber nicht implementieren oder richtig beschreiben, wenn Energie im Spiel ist. Die Energie kennt diese Uhrzeit nicht, denn Uhrzeit ist keine Spur der Energie.
Die Spur der Energie aufzunehmen wäre jedoch nötig, wenn realistische Situatio-

nen untersucht und berechnet werden sollen. Man muss mit der Zeitvorstellung anders umgehen. Wo kein Energieumsatz erfolgt, ist auch keine Zeit wirksam und messbar. Wo Energieumsatz erfolgt, kann man andererseits nicht die Uhrzeit einsetzen, sondern braucht dazu den Fluss der Wirkung. Die Zeit erfahrende und die Zeit umsetzende Realität in der Natur ist die Wirkung, Energie multipliziert mit der Zeit. Mit dem reinen Ordnungsparameter der Uhrzeit und der Relativitätstheorie den Urknall, Schwarze Löcher oder die Inflation des Weltraums beschreiben zu wollen, ist, wenn man realistische Antworten erreichen will, wohl eine irreführende Bemühung.

Einstein sagte, die Zeit sei das, was man von der Uhr ablese. Aber er sagte auch, dass Zeit eine Illusion sei. Nach den bisherigen Überlegungen ist die Uhrzeit deshalb zu einer Illusion geworden, weil sie ungeeignet ist, die Realität von Energiesystemen zu beschreiben. Dazu trägt auch bei, dass man wegen der Relativität nicht weiß, welche Zeit man wählen solle und dass Energie bisher als zeitneutral angenommen wurde, also kein Interesse hat, sich zu verändern. Dieselbe Uhrzeit aber sollte nach der Relativitätstheorie Zeitreisen ermöglichen. Reisen in die Vergangenheit würden jedenfalls Verwirrung erzeugen. Wären es Reisen in eine Vergangenheit, die wirklich existierte oder in eine andere Vergangenheit, in welcher der Reisende ankäme und in die vergangene Realität aufgenommen würde?

Wiederum würde auch in der Formel (14), welche die Zeitdehnung beschreibt, eine hypothetische Erhöhung der Lichtgeschwindigkeit gegen unendlich, also in Richtung Gleichzeitigkeit, diesen Effekt der Zeitdehnung, selbst für sehr hohe Geschwindigkeiten v der Objekte, eliminieren. Dies ist rätselhaft und seltsam. In einer Welt der Gleichzeitigkeit würde die Quelle der Irrationalität, ein unterschiedlicher Zeitfluss bei sich verschieden schnell bewegenden Körpern, einfach verschwinden. Gleichzeitigkeit beschreibt dabei die Situation einer absoluten Zeit im Raum, in der Informationen unendlich schnell übertragen werden können (Anmerkung: In der Relativitätstheorie allerdings können sich gegeneinander bewegende Beobachter nicht über Zeitgleichheit einigen, was auch als Argument gegen offensichtliche Zeit- und Längenparadoxien angeführt wird). Dies belegt, dass wir es bei relativistischen Rätseln mit einem Messproblem zu tun haben, einem Effekt der endlichen Lichtgeschwindigkeit. Sie interferiert mit einer nahezu vergleichbar hohen Reisegeschwindigkeit der beobachteten Objekte und manipuliert dadurch die Realität. Würde der Zeitfluss auf einem Objekt von drei verschiedenen Raumfahrzeugen verschiedener Geschwindigkeiten und Positionen gemessen, erhielte man drei verschiedene Messungen der Zeitdehnung (Fig. 26). Doch kann ein und dasselbe Objekt drei verschiedene Zeitflussgeschwindigkeiten aufweisen? Wenn es so wäre, dann würde man nicht die wirkliche Zeit des sich bewegenden Objektes messen, sondern die Zeiten auf dem Maßstab „Uhrzeit“, die durch die relativen Geschwindigkeiten modifiziert und damit manipuliert würden.

Ich sehe ein zusätzliches Problem für Zeitreisen. Wenn eine Person eine Zeitreise unternähme, würde sie eine Menge an Information aktivieren. Sie würde von anderen Menschen erkannt und beobachtet werden und mit deren regulärem Leben in Verbindung treten. Information hat einen Energieinhalt und kann nicht ohne Energieumsatz beansprucht werden. Auch der Aufenthalt im Alltag der besuchten Welt würde Energie erfordern. Zum Beispiel bräuchte der Reisende Nahrung. Die Ankunft einer Person in der Vergangenheit würde also definitiv zusätzliche Energie beanspruchen. Woher käme diese Energie in einer Welt, die ihre Vorgänge der Energieumwandlung vor langer Zeit abgeschlossen hat oder in einer zukünftigen Welt, die über Energie für Veränderungen noch nicht verfügt?

Innerhalb der hier vorgeschlagenen Dynamischen Energievorstellung kann die Uhrzeit nicht alleine reisen. Energie muss die Zeitreise als Fluss der Wirkung begleiten. Wirkung ändert sich nicht, wenn sie von einem System mit gegebener Geschwindigkeit auf ein weiteres System mit anderer Geschwindigkeit übertragen wird. Der Zeitpfeil, die Spur der Energie, die aus dem Fluss der Wirkung folgt und erlebt wird, bleibt identisch. Dasselbe gilt für einen äquivalenten Umsatz an Information. In jedem relativen Bezugssystem würde das Leben auf dieselbe Weise und mit derselben Geschwindigkeit voranschreiten. Wie ist dann aber eine Zeitreise in die Vergangenheit oder Zukunft möglich?

Das Nachdenken über Zeitreisen hat viele Arten von Paradoxien aufgezeigt. Eine wohlbekannte Paradoxie ist das Großvater-Paradox. Ein Zeitreisender reist dabei in die Vergangenheit und hindert den Großvater durch eine Ablenkung daran, sein Kind zu zeugen. Der Zeitreisende konnte demnach zwar nicht geboren werden, aber er existiert. Eine Reihe sich zum Teil widersprechender Theorien diskutieren das mögliche Ergebnis einer solchen Intervention. Sie reichen von der Hypothese „vielfacher Universen“, bei welcher der Reisende in einem anderen Universum landet, über die „ausgewählte Zeitlinie“, bei welcher der Reisende den Verlauf der Geschichte ändert, bis zur „Zerstörungslösung“, bei der die betroffene Zeit und der betroffene Raum zerstört werden (time paradoxes, 2014). Eine andere Zeitreiseparadoxie betrifft die Information. Ein Zeitreisender reist in die Zukunft und liest über eine wichtige wissenschaftliche Entdeckung, die in der Vergangenheit gemacht wurde. Er will jenen Wissenschaftler, dem diese Entdeckung gelang, aufsuchen und reist in der Zeit zurück, um ihn zu einem Zeitpunkt vor seiner Entdeckung zu treffen. Nun gibt der Zeitreisende dem Wissenschaftler alle Informationen über die bevorstehende Entdeckung. Die Paradoxie liegt bei diesem Beispiel darin, dass weder der Zeitreisende noch der Wissenschaftler die Entdeckung machten, aber die damit verbundene Information und damit die Entdeckung dennoch existent wären. Sind sie aus dem Nichts entstanden? Dies wiederum ist nicht möglich, weil Information Energie beinhaltet und Energie nicht aus dem Nichts erzeugt werden kann, wenigstens nicht in der rational verstehbaren Welt, die hier diskutiert wird. Wenn jemand eine Zeitreise in der Zeit t durchführen möchte, ist er mit dem Problem konfrontiert, dass sein Organismus Energie umwandelt und in einer Zeit fortschreitet, die von einem Fuß von Wirkung oder einem Fluss von aufgegebener Information gekennzeichnet ist. Eine Zeitverzögerung ist nicht möglich. Die Dynamische Energiehypothese mit dem Zeitpfeil als Spur der Energie hat deswegen eine klare Position: Zeitreisen für energieumwandelnde Objekte gibt es nicht. Ein solche Feststellung scheint schon deshalb plausibel, weil sich wegen der sonst zu erwartenden Zeitverlangsamung, entsprechend Formel (14), Lebewesen und Naturvorgänge auf sehr fernen Galaxien nahe der Lichtgeschwindigkeit zeitlich nicht entwickeln könnten. Wenn man von diesen fernen Galaxien auf unser Sonnensystem blickte, würde man auch uns nahe der Lichtgeschwindigkeit reisen sehen, sodass auch unsere Zeit praktisch nicht ablaufen würde. Wir aber wissen, dass unsere Zeit schnell genug voranschreitet. Also gibt es definitiv ein Problem mit der Relativitätstheorie, wenn energieumwandelnde Systeme betroffen sind.

Wird damit ein Quantensystem, zum Beispiel ein Elementarteilchen beschrieben, dann könnte sich die Situation anders ergeben. In einem Quantensystem wird keine Energie umgewandelt und kein Zeitvorschub erzeugt. In diesem Fall sind, mathematisch, Energie und Zeit nicht verknüpft und können innerhalb der Relativitätstheorie unabhängig voneinander transformiert werden. Eine formale Zeitdehnung ist tatsächlich denkbar und scheinbar ist es dieses Phänomen, das auch mit Myonen, mit reisenden Atomuhren oder mit Teilchen in Beschleunigern beobachtet wird. Jedoch ist die Zeitdehnung nur solange gegenwärtig, wie das Quantensystem existiert. Es dürfte keine ultimative Realität, sondern eine Messparadoxie vorliegen, erzeugt durch die endliche Lichtgeschwindigkeit, welche die Übertragung von Information begrenzt und manipuliert. Wäre die Lichtgeschwindigkeit aber unendlich, also bei Gleichzeitigkeit, wäre der Effekt nicht zu beobachten. Doch soll daran erinnert werden, dass für einen Quantenphysiker die Realität nur durch Messungen generiert wird. Er nimmt daher ein Messergebnis ernst und definiert damit die Realität.

Die Schlussfolgerung, dass wir es bei Relativitätsexperimenten mit Messparadoxien zu tun haben, ist auch aus folgendem Grund überzeugend: Wenn heute ein

einzelnes Hochgeschwindigkeitsteilchen (eines von den vielen aus dem Weltraum oder von den Teilchenbeschleunigern eines Laboratoriums) in die ferne Vergangenheit reisen würde, um eine relevante Mutation im damaligen genetischen Code des Lebens auszulösen, könnte die Evolution drastisch verändert werden. Wie würde dann der gegenwärtige Stand der Evolution auf Grundlage vergangener Ereignisse erklärbar sein? Tatsächlich müsste das Teilchen, um den Weg der Evolution zu ändern, einen Aufprall verursachen. Damit würde es Energieumwandlung generieren und Wirkung erzeugen. Aber diese Wirkung kann nicht in der Zeit reisen, denn sie bleibt in relativ bewegten Systemen gleich. Infolgedessen ist, nach unserem Verständnis, eine Zeitreise unmöglich. Die Zeit für Energie umsetzende Systeme, von der jeweiligen Wirkung vor Ort hergeleitet, würde also in relativ bewegten Systemen mit ähnlichen Bedingungen gleich schnell ablaufen.
Sollten wir über die Relativitätstheorie weiter rätseln oder sollen wir diese Säule des gegenwärtigen Energie- und Raumverständnisses niederreißen? Wir müssen letzteres schon deswegen tun, weil die Dynamische Energie mit dem Zeitpfeil einfache Erklärungen für die Immer-konstante-Lichtgeschwindigkeit, die Gravitation und Trägheit (siehe später), welche die Relativitätstheorie als Eigenschaften der vierdimensionalen Raumzeit beschreibt, ganz zwanglos liefert (zur Gravitation siehe Kap. 21). Außerdem erklärt sie den Zusammenhang zwischen Kosmos und Quantenwelt anschaulich und verständlich. Sie argumentiert auch, dass die wirkliche Zeit, die mit Veränderungen zu tun hat, die schon erwähnte „Wirkungszeit" ist, und nicht die Uhrzeit. Die Relativitätstheorie verwendet die falsche Zeit, die Uhrzeit die nichts bewirkt, nur misst.

20 Elementarteilchen und fundamentale Kräfte

Die Hypothese der Dynamischen Energie erlaubt es auch, neue ziemlich präzise Schlussfolgerungen über die Existenz und das Verhalten von Elementarteilchen in der Physik zu ziehen. Nützliche Energie, die bestrebt ist, ihre Anwesenheit pro Zustand zu verringern und damit Information über diese Energie abzugeben, was ihre Umverteilung erlaubt, wird sich auf solche Reaktionen einlassen und zeitabhängige Prozesse antreiben. Wirkung (Energie multipliziert mit der Zeit) wird in Form von einzelnen Elementen oder regelrechten Kaskaden von Wirkung erfolgen. Dadurch, dass Energie als orientierte Größe verstanden wird, ist die Wirkung ebenfalls eine orientierte Größe. Der Fluss der Wirkung kann, wie schon gezeigt, als

„Wirkungszeit“ oder als Fluss von umgesetzter Information verstanden werden. Die Wirkungszeit ist es, die mit ihrem Energieinhalt alle Veränderungen mitträgt, während die Uhrzeit sie als reine Zahl ohne Bezug zu Energie lediglich begleitet. Wenn diese dynamische Zeit, die Wirkungszeit, mitläuft, gibt es für ablaufende Prozesse ein „Vorher“ und ein „Nachher“, die beide mit einem Energie- bzw. Informationsumsatz in Zusammenhang stehen. Damit sind Rückkopplungsprozesse möglich und etwas ganz Natürliches. Rückkopplungsprozesse sind in der Lage, Mechanismen der Selbstorganisation auszulösen. Dabei wird ohne äußere steuernde Elemente eigenständig ein höherer Grad struktureller Ordnung erreicht (Fig. 27). Mechanismen der Selbstorganisation sind deterministische, zielorientierte Prozesse, die verschiedene wohlbekannte Phänomene auslösen. Unter ihnen sind deterministisches Chaos sowie Struktur und Ordnung erzeugende Vorgänge die prominentesten. Wenn sie erzeugt werden, ist es unvermeidlich, dass gleichzeitig Unordnung generiert wird. Und je mehr Ordnung aufgebaut wird, umso mehr Unordnung (Entropie) entsteht dabei in der Umgebung.

Ich bin, da ich die Energie als „dynamisch“ verstehe, überzeugt, dass die große Zahl von Elementarteilchen und kurzlebigen Zwischenprodukten, auch Resonanzen genannt, überwiegend ein Ergebnis der Selbstorganisation von Energie sind. Dafür gibt es überzeugende Argumente.

Während der Degradierung von Energie in kleinere Einheiten greifen Rückkopplungsprozesse ein und lenken diese Vorgänge teilweise und zeitweise in unterschiedliche Richtungen. Selbstorganisierte Ordnung kann vorübergehend oder längerfristig aufgebaut und damit stabilisierte Materie produziert werden. Die über den Prozess der Selbstorganisation aktivierten Mechanismen werden mit dem Vorgang der Energiedegradierung lokal interferieren, vor allem wenn viel Energie im Spiel ist. Energie wird dadurch vorübergehend und lokal stabilisiert. Solche durch Selbstorganisation stabilisierte Energie sollte, je nach den ablaufenden Prozessen, unterschiedliche Formen ergeben und nachweisbar sein. Offensichtlich handelt es sich hierbei um die Elementarteilchen – es ist die Materie. Die Ergebnisse der Selbstorganisation, die Eigenschaften der Elementarteilchen, stellen die neuen Grenzen, die neu entstandenen Einschränkungen gegen einen weiteren Abbau von Energie in kleinere Einheiten dar. Es wird sich ein ähnlicher Vorgang abspielen, wie wenn Wasser über eine heiße Herdplatte geschüttet wird. Nur ein Teil davon wird unmittelbar verdampfen, aber es werden sich auch Wassertropfen bilden und lebhaft auf der Platte herumbewegen. Wir sprechen vom wohlbekannten Leidenfrost-Phänomen. In ähnlicher Weise können sich Teilchen aus Energie bilden, indem sie zeitweise oder langfristig als Masse über die Selbstorganisation stabilisiert werden

(Fig. 27). Diese Teilchen können kleiner oder größer sein, elektrische oder magnetische Eigenschaften haben und verschiedene Lebensdauern aufweisen. Alle könnten Produkte und Konsequenzen der Selbstorganisation von Energie sein. Wir kennen sie als Elementarteilchen mit ihren ganz speziellen Eigenschaften. Ganz automatisch folgt, dass damit Masse proportional zur Energie ist, mit einem Proportionalitätsfaktor, der allerdings viel komplizierter aussehen müsste als $1/c^2$. Diese berühmte Formel wäre ein einfaches Nebenprodukt der hier entwickelten Gedankengänge (Tributsch, 2018 a).

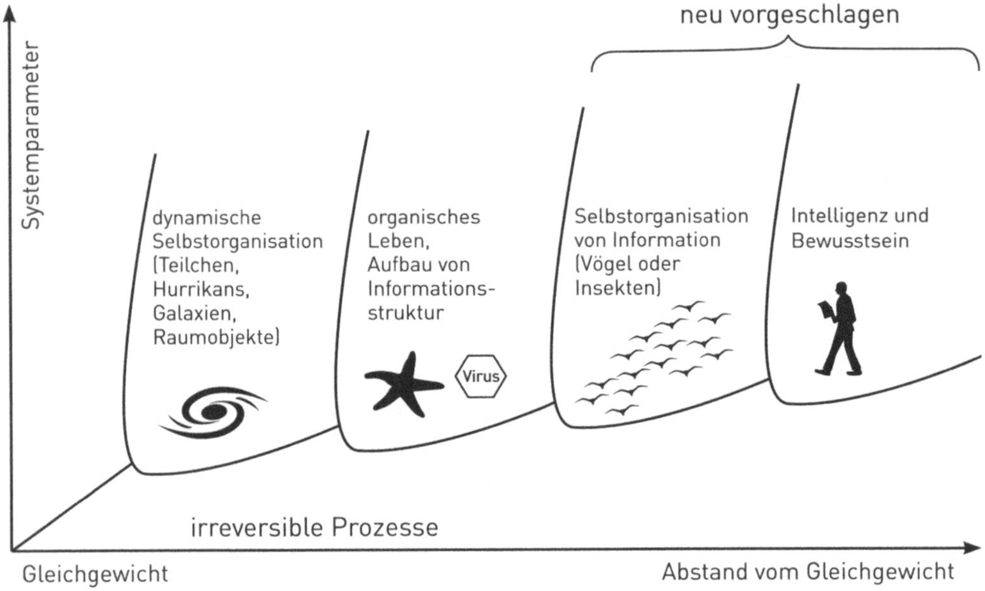

Fig. 27. In einer Nichtgleichgewichtswelt ist der Abstand vom Gleichgewicht bedeutsam. Nahe dem Gleichgewicht beginnen irreversible Prozesse. Aber weiter entfernt vom Gleichgewicht fangen Systeme an, sich selbst zu organisieren und Phänomene wie die Strukturen von Galaxien und das Leben zu unterstützen. Dann entwickeln sich Informationsstrukturen. Diese könnten sich schließlich selbstorganisieren, um höhere Hierarchien von Informationsverarbeitung zu erreichen.

Diese dynamische Vorstellung für die Erzeugung, die Existenz und das Verstehen von Elementarteilchen ist attraktiv und geradlinig ableitbar. Es ist eine natürliche Konsequenz, die aus dem fundamental Dynamischen Energiegesetz folgt (Aussage (7)). Dieses Gesetz hat es bereits ermöglicht, den Teilchen-Welle-Dualismus besser zu verstehen. Sehr kleine Änderungen eines Parameters können eine selbstorganisierte Struktur in eine andere selbstorganisierte Struktur verwandeln. Dies ist von zahlreichen Beispielen der Selbstorganisation bekannt. Die erste Struktur kann das Teilchen sein, die zweite Struktur, die auf sehr kleine Parameteränderungen hin entsteht, die Welle. Da Energie, Masse, Materie und Information, die ja Energie beinhaltet, durch Formeln in Beziehung gesetzt werden können, genügt es zu wissen, dass sich Materie selbstorganisieren kann. Wir können dies an lebenden und anorganischen Systemen sehen. Von der Selbstorganisation von Materie und Masse (als Erscheinungsform von Energie) kann dann die Selbstorganisation von Energie mathematisch unmittelbar abgeleitet werden (Tributsch, 2016 b).

Wir wollen zuerst einen allgemeineren Blick auf die Selbstorganisation werfen und mit dem Phänomen des Chaos beginnen. Chaos ist heute bereits ein ziemlich gut verstandenes Phänomen. Es erklärt viele Erscheinungen in der Natur, wie natürliche Flussläufe, Turbulenzen in Wasser, Wettervorgänge oder das sporadische Auftreten von Insektenplagen wie der Zigeunermotte. Hier können sehr kleine Parameteränderungen große Konsequenzen auslösen, so dass das Ergebnis oft nur statistisch beschrieben werden kann. Das Verhältnis zwischen chaotischen und (gewöhnlichen) statistischen Vorgängen wurde genauer untersucht. Ein Kenner der Phänomene, L-M. Berliner (1992), kommentiert: „Es ist wichtig zuerst zu entscheiden, ob solch eine Frage (ob ein Phänomen oder ein Satz Daten deterministisch, jedoch chaotisch, oder wahllos ist) Sinn macht. Ich habe bereits die Frage gestellt, ob nicht gewöhnliche Wahllosigkeit einfach das Ergebnis von Unbestimmtheit in Gegenwart von Determinismus ist." Diese Meinung unterstreicht die Erkenntnis, dass statistische Prozesse, die aus dem deterministischen Chaos entstehen, nicht von statistischen Prozessen, die aus der klassischen Wahllosigkeit erwachsen, unterschieden werden können. Was kann man daraus lernen? Wenn ein nukleares Teilchen mit statistischer Wahrscheinlichkeit in Fragmente und Energie zerfällt, kann dies immer noch ein deterministischer Prozess sein. Und er ist es definitiv innerhalb der Dynamischen Energiehypothese. Es handelt sich einfach um einen chaotischen Prozess, ein Phänomen der Selbstorganisation von Energie, der zu chaotischer Zerstörung führt.

Quantentheoretiker bestehen jedoch darauf, dass statistische Prozesse des nuklearen Zerfalls keinen kausalen Gesetzen folgten. Es solle keine Ursache für den Quantenprozess des Zerfalls geben. Sie erwarten, dass ein Teilchen ohne Grund auseinanderbräche. Es wird postuliert, dass Nichtkausalität existierte. Da die klassische Quantenphysik keine Zeitorientierung kennt, gibt es darin selbstverständlich auch keinen Raum für deterministisches Chaos. Statistik aus deterministischem Chaos ist nicht Teil der Quantenphysik, aber mein Ansatz einer Dynamischen Energie erlaubt und fordert dies. Damit ist eine weitere Paradoxie der Quantenphysik eliminiert: Die Nichtkausalität. Einstein hatte recht, wenn er sagte: „Gott spielt nicht mit Würfeln“. Es stimmt, dass in diesem und in anderen Fällen nur statistische Antworten möglich sind. Mit dieser Schlussfolgerung liegt die Quantenphysik richtig. Aber die statistische Antwort leitet sich von einem deterministischen, zielorientierten Prozess ab, für den es eine Ursache gibt. Es ist ein Prozess, der noch nicht gut verstanden sein mag, weil eine detaillierte Theorie noch zu entwickeln ist. Er ist chaotischer Natur, weil kleinste Ursachen größte Konsequenzen zur Folge haben können, aber er ist dennoch deterministisch, zielorientiert.

Wir wollen nun auf Produkte der dynamischen Selbstorganisation blicken, die während der nuklearen Zerfallsprozesse entstehen können. Aus direkten, logischen Überlegungen folgt, dass die Teilchen, die bei einem nuklearen Zerfall erzeugt werden, ebenfalls Produkte der Selbstorganisation von Energie sein werden. Teilchen und Materie als selbstorganisierte Energie? Da die Prozesse, die in energieintensiven Teilchenbeschleunigern studiert werden, in der Regel weit weg vom Gleichgewicht ablaufen, hat man es mit extrem irreversiblen Vorgängen zu tun. Sie erfüllen alle Voraussetzungen für Mechanismen der Selbstorganisation.

Die Wissenschaft spricht heute von einem Zoo unterschiedlichster existierender Elementarteilchen. Es scheint, dass die Zahl, die bis heute gefunden wurde, 61 erreicht hat. Das kürzlich gefundene Higgs-Teilchen, das in Kollisionen von Protonen entdeckt wurde, die auf nahe an die Lichtgeschwindigkeit beschleunigt waren, hat viel Aufregung erzeugt. Dessen Entdeckung erzielte einen Nobelpreis, obwohl das Teilchen eine Lebensdauer von nur 10^{-22} Sekunden zeigte (1 Sekunde dividiert durch 1 mit 22 Nullen). Dies ist eine unglaublich kurze Zeit. Wie kann ein so schnell vergängliches Teilchen dermaßen wichtig sein? Man erwartet von ihm, dass es ein besonderes Feld repräsentiert, das im freien Raum existieren soll. Von diesem Feld nimmt man an, dass es die Eigenschaft der Masse für Elementarteilchen erzeugt, wenn diese sich darin bewegten. Das Standardmodell von Energie und Materie, das in vielen Schritten gewachsen ist und immer wieder modifiziert wurde (Standard model, 2014), glaubt dies jedenfalls zu wissen. Viele bekannte Wissenschaftler haben zu diesem Standardmodell beigetragen, das immerhin mit ungefähr 16 Nobelpreisen in Zusammenhang steht. Wichtig bei diesem Modell sind Symmetrieüberlegungen auf der Grundlage des Noether-Theorems, die mit der Erhaltung von Impuls, Drehmoment und Energie in Zusammenhang gebracht werden. Bedeutsam sind auch die Berücksichtigung der „Kinematik“, die sich mit der Bewegung der Teilchen beschäftigt und ihre Ursachen miteinbezieht, sowie die Analyse ihrer Wechselwirkungen. Diese Wechselwirkungen können durch elektrische, magnetische oder Gravitationskräfte ausgelöst sein, oder auch durch Kräfte vermittelnde

Teilchen. Man glaubt, dass Masse im Wesentlichen aus der großen Bindungsenergie zwischen Quarks resultiert. Ein schon erwähntes, unsichtbares Feld, das so genannte Higgs-Feld, unterstützt die Massebildung offenbar. Dieses Feld ist so etwas wie ein seltsamer, moderner Äther, von dem man glaubt, dass sich die Teilchen darin bewegten. Es handelt sich dabei um eine zusätzliche ernsthafte Komplikation innerhalb des bereits so komplizierten Raumzeit-Gewebes. Man nimmt an, dass die Teilchen einen Widerstand verspürten, wenn sie sich in diesem Feld bewegen. Dieser wird als die erzeugte und gemessene Masse interpretiert. Das Standardmodell aber enthält mindestens 18 anpassbare Parameter und ist nicht wirklich elegant. Immerhin kann ein sehr weiter Rahmen erdachter Vorstellungen damit untersucht und erklärt werden. Dieses an viele Erfahrungswerte angepasste Modell scheint wichtige Eigenschaften der Materie, mit Ausnahme der Gravitation, zu erklären.

Wenn, im Gegensatz dazu, Elementarteilchen lediglich Produkte der Selbstorganisation sind, Energie darin also Ordnung aufgebaut hat, muss eine Theorie, welche dies verstehen lässt, völlig andersartig sein. Sie erklärt die Teilchen ähnlich wie Inseln, die im Chaos erzeugt werden, oder wie Wirbel in turbulentem Wasser oder wie Tropfen, die auf einer heißen Herdplatte herumlaufen. Eine Theorie muss Reaktionsgeschwindigkeiten beinhalten, die sich auf Rückkopplungsmechanismen beziehen, Größen, welche die Entfernung vom Gleichgewicht beschreiben, und Parameter, die Zustand und Reaktivität von Materie und Energie während des Ablaufs erklären. Die Eigenschaften derartiger Teilchen, mehr oder minder stabile Inseln im Chaos, ihre Größe, ihre Lebensdauer, ihre Fähigkeit für Wechselwirkung, ergeben sich aus solchen Selbstorganisationsprozessen (Tributsch, 2018 a). All dies ist möglich, weil Energieumwandlung einen Zeitfluss – einen Fluss von Wirkung beziehungsweise einen Abbau von Information – erzeugt, der fundamental ist. Er ist die Spur der Energie. Rückkopplungsprozesse können demzufolge ablaufen, da es ein „Vorher" und ein „Nachher" gibt. Die Frage, warum verschiedene Teilchen so unterschiedliche Massen und Eigenschaften besitzen, was noch immer ein Rätsel innerhalb des Standardmodells darstellt, beinhaltet keine Schwierigkeit. Einfach ausgedrückt: Die Hintergründe sind im Prinzip dieselben, als würde man verschiedenen Arten von Virionen, inaktiven Viren ohne Energiezufuhr, Massen, Gewichte zuordnen. Verschiedenste Virionen mit unterschiedlichen Massen existieren. Beispiele sind der Circovirus, der bei Schweinen vorkommt und nur 17 Nanometer (ein Milliardstel Meter) groß wird, der 30 Nanometer große Poliovirus, der 500 Nanometer große Mimivirus, oder der 1500 Nanometer große Pithovirus. Sie haben sehr elegante kristalline, sphärisch oder stäbchenförmige Strukturen, welche mit ihrer Proteinhülle Nukleinsäuren (DNA, RNA) einschließen, die in einer lebenden Zelle unter Energiezufuhr ihre Vermehrungsaktivität ermöglichen. Gewichte und Formen müssen letztlich über Selbstorganisationsprozesse erklärbar sein. Wie Elementarteilchen sind Virionen Systeme, die selbst nicht leben, aber unter Energiezufuhr reaktiv werden. Virionen sind in der Biosphäre mit geschätzten 10^{31} Teilchen unglaublich zahlreich vertreten und tragen trotz ihrer Winzigkeit mit immerhin geschätzten 5 Prozent zur Biomasse bei. Mit ihren, den Elementarteilchen sehr ähnlichen Eigenschaften beweisen sie, dass Elementarteilchen als selbstorganisierte Energie mit den Gesetzen der Natur vereinbar sind.

Auf jeden Fall hat die Vorstellung von Selbstorganisation bei der Bildung von Elementarteilchen und Zwischenprodukten wichtige Konsequenzen: „Masse ist äquivalent zu Energie“, da Materie in Form von Teilchen als ein Produkt der Selbstorganisation von Energie auftritt. Eine Formel des Typs $E = mc^2$ ist so im Prinzip zwangsläufig bestätigt. Schon dieses anschauliche Ergebnis legt nahe, dass der eingeschlagene Weg sinnvoll ist. Es ist, wie einen Wasserwirbel mit Wasser zu vergleichen. Der Wasserwirbel entsteht und besteht aus Wasser, hat aber trotzdem andere Eigenschaften als Wasser allein, was man auch sehen kann. Zusätzlich beinhaltet die größere Ordnung im Wirbel mehr Information. Entsprechend muss man den Elementarteilchen neben der Masse Information zuordnen.

Weiterhin bedeutet dies, dass die jetzt bekannten 61 Elementarteilchen einfach verschiedene Produkte der Selbstorganisation von Energie sind und sich eben einige davon als Bausteine unserer materiellen Welt eignen. Wissenschaftler brauchen sich dann nicht mehr zu wundern, warum die Natur so merkwürdige Bausteine der Materie zusammenwürfelt. Von außerhalb zugeführte Energie kann leicht zu selbstorganisierter Energie, Materie, addiert werden. Wir merken dies zum einen an uns selbst, wenn wir essen, oder an Pflanzen, die mit Licht wachsen. Beschleunigte Teilchen nehmen deswegen an Gewicht zu und Lichtteilchen werden durch Gravitation beeinflusst. Wird während eines nuklearen Prozesses Energie umgewandelt und ihre Anwesenheit pro Zustand verringert, dann können sich neue Teilchen als stabilisierte Energie in Form von Masse bilden. Überschüssige Energie wird dann freigesetzt.

Dass jedoch, wie heute in der Quantenphysik angenommen, eine Art von Teilchen (das kurzlebige Higgs- oder „Gott-Teilchen“) den Mechanismus der Synthese von Masse bestimmen sollte, ist vom „Dynamischen Energieansatz“ her nicht einzusehen und nicht nötig. Daran sieht man, wie der Wechsel von einer zeitneutralen zu einer irreversiblen Welt völlig andersartige Vorstellungen ermöglicht.

Was bedeutet es nun wirklich, wenn man annimmt, dass Elementarteilchen selbstorganisierte Produkte der Energie sind? Wie kompliziert sind solche selbstorgani-

sierten Systeme? Tatsächlich kann eine kleine Parameteränderung eine selbstorganisierte Struktur in eine andere verwandeln, zum Beispiel ein Teilchen in eine Welle mit all ihren verschiedenen Eigenschaften, oder einen stabilen Atomkern in einen zerfallenden. Unsere gegenwärtige Quantenphysik kann eine solche Umwandlung nicht so einfach erklären.
Virionen, Viren außerhalb von Zellen, die wir als Beispiel selbstorganisierter Energie (Materie) gewählt haben, sind keine lebenden Systeme, weil sie sich ohne die Infrastruktur des Wirtes und ohne Energiezufuhr nicht reproduzieren und keinen Stoffwechsel entwickeln können. Sie beherbergen aber ein Programm, Information in Form von DNA oder RNA, das sie in einer geeigneten Umgebung ausführen können. Elementarteilchen sind in ihrem variablen Auftreten diesen Virionen ähnlich. Beide haben wohldefinierte Eigenschaften, variieren erheblich in ihrer Größe, sind unterschiedlich stabil und können, wenn mit Energie versorgt, schwerer werden, sich umwandeln und reagieren. Auch Elementarteilchen enthalten, wenn man sie dynamisch versteht, Information. Sie steckt in ihrer selbstorganisierten Struktur und im Informationsabbild-der-Materie, das an der Teilchen-Welle-Dualität beteiligt ist und letztlich die Gravitation der Elementarteilchen darstellt. Diese Information, welche die Natur umsetzt, sollte in Zukunft unsere besondere Aufmerksamkeit auf sich ziehen. In ihr stecken letztlich jene Blaupausen, die den Schlüssel zu weiteren Geheimnissen der Elementarteilchen enthalten. Da sie mit Gravitation gleichgesetzt werden konnte und schon in jedem noch so kleinen Teilchen enthalten ist, kann man folgern, dass diese Information zum Quantenzustand gehört, wie es die Dynamische Energietheorie abgeleitet hat. Das Standardmodell hat dieses, für das Verständnis des Kosmos so wichtige, Detail nicht verstanden und keine Erklärung für die Gravitation gefunden.
Winzige Virionen mit ihrer oft schönen, quasikristallinen Struktur geben einen Eindruck, wie man sich die minimale Komplexität selbstorganisierter Elementarteilchen vorstellen kann. Wenn auf diese Weise Masse aus Energie gebildet wird, dann kann man definitiv erwarten, dass der Zusammenhang viel komplizierter sein wird, als es über den Proportionalitätsfaktor „c^2" in der Formel $E = mc^2$ ausgedrückt ist. Warum auch sollte eine astronomische Größe, die Lichtgeschwindigkeit c, der einzige Faktor sein, der einen Zusammenhang zwischen Selbstorganisation von Energie und Masse beschreibt? Er kann jedoch in einem komplexeren Proportionalitätsfaktor enthalten sein, weil die konstante Lichtgeschwindigkeit mit dem Informationsabbild-der-Materie verknüpft ist. Die Vorstellung, dass ein extrem kurzlebiges, vorübergehendes Objekt wie ein Higgs-Teilchen mit seinem Feld die Erzeugung von Masse bei Elementarteilchen kontrolliert, scheint weit hergeholt zu sein.

Das Higgs-Teilchen ist einfach ein weiteres transientes Produkt der Selbstorganisation von Energie weit weg vom Gleichgewicht.
In diesem Zusammenhang stellt sich zudem eine philosophische Frage: Die Quantenphysik beruht auf einer fundamental zeitumkehrbaren Physik. Warum sollten Experimente, die mit extremer Energiezufuhr weit vom Gleichgewicht durchgeführt werden, zielführende Informationen liefern? Experimente dieser Art passen viel eher in eine Dynamische Energiewelt, in der ein Teilchenbeschleuniger, in Abhängigkeit von der Energiezufuhr und der Art der zusammenstoßenden Teilchenarten, neue Familien von selbstorganisierten, transienten Teilchen erzeugt.
Nun, da wir angefangen haben über selbstorganisierte Elementarteilchen und kurzlebige, transiente Partikel nachzudenken, sollten wir auch zusätzliche Eigenschaften der Materie in Betracht ziehen: elektrische und magnetische Eigenschaften sowie Gravitation. Gravitation ist, wie schon angedeutet wurde und weiter unten (Kap. 21) genauer gezeigt wird, etwas Besonderes. Sie ist, verglichen mit elektrischen und magnetischen Kräften, als Information über Materie eine ganz anders funktionierende Kraftquelle. Wenn Energie die fundamentale Tendenz hat, ihre Anwesenheit pro Zustand zu reduzieren (Postulat (7)), dann ist zu erwarten, dass sich Selbstorganisationsprodukte entwickeln, die diese Tendenz unterstützen und verbessern. Wegen der beteiligten Rückkopplungsprozesse wird der Energieumsatz bei selbstorganisierten Mechanismen schneller ablaufen. Letztere werden deswegen dominieren und sich in Teilchen mit zusätzlichen Eigenschaften diversifizieren. Die Gravitation, elektrische und magnetische Eigenschaften stellen Strukturen und Funktionen der Energie dar, welche die Tendenz der Energie unterstützen, ihre Anwesenheit pro Zustand zu verringern. Wie wir schon gesehen haben, zielt die Gravitationskraft darauf ab, Energie pro Zustand dadurch zu reduzieren, dass sie Materie anzieht. Dasselbe gilt für elektrische und magnetische Kräfte, die anziehend oder abstoßend wirken können. Dynamische Energie organisiert sich über Rückkopplungsprozesse und entwickelt auf diese Weise Strukturen und Funktionen, die Gravitationskräfte, elektrische, magnetische oder auch nukleare Kräfte auslösen. Diese Kräfte können auf diese Weise zusätzlich die dynamische Tendenz der Energie verstärken, ihre Anwesenheit pro Zustand zu verringern. Damit ist auch eine allgemeine Aussage über die Natur elementarer Kräfte gemacht: Sie wirken in Richtung einer Umverteilung von Energie in kleinere Einheiten, werden aber in temporär stabilisierten Partikeln eingefroren. Im Gegensatz zum Standardmodell sind die Kräfte keine Pfeiler des Modells, die es rechtfertigen. Sie sind vielmehr Erscheinungsformen der Selbstorganisation von Materie, welche die Tendenz unterstützen, Energie pro Zustand oder die begleitende Information zu redu-

zieren. Sie sind „Ausdrucksformen der Irreversibilität" und unterstützen das Bestreben der Energie, die in ihr enthaltene Ordnung abzubauen.
Energie kann bei Umwandlungsprozessen nicht verloren gehen. Sie bleibt erhalten. Was bewirkt und begleitet dann den energetischen Prozess der Energieumwandlung? Im Zusammenhang mit quantenphysikalischen Überlegungen wurde festgestellt, dass Energie und Materie zusätzlich über die beteiligte Information beschrieben werden müssen (Beziehung (11a)). Verschiedene Energiearten müssen mit unterschiedlichen Informationsinhalten beschrieben werden, die bei einer Energieumwandlung abgebaut werden. Dieser Abfluss oder Abgang der zuzuordnenden Information wurde über die Tendenz der Energie, ihre „Anwesenheit pro Zustand zu verringern und zu minimieren" bei der Herleitung des Zeitpfeils als Spur der Energie berücksichtigt (Beziehung (7)).
Wissenschaftler erwarten heute, dass die Entwicklung einer „Theorie für Alles", einer „Großen Vereinheitlichenden Theorie", („Grand Unifying Theory" oder GUT) von einem erweiterten Standardmodell der Teilchen in der Physik ausgehen wird. Ob dies gelingen wird, bleibt jedoch unklar. Erstens muss gesagt werden, dass die GUT keine vollständige Theorie ist, da sie die Gravitation nicht angemessen berücksichtigt. Außerdem werden wichtige Parameter von Experimenten abgeleitet und nicht von der Theorie vorhergesagt.
Verglichen mit GUT wird eine Dynamische Theorie der Elementarteilchen, die, wie hier diskutiert, auf der Vorstellung von Teilchen als selbstorganisierte Energie beruht, eine völlig andere Struktur haben. Es ist aber zu erwarten, dass sie logische Erklärungen für Größe, Lebensdauer, Gravitations-, elektrische und magnetische Eigenschaften liefern kann. Die Erklärung der Gravitation als Information über Materie hat darin einen festen Platz (siehe das folgende Kap. 21). Diese Dynamische Theorie über die Eigenschaften der Elementarteilchen wird in gewisser Hinsicht ähnlich, aber voraussichtlich simpler sein, als eine hypothetische Theorie über die verschiedenen Arten von Virionen. Es ist zurzeit nicht abzusehen, wie einfach oder wie kompliziert die Natur auf dem Niveau selbstorganisierter Energie und Materie darzustellen ist.

21 Gravitation: Informationsabbild-der-Materie

Da die meiste Masse aus Atomen besteht, die nicht ihren Energiegehalt verändern, sondern sich in einem Quantenzustand befinden, ist für sie die Beziehung (11) an-

wendbar: Energie in Form von Teilchen versucht sich im Raum zu verdünnen, indem sie Wellen bildet. Information wird aktiviert, um diesen Prozess im Gleichgewicht und umkehrbar zu halten. All dies zusammen wirkt in Richtung einer Verringerung der Energie pro Zustand. Verglichen mit dem klassischen Bild der Materie gibt es allerdings einen wichtigen Unterschied. Um Materie rational zu verstehen, reicht es nicht aus, die Materie als Teilchen oder Welle zu beschreiben. Man muss auch die Information berücksichtigen, die über diese Materie und ihren Zustand verfügbar ist. Diese Information muss, als energiebezogenes Phänomen, real und um Materie herum, anwesend sein. Sie wird mit der Masse zunehmen und diese auch durchdringen, da sie um jedes Atom herum vorhanden sein muss. Dieses Informationsabbild hat einen Energiewert und muss infolgedessen um die Materie herum messbar sein (Fig. 19 b). Welches energiebezogene Phänomen, mit der Eigenschaft, Energie pro Zustand zu verringern, findet man um Materie herum? Die Antwort ist offensichtlich: Es kann nur die Gravitation sein. Gravitation ist in wissenschaftlichen Denkmodellen bisher weitgehend ein Rätsel geblieben. Innerhalb des Dynamischen Energiemodells ist sie etwas ganz Natürliches, Einleuchtendes und überraschend Zweckmäßiges: Sie ist Information über Materie.
Kann die Gravitationsenergie wirklich mit diesem durch Information vermittelten Wechsel zwischen konzentrierter und verdünnter Energie in Verbindung gebracht werden? Es gibt eine offensichtliche Analogie in technischen Informationssystemen, auf der Fernsehen, Handys und Navigationsgeräte beruhen. Bei diesen Technologien ist die nötige Information in elektromagnetischer Strahlung enthalten, die übertragen wird, um in der Umwelt verfügbar zu sein und über digitale Signale zu funktionieren. Wie bei der Gravitation ist die Verteilung der elektromagnetischen Strahlung nicht gleichmäßig. Dies ist bemerkbar, wenn man mit einem Auto und laufendem Radio in einen Straßentunnel hineinfährt oder ihn verlässt. Die Kommunikation vermittelnde elektromagnetische Strahlung liefert Energie und überträgt Information. Die Information, die zwischen der Teilchen- und Wellennatur der Materie vermittelt, muss ebenso über die Energie, die sie beinhaltet, messbar sein. Die Gravitation, diese mysteriöse Kraft um Materie herum, beinhaltet definitiv Energie: Gravitationsenergie. Daraus kann geschlossen werden, dass es tatsächlich die Gravitation ist, die mit der Informationsenergie E_n von Beziehung (11) identifiziert werden kann (siehe auch Fig. 19 b). Die Dynamische Energiehypothese führt damit zu einer neuen Interpretation der Gravitation! Sie ist keine Kraft im klassischen Sinne, sondern Information über Materie mit einem wohldefinierten übergeordneten Auftrag, nämlich dem Ziel, die Energie pro Zustand zu verringern. Sie wirkt deswegen wie eine Kraft. Kraft ist Arbeit, also umgesetzte Energie, pro

zurückgelegtem Weg. Über eine Distanz ausgeführt, ergibt dieser energetische Prozess tatsächlich eine Kraft.

Dies verdient detaillierter untersucht zu werden, weil Gravitation als sehr spezieller Mechanismus bekannt und für das Verständnis des Universums besonders wichtig ist. Und da gibt es noch eine andere bemerkenswerte Tatsache: Das Informationsabbild-der-Materie erlaubte uns bereits, die Immer-konstante-Lichtgeschwindigkeit zu verstehen (Kap. 17, Fig. 25). Sie ermöglicht uns, ohne einen nicht begreifbaren, vierdimensionalen Raum, wie ihn die Relativitätstheorie für ihre Erklärungen fordert, auszukommen. Nun bietet das Informationsabbild-der-Materie ohne weitere Annahme auch eine Interpretation der Gravitation, die alternativ zu jener ist, die derzeit ein bizarrer vierdimensionaler Raum vermittelt. Das Informationsabbild-der-Materie erweist sich als erstaunliche Alternative zum Raumzeit-Modell der Relativitätstheorie (Kap. 18, Tributsch, 2019). Darüber hinaus ist auch ein Zusammenhang zwischen der Quantenphysik und Kosmologie direkt erkennbar. Über die Allgemeine Relativitätstheorie wurde ein solcher vergeblich gesucht und nie gefunden.

Wie festgestellt, zielen die Dynamische Energie und das damit verknüpfte Informationsabbild-der-Materie darauf ab, die Anwesenheit der Energie pro Zustand zu verringern. Was aber wird passieren, wenn, durch Einfluss von außen, das Gegenteil versucht wird, nämlich die Energie pro Zustand zu erhöhen, zum Beispiel durch Beschleunigung einer Masse? Man erwartet, wegen der postulierten dynamischen Eigenschaft der Energie (7), zweifellos eine Gegenkraft, eine Kraft, die versucht, eine Zunahme der Energie pro Zustand zu verhindern. Es kann sich dabei nur um die Trägheit handeln. Gravitation und Trägheit sind als proportional zur selben Masse oder Energie bestimmt worden. Sie sind Kräfte, die in Richtung einer Verringerung der Energie pro Zustand aktiv sind oder aktiviert werden, wenn ein solcher Vorgang umgekehrt wird. Das Äquivalenzprinzip, die Beobachtung, dass träge und schwere (Gravitations-) Massen identisch sind, scheint sich so auf direktem Wege zu ergeben. Seine Umsetzung folgt aus dem eingeführten dynamischen Energieprinzip. Dasselbe Gesetz, das die Energie pro Zustand verringert, wehrt sich gegen eine Übertretung.

Die Eigenschaften, die für das Informationsabbild in Bezug auf die Wechselwirkung mit Masse und Energie definiert wurden, stimmen mit den physikalischen Realitäten überein. Das Informationsabbild-der-Materie ist die Gravitation und sie wirkt auf ein Teilchen, während das Teilchen seine Energie pro Zustand verringert. Es ist gleichermaßen die Gravitation dafür verantwortlich, wenn das Gegenteil passiert, nämlich wenn Energie pro Zustand von einem Teilchen oder einer Ansammlung von Teilchen gezwungen wird, zuzunehmen. Dabei muss eine Gegenkraft überwunden werden, die Trägheitskraft. Diese Schlussfolgerung ergibt sich von selbst aus der Gleichsetzung des Informationsabbildes-der-Materie mit der Gravitation. Die Gravitation, die an einem Ort für die Trägheit verantwortlich ist, wird die kollektive Gravitation sein, die von der Masse des Universums ausgeht. Die Gegenwirkung der Summe aller am Ort wirksamen Information über Materie, also der totalen am Ort wirksamen Gravitation, muss ja überwunden werden. Diese logische Erkenntnis unterstützt eine relativ vage Idee von Ernst Mach über den Ursprung der Trägheit: Das ganze Universum nimmt daran Anteil.

Diese Idee von Mach wurde später von Einstein diskutiert, aber in der Allgemeinen Relativitätstheorie, die das Phänomen der Gravitation völlig anders erklärt, nur teilweise berücksichtigt. Dort kann es nur mathematisch abstrakt beschrieben werden: Die Masse eines Körpers erzeugt eine Krümmung der Raumzeit. Wenn sich eine andere Masse entlang einer solch gekurvten Raumzeit bewegt, erwartet man von Gravitation und Trägheit, dass sie für diese Masse identisch werden. Dieses experimentell verifizierte Äquivalenzprinzip ist ein grundlegender Anspruch, der in die Allgemeine Relativitätstheorie eingebaut wurde. Man hat den Raum in seiner Wirkung so angepasst und konstruiert, dass das Äquivalenzprinzip erfüllt wird. Bei der hier entwickelten Überlegung zur Dynamischen Energie ergibt sich das Äquivalenzprinzip ganz ohne zusätzliche Annahmen als Konsequenz eines energiegetriebenen Zeitpfeils.

Was genau genommen ist nun Gravitation, die bisher nie ausreichend verstanden wurde? Was spricht zusätzlich für ihre Identifizierung mit dem Informationsabbild, das den Teilchen-Welle-Dualismus vermittelt, wie in Fig. 19 b erklärt? In der heutigen Wissenschaft ist die Gravitation ein kaum erklärtes Phänomen und wird, sowohl physikalisch als auch philosophisch, auf widersprüchliche Weise diskutiert (Kohaut, Weiss, 2007). Die „Große Vereinheitlichende Theorie" für Elementarteilchen (GUT), zum Beispiel, kann sie nicht zuordnen, weil sie in den gewählten Formalismus nicht hineinpasst. Es ist deswegen umso interessanter, herauszufinden, was die Dynamische Energietheorie über die Gravitation als Informationsabbild-der-Materie zusätzlich auszusagen hat.

Das Phänomen der Gravitation funktioniert für große Massen, aber in gleicher Weise für Elementarteilchen. Der Unterschied in der Größenordnung ist hoch. Das Verhältnis der anziehenden Gravitationskräfte zwischen zwei Neutronen und zwischen zwei Gewichten von einem Kilogramm liegt in der Größenordnung von eins zu zehn hoch vierundfünfzig (einer Eins zu einer Eins mit 54 Nullen). Gravitation ist überall gegenwärtig. Gleichgültig ob man die Masse eines gewaltigen Himmelskörpers oder eines winzigen Elementarteilchens betrachtet, Gravitation ist immer vorhanden. Allein davon kann man ableiten, dass Gravitation ein Quantenphänomen ist, das wegen seiner weitreichenden Verteilung im Raum auch die Dynamik des Kosmos kontrolliert. Genau dies hat sich aus den hier entwickelten Überlegungen zur Dynamischen Energie ergeben. Gravitation vermittelt als Information zwischen Teilchen und Welle und ist um Materie herum präsent. Dies untermauert die hier gelieferte Interpretation und stellt die Frage, warum die Väter der Quantenphysik sich darüber keine Gedanken machten.

Gravitation unterstützt, wie es auch dem Informationsabbild-der-Materie zugeschrieben wird, die Tendenz, Energie pro Zustand zu reduzieren. Die Gravitation zieht Materie an, verringert dadurch deren potentielle Energie und erzeugt letztlich nutzbare Energie in Form von Bewegung, beziehungsweise nicht nutzbare, „chaotische“ Energie wie Wärme niedriger Temperatur. Während eine Rakete mit 9,81 Metern pro Quadratsekunde beschleunigt, fühlt ein Astronaut im Raum Trägheit, die er von Gravitation auf der Erdoberfläche nicht unterscheiden kann. Er spürt während der Beschleunigung den Widerstand gegen eine Zunahme der Energie pro Zustand, während er auf der Erdoberfläche dem „Druck“ ausgesetzt wäre, die Anwesenheit der Energie pro Zustand zu reduzieren. Wenn das Raketentriebwerk schließlich stoppt, verschwinden die Trägheitskräfte. Die Energie pro Zustand erhöht sich nicht mehr.

Wenn dieser Druck in Richtung einer Reduktion von Energie pro Zustand existiert, warum sind dann Atome nicht total komprimiert? Warum halten negativ geladene Elektronen und positiv geladene Atomkerne einen großen, leeren Raum zwischen sich aufrecht? Es gibt, auf der Grundlage früherer Überlegungen, einen rational verständlichen Grund, warum Gravitation Atome nicht komprimiert und dadurch den eingeschlossenen Raum eliminiert. Die Erklärung, warum dies innerhalb der Dynamischen Energietheorie nicht geschieht, wurde bereits in Kapitel 13 und Fig. 20 gegeben: Energie hat das Bestreben, ihre Anwesenheit pro Zustand zu minimieren und versucht gleichzeitig, sich in Gestalt einer Welle im Raum zu verdünnen. Information unterstützt diesen Prozess, während sie gleichzeitig versucht, diese Information, die für die wechselseitige Umwandlung von Teilchen und Welle gebraucht wird, zu minimieren. Aus diesem Bestreben resultiert die Quantisierung. Atome werden in wohl definierte, diffuse Bahnen stehender Wellen gezwungen, die einem Minimum an Energie und Information entsprechen. Wären die Elektronenbahnen chaotisch und nicht in sich geschlossen, würde ihre Beschreibung viel mehr Information und damit Energie erfordern. Sie werden deswegen ausgegrenzt. Nur einfache Elektronenbahnen auf „quantisierten“ Zuständen werden toleriert, damit das fundamentale Gesetz über die Reduktion und Minimierung der Energie pro Zustand (7) erfüllt bleibt. Versucht ein Elektron, eine engere, aber chaotische Bahn einzuschlagen, muss mehr Information aufgebracht werden, um diese zu beschreiben. Deswegen wird das Elektron auf die quantisierte Bahn zurückgedrängt. Allein schon dieses einfache Modell der Quantisierung stellt die fundamentale Rolle von Information bei den Abläufen der Natur heraus. Und diese Welt der Information in der Natur ist die Welt der bisher rätselhaften Gravitation.

Gleichung (11) beschreibt auf elegante und ungezwungene Weise auch den Zusammenhang von Gravitation mit der Quantentheorie. Sie stellt eine direkte Verbindung zwischen den Gravitationsphänomenen im Weltraum und der Funktion von Atomen und Elementarteilchen in der Quantenwelt her (Fig. 28). Ein solcher Zusammenhang wurde bisher in der Physik intensiv gesucht, aber nie entdeckt. Das Gebiet der Quantengravitation beschäftigt sich mit diesem Problem und zielt auf eine „Theorie für Alles". Die Stringtheorie ist ein weiteres Beispiel eines Vorstoßes, der unternommen wurde, um einen solchen Zusammenhang zu finden. Die Bemühungen sind bisher im Wesentlichen fehlgeschlagen. Von meinem Standpunkt aus ist der Grund offensichtlich: Die klassische Quantentheorie muss modifiziert, dynamisch verstanden und das Gravitationskonzept der Allgemeinen Relativitätstheorie aufgegeben werden. Der Grund ist eine fundamental orientierte und irreversible Welt, die bisher in den physikalischen Modellen nicht berücksichtigt wurde. Dies sieht nach einer gewagten Aussage aus, ist aber eine notwendige Konsequenz aus den vorgestellten Überlegungen und letztlich auch völlig logisch: Jeder kann den Zeitpfeil in unserer Umwelt erkennen. Es gibt kein wissenschaftliches Experiment, das eine Zeitneutralität beweist, einen Prozess total umkehren lässt, ohne dass sich zusätzlich noch etwas in der Umwelt verändert.

Innerhalb des hier diskutierten Dynamischen Energiemodells ist die Zusammenführung der Gravitation mit der Quantenphysik ein bemerkenswertes zusätzliches Ergebnis, das auch mit einer wichtigen neuen Einsicht verknüpft ist: Die mit der Gravitation identifizierte Energie der Information (E_n) ermöglicht, dass eine Quantisierung erfolgt (Kapitel 13, Fig. 20). Die Funktion der Information über Materie, welche die dynamische Teilchen-Welle- Dualität vermittelt, wurde oben mit einem Analog-Digital-Konverter verglichen. Ein solcher Umwandler funktioniert über eine algorithmische Funktion, die eine Quantisierung durchführt und Quantisierer genannt wird. Information über Materie könnte auch als Quantisierer wirken. Durch Minimierung von Energie pro Zustand, für ein Elektron in einer Umlaufbahn um ein Atom oder Molekül, kann sie definitiv eine Quantisierung elektronischer Zustände bewirken. Man versteht auch, warum bei Energieabgabe quantisiertes

Licht mit Teilchen-Welle Eigenschaften ausgesandt wird. Es ist minimale Energie pro Zustand und minimale Information darüber involviert.

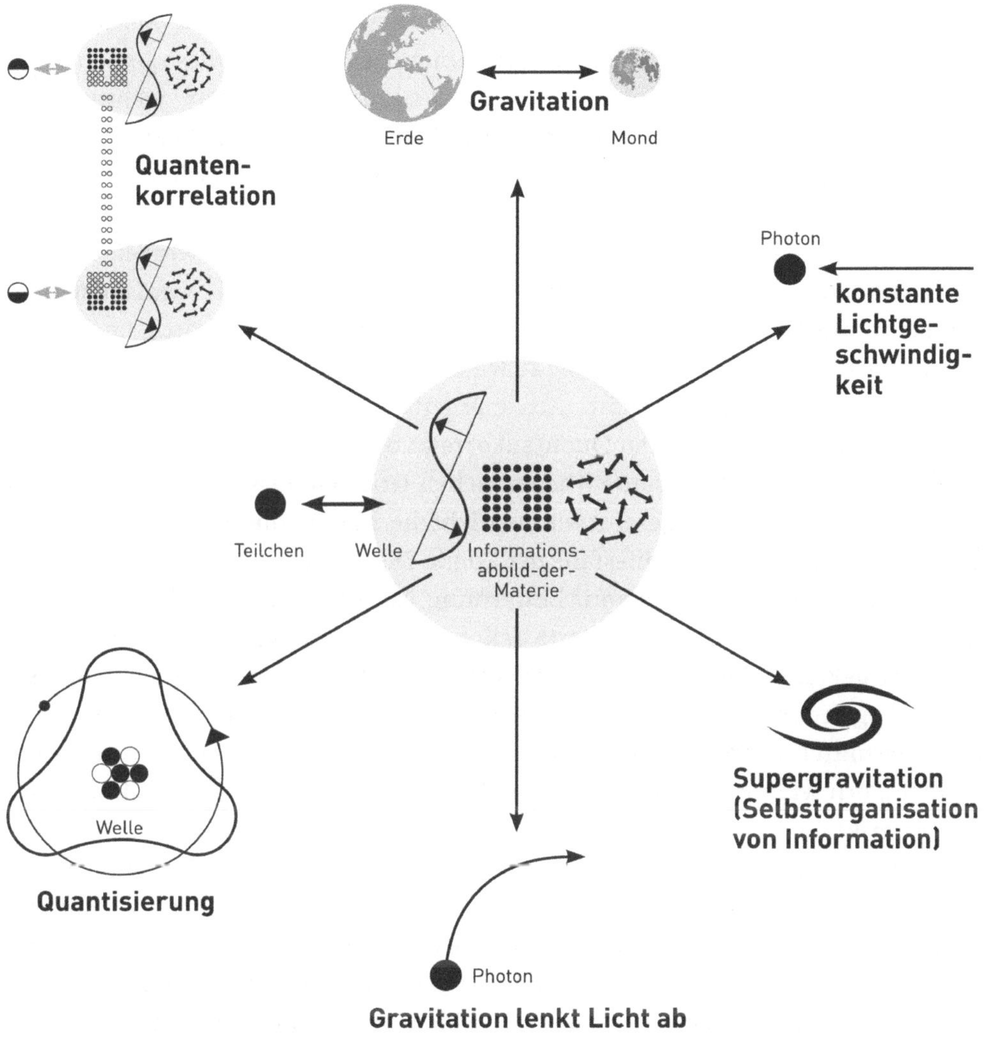

Fig. 28. Das Informationsabbild-der-Materie, das die Teilchen-Welle-Dualität vermittelt, wurde als Gravitation identifiziert. Es verbindet so die Quantenwelt mit Eigenschaften des Weltraums. Darüber hinaus ist es verantwortlich für die Quantisierung, die Quantenkorrelation und die Gravitationskraft, die auf Licht und Materie wirkt. Hier wird behauptet, dass sich Gravitation auch selbstorganisieren kann, um eine Supergravitation zu erzeugen, eine Eigenschaft, die gegenwärtig einer mysteriösen dunklen Materie zugeordnet wird.

Auch das mysteriöse Phänomen der Quantenkorrelation hängt mit Eigenschaften der Gravitation zusammen und wird plötzlich transparenter: Wenn ein Quantenteilchen aufspaltet, um quantenkorrelierte Untersysteme zu erzeugen, muss die Information, die den Teilchen-Welle-Dualismus vermittelt, umgestaltet und verteilt werden. Dies ist keine leichte Aufgabe, da Naturgesetze respektiert werden müssen, wie zum Beispiel die Erhaltung des Drehimpulses (Spin). Gewisse gemeinsame Informationsstrukturen werden infolgedessen aufrechterhalten, während die quantenkorrelierten Teilchen mit ihren jeweiligen Informationspaketen auseinanderfliegen (Fig. 28). Dieses Bild macht die Quantenkorrelation anschaulich und im Prinzip völlig verständlich. Aufgrund von Erhaltungsgesetzen kann meist nur ein Teil des ursprünglichen Informationsabbildes aufspalten. Der Rest wird eine für die sich trennenden Teilchen gemeinsame Information bewahren. Sie kann nicht ohne weiteres aufgetrennt werden. Da eine detaillierte Theorie gegenwärtig noch fehlt, kann jedoch nicht gesagt werden, bis zu welcher Entfernung ein solcher Informationskontakt aufrechterhalten wird. Aus energetischen Gründen sage ich allerdings voraus, dass die Reichweite der Quantenkorrelation nicht unendlich sein wird, wie Quantenphysiker es aus quantentheoretischen Gründen (erklärt über Beziehung (6)) derzeit behaupten. Insgesamt widerspricht die, hier für die Quantenkorrelation gegebene, Interpretation keinesfalls der Logik. Die, in den Worten Einsteins, „gespenstische" Wechselwirkung auf Entfernung, ist ein wirkliches Phänomen und nicht länger gespenstisch. Korrelierte Teilchen bilden und verhalten sich wie miteinander bekannte Personen, die über Handys Kontakt aufrecht halten, wenn sie temporär getrennt sind. Die Gravitation ist das Medium, über welches die Information übermittelt wird, und ein Austausch von Information zwischen lokalisierten Teilnehmern widerspricht nicht der Logik. Es gibt demnach keine Nichtlokalität der Materie.

Man muss nur bereit sein, zu akzeptieren, dass Information über Materie Teil der Quantenrealität ist. Information beinhaltet eben die Möglichkeit der Kommunikation zwischen sich trennenden Teilchen. Die Gravitation, die hier als Information über Materie verstanden wird, hat einfach die Eigenschaft, Information über Entfernungen aufrecht zu erhalten. Sie verfügt über ein erstaunliches Beharrungsvermögen, für beide Teile wesentliche Information zur Verfügung zu halten, wenn verschränkte, korrelierte Teilchen sich trennen. Da die Energie für diese Information letztlich aus Materie gespeist wird, ist ein solcher Mechanismus, wenn auch erstaunlich, nicht unlogisch. Man hätte der Gravitation eine solch differenzierte Funktion auf Teilchenebene nicht zugetraut. Mit der hier vertretenen Deutung der Gravitation ist es wohl ein erster Blick hinter die Kulissen einer komplexen Infor-

mationswelt der Natur. Sie arbeitet mit Information und agiert damit intelligenter als bisher angenommen.
Die Tatsache, dass dieses sehr spezielle Phänomen der Quantenkorrelation unmittelbar erklärt werden kann, werte ich als starke Stütze für das diskutierte Dynamische Energiemodell. Der reine Umstand, dass die Quantenkorrelation existiert, rechtfertigt die Existenz eines Informationsabbildes-der-Materie beim ursprünglichen, ungeteilten und unkorrelierten Teilchen. Das Informationsabbild existiert bereits, bevor sich die Quantenkorrelation entwickelt und liefert das nötige Informationswerkzeug, um die Quantenkorrelation zu ermöglichen. Man kann daraus jedoch nicht allgemein schließen, dass die Materie nichtlokale Eigenschaften hat. Die Materie kommuniziert einfach über Information, wie auch wir Menschen es über ein Handy und die Gesetze der Natur tun. Das Phänomen der Quantenkorrelation entwickelt sich dabei nur unter speziellen Bedingungen, nämlich wenn Teilchen und ihre Information aufspalten und sich trennen. Die Tatsache aber bleibt bestehen, dass sowohl eine Beschreibung der Realität von Teilchen und Energie, als auch eine von Information über diese Realität nötig sind, um Quantenphänomene rational zu verstehen (vergleiche Aussage 11a).
Diese mysteriöse Eigenschaft der Quantenkorrelation, welche neue Kryptographie-Technologie und sichere Telekommunikation ermöglichen soll (Ma et. al, 2012), weist auf keine irrationale Grundlage der Natur hin, sondern folgt aus den einfachen und logischen Überlegungen, die in diesem Buch vorgeschlagen werden. Erstens ist die Quantenkorrelation die schlüssige Konsequenz einer Dynamischen Energie und eines fundamentalen, energiegetriebenen Zeitpfeiles, die beide der „Dynamischen Quantenphysik" eine alternative Teilchen-Welle-Dualität aufprägen. Zweitens ist sie eine Konsequenz des Informationsabbildes-der-Materie, das hier wesentlich mitwirkt. Das Phänomen der Quantenkorrelation hat mit der Herausforderung zu tun, diese Information zu teilen, wenn das Teilchen aufspaltet. Über die Eigenschaften der Information, welche die dynamische Teilchen-Welle-Dualität – oder wie ich ableite, die Gravitation – ermöglicht, wird allerdings noch viel herauszufinden sein.
Die Quantenkorrelation ist offensichtlich in ein Wechselspiel mit der Gravitation eingebunden, welches das Informationsabbild-der-Materie ausmacht. Ein solches Abbild kann von der Natur gelesen und gehandhabt werden. Im Fall der Quantenkorrelation über größere Entfernungen hat die Technologie schon begonnen, sich erfolgreich einzukoppeln, wenngleich die Interpretation der Phänomene in eine ganz andere Richtung, als hier vorgeschlagen, läuft. Das Registrieren und Verstehen von Information, die in Gravitationsfeldern verschlüsselt ist, dürfte für die

Wissenschaft aber eine längerfristige und komplexe Herausforderung darstellen. Gravitation, das hier definierte Informationsabbild-der-Materie, ist, wie schon gesagt, ein noch relativ wenig verstandenes Phänomen. Im Gegensatz zu anderen Kräften in der Natur durchdringt sie alle Materie. Ein materieller Körper kann aus einem Gravitationsfeld nicht herausgezogen werden. Er kann gegen dieses auch nicht abgeschirmt werden. Und Gravitation kann statisch nicht neutralisiert werden. Es gibt bisher keine Anti-Gravitationsmaschine. Aber ein hochfliegendes Flugzeug in einer scharfen Kurve nach unten lässt seine Passagiere kurzzeitig den Zustand ohne Gravitation verspüren. Innerhalb des hier vorgestellten Modells bedeutet dies, dass der Zwang oder Druck, die Energie pro Zustand zu verkleinern und der Gravitation nachzugeben, vom Gegendruck, einer Zunahme von Energie pro Zustand, kompensiert wird. Diese zwei gegenläufigen Tendenzen werden als Kräfte gefühlt, die sich in der beschriebenen Situation gerade aufheben. Tatsächlich sind dies aber zwei gegenläufige Mitteilungen von Information, die sich in ihrer Aussage widersprechen. Die Aussage ist dann, dass keine Verringerung der Energie pro Zustand erfolgt. Das erklärt, warum bei diesem Flugmanöver die Gravitation vorübergehend eliminiert wird. Sie wird durch Gegeninformation neutralisiert. Wird es einst, wenn der Informations-Code der Gravitation entziffert ist, möglich sein, die Gravitation aufzuheben?

Gravitation wird durch Masse verursacht. Im Dynamischen Energiebild ist sie von Masse (Energie) nicht zu trennen. Gravitation ist infolgedessen nicht die Konsequenz einer Wechselwirkung von Massen. Diese rätselhafte Anziehung zwischen Materie konnte bisher auf fundamentaler Grundlage nicht gedeutet werden, was die hier entwickelte Erklärung aber beansprucht. Gravitation braucht Masse, aber sie ist nicht die Konsequenz von Wirkung. Wirkung ist die Konsequenz einer Ursache, die Zeit erfordert. Daher sollte die Gravitation selbst nicht dem Zeitfluss ausgesetzt sein (zu Gravitationswellen, welche die Allgemeine Relativitätstheorie zulässt, folgt später ein Kommentar). Dieses Verhalten stimmt mit dem vorgestellten neuen Dynamischen Energiemodell überein, das Gravitation mit Information gleichsetzt. Während des durch Information vermittelten Teilchen-Welle Gleichgewichtes wird insgesamt keine Energie mit der Umgebung ausgetauscht und als Folge keine Wirkung generiert. Deswegen fließt dabei keine Zeit. Im Gegensatz dazu sind Materie und Energie bei Umwandlungsprozessen der Zeit ausgesetzt. Gravitation ist, verglichen mit anderen natürlichen Kräften, eine ziemlich schwache Kraft, doch ist sie weitreichend und groß im Zusammenhang mit riesigen Massen. Aber wie wirkt sie als Kraft? Ich behaupte, sie ist Information und zwar der energetische Aspekt der Information, der darauf abzielt, die Energie pro Zustand zu

verringern. Wird diese Reduktion der Energie über eine Distanz ausgeführt, entspricht dies einer Kraft. Gravitation ist demnach Information, die energetische Prozesse steuert (Fig. 28).
In einem Gravitationsfeld ist dieser Mechanismus äquivalent zu einer nur anziehenden Kraft und erklärt ganz klar, warum es keinen abstoßenden Gegenpol zur Gravitation gibt, was immer schon ein Rätsel war. Sie gibt Objekten Gewicht, zieht sie an und bringt sie dazu, auf den Boden zu fallen. Dass es zur Gravitationsanziehung keinen Gegenpol wie eine abstoßende Gravitationskraft gibt, hat viele Forscher, die nach einer einheitlichen Theorie der elementaren Kräfte gesucht haben, ratlos gemacht. Sie konnten die Gravitation nicht einordnen. Im hier präsentierten Modell, welches sich zwangslos ergibt und die Gravitation mit Information über Materie gleichsetzt, ist der Grund dafür völlig klar. Die Information vollzieht ein Naturgesetz, innerhalb dessen Energie pro Zustand, und damit Information, reduziert wird. Es hat zur Folge, dass Materie sich gegenseitig anzieht.
Von der Zeit Newtons her wissen wir, dass, wenn zwei Teilchen mit gleicher Masse wechselwirken, die Gravitationskraft zwischen ihnen proportional zum Quadrat der Masse, dividiert durch das Quadrat ihres Abstandes, ist. Die potentielle Energie der Gravitation ist somit umgekehrt proportional zur Entfernung zwischen den beiden Massen. Der Proportionalitätsfaktor ist in beiden Fällen die Gravitationskonstante. Nach Newton haben wir es bei der Deutung der Gravitation mit einer Kraft auf eine Entfernung zu tun, aber niemand versteht, wie solch eine weitreichende Kraft funktionieren kann. In Einsteins Allgemeiner Relativitätstheorie ist Gravitation keine typische Kraft, sondern die Konsequenz der Bewegung von Objekten durch die gekrümmte Raumzeit. Die Gravitation ist demnach eine Wechselwirkung auf kurze Distanzen. Genau genommen kommt es bei dieser Vorstellung wegen einer „gekrümmten“ Zeit zu einer Beschleunigung. Wir haben es mit einer Zeit zu tun, die ihren Fluss in solcher Weise ändert, dass sie eine Beschleunigung simuliert. Man sollte an dieser Stelle einen Augenblick lang nachdenken und versuchen sich vorzustellen, wie ein Vakuum mit darin nichts Erkennbarem solche außergewöhnlichen Eigenschaften wie eine Manipulation der Zeit bewerkstelligen sollte. Dieses Kunststück wäre nicht einmal mit höchstentwickelter, materieller Technologie denkbar. Dass Planeten um die Sonne kreisen, bewirken nach den Vorstellungen der Allgemeinen Relativitätstheorie nicht die anziehenden Kräfte, sondern dieser Mechanismus wird, durch die gekrümmte Raumzeit um die Sonne und die Planeten herum, aufgezwungen. Wir hätten es mit einer Nahwirkung zu tun.
Die energetisch erlaubte Bahn für einen Planeten ist im Wesentlichen seine elliptische, planetare Umlaufbahn. Photonen, Lichtteilchen, sind ebenfalls durch Masse

und Impuls charakterisiert und werden infolgedessen durch Gravitation abgelenkt. Einstein hat einfach all das Geheimnis um die Gravitation in eine hochstilisierte, vierdimensionale Raumzeit projiziert. Alle sich bewegenden Objekte sollten denselben Naturgesetzen, einschließlich der konstanten Lichtgeschwindigkeit, ausgesetzt sein. Aber Einsteins Allgemeine Relativitätstheorie kann den fundamentalen Charakter und den Mechanismus der Gravitation nicht erklären. Seine Theorie manipuliert nur die Eigenschaften des leeren Raumes in solcher Weise, dass dieser die Immer-konstante-Lichtgeschwindigkeit erzwingt und das Phänomen der Gravitation bewirkt, wenn Massen zugegen sind. Niemand kann jedoch erklären und wird jemals erklären können, warum und wie der leere Raum solch spezielle Eigenschaften umsetzen kann. Und dies ist eine nicht unbedeutende Schwäche. Vom Gesichtspunkt des Naturverständnisses aus ist es ein klarer Rückschritt. Keine detaillierte Theorie ist vorstellbar, die ein solch kompliziertes Verhalten des leeren Raumes mechanistisch erklären könnte. Wie erwähnt, ist es so kompliziert, dass Einstein selbst, Jahre nach der Publikation der Allgemeinen Relativitätstheorie, wieder von einem „Äther" mit besonderen Eigenschaften sprach, der diese Herausforderung bewerkstelligen sollte (Einstein, 1920).

Warum ist die Allgemeine Relativitätstheorie für die Erklärung der Gravitation und der Dynamik des Weltraums dann so wichtig geworden? Erstens hatte niemand eine Idee, wie man eine Immer-konstante-Lichtgeschwindigkeit und die Gravitation anders erklären sollte, als durch eine Eigenschaft des leeren Raumes. Weiters stellte sich die Mathematik der Allgemeinen Relativitätstheorie als so komplex und widersprüchlich heraus, dass sie nur allmählich handhabbar wurde (Lichnerowicz, 1955). Viele ihrer Lösungen erwiesen sich als irrelevant, andere sind schwierig zu interpretieren. Dann traten neue Umstände auf. Seit der Verfügbarkeit moderner Computer können Physiker mit den komplizierten Formeln der Allgemeinen Relativitätstheorie und der Raumzeit mit ihren zehn Parametern leichter spielen (General relativity, 2014). Während meiner Studentenzeit zirkulierte die Information, dass mit fünf anpassbaren Parametern ein Elefant dargestellt werden könnte. Die vielen Parameter und Singularitäten, extreme Gipfel und tiefe Täler in den Ergebnissen der Allgemeinen Relativitätstheorie können eine unglaubliche Menge möglicher Szenarien beschreiben. Sie reichen von Einzelheiten des Big Bang, über Raumaufblähung bis zu Schwarzen Löchern. Nur wenige Lösungen ergeben einen Sinn und nur eine kleine Wissenschaftsgemeinde ist in der Lage, sie zu deuten und zu interpretieren. Diese Spezialisten projizieren die identifizierte „Wahrheit" auf ein großes Publikum, das die Inhalte mangels Wissens nicht beurteilen oder differenzierter betrachten kann, sondern die Ergebnisse in eindrucksvoll visualisierten

Computeranimationen in diversen Medien hinnehmen und glauben muss. Es gibt gegenwärtig keine Argumente, warum die relativ ungenauen Vorhersagen der Allgemeinen Relativitätstheorie nicht von anderen, weniger irrationalen oder auch logischen Theorien erklärt werden können, die wenigstens die Energieerhaltung berücksichtigen.

Der hier diskutierte Dynamische Energieansatz, der bereits geholfen hat, verschiedene Paradoxien und Irrationalitäten zu eliminieren, bietet eine viel einfachere Theorie der Gravitation an: Sie betrifft die Energie E_n, die mit der Information zusammenhängt und im Wechselspiel zwischen Teilchen und Welle damit beschäftigt ist, die Energie pro Zustand zu verringern. Die Information vermittelt den Massen, wie sie sich verhalten sollen. Diese Massen funktionieren wie Systeme, die durch Fernsteuerung gelenkt werden und versuchen, den Pfad der kleinsten Wirkung zu beschreiten. Sie reagieren auf die Information, die Gravitation, die vor Ort existiert und richten sich danach. Der Pfad, den sie einnehmen, ist gleichzeitig der Pfad, auf dem die Energie pro Zustand minimiert wird (Fig. 16).

Der sich ergebende Mechanismus ist keine Wirkung auf Entfernung, wie die Gravitation Newtons, und keine Nahwirkung wie bei Einsteins Gravitation. Er funktioniert, solange Information am Ort zugegen ist, und das bedeutet, solange dort Gravitation wirkt. Die Technologie funktioniert, wie wenn Information verwendet wird, um ein Flugsystem per Fernsteuerung zu lenken. Ein Informationssignal muss das sich bewegende Objekt erreichen. Planeten um die Sonne oder Satelliten um die Erde folgen demnach dem natürlichen „Fernsteuerungsmechanismus", der über die Gravitation funktioniert und die Objekte dazu zwingt, die Bedingung der Energiereduktion pro Zustand in Richtung auf Erfüllung des Prinzips der kleinsten Wirkung einzuhalten. Diese Satelliten sind der Gravitation ausgesetzt und wählen dieser entsprechend ihre spezifische Bahn, auf der ein Minimum an Wirkung angestrebt wird. Wohin auch immer sich ein Planet oder Satellit bewegt, ist damit die Bedingung vom Minimum der Energie pro Zustand erfüllt. Es ist letztlich die „dynamische" Natur der Energie und ihre Umsetzung, die das Geheimnis der Gravitation darstellt. Gravitation ist weder eine typische Kraft, noch eine Wechselwirkung. Es handelt sich bei ihr um Information, die das vorgeschlagene fundamentale Naturgesetz realisiert, das eine Verringerung der Energie pro Zustand fordert. Um zum Beispiel des von einem Hügel herunterrollenden Steines zurückzukehren: Es kann gesagt werden, dass die Gravitation, in Form von Information über Materie, den Stein zwingt, die Minimierung von Energie pro Zustand fortlaufend zu erfüllen. Auf diese Weise verteilt sich das Gravitationsfeld, die Verfügbarkeit von Information, selbst so um, dass eine Energieminimierung pro Zustand angestrebt wird. Wir

wissen jetzt, dass wir auch einfach sagen können, dass der Stein dem Prinzip der kleinsten Wirkung in dynamischer Weise folgt. Dasselbe geschieht auch mit einem Satelliten, der um einen Stern oder einen Planeten kreist.
Wegen ihrer besonderen Bedeutung wollen wir noch eine zusätzliche Checkliste von Eigenschaften der Gravitation durchgehen, um genauer zu prüfen, ob diese den erhobenen Anspruch unterstützen, dass es sich um das vorgeschlagene Informationsabbild-der-Materie handelt.

1) „Materie und Gravitation können nicht getrennt werden." Diese Tatsache ist aus der Beziehung (11) her offensichtlich, da die Energie der Information zwischen Teilchen und Welle vermittelt.

2) „Eine Abschirmung der Materie von der Gravitation ist nicht möglich. Sie durchdringt alle Materie." Es wird kein Widerspruch zu diesem Befund erwartet.

3) „Gravitationseffekte können sich zu großen Phänomenen anhäufen." Es gibt keinen Grund, warum Energie der Information sich in Gegenwart großer Massen nicht anhäufen sollte. Information ist additiv oder, wenn gegensätzlich definiert, subtraktiv wirksam.

4) „Gravitation zieht nur an, sie stößt nicht ab." Dies ist offensichtlich, denn nur eine Anziehung von Materie kann zu einer Verringerung der Energie pro Zustand führen. Eine solche Eigenschaft unterscheidet die Gravitation von typischen Kräften. Dies liegt daran, dass es sich bei der Gravitation in Wirklichkeit um eine präzise Information handelt, welche dieses Verhalten bewirkt. Um die Gravitationskräfte zu kontrollieren, müsste man die über Information gegebenen Anweisungen neutralisieren und durch andersartige Information ersetzen.

5) „Gravitation und Trägheit entsprechen einander, wirken aber in entgegengesetzter Richtung." Sie reflektieren die Wirkung der Massen aus dem Universum. Wenn eine Masse beschleunigt wird, wirkt sie gegen die Gravitationskräfte (Information) des Universums. Dies beschreibt das, was das Mach'sche Prinzip behauptet und damit einen absoluten, leeren Raum ablehnt. In unserem Bild geschieht folgendes Phänomen: Wird Materie beschleunigt, erhöht sich die Energie pro Zustand, so dass die Energie der Information, E_n, entgegenwirkt. Energiezunahme pro Distanz ergibt eine Kraft. Dies erklärt die Trägheitskraft. Der Effekt wird von allen Massen des Universums unterstützt, was das sich beschleunigende Objekt durch Gravita-

tion (Information) erfährt. Trägheit ist also einfach eine Gegenreaktion zur Gravitation, die letztlich die Tendenz der Energie umsetzt, ihre Anwesenheit pro Zustand zu verringern. Mit seiner Trägheit widersetzt sich ein beschleunigter Körper der gegensätzlich lautenden Information der Materie, die als Gravitation auf ihn wirkt. Mit der Gravitation steht Information (auch von entfernten Himmelskörpern) wie in einer „Cloud" zur Verfügung und erzeugt die Trägheitsreaktion. Die Vorgänge sind logisch verständlich.

6) „Wenn die Gravitation keine Konsequenz einer Ursache ist, dann ist sie nicht einem Fluss der Zeit ausgesetzt." Tatsächlich beinhaltet die entsprechend der Beziehung (11) formulierte Teilchen-Welle-Dualität keinen Zeitfluss, da sich die Energie dabei im Raum nur ausdehnt und zusammenzieht, aber nicht umgewandelt wird. Es ist ein ewiges Phänomen und wird anwesend sein, so lange Materie existiert. Als Konsequenz kann es keine Ausbreitung von Gravitation geben, wenn Materie ohne Bewegung lokalisiert ist, weil beim Ausbreiten Zeit involviert wäre.

7) „Die Allgemeine Relativitätstheorie sagt Gravitationswellen voraus. Es sind Wellen in der Raumzeit, die durch extrem beschleunigte große Massen im Weltraum ausgelöst werden sollten." Dieses Phänomen kann nur als grobe Approximation aus den Einstein'schen Feldgleichungen hergeleitet werden. Es konzentriert sich allerdings nur auf Wellen in der Gravitation, die mit Lichtgeschwindigkeit reisen sollen. Solche Änderungen der Gravitation lassen in Detektoren Längenänderungen von der Größenordnung des Durchmessers eines Atoms (!) erwarten. Genau genommen müssten mit den Raumänderungen aber auch „Wellen der Zeit" mitreisen. Und da, nach Einstein, die Zeit „das ist, was die Uhr zeigt", sollten Schwankungen im Zeitfluss im Prinzip messbar sein. Die zahlreichen experimentellen Versuche, die ein halbes Jahrhundert zurückreichen, konzentrieren sich allein auf die Messung von Wellen der Gravitation. Eine indirekte Identifikation von Gravitationswellen von einem Doppelpulsar wurde 1993 mit dem Nobelpreis für Physik belohnt. Direkte Messungen scheiterten lange an der Empfindlichkeit oder an fehlerhaften Interpretationen, wie beim BICEP2 Experiment 2015 am Südpol. In neuerer Zeit werden in mehreren Ländern der Welt vor allem Michelson-Interferometer verwendet, um die benötigten extremen Empfindlichkeiten zu erreichen. Am 14. September 2015 wurde an zwei Messplätzen des LIGO-Experimentes in den USA ein (erst später veröffentlichter) Gravitationsimpuls vermessen, der, als vorübergehende Längenänderung in der Größe eines Atomdurchmessers, mit einer angeblich 1,3 Milliarden Lichtjahre entfernten Fusion zweier schwarzer Löcher in Zusam-

menhang gebracht wurde. Er dauerte zwei Zehntel einer Sekunde und zeigte ein halbes Duzend unregelmäßiger Maxima und Minima. Eine dermaßen kurze Wechselwirkung für das (angenommene) Zusammentreffen zweier so gewaltiger kosmischer Körper und ein so seltenes Signal aus einem Universum mit 500 Milliarden Galaxien mit jeweils vielen Milliarden von Sternen und zahlreichen kosmischen Katastrophen? Die Experten und auch Medien, die dies veröffentlichten, waren sich trotzdem einig, dass Einstein mit den Gravitationswellen recht hatte.

Die in diesem Buch erfolgte Deutung der Gravitation als Information, die an Quantenprozessen beteiligt ist, erlaubt folgenden Schluss: Von Information, sowie der Energie, die damit in Zusammenhang steht, wird zwar nicht erwartet, dass sie selbst Wellen erzeugt. Bei intensiven Umwandlungsprozessen von Energie und extremen Beschleunigungen können allerdings selbstorganisierte, zeitabhängige Gravitationsstörungen erwartet werden, die als zeitlich veränderliche Informationsflüsse, also Gravitationsflüsse, zu deuten sind (Vgl. Kap. 28). Damit kann das erwähnte LIGO-Experiment auch anders interpretiert werden. Diese heute als Raumzeit-Gravitationswelle interpretierte zeitweise Veränderung von „Information über Materie" wird in Vollstreckung des Prinzips der kleinsten Wirkung den kilometerlangen Weg der Photonen in der LIGO-Anordnung leicht krümmen. Eine Änderung der Weglänge im Picometer-Bereich (ein Atom misst 150 Picometer) ist ausreichend und kann anscheinend nachgewiesen werden.

Es gibt mittlerweile auch Publikationen, in denen argumentiert wird, dass es sich bei den LIGO-Messungen um eine Fluktuation im Energienetz der USA, beziehungsweise um andere Störungen handelte (Ulianov, 2016) (Creswell et al., 2017). Trotzdem gab es für diese Messung, ihre angehäuften Kosten wurden auf 1,1 Milliarden Dollar geschätzt, den Nobelpreis für Physik 2017. Begründet wurde er mit der Bestätigung von Einsteins Theorie. Der Zeitpfeil kann, ohne eine Raumkrümmung zu benötigen, eine alternative Erklärung liefern. Man hat es mit einem Informationsphänomen zu tun, das aus der hier diskutierten Information über Materie Wellen und Pulse zu formen in der Lage ist: Die Information über Materie kann sich in energiereichen Gebieten unter günstigen Umständen selbst organisieren und damit Oszillationen, Pulse oder Chaosstrukturen ausbilden (siehe später). Dies kann wandernde Informations-(Gravitations-)Anomalien hervorrufen, hätte aber nichts mit der Relativitätstheorie und der Raumzeit zu tun.

8) In einem gegebenen Gravitationsfeld sind alle Körper, ob leicht wie eine Feder oder schwer wie ein Hammer, derselben Beschleunigung ausgesetzt. Sie nähern sich dem Boden mit identischer Geschwindigkeit, vorausgesetzt, dass keine Luft

anwesend ist, um unterschiedlich viel Reibung auszuüben. Ein solches Experiment wurde tatsächlich 1971 vom Apollo-15-Astronauten David Scott auf dem Mond erfolgreich durchgeführt (siehe Video im Internet, Scott, 1971). Man kann rational verstehen, dass das Informationsabbild den Massen ein solches Verhalten, eine gleich starke Beschleunigung, aufprägt. Die in einem identischen Gravitationsfeld für eine Verringerung der Energie pro Zustand gegebene Information ist einfach für verschiedene Objekte gleich. Also ist auch die beobachtete Beschleunigung für eine Feder und einen Hammer identisch. Das Prinzip, wonach die Beschleunigung nicht von Masse, Form oder Dichte eines Objektes abhängt, ist damit nachvollziehbar, logisch verständlich. Es wird durch dieselbe umgesetzte Information ausgelöst. Die Kraft, die von den ungleichen Objekten erfahren wird, ist jedoch unterschiedlich, da dafür die ausgelöste Beschleunigung mit der entsprechenden Masse multipliziert werden muss. Dies erklärt, warum in einem Schwarzen Loch, mit einigen, bis Milliarden eingefangenen Sonnenmassen, die ausgeübten Kräfte so gigantisch werden, dass dieses Loch auf Durchmesser von zweistelligen Kilometern bis zu dem unseres Sonnensystems verdichtet wird. Man sieht also, dass die Deutung der Gravitation als Information funktioniert.

Das Informationsabbild-der-Materie kann demnach tatsächlich der Ursprung des Phänomens sein, das Gravitation genannt wird. Es ist keine eigentliche Kraft und keine Wechselwirkung. Es ist Information, die auf Grund eines fundamentalen dynamischen Gesetzes den Zustand und das Verhalten von Materie und Energie kontrolliert und dadurch Kraft ausüben kann. Wir haben es mit einer zutiefst mit Informationsprozessen verwobenen Natur zu tun. Niemand vorher konnte eine einleuchtende, logische Erklärung des rätselhaften Wesens der Gravitation geben. Einsteins Interpretation ist ja nur über komplexe Mathematik nachvollziehbar. Hier, im Gegensatz, ergab sich die Erklärung als Konsequenz des dynamischen Quantenzustandes und kann als Informationsabbild-der-Materie nicht nur die wesentlichen Eigenschaften der Gravitation offenlegen. Das Informationsabbild erweist sich darüber hinaus als Schlüssel zu einem von Information gesteuerten, geistreichen Universum (siehe später).
Interessante einzelne Phänomene können jetzt, wo das Informationsabbild-der-Materie mit der Gravitation identifiziert ist, als zusätzliche Unterstützung für diese Interpretation angeführt werden. Unter den Quantenparadoxien wurde vorhin das Tunnelphänomen genannt: die Fähigkeit von Teilchen, eine energetisch zu hohe Energiebarriere zu durchdringen. Meine rationale Erklärung war, dass Information, teilweise oder ganz, die zu hohe Barriere durchdringt und dahinter, wie in

einem dreidimensionalen Drucker, das Teilchen wieder zusammenbaut. Nach der Gleichsetzung von Information mit Gravitation wissen wir jetzt, dass diese Information tatsächlich Materie frei durchdringen kann: Dies geschieht als Gravitation, von der man ja experimentell weiß, dass sie Materie frei durchdringt. Diese Erklärung kann als zusätzliches Argument für die Konsistenz des Dynamischen Energiemodells und seine rationale Basis gewertet werden. Die diskutierten quantenmechanischen Mechanismen, der neu interpretierte Teilchen-Welle-Dualismus (Fig. 19) und die alternative rationale Erklärung von Nichtlokalität und Quantenkorrelation (Fig. 21) ebenso wie des Tunnelphänomens bestätigen natürlich auch die Verbindung zwischen Quantenmechanik und makroskopischen Gravitationsphänomenen. Diese Beziehung ohne Zusatzannahmen zwanglos herzustellen, ist ein ermutigender Erfolg und soll die Grundlage für die Erforschung zusätzlicher Phänomene sein.

Wenn wir, zum Beispiel, die Ablenkung von Licht in einem Gravitationsfeld oder andere von Gravitation induzierte Phänomene verstehen wollen, müssen wir die Wechselwirkungsmöglichkeiten der Teilchen-Welle-Beziehung (11) mit den störenden Systemen studieren. Versuchsweise sage ich, dass eine entsprechende Summierung von Information zu erwarten ist, wenn sich die Gravitation (Information) eines Photons mit Gravitation (Information) einer größeren Masse überlagert. Dies entspricht einer Addition oder Subtraktion von Energie, welche selbstorganisierte Systeme zulassen. Licht wird dann offensichtlich auf das externe Gravitationsfeld, auf diese zusätzliche Information, reagieren, wie experimentell bekannt.

Gravitation ist als fundamentales Phänomen für das Leben unglaublich wichtig geworden. Ohne Gravitation wären weder der Lebensraum auf der Oberfläche eines Planeten mit seinen Ozeanen und seiner Atmosphäre noch die Bewegungsabläufe der Lebewesen oder die Struktur und Funktion der Bäume denkbar. Es ist nun bemerkenswert, dass wir diese Lebensfunktionen alle dem Wirken von Information verdanken. Es ist Information, die uns diese Vielfalt, Eleganz und Zweckmäßigkeit von Abläufen ermöglicht, und nicht Verkrümmungen des leeren Raumes, wie die Relativitätstheorie sie uns erklärt.

Wie kann die hier präsentierte Erklärung für die Gravitation – abgesehen davon, dass sie dieses Phänomen tatsächlich auch auf Quantenniveau begreifen lässt – experimentell von Einsteins Gravitation innerhalb der Allgemeinen Relativitätstheorie unterschieden werden? Information selbst sollte nicht in der Lage sein, Wellen zu entwickeln. In diesem Fall unterscheiden wir Information (z.B. digitale Signale) von Signal übertragenden Wellen. Die hier präsentierte Vorstellung zur Gravitation kann falsifiziert werden (Popper 1978): Wie in Fig. 20 gezeigt, entsteht Quantisierung durch eine Minimierung des Informationsabbildes der Materie. Diese Vorstellung ist falsifiziert, wenn zusätzliche Gravitation von außen (ebenfalls Information über Materie) diese Quantisierung in Atomen und Molekülen nicht beeinflusst. Tatsächlich reagieren Atomuhren während ihrer elektronischen Übergänge auf die Schwerkraft! Ein weiterer Falsifizierungsvorschlag ist, dass nur die Gravitation auf der Grundlage numerischer Information eine solche Meßempfindlichkeit zulässt, wie sie in den LIGO-Experimenten erreicht wurde, die eine winzige Schwankung, ein analoges Signal, in der angenommenen Raumverbiegung um die Erde vermessen (vgl. Kap 36).

Die kürzlich behauptete Messung von Gravitationswellen ist kein Gegenbeweis zur Dynamischen Energie. Solche vorhergesagten Wellen müssten, da sie aus Störungen des Raumzeit-Gefüges resultieren, auch einen periodischen Wechsel des Zeitflusses, eine periodische Zeitdilatation, beinhalten, was bei den LIGO-Experimenten nicht erfasst wurde.

Später, wenn wir über die Dynamik des Universums reden, werden wir wieder mit dem Phänomen der Gravitation zu tun haben. Es wird gezeigt werden, dass sich Gravitation (als Information) unter bestimmten Bedingungen zu einem Phänomen der Supergravitation selbstorganisieren kann. In diesem Fall sind periodische Phänomene, aber auch Pulse des Phänomens, das wir Gravitation nennen, möglich. Es wären in Wirklichkeit aber Variationen beziehungsweise Pulse von Information über Materie. Sie würden von keinen Oszillationen der Zeitdilatation selbst begleitet werden, wie es die Allgemeine Relativitätstheorie bei Störungen der Raumzeit erwarten lässt und was bisher noch nicht nachgewiesen wurde.

Daraus, dass die Gravitation auch eine fundamentale Rolle als bestimmender Faktor bei der Dynamik des Universums spielt, kann geschlossen werden, dass die in der Gravitation involvierte Information im Raum in ähnlicher Weise wirkt. Es ist infolgedessen die Information, die das Schicksal des Universums bestimmt. Dies ist eine wichtige Schlussfolgerung und wird später genauer untersucht werden.

Hier ist noch eine für die Wissenschaftsphilosophie historisch interessante Überlegung angebracht. Angenommen, die Wissenschaft zu Beginn des 19. Jahrhunderts wäre zur Ansicht gelangt, dass die Natur fundamental irreversibel sei, wie in diesem Buch ausgeführt, sodass die Immer-konstante-Lichtgeschwindigkeit und die Gravitation in naheliegender Weise erklärbar gewesen wären, dann hätte es weder die Relativitätstheorie noch die Big Bang Szenarien gegeben. Auch die mit der Entfernung der Sterne immer größer werdende Rotverschiebung ihres Lichtes hätte nämlich eine ganz andere, viel einfachere und logische Erklärung gefunden:

22 Kosmologische Rotverschiebung: die logischere Deutung

Die Quantenphysik hat seit ihrem Aufstieg einen unglaublichen Einfluss auf unsere gegenwärtige Vorstellung vom Universum ausgeübt und diese wesentlich geprägt. Die Hauptinformation, die wir vom Raum erhalten, kommt ja über Licht, Photonen, an. Die Eigenschaften dieser Photonen und die Allgemeine Relativitätstheorie, die eine Raumzeit berücksichtigt, indem sie eine Immer-konstante-Lichtgeschwindigkeit festlegte, haben in bedeutsamer Weise die „symbolische Form" geprägt, die das derzeitige Bild unseres Universums entstehen ließ: Es ist eine vierdimensionale Raumzeit-Struktur, die dramatisch schnell expandiert. Diese Schlussfolgerung wurde von der Rotverschiebung im charakteristischen Licht von Sternen und von Supernovae, explodierenden Sternen, in Galaxien abgeleitet. Diese Rotverschiebung ist bei zunehmend entfernteren Objekten immer stärker ausgeprägt. Die Dynamik des Raumes stellte sich als ziemlich komplex heraus. Heute scheint eine sich beschleunigende Expansion unseres Universums erwiesen zu sein. Jedoch wird nur ein Teil der Rotverschiebung des Sternenlichtes dem Doppler-Effekt zugeschrieben, der akustisch auch als veränderlicher Schall eines vorbeifahrenden Zuges bekannt ist. Beim Doppler-Effekt nimmt die Lichtquelle, die mit hoher Geschwindigkeit wegfliegt, jene Energie auf, die während der Erzeugung der Rotverschiebung vom Photon verloren wird. Die Energiebilanz ist dabei nachvollziehbar. Der zweite, heute festgeschriebene, wichtige Beitrag zur Rotverschiebung kommt von der postulierten sogenannten kosmologischen Rotverschiebung. Es wird angenommen, dass diese durch den expandierenden Raum des sich aufblähenden Universums, also durch das sich aufblähende Vakuum selbst, erzeugt würde. Von den Photonen wird erwartet, dass sie, nachdem sie die lichtaussendenden Sterne verlassen haben, die Dehnung des leeren Raumes spürten. Die dominierende Theorie nimmt an, dass ihre Wellenlänge durch das Vakuum, das sich selbst ausdehnt, gestreckt würde. Auf diese Weise soll das Licht Energie verlieren. Aber niemand weiß in Wirklichkeit, wie der leere Raum, ohne irgendwelchen materiellen Eigenschaften, diese Dehnung bewerkstelligen und wohin die einbehaltene Energie dann gehen könnte. Theoretisch müsste Energie erhalten bleiben, also in Summe nicht verloren gehen. Aber sie bleibt nicht erhalten. Dies ist eine der Irrationalitäten, die gegenwärtig wichtige Vorstellungen vom Universum prägen. Eine andere Irrationalität besteht in der Annahme, dass der Weltraum selbst, mit nichts darin als Lichtteilchen und ein wenig Materie, expandieren könnte. Erfahrungsgemäß ist man gewohnt, einen leeren Raum zu vergrößern oder zu verkleinern, indem man die Grenzen anpasst. Aber einen Raum an sich, von dem man annimmt, dass er praktisch nichts enthält, sich dehnen und strecken zu lassen, ist nicht logisch. Man kann ihm ja keinerlei elastische oder plastische Materialeigenschaften zuordnen. Es ist in Wirklichkeit eine rein mathematische Manipulation, eine Spekulation, welche die Energie der betroffenen Lichtteilchen ändert, ohne zu erklären, wie dies möglich sei und wohin die Überschussenergie dann ginge.

Tatsache ist, dass der Weltraum, mit dem aus zunehmender Entfernung immer röter ankommenden Sternenlicht und seiner angenommenen vierdimensionalen Eigenschaft, heute nur mehr über die Einsteinschen Feldgleichungen der Allgemeinen Relativitätstheorie verstanden wird. Zurückgerechnet begann er mit der vierdimensionalen Raumzeit vor 13,8 Milliarden Jahren in einem winzigen Big Bang Saatkorn. Die Objekte, die wir jetzt, nach fast so langer Zeit sehen, werden inzwischen schon in etwa 45 Milliarden Lichtjahren Entfernung vermutet, weil der angenommene, sich streckende leere Raum sie inzwischen dorthin verschoben haben soll. Grob gesehen hätten sich diese Objekte dann mehr als dreimal so schnell bewegt wie das Licht. Aber dies wird ihnen als Verletzung eines Naturgesetzes nicht übelgenommen, da der sich dehnende leere Raum die treibende Kraft sein soll und dieser die Relativitätstheorie wohl nicht kennt.

Experimentell ist die Rotverschiebung des Sternenlichtes gut studiert und dokumentiert, weil sie als so wichtig für das Verständnis des Universums erachtet wurde. Alle nur vorstellbaren Mechanismen sind deswegen im Laufe der Zeit untersucht worden, um die beobachtete Rotverschiebung über andere Mechanismen zu deuten. In einer Übersichtsarbeit hat Louis Marmet (2014) die unglaubliche Zahl von 59 verschiedenen Theorien, Vorstellungen und Analysen verglichen, die in den vergangenen Jahrzehnten von Wissenschaftlern vorgeschlagen wurden, um die Rotverschiebung von Sternenlicht zu erklären. Sie berücksichtigen eine zeitabhängige Entfernung, eine zeitabhängige Gravitation, eine zeitabhängige Eigenschaft der Materie, eine zeitabhängige Geometrie des Raumes und viele zusätzliche zeitabhängige Phänomene als mögliche Mechanismen für die mit der Entfernung der Himmelskörper zunehmende Rotverschiebung.

Um die Rotverschiebung quantitativ auszuwerten, wird der relative Unterschied in der Frequenz (Energie) zwischen beobachtetem und ausgestrahltem Licht als dimensionslose Größe z angegeben. Für die Mikrowellenhintergrundstrahlung des Universums (Fig. 30), die inzwischen ebenfalls sehr gut untersucht ist, kann dieser z-Wert zu z = 1089 bestimmt werden. Dies bedeutet, dass die Veränderung, was die Energie angeht, vom ursprünglichen Photon bis zum Mikrowellenphoton 1089-mal größer ist als die Energie des Mikrowellenphotons selbst. In anderen Worten, der

Mikrowellen-Photonenhintergrund weist nur 1/1089 der Energie der ursprünglichen Strahlung des Sternenlichtes auf. Heute glaubt man zu verstehen, dass die Galaxien des Universums mit einer unglaublichen Geschwindigkeit expandieren. Die höchsten gemessenen Rotverschiebungen für Galaxien ergaben einen Bereich von z = 6,96 bis 8,6. Die Galaxie mit dem zweiten Wert der Rotverschiebung wird scheinbar nur 600 Millionen Jahre nach dem Big Bang beobachtet, von dem man ja annimmt, dass er vor 13,8 Milliarden Jahren erfolgte (Redshift I, 2014). Vor zehn Jahren lag der Rekord der z-Werte bei z = 4,25 für die Galaxie 8C1435+635 in 13 Milliarden Lichtjahre Entfernung. Ihre Fluchtgeschwindigkeit wurde mit 93% der Lichtgeschwindigkeit gemessen (Redshift II, 2014). Dies ist unglaublich schnell, wenn man berücksichtigt, dass auf der Grundlage der Relativitätstheorie eine gewaltige Menge von Energie benötigt wird, um Objekte nahe an die Lichtgeschwindigkeit zu beschleunigen (an die Lichtgeschwindigkeit selbst käme man nur mit unendlichem Energieeinsatz heran). Um eine solche Geschwindigkeit von z = 4,25 zu erreichen, hätte die Energie, die in der Masse der Galaxie steckt, um einen Lorentz-Faktor erhöht werden müssen, der ungefähr 2,7 beträgt. Wieviel ist dies? Wir wollen einen Vergleich anstellen. Sehr wenig Masse wird benötigt, um eine Atombombe zu betreiben. Die Hiroshima Bombenexplosion von 1945, zum Beispiel, verbrauchte nur 0,6 Gramm an Uranmasse, die in Energie umgewandelt wurde. Dies gibt einen Eindruck, was eine 2,7-fache Massenzunahme (Lorentz-Faktor) einer ganzen Galaxie mit mehr als hundert Milliarden Sternen bedeutet. Und es gibt Milliarden von Galaxien, die bei entsprechend hoher Rotverschiebung gesehen oder vermutet werden. Woher kam diese gigantische Energiemenge für die Beschleunigung der äußeren Galaxien? Entspringt sie einem dunklen Energievorrat aus einem winzigen Big Bang Samenkorn des Universums? Oder berechneten Wissenschaftler etwas aus der Rotverschiebung und der Relativitätstheorie, was nicht realistisch ist? Es gibt noch ein anderes Problem mit der Rotverschiebung von Galaxien, die sich mit Geschwindigkeiten nahe der Lichtgeschwindigkeit von uns wegbewegen. Betrachten wir zwei von diesen Galaxien, die in entgegengesetzte Richtung auseinanderdriften. In diesem Fall sollte die relative Geschwindigkeit zwischen ihnen die Lichtgeschwindigkeit deutlich überschreiten. Dies ist jedoch nach der Relativitätstheorie nicht erlaubt. Die Wissenschaft behilft sich, wie schon erwähnt, damit, zu behaupten, dass nicht die Galaxien sich so schnell bewegten, sondern sich der leere Raum dazwischen so dramatisch ausdehnte. Das Überschreiten der Lichtgeschwindigkeit wäre dann erlaubt. Aber wie kommt man zu dieser Schlussfolgerung? Und wissen es auch die Galaxien?

Kann der Dynamische Energieansatz mehr Logik und Klarheit in diese bizarre

Vorstellung des Weltraums bringen? Wir haben gelernt, dass auf Basis dieser Dynamischen Energievorstellung ein Photon versucht, zwischen dem Teilchen- und dem Wellenzustand hin und her zu oszillieren (Fig. 19 b und c). Jedoch muss es dabei Energie, E_n, in Form von Information aktivieren, um entropische Energie, E_e, zu kompensieren, die nicht mehr für Arbeit eingesetzt werden kann (Formel (11). Dieser Verlust an Arbeitsfähigkeit, wenn die Energiedichte abnimmt, sollte uns interessieren. Der zweite Hauptsatz der Thermodynamik und andere Ergebnisse aus der Wissenschaft wurden als Beispiele erwähnt, die zeigen, dass Energie an Arbeitsfähigkeit verliert, wenn sie mit abnehmender Dichte zur Verfügung gestellt wird. Photonen, die sich als Strahlungsfeld von Sternen in den Raum ausbreiten, sind keine Ausnahme. Sie haben, als Lichtteilchen, eine Masse und die Formel für die Ausbreitung eines idealen Gases ins Vakuum ergibt das Ausmaß der Entropiezunahme (Formel (4)), das zu erwarten ist. Auch die Menge der frei gesetzten entropischen, nicht mehr verfügbaren Energie ist wohl definiert (Formel (5)). Man erhält sie, indem man die Entropie mit der absoluten Temperatur, also der des Weltraums, multipliziert. Da die logarithmische Funktion in diesen Formeln keinem Grenzwert entgegenstrebt, sondern auf unendlich zugeht, verliert eine sich in den endlosen Raum ausdehnende Strahlung letztlich all ihre Energie an entropieerzeugende Prozesse. Dies ist eine mathematische Tatsache. Das heißt: Mit zunehmender Entfernung sollte sichtbare Strahlung immer mehr Energie verlieren und ihre Wellenlänge ins Rote, dann Infrarote und schließlich in den Mikrowellenbereich verschieben. Tatsächlich verglich Einstein 1905 die Formel für die Entropie eines Gases, das von einem Volumen V_0 zu einem Volumen V expandiert, mit der Formel für expandierende elektromagnetische Strahlung (Fig. 18 b), die zuvor der deutsche Wissenschaftler und Nobelpreisträger Wilhelm Wien abgeleitet hatte. Dieser hatte nachgeforscht, warum sich die Wellenlänge von Strahlung umgekehrt proportional zur Temperatur verhält, also sich von dunkelrot nach weiß verschiebt, wenn man Eisen erhitzt. Einstein fand die Formeln im Wesentlichen identisch, nämlich derselben logarithmischen Abhängigkeit folgend (Beziehung (4)). Seine Schlussfolgerung war, dass elektromagnetische Strahlung (also Licht) nicht als Welle dargestellt werden müsse, sondern auch in Form von kleinen Energieteilchen beschrieben werden könne (Einstein, 1905). Lichtteilchen schienen auch geeigneter für die Beschreibung des durch sie ausgelösten Elektronenaustritts aus Festkörpern zu sein. Es ist wohlbekannt, dass dieser Schluss, abgeleitet von einem Vergleich bereits publizierter Ergebnisse, wesentlich zu Einsteins Nobelpreis beigetragen hat. Man gab den so gefundenen Lichtteilchen später den Namen „Photonen". Aber damit begann ein Problem der Irrationalität. Was Einstein den Nobelpreis einbrachte, haben Quan-

tenphysiker zum Teil ganz anders interpretiert. Nach der Quantenphysik - und Einstein war mit ihren Deutungen nicht immer zufrieden - können Photonen, nachdem sie in den leeren Raum expandieren, nämlich selbst keine Energie in kleineren Mengen mehr freisetzen. Ihre Eigenschaften lassen dies nicht zu. Sie müssten dafür mit anderen Teilchen, mit Festkörpern oder mit einem Gravitationsfeld wechselwirken. Wenn man im Teilchenbild, also in Photonen denkt, gibt es keine Möglichkeit, während ihrer Expansion in den freien Raum, Entropie, also nicht nutzbare Energie, abzugeben. Die etablierte Quantentheorie erlaubt dies nicht.
Solch eine Freisetzung von Entropie wäre jedoch aus den erwähnten empirischen, thermodynamischen Gründen notwendig. Entropieproduktion, die im Wellenbild der Strahlung funktioniert, kann als Naturphänomen nicht einfach ausgeklammert werden, wenn wir die Strahlung als Teilchenstrom betrachten (wie auch Einstein es sah). Die Quantenphysik diktiert jedoch einen solchen, unmöglichen Widerspruch. Dies ist ein sehr wichtiger Punkt, der die hier entwickelten Gedankengänge unterstützt. Er bestätigt wiederum einen wichtigen Grund für die Inkonsistenz zwischen klassischer Physik und Quantenphysik: Die Quantenphysik berücksichtigt die Rolle des Raumes für Energie nicht in angemessener Weise. Sie kümmert sich nicht um nützliche und nicht nützliche Energie während des Ausbreitens und Verdünnens von Lichtquanten oder anderen Elementarteilchen in den Raum. In klareren Worten: Sie kann es nicht, weil die Quantentheorie es nicht vorsieht.
Nun werden die Nützlichkeit sowie die Richtigkeit der dynamischen Neuinterpretation des Teilchen-Welle-Dualismus (11) besonders offensichtlich. Ein Teilchen transformiert sich laufend in eine Welle und in entropische Energie, jedoch mit jener zusätzlichen Energie, die in Form von Information für die Rückführung in die Teilchengestalt gebraucht wird (Fig. 19 c). Unter dieser Beteiligung des Informationsabbildes-der-Materie kann die Erzeugung von Entropie während einer Ausdehnung von Strahlung oder eines Quantenfeldes angemessen berücksichtigt werden, auch wenn man von Photonen spricht. Sie können während der Ausdehnung in den Raum freie Energie in nicht mehr verfügbare Energie umwandeln und diese nach Bedarf freisetzen. Diese „dynamische" Quanteneigenschaft birgt das Potential, die gängigen Vorstellungen vom Universum völlig umzukrempeln. Sie rechtfertigt tiefergehende Überlegungen:
Es wurde bereits erwähnt, dass ausgestrahlte, ausgebreitete Strahlung nicht freiwillig zu einer Antenne zurückkehrt. Es wurde auch festgestellt, dass Licht von zu niedriger Intensität Wasser in einer photo-elektrochemischen Zelle nicht mehr zu spalten vermag. Wenn Photonen von einem entfernten hellen Stern ausgestrahlt werden, starten sie in einer hohen Photonenkonzentration. Wenn sie auf der Erde

ankommen, sind sie extrem verdünnt. Entropie zu erzeugen, bedeutet die Verdünnung und „Zerkleinerung" von Energie. Wenn man die Entropie der Strahlung, die einen Stern verlässt, berechnet, erhält man eine logarithmische Abhängigkeit von der Entfernung (ableitbar von Beziehung (4)). Schall, Erdbebenstärke oder der Säuregehalt von Flüssigkeiten, alle werden in logarithmischen Größen gemessen. Fraktale Geometrie und Selbstähnlichkeit folgen logarithmischen Gesetzen. Logarithmische Größen beschreiben den Exponenten, zu welchem eine Basis erhoben werden muss, um die Variable x zu erhalten. Sie wachsen für große Werte der Variablen x sehr langsam. Der Energieverlust von Sternenlicht nimmt ungefähr logarithmisch zu, wenn er über die Entfernung von der Lichtquelle aufgetragen wird. Für sehr große Entfernungen wächst er dann proportional zur Entfernung, was der beobachteten Rotverschiebung nahekommt (Tributsch, 2018 a). Dieser Energieverlust des Lichtes aufgrund von Entropieproduktion während der Ausdehnung in den Raum ist ein bei weitem wahrscheinlicherer Mechanismus als die jetzt angenommene, immer schnellere Expansion des leeren Raumes. Formel (5) sagt aus, dass die von der sich ausbreitenden Strahlung produzierte, nicht mehr verfügbare Energie mit der Entfernung beliebig anwächst. Die Energie der Strahlung nimmt also mit der Distanz entsprechend beliebig ab. Weit entfernt von der Quelle wird die Strahlung einmal ihre gesamte Energie verloren haben. Nach der Formel (5) wird sich ausbreitendes Licht also immer energieärmer, röter zeigen, bis es sehr weit weg ganz verblasst. Das gilt umgekehrt natürlich auch für Strahlung, die von weither aus dem Weltraum bei uns ankommt.

Wenn man alternativ, hypothetisch annimmt, dass Photonen hoher Dichte, ebenso wie solche sehr niedriger Dichte, im Raum dieselbe Arbeitsfähigkeit haben, stößt man auf unlösbare Widersprüche. Es gibt definitiv einen Unterschied. Information, und damit zusätzliche Energie, würde gebraucht werden, um Photonen, die von einem Stern weit in den Raum verteilt wurden, wieder einzusammeln. Übrigens führen alle irreversiblen Prozesse zu Entropieproduktion und die Aussendung, die Ausbreitung von Strahlung gehört dazu. Die Entropieproduktion erzeugt einen Verlust von Arbeitsfähigkeit. Wo zeigt sich nun dieser Verlust an Arbeitsfähigkeit bei der Strahlung im Raum?

Aus Gleichung (11) folgt, dass der Energieverlust auf Grundlage der hier verwendeten neuen Teilchen-Welle-Dualität zuerst in den zwei Größen E_n und E_e auftaucht. Nicht nutzbare, entropische Energie, E_e, tritt auf und die expandierenden Photonen finden einen Weg, einen Teil davon als Kompensation für die Ausdehnung in den Raum abzugeben. Das Informationsabbild, ausgedrückt über die Energie, E_n, nutzt einfach weniger Energie, um das Teilchen, das Photon, wiederherzustellen. Es ist nun wichtig festzustellen, dass sich die Menge der entropischen Energie für expandierende Strahlung proportional zur Temperatur der Umgebung verhalten wird. Diese Umgebung ist der Raum, der so kalt wie -270,4 °C oder 2,72 °K sein kann, was in Formel (5) berücksichtigt werden muss. Die Energiemengen von nicht nutzbarer Energie aus Sternenlicht sind entsprechend sehr klein. Sie sind der Temperatur des Universums angepasst. Für einzelne Photonen muss RT (R = Gaskonstante, T = Temperatur) durch kT (k = Boltzmann Konstante) ersetzt werden. Die Größe kT wird als Skalierungsfaktor für Energie verwendet, die unter den vorherrschenden Bedingungen relevant ist. Für den kalten Raum kann sie mit 0,240 milli-Elektronenvolt berechnet werden. Dieser Energiewert entspricht der von Strahlung im Mikrowellenbereich. Diese abgestoßene Energie muss im Raum irgendwo auftauchen. Es sollte infolgedessen im Weltraum eine große Menge von Energie vorhanden sein, die in Form dieser sehr kleinen Energiepakete nachweisbar ist. Wo im Weltraum befindet sich also diese immense Energie, die sich im Laufe der Zeit dramatisch angehäuft haben muss? Es gibt nur eine Möglichkeit: die Mikrowellenhintergrundstrahlung des Universums (Fig. 30). Obwohl diese Strahlung einen sehr niedrigen Energieinhalt hat, summiert sie sich zu solch einer riesigen Menge, dass sie die Hauptstrahlung des Universums darstellt. Es ist also nicht nötig anzunehmen, dass diese Strahlung ein Echo des Big Bang Ereignisses sei, wie dies zurzeit gesehen wird.

Die Idee, dass Photonen während ihrer langen Reise durch den Raum Energie verlieren könnten, ist nicht neu. Sie geht schon auf Walter Ritz um 1908 (Ritz, 1908) und Fritz Zwicky um 1929 zurück. Indem Zwicky die Gesetze der Quantenphysik berücksichtigte, nahm er an, dass Zusammenstöße mit kleinen Staubteilchen die Energie der Photonen verringerten und ihr Licht ins Rot verschöben. Bei diesen Zusammenstößen würden jedoch Lichtteilchen vom Weg abkommen und die Bilder ferner Galaxien verschwommen aussehen, was nicht beobachtet wird. Der Mechanismus des so genannten „müden" Lichtes, als eine mögliche Erklärung der Rotverschiebung von Sternenlicht, musste deswegen ausgesondert werden. Unsere Teleskope sehen den Sternenhimmel scharf.

Die hier vorgeschlagene Idee „dynamischer" Lichtteilchen eröffnet aber neue Möglichkeiten für eine Erklärung von durch Entropieabgabe ermüdenden Lichtes. Ein sichtbares Lichtteilchen hat eine Energie zwischen 1,5 und 3 eV (Elektronenvolt). Ein Mikrowellenquant aus dem Maximum der kosmischen Mikrowellenhintergrundstrahlung hat eine ungefähre Energie von 0,6 mal 10^{-3} eV (0,6 milli-Elektronenvolt), sie ist also mehr als tausendfach niedriger. Wenn man den gemessenen Rotverschiebungswert von z = 1089 für die Mikrowellenhintergrundstrahlung berücksichtigt, kann man ebenfalls ableiten, dass sie, verglichen mit dem Licht von Galaxien und Sternen, wenigstens 1089-mal ärmer an Energie ist. Die entsprechenden Massen für Mikrowellenteilchen sind damit zu klein, um sichtbare Lichtteilchen merkbar abzulenken, wenn Mikrowellenquanten abgegeben werden. Zusätzlich ist ein sehr eleganter Mechanismus möglich: Die Energie, E_n, die der Information zugeordnet ist, könnte einfach die Notwendigkeit mitberücksichtigen, entropische Energie beiseite zu legen. Dies könnte dadurch geschehen, dass neben der eigentlichen, jetzt energieärmeren Photonenstrahlung zusätzlich Mikrowellenphotonen aus der Welle zurückgewandelt werden, und zwar so, dass (aus Gründen der Impulserhaltung) Licht nicht abgelenkt wird. Die Entropieerzeugung durch wanderndes, sich im Raum ausbreitendes Licht könnte so automatisch berücksichtigt werden und es gäbe keine signifikante Störung des Lichtweges. Innerhalb der Einschränkungen unseres Modells einer fundamental wirkenden „Dynamischen Energie" ist eine Energieabgabe selbstverständlich erlaubt und sogar geboten, weil damit ein unumstößliches Naturgesetz berücksichtigt wird. Der vorhin für die abzugebende entropische Energie geschätzte Wert ist tatsächlich von derselben Größenordnung wie die Energie der beobachteten Mikrowellenhintergrundstrahlung im Weltraum.

Der empirische 2. Hauptsatz der Thermodynamik, der einen Energieverlust in Form von Entropie vorschreibt, wäre hiermit umgesetzt. Ich schlage gerade die Hypothese vor, dass die Lichtteilchen mit ihrer Tendenz, die Anwesenheit der Energie pro Zustand zu verringern, die erforderliche entropische Energie bei einer Energieverdünnung im Raum dadurch erzeugen und abgeben, dass sie die Rückumwandlung der Wellenenergie über Information, E_n, in die Teilchenform entsprechend anpassen. Die Teilchen, das Energie einbüßende ursprüngliche Photon und das emittierte Mikrowellenphoton, können auf diese Weise auf den erforderlichen Energiegehalt hin maßgeschneidert werden.

Nochmals betone ich, dass ein solcher Mechanismus auf Grundlage des heutigen Verständnisses der Quantenphysik nicht möglich wäre: Photonen können ihr zufolge in Abwesenheit einer Wechselwirkung mit Materie oder Gravitation keine internen irreversiblen Prozesse durchführen. Photonen erfahren in ihrem eigenen Bezugssystem nach der Relativitätstheorie auch keine Zeit, da sie mit Lichtgeschwindigkeit reisen. Wenn Zeit nicht voranschreitet, kann Energie, ohne Einfluss von außen, auch nicht umgewandelt werden. Selbst wenn sich Photonen in den Raum ausdehnten, würde sich ihre Entropie, das Ausmaß ihrer Unordnung, wegen dieser Einschränkung der Quantenphysik, nicht mit der Entfernung ändern. Während des Photonentransportes würde keine Irreversibilität erwartet. Photonen würden noch immer ihre volle Energie haben und umsetzen, wenn sie nach langer Reise ankommen und reagieren. Wegen dieser durch die Quantenphysik festgeschriebenen Einschränkungen nahmen Wissenschaftler, um die beobachtete erhebliche Rotverschiebung am Sternenlicht zu erklären, eine Streckung des leeren Raumes an, was eine Streckung der Photonenwellenlänge zur Folge haben sollte. Es geht dabei um die Vorstellung von der Fähigkeit des Vakuums, des leeren Raumes, sich zu strecken und auszudehnen und dabei die Wellenlänge des Lichtes durch Dehnung mit zu strecken.

Der Prozess der Photonenemission und Photonenverteilung in den Raum hinaus kann ohne Information und Energieeinsatz nicht umgekehrt werden. Wenn sich Photonen von einem Stern in den kosmischen Raum ausbreiten, vergrößert sich die Irreversibilität. Man kann dies über ein Experiment veranschaulichen, bei dem man Photonen, die von Sternen ausgesendet werden, für die Energiegewinnung einsetzt. Wie in Fig. 29 gezeigt, ist ein Sonnensegel in der Lage, den Impuls der Photonen abzufangen, in Analogie zu einem Kolben im Zylinder eines Motors, der einem Gas ausgesetzt wird.

Dies stellt eine bereits etablierte Antriebstechnologie dar, die den Strahlungsdruck von Licht nutzt, um ultradünne Segel im All auf hohe Geschwindigkeiten zu beschleunigen (Solar sail, 2014). Ein Solarsegel kann die Ausdehnung von Photonen im Raum begleiten, dabei Energie gewinnen und auf diese Weise nützliche Arbeit verrichten. Die Energie, die mit dem Antrieb des Segels verknüpft ist, wird nicht gewonnen, wenn das Licht in den freien Raum gestrahlt wird. Sie zählt dann zur „nicht mehr verfügbaren" Energie, die während der Expansion der Photonen anfällt. In der Thermodynamik erfolgt die Entropieerzeugung während einer plötzlichen Ausdehnung eines Gases in Form von komplizierten Prozessen, die einen Wärmeumsatz, akustische Prozesse und mechanische Turbulenz beinhalten. Wie die Entropieerzeugung von sich ausdehnendem Sternenlicht genau funktioniert, wird in ihren Einzelheiten untersucht werden müssen. Der voraussichtliche Mechanismus wird sein, dass sie bei der Rückumwandlung der Wellenenergie in die Teilchenenergie über Information erfolgt (Beziehung (11)). Anstatt eines Photons könnten zwei Photonen, das ursprüngliche Photon mit etwas weniger Energie und das Mikrowellenphoton, erzeugt werden und dabei das Entropiegesetz (4) für die Ausbreitung der Photonen im Raum respektieren. Aus Gründen der Energieminimierung und Impulserhaltung wird das Mikrowellenphoton in die entgegengesetzte Richtung zur Fortbewegung des Sternenlichtphotons ausgesendet werden. Über die Gesamtgravitation am Ort des Geschehens wäre zusätzliche Information verfügbar. Das Niedrigenergiephoton entspräche der chaotischen, entropischen

Energie. Die sich ausbreitenden Lichtwellen erfüllen zunehmend größere Räume und verringern auf diese Weise ihren Energieinhalt. Da sich die Energie umgekehrt proportional zur Wellenlänge verhält, würde eine Rotverschiebung beobachtet werden. Die Differenz an Energie, entropische Energie, würde in Form von Mikrowellenenergie freigesetzt werden, als Hintergrundstrahlung im Weltraum.

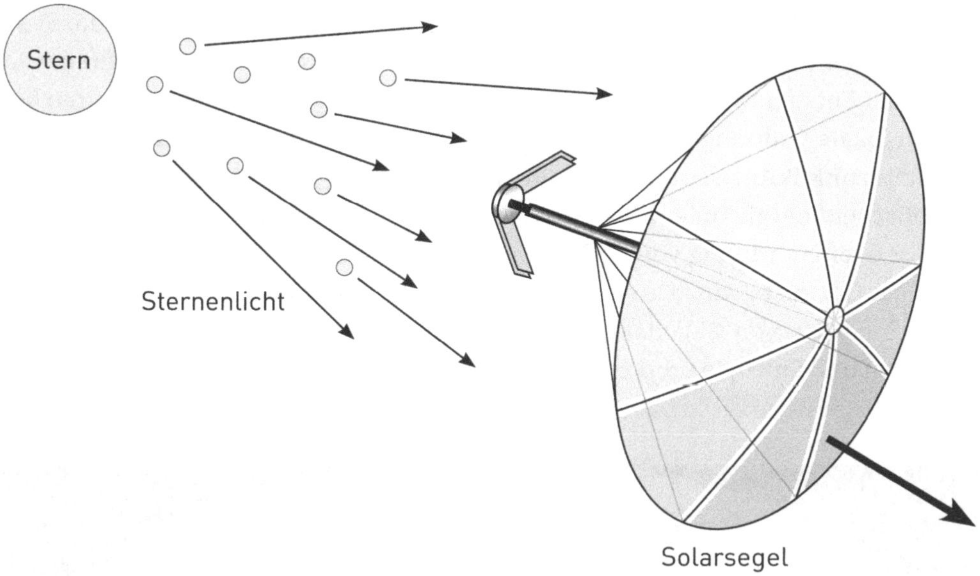

Fig. 29. Wenn sich Sternenlicht in den leeren Raum ausbreitet, wird Entropie erzeugt. Ein Sonnensegel, das vom Sternenlicht beschleunigt wird, kann einen Teil der sich ausbreitenden Energie ernten. Aber wenn diese Energie nicht geerntet wird, wird sie in eine nicht nutzbare, „entropische" Form umgewandelt. Diese Sternenlicht-Entropie ist überall im Universum in großer Menge vorhanden.

In der Mathematik der Relativitätstheorie wird die Übertragung von Information durch Licht als völlig zeitneutral und reversibel angenommen. Es gibt aber keinen Grund, der Photonen von der Befolgung des Entropiegesetzes ausschließt. Dies hat ja übrigens auch Einstein in der schon erwähnten Arbeit so gesehen, in der er durch den Vergleich mit einem sich ausbreitendem Gas die Photoneneigenschaft des Lichtes abgeleitet hat (Einstein, 1905). Die Irreversible Thermodynamik muss definitiv auf Sternenlicht angewendet werden. Aber Einstein hat es in der Relativitätstheorie unterlassen. Die hier vorgeschlagene Hypothese von einer Dynamischen Energie unterstreicht die Irreversibilität und lässt über die Eigenschaften des Zeitpfeils eine Entropieerzeugung zu. Die Photonen, die nach einer langen Reise von einem entfernten Stern auf der Erde ankommen, können ihre Arbeitsfähigkeit, die zu Beginn der Reise vorhanden war, nicht bewahrt haben. Sie müssen vielmehr Energie in Form von nicht verfügbarer, entropischer Energie verloren haben. Ich behaupte damit, dass die Hintergrundstrahlung des Raumes nicht das Echo des Big Bang, sondern das Ergebnis einer, über lange Zeiträume angesammelten Entropieproduktion des Lichtes von Sternen und Galaxien ist. Es ist wahrscheinlich, dass nicht die gesamte Mikrowellenhintergrundstrahlung von sich ausbreitendem Sternenlicht stammt. Ein Teil kann von Selbstorganisationsprozessen herrühren, wie sie bei der Entstehung und Funktion von Galaxien ablaufen. Solche Strukturen bewirken lokale Ordnung auf Kosten von Entropieerzeugung. Diese Entropie sollte ebenfalls zur Mikrowellenhintergrundstrahlung beitragen. Es ist das Endlager von „chaotischer Energie“ oder Abfallenergie. Die winzigen Temperaturabweichungen von der Größenordnung von 30 Millionstel eines Grades sind nicht der Ursprung künftiger Galaxien, wie dies heute gesehen wird, sondern der Entropieabdruck oder Fußabdruck von Galaxien, die einst existierten oder von Galaxien, die noch existieren und Entropie produzieren (Fig. 30).

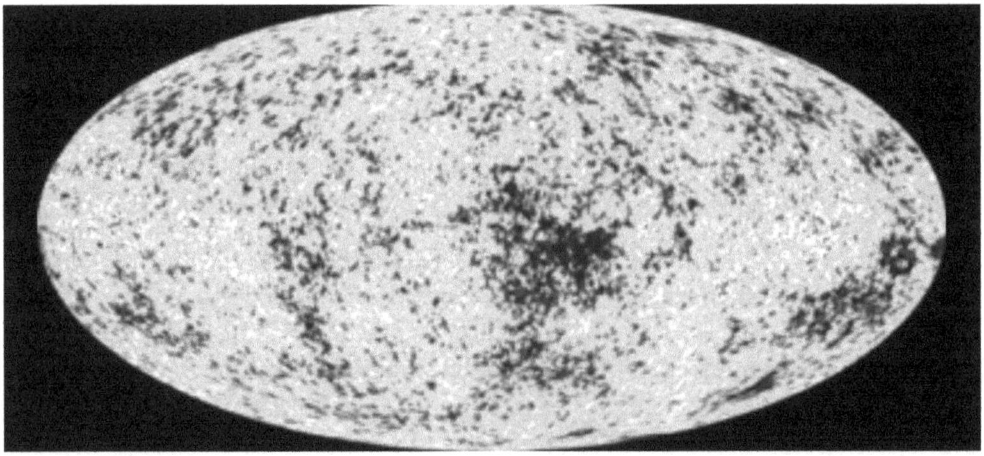

Fig. 30. Die Mikrowellenhintergrundstrahlung des Universums wird derzeit als das Echo der Big Bang Explosion eines immer schneller expandierenden Universums gedeutet (Messung durch die Wilkinson Microwave Anisotropy Probe (WMAP), Abbildung: NASA). Sogar die beobachteten Temperaturabweichungen von nur 30 Millionstel Grad werden als bedeutend für die Entstehung von Galaxien angesehen. Hier, innerhalb des Dynamischen Energiemodells, wird die Hintergrundstrahlung als ein gigantischer Fingerabdruck von Entropieproduktion, angesammelter Abfallenergie von sich ausbreitendem Sternenlicht und von Galaxien, angesehen.

Die hier präsentierte Vorstellung macht einen großen Unterschied zur gegenwärtigen Erklärung des Mikrowellenhintergrundes, der als Echo der Big Bang Explosion gedeutet wird. Diese derzeit weit akzeptierte Erklärung beruht auf irrationalen Annahmen und verletzt, wie wir gesehen haben, Gesetze der Physik. Meine Interpretation beansprucht die Erfüllung eines grundlegenden Gesetzes: die Zunahme von Entropie während der Ausbreitung von Teilchen (Photonen) in den Raum und die Erzeugung von Entropie während des Aufbaus von galaktischer Ordnung.
Dies mag eine mutige Behauptung sein, da die gängige Erklärung für den Mikrowellenhintergrund von der Wissenschaftsgemeinschaft derzeit generell akzeptiert ist. Aber ich poche darauf, dass das hier vorgestellte Modell bei weitem weniger spekulativ ist, als die Big Bang Erklärung, die für die Mikrowellenhintergrundstrahlung gegeben wird.
Heute wird die Mikrowellenhintergrundstrahlung für einen Schnappschuss des Universums 380.000 Jahre nach dem Big Bang gehalten. Dieser Moment wurde als der Zeitpunkt berechnet, bei dem das Universum für Licht hätte transparent werden sollen (wie schnell lief die Zeit damals überhaupt ab?). Diese Hintergrundstrahlung wird als die Strahlung eines schwarzen Körpers mit der Temperatur von 2,72 Grad Kelvin, was etwa minus 270,4 Grad Celsius entspricht, gesehen. Es wird angenommen, dass sie die Konsequenz einer Expansion des Weltraumes sei. Die ursprünglich viel energiereicheren, kürzeren Lichtwellen wurden gestreckt, weil sich die „Leere" ausdehnte, bis die Lichtwellen als Mikrowellen endeten. Niemand weiß allerdings, welche Mechanismen eine „Leere", einen Raum ohne Inhalt und ohne elastische Eigenschaften, strecken und aufblähen könnten und wo bei der „Streckung" des Raumes die Energiedifferenz geblieben sein könnte. Die Verteilung der Mikrowellenintensität zeigt einige leichte Kräuselungen, die bisher so interpretiert wurden, dass sie das gegenwärtig existierende Gewebe von Galaxien und dunkler Materie hervorgerufen hätten. Diese Kräuselungen haben die Größenordnung von 30 Millionstel eines Grades, liegen also im Bereich von mikro-Kelvin und sind damit ausgesprochen winzig. Mittels Raumteleskopie findet intensive Forschung statt, um diese Mikrokräuselungen in Vorstellungen umzugestalten, welche die Evolution und Verteilung der Galaxien erklären sollen. Es gibt hinter dieser ausgearbeiteten Mikrowellenhintergrundtheorie erstaunliche Annahmen. Warum sollte gerade dieser Schnappschuss von Lichtemission des 380.000 Jahre alten Universums für die Hintergrundstrahlung verantwortlich sein? Was passierte mit all dem danach, über 13,8 Milliarden Jahre ausgesendeten Licht? Nach der Entropieformel für sich ausbreitende Strahlung (4) muss letztlich fast die gesamte Lichtenergie in „chaotische" Mikrowellenenergie (5) umgewandelt worden sein.

Um die gleichmäßige Winkelverteilung der Strahlung im Raum, die nicht von einem explosiven Big Bang Vorgang erwartet wurde, zu erklären, musste man annehmen, dass sich der leere Raum selbst unmittelbar nach dem Big Bang zu einer riesigen Dimension ausdehnte. Das Phänomen, das heute das etablierte Weltraummodell dominiert, wurde „Inflation", „Aufblähung" genannt. Diese Vorstellung, die ein weitgehend homogen beobachtetes Universum einer Explosionstheorie anpasst, ist eine unglaublich arrogante wissenschaftliche Behauptung. Wir werden uns später die These von der Inflation des Raumes noch näher ansehen. Nach dieser primären Aufblähung des Raumes, als die Temperatur des so verstandenen jungen Weltraumes 3000 Grad Kelvin zeigte, setzte sich die gewöhnliche, beschleunigende Ausdehnung des Raumes fort. Diese streckte, entsprechend der gegenwärtigen Auffassung, die Wellenlänge der Lichtstrahlung allmählich weiter, bis das aktuell beobachtete Muster der Mikrowellenhintergrundstrahlung erreicht war. Das Phänomen der Streckung ist wiederum nicht vereinbar mit dem Energieerhaltungssatz, da das Strecken der Wellenlänge eines Photons seinen Energiegehalt reduziert. Die Relativitätstheorie kümmert sich nicht um Energieerhaltung. Es gibt kein Gesetz, das den Streckungsprozess erlaubt und thermisch ins Gleichgewicht gesetzte Mikrowellenquanten ergibt. Da Photonen derzeit mit Lichtgeschwindigkeit ohne Zeit reisen und da sie in Abwesenheit von Wechselwirkung mit Materie keine irreversiblen Prozesse eingehen können, gerät die zeitneutrale Physik in ernsthafte Probleme. Wohin verflüchtigte sich die Überschussenergie bei der Streckung und über welchen Mechanismus geschah es? Es gibt offensichtlich keinen vorstellbaren Quantenmechanismus, der dies erklären kann. Aber dies scheint niemanden ernsthaft zu beunruhigen.
Dies gilt auch für zwei weitere wohletablierte Tatsachen über die Rotverschiebung des Sternenlichtes, die so gar nicht in die gegenwärtige Erklärung eines schnell expandierenden Universums passen. Eine ist, dass kosmische Objekte identifiziert wurden, die eine identische Lage haben, zum Beispiel ein Quasar innerhalb einer Galaxie, aber auffallend unterschiedliche Rotverschiebungen zeigen (Arp, 1987). Ein anderer erstaunlicher Effekt ist eine Periodizität der Rotverschiebung, die sichtbar wird, wenn große Zahlen heller Galaxien untersucht werden und ihre Rotverschiebung in Abhängigkeit von Ihren Fluchtgeschwindigkeiten (in km/s) dargestellt wird. Perioden von 71,5 km/s und 37,5 km/s wurden in der Umgebung von dichten Haufen beziehungsweise Feldern von Galaxien beobachtet. Eine entsprechende periodische Anhäufung von Galaxien wurde als möglicher Grund diskutiert, aber Periodizität in der Rotverschiebung wird auch innerhalb einzelner, näherer Galaxien beobachtet. Ein solches Rotverschiebungsverhalten kann nicht durch

eine Raumzeit-Expansion oder eine einfache Lichtwanderung durch den Raum erklärt werden (Paal, 1970) (Tifft, 1973) (Napier et al., 1997).
Mein Vorschlag, dass sich die Mikrowellenhintergrundstrahlung wesentlich von der Entropieerzeugung durch expandierendes Sternenlicht herleitet, muss mit derselben Frage konfrontiert werden. Wie verliert Sternenlicht entropische Energie? Wie kann der Energieverlust vom selben Ort verschieden oder über längere Strecken periodisch sein? Das hier entwickelte Denkmodell bringt den Vorteil, dass man es auf der Grundlage der vorgeschlagenen Dynamischen Energiehypothese mit einer Welt zu tun hat, die durch Energie angetrieben wird und die der Irreversiblen Thermodynamik unterworfen ist. Dies eröffnet neue Möglichkeiten für Erklärungen. Darüber hinaus kann die Zeit aktiv werden und zeitabhängige Prozesse ermöglichen, was beim klassischen Photon nicht der Fall ist, das ohne Zeit reist und nur Energie verlieren kann, wenn es mit Materie wechselwirkt.
Es ist bemerkenswert, dass die Antwort auf die Frage nach dem Drang zum Energieverlust der Photonen im Weltraum durch das Dynamische Energie-Theorem (7) bereits im Detail gegeben wurde: „Energie hat innerhalb der Einschränkungen des Systems die Tendenz, ihre Energie pro Zustand zu verringern". Angewandt auf wandernde Photonen ist, was im Raum beobachtet wird, genau das, was geschieht: Photonen verlieren Energie und die sich verändernde Einschränkung ist das Entropiegesetz für die Ausbreitung der Strahlung in den Raum: Die insgesamt umgesetzte Entropie der Strahlung vergrößert sich mit der Ausbreitung der Strahlung in den Raum. Mehr und mehr Energie kann als chaotische Abfallenergie abgegeben werden. Die Wellenlänge der Strahlung wird mit zunehmender Entfernung rotverschoben. Und je länger Photonen wandern, umso mehr rotverschoben werden sie, umso mehr Energie haben sie verloren. Nach Formel (5) müsste schließlich die gesamte Energie des Lichtes der Rotverschiebung zum Opfer fallen und als „Abfallenergie" anderswo auftauchen. Unsere neue „symbolische Form" angewandt auf die Kosmologie, macht Sinn. Sie erklärt natürlich auch, warum sich unsere Welt im Zentrum des Rotverschiebungsphänomens befindet. Alle Galaxien scheinen sich von uns weg zu bewegen. Tatsächlich ist dies nicht notwendig. Was geschieht ist, dass das Sternenlicht, das wir sehen, einen Energieverlust mitteilt, der mit wachsender Entfernung der lichtaussendenden kosmischen Objekte größer wird. Was sind die Einschränkungen für ein Photon in Bezug auf den Verlust von Energie? Photonen können ein Kontinuum von Energiezuständen zwischen sehr energiereicher Gammastrahlung und sehr niedrigenergetischen Radiowellen annehmen. Die Energie ändert sich mit der Wellenlänge beziehungsweise der Frequenz des Lichtes. Ein wanderndes Photon kann Energie verlieren, indem es die Wellenlänge

größer werden lässt und die Differenz in Form von Mikrowellen aussendet. Energie in Form von Information, die in der fortlaufenden Rückwandlung der Lichtwelle in ein Photon involviert ist, wird bei diesem Prozess beteiligt sein. Energie abgebende Photonen reagieren einfach entsprechend dem Theorem der sich dynamisch verhaltenden Energie. Keine weiteren Annahmen sind nötig. Dies ist ein eindeutiges Ergebnis und kann auch als kritischer Test für die Dynamische Energiehypothese verwendet werden. Da über Milliarden von Jahren viele Photonen für lange Zeitperioden von Sternen weg wanderten, kann man verstehen, warum der Hauptteil der Strahlung im Universum Mikrowellenhintergrundstrahlung ist. Da man, je länger der Weg der wandernden Photonen ist, einen umso größeren Energieverlust und damit eine umso mehr zunehmende Rotverschiebung erwartet, kann ein solches Phänomen irrtümlicherweise ein expandierendes Universum vortäuschen. Wenn man ein Photon misst, erfolgt, weil dieses aus der Welle wiederhergestellt werden muss (Beziehung (11)), ein Umsatz von Information. Es wird eine Art von Zurücksetzen, ein „Reset" der Photoneninformation geben, mit der zusätzlichen, schon diskutierten Konsequenz, dass die Lichtgeschwindigkeit als immer-konstant gemessen werden kann. Es mag auch ein „Reset" in Hinblick auf den Energieverlust oder die Frequenzänderung des Photons geben. Wenn Photonen von fernen Galaxien auf der Erde ankommen und vermessen werden, erschaffen sie sich über die enthaltene Information neu. Eine konstante Lichtgeschwindigkeit ist die Konsequenz, wie es auch Information über die abgelaufene Geschichte des Photons sein könnte. Diese Information wäre dann in ihrem Rotverschiebungsmuster begraben, die den Energieverlust dokumentiert, den das Photon während der langen Reise erlitten hat. Eine periodische Rotverschiebung bedeutet in diesem Fall einen periodisch aktivierten Mechanismus der Energiedissipation.
Eine detaillierte Theorie für ein quantitatives Verständnis der Rotverschiebung auf Basis des Dynamischen Energiemodells wird gebraucht werden. Qualitativ aber kann die erwartete Rotverschiebung durch Entropieproduktion leicht vom Hubble-Gesetz abgeleitet werden. Es ist das empirische Gesetz, das die Rotverschiebung des Sternenlichtes nachvollzieht. Mathematisch beschreibt dieses Gesetz die angenommene Fluchtgeschwindigkeit v der Galaxien (in Kilometern pro Sekunde) bezogen auf unsere Erde. Dieses Hubble-Gesetz ist gegenwärtig der Zugang für das Verständnis der Dynamik unseres Universums, einschließlich der so genannten dunklen Energie.
Es beschreibt die Geschwindigkeit der Galaxie v über die Hubble Konstante H_0 mal der Entfernung D der Galaxie von der Erde in Lichtjahren (H_0 wird ausgedrückt in Kilometern pro Sekunde pro Megaparsec, was 3,26 Millionen Lichtjahre ausmacht.

Ihr Wert wird auf zwischen 50 und 100, meist auf 70 geschätzt):

$$v = H_o D \tag{15}$$

Diese empirische Formel setzt voraus, dass die Fluchtgeschwindigkeit der Galaxien mit der Entfernung immer größer wird. Sie kann durch reine mathematische Umwandlung einfach in eine Formel verwandelt werden, die meine Interpretation der Rotverschiebung über Entropieverluste ausdrückt. Wenn man die Formel links und rechts vom Ist-gleich-Zeichen durch eine Entfernung (Kilometer) dividiert, was mathematisch erlaubt ist, erhält man eine Aussage über die Frequenz f (1 dividiert durch Sekunde) von Licht der Galaxien in Abhängigkeit von deren Entfernung zur Erde D. Auf diese Weise ist die Formel noch immer gültig, erlaubt aber eine völlig neue Interpretation. Sie beschreibt den Energieverlust von Licht, über seine Frequenz, wegen der Erzeugung von Entropie. Der neue Proportionalitätsfaktor soll F_o genannt werden und hat die Dimension von Frequenzverschiebung pro Mega-parsec (3,26 Millionen Lichtjahre):

$$f = F_o D \tag{16}$$

Die in einem Photon enthaltene Energie ist proportional zur Frequenz f. Eine Frequenzverschiebung pro Abstand (in Mega-parsec) reflektiert infolgedessen den Energieverlust über den Entropieumsatz ΔS. Er wird mit dem Abstand D immer größer. Der Proportionalitätsfaktor steht in Zusammenhang mit dem Entropieumsatz: $F_o \approx \Delta S$. Dies bedeutet, dass die Verschiebung der Lichtfrequenz von Galaxien vom Abstand D und von der Rate des Energieverlustes F_o durch Entropieproduktion abhängig ist. Die Entropieproduktion ist nicht konstant, sondern man erkennt aus Beziehung (4), dass sie sich mit dem Abstand von der Lichtquelle ändert. Dies heißt, je weiter man sich von der Lichtquelle entfernt, umso kleiner wird der Entropieumsatz. Die Rotverschiebung des auf der Erde ankommenden Sternenlichtes erhält man, wenn man die der Energie proportionale Frequenzverschiebung durch den Entropieverlust (16) von der Frequenz des ursprünglich ausgesandten Lichtes abzieht. Diese einfache, adaptierte Formel erklärt dann ohne Annahme einer Aufblähung des Raumes, warum sich unsere Erde im Zentrum des Weltalls zu befinden scheint. Tatsächlich ist sie natürlich nicht im Zentrum, aber wir sehen aus allen Richtungen einfallendes Licht, das auf dem langen Weg von den lichtaussendenden Galaxien im Weltraum Energie an Entropieproduktion verloren hat.
Diese Umdeutung der Rotverschiebung des Lichtes gelingt einfach dadurch, dass,

im Gegensatz zur klassischen Quantentheorie, das Dynamische Energiemodell dem Licht erlaubt, während seiner Ausbreitung Energie zu verlieren, ohne mit Materie in Wechselwirkung zu treten. Es folgt einfach der dynamischen Interpretation des Prinzips der kleinsten Wirkung, demzufolge die Energie darauf abzielt, ihre Anwesenheit pro Zustand zu verringern. Das Gesetz über die Entropiezunahme bei Ausbreitung der Strahlung liefert die Rahmenbedingungen, innerhalb derer die Energiereduktion bei den Lichtteilchen erfolgen kann.

Die Frage, ob sich während einer Aufblähung des Universums eine Expansion nahe oder jenseits der Lichtgeschwindigkeit ereignete, verliert damit jede Grundlage. Rotverschiebungen können nicht mehr allein in Zusammenhang mit relativen Geschwindigkeiten und einem sich aufblähenden, leeren Raum interpretiert werden. Sie sind die unverwechselbare Spur von Entropieerzeugung und einer fundamental irreversiblen Natur. Ein derzeit angenommenes schnell expandierendes Universum kann sich somit in ein einigermaßen statisches verwandeln. Expandierendes und weit reisendes Licht verliert wegen der Bildung von entropischer, chaotischer Energie eine entsprechende Menge an Energie in Form von Mikrowellenstrahlung. Die Diskussion über dunkle Energie muss von Neuem beginnen, da alle Spekulationen über solche Raumeigenschaften auf Studien der Lichtfrequenzverschiebung (Rotverschiebung des Lichtes) beruhen, die aus dem Blickwinkel der Dynamischen Energie völlig anders verstanden wird (Formel (16)). Meine Interpretation eines entropischen Energieverlustes durch sich ausdehnendes Sternenlicht kann auch das Olbers-Paradox problemlos erklären. Vor zwei Jahrhunderten hat der deutsche Astronom Wilhelm Olbers erkannt, dass ein nächtlicher Himmel, der von vielen Sternen beleuchtet wird, immer hell wäre. Der Grund ist der, dass jeder Punkt am Himmel von einem scheinenden Stern bedeckt wäre. Dass dies aber nicht der Fall ist, wurde mit einem schnell expandierenden Raum und der dadurch erzeugten Rotverschiebung erklärt. Die hier gegebene Deutung von wanderndem, sich ausbreitendem Sternenlicht, das Entropie freisetzt, gibt gleicherweise eine logische Erklärung, weil das Licht von weit entfernten Sternen in den infraroten Bereich abwandert und unsichtbar wird. Sie bietet zusätzlich eine innovative Aussage über den Mikrowellenhintergrund. Zwei verschiedene Rotverschiebungen vom selben Ort im Weltraum kann man leicht erklären. Licht mit geringerer Rotverschiebung wird gebündelt emittiert und generiert weniger Entropie.

Auch für die periodischen Rotverschiebungen sind zwei verschiedene Interpretationen denkbar. Eine besteht darin anzunehmen, dass sich D in der Beziehung (16) periodisch ändert und die lichtausstrahlenden Galaxien in gewissen Gebieten des Weltraumes periodisch angeordnet sind. Dies ist theoretisch möglich, weil die Zeitvorstellung innerhalb der Dynamischen Energiehypothese, die Tatsache, dass es einen fundamentalen Zeitfluss gibt, eine Selbstorganisation von Galaxien erlaubt. Die andere Erklärung ist, dass sich F_o entlang des Weges periodisch verminderte. Dies bedeutet, dass, während der Reise der Photonen durch den Raum, Energieverluste in Form von Entropieproduktion in einigermaßen regelmäßigen Abständen auftreten. Dies ist denkbar, weil eine solche Eigenschaft in unserem Energiemodell fundamental sein könnte. Diese Deutung steht im Gegensatz zu den gegenwärtigen Vorstellungen, die es Photonen nur dann erlauben Energie zu verlieren, wenn sie mit Materie oder Gravitation wechselwirken.

Wenn sich Gravitation, die hier ja im Zusammenhang mit der Teilchen-Welle-Dualität mit Information identifiziert wurde, selbstorganisieren kann, dann sind periodische Strukturen bei der Gravitation und damit periodische Rotverschiebungen ebenfalls vorstellbar (siehe später).

Wir wollen die Deutung der Rotverschiebung des Sternenlichtes auf der Basis des Dynamischen Energiemodelles abschließen: Die Rotverschiebung kann qualitativ ohne weitere Annahmen und ohne ein explodierendes oder sich stark aufblähendes Universum erklärt werden. Um diese Effekte zu quantifizieren sind allerdings genauere Untersuchungen erforderlich. Der Zeitpfeil, dem wir gefolgt sind, hat gegenüber der gegenwärtig in der Physik vertretenen Vorstellung jedenfalls ein einleuchtendes und nachvollziehbares Bild vom Sternenlicht gezeichnet. Weil ein intelligentes Universum Entropieverluste einfordert, ermüdet das Sternenlicht auf seiner langen, seine Intensität verdünnenden und Energie verringernden Reise und schläft schließlich weit vom Ursprung entfernt ganz ein.

23 Die Irrationalität des Big Bang

Die bei charakteristischen Lichtemissionen von Sternen auftretende Rotverschiebung, die mit der Entfernung von unserem solaren System zunimmt, ist das meist diskutierte Argument für einen explosiven Start unseres Universums in Form eines Big Bang Ereignisses. Vorher, da gab es angeblich keinen Raum und keine Zeit, und Energie und Materie starteten aus einer zeitlosen Vergangenheit in Gestalt eines extrem kondensierten und überhitzten winzigen Kernes. Der komplizierte Formalismus der Allgemeinen Relativitätstheorie wurde angepasst, um diese Art kosmischer Evolution soweit wie möglich zu unterstützen. Das Standardmodell der Big Bang Theorie beschreibt viele Stufen der „Entstehung“ des Raumes, beginnend mit

einer Zeit von 10 hoch -43 Sekunden (eine Sekunde dividiert durch eine Eins mit 43 Nullen). Diese gegenwärtig kürzeste vorstellbare Zeit ist die sogenannte Planck-Zeit, die nur von Naturkonstanten, der Lichtgeschwindigkeit und der Gravitationskonstante abhängt. Von der anschließenden Aufblähung (der Inflation, der explosiven Vergrößerung des Saatuniversums) nimmt man an, dass sie in einer Zeitspanne zwischen 10 hoch minus 33 und 10 hoch minus 32 Sekunden erfolgte (eins durch eine Eins mit 33 beziehungsweise 32 Nullen). Aus der Allgemeinen Relativitätstheorie ist jedoch auch bekannt, dass die Zeit mit zunehmender Gravitation langsamer fortschreiten sollte. Wie groß war die Gravitation um den Big Bang herum, und damit die Planck-Zeit, wenn die meiste Masse des Universums (heute geschätzt auf 500 Milliarden Galaxien mit je über hundert Milliarden Sternen) daraus hervorgegangen sein soll? Macht dazu eine Zeitvorstellung Sinn? Außerdem ist eine Uhrzeit, die nur von Natur- und Materialkonstanten abhängt, in Bezug auf energetische Prozesse, die man beschreiben will, nicht aussagekräftig. Wie können die zeitumkehrbaren physikalischen Gesetze, die in die Allgemeine Relativitätstheorie eingeführt sind, ein explodierendes Universum überhaupt erklären? Ich halte das Big Bang Szenario für nicht überzeugend.
Die Gleichmäßigkeit der Mikrowellenhintergrundstrahlung, die ich anders interpretiere (Kap. 22), gilt neben der Mikrowellenstrahlung als zweite Stütze für eine Entwicklung des Universums aus einer Big Bang Explosion. Man nimmt an, dass sich in einem extrem heißen Plasma Quantenfluktuationen ereignet haben und Teilchen-Antiteilchenpaare spontan aufgetreten seien. Sie konnten nicht wirklich lange existieren und werden als „virtuelle" Teilchen gesehen. Trotzdem wird behauptet, dass ihre Existenz den Erhaltungssatz der Energie nicht verletze. Sie können offenbar eine Geburtsstätte für darauffolgende Kausalität sein (die hier beansprucht wird, während sie in anderen Fällen verneint wird). Man nimmt an, dass diese virtuellen Teilchen kleine Ansammlungen von Masse und Energie zur Folge hatten, die später als Galaxien und Haufen von Galaxien überall im Universum sichtbar wurden. Kleinste Variationen in der Temperatur des Mikrowellenhintergrundes sollten als Belege für eine solche Evolution dienen (Fig. 30). Der Satellit COBE hat sie vermessen und fand über den Weltraum verteilt eine Abweichung der mittleren Temperatur von nur 30 mikro-Kelvin. Dies bedeutet, dass die Temperatur, welche die Mikrowellen ausstrahlen, um nur 30 Millionstel eines Grades Kelvin (oder Celsius) variiert. Für diese Entdeckung erhielten J. C. Mather und G. F. Smoot einen Nobelpreis. Heute sind eine Reihe von Theorien ausgearbeitet, um Details dieser extrem kleinen Mikrowellenkräuselungen zu deuten.
Um die ziemlich gleichmäßige Verteilung der Mikrowellenhintergrundstrahlung

und der Galaxien im Raum zu erklären, musste jedoch das extrem kleine Big Bang Saatkorn eine enorme Verstärkung erfahren. Die nötige Theorie zielte darauf ab, eine gleichmäßige Verteilung von Energie und Temperatur im Raum zu ermöglichen. Die Allgemeine Relativitätstheorie scheint den Big Bang bereits zu beschreiben, indem man eine Konstante, die „kosmologische" Konstante, auf null oder beinahe null setzt. Um 1981 fand der Teilchenphysiker Alain Guth, dass bei einer anderen Wahl der kosmologischen Konstante dies so viel bedeutete, wie wenn die Allgemeine Relativitätstheorie, obwohl zeitneutral, eine exponentielle Zunahme des Raumes zuließe. Sie wurde unter dem Namen „Inflation", Aufblähung, bekannt und soll sich, wie schon erwähnt, innerhalb von 10^{-32} Sekunden ereignet haben. Der Raum soll sich dabei um den Faktor von 10^{30} vergrößert haben. Dies ist eine Eins gefolgt von 30 Nullen. Heute schätzt man den Durchmesser des Weltraums, bei einem Alter von 13,8 Milliarden Jahren, wegen dieser angenommenen anfänglichen und späteren Streckung des leeren Raumes auf 78 Milliarden Lichtjahre. Objekte, die zu Beginn des Big Bang Universums, zurückgerechnet aus den Gleichungen der Relativitätstheorie auf 13,8 Milliarden Lichtjahre vor unserer Zeit, Licht ausgesandt haben, befänden sich heute mehr als dreimal so weit entfernt. Sie wären durch die Streckung des leeren Raumes mit Überlichtgeschwindigkeit dorthin verschoben worden. Wer könnte sich dies vorstellen?
Einstein sagte einst „Zeit ist was die Uhr anzeigt". Welche Uhren zeigten die Zeit während der Inflation an? Und was kann ein sich passiv verhaltendes Maß, ein reiner Maßstab, die Uhrzeit, über zeitliche Veränderungen überhaupt aussagen, wenn diese nicht durch Naturkonstanten (Planck-Zeit), sondern durch Energie ausgelöst werden? Und warum können Theoretiker einen so schnellen, zeitorientierten Prozess wie die Inflation von einer Theorie mit zeitneutralen Teilchen und zeitumkehrbaren Gesetzen herleiten? Ist all dies logisch nachzuvollziehen, noch dazu, ohne die unbekannte Intensität der damaligen Gravitation zu berücksichtigen? Außerdem ignoriert die Allgemeine Relativitätstheorie die Energieerhaltung. Energie könnte danach aus dem Nichts geschaffen werden, was beim Big Bang ja auch hätte geschehen müssen. Ist eine solche Theorie zuverlässig? Heute kennt man viele Varianten der Inflationstheorie, die, abhängig von den eingehenden Annahmen und Parametern, nahezu jede beliebige experimentelle Beobachtung erklären wollen. Ein noch größeres Problem scheint zu sein, dass unter entsprechenden mathematischen Bedingungen das Auftreten vielfacher Raumzeit-Universen unvermeidlich ist und diese fortfahren, sich weiter zu multiplizieren. Sie wären in der Lage, jede gewünschte Eigenschaft eines Universums zu erklären. Energie könnte in einem Universum verschwinden und in einem anderen auftauchen. Man hat den Eindruck,

dass dies bequeme Tricks sind, um einschränkende Naturgesetze zu umgehen. Die Inflationstheorie, eine chaotisch explosiv reagierende mathematische Singularität, erwies sich als nützliches Werkzeug, um Raummysterien auf die Spur zu kommen. Die Inflationstheorie wurde zum Beispiel auch benutzt, um zu erklären, warum das uns bekannte Universum so viel Materie enthält (rund 500 Milliarden Galaxien). Über die Unbestimmtheitsbeziehung erlaubt die Quantenmechanik Energiefluktuationen aus dem Nichts. Diese Fluktuationen sollen Teilchen und Antiteilchen generieren können. Die riesige Ausdehnung des Raumes während der Inflation wird so mit der quantenmechanischen Erzeugung von Materie in Zusammenhang gebracht. Ich erinnere daran, dass ich im Kapitel 14 argumentiert habe, dass es keinen Grund gibt, die Unbestimmtheitsbeziehung auf diese Weise zu interpretieren. Die Erzeugung von Materie und Energie aus dem Nichts ist Quantenfiktion und absolut nicht glaubhaft.

Innerhalb der Big Bang Theorie werden Fragen über die Energieerhaltung zum Beispiel folgendermaßen beantwortet: „Energie, die in dieser Materie enthalten ist, und virtuelle (negative) Energie, die in der Gravitation enthalten ist, kompensieren sich gerade. Das Universum enthält null Energie" (Hawking, 1998). Kann null Energie all die Dynamik des Universums produzieren? Und was geschieht mit der dunklen Energie und der explosiven Expansion des Universums? Hawking behauptete Dinge, die nicht stimmen können.

Die postulierte Inflation des Universums bot auch weitere Spielräume für spekulierende Wissenschaftler. Da der heiße Big Bang als Ursprung des Universums eine anfängliche Existenz eines lokalen thermischen Gleichgewichts voraussetzt, was keinen geeigneten Start für den Aufbau von Ordnung darstellt, eröffnete ein sich schnell ausdehnendes Universum einen Ausweg. In diesem weit ausgedehnten Universum ist die maximal erlaubte Entropie, Unordnung, entsprechend größer. Dieser Umstand ermöglichte, trotz der anfangs schon großen Entropie, die Entwicklung des neu geformten Universums in Richtung weiter zunehmender Entropie (Penrose, 1989). Die irrationale Inflation, die Aufblähung des leeren Raumes, erlaubt deswegen nicht nur das Auffüllen des Universums mit Materie, indem diese aus dem „Nichts" herauskommt. Sie erlaubt darin auch die Entwicklung lokaler Ordnung über parallele Entropieproduktion. Aber kann dies über zeitumkehrbare Grundgesetze und eine Uhrzeit, die nichts bewirkt als einen Standard für die Vermessung von Veränderungen abzugeben, überhaupt funktionieren?

Da wir es mit der Anwendung und Deutung spitzfindiger mathematischer Modelle zu tun haben, ist es an dieser Stelle interessant, polemische Kommentare zu zitieren, die Einstein selbst in Bezug auf Realität mittels Mathematik abgab: „Insofern sich die Sätze der Mathematik auf die Wirklichkeit beziehen, sind sie nicht sicher, und insofern sie sicher sind, beziehen sie sich nicht auf die Wirklichkeit. Mathematische Theorien über die Wirklichkeit sind immer ungesichert. Wenn sie gesichert sind, handelt es sich nicht um die Wirklichkeit". Einstein sagte auch: „Seit Mathematiker über die Relativitätstheorie hergefallen sind, verstehe ich sie selbst nicht mehr" (Mathematik-Zitate, 2014). Diese Kommentare waren wahrscheinlich zu pessimistisch, da die Mathematik bewiesen hat, ein unverzichtbares Werkzeug der Physik zu sein. Und es gibt, selbstverständlich, völlig entgegengesetzte Kommentare, wie jene vom Nobelpreisgewinner Eugene Wigner, der einen Aufsatz über „Die unwirkliche Effektivität der Mathematik in den Naturwissenschaften" verfasste. Nichtsdestoweniger sind einige kritische Aspekte anzumerken. Einer besteht darin, dass manchmal mehrere oder viele Lösungen einer mathematischen Gleichung existieren, die für die Beschreibung eines Naturphänomens zur Verfügung stehen. Nur diejenige, die nahe an die Realität herankommt, wird typischerweise ausgewählt. Die Theorie wird dann als bewiesen bewertet. Was geschieht mit den anderen Lösungen? Komplizierte Sachverhalte ziehen oft weniger Aufmerksamkeit von Theoretikern an als einfachere. Obwohl sich alles in der Natur bewegt, wurden, wie schon betont, praktisch alle Naturgesetze so formuliert, dass sie zeitumkehrbar sind. Dies bedeutet, dass eine Umkehrung der Zeitrichtung das Gesetz nicht ändert. Die Realität entwickelt sich jedoch nur in eine Richtung. Zeitorientierte Prozesse, wie es selbstorganisierte Mechanismen sind, können so nicht leicht erklärt werden. Dies ist unbefriedigend und nicht zielführend. Von der spiralförmigen Eleganz ferner Galaxien über die biologische Evolution bis zu geologischen Besonderheiten, wie Meander ausbildende Flüsse, leitet sich alles von solchen Mechanismen her, die einem Zeitpfeil ausgesetzt sind. Erst der Dynamische Energieansatz versucht, logischere Verhältnisse zu schaffen, indem ein Wechsel zu einem fundamentalen Zeitpfeil als Spur der Energie gefordert wird. Bisher wurden dynamische Prozesse mitunter einfach so gerechnet, als ob ein Zeitpfeil für Rückkopplung vorhanden wäre, einfach weil nur so Resultate zu erzielen waren. Ein Beispiel ist für mich die aufwendige Berechnung der Verteilung von noch gar nicht nachgewiesener dunkler Materie im Weltraum (Springel et al., 2005). Die komplizierten Strukturen (siehe später Fig. 40) konnten nur entstehen, weil die verwendeten nichtlinearen Differentialgleichungen, die Voraussetzungen für Rückkopplung mitbrachten, welche die zeitneutrale Welt der gegenwärtigen Physik eigentlich verneint. Ein anderer Kritikpunkt ist ebenso ernst und ich habe ihn schon in Zusammenhang mit der klassischen statistischen Definition der Zeitorientierung erwähnt (Kapitel 8). Wenn komplizierte mathematische Beziehungen, die eine natürliche Situation beschreiben, vereinfacht werden, wird Information aus ihnen herausgenommen. Information hat jedoch einen Energiegehalt, so dass diese mathematische Prozedur das beschriebene System manipuliert. Dies wird in der Regel nicht berücksichtigt, wenn Formeln schließlich angewendet werden. Aber Formeln, die heute wenige Menschen wirklich zu verstehen scheinen, und nichtintuitive, quantenmechanische Mechanismen prägen die gegenwärtigen Vorstellungen von der Kosmologie, welche die Medien heute in jeden Haushalt projizieren.

Wie sieht die hier vorgestellte Dynamische Energietheorie das Big Bang Szenario? Erstens wird die vierdimensionale Raumzeit nicht gebraucht, weil die experimentell verifizierte, konstante Lichtgeschwindigkeit lokal erklärt wird. Zweitens folgt aus derselben Dynamischen Energietheorie auch eine vernünftige neue Erklärung für die Gravitation. In beiden Fällen steht Information über Materie dahinter. Das Modell, das die Immer-konstante-Lichtgeschwindigkeit und die Gravitation als Eigenschaft des leeren Raumes postuliert und als Allgemeine Relativitätstheorie bekannt ist, erübrigt sich. Außerdem spielt diese Theorie mit der Uhrzeit, die nur ein Maßstab für Veränderungen ist – ohne jeglichen Bezug zu Energie, welche Veränderungen auslöst. Nur als Fluss von Wirkung beziehungsweise als Fluss von Information kann Zeit relevante Aussagen vermitteln.

Auch die Äquivalenz von Masse und Energie erklärt sich anders: Masse ist einfach selbstorganisierte Energie. Als Konsequenz ist die Allgemeine Relativitätstheorie dann auch für das Verständnis der Dynamik des Universums, wie wir es sehen, unnötig und ungeeignet. Eine Big Bang Explosion kann deshalb nicht mehr von ihr abgeleitet werden, oder besser, an sie angepasst werden. Daraus ergibt sich, dass auch die Inflation, die Aufblähung des leeren Raumes als mathematische Möglichkeit nicht erfolgen kann. Eine mit dem Abstand der Galaxien von der Erde zunehmende Rotverschiebung erklärt sich so, dass sie vor allem den Energieverlust durch die Entropieumsätze der Photonenflüsse widerspiegelt, die sich in den Raum ausdehnen. Ein solcher Energieverlust ist aufgrund empirischer Gesetze unvermeidlich. Er kann berücksichtigt werden, wenn man die grundlegende Annahme der vorgeschlagenen Dynamischen Energiehypothese befolgt und weil in diesem Fall ein fundamentaler, orientierter Zeitfluss aktiv ist. Nicht das Vakuum streckt die Wellenlänge des Lichtes, sondern die Entropieerzeugung. Deswegen ist eine explosive Ausdehnung des Universums, gezeichnet von der entsprechenden Rotverschiebung, nicht nachzuvollziehen. Außerdem erklärt sich der Mikrowellenhintergrund im Universum als die vom Sternenlicht verlorene, entropische, „chaotische" Energie, die über viele Milliarden Jahre lange Zeiträume freigesetzt wurde und nun über den Raum verteilt ist. Die Irrationalitäten, die mit dem Big Bang Szenario in

Zusammenhang stehen, sind sehr signifikant und können mit der Annahme eines fundamentalen Zeitpfeils eliminiert werden. Ein Feuerball am Anfang des Universums bedeutet maximale Unordnung. Es handelt sich als Folge davon um eine Situation maximaler Entropie.

Es wird jedoch eine Situation von hoher Ordnung, also niedriger Entropie, gebraucht, um die Evolution von Strukturen und Mustern im Universum zu erklären, die wir tatsächlich sehen. Verschiedene Mechanismen wurden in der Literatur berücksichtigt, um die Erhöhung der Ordnung nach dem Big Bang zu erklären (Penrose, 1989) (Layzer, 1975, 1977, 1988, 1990). Die Quantenunbestimmtheit, jener Mechanismus, der Energie und Materie aus dem Nichts hervorspringen lässt, wenn der Raum expandiert, ist eine der erdachten Quellen von Ordnung und Antrieb für das Universum. Materie und Energie würden dadurch innerhalb eines expandierenden Raumes aus dem Nichts geschaffen.

Nach der Identifizierung der Quantenunbestimmtheit als chaotischen Determinismus, der aus der Selbstorganisation von Energie und Materie entsteht, ist diese Interpretation spontaner Energiegewinnung auszuschließen. Dass Energie und Materie aus dem Nichts hervorgehen sollen, ist auf Grundlage unseres Verständnisses von Energie eine Illusion (Kapitel 14). Andere Vorstellungen argumentieren, dass in einem expandierenden Universum die erlaubte maximale Entropie, also die Zahl der erlaubten Zustände, rapide ansteige und die Entropiegrenze des ursprünglichen, winzigen Big Bang Saatkorns übersteige (Layzer, 1990). Bei einer solchen Vorstellung ist man gezwungen zu glauben, dass der leere Raum wirklich expandieren könne, und dass die Energie, die dafür gebraucht würde, von irgendwoher käme. Auch die bis heute immer noch wenig verstandenen Eigenschaften der Gravitation wurden für die Erklärung von Ordnung, die aus dem Big Bang entstünde, in Erwägung gezogen. Wir haben die Gravitation aber als ein Informationsabbild-der-Materie im Zusammenhang mit der Teilchen-Welle-Dualität erkannt und interpretiert. Sie kann auch so verstanden werden, dass sie in Gegenwart überschüssiger Energie als selbstorganisierter Mechanismus wirkt, der über eine höhere Form der Gravitation, die Supergravitation, in Richtung auf die Erzeugung von Ordnung aktiv wird. Dies wird später diskutiert werden.

Ein Big Bang Ursprung des Universums ist für das Dynamische Energiemodell demnach keine annehmbare Wahl, da er zu viele Irrationalitäten beinhaltet. Der Zeitpfeil zeichnet ein völlig anderes und viel logischeres Universum.

24 Kosmische Objekte von Galaxien bis zu Schwarzen Löchern

Die hier entwickelte Initiative, die Natur unter der Einwirkung eines Zeitpfeils als Spur der Energie rational zu beschreiben, versteht Materie und Elementarteilchen als selbstorganisierte Energie. Dies ist möglich, weil Energieumwandlung die Zeit vorantreibt. Der Zeitfluss ist fundamental und kein statistisches Phänomen, das Unordnung schafft. Es gibt deswegen auch in fundamentalen Prozessen ein „Vorher“ und ein „Nachher“. Die Gravitation wurde hier bereits als Abbild-der-Materie in Form von Information identifiziert. Sie hat einen Energieinhalt und vermittelt zwischen den Teilchen- und Welleneigenschaften der Materie. Diese Information beinhaltet infolgedessen auch das geforderte fundamentale Bestreben der Energie, ihre Anwesenheit pro Zustand zu reduzieren. Über die Anziehung von Materie verringert die Gravitation freie Energie und erzeugt „chaotische“, entropische Energie. Die klassische Physik spricht von potentieller Energie, die von einem Gravitationsfeld gewonnen werden kann. Wasser von einem hoch gelegenen See wird verwendet, um ein elektrisches Kraftwerk zu betreiben. Auf diese Weise wird Energie aus der Gravitation entnommen. Als ein paralleles Produkt wird entropische Energie erzeugt, zum Beispiel in Form von Wärme, Schwingungen und Rotationen von Atomen oder Molekülen. Dies zeigt, dass dort, wo die Gravitation aktiv ist, Energie im freien Raum anwesend ist und die Neigung hat, ihre Energie pro Zustand zu verringern. Es ist die grundlegende Eigenschaft der Energie, wie sie innerhalb des hier diskutierten Dynamischen Modelles gefordert wird. Darüber hinaus wirken Materie und Information (Gravitation) gemeinsam als ein selbstorganisiertes System auf dasselbe Ziel hin. Fig. 31 zeigt, wie Gravitation mit den selbstorganisierten Spiralmustern der Galaxien in sehr großer Entfernung interferiert. Eine Supergravitation dürfte im Spiel sein. Es wurde ja oben gezeigt, dass sich Information unter bestimmten Bedingungen selbstorganisieren kann. Diese Supergravitation (Superinformation) ist als Konsequenz einer Selbstorganisation der Gravitation (Information) zu deuten (Kapitel 21 und 28). Gravitation ist sehr weitreichend. Der Durchmesser einer Galaxie kann sich von hunderttausend (unsere Galaxie) bis zu einer Million Lichtjahre erstrecken.

Die Entstehung von Elementarteilchen über eine dynamische Selbstorganisation von Energie ist bereits im Kapitel 20 diskutiert worden. Auf dieselbe Weise könnten sich die Elemente gebildet haben, die in der periodischen Tafel der Elemente erfasst werden. Viele von diesen erfordern einen gewissen Grad an Ordnung, um die erforderliche Zusammensetzung von Protonen, Neutronen und Elektronen zu ermöglichen. Eine weit vom Gleichgewicht entfernte selbstorganisierte Synthese von Elementen durch den Aufbau von Ordnung auf Kosten von Entropie ist eine energetisch viel effizienter funktionierende Strategie, als lediglich der Zusammenstoß der Bausteine bei hoher Temperatur, wie dies gegenwärtig interpretiert wird. Denn heute wird die Entstehung der Elemente im Universum vor allem über den Big Bang erklärt, wobei zunächst die Entstehung von Wasserstoff und Helium angenommen wird. Viel später in der Entwicklung des Universums führten die Konsequenzen von Sternexplosionen dann zu Elementen mit höheren Massen. Während eine Entstehung von Elementen unter den extremen Bedingungen explodierender Sterne nicht ignoriert werden kann, verdient es eine dynamische Selbstorganisation, unter milderen Bedingungen aber trotzdem ausreichender Energiezufuhr, ebenfalls untersucht zu werden.

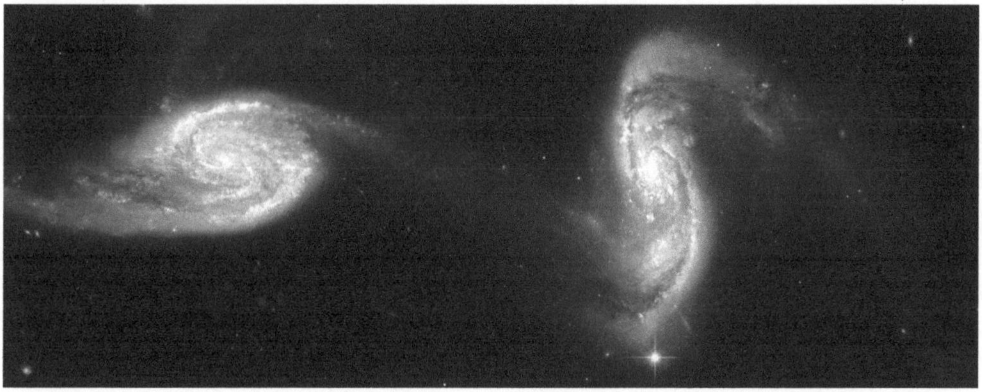

Fig. 31. Diese zwei wechselwirkenden Galaxien (NGC 5257) veranschaulichen die Wirkung der Gravitation im leeren Raum über große Entfernungen. (NGC, 2014, Foto: NASA). Gravitation wirkt sehr weit und durchdringt Materie. Hier wird abgeleitet, dass sie ein Phänomen der Information ist, ein Informationsabbild-der-Materie, das die Eigenschaften der Materie steuert. Information kann sich auch selbstorganisieren und erzeugt so eine höhere Hierarchie der Information. Es ist eine Art von Super-Gravitation, welche die selbstorganisierten rotierenden Spiralarme der Galaxien zusammenhält.

Die Aussicht, in einer sonst chaotischen Umgebung Ordnung aufzubauen, verspricht einen attraktiven neuen Mechanismus, um die Synthese schwererer Elemente zu beschreiben. Der Vorteil der Selbstorganisation für die chemische Synthese ist wohl bekannt. Ich wähle ein Beispiel: Bakterien fixieren Stickstoff in unserer Umgebung mit einem genetisch kontrollierten katalytischen Prozess bei Umgebungstemperatur. Lokale Ordnung wird eingesetzt, um den energieverbrauchenden Mechanismus in extremer Weise zu begünstigen. Technisch werden für diesen wichtigen Prozess neben ausgewählten Katalysatoren hohe Temperaturen von wenigstens 400°C und Drucke von 200 Atmosphären gebraucht. Unsere Kenntnis von nuklearen, chemischen Prozessen ist zu bescheiden, um Mechanismen zu verstehen, während derer lokale Ordnung zur Unterstützung einer hoch verbesserten Katalyse der Elementsynthese aufgebaut wird. Jedoch gibt es für ein zeitorientiertes Universum keinen Grund, warum nicht eine selbstorganisierte Elemententstehung ablaufen sollte oder während der Evolution des Universums hätte geschehen können.

Wenige Objekte des Weltraums haben die menschliche Vorstellungskraft mehr stimuliert als Schwarze Löcher. Sie konzentrieren Masse und Gravitation in solchem Maße, dass man glaubt, dass nichts, nicht einmal Licht ihren Grenzen entkommen kann. Sie werden deswegen im Wesentlichen eine schwarze Erscheinung haben. Erste Spekulationen über schwarze Sterne gehen zurück bis 1783. Heute werden mehr als ein Duzend Kandidaten allein in unserer Milchstraße vermutet. Ihre abgeschätzte Größe reicht von mehreren Sonnenmassen bis zu einem Schwarzen Loch mit 4,3 Millionen Sonnenmassen. Dieses besonders große, Sagittarius A*, bildet das Zentrum unserer Galaxie (Sagittarius A*, 2014). Man glaubt, dass die meisten Galaxien in ihrem Zentrum Schwarze Löcher besitzen, die Sternenstaub und Sternenmassen anziehen und verschlingen.

Es sind verschiedene Strategien verfügbar, um Schwarze Löcher zu identifizieren. Sie reichen von Beobachtungen benachbarter stellarer Objekte bis hin zur Beobachtung von Gravitationslinsen, einer Art Fata Morgana Phänomen, das durch Gravitation verursacht wird. Als weitere charakteristische Eigenschaft werden Strahlen von geladenen Teilchen und elektromagnetische Strahlung, die senkrecht zur Ebene eines rotierenden Schwarzen Loches ausgestoßen werden, vermutet.

Heute betrachtet man Schwarze Löcher im Wesentlichen als Phänomene, die der Allgemeinen Relativitätstheorie und der Quantenphysik unterworfen sind. Beide sind tatsächlich Gleichgewichtstheorien mit einer Zeit, die entweder eine Illusion ist oder ganz fehlt. Wenn eine gewisse kritische Masse überschritten wird, ereignet sich ein Gravitationskollaps und man erwartet, dass sich die Raumzeit dramatisch krümmte und in solchem Ausmaß konzentrierte, dass eine Art von Singularität erzeugt wird. Kleine Parameteränderungen in der mathematischen Theorie können dramatische Konsequenzen haben. Dies ist ein Grund, warum über die Funktion Schwarzer Löcher viel, aber wenig mit Sicherheit gesagt werden kann. Phantasievolle Quantenmechanismen wurden herangezogen, um diese Situation zu überwinden. Auf Basis bestehender Quantentheorie kann Energie aus dem Nichts

entspringen und virtuelle Teilchen sowie Antiteilchen erzeugen. Die Antiteilchen könnten ins Schwarze Loch fallen und den Gegenteilchen damit erlauben, der Gravitation zu entkommen. Dies ist die bekannt gewordene Hawking-Strahlung, welche die Schwarzen Löcher langsam verzehrt. Allerdings wurde vorhergesagt, dass die Strahlung so schwach sei, dass man sie nicht werde messen können. In der Literatur wurden auch thermodynamische Deutungen versucht, obwohl eine Funktion entsprechend der Gleichgewichtsthermodynamik nicht offensichtlich ist. Es soll nochmals herausgestrichen werden, dass sowohl die Allgemeine Relativitätstheorie als auch die Quantentheorie auf fundamentalen Gesetzen aufbauen, die zeitumkehrbar sind und reversible Prozesse im Gleichgewicht beschreiben. Nichtsdestotrotz bringen Theoretiker den Mut auf, solche Gesetzmäßigkeiten für die Beschreibung eines hoch irreversiblen „Materie fressenden“ Phänomens, dem eines Schwarzen Loches, einzusetzen. Sind dies überzeugende Beschreibungen der Funktion von Schwarzen Löchern?
Was kann über Schwarze Löcher vom Gesichtspunkt des „Dynamischen Energiemodells“ mit seinem Zeitpfeil ausgesagt werden? Hier hat die einfache, grundlegende Forderung, dass Energie dazu tendiert, ihre Anwesenheit pro Zustand zu reduzieren, eine unmittelbare Konsequenz: Schwarze Löcher reflektieren eine Situation weit weg vom Gleichgewicht und eine maximale Entropieproduktion (Erzeugung chaotischer Energie), selbstverständlich innerhalb der Einschränkungen des Systems. Aufgrund solcher Gesichtspunkte allein sollte klar sein, dass Schwarze Löcher Phänomene der Selbstorganisation von Materie und Energie sein müssen. Materie wird dabei extrem konzentriert, umgesetzt durch Druck, Hitze und nukleare Prozesse, wobei sich die Gravitation extrem verdichtet. Jetzt sollte man sich daran erinnern, dass hier Gravitation als Information über Materie erkannt wurde. Diese sich konzentrierende Information zwingt die Materie immer mehr dazu, ihre Anwesenheit pro Zustand zu verringern, also die enthaltene Information zu minimieren und die Unordnung zu maximieren. Sie zwingt dabei auch der Masse eine Beschleunigung auf, die, mit Masse multipliziert, die resultierende Kraft ergibt und die Masse immer mehr konzentriert. Genau genommen haben wir es mit einer eskalierenden „Informationskatastrophe“ zu tun. Es ist wie in einem schrecklichen Krieg, wenn alle Akteure den Befehl haben zu töten. Aber wohin geht die umgesetzte, zerkleinerte Energie in einem Schwarzen Loch? Die Energie muss erhalten bleiben, aber sie ist, wenn sie zur Entropie beiträgt, nicht mehr nützlich und hat Information verloren. Wohin entweicht sie, wenn nicht einmal Licht von einem Schwarzen Loch entkommen kann?
Schwarze Löcher werden typischerweise im Zentrum von Spiralgalaxien gefunden.

Oberflächlich gesehen passen sie in ein Muster, das man bei Hurrikanen und Taifunen beobachtet. Sie entwickeln Strukturen, die für die Musterbildung während der Energieumwandlung fern vom Gleichgewicht typisch sind. Möglich ist dies deshalb, weil der fundamentale Anspruch der „Dynamischen Energiehypothese" einen Zeitpfeil beinhaltet, eine Energie-Eigenschaft, die Veränderungen mit sich bringt. Man kann sich ein Schwarzes Loch wie einen vegetarischen Dinosaurier vorstellen, der sich, in einem vorzeitlichen Wald, von Vegetation ernährt und diese verschlingt. Die Gravitation spielt dann eine ähnliche Rolle wie die Fressaktivitäten des Dinosauriers, die von seinem Gehirn gesteuert werden (Fig. 32). Die Gravitation wurde ja als Informationsabbild-der-Materie identifiziert. Die Information, mit dem Ziel, die Energie pro Zustand zu verringern, ist dann so intensiv, dass sie die Materie regelrecht zerfrisst. Die Materie verschwindet im Schwarzen Loch wie die Blätter im Maul des Dinosauriers. Was kann man über die Entropieproduktion in einem Schwarzen Loch sagen, wenn man auf ein solches Bild blickt? Auf der Grundlage von dem, was vorher überlegt wurde, kann man einen ausdrücklichen Trend in Richtung maximaler Entropieproduktion erwarten (Kapitel 11). Aber wo sind die Einschränkungen des Systems? Wohin wandert die „chaotische Energie" in Form von Entropie, wenn nichts einem Schwarzen Loch entkommen kann? Was macht ein Dinosaurier, wenn sein Verdauungssystem die unverdaulichen Produkte nicht los wird? Er wird entweder ernsthaft krank und stirbt oder er findet einen Weg, seine Exkremente los zu werden. In der Irreversiblen Thermodynamik wird das selbstorganisierte System einfach weiter weg vom Gleichgewicht driften und es werden neue Parameterkonstellationen beginnen, das System innerhalb seiner Einschränkungen umzuwandeln und anders zu orientieren. Die physikalische Situation in einem Schwarzen Loch ist zunächst durch eine zunehmende Intensität der Gravitation charakterisiert. Gravitation wurde mit dem Informationsabbild-der-Materie identifiziert, das darauf abzielt, die Energie pro Zustand zu verringern. Ein Schwarzes Loch ist demnach ein Phänomen, das Information im Übermaß anhäuft und umsetzt, um Energie „kleinzukriegen". Mit zunehmender Gravitation, mit intensiverer Information, wird es demnach einen steigenden Drang geben, „chaotische Energie" in Form von Entropie los zu werden. Modifizierte oder neue Selbstorganisationsmuster mit anderen Eigenschaften werden auftreten, zum Beispiel eine Assoziation eines Schwarzen Loches mit einem Quasar (Strahlung aussendendes System, siehe unten). Jedoch wird auch eine Selbstorganisation von Gravitation möglich sein, eine Art von Supergravitation, wie sie später noch genauer erklärt werden wird. Auf diese Weise kann Information, welche die Gravitation ja darstellt, eine Art von Ordnung aufbauen, eine Hierarchie über der von reiner

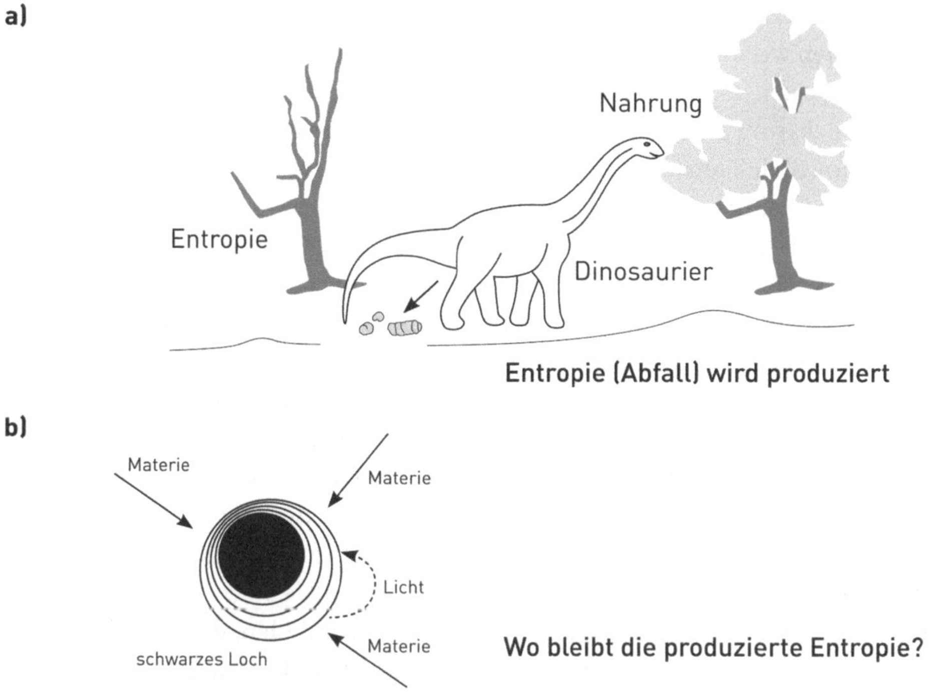

Fig. 32. Ein Schwarzes Loch kann mit einem vegetarischen Dinosaurier (a) in einem Trias-Wald verglichen werden. Beide Systeme werden durch Selbstorganisation kontrolliert. Das Schwarze Loch (b) muss einen Weg finden, die Entropie, degradierte Energie, los zu werden.

Information. Eine viel intensivere Gravitation wie auch völlig neue zusätzliche strukturelle Eigenschaften sind zu erwarten. Als ein Beispiel soll die Informationsverarbeitung im menschlichen Gehirn erwähnt werden. Wenn selbstorganisierte Informationsverarbeitung unser Bewusstsein ermöglicht (Kapitel 28), muss ein hinreichend hoher Energiefluss durch das System aufrechterhalten werden. Ein hoher Energiefluss ist auch bei einem Schwarzen Loch gegeben. Was aber selbstorganisierte Information, Gravitation, in einem solchen Schwarzen Loch zu leisten vermag, kann gegenwärtig nur spekuliert werden.
Für ein sich entwickelndes Schwarzes Loch sind spezialisierte, selbstorganisierte Strukturen vorstellbar, Bereiche intensiver Gravitation neben solchen mit geringer Gravitation. Strukturen sind denkbar, die degradierte Energie schließlich abstoßen können, zum Beispiel in Form von Strahlung, die über gravitationsfreie Kanäle emittiert wird. Quantenvorstellungen können rational mit einer solchen Dynamik nicht umgehen. Im Gegensatz dazu, auf Grundlage einer zeitorientierten Energie,

muss ein Schwarzes Loch als anorganisches Produkt dynamischer Selbstorganisation verstanden werden, mit der Fähigkeit auf Parameteränderungen und Energieflüsse zu reagieren.
Es ist heute bekannt, dass solche Phänomene eine Zeitorientierung, eine Situation weit weg vom Gleichgewicht sowie Rückkopplungsprozesse voraussetzen. Weder die Allgemeine Relativitätstheorie noch die Quantentheorie können solche Bedingungen schaffen oder kontrollieren. Die Schwartzschildlösung der Allgemeinen Relativitätstheorie von 1916, die den Prototyp des Schwarzen Lochs innerhalb dieser Gleichgewichtstheorie generierte und noch immer als Referenz dient, hat nichts mit dynamischer Selbstorganisation zu tun. Sie beschreibt nur eine erdachte Deformation von Raum und Zeit, um eine sich ansammelnde und zusammenziehende Masse herum. Ich erinnere daran, dass die Uhrzeit keinerlei Beziehung zu Energie (und Masse) beinhaltet, sondern nur einen Maßstab darstellt. Wie sollte sie dann durch Masse manipuliert werden? Ich bezweifle, dass der leere Raum ein solch kompliziertes Verhalten wie das „Verbiegen" der Zeit in der Raumzeit entwickeln kann. Es soll daran erinnert werden, dass dieses „Verbiegen" auch so viel wie eine Manipulation der Zeit bedeutet. Ich kann mir nicht vorstellen, dass es eine solche „verbogene" Zeit ist, die Gravitationsbeschleunigung simuliert, welche für Schwarze Löcher wirklich ausschlaggebend ist.
Der Weltraum ist voll von raffiniert und ästhetisch schön strukturierten galaktischen Objekten und dynamische Selbstorganisation scheint überall zugegen zu sein. Dies ist offensichtlich ein bedeutender Faktor für Kreativität im Universum und hängt völlig von zeitorientierten Mechanismen ab. Wenn man eine fundamentale Zeitorientierung zulässt, wie sie das „Dynamische Energiemodell" erzwingt, wird diese auch dem Staub und der Materie in hoch verdünnter Form im Weltraum erlauben, über längere Zeiträume komplizierte Muster zu entwickeln. Aber es muss, selbstverständlich, auch einen energetischen Druck geben, der das System weit vom Gleichgewicht entfernt.
Quasare sind Strahlung aussendende Systeme und gehören zu den hellsten leuchtenden Objekten im Weltraum. Sie sind besonders interessant und typischerweise mit einem Schwarzen Loch im Zentrum von Galaxien (solche mit einer Wölbung) verbunden. Diese Kombination kann erklären, wie ein „Schwarzes Loch", ein „anorganischer Dinosaurier", schließlich seine Exkremente los wird. Das Schwarze Loch sammelt Materie und Sternfragmente und rotiert sie in einer so genannten Zuwachsscheibe. Von dort kann die Materie in das Schwarze Loch fallen oder mit totaler Intensität, die einem Millionen- bis zum Milliardenfachen unserer solaren Strahlung entspricht, abgestrahlt werden. In der Tat wurden Strahlungsintensi-

täten abgeschätzt, die denen von hundert Milchstraßengalaxien äquivalent sind. Sie können von Schwarzen Löchern herrühren, die weiter weg vom Gleichgewicht gedriftet sind und für eine Energieumwandlung besser angepasste, neue Strukturen entwickelt haben. Da diese neuen Strukturen mit Schwarzen Löchern assoziiert zu sein scheinen (denen sie Materie abgeben und von denen sie Energie in Form von Strahlung und Staub abziehen), geben sie gemeinsam Zeugnis von maximaler Entropieproduktion während der Umwandlung von fester Materie, die letztlich in Form von Strahlung und Gasen als Abfallenergie freigesetzt wird.

Solche Prozesse, bei denen Materie auf Grundlage maximaler Entropieproduktion umgesetzt wird, sollten auch in Quasaren in Verbindung mit Schwarzen Löchern geschehen, mit der Besonderheit, dass enorme Mengen von Materie verbraucht werden. Die energetische „Verdampfung" von Materie durch Verbindung von Quasaren und Schwarzen Löchern über nukleare Prozesse zielt darauf ab, eine maximale Umsetzung und Verteilung von „chaotischer Energie" in Raum und Zeit zu erzeugen. Durch gegenseitige Ergänzung führen sie wegen optimierter Rahmenbedingungen im Grunde mit maximaler Leistung das aus, was ich für ein fundamentales Gesetz erkläre: das Bestreben der Energie, ihre Anwesenheit pro Zustand in Raum und Zeit zu verringern. Die Assoziationen von Quasar und Schwarzem Loch scheinen einen Zustand der Evolution erreicht zu haben, bei dem durch ein selbstorganisiertes System ein maximaler Energieumsatz und entsprechend ein maximaler Entropieumsatz angenähert sind. Ein Schwarzes Loch allein hätte wegen der extrem hohen Gravitation Schwierigkeiten, Strahlung und Materie zu emittieren. Aber die Evolution fand offensichtlich einen Ausweg, indem sie ihre Struktur modifizierte und in eine Vergesellschaftung mit einem Quasar führte. Das Ergebnis, ein selbstorganisiertes System mit deutlich verbesserter Fähigkeit für die Entropieproduktion, ist überzeugend. Dies mag meine Deutung eines „Zieles" in der Evolution (Kapitel 27), das einen maximalen Energieumsatz innerhalb der gegebenen Einschränkungen darstellt, unterstützen. Zusätzlich sollte es Zeugnis für eine lange und dynamische Evolutionsgeschichte der Galaxien im Raum ablegen. Assoziationen von Quasar und Schwarzem Loch verändern zudem die Lichtintensität innerhalb von Wochen und Monaten. Sie sind anorganische Systeme, die sich im Wesentlichen so verhalten wie lebende Tiere. Ich vergleiche sie mit vegetarischen Dinosauriern. Ihre Aktivitäten hängen von den existierenden Rahmenbedingungen ab. Auch Dinosaurier erzeugten weniger Entropie, wenn sie weniger Nahrung aufnahmen, verdauten und ausschieden.

Die Deutung, die eben für Schwarze Löcher gegeben wurde, unterscheidet sich von gegenwärtigen Interpretationen über zeitneutrale Theorien drastisch. In diesen wurden die Gleichgewichtsthermodynamik und die Quantentheorie so an die Raumverbiegung und den Zeithorizont der Allgemeinen Relativitätstheorie angepasst, bis sie integriert schienen (Black hole, 2014). Auch die Rolle der Quasare wird darin unterschiedlich interpretiert: Es handelt sich einfach um ein sekundäres Phänomen. Ihre enorme Lichtausstrahlung resultiert von der Zuwachsscheibe, auf der Materie rotiert, während sie darauf wartet, vom Schwarzen Loch absorbiert zu werden. Von der abgestrahlten Energie glaubt man im Wesentlichen, dass sie durch Reibung erzeugt wird.

Im Gegensatz dazu besteht meine Interpretation darin, dass die Evolution beim anorganischen Tandemsystem aus Schwarzem Loch und Quasar den Energieumsatz in Richtung maximaler Entropieproduktion, innerhalb der Einschränkungen des Systems, optimiert hat (Fig. 33).

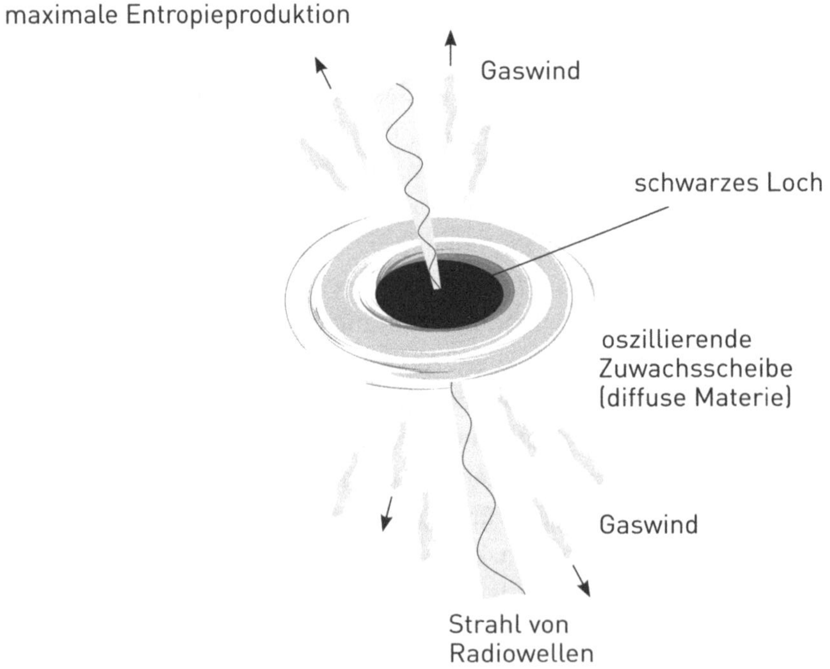

Fig. 33. Verbindung eines Schwarzen Lochs und eines Quasars mit dem Ziel maximaler Entropieproduktion. Beide sind selbstorganisierte Systeme, die, abhängig von der umgesetzten Energie, ihren Abstand vom Gleichgewicht und ihre Parameterkonstellationen ändern. Maximale Entropieemission erfolgt über die Zuwachsscheibe, die als logistische Plattform für die Sammlung nützlicher Materie und die Emission von Abfallenergie zu dienen scheint. Selbstorganisierte Gravitation (Information) und ihre strukturelle Organisation können Teil des Mechanismus sein.

Wenn die sich zusammenziehende Materie sich in Richtung eines Schwarzen Loches entwickelt, funktioniert die Energieumwandlung gut. Aber wenn das Schwarze Loch wächst, kann chaotische Energie in Form von Entropie (kleine Teilchen und Strahlung) das System nicht mehr verlassen. Das Schwarze Loch wird zeitweise als „Grab für Entropie" dienen, weil die Gravitation zu hoch ist. Dies wird allerdings die Entfernung des Systems vom Gleichgewicht beeinflussen. Das selbstorganisierte System strukturiert sich infolgedessen um und „sucht" nach einem Weg, die Entropie abzustoßen. Diese Suche ist die Konsequenz aus der erkannten fundamentalen Energieeigenschaft: Entropie, die in einem begrenzten Raum eingesperrt ist, hat einen höheren Wert an Energie pro Zustand. Größere Schwarze Löcher finden schließlich einen Weg, Energie in Form von Entropie, chaotischer Abfallenergie, los zu werden. Sie erreichen dies durch Umstrukturierung in einer Weise, die einen Ausstoß von nicht nutzbarer Energie ermöglicht. Dies geschieht offenbar über die vorhin genannte Zuwachsscheibe, die sich um das Schwarze Loch bildet. Sie bewerkstelligt den Transport von Materie (Energie) zum Schwarzen Loch, und von Entropie, nicht nutzbarer Materie und Energie, vom Schwarzen Loch weg. Auch eine Selbstorganisation und räumliche Strukturierung von Gravitation (Information, siehe Kapitel 28) kann erfolgen und diesen Prozess der Organisation und der Ermöglichung maximaler Entropiefreisetzung unterstützen. Dass die Zuwachsscheibe ein Produkt dynamischer Selbstorganisation ist, wird nicht nur durch ihre Spiralstruktur offensichtlich, sondern auch durch quasiperiodische Oszillationen, die man in ihnen beobachtet hat. Inzwischen hat man von bis zu 100.000 Quasaren festgestellt, dass sie die Zentren von Galaxien besetzen. Sie haben die Größe unseres Sonnensystems, können aber intensiver als 100 Galaxien zusammen strahlen. Die Strahlungsenergie ist über alle Bereiche von Gammastrahlung, ultraviolettem und sichtbarem Licht, bis hin zu Wärmestrahlung und Mikrowellenstrahlung sehr weit verteilt. Dies steht im Gegensatz zur Strahlung von Galaxien selbst, die vor allem im sichtbaren und infraroten Licht auftritt. Schwarze Löcher haben also weitere Funktionen entwickelt, die man als Quasare bezeichnen kann. Damit wurde offenbar ein Weg gefunden, Materie und Energie freizusetzen, die als eingesperrte Entropie erzeugt wird (Fig. 33). Durch diese Kombination ihrer Eigenschaften nähern sie sich einem Zustand maximaler Entropieproduktion an. Die Schwierigkeit, Entropie aus einem Schwarzen Loch abzusetzen, mag dessen Aktivitäten weiter weg vom Gleichgewicht verschoben haben, um neue Strukturen zu erkunden und endlich der Entropie zu erlauben, der Gravitation zu entkommen.
Selbstorganisation von Gravitation, Supergravitation, kann eine räumliche Strukturierung der Gravitation ermöglichen und so gravitationsfreie (informationsfreie)

Kanäle schaffen, die den Ausstoß von Strahlung und Gasen in den freien Raum, wie beobachtet gebündelt, ermöglichen (z.B. festgestellt im Zentrum der Galaxie Messier 87, auf Centaurus A, auf V404 Cygni in unserer Milchstrasse). In anderen Worten: Information über Materie organisiert sich im Schwarzen Loch schließlich so, dass sie sich in gewissen Kanälen stark verdünnt und Materie und Energie ausgestoßen werden können. Damit erfüllt ein solches System ein Entropiegesetz, das fern vom Gleichgewicht zum Tragen kommt: maximale Entropieproduktion. Wie sonst könnte ein einzelnes Schwarzes Loch-Quasar-System wie hundert Milchstraßen zusammen strahlen? Die Natur maßschneidert ihre dynamischen Systeme so, dass sie in ihre Gesetze hineinwachsen. Der Zeitpfeil als Spur der Energie setzt dies um und ist damit ein Schlüssel zur Irreversibilität und einer dadurch ermöglichten Kreativität des Universums.

Im April 2019 publizierte das Team des dezentralisiert funktionierenden Event Horizon Teleskops ein erstes Mikrowellenbild eines Schwarzen Lochs in der Galaxie Messier 87. Es hat einen Durchmesser von 100 Milliarden Kilometer (viel größer als unser Sonnensystem) und es wurde geschätzt, dass es 6,5-milliardenmal die Masse unserer Sonne enthalte. Das aufbereitete Bild (Mikrowellen können nicht gesehen werden) zeigt eine schwarze Scheibe, das vermutete Schwarze Loch, vor und umgeben von einem größeren rötlichen Halo, das als Ereignishorizont interpretiert wurde. Eine andere Interpretation ist, dass man die Zuwachsscheibe (Fig. 33) um das Schwarze Loch herum sieht. Es ist, wissenschaftssoziologisch interessant, dass die veröffentlichenden Medien generell kommentierten, dass das Bild perfekt Einsteins Relativitätstheorie unterstütze. Eine solche Aussage ist nicht präzise. Die Vorstellung von einem Schwarzen Loch geht als himmlischer „dunkler Körper" bis ins 18. Jahrhundert zurück und Einstein war in Bezug auf diese Idee skeptisch, als er 1915, vor mehr als hundert Jahren, die Feldgleichungen seiner Allgemeinen Relativitätstheorie publizierte. Aber 1916 lieferte Schwarzschild eine vereinfachte mathematische Lösung und konnte ein Schwarzes Loch als Singularität in die Theorie einpassen. Hochkonzentrierte Masse bildete sich und formte einen Raumzeit-Käfig. Es stellte sich heraus, dass sein errechneter Radius proportional zur Masse und Gravitationskonstanten und umgekehrt proportional zum Quadrat der Lichtgeschwindigkeit ist. Ein Schwarzes Loch braucht nicht die Raumzeit der Relativitätstheorie. Die Dynamische Energietheorie versteht auch das Schwarze Loch und insbesondere die außerordentliche Dynamik, welche das Schwarze Loch der Galaxie Messier 87 entwickelt, indem sie gebündelte Strahlung, Entropie, in den Weltraum entsendet. Es ist ein Musterbeispiel eines selbstorganisierten galaktischen Systems, das maximale Entropieproduktion umsetzt.

ZEIT, EVOLUTION UND GEIST

25 Eine alternative, kurze Geschichte der Zeit

Solange Menschen versucht haben, die Welt zu verstehen, müssen sie auch darüber gerätselt haben, was die Zeit ist. Bei den indigenen Völkern war Zeit ein Teil ihrer Mythologie. Sie war eingebettet in alten Geschichten, die sie erklärten. Seit dem Altertum sind in philosophischen und literarischen Kreisen viele intelligente Kommentare über die Zeit in Umlauf gebracht worden. Während des letzten Jahrhunderts wurden auch zahlreiche Bücher über die Ursache und Bedeutung der Zeit geschrieben (z.B. Reichenbach, 1956; Withrow, 1972, 1980; Davies, 1974; Zeh, 1992). Ich selbst habe, als ich die Idee von einer „Dynamischen Energie" erforschte, auch die konventionellen Vorstellungen studiert (Tributsch 2008 a), um herauszufinden, welche Bedeutung sie für meine Überlegungen hätten. Ich wählte den Titel dieses Kapitels in Anspielung auf Stephen Hawkings Buch „Eine kurze Geschichte der Zeit", weil fast alle Schlussfolgerungen, die ich im Zusammenhang mit dem Zeitpfeil ziehe, davon abweichen.
Wir haben es schon gelernt: Die Wissenschaft nutzt heute die Zeit, die Uhrzeit, lediglich als Maßstab, um Veränderungen zu registrieren. In Uhren setzt man zwar Energie ein, um sie zu betreiben, entkoppelt die Zeitangabe aber von ihr. Vielmehr wählt man periodisch generierbare Vorgänge, die Schwingungsdauer eines Pendels oder eines Quarzplättchens, den Elektronenübergang in einem Atom zwischen zwei Energieniveaus, als Zeitintervalle. Anhand periodischer astronomischer Gegebenheiten, wie den Tag oder das Jahr, zählt man dann, wie viel Zeitintervalle hineinpassen und teilt die Zeit in Stunden, Minuten und Sekunden. Bei festgelegter Geometrie der Taktgeber hängt ihre Schwingungsdauer dann nur mehr von der Gravitation, der Elastizität des Quarzes, beziehungsweise, bei der Atomuhr, allein von atomaren Eigenschaften ab. Wenn man dann die Uhrzeit angibt, hat dies also nichts mit Energieumsatz, sondern mit Naturkonstanten zu tun. Das gilt auch für die im Zusammenhang mit dem Big Bang Ereignis schon erwähnte, rein theoretisch erdachte Planck-Zeit. Eine Uhrzeit ohne Energiebezug passte natürlich in eine zeitneutral angenommene Welt, an der die Zeit nur als Maßstab vorüberzieht. Aber was sagt sie aus, wenn man wissen will, wie sie im Inneren einer schnellen Rakete tickt? Sie ist jedenfalls definitiv etwas anderes, als der Zeitpfeil, der die Zeit als Spur der Energie definiert.

Alle fundamentalen Gesetze sind gegenwärtig so postuliert, dass sie zeitumkehrbar sind. Sie kümmern sich nicht um eine Zeitorientierung. Ein Zeitfluss in Richtung zunehmender Unordnung und höherer Wahrscheinlichkeit, der von jedem Beobachter bezeugt und deswegen nicht ignoriert werden kann, wird lediglich als Konsequenz statistischer Prozesse verstanden. Vorgänge folgen einem Weg zunehmender Wahrscheinlichkeit. Eine solche Zeitentwicklung in Richtung zunehmender Unordnung kann allerdings, wie schon erklärt, nicht ohne zusätzliche Annahmen von zeitumkehrbaren Prozessen abgeleitet werden. Man behilft sich stattdessen mit mathematischen Klimmzügen. Mikroskopische Unbestimmtheit und chaotische Mechanismen erlauben scheinbar Veränderungen nur in eine Richtung, jedoch keine Rückkehr. In Kap. 8 wurde gezeigt, dass dabei entweder Energie in Form von Information weggeworfen, stillschweigend Rückkopplung erlaubt oder das Prinzip der Energieerhaltung verletzt werden. Seit dem Aufstieg der Relativitätstheorie, wie sie von Einstein und in gewissem Grade von Poincaré vertreten wurde, welche die absolute Zeit aufgibt und betont, dass die Zeit relativ sei, erzählen Physiker, dass die Zeit eigentlich eine Illusion sei. Einstein schrieb um 1955 in einem Brief an den Sohn und die Schwester seines verstorbenen Freundes Michele Besso: „...die Scheidung zwischen Vergangenheit, Gegenwart und Zukunft hat nur die Bedeutung einer wenn auch hartnäckigen Illusion". Für Physiker schien diese Feststellung nicht unvertraut zu sein, da Elementarteilchen als zeitneutral betrachtet werden und alle Naturgesetze ohnehin als zeitumkehrbar formuliert sind. Es wurde keine Notwendigkeit für einen fundamentalen Zeitpfeil, wie ich ihn über die Dynamische Energie und den Zeitpfeil als Spur der Energie einführe, erkannt. Die Naturgesetze, welche die Physik heute lehrt, könnten unser Universum also genauso gut in die Vergangenheit begleiten. Aber unser Universum trifft diese Wahl nicht. Einsteins Relativitätstheorie erzählt uns nur, dass die Uhrzeit keine absolute Größe, sondern relativ sei, abhängig von relativen Bewegungen und ihrer komplizierten Verbindung mit dem Raum in einer vierdimensionalen Raumzeit. Jedes Objekt und jede einzelne Person hätten eine eigene Uhrzeit, die vom Ort und der relativen Geschwindigkeit abhingen. Deswegen kann man die Feststellung „Zeit ist eine Illusion" eher als Frage verstehen, wie: „Welche Uhrzeit soll ich wählen?" Da dies nicht beantwortet werden kann, sind sich Wissenschaftler darüber einig, dass Formeln, die unsere Welt beschreiben, vermeiden sollten, die Zeit zu berücksichtigen. De facto bedeutet dies, dass wir die Zeit ignorieren sollten. Sie sei einfach „was die Uhr anzeigt" (ein Kommentar von Einstein). Sie ist lediglich ein periodisches Phänomen, das geeicht ist, um den Fortgang von Veränderungen zu registrieren. Sie ist eine künstliche Zeit, losgelöst von Energie und Wirkung, ausgefüllt von periodischen Vorgängen, die von Material- und Naturkonstanten geprägt sind. Wenn die Relativitätstheorie nun aussagt, dass die Atomuhren auf bewegten Systemen langsamer gehen und auch Änderungen in der Gravitation registrieren, bedeutet dies, dass sich dabei atomare Größen ändern, welche die Wahrscheinlichkeit des Überganges von Elektronen zwischen zwei Energieniveaus festlegen. Dies würde bedeuten, dass sich nur wegen einer Relativbewegung oder einer Änderung der Gravitation, die Struktur freier Atome änderte, das heißt die Verteilung der Elektronenwolke um den Atomkern, welche die Übergangswahrscheinlichkeit des Elektrons festlegt. Dies ist eine so provokante Vorstellung, dass wir sie weiter hinterfragen wollen und deswegen zur Behauptung der Relativitätstheorie zurückkehren, dass jeder Beobachter auf einem sich bewegendem Bezugssystem seine eigene Zeit hätte. Wenn man Licht verwendet, um, von drei Beobachtungspunkten unterschiedlicher Geschwindigkeit aus, die Uhrzeit auf einem sich bewegenden Objekt zu messen, werden drei voneinander abweichende Zeitmessungen erfolgen (Fig. 26). Welche ist nun die richtige Zeit auf dem beobachteten Objekt? Nach der Relativitätstheorie vergeht die Zeit, die über die drei sich bewegenden Objekte gemessen wurde, entsprechend der Gleichung (14) unterschiedlich schnell. Haben die Atome der Atomuhr dann für die Beobachter gleichzeitig drei abweichende elektronische Strukturen? Bei allen Beteuerungen der Befürworter der Relativitätstheorie, dass diese Theorie alle experimentellen Tests bestanden hat, ist dies nicht leicht nachzuvollziehen. Die Relativitätstheorie hat in ihren Gedankengängen ein gravierendes Problem mit der Uhrzeit.

Es gibt deswegen keine Alternative, als die Gedanken über die Bedeutung der wirklichen Zeit und der Uhrzeit in der Welt der „Dynamischen Energie“ und des Zeitpfeils als Spur der Energie fortzusetzen. Welche Herausforderung diese hier durchgeführte Auseinandersetzung mit einer dynamischen Energie bedeutete, kann man am besten nachempfinden, wenn man in den berühmten Feynman Vorlesungen über Physik des US Nobelpreisträgers Richard Feynman im Kapitel 4.1. nachliest, was Energie eigentlich sei (Feynman, 2015): „Es ist wichtig festzustellen, dass wir in der heutigen Physik keine Kenntnis darüber haben, was Energie ist. (...) es ist eine abstrakte Sache, die uns nicht die Mechanismen und Gründe für die verschiedenen Formeln mitteilt (die sie erfüllt)“. Was sie sein könnte, oder besser, wie sie sich wirklich verhält, wurde in den bisherigen Kapiteln des Buches als neue Theorie ausführlich diskutiert und wird im Folgenden noch weiter präzisiert. In ihrer dynamischen Form verspricht die Energie auch der Schlüssel zu einem neuen Verständnis der Zeit zu sein.

Blicken wir wieder auf das „Erkennen“ nach Ernst Cassirers Theorie über die symbolischen Formen zurück. Im neuen Bild einer Energie, die entsprechend der Aussage (7) und der Beziehung (11) dynamische Eigenschaften hat, ist eine völlig neue Interpretation der Zeit möglich. Tatsache ist, dass es ohne Energieumwandlung keine Veränderungen gibt. Dies ist zunächst erstaunlich, da bei diesem Prozess die Energie als solche trotz Energieumwandlung nicht verbraucht wird oder verloren geht. Sie nimmt lediglich chaotische, nicht mehr nutzbare Formen an. Dabei verändert sie sich allerdings und es wird Wirkung erzeugt. Es gibt während der Energieumwandlung einen Faktor, der die Richtung festlegt. Die Zeitrichtung wird durch Verringerung der verfügbaren Energie pro Zustand und ihre Umverteilung auf viele niedrigere Zustände, in denen sie nicht mehr verfügbar ist, erreicht (eingeführte Beziehung (7)). Dies entspricht einem Abbau von Information. Die Dichte oder Konzentration an Information ist in verfügbarer Energie, den chemischen Bindungen, den Lichtteilchen oder in mechanischer Energie hoch, in nicht mehr verfügbarer Energie, wie in schwachen Bewegungen von Molekülen bei mäßiger Temperatur, aber niedrig. Dieser Abbau der Information bewirkt und begleitet diese Umverteilung der Energie von einem geordneten in einen ungeordneten Zustand. Ein Zeitfluss wird demnach, da Entropieproduktion eine Konsequenz der Energieumwandlung ist, in Richtung der erzeugten Veränderungen erkannt und entspricht auch der Richtung der Entropiezunahme, der Anhäufung von Unordnung. Gleichzeitig mit dem Umbau von Energie erfolgt dieser „Abbau von Information über die Vergangenheit".

Die Energieumwandlung und ihre „chaotischen" Produkte, die eine Entropiezunahme ausdrücken, erzeugen den Zeitfluss nur in die Richtung, die wir erfahren. Schon deshalb ist ein Zeitfluss in die Vergangenheit nicht möglich. Dies ist leicht zu verstehen, da es die Veränderungen um uns und innerhalb unseres Körpers sind, die wir beobachten und die uns den Eindruck eines Zeitflusses vermitteln. Sie legen die Frontlinie von dem fest, was wir als vorbeifließende Zeit erkennen. Veränderungen, die durch Energieprozesse ausgelöst wurden, die in der Vergangenheit geschahen, definieren die Vergangenheit. Gegenwärtige Veränderungen definieren, was jetzt geschieht. Erwartete, zukünftige Veränderungen definieren die Zukunft. Unter solchen Voraussetzungen ist Zeit keine Illusion. Zeit, die vergangen ist, kann über nützliche Energie charakterisiert werden, die in der vergangenen Zeit umgewandelt wurde. Die gegenwärtige Zeit wird von jetzt ablaufenden, Energie verbrauchenden Prozessen begleitet. Von der Zeit in der Zukunft ist zu erwarten, dass Energie dafür später umgesetzt wird. Und es gibt noch eine wichtige Tatsache: die Verflechtung einer Dynamischen Energie mit der durch den Fluss der Wirkung, beziehungsweise dem damit verbundenen Abbau von Information, entstehenden Zeit hat eine Konsequenz: Sie bedeutet, dass „zeitorientierte" Energie und die Zeit, das Maß für Veränderungen, miteinander gekoppelt sind. Energieumwandlung erzeugt diese „gerichtete Zeit", die mit Veränderungen verbunden ist. Aber dies geschieht nicht in der Art, wie Zeit in reinen Zahlen als Uhrzeit definiert und vermessen wird, sondern auf tieferer Ebene in Form eines Flusses von Wirkung, Energie multipliziert mit der Zeit (formal der Uhrzeit). Den durch treibende Energie ausgelösten Zeitpfeil haben wir deswegen schon als „Wirkungszeit" beschrieben (Kap. 10). Wirkung spielt, wie wir gesehen haben, eine fundamentale Rolle in der Physik. Viele Naturphänomene und physikalische Gesetze folgen dem Prinzip der kleinsten Wirkung. Die Ketten von Wirkungselementen, die über dieses Prinzip durch ablaufende Energieumwandlung erzeugt werden, zum Beispiel das Rieseln von Sandkörnern in einer Sanduhr, reflektieren die Realität dieser „Wirkungszeit". Sie ist an Energie gekoppelt, deshalb direkt messbar und der Zeitpfeil als Spur der Energie. Es ist die „lebende" Zeit, die „Wirkungszeit", und nicht der Maßstab, das „Alias", das wir Uhrzeit nennen, die keine Beziehung zur umgewandelten Energie unterhält. Die „Wirkungszeit" repräsentiert das, was man als Zeitfluss in der Umwelt erkennt. Da der Fluss von Wirkung dadurch ausgelöst wird, dass die umgesetzte Energie ihre Konzentration pro Zustand verringert, also Ordnung beziehungsweise Information abbaut, kann auch dieser „Abbau von Information über die Vergangenheit" im Rahmen der Energieprozesse diesen gerichteten Zeitfluss charakterisieren.

Wirkungszeit, der Fluss von Wirkung, ist demnach identisch mit einem Informationsfluss, dem „Abbau von Information über die Vergangenheit". Diese „lebende" Zeit, die Wirkungszeit, ist direkt messbar, weil sie einen Energieinhalt besitzt. Sie ist das, was man an Veränderungen in der Umwelt vor sich ablaufen sieht. Für die einzelnen kleinen oder großen Energiephänomene, die man beobachtet, wird unterschiedlich viel Wirkung umgesetzt. Entsprechend wird auch bei den verschiedenen Prozessen der Energieumwandlung unterschiedlich viel Information über die Vergangenheit verloren. Dies ist die Realität der Veränderungen um uns, an die wir uns gewöhnt haben. Die Uhrzeit, andererseits, die man auch „Illusionszeit" nennen könnte, ignoriert die verschieden großen Umsätze von Wirkung oder Information, die hinter den unterschiedlichen realen Abläufen stecken. Sie nutzt einfach periodische Vorgänge, welche von Naturkonstanten kontrolliert sind, um Veränderungen zu registrieren.

Diese von Energie losgelöste Uhrzeit lässt sich auch ohne Probleme von einer „Wirkungszeit" ableiten. Die scheinbare Bewegung der Sonne über den Himmel ist solch ein Fluss von Wirkung, der Wirkungszeit erzeugt. An ihr kann man, wenn man sie sieht und eine Sonnenuhr als schattenwerfendes Element einsetzt, die

gewöhnliche Uhrzeit ablesen. Denselben Lauf der Uhrzeit kann man auch über eine kleine Sanduhr, die selbst wenig Wirkung umsetzt, ablesen, wenn man sie entsprechend eicht. Die Uhrzeit, welche wir der Sonne beziehungsweise der Sanduhr entnehmen, wird letztlich von Gravitationsenergie angetrieben. Sie wird nicht allein von Natur- und Materialkonstanten sowie atomaren Eigenschaften diktiert, welche die Zeitvorschübe unserer modernen Uhren abbilden. Aber durch Vermessung der Wanderung des Schattens beziehungsweise des Anhäufens von Sand wurde sie von der Energie entkoppelt. Sie ist dadurch in einen reinen Maßstab für Veränderungen verwandelt worden. Wir wollen noch den Unterschied zwischen wirklicher Zeit in der Natur (der Zeitpfeil mit seiner Wirkungszeit) und der Uhrzeit weiter untersuchen, indem wir auf ein Gleichnis von Heraklit zurückkommen. Er sprach von einem Fluss, der nie derselbe sei, wenn man in ihn hineintritt. Dieser Fluss ist der „Fluss von Wirkung", die von allen möglichen Energieumwandlungsaktivitäten ausgelöst wird. Er kann als Wirkungszeit angesehen werden. Je nach Jahreszeit und Wetter kann der Fluss viel oder wenig Wasser führen, er kann klar oder trüb sein, Tiere können in ihm schwimmen, Laub oder Holz kann auf ihm treiben. Wenn vom Fluss nur eine konstante Menge Wasser weggeleitet wird, um eine Wassermühle zu betreiben, wird das rotierende Wasserrad zwar die konstante Kraft des Wassers spüren, aber unabhängig von den energetischen Vorgängen sein, welche den Fluss betreffen. Das rotierende Wasserrad drückt dann die Uhrzeit aus. Indem man seine Rotation studiert, kann man nichts mehr über die Energieprozesse herausbekommen, welche den Fluss kontrollieren. Dies unterstreicht, warum hier die Verwendung der Uhrzeit in der Relativitätstheorie und in der Quantenunbestimmtheit in Frage gestellt wird. Sie kann über energetische Prozesse nichts aussagen.
Die Zeit, die in der Natur tickt, ist keine Ansammlung von Zeitintervallen, die von Natur- und Materialkonstanten bestimmt sind, sondern ein Produkt der Irreversibilität. Dafür spricht auch, dass die Natur nicht auf perfekte Uhren zielt. Unser Herzschlag, zum Beispiel, ist nicht genau periodisch, nicht einmal im Ruhezustand. Die Zeitreihe folgt einem fraktalen, selbstähnlichen Verhalten, das ein gewisses Maß an unkontrollierter Zufälligkeit zulässt. Krankheit, Aufregung, Müdigkeit, Schlaf und Alter können das fraktale Verhalten beeinflussen. Fraktales Verhalten zeigt, dass in der Natur selbstorganisierte Mechanismen mitspielen. Solche Mechanismen beruhen auf Energieflüssen und bestätigen, dass die Zeit in der Natur aus irreversiblen Phänomenen entnommen wird, dass sie vom energiegetriebenen Zeitpfeil diktiert wird.
Blicken wir nochmals auf eine Sanduhr: Indem wir sie umdrehen, geben wir dem nach oben versetzten Sand die Möglichkeit, im Gravitationsfeld der Erde nach

unten zu rieseln. Der Rieselprozess, der durch Gravitationsenergie aktiviert wird, ist der Fluss der Wirkung oder der Fluss von abgegebener Information über die Vergangenheit. Kurz vorher hat man ein Sandteilchen weiter oben im dünnen Sandstrahl wahrgenommen, dann ein Stück weiter unten, dann noch weiter unten. Diese Information, die auch die Position des Sandkorns im Gravitationsfeld der Erde beschreibt, geht verloren, weil die Zeit voranschreitet. Es ist der „Verlust an Information über die Vergangenheit", der uns das Gefühl einer verfliegenden Zeit vermittelt und auch das Wesen der „lebendigen" Wirkungszeit ausmacht. Was die beobachteten Veränderungen, den Zeitpfeil als Spur der Energie, hervorbringt, ist der fortlaufende Fluss der Wirkung des Energieumsatzes, das Herabrieseln des Sandes. Das Profil des sich anhäufenden Sandes kann als Uhrzeit, als Maßstab dienen, genauso wie der sich bewegende Schatten der Sonnenuhr. Diese Uhrzeit wurde somit aus einem Energieprozess entnommen, genauso wie es Pendeluhren, Quarzuhren oder Atomuhren tun. Wichtig ist aber, dass letztere die Uhrzeit dann anhand periodisch registrierter Zeitabschnitte darstellen, deren beschreibende mathematische Formeln nichts mehr mit Veränderung zu tun haben und auch nichts ausdrücken, was sich verändern könnte. Sie sind nur ein Maßstab und lediglich durch unveränderliche Naturkonstanten, spezielle Materialeigenschaften und festgelegte Materialformen bestimmt. Sie haben keinerlei Bezug mehr zu irgendeiner Dynamik. Bei einer Atomuhr, zum Beispiel, sind es nur mehr atomspezifische Eigenschaften, welche die Zeitintervalle festlegen, wenn sie beim Aufzeichnen der Uhrzeit aneinandergereiht werden. Warum sollten sie etwas über ein veränderliches Universum aussagen, wenn man eine solche Uhrzeit in die Relativitätstheorie steckt und Antworten erwartet? Die Relativitätstheorie hat ein gravierendes Problem mit der Zeit!

Nun werden die Befürworter der Relativitätstheorie aber protestieren. Atomuhren, die auf Flugzeugen um die Welt geschickt wurden, zeigen eine Zeitverschiebung im Bereich von Bruchteilen einer Mikrosekunde. Sie reagieren auf Veränderungen in der Gravitation. Der Zeitpfeil als Spur der Energie hat mit einem solchen Phänomen jedoch kein Problem. In Fig. 20 wurde erklärt, wie die Quantisierung durch eine Minimierung des Informationsabbildes-der-Materie (der erkannten Gravitation) erfolgt. Eine Veränderung durch eine von außen überlagerte Gravitation (dasselbe Informationsabbild-der-Materie) wird das Minimum verschieben und damit den Zeitraum für den elektronischen Übergang verändern. Es handelt sich um ein Quantenphänomen, das durch Gravitation beeinflusst wird. Eine Raumzeit wird für eine Erklärung nicht benötigt. Die Zeit, die mit einer Atomuhr gemessen wird, ist nicht die wirkliche, durch Energie angetriebene Zeit, sondern nur ein technischer

Maßstab, um Veränderungen zu registrieren. Es ist die Eichung dieses Maßstabs, die beeinflusst wird und von äußeren Faktoren abhängt. Die Zeit der Relativitätstheorie ist nicht die Zeit, die wir erleben.

Dem Zeitpfeil als Spur der Energie unterworfen, muss Zeit in ihrer dynamischen Form als Wirkungszeit gemessen werden, wenn man von ihr realistische Aussagen erwarten will, also zum Beispiel erfahren möchte, wie sie auf einem bewegten Objekt tickt. Man muss den Fluss von Wirkung, beziehungsweise den Verlust an Information für ein relativ bewegtes Objekt berechnen. Und dabei erlebt man eine Überraschung und gleichzeitig eine Genugtuung. In beiden Fällen bleiben die Flüsse gleich. Sie werden relativistisch, also wenn sie auf sich bewegende Objekte bezogen werden, nicht verändert. Die Wirkungszeit bleibt unverändert. Die Logik hat gesiegt!

Praktisch sollte eine korrekte relativistische Zeitmessung folgendermaßen funktionieren: Die drei Beobachter (Fig. 26) müssten die Erzeugung von Wirkung, Energie multipliziert mit der Zeit, auf dem Zielobjekt erfassen. Sogar innerhalb der Relativitätstheorie ist die Wirkung in verschiedenen, sich bewegenden Systemen unveränderlich, invariant. Alle drei Beobachter werden denselben Wirkungsfluss messen. Dasselbe gilt, wenn man den mit der Wirkungszeit äquivalenten Fluss von aufgegebener Information für das bewegte Objekt berechnet. Er bleibt ebenfalls für alle relativen Geschwindigkeiten konstant (vergleiche Fig. 25). Aus dieser lokalen Wirkungszeit kann nun, bei Bedarf, eine lokale Uhrzeit abgeleitet werden, indem man sie mittelt und normiert und dabei die Energie hinauswirft. Man erreicht dies dadurch, dass man mit dem Fluss der Wirkung eine normale Uhr, die periodische Phänomene registriert, unter analogen Bedingungen betreibt. Oder es könnte ein Beobachter auf dem sich bewegenden, zentralen Objekt aufgefordert werden, die während des Wirkungsflusses dort umgesetzte Energie zu messen oder zu schätzen. Das Ergebnis, nach der Division durch die Energie, wird die Kette der Zeitintervalle sein, die vorüber gegangen sind. Dies ist die Uhrzeit, welche energieumwandelnde Lebewesen auf dem sich bewegenden Objekt tatsächlich erfahren. Sie wird auch für die Beobachter auf den sich bewegenden Referenzsystemen identisch sein, wenn diese die Wirkungszeit durch die Energie dividieren, die sie in ihrem eigenen System umsetzten. Das Leben läuft unter dem Zeitpfeil auf Systemen mit unterschiedlich relativer Geschwindigkeit, aber sonst ähnlichen Umweltbedingungen, gleich schnell ab.

Wenn, im Gegensatz dazu, auf der Grundlage der Relativitätstheorie, Uhrzeiten von einem Beobachtungsposten aus über Lichtsignale eingeholt werden, also die Uhrzeit berechnet wird, ist eine Zeitverlangsamung das unvermeidbare Ergebnis. Sie

wird aber, wie schon diskutiert, durch die endliche Lichtgeschwindigkeit verursacht, welche den Maßstab der Uhrzeit verzerrt. Die verzögerte Zeit entspricht nicht der Zeit, die lokal aus dem Wirkungsfluss oder dem Abbau von Information über Energie entnommen wird. Wirkung ist ja unveränderlich gegenüber Transformationen auf Bezugssysteme mit unterschiedlichen Geschwindigkeiten. Ebenso gilt dies für die Übertragung von Information.
Dies bedeutet, dass die Relativitätstheorie schon wegen den in ihr verankerten, auf der Uhrzeit aufbauenden Vorstellungen fehlerhaft und irreführend ist. Sie geht von einem energieunabhängigen „Zeit-Alias" aus, das sich an Naturkonstanten orientiert. Indem sie die Uhrzeit wählt, die charakteristisch für die zeitneutrale Welt ist, von der die heutige Physik ausgeht, verkennt sie die wahre Natur der Zeit. Die Realität tickt anders. Auf den fernsten Galaxien, die bereits nahe der Lichtgeschwindigkeit „vermessen" werden, wird das Leben, sofern die Umwelt ähnlich ist, genauso ablaufen wie in unserer, abgesehen davon, dass diese Galaxien, ebenfalls wegen des Zeitpfeils, nicht so schnell davoneilen müssten.
Für energieumwandelnde Systeme ist die Zeit keine Illusion und nicht relativ, denn sie registrieren Flüsse von Wirkung beziehungsweise Information in allen Bezugssystemen gleich. Zeit ist für sie wichtig und viele Lebewesen haben deswegen ein Gefühl für Zeit entwickelt. Da sie selbstorganisierte Systeme sind, ist anzunehmen, dass sie bei der Zeitmessung vom Fluss der Wirkung ausgehen, den sie registrieren. Um zu einer Art Uhrzeit zu gelangen, welche die Energie entkoppelt hat, könnten sie ihn durch eine physiologische Aktivität dividieren, die mit dem Energieverbrauch in Zusammenhang steht. Eine solche Uhrzeit mittelt über den erlebten, in der Umwelt ständig schwankenden Fluss der Wirkung. Periodische chemische Prozesse, von denen man weiß, dass sie in Organismen auftreten, unterstützen dies, indem sie ähnliche technische Bedingungen erzeugen wie jene in Uhren mit ihren periodischen Abläufen. Dass gerichtete irreversible Mechanismen dahinterstehen, ist offensichtlich. Als eine subjektive Erfahrung läuft die Zeit für unterschiedliche lebende Arten wohl mit unterschiedlicher Geschwindigkeit ab. Auch innerhalb derselben Art kann sich die Geschwindigkeit, abhängig von den gegebenen Bedingungen, ändern. Für ältere Menschen scheint die Zeit schneller zu vergehen. Auch Krankheit und Fieber können den gefühlten Zeitfluss ändern.
Wenn Quantenzustände erzeugt werden und eine Energieumwandlung unterdrückt ist, dann wird kein Zeitfluss aktiviert. Von Quantenphänomenen, die keine Energie umsetzen, würde man deswegen erwarten, dass sie in einem gewissen Grad relativistische Eigenschaften zeigten, die der Speziellen Relativitätstheorie folgten, weil die Zeit für Quantensysteme die Beziehung zur Energie verloren hat. Eine

unabhängige Transformation von Energie und Zeit wäre möglich (wobei zum Beispiel die Energie und die Lebensdauer eines Elementarteilchens, eines vermessenen Mesons, oder die Zeit einer bewegten Atomuhr verändert würde). Die Uhrzeit wirkt dabei als mathematischer Parameter, der vom Menschen eingeführt wurde, und hat nichts mit der richtigen Zeit für lebende Wesen zu tun.

Solche Überlegungen zeigen, wie die Wahl und Handhabung symbolischer Formen, wie etwa der Vorstellung von der Zeit, entweder Irrationalität oder Rationalität erzeugen können. Stephen Hawkings Zeit war die Uhrzeit der Relativitätstheorie und des Big Bang. Diese Uhrzeit führt auf eine falsche Spur, weil sie nichts mit der Energie zu tun hat, welche die Veränderungen bewirkt. Hawking hielt es auch für möglich, dass die Raumzeit eine geschlossene Schleife formte und für immer fortdauerte. Er ging ja so weit zu sagen, dass in diesem Fall ein erschaffender Gott nicht notwendig wäre (Hawking, 1991). Auf Grundlage der hier präsentierten Argumente über den wahren Zeitfluss und auch wegen des zweiten Hauptsatzes der Thermodynamik sind solche Schlussfolgerungen nicht zulässig. Geschlossene Systeme, das Universum wird in der Regel als solches betrachtet, erhöhen ihre Entropie, indem sie Abfallenergie anhäufen. Von innerhalb her kann das System nicht zur Anfangssituation zurückkehren. Nur wenn das System offengelassen wird, kann beiseitegelegte Information für diesen Zweck eingesetzt werden. Eine solche Möglichkeit wird später noch berücksichtigt (Fig. 37).

Ein anderes Beispiel sind die schon erwähnten Zeitreisen mit all ihrem Potential für Irrationalität. Die Relativitätstheorie erlaubt sie (Einstein, 1911). Nach dem vorgeschlagenen Dynamischen Energiemodell sind Zeitreisen unmöglich. Der Grund ist einfach. Ein energieverbrauchendes System im Raum wird mit Wirkung reisen müssen, mit Energie multipliziert mit der Zeit, und nicht mit der Uhrzeit allein. Die Wirkung kümmert sich aber nicht um relative Geschwindigkeiten von Referenzsystemen. Sie bleibt unverändert. Wir sind bei der Vorstellung von der „Wirkungszeit" angelangt, die rational ist und über den Zeitpfeil als Spur der Energie keine Paradoxien erlaubt. Eine Zeit, die als „Verlust von Information über die Vergangenheit" erlebt wird, kann nicht rückwärts bereist werden.

Damit lösen sich auch all die dramatischen Widersprüche zur Thermodynamik und zur praktischen Lebenserfahrung auf, welche Zeitreisen heraufbeschwören. In der Zeit zurück zu reisen, um den Weg des Schicksals zu ändern, ist eine Illusion, die durch die von Energie losgelöste Uhrzeit provoziert wird. Wir hatten sie hier auch „Illusionszeit" genannt. Sie repräsentiert ein zeitneutrales Universum, das nicht existiert und an dem die Uhrzeit passiv vorbeigleitet.

Die Zeit, die für unser Leben zählt, ist definitiv nicht „eine Illusion", wie es die gegenwärtige Wissenschaft behauptet. Sie ist vielmehr fundamental, wenn sie mit Energie verbunden als „Wirkungszeit“ oder als Abbau von Information während der Energieumwandlung verstanden wird. Es handelt sich dabei um den Zeitpfeil. Er könnte folgendermaßen beschrieben und intuitiv verstanden werden:

„Der Zeitpfeil ist der durch energetische Prozesse hervorgerufene fortlaufende Abbau von Information über die Vergangenheit“ (17)

Er ist damit eine unmittelbare Folge des Postulats der Dynamischen Energie und ihrer Definition durch Beziehung (7), wie auch der Tatsache, dass Information einen Energieinhalt ausweist. Damit hat auch Information dynamische Eigenschaften. Weiter unten werden wir erkennen, dass diese Verknüpfung mit Energie erlaubt, weitreichende Aussagen über Gesetzmäßigkeiten der Zeitnutzung und deren Evolution abzuleiten. Losgelöst als Uhrzeit, als reiner Maßstab zur Registrierung von Veränderungen, führt uns der Zeitbegriff in die Irre, wenn man mit ihm versucht, die Dynamik der Natur und des Universums zu beschreiben und zu begreifen. Diese Uhrzeit taugt nur zur Registrierung von Veränderungen, die durch andere, dynamische Mechanismen ausgelöst werden. In die Relativitätstheorie wurde sie, multipliziert mit der Lichtgeschwindigkeit, als Abstand, den Licht zurücklegen kann, eingeführt und hat viel Verwirrung ausgelöst. Aber was durch ihren Einsatz herausgekommen ist, dass sie sich als „Illusion“ erweist, stimmt. Es ist die „Illusionszeit“, welche durch Relativbewegungen gestreckt wird, da sie die Energie, die alles bewirkt, eingebüßt hat. Man versucht in der heutigen Kosmologie, mit ihr dramatische Veränderungen zu verstehen, deren Ursache, die Energie, man ausgeklammert hat. Es ist das Analogon zur Energie, die schläft und keine Beziehung zu Veränderungen mehr hat. Die Uhrzeit spürt die Veränderungen nicht. Sie dient nur dazu, Veränderungen zu registrieren, hat aber nichts mit ihren Ursachen zu tun. Deswegen kann man mit ihr die Veränderungen in der Welt zwar vermessen, aber nicht verstehen.

Ich habe den Eindruck, dass antike Religionen und Philosophen intuitiv eine klarere Vorstellung über die Zeit im Zusammenhang mit Energie erreicht haben, als die moderne Wissenschaft. Im Tibetanischen Kalachakra-Tantra, einem heiligen Text, der auch den Shambala Mythos enthält, liest man: „Alle Wesen werden von der Zeit geschaffen und von der Zeit zerstört“ und „Bewegung erzeugt die Zeit“. Diese zweite Aussage deckt sich im Prinzip genau mit dem, was Aristoteles im 4. Jahrhundert vor Christus feststellte: „Die Zeit ist das Maß einer Bewegung, die sich von einem Vorher zu einem Nachher vollzieht“. In der Tat, Bewegung oder

Veränderung, von Energie ausgelöst, erzeugt die Zeit über einen Strom von Wirkung. Und der Fluss der Wirkung, der Motor der hier erkannten Zeit, des Zeitpfeils oder der „Wirkungszeit“, erzeugt und beendet das Leben.
Es ist interessant, darauf hinzuweisen, dass ein französischer Philosoph, der Nobelpreisträger Henri Bergson (1859-1941) im Zeitbegriff, in der Uhrzeit der modernen Naturwissenschaft, instinktiv ein Problem erkannt hat. Bergson griff Einstein an und warf ihm vor, eine Metaphysik über die Wissenschaft zu breiten, indem er über die Uhrzeit und seine Formeln eine Zeit beschreibe, wie sie nicht durch die menschliche Erfahrung gelebt werde. Einstein hingegen antwortete, dass „keine Zeit der Philosophen“ existiere (Canales, 2016). Der Zeitpfeil als Spur der Energie gibt dem Philosophen Bergson recht.
Ich sage: Diese Zeit der Philosophen existiert und wird den Philosophen helfen, das Universum und unsere Existenz anders und besser zu verstehen. Sie ist die oben beschriebene „Wirkungszeit“ beziehungsweise der „Verlust von Information über die Vergangenheit“. Diese Wirkungszeit ist keine Illusion. Energieströme diktieren diese Zeit, und nicht Natur- und Materialkonstanten, die über die Schwingungen in einer Quarz- oder Atomuhr den ihnen eigenen Takt anzeigen (mehr noch über den Zeitpfeil in Kapitel 26, 36 und 37).

26 Der Zeitpfeil und die Selbstorganisation der Materie

Wie schon erwähnt, erlaubt der dynamische Zeitpfeil, als Strom von Wirkung und Spur der Energie, der Materie sich selbst zu organisieren, vorausgesetzt, dass Rückkopplungsprozesse wirksam sind. Die Eigenschaft eines gerichteten Zeitflusses ist mathematisch und physikalisch erforderlich, weil Rückkopplungsprozesse nur mit einem „Vorher“ und einem „Nachher“ möglich sind. Die klassische Physik hat das Problem, dass alle fundamentalen natürlichen Mechanismen als zeitumkehrbar definiert sind. Zeitorientierte Prozesse, wie sie unmittelbar in unserer Umgebung gesehen werden können, und Selbstorganisation von Materie, wie sie in anorganischen und organischen Phänomenen einschließlich des Lebens sichtbar ist, wären infolgedessen nicht möglich. Die Wissenschaft hat deswegen große Bemühungen entfaltet, um zeitorientiertes Verhalten von zeitumkehrbaren fundamentalen Gesetzen mathematisch herzuleiten und zu erklären. Wie schon vorher erläutert (Kapitel 8), war der statistische Zeitpfeil in Richtung einer Entropiezunahme das Ergebnis. Ich habe betont, dass dieser Pfeil in Richtung vermehrter Entropie nur über den mathematischen Trick, Information wegzuwerfen, hergeleitet wurde. Dies ist aber keineswegs gerechtfertigt, da ein Verlust von Information den Energiegehalt des Systems ändert. Auf diese Weise wurde der Weg zurück zur ursprünglichen Situation abgeschnitten und ein scheinbarer Weg in die Zukunft simuliert. Als Boltzmann erstmals den Vorstoß unternahm, eine sich vergrößernde Entropie herzuleiten, wusste er nicht, dass Information einen Energieinhalt hat. Er eliminierte Information künstlich aus seiner statistischen Formel und eliminierte damit Energie. Auf diese Weise änderte er die Qualität des Systems. Es konnte nicht mehr in den ursprünglichen Zustand zurückkehren und wurde somit „orientiert", wie er es haben wollte. Aber Phänomene in der Natur sind ohnehin schon orientiert. Bereits eine kleine Bewegung eines der Reibung ausgesetzten Objektes, ist zeitorientiert. Die winzigen Wärmeschwingungen und die damit erzeugte Entropie prägen den Unterschied zwischen Vergangenheit und Zukunft.

Als Modelle von Selbstorganisationsprozessen für Computersimulationen zugänglich wurden, konnte gezeigt werden, dass Entropieexport und der Aufbau von Ordnung hinter einem sogenannten „Bifurkationspunkt" möglich sind. Dort beginnen Systeme, eine neue Dynamik anzunehmen. Der russisch-belgische Wissenschaftler Ilya Prigogine und seine Schule waren auf diesem Gebiet sehr aktiv, aber die mathematisch beobachtete Selbstorganisation in einer zeitneutralen Welt bleibt eine Illusion. Nur wenn Rückkopplungsprozesse ablaufen, kann sich Selbstorganisation entwickeln, was mathematisch gezeigt werden kann. Zeitumkehrbare, statistische Prozesse können keine angemessenen Bedingungen für die Rückkopplung liefern. Alle mathematischen Verfahren, die eingesetzt wurden, um solche Bedingungen einzuführen, beinhalten ein Aufgeben von Information und infolgedessen von Energie. Es wurde, vielleicht ahnungslos, Mathematik eingesetzt, um physikalisch-chemische Systeme zu manipulieren.

Für den Mechanismus der „Dynamischen Energie" existiert dieses Problem nicht. Er baut auf einen fundamentalen Zeitpfeil. Er schreitet auf natürliche Weise in Richtung der Energieumwandlung und Entropieproduktion fort, allerdings indem er Ketten von Wirkung, Energie multipliziert mit der Zeit, umsetzt. Während dies passiert, wird auch Information über die umgesetzte Energie abgegeben. Auch über diesen begleitenden „Verlust von Information über die Vergangenheit" lässt sich der Zeitpfeil definieren. Wahrscheinlich erfolgt auf materiell-physikalischer Ebene die Entscheidung über das „Vorher" und „Nachher" anhand der begleitend umgesetzten Information. Das energieumwandelnde System registriert, dass mehr und speziellere Information das „Vorher" und weniger und andere Information das „Nachher" bedeuten. Wenn sich dann Kanäle auftun, die über ein solches Zeitintervall Information und Energie austauschen, vermag sich Nichtlinearität und Ordnung aufzubauen.

Es sind die erkannten und definierten Eigenschaften des Zeitpfeils, die solche Selbstorganisationsprozesse ermöglichen. Die erzeugte „symbolische Form" ist geeignet, die physikalische Realität, eine Struktur aufbauende anorganische und organische Welt, verständlich zu machen. Dabei wird auf Kosten eines insgesamt erfolgenden Informationsabbaus und einer damit verbundenen Entropiezunahme durch Selbstorganisation Information und Strukturierung lokal aufgebaut.

Heute sind über das Internet phantastische Bilder von Galaxien verfügbar, die vom Hubble Teleskop aus aufgenommen wurden (z.B. Fig. 31). Man kann in den tiefen Weltraum blicken und die unterschiedlichen und typischen Strukturen der Galaxien erkennen. Sie sind das Ergebnis einer Selbstorganisation, die in einer zeitorientierten Welt sogar dann möglich ist, wenn die anfängliche Dichte des Sternenstaubes sehr niedrig ist. Eine viel größere Vielfalt an Mustern und Formen wird durch biologische Strukturen geliefert, die von einer hochgradig flexiblen und reichhaltigen Kohlenstoffchemie profitieren. Auch die biologische Evolution, getragen durch genetisch gesteuerte selbstorganisierte Systeme, ist ein selbstständig ablaufender Prozess, wenn man eine fundamentale, durch Energie angetriebene Zeitorientierung voraussetzt. Dabei sind die genetischen Mechanismen mit ihren Mutationen und ihrer Auslese den selbstorganisierten Prozessen lebender Systeme so überlagert, dass sie das Leben letztlich bewahren und fortpflanzen. Die genetischen Mechanismen sind die gestaltende Kraft und die selbstorganisierten Prozesse mit ihrem Streben nach maximaler Entropie- (Energie-)Produktion (siehe Kapitel 11) die treibende Kraft dazu. Dieses Streben nach maximaler Entropieproduktion gibt der biologischen Evolution das Ziel, das die zeitneutrale Physik bisher nicht erkennen ließ (siehe weiter unten).

Charakteristisch für Zeitorientierung und Selbstorganisation sind Systeme, die zwischen Ordnung und Chaos funktionieren. Bereits gegen Ende des 19. Jahrhunderts stolperte der berühmte französische Mathematiker Poincarè über dieses Phänomen. Während Newtons Ansatz, die Gravitation zu verstehen, eine vollständige Berechnung eines „Zwei-Körper-Problems", eines um einen Planeten kreisenden Mondes, erlaubt, erzeugt die zusätzliche Störung durch einen weiteren Planeten unvorhergesehene mathematische Schwierigkeiten. Kleine Veränderungen in der Störung können die Bahnen der Himmelskörper dramatisch beeinflussen. Unter bestimmten Bedingungen kann ein Mond sogar aus seiner Bahn geworfen werden. Dies kann man innerhalb des breiten Saturnringes sehen, denn darin gibt es leere Ringe. Potentielle Monde wurden Opfer von Chaos. Ein weiteres Beispiel eines sehr

einfachen, aber chaotisch reagierenden mechanischen Systems ist ein Doppelpendel, ein Pendel, das über seine Kugel mit einem weiteren Pendel verbunden wird. Seine Bewegungen verlieren sich in chaotischem, unregelmäßigem Verhalten. Was bedeutet dies? Man weiß, dass chaotische Systeme Rückkopplungsprozesse benötigen. Und Rückkopplungsprozesse erfordern die Existenz einer Zeitorientierung. Zeitumkehrbare fundamentale Gesetze aber, wie sie jetzt in der Physik angenommen werden, dürfen keine Zeitorientierung ergeben. Eine statistische Zeit in Richtung größerer Wahrscheinlichkeit, die bisher einzige akzeptierte Zeitorientierung, ist an der Pendelbewegung auch nicht beteiligt. Es sind viel zu wenige bewegliche Elemente beteiligt. Trotzdem fühlt das Pendel die Zeitorientierung. Offensichtlich ist der energiegetriebene Zeitpfeil wirksam. Energie ist verfügbar, Wirkung wird erzeugt, Information über die Vergangenheit wird umgesetzt und kennt das erforderliche „Vorher" und „Nachher". Die Tatsache, dass so einfache Systeme in zeitorientiertes Chaos geraten können, ist ein zusätzlicher Beleg für eine fundamentale Zeitorientierung, die von der zeitorientierten Energie und vom Prinzip der kleinsten Wirkung ableitbar ist (Kapitel 10).
Mittlerweile sind Beispiele von Systemen, die zwischen Ordnung und Chaos existieren, praktisch von allen Gebieten der Natur und der Wissenschaft bekannt geworden. Tierpopulationen können genauso zwischen Ordnung und Chaos oszillieren wie ein Herz, das medizinische Probleme hat, ein Gehirn zwischen Bewusstsein und Schlaf oder ein Wetterphänomen. Das Wechselspiel zwischen Ordnung und Chaos scheint fundamental zu sein, wenn Energieumwandlung und eine orientierte Zeit im Spiel sind. Interessanterweise haben dies zahlreiche menschliche Zivilisationen intuitiv schon früh herausgefunden. Sie betrachteten Chaos als die ursprüngliche Substanz des Universums, aus dem ein kreativer Akt Ordnung schaffen konnte. Es war eine Ordnung, die, wenn nicht richtig gehandhabt, ins Chaos zurückkehren konnte. In der babylonischen Mythologie wurde das Chaos „Tiamat" genannt, in der ägyptischen Mythologie war es „Nut". Das Christentum erinnert sich an den Ursprung vor der Schöpfung als „wüst und leer". Schöpfungspersönlichkeiten in unterschiedlichen Kulturen nahmen sich des Chaos an und schritten zur Tat. Der ursprüngliche Stamm der Ainu im nördlichen Japan bringt einen Vogel ins Spiel, eine Bachstelze, die mit ihren Beinen im Schlamm herumtrippelt und Ordnung aus dem Chaos hervorbringt.
Ich erwähne diese Beziehung zwischen Chaos und Ordnung, weil die Energie selbst einem solchen Verhalten unterworfen zu sein scheint (Fig. 34). Sie existiert in Form von „geordneter", nutzbarer Energie, die Arbeit leisten kann, und in Form von „chaotischer" Energie, die dem Entropieprodukt der Energie entspricht. Die chaotische

kann nicht mehr dazu verwendet werden, Arbeit zu verrichten, auch wenn die Menge an Energie insgesamt dafür ausreichen würde. Information kann jedoch zwischen beiden vermitteln. Ein mit Information versorgter Maxwell-Dämon (Fig. 10) kann die unbrauchbare Energie wieder aktivieren. Ich interpretiere diese interessante Koinzidenz als weiteren Hinweis auf eine zeitorientierte und selbstorganisierende Eigenschaft der Energie, wie ich sie postuliere und als Gegensatz zur „schlafenden" Energie vorschlage, die gegenwärtig in der Physik gilt und die keine Beziehung zu Veränderungen, Ordnung und Chaos zeigt (Fig. 12). Ein solches Wechselspiel zwischen „Ordnung" und „Chaos" findet sich nur fern vom Gleichgewicht. Es bestätigt die Behauptung, dass die Energie selbst ein dynamisches und zeitorientiertes Phänomen ist. Es weist auch darauf hin, dass verfügbarer Energie mehr Information zugeordnet werden muss als chaotischer, entropischer Energie. Was bedeutet dies genau?

Aus experimentellen Messungen weiß man, dass Energie nicht verloren geht. Anfangs nutzbare und am Ende nicht mehr nutzbare Energie (Fig. 34 c) sind gleich groß. Aber was unterscheidet dann die nutzbare (freie) Energie von der nicht mehr nutzbaren, an die Umgebung abgegebene Abfallenergie. Der Unterschied liegt darin, dass die nutzbare Energie „geordneter" ist, also mehr Information beinhaltet. Woher kam diese Information im Beispiel von Fig. 34 c in das für das Feuer verwendete Holz? Ganz offensichtlich geschah dies durch die Photosynthese. Während dieses Prozesses läuft ein selbstorganisierter Mechanismus ab, der Lichtquanten als verfügbare Energie nutzt. In Kap. 20 ist erklärt worden, dass Elementarteilchen selbstorganisierte Energie darstellen. Es ist „geordnete" Energie, also Energie, die einem hohen Grad von Information unterworfen ist. Ein Teil eben dieser geordneten Energie des Lichtes findet sich dann im Holz wieder, das im Beispiel von Fig. 34 c als Energie verbrannt wird. Es ist also wohl nicht die Energie selbst, sondern das Abnehmen von Information, die dieser nutzbaren (freien) Energie zugeordnet ist, welche die für die Energiewandlung typischen Konsequenzen erzeugt. Worin äußert sich dieser höhere Grad an Ordnung in der „freien" Energie? Blicken wir auf das Beispiel eines Verbrennungsmotors, der Kraftstoff umsetzt und letztlich Wärmeenergie bei Umgebungstemperatur hinterlässt. Wenn man die Energieeinheit Elektronenvolt (eV) wählt, beinhaltet eine Wärmeschwingung ein Vierzigstel davon. In einer Kohlenstoff-Wasserstoff-Bindung, deren Energie bei der Verbrennung dafür freigesetzt wird, stecken aber 4,25 eV, das heißt 170-mal mehr Energie. Die Energie steht darin „geordneter", mit mehr Information ausgestattet, konzentrierter zur Verfügung.

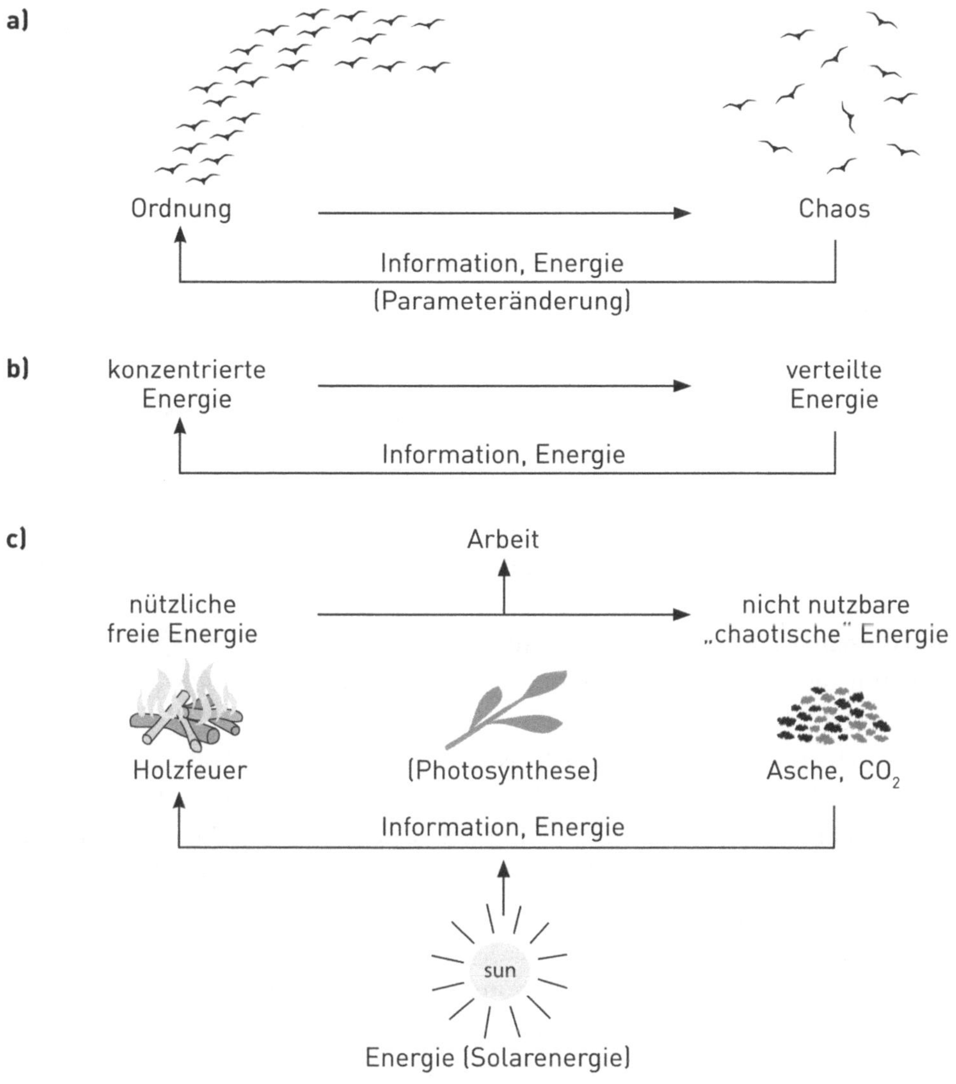

Fig. 34. Selbstorganisierte Systeme können zwischen Ordnung und Chaos hin und her wechseln. Lediglich eine Veränderung von Parametern beziehungsweise Information und Energie sind erforderlich, um den Wechsel auszulösen (a). Information kann auch zwischen der konzentrierten Energie eines Teilchens und der verteilten Energie einer Welle vermitteln (b). Auf ähnliche Weise kann freie Energie (z.B. von Holz) in entropische, chaotische Energie (z.B. Asche, Niedertemperatur-Wärme und Kohlendioxid) umgewandelt werden (c). Information (der Prozess der Photosynthese) ist mit einem Einsatz von Energie verbunden und kann die Ordnung wiederaufbauen, ein neuer Baum kann wachsen.

Bei der Neudefinition der Energie in Kap. 9 (Beziehung (7)) wurde die Abnahme und Minimierung von Energie pro Zustand als „dynamische", zeitorientierte Eigenschaft der Energie definiert. Damit ist nichts anderes ausgedrückt, als dass die der Energie zugeordnete Information oder Ordnung dabei abnimmt. Am Ende wäre die Energie dann auf viele niedrige Zustände verteilt und als entropische Energie nicht mehr nützlich.
Der Gehalt an Information wäre viel geringer oder vernachlässigbar. Aus solchen nachvollziehbaren Überlegungen lassen sich Konsequenzen für das Energieverständnis ableiten:

„Energie wirkt unter Energieerhaltung aufgrund einer Eigenschaft, bei der Information (Ordnung) umgesetzt, genauer, abgebaut wird" (17a)

Eine solche Eigenschaft prägt der Energie ein dynamisches Verhalten auf, da ihretwegen energiegetriebene Prozesse ablaufen. Sie lässt auch die Unterscheidung zwischen einem „Vorher" und einem "Nachher" zu. Am Anfang eines Energieprozesses muss demnach nutzbare Energie zur Verfügung stehen, die entsprechend viel Information, also Ordnung, beinhaltet. Die Energieerhaltung ist gewährleistet, da die umgesetzte Information Teil des Energieinhaltes ist.
Es stellte sich nun die Frage, warum die Natur diese „Information über Energie" für ihre dynamischen Prozesse einsetzte. Während ich darüber nachdachte, wurde mir klar, dass man es mit einer Gesetzmäßigkeit zu tun hat, die schon während der Überlegungen zur „dynamischen" Quantenphysik offensichtlich wurde und in den Beziehungen (11) und (11a) ausgedrückt ist: Materie und Energie können nicht allein beschrieben werden. Vielmehr muss man in eine Beschreibung auch das Informationsabbild-der-Materie (Informationsabbild-der-Energie) miteinschließen. Nutzbare Energie ist durch mehr Information charakterisiert als nutzlose, chaotische. Diese Einsicht, dass Information mitberücksichtigt werden muss, gilt nicht nur, wenn Elementarteilchen, zum Beispiel Photonen, beteiligt sind, sondern wohl auch für allgemeine energetische Prozesse, bei denen es um die Umverteilung von Elektronendichte in chemischen Energieträgern oder in Materialien geht. Um zu verstehen, warum energetische Prozesse funktionieren und irreversibel ablaufen, muss man die mit der Energie assoziierte Information mitberücksichtigen.
Bei der Definition der „Dynamischen Energie" erfolgte dies bereits von einer anderen Perspektive her über die Aussage (7), die feststellt, dass die Energie pro Zustand abnimmt (und sich auf viele Zustände verteilen soll). Jetzt versteht man, dass eine solche Notwendigkeit, Information und das Informationsabbild-der-Energie mit zu

berücksichtigen, auch für das Verstehen und Beschreiben gewöhnlicher Energieprozesse nötig ist. Nützliche Energie besitzt, wie eine aus Bausteinen gebaute Burg, viel Information, nicht mehr nutzbare Energie, wie ein ungeordneter Haufen von Bausteinen, keine Information. Außerdem begreift man, wie die Natur die fundamentale Irreversibilität in ihr umsetzt: Sie baut einfach das Informationsabbild über Energie und Materie (letzteres bei nuklearen Prozessen) allmählich um und gibt dabei Information auf. Letzteres ist erlaubt, aber die Energie, die in dieser verlorenen Information steckt, bleibt in der Energiebilanz erhalten. Durch diesen Informationsabbau wird die Energie (z.B. Licht) dazu gezwungen, sich in Richtung nützlicher Mechanismen, wie der Photosynthese, und gleichzeitig und parallel in größere Unordnung mit weniger Information umzuverteilen. So wird durch den Abbau der Information von der ursprünglichen Energiequelle ein Teil der Information zur Arbeit an beteiligten Reaktionspartnern umgelenkt. Die dabei beobachtbaren Phänomene, die den Abbau von Information begleiten, erleben wir als die Wirkungszeit, die in eine Richtung voranschreitet. Der wirkliche Zeitfluss ist der Fluss von Wirkung oder, alternativ, der Fluss der energetisch abgebauten Information. Beide sind bei Transformation auf bewegte Systeme invariant. Man kann diese Erkenntnis durch folgenden Lehrsatz ausdrücken:

„Das grundlegende Wesen der Irreversibilität in der Natur besteht darin, dass bei Prozessen der Energiewandlung Information über Energie und Materie fortschreitend umgestaltet und aufgegeben wird. Als Folge davon reorganisiert sich die Energie in Richtung größerer Unordnung“ (17b)

Was kann dies im Einzelnen bedeuten? Welche Information ist es, die den Energiegehalt einer chemischen Bindung beziehungsweise eines Lichtteilchens beschreibt? Es ist sicher nicht dieselbe Information, die ein komprimiertes Gas vor seiner Ausdehnung in Richtung größerer Wahrscheinlichkeit beschreibt. Wie die Information von freier, arbeitsfähiger Energie ausgedrückt werden kann, muss wohl noch erforscht werden. Information über Energie wird jedenfalls gebraucht, um mit dieser Energie Arbeit zu leisten, indem man sie auf andere aktiv arbeitende und ebenso auf chaotischere Zustände umverteilt. Da diese Information dann aber letzten Endes aufgebraucht, in chaotische Energie umgewandelt wird, weil letztlich jede Energie so endet, kann man wohl schließen, dass es der Prozess des Informationsabbaus selbst ist, der die Energieumwandlung vorantreibt und auch das zeitliche Nacheinander festlegt. Die durch Energieumsatz ablaufenden Naturvorgänge werden also durch eine Reduzierung von Information ausgelöst. Energie selbst bleibt erhalten, aber ihre durch den Informationsgehalt ausgedrückte Arbeitsfähigkeit nimmt, wenn die Einschränkungen des Systems es erlauben, dabei ab, was damit die Richtung des Zeitpfeils festlegt. Diese durch Abbau von Information erfolgende Umstrukturierung der Energie und die Erzeugung von Wirkung verursacht, was wir als Zeit, Wirkungszeit, registrieren. Es konnte auch in Erfahrung gebracht werden, dass die Uhrzeit als Wirkungsfluss dividiert durch Energieumsatz zu errechnen ist, wodurch sie ihre Unabhängigkeit von Energie erreicht. Sie wirkt dann nur mehr als genormter Maßstab (etwa gezählt in elektronischen Schwingungen einer Atomuhr), der nur mehr von atomaren Parametern und Konstanten abhängt.

27 Evolution: Das Ziel ist hoher Energieumsatz und Geist

Der Mechanismus der biologischen Evolution ist von Generationen von Wissenschaftlern studiert worden. Sie stimmen darin, dass die Evolution kein Ziel habe, also nicht zielorientiert sei, überein. Mutationen und das Überleben der Tüchtigsten seien demnach lediglich Mechanismen, durch welche die Evolution funktioniere und so zu allmählichen Veränderungen und besser überlebenden Individuen führe. Ursprünglich nahm man an, dass Mutationen rein zufällig seien, aber diese Ansicht änderte sich langsam. Moderne Evolutionsbiologen schränken mögliche genetische Variationen ein, indem sie berücksichtigen, dass die Umwelt einen Einfluss auf die Aktivität von Genen und Zellen haben kann. Man spricht vom Forschungsgebiet der Epigenetik.

Die grundlegende wissenschaftliche Behauptung, dass es in der Evolution kein Ziel gäbe, wird häufig mit dem Argument in Frage gestellt, dass eine offensichtliche Entwicklung in Richtung größerer Perfektion und besserer Leistung vorliege. Die Anhänger des so genannten „Kreationismus" weisen die Interpretation einer ziellosen Evolution zurück und argumentieren für Eingriffe göttlicher Schöpfung. Vertreter des „Intelligent Design" bestehen nicht auf göttlichem Eingriff, wundern sich aber über eine Perfektion in gewissen biologischen Strukturen und Mechanismen, die kaum über zufällige Abläufe entstanden sein können.

Historisch gewachsene Überlegungen zur Evolution mussten auf das Weltbild der Physik vertrauen: „Die Zeit ist nur ein einfacher Ordnungsparameter und der Zeitfluss ein rein statistischer Prozess in Richtung zunehmender Wahrscheinlichkeit." Daraus kann schwerlich ein Ziel entstehen.

Was vermag der hier diskutierte neue Ansatz über die Strategie der Evolution aus-

zusagen? Ich will daran erinnern, dass mit einer Dynamischen Energie ein fundamentaler Zeitpfeil als Spur der Energie vorliegt und Selbstorganisationsprozesse in Gegenwart von Rückkopplungsmechanismen direkte Konsequenzen daraus sind. Wenn es die Umweltbedingungen erlauben und sich Rückkopplungs- oder autokatalytische Prozesse entwickeln, dann wird sich auf Kosten einer insgesamt ablaufenden Entropieproduktion, der Erzeugung von Unordnung, lokale Ordnung aufbauen. Lebende Organismen sind selbstorganisierte Systeme und auch sie unterliegen dem hier erkannten Naturgesetz (Kap. 11), das sie zwingt, maximale Entropieumsätze, also auch maximale Energieumsätze, innerhalb der gegebenen Einschränkungen anzustreben.
In einer ausgewählten Umgebung ist eine bestimmte Menge an Energie verfügbar. Es wird Energie von geochemischem oder solarem Ursprung sein. Prozesse, die in einer solchen Umgebung ablaufen, werden um diese Energie konkurrieren. Diejenigen selbstorganisierten Prozesse, denen es gelingt, Energie einzusammeln, werden ablaufen und, durch Umwandlung dieser Energie, Veränderungen erzeugen. Es ist nun wichtig festzustellen, dass selbstorganisierte Prozesse typischerweise die Eigenschaft haben, Energie schneller und effizienter umzuwandeln, als gewöhnliche Prozesse, die nicht rückgekoppelt oder autokatalysiert sind. Der Hauptgrund dafür liegt darin, dass die Reaktionsprodukte wieder in die Anfangsreaktion eingreifen und die Reaktion dadurch beschleunigen. In Gegenwart von genügend Energie wird es infolgedessen selbstorganisierten Prozessen besser als konkurrierenden gewöhnlichen Prozessen gelingen, Energie zu ernten. Da die Umsetzung von Energie Wirkung erzeugt, wird der Zeitfluss, der in Gestalt von Veränderungen sichtbar wird, vorwiegend durch solch selbstorganisierte lebende Prozesse verursacht. Bei Lebewesen sind diesen selbstorganisierten Vorgängen genetische Mechanismen überlagert, die durch statistische Mutationen und Auslese lernen, die betreffende Art überlebensfähig und konkurrenzfähig zu halten. Auf diese Weise verändert sich der Charakter selbstorganisierter Systeme, nicht aber deren Zielorientierung. Man könnte selbstorganisiertes Leben, das nach maximalem Entropie-(Energie-)Umsatz innerhalb seiner Einschränkungen strebt, mit einem starken Pferd vergleichen, das vom genetischen Code gezügelt wird.
Verschiedene selbstorganisierte Systeme werden untereinander um Energie konkurrieren. Noch weiter entwickelte selbstorganisierte Mechanismen werden daraus hervorgehen und den Wettstreit schließlich gewinnen, weil sie die Energie schneller ernten und umsetzen als andere.
Wir können das Ergebnis dieses Prozesses um uns herum leicht beobachten. Ein modernes Feld mit landwirtschaftlichen Früchten wird heute ein Maximum an

solarer Energie ernten und eine entsprechend hohe Produktivität erzielen. Auf demselben Land ohne Pflanzen, wie vor der Entwicklung des Lebens, war dies anders. Solarenergie wurde lediglich reflektiert oder in Umgebungswärme, Entropie, umgewandelt. Die Pflanzen lernten, immer mehr Energie für Lebensprozesse umzusetzen. In der Natur blieben selbstorganisierte, lebende Systeme in Bezug auf Energie nicht passiv und immobil. Sie fingen auch in Gestalt von Tieren an, nach Energie zu jagen und sie von einem großen Gebiet zu sammeln, indem sie sich von Energie erntenden Pflanzen ernährten oder andere Tiere jagten. Auf diese Weise wurden neue Energiequellen aktiviert. Effiziente Energieflüsse waren für die Evolution wesentlich. Mutationen, neue Ideen, sind nur dann nützlich, wenn für ihre Umsetzung ausreichend Energie zur Verfügung steht. Energie und Mutationen in biologischen Systemen zeigen mehr oder weniger dasselbe Wechselspiel wie Geld und Ideen in der Wirtschaft. Neue Ideen, Mutationen, erfordern für ihre Realisierung Geld – oder Energie. Ideen allein, ohne das Geld für ihre Umsetzung, sind oft wirkungslos. Ideen in Gegenwart von Geld können leichter umgesetzt werden, da so Forschungs- und Entwicklungsaktivitäten finanzierbar sind. Ähnlich erlaubte während der Evolution verfügbare Energie im Überfluss die Umsetzung neuer Mutationen. Sie erleichterte das Überleben.

Nicht Mutationen allein, sondern die Kombination von Mutationen mit verfügbaren Energieflüssen sind also das relevante Kriterium für eine wirksame Evolution. Mutationen folgen demnach bevorzugt dem Weg zunehmenden Energieumsatzes, den selbstorganisierte lebende Systeme einschlagen.

In einer Welt Dynamischer Energie konkurrieren energieverbrauchende Arten mehr und mehr um Energie. Es ist die Dynamik der Energieumwandlung, die den Zeitpfeil als Spur der Energie gestaltet. Veränderungen, die den Zeitfluss ausmachen, brauchen diese Energieumwandlung. Mutationen werden als gestaltende Mechanismen immer noch ein kritischer Faktor in der Evolution sein. Insgesamt gesehen wird es, wenn zunehmend energieaktive Systeme konkurrieren, eine die Richtung festlegende, schneller und schneller ablaufende Energieumsetzung geben. Allerdings erfolgt diese Entwicklung innerhalb der Einschränkungen der Systeme und der genetischen Mechanismen, die sie kontrollieren. Die genetischen Prozesse haben den Drang lebender Systeme nach immer mehr Energieumwandlung aber auch reguliert und so selbstzerstörerische Entwicklungen unterdrückt. Wegen, aber auch trotz des zunehmenden Energieumsatzes entwickelten sich manche Tiere bis zu riesigen Dimensionen, wie Dinosaurier und die gegenwärtig immer noch lebenden Blauwale zeigen. Dies bedeutet, dass sie in der Lage waren oder noch sind, riesige Mengen von Nahrung zu verschlingen. Der primitive

Mensch – ein Mensch, der in einer ursprünglich natürlichen Umgebung lebte – verbrauchte, verglichen mit einem fleischfressenden Krokodil ähnlicher Größe, zehnmal mehr Energie. Dies liegt hauptsächlich daran, dass ein kaltblütiges Tier wie ein Krokodil mit der Wärme aus der Umgebung auskommt. Der Mensch hat allmählich gelernt, über seinen Geist und seine Intelligenz Zugang zu reicheren Energiequellen und fortschrittlicheren Technologien zu erlangen. Ein moderner Mensch in Europa oder in den USA verbraucht heute 60- bis 120-mal so viel Energie wie ein primitiver Mensch. Dies erreicht er dadurch, dass er die technische Erfahrung der Industriegesellschaft einsetzt, um Energie aus der Umwelt zu mobilisieren. Man kann deswegen folgern, dass ein moderner Mensch ungefähr 1000-mal mehr Energie verbraucht, als ein ähnlich großes Krokodil, ein Lebewesen, das sehr früh in der Evolution auftrat.

In einer zeitorientierten Welt begünstigt die Evolution, die den Wettstreit zunehmend energieverbrauchender Arten ermöglicht, einen ansteigenden Energieverbrauch, vorausgesetzt, dass es die Einschränkungen des Systems erlauben. Da höher entwickelte Arten dazu neigen, energiehungriger zu sein und die Energieumwandlungsprozesse die Veränderungen generieren, die in unserer Umwelt als Zeitfluss zu erkennen sind, gibt es ein Ziel in der Evolution. Es ist die allmähliche Zunahme des Energieverbrauchs, sofern es die existierenden Einschränkungen zulassen. Einschränkungen sind ein sehr wichtiger Faktor. Als Kaninchen in Australien eingeführt wurden, begegneten sie sehr wenigen Einschränkungen in Form von Feinden und vermehrten sich dramatisch. Ihr Energieumsatz hatte signifikanten Einfluss auf die Entwicklung anderer Tiere und auf die Landschaft Australiens. Andere sich explosiv vermehrende Lebensgemeinschaften, zum Beispiel Heuschrecken, die riesige Ökosysteme verwüsten, können ebenfalls für die Dynamik selbstorganisierter Systeme, die einen zunehmenden Energieverbrauch anstreben, Zeugnis ablegen. Auch sozialpolitische Strukturen können sich in diese Richtung entwickeln, wenn die Einschränkungen reduziert sind. Sie können Aggression erzeugen, die darauf abzielt, Reichtum und Länder zu vereinnahmen. Die Geschichte vom Römischen Reich, vom Reich des Dschingis Khan oder vom Britischen Empire geben Beispiele. Die Ansammlung von Energie, Reichtum und Territorien funktionierte nur solange, wie die Einschränkungen es erlaubten.

In diesem Zusammenhang ist es wichtig zu bemerken, dass wir hier nicht von einer „Uhrzeit" reden, die lediglich ein Parameter für die Registrierung von Veränderungen ist. Vielmehr erzeugen die Veränderungen, die durch den Energieverbrauch produziert werden, den Fluss der Zeit, Wirkungszeit. Genau dies ist es, was als zeitliche Evolution identifiziert und erkannt werden kann. Wo die meiste Energie umgewandelt wird, wird es den größten Beitrag zu Veränderungen geben. Diese Veränderungen reflektieren die Evolution. Wenn wir die Evolution betrachten, erkennen wir also die erfolgten Energieflüsse.

Eine Gegenprobe erlaubt uns zu prüfen, ob unsere Überlegung richtig ist. Wäre unsere Welt ohne Wälder und die Ozeane frei von Licht erntendem Phytoplankton geblieben, würden weit weniger Photonen, die von der Sonne ankommen, absorbiert und umgewandelt. Tatsächlich wird ein erheblicher Anteil des Sonnenlichtes durch Phytoplankton im Meer oder durch Vegetation auf dem Land absorbiert und in chemische Energie sowie Wärme umgewandelt. Diese Energie trug zur biologischen Evolution und zu vielen Veränderungen in der Umwelt bei und zeigt nun eine unglaubliche Vielfalt in der Natur. Sie entwickelte sich in Richtung eines zunehmenden Energieumsatzes.

Wir wollen nach zusätzlichen Argumenten suchen, die eine systemtypische Zunahme des Energieumsatzes verstehen helfen. Die ersten zwei Milliarden Jahre der Evolution des Lebens scheinen langsam abgelaufen und vor allem von Bakterien und anderen Mikroorganismen bestimmt gewesen zu sein. Vor rund 450 Millionen Jahren, während der Periode des Kambriums, ereignete sich dann eine nie dagewesene explosive Periode der Evolution. Während dieser entwickelten sich zahlreiche, jetzt noch existierende Tierarten und viele maritime Spezies, die später ausstarben. Zahlreiche Fossilien aus dieser Epoche wurden in der Burgess-Ablagerung in Kanada gefunden. Der Grund für diesen Ausbruch der evolutionären Kreativität lag offenbar darin, dass eine relevante äußere Einschränkung für die Energieumwandlung, nämlich die niedrige Sauerstoffkonzentration, wegfiel. Der Gehalt an Sauerstoff in der Luft und im Meerwasser, der als Elektronenakzeptor für das Energiesystem der Tiere diente, erhöhte sich durch die Photosynthese erheblich. Infolgedessen änderten sich die Einschränkungen des Systems. Mehr Energie wurde verfügbar. Mutationen wurden wegen der Nutzbarkeit neuer Energiequellen viel produktiver und die energieverbrauchenden Arten gediehen prächtig. Die ablaufenden genetischen Prozesse konnten das Leben in Richtung zunehmenden Energieverbrauchs sehr erfolgreich voranbringen. Vor ungefähr 67 Millionen Jahren entwickelten sich fleischfressende Dinosaurier zum 4 Meter hohen, 12,4 Meter langen und 6,8 Tonnen schweren Tyrannosaurus Rex. Er war damals der stärkste und erfolgreichste Fleischfresser. Er setzte eine enorme Menge von Energie um, hauptsächlich indem er auf vegetarische Saurier Jagd machte. Offensichtlich war dieser Dinosaurier dadurch erfolgreich, dass er seinen Energieumsatz wirksam vergrößerte. Während der Millionen Jahre seiner Existenz und seiner Jagdangriffe auf friedfertige vegetarische Dinosaurier hinterließ er einen ausgeprägten Fußabdruck

auf dem Zeitpfeil. Man glaubt, dass diese Art nur wegen einer Meteoritenkatastrophe ausgerottet wurde.
Dann entwickelten sich warmblütige Tiere. Einige von ihnen versuchten noch in Waldumgebungen, die extrem arm an Energie sind, erfolgreich zu sein. Beispiele solcher Tiere unserer Zeit sind der Orang-Utang, das Faultier oder der Koala. Eine Spezies, der Mensch, fing schließlich an, unsere gegenwärtige Überlebensstrategie und Zivilisation zu entwickeln. Intelligenz half ihm dabei, mehr und mehr Energie zu beschaffen. Wie vorhin diskutiert, erfolgte eine ungefähr tausendfache Steigerung des Energieverbrauches von einem ähnlich großen Krokodil zu einem modernen Menschen. Der Mensch erntet nun Energie vom Großteil des Pflanzen- und Tierreiches und zielt auf immer höheren Energieumsatz. Wenn man auf die jüngste Entwicklung des Menschen blickt, beobachtet man, trotz Energiesparens durch verbesserte Technologien, eine ständige Zunahme des Energieverbrauchs, der vorwiegend aus dem Gebrauch neuer Technologien, wie Computer, Handy und Infrastruktur für Wohnung, Transport und Kommunikation resultiert.
Zusätzlich trägt das Phänomen der sozialen Netzwerke zu einem erhöhten Energiekonsum bei. Die Information, die ausgetauscht wird, beinhaltet Energie und auch die aufgewendete Zeit muss mit Energie bezahlt werden. Offensichtlich hat es der Mensch geschafft, Einschränkungen zu lockern, was ihm den Zugang zu reichlicher Energie, die er auch zu nutzen beabsichtigt, erlaubt. Der Lockruf großer Städte ist im Grunde eine Anziehungskraft, die durch einen Überschuss an Energie ausgelöst wird. Dort sind viele Aktivitäten möglich, die in kleinen Orten nicht verfügbar sind. Die selbstorganisierten Systeme, die der Mensch geschaffen hat, erlauben den Zugang zu einem intensiveren Energieverbrauch. Der Mensch nähert sich Lebensverhältnissen, wie er sie bereits in Science-Fiction-Filmen erfahren hat.
Energieumwandlung erzeugt Veränderungen und Veränderungen reflektieren den Fluss der Zeit. Wir erfahren den Zeitfluss als eine Umwandlung von Energie, als die Spur der Energieumwandlung. Wo die Energie hingeht und sich umsetzt, erfolgt ein sichtbarer Zeitfluss. Es ist der beobachtete Fluss der Wirkung, beziehungsweise der Verlust an Information über die Vergangenheit. Was der Mensch in Form von Energie aktiviert, wird schließlich umgewandelt. Die Spur dieser Energieumwandlung wird als Fluss der Zeit und als Fortschritt der Evolution erfahren. Die Evolution der Menschheit reflektiert damit auch die Evolution fortlaufender und zunehmender Energieumwandlung. Auf der ganzen Welt, über dem Land, dem Meere, in der Atmosphäre und im erdnahen Raum sind die Konsequenzen dieser Energieumwandlung gut sichtbar. Energieumwandlung erzeugt Veränderungen und diktiert den Zeitfluss, der als Evolution erfahren wird.

Wir wollen nun die biologische Evolution, vom vorhin diskutierten Gesichtspunkt selbstorganisierter Systeme aus, näher in Augenschein nehmen (vergleiche Kap. 11). Dem, was gefunden wurde, zufolge tendieren Lebewesen dahin, ihre Entropie- und damit Energieumsätze zu maximieren. In konkurrierenden selbstorganisierten Systemen ermöglicht eine zunehmende Energieumwandlung aber auch ein steigendes Ausmaß an Ordnung und Strukturierung. Eine maximale Entropieproduktion innerhalb der Einschränkungen eines Systems ist das Ergebnis. Da es sich bei Lebewesen um selbstorganisierte Systeme handelt, bedeutet dies auch, dass es einen Trend in Richtung der Evolution komplexerer und höher entwickelter Arten gibt. Wenn selbstorganisierte Systeme, Pflanzen, Tiere und Ökosysteme innerhalb der für sie geltenden Einschränkungen um maximale Entropieproduktion konkurrieren, dann muss ihre Evolution derselben Tendenz folgen. Denn maximale Entropieproduktion setzt maximalen Energieumsatz voraus und der Energieumsatz zeichnet den Zeitpfeil der Evolution.

Dies ist, was wir sehen und was zum Beispiel Anhänger des Kreationismus und des Intelligent Design von einer Evolutionstheorie, die nur von zufälligen Mutationen kontrolliert wird und kein Ziel der Evolution erkennt, nicht erwarten.

Wenn es hie und da Arten gibt, die nicht diesem Trend in Richtung maximalen Entropie- / Energieumsatzes folgen, ist dies übrigens kein Widerspruch. Die Einschränkungen ihres Systems sind, auf Grund veränderter Umgebungsbedingungen, einfach größer geworden. Konnte damit eine weitere Irrationalität eliminiert werden: eine Evolution in Richtung höherer Komplexität und Perfektion, die aus rein statistischen, ziellosen Mutationen folgt?

Alles zusammen passt in das Bild einer gerichteten Evolution. Die Evolution zielt auf eine zunehmend erfolgreiche, selbstorganisierte Ernte von Energie, die, wenn sie umgesetzt wird, den beobachtbaren Zeitpfeil vorantreibt und zunehmend kompliziertere Strukturen zeitigt. Diese Energieumwandlungsphänomene erzeugen die Veränderungen in unserer Umwelt, die wir mit dem Fluss der Zeit in Zusammenhang bringen.

Was ich hier für die biologische Evolution behaupte, ist demnach genau dasselbe, was ich für offene, selbstorganisierte Systeme, die weit weg vom Gleichgewicht funktionieren (Kapitel 11), ganz allgemein herausgefunden habe. Biologische Systeme bestimmen und lenken die Evolution, indem sie auf maximale Entropieproduktion abzielen. Eine wesentliche und gestaltende Einschränkung für das Leben ist dabei das steuernde Regelwerk des durch die DNA vorgegebenen genetischen Mechanismus. Er ist dem Drang lebender Systeme, sich in Richtung maximaler Energieumsetzung zu entwickeln, überlagert und führt sie, gesteuert durch Mutationen und Auslese, von Generation zu Generation. Diese Vorgänge bringen durch Mutationen neue Ideen ins Spiel, loten neue Lebensbereiche aus und gewährleisten die Vererbung zwischen Generationen.

Da selbstorganisierte Systeme sich so entwickelt haben, dass sie die Dynamik der Erde und des Universums festlegen, zeichnet das sie bestimmende thermodynamische Gesetz, also ihr Streben in Richtung eines maximalen Energie- und Entropieumsatzes, den orientierenden Charakter der Evolution. Woran erkennt man diesen so wichtig empfundenen fundamentalen Drang selbstorganisierter, lebender Systeme, ihren Energieumsatz innerhalb der gegebenen Einschränkungen zu maximieren? Es ist ganz einfach der immerwährende Hunger der Lebewesen, der Pflanzen und Tiere, nach Sonnenenergie, nach Nahrung, nach Energie aus der Umwelt, der für sie charakteristisch ist. Es ist die treibende Kraft, die das Leben voranbrachte und gegen widrigste Umweltbedingungen durchsetzt. Ist es vorstellbar, dass dieser, auf das Sammeln von Energie abzielende Überlebensdrang durch statistische Mutationen und deren Auslese entstanden sein könnte? Sollte aus ziellosen Veränderungen ein so markantes Ziel entstanden sein, das so wirksam die Evolution prägte? Nein, es ist die hergeleitete fundamentale Eigenschaft selbstorganisierter Systeme, den Energieumsatz zu maximieren. Genetische Mechanismen haben nur gelernt, die energiehungrigen, selbstorganisierten Systeme zu zähmen. Hätten selbstorganisierte Systeme die Eigenschaft mitgebracht, nur minimale oder bescheidene Energieansprüche umzusetzen, hätte sich die lenkende Genetik auf verlorenem Posten befunden. Sie hätte ein lahmes, müdes „Pferd" zu größerem Energieumsatz antreiben müssen.

Wir wollen die hier gegebenen Argumente nochmals kurz nachvollziehen. Eine zeitorientierte, Dynamische Energie vermag früher oder später selbstorganisierte Systeme, wie lebende Systeme oder Ökosysteme, zu generieren, die um Energie konkurrieren. Mit steigendem Energieumsatz werden gleichzeitig Ordnung und Entropieproduktion zunehmen. Diese Entropieproduktion wird einem Maximum zustreben, und sie ist, als Konsequenz der Energieumwandlung, wegen des postulierten und abgeleiteten fundamentalen Gesetzes (Beziehung (7)) geschwindigkeitsbestimmend. Gestaltende und limitierende Einschränkungen bestehen. Sie können beispielsweise als genetisch vorgegebene Mechanismen zur Reduktion des Energieverbrauchs oder als, von außerhalb aufgeprägte, Knappheit an Energie wirken. Genetisch vorgeprägt ist zum Beispiel das Gefühl für Sattheit nach einem opulenten Essen. Schlaf wurde lange Zeit als Einrichtung zur Regenerierung des Gehirns angesehen. Aber auch im Schlaf ist das Gehirn noch erstaunlich aktiv und periodischen Schlaf hat man selbst bei primitiven, in der Evolution so frühen

Lebewesen wie Quallen beobachtet (Nath et al., 2017). Ist eine einfachere Strategie denkbar, als Lebewesen zu regelmäßigem Schlafen zu bringen, um sie durch Einschränkung der Wachzeit zu geringerem Energieumsatz zu veranlassen? Damit ergibt sich zwanglos eine neue Theorie zum Schlaf: Er entwickelte sich ursprünglich als genetische Bremse gegen den Drang selbstorganisierter Systeme in Richtung maximalen Entropie- (Energie-)Umsatzes. Dafür spricht auch, dass Schlaf nicht durch Erschöpfung, sondern biochemisch, über Melatonin aus der Zirbeldrüse, gesteuert wird. Beim Stand des heutigen Wissens müsste einfach herauszufinden sein, ob ein Schlafentzug Fettleibigkeit und Diabetes-Probleme auslöst. Tatsächlich gibt es bereits viel relevante Information und selbst epidemiologische Studien darüber, die einen solchen Zusammenhang bestätigen (z.B. Buxton et al., 2012). Chronischer Schlafmangel macht tatsächlich dick. Das scheint aber nicht allein daran zu liegen, dass man während des Schlafes keine Energie aufnimmt. Im Schlaf setzt man die tagsüber schon aufgenommene Energie auch intelligenter um und baut nicht soviel Fett auf. Auch Wunden heilen besser und das Immunsystem regeneriert sich. Die Evolution nutzte den Schlaf offensichtlich auch für zusätzliche wichtige Mechanismen. Man bleibt mit regelmäßigem Schlaf insgesamt schlanker, gesünder und lebenstüchtiger. Diese Gedanken belegen wiederum, dass der Paradigmenwechsel in Richtung eines energiegetriebenen Zeitpfeiles wenig verstandene Fragen in sinnvoller Weise neu beantwortet. Die „Dynamische Energietheorie" erweist sich auch in praktischer Hinsicht als konstruktiv.

Was sind die Gründe dafür, dass die Wissenschaft in der biologischen Evolution bisher kein Ziel erkennen konnte? Ich glaube, es sind das blinde Vertrauen auf zeitumkehrbare grundlegende Mechanismen sowie das Verständnis von Zeit als einfachen Ordnungsparameter. Auf einer solch zeitneutralen Grundlage ist es nicht möglich, zu erkennen, welcher Gesetzmäßigkeit selbstorganisierte Systeme ausgesetzt sind. Also hat man sie ausgeklammert. Im Gegensatz dazu funktioniert die Evolution dadurch, dass sie weit weg vom Gleichgewicht abläuft und infolgedessen dem dort herrschenden, charakteristischen Gesetz des maximalen Entropie- (Energie-)Umsatzes folgen muss. Die tüchtigsten Systeme, die weit vom Gleichgewicht mit anderen konkurrieren, sind dadurch erfolgreich, dass sie die Konkurrenten bei der Geschwindigkeit des Energie- oder Entropieumsatzes übertreffen. Und die erzeugten Veränderungen furchen die Spur der Zeit und der Evolution. Eine Naturwissenschaft, der es, aufgrund ihrer zeitneutralen Grundvorstellung nicht möglich war, das Entropiegesetz selbstorganisierter Systeme herzuleiten, hat sich rein auf erkannte Gesetzmäßigkeiten des genetischen Mechanismus konzentriert und diese zu einem Dogma erhoben, nämlich dem, dass die Evolution kein Ziel hätte. Aber die genetischen Prozesse allein leben nicht. Sie zähmen und steuern lediglich selbstorganisierte lebende Systeme. Diese nichtlinearen, selbstorganisierten Systeme haben Eigenschaften, die aus der Wechselwirkung ihrer vielen Bestandteile resultieren. Diese Eigenschaften sind sehr komplex und werden einfach nicht verstanden. Sie scheinen sich anders zu verhalten, wenn man einzelne Bestandteile, wie etwa den genetischen Code, herausnimmt und deren Verhalten getrennt untersucht, wie dies bisher geschieht.

Die Evolution als zielorientiert, teleologisch zu bezeichnen, ist heutzutage in der wissenschaftlichen Literatur in hohem Grade verpönt (Gould, 1998). Es ist eine Aussage, die Entwicklungsprozesse an Zielen orientiert und beurteilt. Diese Einstellung, eine zweckbestimmte Natur abzulehnen, geht wohl schon auf den Philosophen Descartes (1596-1650) zurück, der sie in seiner Principia Philosophiae vertrat. Aber damals wusste man noch kaum, wie das Leben funktioniert und den Zweck, den man vermeiden wollte, sah man von außen kommend. Wo liegt nun der entscheidende, unvermeidbare Schlüssel zu dieser hier geäußerten Behauptung, dass die Evolution letztlich doch zielorientiert ist? Es sind die Rückkopplungsprozesse, welche die Selbstorganisation befeuern. Sie generieren ein Ziel: maximale Entropieproduktion innerhalb der Einschränkungen des Systems. Dieses Ziel ist eine rein materialistische Aussage, eine Konsequenz des energiegetriebenen Zeitpfeils.

Schon vor 75 Jahren haben Rosenblueth, Wiener und Bigelow (1943) solche rückgekoppelten Phänomene bei technischen Einrichtungen als „Rückkopplungs-kontrollierten Zweck" interpretiert. Norbert Wiener, Pionier der Kybernetik, hat die Kybernetik, das Studium regulierender Rückkopplungsprozesse, als Gebiet beschrieben, das sich mit teleologischen Prozessen beschäftigt. Den Zweck, für den solche Systeme funktionieren, generiert das System selbst. Es braucht keine andere Instanz, welche den Zweck setzt. Er ist rein materialistisch, aber dennoch vorhanden. Der Philosoph Thomas Nagel (2012) hat kürzlich sogar „ein natürliches teleologisches Gesetz" in Betracht gezogen, welches Leben und Bewusstsein ermöglichen solle. Die hier entwickelten Überlegungen erklären über rein materialistische Mechanismen genau dies, und sie tun es über Rückkopplungsprozesse, die Leben und Bewusstsein (siehe weiter unten) über ablaufende Energieströme steuern. Die Evolution hat gerade deswegen definitiv ein Ziel.

Der berühmte Philosoph und Lehrer Alexander des Großen, Aristoteles, sah übrigens die Natur ebenfalls „teleologisch", zweckbestimmt. Ihr Existenzgrund sei ihre Zweckbestimmung. Sie entwickle sich einem Ziel entgegen, völlig konträr zur Vorstellung des Neodarwinismus, der jedes Ziel abstreitet (Gould, 1998). Aristoteles, der im Sammeln und Ordnen von Tatsachen ein hohes philosophisches Ziel sah, hat auch eine Entwicklung stimuliert, die gegenwärtig unser Leben mit immer mehr wissenschaftlichem und technologischem Fortschritt in Richtung einer künstlichen Welt prägt. Auch diese Entwicklung belegt, dass Evolution, einschließlich der technologischen, durch Selbstorganisation orientiert ist. Sie setzt immer mehr Energie um und wird immer komplexer. Die Geschichte der Industrialisierung belegt diese Entwicklung und vermittelt auch den Eindruck, dass sie zielstrebig und immer schneller voranschreitet.

Wenn die Evolution des Lebens ein unmittelbarer, direkter Vorgang ist, warum wiederholt sie sich nicht immer wieder? Warum entsteht aus einfachen Molekülen nicht immer wieder neues Leben? Meine Interpretation ist, dass das schon weiter entwickelte Leben mit seiner erhöhten Fähigkeit, Energie zu sammeln und umzusetzen, ein viel zu effizienter Konkurrent für Energie ist. Sehr primitives, neues Leben kann in Gegenwart von weiter fortgeschrittenem Leben nicht leicht überleben. Es wird in einem frühen Stadium durch die schon etablierte Konkurrenz, Bakterien und Pilze, kurzerhand immer wieder konsumiert, weggefressen.

Der Wissenschaftsphilosoph Karl Popper (1979) verlangt, dass für eine vorgeschlagene wissenschaftliche Theorie ein Kriterium für ihre Falsifizierung bereitgestellt werde. Wir wollen dies an der hier dargestellten neuen Theorie über eine zielstrebige Evolution umsetzen: „Wenn man zeigen kann, dass selbstorganisierte Systeme, innerhalb ihrer Einschränkungen, nicht auf maximale Entropieproduktion abzielen, dann ist die vorgeschlagene Evolutionstheorie falsifiziert". Als weitere Möglichkeit der Falsifizierung kann versucht werden, zu beweisen, dass rückgekoppelte Mechanismen, entgegen den seit Langem existierenden Erfahrungen, im Allgemeinen keinem Ziel entgegenstreben.

Während der jüngeren Periode der menschlichen Evolution von zwei Millionen Jahren hat ein neues, wichtiges Phänomen dem Menschen geholfen, den Energieumsatz für seine Aktivitäten weiter zu erhöhen: Es ist die Selbstorganisation von Information im Gehirn und damit – die Evolution von Geist.

28 Selbstorganisation von Information: Bewusstsein

Die Natur erlaubt die Entwicklung von Lebewesen, die über ein Bewusstsein verfügen. Es ermöglicht ihnen, ihre Position innerhalb der Umwelt zu erkennen und intelligent zu denken und zu handeln. Was ich gegenwärtig anstrebe, nach einer Strategie zu suchen, um Irrationalitäten in den Theorien der Naturwissenschaft durch

Einführung eines energiegetriebenen Zeitpfeils zu vermeiden, ist so ein Beispiel rational zu denken und eine Absicht zu verfolgen. Das Bewusstsein ist ein Phänomen, das von gegenwärtigen Wissenschaftsmodellen, welche die Entwicklung unserer Welt erklären, nicht abgeleitet werden kann. Dies ist ein schwerwiegendes Problem, das aufzeigt, dass mit dem bisherigen grundlegenden Verstehen der Natur etwas unzureichend oder sogar falsch ist. Darauf hat zuletzt vor allem der US-amerikanische Philosoph Thomas Nagel hingewiesen (Nagel, 2014). Die in der Blaupause der Natur innewohnende Möglichkeit, Intelligenz und Bewusstsein zu entwickeln, muss in ihr enthalten gewesen sein, lange bevor der Mensch in Erscheinung trat. Deswegen sollte eine überzeugende Theorie, welche die Natur beschreibt, eine solche Möglichkeit in glaubhafter Weise einschließen. Die hier diskutierte Dynamische Energievorstellung kann es.

Die Einführung eines fundamentalen Zeitpfeils als Spur der Energie in physikalische Phänomene durch das Postulieren eines „dynamischen" Verhaltens der Energie, das vom Prinzip der kleinsten Wirkung abgeleitet wurde, eliminiert jene Hürden, die das Verstehen der Evolution und der Selbstorganisation der Materie bisher erschwerten. Wenn die Energieumwandlung Wirkung erzeugt und die Zeit antreibt, gibt es für Rückkopplungsprozesse ein „Vorher" und ein „Nachher". Dieses Erkennen des Zeitflusses ist eine zwingende Voraussetzung für die Selbstorganisation der Materie und den Aufbau von Ordnung.

Da Information einen Energieinhalt hat und sich proportional zur Energie verhält, wird sich diese Information physikalisch und mathematisch auch ähnlich verhalten wie Energie. Energie steht in Beziehung zu Masse und Materie (über die wohlbekannte Formel $E = mc^2$). Materie kann sich selbstorganisieren, wie wir es vom Leben um uns herum kennen. Geht man nun von einer Formel, welche die Selbstorganisation der Materie beschreibt, aus, kann man deshalb – mit mathematisch klar definierten Substitutionen und Rechenschritten – eine Formel für die Selbstorganisation von Information ableiten (Tributsch, 2016 b). Dies bedeutet, dass eine Selbstorganisation von Information mathematisch hergeleitet und bewiesen werden kann. Dass sie wirklich erfolgt, setzt natürlich voraus, dass Informationsmoden im Gehirn rückgekoppelte Wechselwirkungen eingehen können. Dass es passiert kann angenommen werden, da erwartete Phänomene der Selbstorganisation von Information im menschlichen Bewusstsein und Geist erkannt werden (siehe unten). Vorausgesetzt, dass es die Einschränkungen des Systems, die Randbedingungen, erlauben, müsste sich Information ähnlich wie Energie verhalten und dazu tendieren, ihre Anwesenheit pro Zustand zu verringern. Dies ist schon deswegen offensichtlich, weil eine solche Eigenschaft bereits in der Dynamischen Energie steckt. Die Energie pro Zustand zu reduzieren und auf viele niedrigere Zustände zu verteilen, drückt ja nichts anderes aus, als Information abzubauen. Information ist somit als eine zeitorientierte, dynamische Größe zu verstehen, welche die Irreversibilität in der Natur umsetzt. Dies bedeutet in praktischer Hinsicht, dass Information mit der Zeit wieder verloren gehen muss, was im Einklang mit unserer täglichen Erfahrung steht. So ist die Erinnerung nicht von Dauer und Bauelemente zur Informationsspeicherung werden nur beschränkt lange funktionieren. Wie mit Energie und abhängig von den Bedingungen und Einschränkungen eines Systems kann Information vorübergehend gespeichert, umgesetzt oder chaotisch in die Umgebung verteilt werden.

Analog zu Energie und Materie kann dem zufolge auch Information in Rückkopplungsprozesse und den Aufbau von selbstorganisierten Strukturen involviert werden, wenn sie hinreichend weit weg vom Gleichgewicht gedrängt wird (Fig. 27). Das menschliche Gehirn handhabt Information über elektrochemische Prozesse und ein dynamisch funktionierendes Netzwerk von ungefähr 86 Milliarden Neuronen, verbunden über 100 Billionen Synapsen. Selbstorganisation von Information bedeutet, dass bereits bestehende Information, in Form verschieden komplexer Pakete, in nichtlineare Wechselwirkungen verstrickt wird, die durch Rückkopplungsprozesse charakterisiert sind. Dadurch werden Rechenergebnisse wieder in vorhergegangene Rechenoperationen eingefügt und weiterverfolgt. Auf diese Weise wird örtlich geordnete oder „lebende" Information von wesentlich höherer Qualität und Ordnung aufgebaut. Dies geschieht auf Kosten von Entropieerzeugung in Gestalt von kleineren und weniger nützlichen Energie- oder Informationseinheiten und erfordert natürlich eine fortlaufende Versorgung mit Energie. Welche Bedeutung hat diese selbstorganisierte Information, die das Modell einer Dynamischen Energie ermöglicht? Der geradlinigste Weg dies herauszufinden besteht darin, die selbstorganisierte Information mit selbstorganisierter Materie zu vergleichen. Information ist, wenn sie sich selbstorganisiert, einem analogen, mathematisch beschreibbaren Prozess unterworfen. Die involvierten Rückkopplungsprozesse legen den hochgradig nichtlinearen Charakter des erhaltenen mathematischen Formalismus fest und definieren auch eine Richtung, ein Ziel. Der ablaufende Mechanismus repräsentiert, abhängig von der Parameterkonstellation, entweder eine aufrechtzuerhaltende Ordnung oder eine Erzeugung von Oszillationen, von Vielfachzuständen beziehungsweise deterministischem Chaos.

Wir sollten eine bakterielle Zelle und ihre wohl definierten, komplizierten Lebensfunktionen mit Wasser vergleichen, das dieselben chemischen Elemente der Zelle in gelöster Form enthält. Dies vermag einen Eindruck vom Unterschied in der

Hierarchie zwischen einem komplexen, selbstorganisierten, lebenden System und einem nicht selbstorganisierten System mit genau denselben kleinsten Bauelementen zu geben. Der Unterschied ist lediglich der fehlende Prozess der Selbstorganisation, der zum Leben natürlich einen Durchfluss an Energie erfordert. Selbstorganisierte Information kann auf diese Weise eine Hierarchie erreichen, die wesentlich höher anzuordnen ist, als die einer rein rechnerischen Handhabung von Information über vorgegebene Programme und Algorithmen.

Letztere Mechanismen laufen bei sogenannten „intelligenten" Maschinen ab, die etablierte statistische Algorithmen neuronaler Netze rechnen und dabei durch Verdichtung ihrer Schaltkreise immer schneller werden (Kosko, 2017). Sie geben dadurch den Anschein, dass sie intelligent wären. In Wirklichkeit besteht ihre Funktion aus einer riesigen Zahl von Additionen und Multiplikationen. Sie untersucht, zum Beispiel, ein Bild auf die Wahrscheinlichkeit hin, ob ein bestimmtes Gesicht darauf zu sehen ist. Das neuronale Netz approximiert also über eine enorme Zahl von simplen Rechnungen, ohne Intelligenz, eine Wahrscheinlichkeitsfunktion und gelangt so zur Aussage.

Im Gegensatz dazu kann sich selbstorganisierte Information im Gehirn in einer Rangordnung über gewöhnlichem Rechnen als neue Ordnung innerhalb von Informationsvorgängen ausbilden und zusätzliche Programme aktivieren. Da selbstorganisierte Information wegen der beteiligten Rückkopplungsprozesse und ihrer dadurch gegebenen teleologischen Eigenschaften auch eine starke Zeitorientierung ausdrückt, eine Art Absicht in Bezug auf die Zukunft, gibt es für dieses vorhergesagte Phänomen nur eine mögliche Erklärung (Tributsch, 2008 a, 2018 b): Es muss die Funktion des Bewusstseins sein, zusammen mit assoziierten, primitiveren, aber immer noch komplexen Phänomenen wie dem Unterbewusstsein. Ich rede vom Rätsel unseres Geistes.

Die moderne Wissenschaft hat noch immer keine klare Vorstellung von dem, was Bewusstsein und Unterbewusstsein darstellen. Es gibt noch keine überzeugende Theorie, aber es gibt gewisse Kriterien, die dafür gegeben sind oder erfüllt sein müssen. Eines ist, dass das Bewusstsein so etwas wie ein Abbild unseres Selbst darstellt, das in der Lage ist, dieses Selbst auf Grundlage von gespeicherter Information aus unserem Gedächtnis und den vielfältigsten Informationen aus unserem Körper sowie den Wahrnehmungen aus der Umwelt zu kontrollieren und zu leiten. Es generiert Selbsterkenntnis und produziert Absichten. Wir wissen, wo wir sind, was wir sind, was wir machen und was wir beabsichtigen, zu machen. Offensichtlich gelingt es über die Selbstorganisation von Information sinnvolle neue Programme zu aktivieren, zum Beispiel Emotionen. Auch, dass Bewusstsein und Geist Ziele verfolgen und damit teleologischen Charakter haben, passt in das Bild. Die Informationsverarbeitung für das Bewusstsein ist kompliziert, was das folgende Beispiel zeigt: Das Gehirn ist über einen Nervenstrang, den Nervus Vagus, mit dem „enterischen" Nervenkomplex im Darm und dessen rund 200 Millionen Nervenzellen verbunden. Zusätzlich vermitteln Botenstoffe zwischen ihnen. Diese Signale kommunizieren mit den geschätzten 100 Billionen Bakterien, welche die Verdauung gewährleisten, und senden Befunde ins Gehirn. Sie prägen das Körpergefühl entscheidend mit und beeinflussen wohl auch das Bewusstsein und Entscheidungen. Eine physikalisch-chemische Vorbedingung und ein zusätzliches Kriterium für ein Bewusstsein als selbstorganisiertes Informationssystem ist, dass genügend Energie durch das Informationssystem Gehirn fließt. Mangel an Sauerstoff, der für die Energieumwandlung im Gehirn benötigt wird, führt zu einem schnellen Zusammenbrechen des Bewusstseins. Dieses Phänomen beobachtet man zum Beispiel bei der Höhenkrankheit beim Bergsteigen.

Ein weiteres Kriterium besteht darin, dass das Informationssystem durch einen hinreichend großen Energiefluss genügend weit weg vom Gleichgewicht verschoben werden muss (Fig. 35).

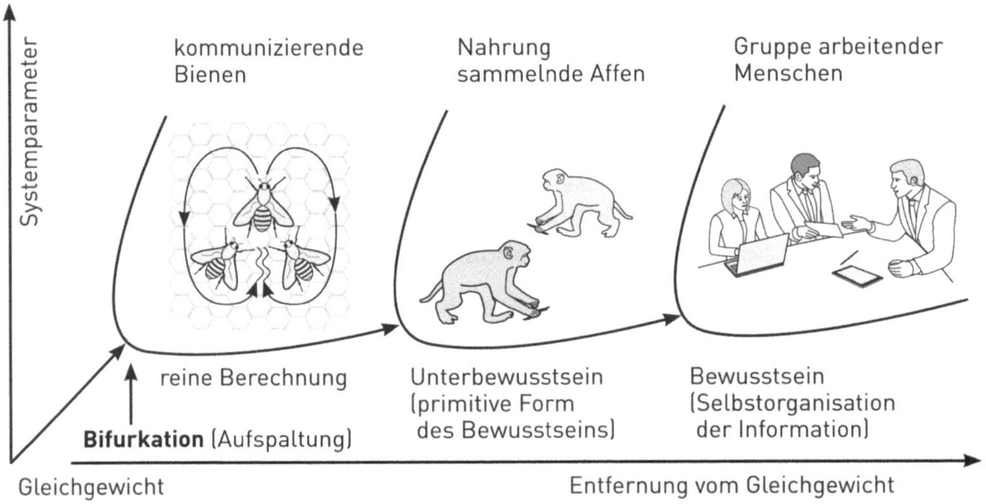

Fig. 35. Das Diagramm zeigt den Einfluss der Entfernung vom Gleichgewicht für Informationssysteme. Diese Entfernung wird vor allem über den Durchfluss der Energie kontrolliert. Während der Evolution wurde mehr und mehr Energie für das Gehirn verfügbar. Der Energiedurchfluss verschob die Informationsaktivitäten vom reinen Rechnen und Registrieren hin zu selbstorganisiertem Rechnen, was primitiveren Formen des Unterbewusstseins entspricht und schließlich zum Bewusstsein führte.

Dies ist für Prozesse der Selbstorganisation typisch. Sie müssen genügend weit vom Gleichgewicht gedrängt werden, um einzutreten. Diese Eigenschaft erklärt auch, warum der Mensch ein Gehirn entwickelt hat, das extrem viel Energie verbraucht. Das Bewusstsein erfordert einen hohen Energieumsatz. Ungefähr 20% der Energie aus Nahrung wird vom menschlichen Gehirn verbraucht, das nur 2% des Körpergewichtes eines Menschen ausmacht. Dieselbe Menge an Energie setzen Muskeln um, die 40% des Körpergewichtes ausmachen. Das Gehirn verbraucht zudem 25% bis 40% des energiereichen Blutzuckers.

Es ist interessant, dass es den ausgestorbenen Dinosauriern, obwohl sie viel Energie umsetzten und eine sehr lange Zeitperiode existierten, offenbar nicht gelungen war, ihr Gehirn soweit und so geschickt mit Energie zu versorgen, dass sich eine primitive Form des Bewusstseins hätte entwickeln können. Die Natur musste zunächst warmblütige Tiere hervorbringen, die ihre Temperatur permanent auf einem hinreichend hohen Wert halten konnten. Vögel sind Nachkommen der Dinosaurier und sie sind warmblütig. Wie Experimente mit Krähen und Papageien zeigen, könnten sich diese auf dem Weg der Entwicklung zu Intelligenz und einem gewissen Grad von Bewusstsein befinden. Beispiele sind die Werkzeuge nutzende Kaledonische Krähe, der findige Kea aus Neuseeland und der Afrikanische Graue Papagei, der Worte versteht.

Eine offensichtliche Voraussetzung für das Bewusstsein ist dessen hoher Energiebedarf. Ein Mangel in der Energieversorgung des Gehirns kann zu Problemen und, wenn chronisch, zu Krankheiten des Bewusstseins führen. Wir wollen als Beispiel einen Blick auf die Alzheimer Krankheit werfen. Bei diesem Leiden fehlen eine kompetente Kontrolle und Verwaltung von Rechenaufgaben für Lebensfunktionen und es mangelt erheblich bei der Handhabung von Information aus dem Gedächtnis und der Umwelt. In diesem Fall könnte der Abstand vom Gleichgewicht im Gehirn einfach zu klein geworden sein, um wirksame Selbstorganisation zu ermöglichen (Fig. 35). Einige einfache, gewöhnliche Rechenvorgänge mögen immer noch hinreichend gut funktionieren, aber eine höhere Hierarchie des Rechnens, das selbstorganisierte Rechnen und das Bewusstsein, versagt. Eine charakteristische Eigenschaft der Alzheimer Krankheit ist der Verlust räumlicher Orientierung sogar in ursprünglich vertrauter Umgebung. Interessant in diesem Zusammenhang ist, dass einfache Rückkopplungsprozesse bereits zu ausgefeilten räumlichen Formen wie fraktalen Strukturen führen können (Fig. 9). Die Fähigkeit, im Gehirn räumliche Muster zu simulieren, könnte eine Voraussetzung für räumliche Orientierung sein. Das Verständnis solcher Mechanismen hat das Potential, neue Einsichten in diese Art mentaler Krankheiten zu gewähren und auch zu erklären, warum sie bevorzugt auftreten, wenn Menschen älter werden. Der Energieumsatz, die Verfügbarkeit von Energie für das Gehirn, wird allmählich reduziert. Eine verringerte Stoffwechselaktivität im Gehirn wurde bei Alzheimer Patienten beobachtet. Das betroffene Gehirn arbeitet näher am Gleichgewicht und verpasst die Perfektion ausgeprägter Selbstorganisation. Würde man einen therapeutischen Weg finden, den Energiefluss und den Abstand vom Gleichgewicht, bei dem das Gehirn arbeitet, wieder zu erhöhen (Fig. 35), könnte man diesem Problem eventuell entgegenwirken. Es ist ein Blick auf das Problem von einer neuen Warte aus.

Im Zusammenhang mit Energieumsatz sind auch einige Gedanken über die mögliche Natur der Krankheit Krebs angebracht. Das Leben ist ein selbstorganisierter Prozess, der Energie umsetzt. Wenn sich, auf Grund spezieller Umwelt- oder genetischer Bedingungen, im Körper ein paralleler Prozess erfolgreich entwickelt, wird dies eine Konkurrenz für den Verbrauch von Materialien und Energie sein. Eine solche Konkurrenz kann auch entstehen, wenn das genetische Programm darin versagt, den Drang selbstorganisierter Systeme nach maximalem Energie- und Stoffumsatz einzuschränken. Der neu entstehende und konkurrierende Prozess, Krebs, wird entweder einen effizienteren, andersartigen Mechanismus zum Erbeuten von Energie und Materialien einsetzen oder er wird den Prozess der Selbstorganisation weiter weg vom Gleichgewicht schieben. Er wird aggressiver gedeihen als die gesunden Körpergewebe. Dies wird auch den Umsatz von Materialien und Energie entsprechend erhöhen. Eine offensichtliche Gegenstrategie innerhalb des Dynamischen Energiemodells wäre, die Einschränkungen der selbstorganisierten lebenden Systeme strenger zu gestalten. Ein kontrolliertes Fasten, eine Begrenzung der Energiezufuhr bei gewissen schweren Krankheiten, ist eine naheliegende Strategie und wird seit der Antike auch von bedeutenden Ärzten und Philosophen immer wieder vorgeschlagen (Tributsch, 2018 b). Die Herausforderung für die Wissenschaft besteht nun darin, den Energieumsatz im Körper zu verstehen und den Abstand vom Gleichgewicht zu reduzieren. Auf Grund dieser Überlegungen sollte ein umgekehrter Zusammenhang zwischen Krebs (der Prozess läuft zu weit vom Gleichgewicht ab) und der Alzheimer Krankheit (Prozess funktioniert zu nahe am Gleichgewicht) bestehen. Es scheint Belege zu geben, die diesen Befund unterstützen (Framingham Heart Study, 2012).

Diese kurzen Überlegungen, die sich aus dem Modell der Dynamischen Energie ergeben, weisen auf ein interessantes Potential für neue Ideen hin. Aber kehren wir zum menschlichen Gehirn zurück:

Während der letzten drei Millionen Jahre hat sich das Volumen des Gehirns der Primaten in mehreren Etappen verdreifacht. Es hat sich von einem ungefähr 450

Kubikzentimeter großen Gehirn des Schimpansen zu einem 1300-1400 Kubikzentimeter großen menschlichen Gehirn erweitert. Dabei hat sich das Bewusstsein entwickelt. Während derselben Zeit hat der Mensch seinen Energieumsatz wesentlich erhöht. Er hat die Wälder verlassen und in den großen Grasebenen das Leben eines Fleischjägers angenommen, wobei er die Kapazität seines Bewusstseins und seine Intelligenz zunehmend für die Verbesserung der Jagd- und Sammeltechniken einsetzte. Ob die zurzeit lebenden Schimpansen bereits begonnen haben, ein Bewusstsein zu entwickeln, ist immer noch nicht klar. Wissenschaftliche Berichte legen aber nahe, dass Schimpansen einen bestimmten Grad an Selbsterkenntnis erreicht haben. Selbstverständlich sind im Prinzip verschiedene Niveaus des Bewusstseins möglich. Das menschliche Unterbewusstsein dürfte ein grundlegenderes, einfacheres und leichter anwendbares Programm einer Selbstorganisation der Information darstellen. Das Unterbewusstsein ist eine Informationsstruktur wie ein „automatischer Modus" des Gehirns, der unsere Situation kontrolliert. Er simuliert die Realität und bietet eine Bewertung der Umgebung. Er erlaubt es auch, verschiedene Aktivitäten gleichzeitig auszuführen, wie zum Beispiel zu gehen, zu essen und zu sprechen. Das Unterbewusstsein leitet unsere Intuition, hilft uns Gesichter zu erkennen und steuert Emotionen wie Liebe oder Hass. Es ist für viele menschliche Aktivitäten wichtig, reagiert typischerweise schneller als das Bewusstsein und ist tatsächlich in den ältesten Teilen des Gehirns lokalisierbar.

Das Bewusstsein, wie es der Mensch entwickelte, ist das anspruchsvollste Programm, das man sich vorstellen kann. Es gibt dem Menschen eine Persönlichkeit und eine aktive Kontrolle über seine Situation. Die Theorie, dass das Bewusstsein unser rechnendes Gehirn kontrolliert, erfordert eine etwas tiefergehende Analyse. Der österreichische Mathematiker Kurt Gödel entwickelte um 1931 ein Theorem, das Unvollständigkeitstheorem, das eine der wichtigsten Aussagen der modernen Logik wurde. Es kann so interpretiert werden, dass eine Maschine, die eine andere kontrolliert, einer höheren Hierarchie zugeordnet sein muss. Der Unterschied zwischen der Selbstorganisation von Information und Information allein, vergleichbar einem lebenden Bakterium einerseits und seinen chemischen Komponenten andererseits, gibt die angemessene Antwort: Ein lebendes Bakterium, das über eine selbstorganisierte Struktur und Chemie funktioniert, repräsentiert eine Hierarchie, die deutlich über der einer wässrigen Lösung seiner chemischen Bestandteile liegt. Die Lebensfunktionen des Bakteriums demonstrieren auch klar, dass es chemische Aktivitäten kontrollieren kann. Es setzt Programme ein, die sehr komplexe Phänomene ermöglichen.

Selbstorganisierte Information kann demnach reine Information kontrollieren, denn sie ist hierarchisch eindeutig über reiner Information angesiedelt. Sie ist deswegen als der Mechanismus des Bewusstseins zu verstehen (siehe weiter unten Fig. 36 b). Selbstorganisierte Information macht den Menschen bewusst und hilft ihm, sein Leben in einer komplexen Umgebung kompetenter und kreativer zu organisieren. Sie gestaltet auch die Absichten, prägt die Entschlossenheit und ermöglicht Emotionen sowie die Entfaltung von Phantasie.

Ebenfalls kann eine Aussage über den freien Willen einer bewussten Person gemacht werden. Beliebig kleine Änderungen an Information, die vom Gedächtnis, vom Bewusstsein oder von Sinnesorganen bezogen werden, können die Zusammensetzung und die Orientierung des bewusst erreichten Eindrucks unserer Situation drastisch verändern. Völlig neue „Bifurkationen" eines anderen Programms sind möglich. Das Ergebnis solcher Prozesse wird von Person zu Person und von Situation zu Situation markant verschieden sein. Das Bewusstsein, als selbstorganisierter Prozess, könnte allerdings auch synchronisiert werden, wenn äußere Parameter, die das Bewusstsein beeinflussen, absichtlich angepasst oder manipuliert werden. Der freie Wille, wenn er der Massenpsychologie ausgesetzt wird, und seine komplizierten Eigenschaften scheinen demnach ebenfalls in qualitativer Weise verständlich zu werden.

So wie sich selbstorganisierte lebende Spezies in unterschiedlichen Graden an Komplexität entwickeln und existieren können, hätte sich auch das Bewusstsein als selbstorganisierte Information über evolutionäre Prozesse herausbilden können und es sollte in seiner Qualität noch weiter wachsen. Psychologen wie C. G. Jung sprachen von einem persönlichen sowie einem kollektiven Unterbewusstsein, in dem das Erbe der menschlichen psychologischen Entwicklung lokalisiert ist. Auch die rätselhafte Schwarmintelligenz von Insekten, Fischen oder Vögeln wird unter dem energiegetriebenen Zeitpfeil transparenter. Zwischen den Individuen wird Information ausgetauscht, aber verzögert, verändert oder verstärkt weiterkommuniziert. Solch rückgekoppelte, dynamische Prozesse haben die Eigenschaft, im Verhalten der Tiere ein gewisses Maß an kollektiver Ordnung zu synchronisieren und ein Ziel anzustreben. Die Energie dazu wird durch die Aktivitäten der Lebewesen geliefert.

Die Selbstorganisation von Information kann sich allmählich und parallel zur Selbstorganisation der Materie entwickelt haben, sobald Information speichernde und umsetzende Systeme, komplexe Netzwerke von Nerven oder das ganze Gehirn genügend weit weg vom Gleichgewicht gedrängt werden konnten. Wenn wir berücksichtigen, welch komplexe und ausgefeilte Systeme die Selbstorganisation von Materie während der Evolution geschaffen hat, können wir uns das Potential der

Selbstorganisation von Information gut vorstellen. Auch der Verstand und die Intelligenz entsprangen der Selbstorganisation von Information. Es ist die lokale Ordnung höherer Hierarchie, die in ein selbstorganisiertes Informationssystem eingepflanzt wird und den Weg für Verstand und Intelligenz erschließt.
Da heute sehr viel von „künstlicher Intelligenz“ fortgeschrittener technischer Computersysteme gesprochen wird, ist hier allerdings eine einschränkende Anmerkung nötig. So genannte „künstliche Intelligenz“ von Maschinen ist mit menschlicher Intelligenz kaum zu vergleichen, da ihr ein Beweggrund und eine Absicht, ebenso die enge Verknüpfung mit Emotionen wie Entschlossenheit, Verantwortungsgefühl, Vertrauen, Angst, Zuneigung, Eifersucht, Ehrgeiz oder Freude fehlen. Auch ein Denken über Sprache und symbolische Formen ist nicht präsent. Allerdings kann „künstliche Intelligenz“ durch schnelle Rechenprozesse, geschickte Algorithmen sowie zur Verfügung gestellte oder selbst eingeholte reichliche Informationen bekanntlich sehr effektiv Aufgaben lösen. Man sollte Maschinen mit „künstlicher Intelligenz“ daher eher mit nützlichen Werkzeugen vergleichen, die sich passiv und uninteressiert verhalten. Dabei sind nicht die Systeme, sondern ihre Schöpfer oder Nutzer für die Folgen verantwortlich. Das gilt auch für Waffensysteme, die mit künstlicher Intelligenz betrieben werden. Diese sind nicht selbst intelligent, da sie über Werkzeuge wie Datenbanken, Programme und Algorithmen lediglich die Aktionsmöglichkeiten der Programmierer erweitern. Wirkliche Intelligenz sollte nur über ein Phänomen wie das Bewusstsein möglich sein, das eigenständig neue, geordnete Informationsstrukturen (Programme) generieren kann. Selbstorganisierte Information, die hier als Bewusstsein erkannt wurde, hat diese Fähigkeit und hebt die Informationsverarbeitung auf eine, über algorithmischem Rechnen liegende, Hierarchie, indem sie neue geordnete Informationsstrukturen erstellt und unterschiedlich konzipierte Programme für die Steuerung aufbaut. Sie sind die temporäre lokale Ordnung, die das energieverbrauchende Gehirn innerhalb der für das Gehirn verfügbaren Information aufbaut, um Probleme zu lösen. Solche intelligenten Programme, nicht Rechenalgorithmen, sind letztlich für die Intelligenz des Menschen und auch für seine Emotionen und Absichten maßgeblich. Sie erklären, warum er die Natur zu verstehen und beherrschen lernte, Verfassungen für Staaten formulierte, literarische Werke schuf, Maschinen und Fahrzeuge baute und in den Weltraum vorstieß. „Künstliche Intelligenz“, wie sie heute verstanden wird, hat solche Fähigkeiten der Selbstorganisation nicht. Sie kann nur innerhalb der von Menschen vorgegebenen Programme funktionieren und keine sinnvollen neuen erfinden. Dies hat übrigens der bekannte britische Logiker Alan M. Turing schon 1950 erkannt (Turing, 1950).

Deswegen besteht auch kein unmittelbarer Anlass zu behaupten (Rees, 2017) (Harari, 2018), dass es rein technische Maschinen sein werden, welche die Welt letztlich besser verstehen und beherrschen würden als der menschliche Geist. Die Herausforderung wäre ungefähr dieselbe, wie wenn man heute behauptete, dass organisches Leben mit technischen Mitteln aus rein lebloser Materie geschaffen werden könnte. Auch das organische Leben arbeitet nämlich mit Selbstorganisation in einer Hierarchie über jener der leblosen Materie. Um diese Überlegungen zu untermauern, soll darauf hingewiesen werden, dass moderne Forschung die Speicherkapazität des menschlichen Gehirns auf einige Petabyte schätzt (1 Petabyte entspricht einer Milliarde Gigabyte oder 10 hoch 15 byte). Es könnte theoretisch das Wissen der größten Bibliotheken der Welt speichern. Dabei verbraucht das menschliche Gehirn bei geschätzten 100-10.000 Teraflops Rechenkapazität nur 15 bis 20 Watt Leistung („flops" bedeutet „Floating Point Operations Per Second" und drückt die Zahl der Rechenoperationen pro Sekunde aus). Im Vergleich dazu beanspruchen industrielle Rechner für eine entsprechend große Rechenkapazität heute 0,5 Megawatt an elektrischer Leistung. Dies ist rund 25.000-fach mehr, als das Gehirn zum Rechnen beansprucht. Um mit dem Gehirn im Taschenformat konkurrieren zu können, müssten so genannte „intelligente" Maschinen also auch wesentlich energieeffizienter und damit wirtschaftlich leistbar werden.

Im Ökosystem unseres Planeten ist der Mensch, der ein Bewusstsein entwickelt hat, auch das potentiell intelligenteste Lebewesen. Wir nutzen diese Kombination von Bewusstsein und Intelligenz, um die Natur über die wissenschaftsbezogenen „symbolischen Formen", die wir auswählen, zu verstehen. Da wir diese geistigen Werkzeuge einsetzen, die uns die Natur gegeben hat, können wir hoffen, ihre Mechanismen letztlich zu begreifen.

Unser kollektives und unser persönliches Unterbewusstsein stellen jüngere Produkte der Selbstorganisation von Information dar, die sich während der kurzen zwei bis drei Millionen Jahre der menschlichen Evolution entwickelt haben. Sie sind immer noch in unserem Gehirn verankert und in seinen ältesten Bereichen lokalisierbar. Die Entwicklung der Sprache mag wesentlich zur Evolution des Bewusstseins beigetragen haben.

Die Evolution des Bewusstseins wird in ähnlicher Weise fortschreiten, wie es die Evolution der Materie in Richtung der großen Vielfalt und Komplexität von Pflanzen und Tieren veranschaulicht. Kennt man das Potential der natürlichen Evolution, kann man sich das Potential für hochentwickelte, selbstorganisierte Informationssysteme in ferner Zukunft leicht vorstellen.

Übrigens: Wie könnte ein Computer, wie man ihn zurzeit baut und verwendet, ein

Bewusstsein entwickeln? Ich denke, dies ist auf der Grundlage gegenwärtig verwendeter Technologie nicht ohne weiteres möglich. Eine variable Infrastruktur als „Hardware“, eine Ausstattung mit Prozessoren, wie sie das Gehirn mit den informationsübertragenden Synapsen, die immer wieder neu gebildet und unterbrochen werden, entwickelt hat, wäre für Rückkopplungsprozesse wohl erforderlich. Computer arbeiten noch nicht über eine variable „Hardware“, aber das Internet im Prinzip schon. Dort werden laufend Informationsverbindungen und für das Rechnen relevante Bausteine hinzugefügt, modifiziert und verändert. Immer mehr unterschiedliche Programme, auch unerwünschte (z.B. Viren) aus unzähligen Computern einschließlich Handys, wirken so zusammen, dass sie einander beeinflussen und neue Informationsstrukturen generieren können. Aber sie haben auch das Potential, Verwirrung und Chaos zu erzeugen und müssten einer Selektion ausgesetzt werden, um ihre Qualität mit der Zeit wachsen zu lassen. Die damit verbundenen ethischen Herausforderungen sind evident. Das Internet erlaubt bereits eine gewisse Form selbstorganisierter Informationsverarbeitung und könnte diese Fähigkeit durch einen Ausbau informationsgesteuerter variabler Komponenten sinnvoll weiterentwickeln. Es kann eine Hierarchie über der des reinen Austausches von Information ausbilden, eine Art Bewusstsein der Menschheit sowie ein „Kontrollprinzip“ für unseren Planeten generieren. Ein solches Internetbewusstsein würde ein Bild von unserer Welt darstellen und dynamisch auf Veränderungen und Verwerfungen der physischen und spirituellen Umwelt reagieren. Schließlich wird es der Menschheit, natürlich unter kontinuierlichem Zufluss von Information, nahebringen, wie sie sich auf Grundlage von Erfahrung und fortwährend verändernder Umwelt- und sozialer Parameter verhalten solle.
Ein primitives Bewusstsein im Internet könnte zum Beispiel beitragen, manipulierte und gefälschte Information sowie illegale und kriminelle Aktivitäten zu erkennen oder Initiativen zu unterstützten, die versprechen, für die Koexistenz und das Überleben der Menschheit vorteilhaft zu sein. Einige Phänomene in diese Richtung sind bereits zu erkennen.
Es gibt weitere interessante Mechanismen, welche die Information betreffen und welche die Evolution mit sich bringen könnte. Der Mensch mit seiner Intelligenz entwickelt immer bessere und raffiniertere Informationssysteme. Ihre Technologie ist starker Konkurrenz ausgesetzt. Wie mit der Evolution des Lebens, von der ich behaupte, dass sie auf immer höheren Energieumsatz abzielt (Kapitel 27), wird es nicht nur biologisch, sondern auch technisch eine Evolution in Richtung zunehmenden Umsatzes von Information geben, natürlich innerhalb der gegebenen Einschränkungen der Systeme.

Wir erfahren gegenwärtig eine bedeutende Steigerung des Informationsumsatzes, die viele Aspekte des modernen Lebens berührt. Sie äußert sich nicht nur in Milliarden von Menschen, die bereits mobile Telefone, Computer und das Internet benutzen. Fast alle Berufszweige bemühen sich, ihre Arbeitsabläufe durch verfügbare Programme aller Art und immer besser zugängliche Information und Arbeit am Bildschirm zu optimieren. Dies betrifft nicht nur den Hausarzt und medizinische Operationen im Krankenhaus sondern auch den entwerfenden Architekten, die Polizei, den Landschaftsplaner, Schulen und Universitäten, die Verkehrsüberwachung, den Maschinenbau, den Rechtsanwalt und viele Berufsgruppen mehr. Selbst die Bauern in der Landwirtschaft werden zunehmend digital über relevante Ereignisse informiert und ihre Arbeiten von Satelliten aus optimiert und kontrolliert. Die Informationsrevolution hat sich bereits der Sprache bemächtigt. Das „Deep Learning“, eine durch Algorithmen und personenspezifische Auswahl von Daten, benutzt schon jedermann durch Google und andere Suchmaschinen. „Machine Learning“, intelligentes Prozessieren von Daten, wird bereits von der Wirtschaft, der Verwaltung und Politik eingesetzt. Das „Internet of Things“, das viele Geräte des täglichen Gebrauchs vernetzen möchte, wie einem Kühlschrank zu ermöglichen selbstständig Lebensmittelbestellungen durchzuführen, ist im Aufbau. Übersehen sollte man auch nicht die schon gigantische Welt der Computerspiele, die total von künstlicher Information abhängt und über ihre rund eine Milliarde Anhänger jährlich rund 100 Milliarden Dollar umsetzt. Der neueste Schrei und eine Steigerung ist das Spielen unter virtueller Realität, mit dem Ziel der „Immersion“, dem völligen Abtauchen in eine Scheinwelt. Der Schritt vom 4G- zum 5G-Netz für die Datenübertragung wird den bereits hohen Datenfluss noch vervielfachen und verfolgt ein Ziel. Über das „Streaming“ will man erreichen, Daten vom Internet in Echtzeit herunterzuladen. Man könnte damit ohne Zwischenspeicherung Filme ansehen, chirurgische Eingriffe von fern her steuern oder ein Fahrzeug ohne Chauffeur durch die Straßen lenken.

Die hier von den Grundlagen der „Dynamischen Energie“ hergeleitete Zunahme und Maximierung des Informationsumsatzes durch selbstorganisierte Systeme ist schon eingetroffen.

Parallel dazu gibt es ein anderes bemerkenswertes Phänomen: der menschliche Informationsumsatz und die industrielle Kreativität beschleunigen den Energieumsatz. Denken wir zum Beispiel zurück an die vor einem Jahrhundert entdeckte künstliche Fixierung von Stickstoff, den Haber-Bosch Prozess und seine Bedeutung für Landwirtschaft und Militär, da Düngemittel und Sprengstoffe damit billig produziert werden konnten. Oder denken wir an die Entwicklung der Transporttechnologie, welche die Menschen mobiler machte. Diese Innovationen begründeten völlig neue Industrien und Bedürfnisse. Zudem brachten neue Erkenntnisse in der medizinischen Forschung ein signifikantes Bevölkerungswachstum mit sich. Diese Fortschritte haben alle zu einer ausgeprägten Zunahme des Energieumsatzes in der menschlichen Gesellschaft beigetragen, weil neue oder ausgeweitete Aktivitäten entwickelt werden konnten. Information und intellektuelle Kreativität haben offensichtlich einen Rückkopplungseffekt auf den Energieumsatz. Neue, selbstorganisierte Systeme entstehen, die zum Energieverbrauch beitragen und darüber hinaus zusätzliche Möglichkeiten erschließen, Energie zu aktivieren. Ein Beispiel ist die Analyse von Nutzerdaten im Internet, die darauf abzielt, über Werbung vermehrtes Kaufverhalten zu erschließen. Ein weiteres Beispiel sind Initiativen, vor allem in asiatischen Ländern, Schulkinder und selbst alle Bürger über künstlich intelligente Computersysteme zu erfassen, zu überwachen, zu beurteilen und durch ein Punktesystem in ihrem Verhalten zu steuern. Ziel ist wohl, die Gesellschaft funktionsfähiger, effizienter und produktiver zu gestalten – im Prinzip eine moderne Ausprägung des Konfuzianismus. Eine solche, durch Information optimierte Gesellschaft, soll im globalen Wettbewerb mehr Reichtum (Geld = Energie) mobilisieren. Dazu kommt, dass sich über das Internet zunehmend Interessensgemeinschaften und Crowdfunding-Initiativen mit wachsender politischer und finanzieller Bedeutung organisieren und mit historisch gewachsenen Macht- und Entscheidungsstrukturen konkurrieren. Diese Beispiele unterstützen die dynamische, zeitorientierte Deutung von Energie und Information sowie den Drang selbstorganisierter Systeme, ihren Umsatz an entropieerzeugender Energie und Information zu maximieren.

Was sind die philosophischen Konsequenzen einer solchen Vorstellung vom Bewusstsein, von einer sich entwickelnden „Intelligenz" und einem damit einhergehenden, zunehmenden Informationsumsatz? Diese Fähigkeiten auf Grundlage der Information, über die wir Menschen uns freuen und die wir fördern, sind nicht lediglich Nebenerscheinungen, die sich zufällig entwickelt und durch Auslese verbessert haben, wie es die klassische Evolutionstheorie annimmt. Das Potential dafür war definitiv vorhanden, bevor Menschen existierten. Darum hat das Universum eine fundamentale Tendenz, höhere Lebensformen und einen intelligenten und bewussten Geist zu entwickeln. Die Selbstorganisation von Materie, eine geradlinige Konsequenz der Dynamischen Energie, hätte früher oder später Informationsstrukturen mit der Fähigkeit ergeben, in überschaubarer Zeit Selbstorganisationsprozesse einzuleiten und bewusste Lebensformen zu entwickeln.

Auf begünstigten Planeten im Universum wird Leben auf höhere Intelligenz und auf Charakter gestaltendes Bewusstsein abzielen. Diese Schlussfolgerung stimmt im Grunde mit Ideen überein, die der Philosoph Thomas Nagel (Nagel, 2012) veröffentlichte. Er argumentiert, dass die Evolution eines intelligenten und bewussten Geistes Teil unserer Evolutionsvorstellung von der Natur sein müsse. Die Fähigkeit, solche Eigenschaften zu entwickeln, sollten vor der Ankunft des Menschen vorhanden und von den Naturgesetzen ermöglicht gewesen sein. Jedoch zweifelt Nagel, ob ein rein naturalistischer, materialistischer Ansatz ein solches Phänomen erklären könne. Auf Grundlage meiner Restrukturierung der Energievorstellung und dadurch, dass Energie eine dynamische Eigenschaft mitbringt, wurde dies innerhalb einer materialistischen Theorie erreicht. Im Grunde verlässt sich diese Theorie nur auf die Physik, Chemie und Biologie. Es gelingt ihr, Geist, Intelligenz und die fundamentale Wissenschaft in eine gemeinsame naturalistische Grundlage einzubetten, die vom Zeitpfeil als Spur der Energie geprägt ist. Nagel (2014) argumentierte, dass eine zufriedenstellende Theorie über das Bewusstsein zwei Bedingungen erfüllen müsse: Sie solle erklären, warum (1) besondere Organismen ein bewusstes Leben haben und warum (2) sich bewusstes Leben während der Evolution entwickelte.

Meine Argumente sind klar: Dynamische Energie und der Zeitpfeil drängen die Evolution in Richtung höheren Energieumsatzes (1). Dieser ermöglichte die Selbstorganisation von Information und damit Geist formende Mechanismen, die günstige, neue Möglichkeiten für das Überleben eröffneten (2).

Da wir über das menschliche Bewusstsein sprechen, können wir dann auch über die menschliche Seele nachdenken? Die Naturwissenschaft hatte, im Prinzip, keinen Anlass und keine Autorität, sich über die Seele einer Person zu äußern, da Bewusstsein und Geist bisher nicht in die zeitneutrale Vorstellungswelt der Wissenschaft passten. Doch in den Religionen und in den Vorstellungen der Schamanen ist die Seele immer eine zentrale Angelegenheit gewesen. Metaphysisch inspirierte Persönlichkeiten haben immer darauf bestanden, dass etwas wie eine Seele existiere und die menschliche Existenz in einem geistigen Umfeld weiterführen könne. Warum ist eine solche Intuition so stark? Wo hört die Wissenschaft auf und wo beginnt die Religion? Auf der Grundlage der hier entwickelten Überlegungen ist ein Mensch aus Materie aufgebaut, die durch ein Informationsabbild kontrolliert und unterstützt wird. Dies wird auch für die Information selbst und das Bewusstsein der Fall sein, da sie einen Energieinhalt besitzen. Es bedeutet, dass ein Informationsabbild einer Person um den Körper herum, messbar als Gravitation, existent ist, denn wir haben gelernt, dass dieses Abbild mit dem, was wir seine Gravitation nennen, identifiziert werden kann. Gibt es einen Zusammenhang mit der intuitiven Vorstel-

lung von einer Seele? Im philosophischen Sinne besitzt, wenn alle Materie zusätzlich durch Information beschrieben werden muss, jedes Objekt, ein Tier, ein Felsen oder ein Baum, ein gesamtes Informationsabbild seiner Zusammensetzung. Es manifestiert sich als die Gravitation des Objektes. Wenn diese kollektive Information als „Seele“ interpretiert wird, stimmt dies oberflächlich mit dem altjapanischen Shinto-Glauben überein, demnach Objekte in der Natur „animiert“ seien, also ein beseeltes Abbild haben.
Wenden wir uns weiteren, nun möglichen, Überlegungen zu. Hier wurde gezeigt, dass die biologische Evolution ein Ziel hat: maximalen Entropie- (Energie-)Umsatz innerhalb der gegebenen Einschränkungen. Das thermodynamische Verhalten selbstorganisierter Systeme zielt auf maximale Entropieproduktion und untermauert diese Schlussfolgerung, da Energieumwandlung Entropie erzeugt. Der genetische Mechanismus der Evolution mit seinen Mutationen hatte sich diesem Ziel anzupassen und zu überlagern. Er begleitete das Leben in Richtung maximalen Energieumsatzes, indem er die Weitergabe von Information zwischen den Generationen wahrnahm und die Aufrechterhaltung von Ordnung und Dynamik innerhalb der jeweiligen Einschränkungen garantierte. Solche Eigenschaften des Lebens begünstigen automatisch eine Evolution des Bewusstseins und des Geistes, da dafür ein hoher Energieumsatz und eine große Entfernung vom Gleichgewicht erforderlich sind. Kann es dann nicht sein, dass die Entwicklung des Bewusstseins das eigentliche Ziel der Evolution ist? Als ich mich zum ersten Mal mit dieser Möglichkeit konfrontiert sah, war ich als Wissenschaftler schockiert. Alle meine Gefühle gegenüber der Natur und dem Schicksal des Menschen schienen betroffen zu sein. Diese überraschende Schlussfolgerung widerspricht der klassischen Ansicht der Wissenschaft, die, sowohl auf anorganischem wie auch organischem Gebiet, höheres Leben nur als Ergebnis vieler Zufälle versteht. Aber diese neue Erkenntnis eröffnet völlig neue Tore und verdient damit besondere Aufmerksamkeit. Sie lässt sich folgendermaßen formulieren:

„Wenn die Evolution bestrebt ist, ihre Systeme in Richtung maximalen Entropie- (Energie-) Umsatzes zu lenken, ist die Herausbildung und Weiterentwicklung von Geist als selbstorganisierte Information ein äquivalentes und übergeordnetes Ziel“

(18)

Es erweist sich als übergeordnetes Ziel, da maximale Entropieproduktion selbstzerstörend wirken kann, während die Entwicklung von Geist dem entgegen zu arbeiten und das Überleben zu sichern vermag. Es muss auch deswegen als höherrangig eingestuft werden, da, wie weiter unten vertieft wird, das Universum selbst weitgehend durch Information, einschließlich selbstorganisierter Information, gesteuert wird. Dann ist es folgerichtig, anzunehmen, dass ein solch potentiell „intelligenter Überbau" zu den untergeordneten Strukturen durchdringt.

Die Erkenntnis, dass die Entwicklung von Geist das Ziel der Evolution ist, wirft unmittelbar eine weitere Frage auf: Warum sollen Bewusstsein und Geist das Ziel der Evolution sein? Wir sind wieder an der Grenze zur Religion und Philosophie angekommen. Menschen würden einen Sinn darin erkennen, ein hohes Niveau an Bewusstsein und Geist zu erreichen, da dies ihre Überlegenheit über andere Bereiche der Natur unterstreicht. Sie kämen sich wichtiger vor und fühlten sich in den Brennpunkt natürlicher oder göttlicher Vorsehung versetzt. Sie könnten auch einen Sinn in der unglaublichen Komplexität und Schönheit der Natur erkennen. Eine Gesellschaft, die sich eines solchen Zieles der Evolution bewusst wäre, hätte wahrscheinlich das Bedürfnis, verantwortungsvoller zu handeln und konsequenter zu versuchen, Überlebensbedingungen langfristig abzusichern. Es sind Rahmenbedingungen, wie sie auch zur Evolution von Religionen geführt haben (siehe auch Kapitel 38). Eine zusätzliche, faszinierende philosophische Schlussfolgerung ist möglich, eine, welche die Angemessenheit meiner Initiative unterstreicht: Wenn die Schaffung von Geist das Ziel der Evolution ist und wenn von höherem, bewusstem Leben erwartet werden kann, dass es die Natur zu verstehen lernt, dann müssen die Gesetze, welche die Natur beherrschen, rational sein. Sonst könnte man kein entsprechendes Wissen voraussetzen und sinnvoll weiter aufbauen. Es gäbe für Irrationalität keinen Raum mehr! Irrationalität kann keinen kreativen Geist unterstützen, denn sie würde ihn demontieren und einschränken! Sie würde seine Versuche unterlaufen, die Natur und das Geheimnis des Lebens zu verstehen und die wachsenden Probleme mit Geist zu meistern. Diese Erkenntnis kann folgendermaßen zusammengefasst werden:

„Wenn Entwicklung von Geist Ziel der Evolution ist, dann muss die Natur rational strukturiert sein, damit man sie begreift" (19)

Wäre dies nicht so, hätte die Evolution des Geistes eine fundamental destruktive Funktion. Lebewesen, die Geist entwickeln, wären ausgemerzt worden oder würden ausgemerzt werden. Dies ist wegen der atomaren und ökologischen Bedrohung auf unserem Planeten noch nicht ausgeschlossen. Von der Natur aus betrachtet wäre ein solches, vorübergehendes Desaster keine Ausnahme von der Regel. Die Natur hat nämlich Zeit (die nach der Dynamischen Energietheorie keine Illusion

ist). Die an einer solchen Katastrophe Beteiligten hatten dann eben noch nicht das geistige Niveau erreicht, um dies zu verhindern. Nach einer langen Übergangsphase könnte dann durch die Evolution ein neuer Anlauf erfolgen, Geist hervorzubringen und damit die Situation der Umwelt in sichere Bahnen zu lenken.
Erstaunlich ist nun, dass gerade der hier unternommene Versuch, die Natur rational zu verstehen, zu dieser bemerkenswerten Schlussfolgerung über den Geist als Ziel der Evolution geführt hat. Dies betont, wie sinnvoll der hier in Angriff genommene Feldzug gegen irrationale Vorstellungen in der Naturwissenschaft ist. Dieses Ergebnis bedeutet, dass der hier gebrachte Ansatz in Richtung tieferer Erkenntnis in sich schlüssig ist. Logische Überlegungen führen zu einem logisch verständlichen und einleuchtenden Weltbild. Also funktioniert das Universum auf logischer Grundlage, die zu verstehen wir lernen müssen.
Der Philosoph Schopenhauer kommentierte einmal: „Wenn die Welt einen Sinn hätte, wäre keine Erklärung ihres Sinns nötig". Ich meine, die Evolution des Geistes ist ein solch sinnvolles Ziel. Man kann es sofort verstehen und darin eine Aufgabe erkennen, das Projekt „Schöpfung" zu achten, es zu verbessern und eine Umwelt, in der Geist wachsen und sich kreativ entfalten kann, zu schützen. Religionsgründer haben wohl eine solche Herausforderung intuitiv erkannt und durch sorgsam gewählte Verhaltensregeln untermauert.
Wie könnten wir das überlegene Bewusstsein oder die überlegene Intelligenz nennen, den hochentwickelten Geist, der im Universum über langfristige Evolution theoretisch erreichbar ist? Ist es der Schöpfergeist der Natur oder ist es ein Abbild, eine Vision von dem, was die Religionen Gott nennen? In seinem Versuch, seine Situation im Universum zu beurteilen, hat der Mensch eine überraschende Vorstellungskraft und erstaunliche Intuition entwickelt. In der Bibel kann man lesen: „Und Gott schuf den Menschen nach seinem Ebenbild" (1. Moses 1:27). Entwickelt sich der Geist in Richtung eines Abbildes Gottes?
Wir wollen nun einen Augenblick innehalten und fragen, warum die hier entwickelten Überlegungen zu solch unkonventionellen Ideen, zu völlig neuen Ufern geführt haben? Niemand vorher scheint auf materialistischer, naturwissenschaftlicher Grundlage vorgeschlagen zu haben, dass die Entwicklung des Geistes ein Ziel der Evolution ist. Dieses Ziel ist auf keinen Fall vom gegenwärtig bevorzugten Modell des Universums ableitbar: Es startete mit einer Big Bang Explosion, spekuliert mit einer Aufblähung des leeren Raumes, die Entwicklung des Lebens ereignete sich als extremer Zufall ohne Ziel und das Ende des Universums wird ein ausgelaugtes, ewiges dunkles Nichts sein. Was ist an der Vorgehensweise, die hier entwickelt wurde, anders? Sie ist tatsächlich viel einfacher als diejenige, die von der historisch

gewachsenen Wissenschaft, mit ihren komplizierten Verwicklungen in vielfache Irrationalitäten, verfolgt wird. Der hier vorgeschlagene Weg verlässt sich im Wesentlichen auf den menschlichen Instinkt von Kausalität und Rationalität, der uns von der Natur mitgegeben wurde. Er verlässt sich auch auf einfaches Nachdenken über die Natur und die Erfahrung, dass sie sich nur in eine Richtung weiterentwickelt. Wenn sich alles in der Natur in eine Richtung ändert, warum müssen wir uns dann an gegenwärtig etablierte fundamentale Gesetze klammern, die dies ignorieren und von einer zeitneutralen Welt ausgehen? Warum lassen wir es zu, dass man mit diesen zeitlich geketteten Gesetzen die bewegte Welt um uns herum erklärt? Warum lassen wir uns einreden, dass Zeit eine Illusion sei?

Solch provokante Fragen erlaubten uns, in anderer Weise auf das Prinzip der kleinsten Wirkung zu blicken und seine dynamische Grundlage zu enthüllen. Unsere Welt ist fundamental irreversibel und zielorientiert. Nützliche Energie gibt Information auf und strukturiert sich dabei um, verliert ihren Nutzen und ihre Verfügbarkeit. Es ist dieser Fluss von sich abbauender, sich verlierender Information mit seinem Effekt auf die Umverteilung von Energie und Erzeugung von Wirkung, den wir als die eigentliche vergängliche Zeit erkennen. Die wirkliche Zeit als Wirkungszeit ist keine Illusion und läuft anders als die Uhrzeit, die ja von jedem Energieumsatz entkoppelt ist. Die Wirkungszeit ist rational verständlich und Spiegel der Veränderungen. Die rationale Art, wie die Natur arbeitet, wird auch offensichtlich, wenn man zu verstehen versucht, wie sie physikalische Technologie in biologischen Strukturen anwendet. Sie ist in ihrer Funktion total logisch, auch wenn die Mechanismen noch so kompliziert sind. Auf der Grundlage solcher Überlegungen bestand die Chance, auf eine relevante Vorstellung für den Ablauf der Evolution zu stoßen, die Chance, auf ein Element der Wahrheit zu treffen, das zu unseren Gunsten funktioniert. Geist und Verstand, als ein Ziel der Evolution, können Eckpfeiler neuer philosophischer Überlegungen werden. Wir sind einen Trittstein näher an der Antwort auf die Frage, was wir sind und wohin wir gehen. Der Mensch mit seiner Intelligenz kann beginnen, über neue Möglichkeiten und ihre Konsequenzen nachzudenken. In einem Universum zu leben, das ein geistiges Ziel vor sich hat, macht einen großen Unterschied. Wir können uns an diesem Ziel messen. Wir sind nicht mehr Zufallsprodukt einer chaotischen Explosion auf dem Weg in den Kältetod. Nein, wir nehmen Teil an einem faszinierenden Projekt und es macht Sinn, sein Schicksal in die eigene Hand zu nehmen.

29 Der genetische Code, selbstorganisiert

In der Biologie wird Information nicht nur über neuronale Netzwerke, die über elektrochemische Prozesse funktionieren, gehandhabt, sondern selbstverständlich auch über chemische, wie es von der Funktion der DNA, dem Genom, dem Code des Lebens, bekannt ist (Fig. 2). Alternierende und verschieden kombinierte Nukleinbasen, nach ihrem Wesen stickstoffhaltige chemische Verbindungen, bilden die Fäden der Information umsetzenden chemischen Ketten. Jedes Basenpaar kann in einer von vier möglichen Kombinationen von Basen, bezeichnet als Adenin, Thymin, Cytosin und Guanin, existieren. Als sich das Genomprojekt, das darauf abzielte den Code zum Wohle der Menschheit zu entziffern, in vollem Fortschritt befand, tauchte jedoch eine schockierende Einsicht auf. Den 2,9 Milliarden Basenpaaren des menschlichen Genoms entsprechen nur ungefähr 750 Megabyte an Information. Dies kann relativ leicht berechnet werden. Jedem Basenpaar entsprechen zwei Bit an binären Daten, die in vier möglichen Kombinationen eingesetzt werden können. Zusammen macht dies 8 Bit, äquivalent einem „Byte". Insgesamt ergeben sich 750 Megabyte. Diese Informationskapazität ist erstaunlich gering, nämlich nur etwa halb so groß, wie ein älteres Betriebssystem eines Computers sie für sein Funktionieren brauchte. Was die Größe betrifft, kann sie auch mit einer Datei für ein simples Videospiel verglichen werden. Das Leben aber ist viel komplexer.

Es ist sehr schwierig zu verstehen, wie die Blaupause des Lebens mit der vielschichtigen strukturellen und funktionellen Architektur des menschlichen Körpers, mit dessen komplexer Chemie und den neuronalen Funktionen, auf eine so kleine Menge gespeicherter Information aufgebaut sein kann. Wie können die enorme Zahl von Körperzellen und Neuronen, ihre Versorgung mit Nährstoffen, das Immunsystem, die komplizierte Funktion der Haut und das Gehirn gesteuert werden, wenn dafür eine so kleine Menge an Information (750 Megabyte) zur Verfügung steht? Diese Frage ist umso mehr berechtigt, wenn man berücksichtigt, dass sich nur 3 Prozent der Basenpaare in den Genen als für die Proteinkodierung relevant herausstellten. Ein menschlicher Körper enthält 100 Billionen Zellen (eine Eins mit 14 Nullen) und etwa 86 Milliarden Nervenzellen im Gehirn, die über 100 Billionen Synapsen verknüpft sind. Jede Zelle muss wissen, welcher Position im Körper sie zugeordnet ist, welche Funktion sie dort hat und wie sie chemisch mit anderen Zellen kommunizieren soll. Bereits dies ist eine ernsthafte Herausforderung für die Speicherung und Handhabung von Information. Eine Speicherkapazität von 750 Megabyte eines Computers wäre dieser Aufgabe nicht gewachsen.

Schon länger wunderten sich einige Forscher über die Funktion der Vererbung und

lieferten sogar unkonventionelle, nichtmaterialistische Erklärungen. Eine prominente Persönlichkeit ist der Biologe Rupert Sheldrake, der vorschlägt, dass um ein Lebewesen herum ein nichtphysikalisches Feld von Vererbungsmustern, genannt „morphisches Resonanzfeld“, existierte. Er erwartet von diesem, dass es wesentliche zusätzliche Informationen liefere, die der Körper und jede Zelle aktivieren könne, um ordnungsgemäß zu funktionieren (Sheldrake, 1995). Es solle, zum Beispiel, auch Informationen darüber bereitstellen, wo im Körper eine bestimmte Zelle arbeitet. Seine Theorie ist mit dem gegenwärtigen Verständnis biologischer Systeme nicht vereinbar, weil sie nicht erklärt, wie biologische Mechanismen dazu führen könnten. Das von ihm vermutete Resonanzfeld erzeugt lediglich ein unterstützendes System für biologische Organismen, das alles vollbringen kann, was wir gegenwärtig nicht verstehen. Doch sollte man sich mit Spekulationen nicht so weit von etablierten Gesetzen entfernen, wenn realistischere Modelle vorstellbar sind. Immerhin zeigt die Initiative dieses Biologen, dass es Bedarf für Erklärungen gibt. Hier können die eben angestellten Überlegungen über selbstorganisierte Information helfen, da Information in der Genetik tatsächlich eine Schlüsselrolle spielt.
Eine materialistische Erklärung für eine stark verbesserte Informationsquelle im Zusammenhang mit Vererbung kann ziemlich leicht gegeben werden. Sie resultiert unmittelbar aus dem Dynamischen Energiemodell.
Eine Selbstorganisation von Information, wie sie vorher im Zusammenhang mit der Gehirnfunktion für die Erklärung des Bewusstseins genutzt wurde, kann selbstverständlich auch mit der Infrastruktur der chemischen Information geschehen, wie sie durch das menschliche Genom und die DNA bereitgestellt wird. Ein unmittelbarer Hinweis dafür, dass Überlegungen zu Rückkopplungsmechanismen angebracht sind, ist der Befund, dass die DNA-Sequenz fraktale Strukturen und Symmetrien zeigt (Cattani, 2010). Es ist bekannt, dass fraktale Muster Rückkopplungsprozesse und Selbstorganisation beinhalten. Bereits der russisch-belgische Nobelpreisträger Prigogine (Prigogine, Stengers, 1984) hat im Zusammenhang mit der DNA die Aufmerksamkeit auf die mögliche Rolle der chemischen Selbstorganisation gelenkt. Hier in dieser Arbeit steht aber nicht die chemische Selbstorganisation von Materie, die zu molekularen Strukturbildungen führt, sondern die Selbstorganisation von Information in eben diesen chemischen Informationsstrukturen im Brennpunkt unseres Interesses. Dies macht einen großen Unterschied.
Das Genom selbst hätte sich mit seiner Funktion bereits in einer frühen Phase der Evolution als Werkzeug und Produkt einer Selbstorganisation von Information entwickeln können. Dies könnte den bisher schwer verständlichen, großen Sprung in der Technologie im Umgang mit Informationen während der frühen Evolution des

Lebens erklären. Die Verfügbarkeit und Qualität von Information „sprang“ einfach durch Selbstorganisation in eine höhere Hierarchie der Informationsverarbeitung und gestaltete das Genom mit dem Organismus entsprechend vernetzt. In der Folge konnte das Genom fortfahren, als eine Art Referenzmuster für selbstorganisierte Reaktionen zu wirken, indem es den Aufbau „lebender“ Information kontrollierte. Diese Information gestaltete sich als komplexe, übergeordnete Hierarchie von Informationszweigen, Bifurkationen mit Informationsmustern, die letztlich aus der ursprünglichen DNA-Sequenz entstanden. Der Selbstorganisationsprozess beinhaltete eine dramatisch erhöhte Speicherkapazität für Information. Außerdem lieferte er die Fähigkeit, Information deutlich verbessert umzusetzen und auszuführen, wobei diese Information in die chemische und strukturelle Realität des Lebens transformiert wird. Die vorhin erwähnte enorme Speicher- und Rechenfähigkeit des Gehirns als selbstorganisiertes System in der Größenordnung von Petabyte, mit einer Rechenleistung von Tausenden von Teraflops bei geringem Energiebedarf, kann hier als Beispiel dienen. Wie könnte ein 750 Megabyte Genom ein solch wirksames Informationssystem wie das Gehirn, mit einer millionenfach höheren Speicherfähigkeit generieren, wenn nicht über Selbstorganisation von Information? Blöcke ähnlicher Gene, die überall im Genom gefunden wurden und ein Netzwerk von Selbstähnlichkeiten ausbilden, könnten einen solchen Mechanismus unterstützen. Geordnete Information höherer Hierarchie, „lebende“ Information, wäre so über diese rückgekoppelten chemischen Reaktionen auf Basis der DNA verfügbar. Der gegenwärtig sehr wirksam funktionierende genetische Mechanismus hätte sich allmählich von einfacher, selbstorganisierter Materie mit simpler chemischer Informationsverarbeitung hin zu fortgeschrittener selbstorganisierter Informationsverschlüsselung und Informationsumsatz auf Grundlage der DNA entwickeln können. Gene allein als chemische Strukturen, wie man heute ihre Funktion versteht, sind demnach in Hinblick auf die Vererbung nicht die vollständige Antwort. Wenn sie sich jedoch auf selbstorganisierte Informationsverarbeitung in einem funktionierenden Körper eingelassen haben, wäre dies die ganze Antwort. Es ist genau, wie vorher erklärt, wie wenn man das Verhalten der chemischen Komponenten, die in einer lebenden Zelle enthalten, aber in Wasser gelöst sind, mit den Fähigkeiten einer lebenden Zelle vergleicht. Der Unterschied, nämlich die höhere Hierarchie der Organisation in der Zelle, wird durch die Selbstorganisation, die Ordnung und Strukturen generiert, verursacht. Selbstorganisierte Information, die durch einen kontinuierlichen Energiefluss von außen aktiviert wird, kann einen komplizierten Organismus aufbauen und kontrollieren. Die Information, die in den DNA-Strängen verschlüsselt ist, hilft lediglich, die Selbstorganisation der Information zum Laufen zu bringen und zu steuern, was in Einklang mit praktischer Erfahrung steht. Wenn man einen DNA-Strang genetisch manipuliert, braucht man dazu einen funktionierenden Körper, der Energie und selbstorganisierte wie auch selbstorganisierende Infrastruktur liefert, um das genetisch modifizierte lebende Wesen zu erzeugen. Der lebende Körper muss Energie liefern und die Funktion der auf DNA beruhenden Informationsstruktur weit vom Gleichgewicht wegdrängen.

Die Selbstorganisation in rein chemischen Reaktionen ist bekannt und auch für zahlreiche biochemische Mechanismen in lebenden Körpern dokumentiert. Ein Beispiel einer künstlichen, selbstorganisierten, chemischen Reaktion ist die oszillierende und Strukturen bildende Belousov-Zhabotinsky Reaktion (siehe Videos im Internet). Sie zeigt sehr eindrucksvolle, oszillierende, dynamische Muster, solange in der wässrigen Lösung genügend chemische Energie verfügbar ist. Sie kann auch zu Chaos oder bistabilem Verhalten überwechseln. Wenn man Farbstoffmoleküle in diese Reaktion einbringt und sie belichtet, kann man diesen Prozess mit Licht steuern. Die selbstorganisierte Reaktion integriert die neue Energiequelle problemlos und erweitert ihre formbildenden Mechanismen. Ähnlich, und nicht durch rein statistische Mutationen, kann vor über drei Milliarden Jahren auch der erste Schritt zur Lichtsammlung und Photosynthese in Cyanobakterien erfolgt sein (Tributsch, 2018 b). Selbstorganisierte Systeme zeigen diesen Energiehunger, das Bedürfnis mehr Energie zu verbrauchen und neue Energiequellen zu integrieren, da sie maximale Entropie- (Energie-)Umsätze anstreben.

Meine Behauptung ist nun, und das Dynamische Energiemodell unterstützt diese, dass Informationsmoden, wie die Information verschlüsselnden Basenpaare der DNA, an rückgekoppelten Prozessen beteiligt sind und selbstorganisierte Information generieren (Fig. 36 a). Dies geschieht analog zur Selbstorganisation von Materie, funktioniert fern vom Gleichgewicht und verbraucht Energie, wobei Entropie in Form von nicht verfügbarer, chaotischer Energie erzeugt wird. Diese aktivierte, selbstorganisierte „lebende" Information wird, verglichen mit der ursprünglichen, rein chemischen Information der DNA, als höhere Hierarchie angesiedelt sein und stark vermehrt auftreten. Sowohl das menschliche Genom wie auch die Umgebung des lebenden Körpers, der zahlreiche zusätzliche Mechanismen aktiviert, werden die Konstellation von Parametern liefern, die diese „lebende", selbstorganisierte chemische Information kontrollieren. Auf diese Weise wird auch Information vom lebenden Körper einfließen, der über viel Information verfügt, ganz abgesehen davon, dass jede Körperzelle genetische Information enthält.

Wie passt diese neue Erkenntnis zu unserem heutigen Wissen über die Evolution des Lebens? Primitive Lebensformen haben die Fähigkeit entwickelt, ihre DNA-

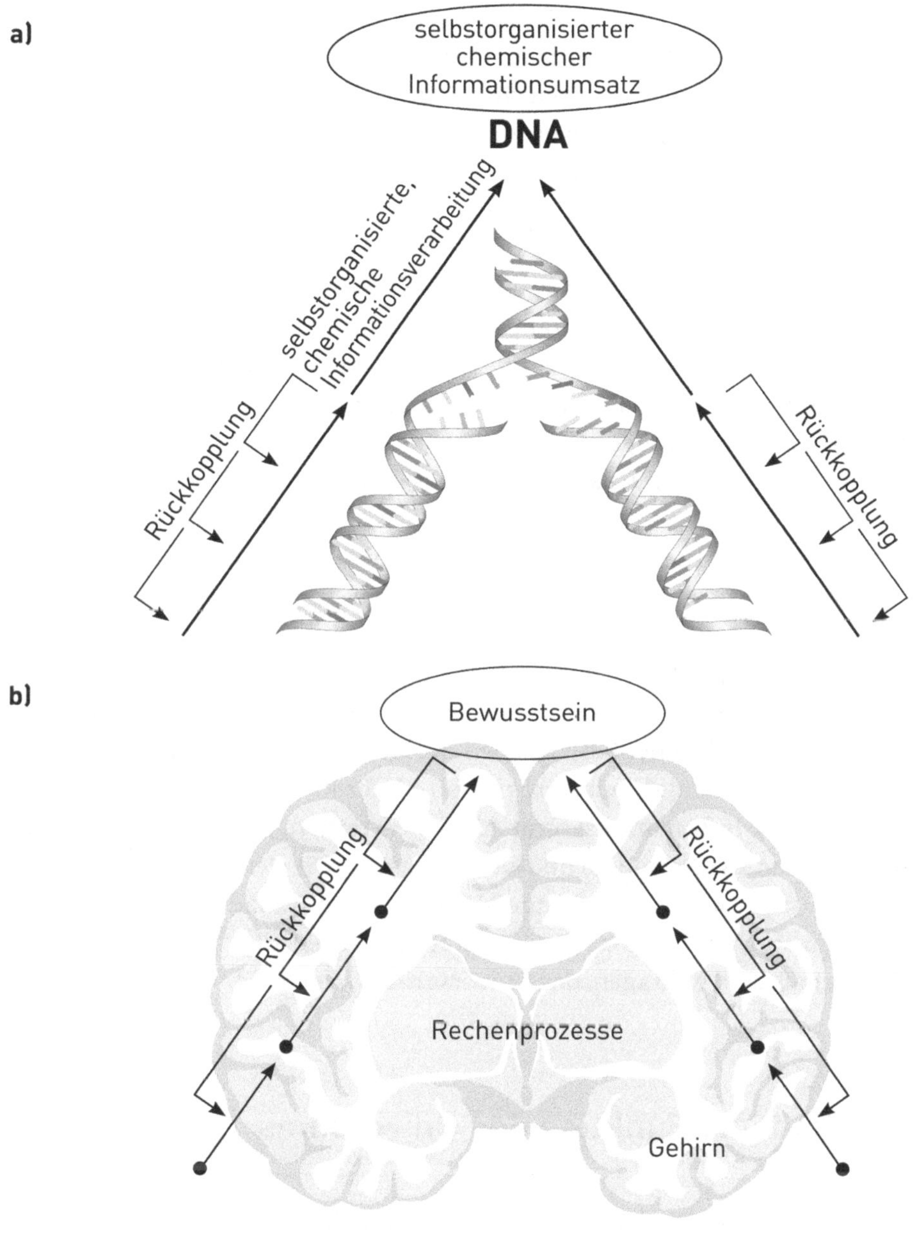

Fig. 36. Der schwierige Schritt von einer primitiven Selbstorganisation zur Information speichernden und übertragenden DNA und weiter zu einer Vervielfachung menschlicher Genominformation könnte über Selbstorganisation von chemischer Information erreicht worden sein (a). Die Selbstorganisation von Informationsmoden im menschlichen Gehirn könnte in ähnlicher Weise zu Bewusstsein und Geist geführt haben (b).

Information zu verdoppeln und damit die Voraussetzung für eine neue Generation zu liefern. Niemand konnte bisher jedoch erklären, woher der Drang dazu kam. Selbstorganisierte Systeme verspüren dieses Bestreben nach mehr Energie (wie oben am Beispiel der Farbstoffzugabe zur Erzeugung von Lichtabhängigkeit und Lichtnutzung bei der Belousov-Zhabotinsky Reaktion erklärt). Sie haben zusätzlich die Fähigkeit, auch bei der Handhabung von Information selbstähnliche, fraktale Strukturen zu bilden (vergleiche Abbildung 9 b). Selbstorganisierte chemische Information hat somit die Eigenschaft, sich in selbstähnlicher Form darzustellen. Dazu kommt noch der überlagerte Drang nach maximaler Entropieproduktion, was gleichbedeutend mit maximalem Energie- beziehungsweise Informationsumsatz ist, natürlich innerhalb der gegebenen Einschränkungen. Das rätselhafte Streben des Lebens nach Vermehrung und Weiterentwicklung in Richtung der Erstellung lebensfähiger Kopien ist damit als direkte Konsequenz des energiegetriebenen Zeitpfeils zu verstehen. Berücksichtigt man dazu noch den erwiesenen Mechanismus der statistischen Mutationen und der natürlichen Auslese, dann begreift man auch, wie sich Lebensformen allmählich gestalten und den Umweltbedingungen anpassen konnten.

Das Dynamische Energiemodell hat durch Erklärung des Energiehungers und das Erkennen und Bewerten von selbstorganisierter Information erweiterte Möglichkeiten für das Verständnis der biologischen Evolution und der Kontinuität des Lebens eröffnet. Die „lebende", selbstorganisierte Information bietet nicht nur den massiv erweiterten Informationsvorrat für die Vererbung, sie erklärt auch den Drang, Information zu verdoppeln und weiterzugeben. Die Genetik erhält auf diese Weise eine „geistige" Komponente, eine Möglichkeit, Information auf einer höheren Ebene umzusetzen. Diese aus rein materialistischen Überlegungen abzuleitende Eigenschaft wird beitragen, das Universum als „geistreich" zu verstehen.

30 Evolution und Funktion des Universums

Das hier vorgeschlagene Modell, oder die neue „symbolische Form" für die Vermeidung von Irrationalitäten in der Physik, liefert markante Konsequenzen für das Verstehen des Lebens und des Universums. Die Allgemeine Relativitätstheorie, die als mathematische Grundlage für die Erklärung der Ausdehnung des Raumes, für die angenommene Aufblähung des Universums und für Singularitäten wie das Big Bang Szenario und Schwarze Löcher dient, wird nicht gebraucht. Es ist nicht der leere Raum, der die Immer-konstante-Lichtgeschwindigkeit einstellt und der Materie die Gravitation aufprägt. Die Immer-konstante-Lichtgeschwindigkeit wird hier (Kapitel 17) als lokale Eigenschaft der Photonen erkannt, die durch Information über Materie, eine Eigenschaft des Quantenzustandes (Fig. 19 b), vermittelt wird. Es handelt sich nicht um eine rätselhafte Eigenschaft des leeren Raumes, sondern um eine Konsequenz des Zeitpfeils.

Die Gravitation ist nichts anderes, als diese Information über Materie, die Quantenzuständen zugeordnet ist und Materie umgibt. Die Gravitation kann nach dieser neuen Erkenntnis als eine der „Kräfte" in der Natur angesehen werden, die, neben anderen Eigenschaften, die Energie in ihrer Tendenz unterstützt, ihre Anwesenheit pro Zustand, beziehungsweise die in ihr enthaltene Information, zu verringern. Dies stellt ein fundamentales Postulat der Dynamischen Energietheorie dar. Genau genommen ist Gravitation keine Kraft, sondern Information, um die Teilchen-Welle-Dualität der Materie zu vermitteln – mit der einprogrammierten Aufgabe, Energie pro Zustand, beziehungsweise Information, zu verringern. Gravitation ist demnach definitiv keine Eigenschaft des Raumes in Gegenwart von Materie, wie es die Allgemeine Relativitätstheorie behauptet, sondern als Information um Materie herum selbst in kleinsten Dimensionen anwesend und im Teilchen-Welle-Dualismus involviert. Gravitation ist ein Informationsabbild-der-Materie. Die Immer-konstante-Lichtgeschwindigkeit und die Gravitation erklären sich aus dem Dynamischen Energiemodell für Quantenzustände ganz natürlich und ohne zusätzliche Annahmen (Fig. 19 b). Damit ergibt sich auch der in der Wissenschaft lange gesuchte Zusammenhang zwischen Quantenphysik und Kosmologie von selbst. Aber dies sind nicht die einzigen relevanten Ergebnisse.

Im Rahmen der gegenwärtig etablierten quantenmechanischen Lehrmeinung müssen Photonen mit Materie oder Gravitation wechselwirken, um in der Lage zu sein, Energie zu verlieren. Die mit dem Abstand der Sterne zunehmende Rotverschiebung des ausgesandten Sternenlichtes wird darum vor allem über eine Expansion des leeren Raumes erklärt (kosmologische Rotverschiebung). Auf Grundlage des hier vorgeschlagenen Dynamischen Energiemodells, können Photonen, die sich von stellaren oder galaktischen Objekten kommend ausbreiten, auf ihrem Weg freie Energie abgeben. In Übereinstimmung mit dem Entropiegesetz für expandierende Strahlung können Lichtteilchen Entropie erzeugen. Da die Formel dafür, (4), für große Entfernungen gegen unendlich geht, wird hochwertige Lichtenergie letztlich völlig in chaotische Strahlung niedriger Energie umgewandelt, da entsprechend viel Energie (5) an Entropie verloren geht. Die auf diese Weise freigesetzte und angesammelte Entropie ist in Form der Mikrowellenhintergrundstrahlung im

Universum messbar und wird nicht als eine Folge der Big Bang Explosion verstanden. Auch die selbstorganisierten Aktivitäten der Galaxien und anderer Raumstrukturen, wie Quasare und Pulsare, erzeugen Entropie. Diese Entropie trägt ebenfalls zum Mikrowellenhintergrund bei. Die Erzeugung der Entropie bei den sehr niedrigen Temperaturen des äußeren Weltraums erklärt die niedrige Energie der Strahlung in Form von Mikrowellen. Ihre Herkunft vom sich ausbreitendem Sternenlicht und von sich selbstorganisierenden Galaxien macht auch plausibel, warum so viel von dieser niedrigenergetischen Strahlung im Raum vorhanden ist. In der Literatur über den Kosmos findet man die Abschätzung, dass in jedem Kubikmeter Raum im Durchschnitt zwar weniger als ein Atom Materie, aber 400 Millionen Mikrowellenphotonen zu finden sind.

Der Unterschied in der Rotverschiebung, den man bei manchen Quasaren in einzelnen Galaxien sieht, entsteht infolgedessen durch Unterschiede bei den Mechanismen der Entropieerzeugung und somit des Energieverlustes. Wenn Licht gebündelt ausgesendet wird, verdünnt es sich weniger, als wenn es gleichmäßig in alle Richtungen verteilt wird. Und bei Vereinigungen von Quasaren mit Schwarzen Löchern wurde gebündelte Abstrahlung festgestellt. Es wird im Rahmen der Dynamischen Energietheorie nicht geschlossen, dass es gar keine Expansionsbewegung im Weltraum gebe. Aber alle Schlussfolgerungen, die auf der Analyse von Rotverschiebungen des Sternenlichtes im Weltraum beruhen, inklusive der Spekulationen über dunkle Energie, sollten auf Grundlage der hier geäußerten Überlegungen zur Entropieerzeugung durch Sternenlicht neu bewertet werden.

Um die dramatische und zunehmende Rotverschiebung in den entferntesten Galaxien, interpretiert als Fluchtgeschwindigkeiten nahe der Lichtgeschwindigkeit, zu erklären, wird in der Standardtheorie eine abstoßende, dunkle Energie angenommen. Sie wird als so groß geschätzt, dass sie 70% aller Energie des Universums ausmache. Doch zuerst sollten die beobachteten starken Rotverschiebungen als Mechanismen des Energieverlustes von sich ausbreitenden Photonen als Folge von Entropieerzeugung neu interpretiert werden (Anwendung der hergeleiteten Beziehung (16), die den mit der Entfernung zunehmenden Energieverlust der Lichtstrahlung ausdrückt). Das hier vorgestellte Dynamische Energiemodell sieht gegenwärtig keine Notwendigkeit, dunkle Energie zu diskutieren. Die Annahme einer zunehmend schnelleren Expansion des Universums mag dann nicht länger nötig sein. Dunkle Energie könnte ein Phantom sein.

Andere existierende Theorien über den Weltraum beruhen auf einer weiteren zweifelhaften quantenmechanischen Überlegung. Auf der Grundlage von Argumenten, die ich im Rahmen der Dynamischen Energie präsentiert habe, spiegelt die Unbestimmtheit in der Quantenphysik keine fundamentale Eigenschaft der Unvorhersagbarkeit wider. Wir haben es vielmehr mit einem deterministischen, chaotischen Prozess, der bei der Messung vorherrscht, zu tun, weil sich selbstorganisierte Teilchen umsetzen. Energie, die aus dem Nichts hervortritt, wie sie beim Big Bang Szenario, in der Inflationstheorie und bei der Erklärung der Kräuselung der Mikrowellenhintergrundstrahlung angenommen wird, ist meiner Meinung nach deswegen eine falsche und irreführende Vorstellung. Es gibt keinen Grund, Wirkung ohne Ursache und fundamentale Unbestimmtheit anzunehmen. Die beobachtete Unbestimmtheit ist deterministisch, was bedeutet, dass sie eine Ursache hat. Sie beruht auf einer statistischen Unbestimmtheit, die sich von chaotischen Mechanismen herleitet, die bei Quantenmechanismen und Reaktionen von Elementarteilchen und Atomen involviert sind.

Es ergeben sich durch den Zeitpfeil als Spur der Energie völlig neue Möglichkeiten, die Evolution des Universums zu verstehen. Die Relativitätstheorie scheidet dafür nicht nur deswegen aus, weil Gravitation und die Immer-konstante-Lichtgeschwindigkeit vom dynamischen Quantenverhalten hergeleitet werden konnten, sondern weil sie auch die falsche Zeitvorstellung, die reine Uhrzeit, benutzt. Sie ist nur ein Maßstab, befreit von jeder Beziehung zu Energie und deswegen eine Illusion (wie es auch Einstein sah), projiziert auf eine Wirklichkeit, die für Veränderungen einen Fluss von Wirkung voraussetzt.

Deswegen erkennt der Zeitpfeil als Spur der Energie ein völlig anderes Universum. Zunächst müssen vor langer Zeit Information und freie Energie zur Verfügung gestanden haben. Diese Energie muss sofort mit Selbstorganisation begonnen haben, zuerst um Elementarteilchen, dann Atome und Moleküle und schließlich makroskopische Strukturen zu erzeugen, die von geologischen Formationen bis zu Planeten, Solarsystemen, Galaxien und Haufen von Galaxien reichen. Eine solche Selbstorganisation ist beim gegenwärtigen physikalischen Verständnis nicht offensichtlich, da die fundamentalen Gesetze und Prozesse als zeitumkehrbar definiert sind, Rückkopplungsprozesse aber nicht ohne einen Zeitfluss ablaufen können. Besonders in Umgebungen niedriger Gasdichte, wie sie häufig im Weltraum auftreten, und in denen man trotzdem Strukturen beobachtet, braucht die Selbstorganisation eine Zeitorientierung, wie sie hier als fundamentales Gesetz postuliert wird. Dort, in großen Gebieten des Weltraums, gäbe es nicht einmal genug freie Teilchen für eine statistische Zeitvorstellung in Richtung zunehmender Unordnung, wie sie bisher vertreten wird.

Wo immer die Umweltparameter angemessen sind und Wasser vorhanden ist, wird sich allmählich Leben, wie wir es kennen, entwickeln. Unsere Welt ist ein bemer-

kenswertes Beispiel. Eine dünne Schale festen Bodens unter einer fragilen Atmosphäre, welche die Existenz von Wasser zwischen einem tödlich heißen Erdinneren und einem tödlichen, kalten äußeren Raum ermöglichen, war hinreichend wirtlich für die Evolution höherer Lebensformen. Der Aufbau von lokaler Ordnung auf Kosten der Entropieproduktion nach einem Gesetz, das maximale Unordnung anstrebt, wird zunehmend komplexer strukturierte Organismen hervorbringen. Sie werden verbesserte Fähigkeiten haben, Energie zu ernten und Informationsstrukturen aufzubauen. Die Lebensfunktion wird noch weiter weg vom Gleichgewicht gedrängt werden und schließlich, begleitet von DNA-gesteuerten Mechanismen, selbstorganisierte Informationsprozesse auslösen. Diese werden, unter anderem, selbstähnliche Information generieren und damit Tochtergenerationen und Vererbung ermöglichen. Höhere Lebensformen entwickeln Nervenbahnen und Information verarbeitende Gehirnstrukturen. Auch diese, auf elektrochemischen Prozessen beruhende Information, kann sich schließlich selbstorganisieren. Ebenso wie sich die lebende Welt der Pflanzen und Tiere entwickelte, wird auch eine Welt selbstorganisierter Informationsstrukturen zur Diversifizierung und Optimierung der Evolution beitragen. Das Bewusstsein und die Intelligenz können, wie wir es in unserer Geschichte gesehen haben, die Überlebensfähigkeit signifikant verbessern. Aber geistige Kreativität beinhaltet über die Destabilisierung der Umwelt durch Industrie, oder über Kriegsführung, auch die Gefahr der Selbstzerstörung. Gegenwärtig kann man sich schwer vorstellen, wie weit eine so geartete Evolution von Materie und Geist gehen kann. Es ist interessant festzuhalten, dass es im Universum ein zweifaches Evolutionsmuster geben wird, wie es auf der Erde punktuell bereits anzutreffen ist. Da für die Selbstorganisation Energieumsatz nötig ist, wird es einerseits eine allmähliche Ansammlung von Entropie in Form von nicht mehr verfügbarer, nutzloser, chaotischer Energie geben. Andererseits entsteht eine zunehmend kompliziertere Welt funktionierender, selbstorganisierter Materie und Information. Nicht nur organische Materie wird sich in Richtung maximalen Energieumsatzes selbstorganisieren, sondern auch anorganische Materie, sofern es die äußeren Bedingungen erlauben. Mehr und mehr komplexe Raumstrukturen, Galaxien und stellare Objekte werden sich herausbilden, solange Energie verfügbar ist, um diese Strukturen aufrecht zu erhalten. Diese parallele Produktion von Ordnung und Chaos im Raum ist ein bemerkenswertes Phänomen und erinnert stark an die Mechanismen zwischen Ordnung und Chaos, die bei bekannten Selbstorganisationsprozessen beobachtet werden. Nur zeitorientierte Prozesse, Prozesse die dem Zeitpfeil unterliegen, können all dies realisieren.
Wichtig für neue, selbstorganisierte Strukturen und Funktionen ist der Abstand

vom Gleichgewicht. Wenn der Abstand vom Gleichgewicht erhöht werden kann, werden neue, sogenannte Zweige von „Bifurkationen“ erreicht, die das System völlig andersartig gestalten können (Fig. 35). Dies kann auch geschehen, wenn sich Masse zunehmend verdichtet und dabei mehr und mehr Energie umsetzt. Dramatisch ansteigende Gravitation wird zu einem Kollaps der Materie und zu einem „Schwarzen Loch“ führen. Es ist gezeigt worden, dass die Funktion eines Schwarzen Loches innerhalb der Dynamischen Energievorstellung auf einer völlig anderen Grundlage diskutiert werden kann als in den heute noch gültigen zeitneutralen Modellen. Wie vorher erklärt (Kapitel 23), könnte die selbstorganisierte Energiemaschine eines Schwarzen Loches dadurch, dass sie ihre Aktivitäten mit denen eines Quasars verbindet oder indem sie einen Quasar entwickelt, auf einen ultimativen Weg gestoßen sein, die Reduzierung der Energie pro Zustand in Richtung maximaler Entropieproduktion voranzutreiben. Bemerkenswert ist nun, dass die Verdichtung von Gravitation in einem wachsenden Schwarzen Loch letztlich eine Verdichtung von Information darstellt. Wir haben es bei diesem Beispiel, genau genommen, mit einer „Informationsturbine“ zu tun, einer von Information betriebenen „Maschine“, die Materie verdichtet und Energie massenhaft in kleinere, chaotische Einheiten umsetzt. Es ist eine Maschine, die von Information gesteuert wird, wie sie für das junge Informationszeitalter charakteristisch wurde. Ist das Universum etwas sehr Modernes? Tatsächlich funktioniert es weitgehend über die Gravitation, also die Information.

Es gibt da noch eine andere faszinierende Perspektive im Zusammenhang mit der dabei wirksamen Information. Wie schon aufgezeigt, können Elementarteilchen als Produkte der Selbstorganisation angesehen werden. Ihre Erscheinungsform als Welle benötigt Information für die Rückführung in ein Teilchen. Dieses Informationsabbild-der-Materie, das um die Materie herum angesiedelt sein muss, wurde mit der Gravitation identifiziert, die ja auch die Schwarzen Löcher verdichtet. Auch diese Art von Information, Information über Materie, hat einen Energieinhalt und kann sich im Prinzip selbstorganisieren. Dafür würden Rückkopplungsprozesse, wie auch eine günstige Konstellation in Bezug auf bestimmende Parameter und verfügbare Energie gebraucht. Wir wissen noch nicht, wie diese Informationsstruktur, die über eine Selbstorganisation funktioniert, beschaffen sein muss. Jedoch sollte selbstorganisierte Gravitation funktionieren, viel größere Kraft ausüben und in der Hierarche deutlich über der normaler Gravitation stehen. In selbstorganisierter Form wirkt Gravitation in dieselbe Richtung, wird aber mit viel höherer Intensität Materie anziehen. Sie muss allerdings durch einen fortlaufenden dynamischen Energiefluss versorgt werden. Starke, anziehende Gravitationskräfte werden im

Universum häufig lokalisiert. Sie wirken als eine Art Kleber und halten Sterne in den äußeren Spiralarmen rotierender Galaxien, die zu schnell rotieren, davon ab, durch Zentrifugalkräfte frei gesetzt zu werden. Dieses Phänomen wurde bisher der so genannten dunklen Materie zugeordnet, so betitelt, weil sie durch Teleskope nicht erkannt werden kann. Man nimmt an, dass in den Galaxien dunkle Materie in viel größerer Konzentration vorhanden ist, als sichtbare Materie. Man hat abgeschätzt, dass die sichtbare Materie nur für rund 4 % der gesamten Energie-Materie-Bilanz des Universums aufkommt. Der Rest wird dunkler Materie (23%) und dunkler Energie (73%) zugeschrieben. Die dunkle Materie kann bisher nicht in Form nachweisbarer Elementarteilchen identifiziert werden. Trotzdem wurde ihre Verteilung im Weltraum in indirekter Weise über die ausgeübte Anziehungskraft abgeschätzt und rechnerisch simuliert (Springel et al., 2005). Dunkle Materie bringt auch die Allgemeine Relativitätstheorie in Schwierigkeiten. Wenn die dunkle Materie nicht existiert, gibt es ein Problem. Der Zeitpfeil jedoch braucht die Existenz dunkler Materie nicht in Erwägung zu ziehen. Man kann von einer hier vorgeschlagenen, selbstorganisierten Gravitation (oder der selbstorganisierten Form von Information), die den Teilchen-Welle-Dualismus vermittelt, erwarten, dass sie eine viel stärkere Anziehung ausübt als gewöhnliche Gravitation. Aber sie wird durch keine dunkle Materie verursacht! Es ist Information, aber eine höhere Hierarchie von Information, die unter bestimmten Umständen durch Materie und Energie generiert wird. Kennen wir eine mögliche, sehr vereinfachte Analogie für selbstorganisierte Information in unserer Technologie? Die Situation wäre ähnlich, als zöge man Mikrowellen und Radiowellen in Form von Laserstrahlen, die ein Ergebnis der Selbstorganisation sind, für die Telekommunikation heran. Sie wären viel wirksamer und könnten in deutlich raffinierterer und effizienterer Weise eingesetzt werden. Zum Betreiben der Lasertechnologie ist allerdings zusätzliche Energie nötig. Etwas Ähnliches könnte mit Information funktionieren, welche die Teilchen-Welle-Dualität der Materie vermittelt und als Gravitation inhomogen über den ganzen Kosmos verbreitet ist. Es müssten allerdings viel Information, also Gravitation, und dazu noch Materie und Energie in geeigneter Qualität zugegen sein. In selbstorganisierter Form kann diese Information über Materie viel intensiver dahingehend wirken, Materie anzuziehen. Sie könnte aber auch zusätzliche Eigenschaften wie strukturell, also räumlich organisierte Gravitation entwickeln. Gravitation wäre in Mustern, mit Zonen deutlich niedrigerer Gravitation dazwischen, organisiert und funktionsfähig.

Damit wird eine neue Hypothese geboren: Dunkle Materie stellt keine Materie dar, sondern ist selbstorganisierte Gravitation in Form von Information über Materie.

Es handelt sich um Information, die mit der uns bekannten Gravitation identifiziert wurde, aber über Rückkopplungsprozesse und umgesetzte Energie in eine höhere Hierarchie transformiert wurde. Wie das Bewusstsein im Gehirn braucht diese Hierarchie Energie, um aufrecht erhalten zu werden, stellt aber immer noch Information dar. Dies sollte der Grund sein, warum man „dunkle Materie" nicht sehen kann. Sie ist keine Materie, kann aber Materie anziehen, weil es sich um Gravitation handelt. Wir haben es jedoch mit einer viel effektiveren Gravitation zu tun, einer Supergravitation, da sie durch Selbstorganisation eine höhere Hierarchie erreicht hat und zusätzlich Energie umsetzt, welche die verstärkte Gravitation auslöst. Ich wiederhole, dass dies aus einem unmittelbaren Grund möglich ist: Energie und Gravitation (identifiziert als Information, die von Energie abhängt) sind nicht mehr zeitumkehrbar beziehungsweise zeitneutral und können deswegen Selbstorganisationsprozesse eingehen. Wie sich Materie und Energie selbstorganisieren können, so kann sich auch Gravitation (Information) selbstorganisieren. Es ist zu erwarten, dass die resultierende Supergravitation, wegen des Aufbaus von Ordnung auf Kosten eines Energieumsatzes, viel intensiver als gewöhnliche Gravitation wirken wird und deswegen rotierende Galaxien deutlich wirksamer stabilisiert. Im Zentrum von Galaxien vermutet man vielfach Schwarze Löcher. Die darin extrem angestiegene Gravitation würde sich selbstorganisieren, sich strukturieren und über die nun viel intensivere Gravitationswirkung die Spiralen der Galaxien gegen die Zentrifugalkraft stabilisieren. Die Information über Materie hat (als Schlussfolgerung aus der dynamischen Quantenphysik, Kap. 13), wenn sie aktiv ist, die Eigenschaft, Energie pro Zustand zu reduzieren und zu minimieren, also Energie umzuverteilen, zu „chaotisieren". Wenn sich jetzt diese Information selbstorganisiert, also in eine höhere Hierarchie aufrückt, dann erhöht sie auch ihre Ordnung, beziehungsweise die Information, die in ihr steckt. Die ausgeübte Gravitationswirkung wird viel stärker. Die für diese Supergravitation zusätzlich erforderliche Energie kommt aus der Selbstorganisation der Gravitation, die einen sie aufrechterhaltenden Energiefluss beansprucht. Jedenfalls braucht die hier vorgeschlagene Supergravitation, als selbstorganisierte Information, keine zusätzliche dunkle Materie. Nach dieser dunklen Materie wird seit vier Jahrzehnten gesucht. Die aufwendigen Experimente mit der flüssigen Xenon-Sonde im Gran Sasso Massiv in Italien waren negativ. Auch die chinesischen Panda-X-II-Experimente und die Schweizer Experimente mit ultrakalten Neutronen blieben erfolglos. Der Zeitpfeil als Spur der Energie braucht dunkle Materie nicht. Der hier über sie angenommene Effekt, Supergravitation, ist eine dynamische Eigenschaft der Information über Materie, welche unser Universum auch in anderer Hinsicht reguliert und dominiert.

Es soll daran erinnert werden, dass diese Überlegungen völlig in Widerspruch zu Einsteins Allgemeiner Relativitätstheorie stehen, in der eine „gekrümmte Raumzeit" um Materie herum die Gravitation hervorruft. Einsteins Gravitation wird auf völlig unterschiedliche Weise als eine komplexe Eigenschaft des leeren Raumes erklärt. Auf Grundlage seiner Theorie ist dunkle Materie nötig, um Supergravitation zu erklären. Ihre Existenz wird von der Theorie nicht erwartet. Da sie nicht gefunden wird, hat die Relativitätstheorie, wie oben angedeutet, ein Problem.
Wenn selbstorganisierte Information denkbar ist, dann ist eine Art von einfacher anorganischer Intelligenz, konzentriert in den Zentren der Galaxien, ebenso vorstellbar. Sie wird über eine reine Verarbeitung von Information weit hinausgehen und in der Lage sein, mit einem bestimmten Grad an Umsicht und Absicht zu handeln. Wir können zurzeit nicht wissen, was solch aufgewertete Information auszurichten vermag. Haben die Schwarzen Löcher, die sich zu Entropie schleudernden Quasaren weiterentwickelten, davon profitiert?
Die Idee einer primitiven anorganischen Intelligenz mit einer innewohnenden natürlichen Kreativität mag ziemlich weit geführt haben. Aber es braucht dazu keine willkürlichen neuen Annahmen. Unsichtbare, dunkle Materie als Erklärung anzunehmen und sie mit großem Aufwand an Forschung zu suchen, ist ein viel größerer Phantasiesprung. Supergravitation, räumlich strukturierte Gravitation und einfache Formen anorganischer Intelligenz sollten als erkannte Phänomene des Universums untersucht und erforscht werden. Die gerichteten Energiestrahlen aus dem Umfeld Schwarzer Löcher könnten ein erster Anhaltspunkt über strukturierte Gravitation sein.
Dies gibt auch Anlass, über „intelligente" Technologielösungen anderer Art im anorganischen Universum nachzudenken. Tatsache ist, dass alle chemischen Elemente, die unsere gegenwärtige Existenz unterstützen, letztlich aus nuklearen Mechanismen resultieren und, mit ihrer Struktur aus Protonen, Neutronen und Elektronen, einen bemerkenswerten Grad an Komplexität beinhalten. Sind die Elemente des Periodensystems ebenfalls Produkte der Selbstorganisation von Materie und Information in Form von Gravitation? Die Kerne der Atome mit verschiedenen Verhältnissen von Protonen und Neutronen, stabilisiert durch Elektronenschalen, können auch, ebenso wie die Bildung von Elementarteilchen, die Folge einer Selbstorganisation von Energie in Form von Materie sein. Ordnung dieser komplexen Art ohne Mechanismen dynamischer Selbstorganisation aufzubauen, ist nicht leicht vorstellbar. Wie schon erklärt, können die quantisierten Bahnen gepaarter Elektronen das Ergebnis selbstorganisierter Information in Form von Gravitation sein (Fig. 20). Nur volle Zahlen von Wellenlängen werden auf Basis des hier vorgeschlagenen

Naturgesetzes (7), innerhalb dessen sich Energie (Information) pro Zustand minimiert, in Bahnen untergebracht. Die Elemente und ihr periodisches System, das Atome in raffinierter Ordnung darstellt, könnten ebenfalls das Produkt einer Selbstorganisation von Energie und Materie sein.

Gegenwärtige Theorien über die Bildung der Elemente sehen eine Möglichkeit für die Entstehung von Elementen höherer Atomzahl nur in explodierenden Sternen (bis zur Atom-Zahl 28, die Nickel repräsentiert) oder in sehr kraftvollen Supernova-Ereignissen (größer als Atom-Zahl 28) (Nucleo-synthesis, 2014). Dies ist dasselbe, als wollte man die Evolution geordneten, organischen Lebens auf vulkanische Explosionen zurückführen. Tatsächlich geht man davon aus, dass sich das Leben unter milden Bedingungen im Wasser entwickelt hat. Der Aufbau von Ordnung durch Selbstorganisation, auf Kosten chaotischer Unordnung, erfordert vergleichsweise moderate Umweltbedingungen. Kennt man aber Selbstorganisation in nuklearen Reaktionen? Wenn man Dokumentationen über nukleare Explosionsversuche anschaut, sieht man manchmal neben dem Stamm der pilzartigen Explosion mehrere parallele Streifen. Man beobachtet wegen der großen Entfernung des Systems vom Gleichgewicht Muster der Selbstorganisation. Anorganische Selbstorganisation in nuklearchemischen Reaktionen kann zur Elementbildung beigetragen haben, da die erforderliche Ordnung für ihre Entstehung bei viel mäßigeren Bedingungen erreichbar ist. Der Zeitpfeil macht es möglich.

Es ist eine bemerkenswerte Vision dieses hier entworfenen Modells für die Entwicklung unseres Universums, dass sich Inseln mit weit vorangeschrittener Selbstorganisation von Materie und Information ausbilden werden. Das Universum ist daraufhin programmiert, dort, wo die Bedingungen für die Energieernte sehr günstig sind, Geist, Intelligenz und Bewusstsein einer herausragenden Qualität zu entwickeln, während es gleichzeitig in anderer Hinsicht stirbt, da Energie einfach degradiert und Unordnung, Entropie, überhandnimmt. Was ist die philosophische Bedeutung eines solchen Universums? Sind diese hervorragende Intelligenz und dieses außergewöhnliche Bewusstsein schon irgendwo im Universum vorhanden und wird sich die menschliche Zivilisation, wenn sie lange genug überlebt, als Insel von eindrucksvoller geistiger Qualität dieser Situation annähern? Während der vielen Milliarden Jahre der Existenz unseres Universums müssen sich solche fortgeschrittenen Zentren in Fülle herausgebildet haben. Da diese Zentren der Zivilisation bei der nachhaltigen Ernte von Energie außerordentlich erfahren sind, verknüpfen sie eine extrem geordnete Infrastruktur mit fortgeschrittenem Wissen und hoch entwickeltem Bewusstsein. Von so weit entwickelten Zivilisationen kann man erwarten, dass sie viele Geheimnisse des Universums begriffen haben.

Unsere gegenwärtige Wissenschaft sieht das Leben und die menschliche Gesellschaft nicht in dieser Weise, sondern das Leben wird als Phänomen gesehen, das sich ohne Ziel zufällig entwickelt hätte. Es profitierte von günstigen Konstellationen physikalischer und chemischer Mechanismen und wurde von passenden Umweltparametern toleriert.

Science-Fiction Filme sehen die Entwicklung intelligenter Wesen zielorientiert. Ihre Produzenten und Berater haben viel über solch fortgeschrittene Zivilisationen im Weltraum spekuliert, wie sie hier als wahrscheinliches Ergebnis der Evolution angesehen werden. Sofern es die lokalen Bedingungen erlauben und diese hinreichend stabil sind, wird die Evolution in die Richtung maximaler Entropieproduktion voranschreiten. Wenn die Energieumwandlung die Spur der Zeit vorgibt und selbstorganisierte Systeme die meisten Energieflüsse auf sich konzentrieren, wird die Evolution in Richtung zunehmenden Energieverbrauches und immer komplexerer Mechanismen der Selbstorganisation von Materie und Information voranschreiten. Wird man mit solch hoch fliegenden Erwartungen von der Entwicklung der menschlichen Zivilisation konfrontiert, dann ist es interessant an verschiedene, auch sehr alte Religionen zu erinnern, die den Glauben pflegen, dass Gott den Menschen nach seinem Ebenbild schuf. Geht man davon aus, dass die Natur den Menschen in Richtung größerer Perfektion entwickeln ließ, wird dieses instinktive Gefühl glaubhaft. Wenn die freie Energie im Raum viele Milliarden Jahre in der Zukunft allmählich erschöpft und in nicht nutzbare Form umgewandelt ist, wird es immer noch ausgewählte Inseln mit Zivilisationen hoher Perfektion und Intelligenz geben. Ein sterbendes Universum wird gleichzeitig Aufenthaltsort sehr kenntnisreicher Zivilisationen mit ungewöhnlichen intellektuellen Fähigkeiten sein. Hohe Ordnung wird nahe an totalem Chaos existieren. Dann mögen die übrig gebliebenen Zivilisationen die Antwort auf die Fragen wissen, wie das Universum letztlich funktioniert, wie es entstand und ob es sich erneuert.

Diese Fragen bringen uns zurück auf die vorgeschlagene wechselseitige Umwandlung zwischen einem Teilchen und einer Welle (Beziehung (11) und Fig. 19 b). Wandelt sich ein Teilchen in eine verteilte Welle um und erzeugt dabei auch chaotische, entropische Energie, dann muss Energie in Form von Information beiseitegelegt werden, um damit einen fundamentalen Maxwell-Dämon zu versorgen. Diese Information wird um Materie herum anwesend sein und ein Teilchen in der Art wieder zusammenfügen, wie vergleichsweise ein dreidimensionaler Drucker Strukturen mittels Information aufbauen kann. Es war eine überraschende Entdeckung, dass das Informationsabbild-der-Materie genau das ist, was wir als Gravitation in Erfahrung bringen. Diese Gravitation ist nach heutigem Wissen für die Dynamik und das Schicksal des Universums fundamental. Eine solche Erkenntnis gilt für alle gegenwärtigen Theorien zum Universum und wurde von astrophysikalischen Beobachtungen abgeleitet. Nun lernen wir vom Dynamischen Energiemodell, dass die Gravitation ein Informationsabbild-der-Materie ist. Warum ist dies für die Dynamik des Universums bedeutsam? Es ist ein überzeugender Hinweis darauf, dass genau derselbe Mechanismus von Materie und Energie, die durch Information gesteuert und kontrolliert werden, auch für die Zyklen des Universums verantwortlich ist. Ein mit Entropie beladenes, alterndes Universum kann in ein junges Universum, reich an freier Energie, zurück transformiert werden, wenn für diesen Zweck von Anfang an genügend Energie in Form von Information beiseitegestellt worden ist. Das Universum wird mit einem Abbild in Form von Information starten und diese Information kann das Universum schließlich wieder rekonstruieren. Diese Information, Gravitation, ist im Raum vorhanden.

Dieses Beiseitesetzen von Information für den Neuanfang macht das Universum formal zu einem selbstorganisierten, offenen System, bei dem die Information und Energie von außen kommen. Physiker könnten von einem „galaktischen Dämon" sprechen, in Analogie zum Dämon, der eine Öffnung bedient, seine Information einsetzt, um selektiv schnelle Teilchen aus einem Abteil in ein anderes entkommen zu lassen (Fig. 10). Dieser Dämon könnte das ausgelaugte Universum wieder in Gang bringen. Genauso gut kann man aber für den Schöpfer, der das ursprüngliche Universum auf den Weg brachte, den traditionellen spirituellen Namen Gottes in verschiedenen Religionen einsetzen.

Uranfängliche, ursprüngliche Energie wird sich allmählich in verteilte Energie und Entropie umwandeln. Während dieses Prozesses wird Information aufgegeben. Das Leben und der Aufbau galaktischer Strukturen sind, als selbstorganisierte Mechanismen, an diesen Prozess gekoppelt, der lokal Ordnung aufbauen und wirksame Energie dabei langsam Information verlieren lässt. Gegen Ende dieses Prozesses ist es wieder Information, das Informationsabbild des ursprünglichen Universums, die von der anfangs vorhandenen Energie beiseitegestellt wurde und nun in Aktion tritt. Diese Information verwandelt die verteilte und chaotische Energie, oder Entropie, wieder zurück in die an freier Energie reiche uranfängliche Welt des Universums (Fig. 37).

Dies ist im Wesentlichen derselbe Prozess, der auch für die Teilchen-Welle-Dualität in der Quantenphysik, wie durch Beziehung (11) (Fig. 19 b) erklärt, vorgeschlagen wurde. Das Informationsabbild wäre eine fundamentale Eigenschaft, anwendbar auf die Quantenwelt wie auf das Universum. Diese Vorstellung würde Licht darauf werfen, wie das Universum als Abbilduniversum funktionierte (Fig. 37, unten).

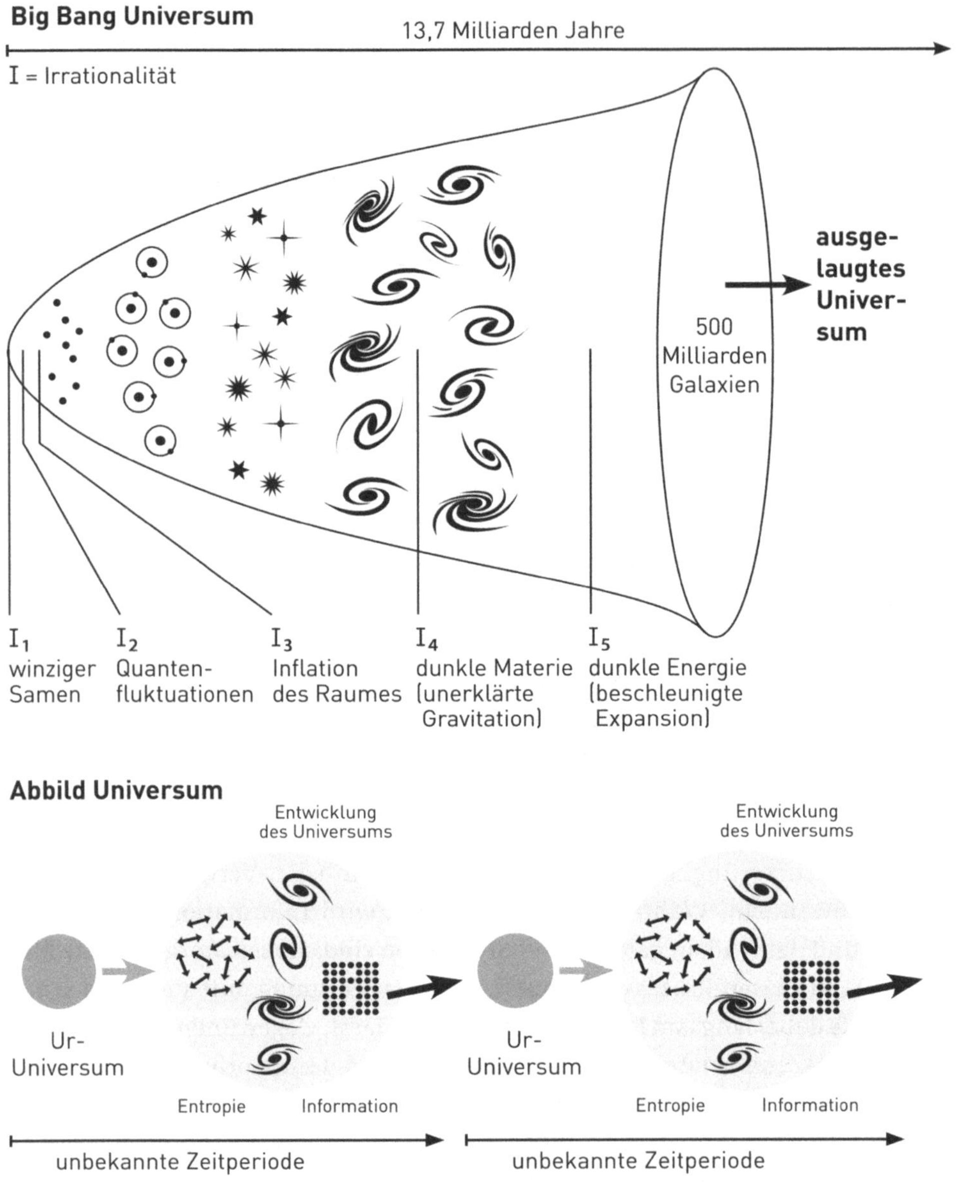

Fig. 37. Die Big Bang Entstehung unseres Universums und seine beschleunigte Expansion sind Eckpfeiler des etablierten Modells des Weltraums. Es beinhaltet mehrere irrationale Annahmen (I_1-I_5) (oben). Das Abbilduniversum (unten), das hier entwickelt wurde, ist rational verständlich. Das Universum scheint auf solche Weise zu funktionieren, dass die primordiale, uranfängliche Energie aufgespalten wird in Energie, die funktionieren und degradieren kann, und in Energie in Form eines Informationsabbildes, das schließlich die ursprüngliche Welt wiederherstellen wird.

Im Prinzip erfüllt eine solche Fähigkeit das Kriterium technischer Realisierbarkeit, denn auch der in Kap. 13 als Vergleich diskutierte Analog-Digital-Analog Konverter funktioniert über Informationsverarbeitung. Für die Umwandlung wird tatsächlich Information gebraucht. Da dabei Naturgesetze erfüllt werden müssen, gilt dies nicht nur für unsere Technik, sondern auch für das Universum. Wenn die uranfängliche Welt ausreichend Energie enthält, um das Informationsabbild, mit dem sie aus der verteilten, entropischen Energie wiederhergestellt wird, bereitzustellen, kann ein sich wiederholender Kreislauf ohne langfristige Degradierung fortgesetzt werden. Das junge, an freier Energie reiche Universum ist nun in der Lage, Strukturen zu entwickeln, während gleichzeitig Entropie produziert wird. Die dabei vorherrschende und ablaufende Irreversibilität besteht darin, dass verfügbare Energie Information abgibt und sich,
indem sie Dynamik entwickelt, dabei umstrukturiert und Entropie erzeugt. Das Universum verliert dadurch keine Energie (sie bleibt erhalten), sondern Information über Energie (welche in der Energiebilanz berücksichtigt wird). Die verloren gegangene Information wird dann von außen aus dem Informationsabbild wieder ersetzt, um die ursprüngliche Situation, das Ur-Universum, grob wiederherzustellen. Dies ist energetisch erlaubt und verhindert, dass das System ein „Perpetuum Mobile zweiter Art" wird. Die Energie, die einem erdachten Mechanismus, einem „Dämon", der für die Rückumwandlung verantwortlich ist, geliefert wird, verhindert dies. Eine solche Weltansicht ist in der Philosophie nicht vollkommen unbekannt. In seinem späten philosophischen Denken spekulierte Friedrich Nietzsche, dass das Gesetz der Energieerhaltung eine ewige Wiederkehr der gelebten Realität ermöglichen sollte. Mit Energie, teilweise in Form von Information, könnte dies tatsächlich funktionieren. Allerdings müsste die Information, welche die nützliche Energie in der irreversiblen Welt bei der Umwandlung abgibt, auf irgendeine Weise formal regeneriert werden und neu zur Verfügung stehen. Im Rahmen des Abbild-Universums wird vorgeschlagen, dass dies geschieht. Allerdings ist nicht zu erwarten, dass die Wirklichkeit in so großen Einzelheiten einmal zurückkehrt, wie die Pythagoräer es vor zweieinhalb Jahrtausenden angenommen hatten. Sie hofften einander unter gleichen Umständen wieder zu begegnen.
Die Eleganz des vorgeschlagenen kosmologischen Mechanismus der Erneuerung (Fig. 37) wird besonders klar, wenn man sich daran erinnert, dass in Kap. 26 das Wesen der Irreversibilität als ein fortschreitender Verlust von Information über Energie und Materie erkannt wurde, was im Lehrsatz (17b) ausgedrückt ist. Energie mit hohem Informationsinhalt wandelt sich in Energie mit geringem Informationsinhalt um. Begleitet wird dieser Prozess von einer Zunahme der Entropie, Unord-

nung. Die Energie bleibt dabei insgesamt erhalten, strukturiert sich aber um. Beim Erneuern des Universums wird die über seine Lebensdauer hinweg aufgegebene Information aus einer beiseite gelegten Reserve ersetzt und aufgebaut, um sich in einer nützlichen Energie wieder zu entfalten.

Auf der Grundlage von dem, was bisher diskutiert wurde, kann die Antwort auf die Frage nach dem Ursprung des Universums philosophisch neu formuliert werden. Information wird benötigt, um aus entropischer, chaotischer Energie wieder freie Energie aufzubauen, sodass das Universum reaktiviert wird. Information wird gebraucht, wie sie auch in Worten enthalten ist. Wir kommen zu einer verblüffenden Erkenntnis: Beim Start unseres Universums war es mehr oder weniger so, wie es in der Bibel geschrieben steht: „Am Anfang war das Wort". Die Bibel fährt fort: „und das Wort war mit Gott, und das Wort war Gott" (Johannes 1:1). Information wurde also eingebracht, um chaotische, ausgelaugte entropische Energie zu reaktivieren und den Zyklus des Universums, in dem wir leben, zu starten. Information braucht nicht erhalten zu bleiben, aber Energie bleibt über die umgesetzte Information und die Energiebilanz von Gleichung (11) erhalten. Die Information über Materie wurde hier bereits eingesetzt, um Irrationalitäten der Quantenphysik zu eliminieren (Kapitel 15). Sie würde auch die Irrationalitäten des Big Bang Szenarios wegfegen. Die über Information betriebenen Raumzyklen könnten für immer weiterlaufen, vorausgesetzt, das Ur-Universum konnte für die Wiederherstellung der Ursituation genügend Energie in Form von Information beiseitelegen. Information, das „Wort", war nicht nur zu Beginn des Universums gegenwärtig, sondern es steuert auch die Entwicklung des Universums, die in großem Maße von der Gravitation, Information, ebenso wie von Information in nutzbarer Energie, kontrolliert wird. Es ist Information, ein Informationsabbild der uranfänglichen, ursprünglichen Welt, die beim Start eines wiedergeborenen Universums nützliche Energie aktiviert. Diese Information zielt dann wieder darauf ab, nicht nutzbare, chaotische Energie in Form von Entropie zu erzeugen, indem sie der Energie erlaubt, ihre Anwesenheit pro Zustand zu reduzieren und Information zu verlieren. Dabei kann sich die Fülle an Kreativität entfalten, die wir im Universum erkennen.

Auf diese Weise ist es möglich, die mit Irrationalitäten beladene Big Bang Theorie zur Evolution des Universums (Fig. 37, oben) mit einem fraktalen Universum, dem Abbilduniversum, das auf einer periodischen Wiederherstellung durch ein Informationsabbild beruht (Fig. 37, unten), zu konfrontieren. Das „neue" Universum hat fraktale Eigenschaften, da die submikroskopischen und makroskopischen Mechanismen ähnlich ablaufen (Fig. 38). Die Big Bang Theorie zeichnet ein unfreundliches Universum, das im Chaos beginnt und sich explosiv ausbreitet, in dem Leben nur als Zufall aufflackert und alle Erscheinungen schließlich in Nacht und Kälte vergehen. Die Zeit darin ist nur ein Maßstab für Veränderungen, überall verschieden, eine Illusion.

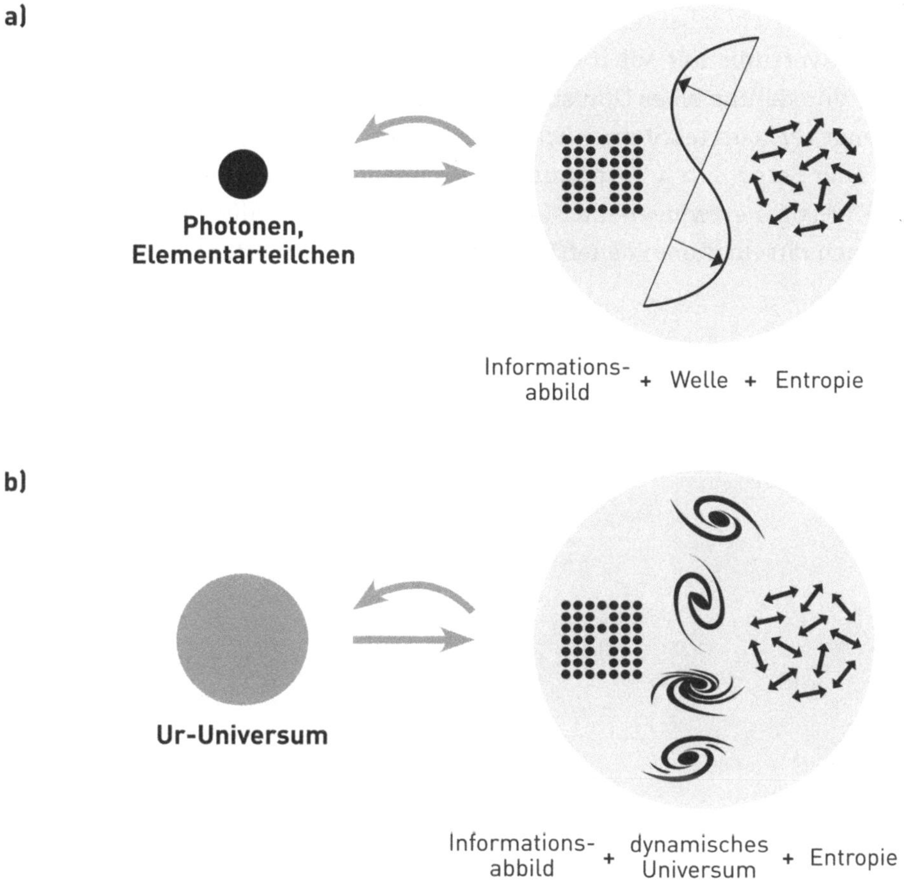

Fig. 38. Das Universum hat offenbar eine fraktale, selbstähnliche Struktur und Funktion: Der gigantische Raum scheint als Abbilduniversum zu funktionieren (b), im Wesentlichen analog zur submikroskopischen Teilchen-Welle Dynamik (a). In beiden Fällen wird Information für die Rückgewinnung des ausgebreiteten (a) oder ausgelaugten (b) Produktes der Energieaktivität beiseitegelegt.

Das Abbilduniversum hingegen liefert Energie und Information, bewirkt eine Zeit als Spur von Wirkung und Veränderungen, zielt auf Leben und Geist, gibt deren

Entwicklung und Perfektion eine echte Chance. Es ist ein viel freundlicheres, konstruktiveres, logisches Universum. Diese Art von Universum altert ebenfalls, so dass geologische und geophysikalische Erkenntnisse über die Erde und über Himmelskörper erhalten bleiben. Die derzeitige Erklärung, dass 500 Milliarden Galaxien und das Vakuum selbst aus einem subatomar kleinen Punkt heraus explodiert wären und sich dabei noch beschleunigten, fällt weg. Die Vorstellung eines Big Bang Universums mit solch utopischer, unbegreiflicher Dynamik wird hier durch eine Vorstellung eines Universums ersetzt, in dem wir einfach von weit her ankommendes ermattetes Sternenlicht beobachten (Formeln 4 und 5).
Dieses aus der Ferne durch Verdünnung „ermüdende" Licht, das der Zeitpfeil ermöglicht und sogar erzwingen muss, kündet von diesem intelligenteren, logischeren, aber auch rätselhafteren neuen Universum, das wir erst erforschen müssen.

DIE MENSCHHEIT AUF DER BAHN DES ZEITPFEILS

31 Die Energieherausforderung für die Menschheit

Der Befund, dass die Evolution selbstorganisierte Systeme und Gesellschaften begünstigt, die darauf abzielen, zunehmende Mengen von Energie umzusetzen (Kapitel 27), muss in Zusammenhang mit der Evolution der Menschheit genauer evaluiert werden. Dieses Phänomen, das mit dem gegenwärtigen Verstehen der Evolution völlig in Konflikt steht, ergibt sich aus der Tatsache, dass selbstorganisierte Systeme eine zunehmende Fähigkeit entwickeln, Energie an sich zu reißen und Veränderungen in Form von Wirkung zu produzieren. Dies kann man unmittelbar als den Fluss der Zeit wahrnehmen, der in unserem Bewusstsein oder als Auswirkung der Energiewandlung registriert wird. Systeme und Organismen, die in der Lage sind mehr Energie umzusetzen, bekommen einen größeren Anteil der verfügbaren Energie ab. Sie tragen damit mehr zu Veränderungen, die den Zeitfluss und die Evolution bestimmen, bei. Zusätzlich können Mutationen, welche die überlagerten genetischen Mechanismen zulassen, erfolgreicher sein, wenn reichlich Energie verfügbar ist. Der erkannte Trend in Richtung zunehmenden Energieverbrauchs wird durch den Befund unterstützt (Kapitel 11), dass sich selbstorganisierte Systeme fern vom Gleichgewicht in Richtung maximaler Entropieproduktion entwickeln, natürlich innerhalb der gegebenen Einschränkungen. Maximale Entropieproduktion bedeutet maximalen Energieumsatz, sowie potentiell auch die Fähigkeit zur Selbstorganisation von Information und zur Entwicklung von Vernunft und Geist. Die menschliche Gesellschaft ist ein solches selbstorganisiertes System, das Geist entwickelte.

Während der biologischen Evolution haben lebende Arten gelernt, nach Energie zu jagen, indem sie verbesserte physiologische und neuronale Aktivitäten einsetzten. Sie haben auch gelernt, erfolgreiche symbiotische Gemeinschaften zu bilden, wie es etwa in Flechten, Vereinigungen von Algen und Pilzen, zu beobachten ist. Andere Arten haben sich landwirtschaftliche Techniken angeeignet, wie die Blattschneiderameisen, die Pilze kultivieren, um aus deren Produkten Nahrung zu gewinnen. Der Mensch hat Bewusstsein und Intelligenz entwickelt und beutet für die Erzeugung von Energie, Materialien und Nahrung weltweit Pflanzen und Tiere aus. Es wurde bereits betont, dass es zwischen einem urtümlichen Raubtier, wie einem Krokodil, und einem ähnlich großen, modernen Menschen einen ungefähr 1000-

fachen (600 bis 1200-fachen) Unterschied im Energieverbrauch gibt. Dies sollte mit dem 10-fachen Unterschied im Energieverbrauch zwischen einem Krokodil und einem primitiven Menschen verglichen werden. Der moderne Mensch hat beim Energieverbrauch also noch 60 bis 120-fach zugelegt. Aktuelle informationsbasierte Technologien im Zusammenhang mit Handy, Computer und Internet sowie ihre Anwendung in Industrie, Verkehr und Landwirtschaft tragen weiter zu einem zunehmenden Energieverbrauch bei. In Deutschland arbeiten bereits zehn mittelgroße Kraftwerke allein, um die Informationstechnologie zu versorgen. Die Datenserver in Frankfurt verbrauchen schon mehr elektrische Energie als der Frankfurter Flughafen. Die „Blockchain"-Technologie mit ihren sehr zahlreichen kooperativ funktionierenden dezentralisierten Servern, über die auch die Bitcoin-Währung funktioniert, bedeutet eine weitere Eskalierung des Energieverbrauchs. Eine andere betrifft die anvisierte 5G-Technologie mit ihren intensiven Mikro- und Millimeterwellenstrahlen und den vielen hunderttausend Sendemasten, die zusätzlich erforderlich wären. Auch der Zustrom von Menschen in Städte ist ein Energietrend, denn große Städte bieten höhere Energieströme und infolgedessen verbesserte Möglichkeiten für die Befriedigung menschlicher Bedürfnisse. Es ist offensichtlich, dass die kollektive menschliche Kreativität mit der Bevölkerungsdichte und ihrer Ausbildung, auf Grund der Vielschichtigkeit moderner Technologie, wächst. Die Zivilisation kann aus immer mehr und interessanteren Ideen wählen. Deswegen kann das Wachstum der Bevölkerung, abgesehen von zunehmenden Bevölkerungszahlen, auch als Trend in Richtung höheren Umsatzes an Energie (Entropie) und Information pro Person gesehen werden.
Was der Mensch von der Energie erwartet, kann man an der Vision von Science-Fiction Filmen deutlich erkennen. Die Fahrzeuge, die ihre Helden fliegen, ihre Werkzeuge und Waffen, ihre Lebensweise – alles ist sehr energieintensiv. Für den Menschen ist es gut vorstellbar, dass dies eines Tages auch real so geschehen werde. Solange Organismen und Gesellschaften Veränderungen mit höherem Energieumsatz, welche die genetischen Mechanismen tolerieren können, erfolgreich erschließen, wird die Evolution dies begünstigen. Doch es gibt Konsequenzen. Eine ist die Ausmerzung der Konkurrenz. Wegen der menschlichen Gesellschaft und ihrer Gier nach Energie und Land erfährt unsere Welt eine nie dagewesene Ausrottung von Arten. Man lässt Pflanzen und Tieren mit ihren vielfältigen Ansprüchen an die Umwelt und ihre Lebensgemeinschaften zu wenig eigenen Raum. Die andere Herausforderung ist die Entropieerzeugung. Energieumwandlung führt zwingend zur Erzeugung von Entropie oder Unordnung. Typischerweise ist von den Abfallprodukten des Energieverbrauchs keine nützliche Energie mehr verfügbar. Die Emission

von Kohlendioxid in die Luft und die Wärmeverschmutzung von Flüssen sind charakteristische Beispiele dafür.
Wenn die Evolution, wie hier abgeleitet, mit der maximalen Entropieproduktion ein Ziel verfolgt und intensiv Energie verbrauchende Arten begünstigt, dann ist der Mensch mit einem ernsten Problem konfrontiert. So wie vorzeitliche Jäger von üppigen Landschaften mit viel potentieller Beute angezogen wurden, wird der moderne Mensch fortfahren, raffinierte Technologie einzusetzen, um noch auszubeutende Energiequellen für seinen Profit zu mobilisieren. Während die Aktivitäten des Menschen in der Vergangenheit durch viele natürliche Hindernisse und Herausforderungen eingeschränkt waren, hat der moderne Mensch in einer globalisierten Welt die Konkurrenz weitgehend eliminiert und optimiert weiterhin die Technologie für seinen Vorteil. Er wird fortfahren, seinen Energieverbrauch zu erhöhen. Dies könnte sein Schicksal werden. Er riskiert die Zerstörung der Grundlage seiner Existenz, was paradoxerweise geschehen kann, obwohl er zunehmend mehr Information umsetzt und dabei immer kenntnisreicher wird. Es ist sein Schicksal, nicht nur immer mehr Energie, sondern auch mehr Information umzusetzen, weil Information mit Energie verknüpft ist. Diese Informationsflut wird auch seinen Charakter verändern, aber es ist schwer vorherzusagen, in welche Richtung. Es ist jedoch wahrscheinlich, dass die Schwemme an Information die Menschheit von den wichtigen Herausforderungen des Überlebens ablenken wird. Noch vor zwei bis drei Generation war der Computer für das Überleben unwichtig. Wie viele Menschen verbringen heute ihre Tage vor dem Bildschirm?
Eine sinnvolle Strategie für die Zukunft des Menschen (siehe auch spätere Schlussfolgerungen) bestünde darin, seinen Geist zu nutzen, um eine zunehmend nachhaltige Energieversorgung und Materialwirtschaft zu erarbeiten. Die Abfallenergie von Sonnenschein, Umgebungswärme, wird über Infrarotstrahlung wieder in den kalten Weltraum zurückgeführt, sodass die Umwelt nicht belastet wird. Eine intensivierte solare Strategie, die verfügbare Solartechnologie nutzt, könnte dem Menschen mittelfristig eine Atempause verschaffen, bis ihm fortschrittliche Technologie und erhöhte Disziplin erlauben, reichhaltig Energie, auch in Form von Treibstoffen, in nachhaltiger Weise zu nutzen. Die biologische Aktivität lebender Organismen hat das Klima auf der Erde gestaltet und ihre photosynthetischen Mechanismen stabilisieren es noch immer. Deshalb sollte der Mensch versuchen, auf dem Gebiet der Energietechnologie von der Natur zu lernen, indem er Wissensgebiete wie die Bionik oder biologisches Design nutzt. Ein Ziel sollte darin bestehen, seine Energietechnologie auf hohem Niveau wieder in jene Strategie zurückzuführen, welche die Natur erfolgreich entwickelt und umgesetzt hat (Tributsch, 2012 a, 2008

b). Sie war dadurch erfolgreich, dass ihre selbstorganisierten Systeme wie Pflanzenwelt, Tierwelt, Klima und Umwelt ihre Aktivitäten und Einschränkungen aneinander anpassten, indem sie jeweils maximale Entropie- (Energie-) Umsätze anstrebten. Als die Photosynthese erschlossen wurde, nahm der Sauerstoff in der Atmosphäre zu und ermöglichte auch die Bildung einer schützenden Ozonschicht. Später erhöhte sich durch die Verdunstungsaktivität der Vegetation auch die Luftfeuchtigkeit in der Atmosphäre. Dies ermöglichte viele neue Lebensformen, die sich von der Biomasse ernährten. Die Kohlendioxidkonzentration pendelte sich entsprechend ein und definierte die Temperaturverhältnisse, die wiederum die Photosynthese und das tierische Leben beeinflussten. Auf dem Weg zum jeweils maximalen Energieumsatz, und der Konkurrenz zu anderen Lebewesen ausgesetzt, verfeinerten sich die Energiemechanismen und die gegenseitigen Anpassungen. Da die Menschheit als selbstorganisiertes System ebenfalls daraufhin programmiert ist, Energieumsätze zu maximieren, wäre sie gut beraten, ihre Energietechnologie auf hohem Niveau in die bewährte Strategie der biologischen Evolution einzukoppeln, damit sich tolerierbare Klima- und Umweltbedingungen einpendelten.

Um eine nachhaltige, vernünftig ausgewogene Zukunft vorzubereiten, braucht die menschliche Gesellschaft eine verantwortungsvolle, weitsichtige Wissenschaft. Sie sollte sich nicht so sehr in Big Bang Experimenten, Schwarzen Löchern, Gravitationswellen und Parallelwelten verlieren, sondern in Erfahrung bringen, auf welchen Schotterpisten die menschliche Zivilisation in die Zukunft wird holpern müssen. Hier einige Beispiele von vielversprechenden Herausforderungen:

1) Stürmische Meere beinhalten das ergiebigste Potential für nachhaltige Energie in Form von Wasserstoff (Tributsch, 2012 b).

2) Um Kohlendioxid aus der Atmosphäre wirksam zurückzugewinnen, braucht es eine weitläufige, künstliche Biomasseproduktion in Wüsten, denn fruchtbare Böden sind knapp und werden für die Nahrungsmittelproduktion benötigt. Dies könnte nach folgendem Modell funktionieren: Solarenergie generiert die Energiequelle, zum Beispiel Eisensulfid aus Eisensulfat, für Bakterien, wie sie in der Tiefsee um Schwarze Raucher herum existieren. Sie können Kohlendioxid mehr als zehnfach effizienter fixieren als Pflanzen und gedeihen unter extremen Bedingungen (Tributsch, 2003, 2008 b, 2012 a).

3) Wenn man die „tensile" Wassertechnologie der Pflanzen (Tributsch, 2005) erlernte und breit anwendete, erhielte man nicht nur intelligenteren und effizienteren Zugang zu Süßwasser, sondern wäre auch in der Lage, die Atmosphäre feuchter und regenreicher zu gestalten, was der Austrocknung urbaner Gebiete und riesiger Landschaften entgegenwirkte.

Mit diesem Buch will ich beitragen, gewisse Bereiche der Wissenschaft aus ihrer Verstrickung mit der Irrationalität herauszuführen. Denn mit einer problematischen Grundlage für das Denken und Handeln, einem Weltmodell, bei dem Materie und Naturgesetze als zeitneutral betrachtet werden und Zeit eine Illusion sein soll, können wir die vom „Zeitpfeil als Spur der Energie" diktierten wirklichen Herausforderungen unserer Welt nicht in angemessener Weise erkennen und in Angriff nehmen. Herausforderungen, wie der zunehmende Energiehunger der Menschheit, haben eine fundamentale Wurzel. Dieser Hunger nach Energie ist durch den energiegetriebenen Zeitpfeil geprägt. Innerhalb seiner Gesetzmäßigkeiten müssen wir geeignete Lösungen suchen. Wenn wir dies anerkennen, wird es leichter sein, mit den sich aufbauenden Problemen der Welt umzugehen.
Ein Vorschlag, wie man mit den wissenschaftsphilosophischen Herausforderungen, dem Begreifen unserer natürlichen Welt, umgehen könnte, wurde präsentiert. Jedoch müssen auch wissenschaftssoziologische Problemstellungen angesprochen werden. Welche Gründe gibt es dafür, dass irrationale Wissensmodelle für die Wissenschaftsgemeinschaft immer attraktiver werden und viele junge Talente anziehen? Der Grund ist offensichtlich derselbe, wie für die vor einiger Zeit beobachtete Finanzblase: Neue Werkzeuge und Ideen schaffen attraktive Möglichkeiten für Karrieren. Dies begünstigt die Bildung professioneller Gruppen, die mit gebündelten Kräften diese neuen Gelegenheiten nutzen. In beiden Fällen (Finanzwelt und Wissenschaft) verstehen fachfremde Menschen nicht, was die Spezialisten ausführen. Die Gesellschaft wäre gut beraten, zu lernen, auf solche Phänomene geschickter zu reagieren. Sie sollte versuchen, einzelne Sparten der Wissenschaft wieder auf den Boden der Realität zu bringen. Allein beispielsweise für Experimente zur Bestätigung der Allgemeinen Relativitätstheorie, die in diesem Buch in Frage gestellt wird, sind schon mehrere Milliarden Dollar ausgegeben worden (Gravity Probe B, LIGO-Experimente, kosmologische Hintergrundstrahlung). Die Öffentlichkeit sollte sich bemühen, für die wirklichen Probleme unseres Überlebens mehr junge Wissenschaftler zu interessieren, indem sie ihnen angemessene Karrierechancen in relevanten Themenbereichen bietet. Ein solch wichtiges Forschungsgebiet, das erst durch den energiegetriebenen Zeitpfeil erschlossen wird, ist das Gebiet der Selbstorganisation, welches bioanaloge Katalysatoren und Energiesysteme miteinschließt. Sie funktionieren bei Umgebungstemperatur, wandeln Licht in chemische Treibstoffe und diese auch in elektrische und mechanische Energie. Die Natur hat elektrische Batterien in vielen Fischarten zur Anwendung gebracht. Aber sie hat sie nicht für die Fortbewegung eingesetzt. Durch Erfahrung hat sie erkannt, dass der Weg über leichte Treibstoffe eleganter und effizienter ist, als elektrische

Energie über zwanzigfach schwerere Batterien für die Fortbewegung zu nutzen. Die Natur entwickelte die Technologie der Umwandlung nachhaltiger Treibstoffe über das Prinzip der Brennstoffzelle. Sie gelangte zu erstaunlicher Perfektion, indem sie elektrische Energie mittels intelligent konzipierter umweltfreundlicher Katalysatormaterialien erzeugt. Dies sollte unsere Technologen und Politiker, die derzeit voll auf batteriebetriebenen elektrischen Verkehr setzen, zum Nachdenken bringen. Der Transport der schweren Batterien kostet viel Energie und ihre Materialtechnologie ist nicht nachhaltig. Der Zeitpfeil wird es ermöglichen, bewährte Überlebensstrategien der Natur leichter zu erlernen und zu übernehmen.
Es wird hier argumentiert, dass nicht der maximale Energieumsatz, sondern die selbstorganisierte Information, das Bewusstsein, die Intelligenz und der Geist das tatsächliche Ziel der Evolution sind. Diese Phänomene setzen einen hohen Energieumsatz voraus, der unsere Umwelt mit der Entropieansammlung in Schwierigkeiten bringt. Aber dieser merkwürdige Energiehunger, der Phänomene wie den Geist hervorbringt, erweist sich für die Natur auch als Motor der Kreativität. Wäre es sonst für uns vorstellbar, wie etwa Kolibris ihren energieintensiven Schwirrflug entwickeln konnten – mit einem Hertztakt von bis zu tausend Schlägen pro Minute, einem täglichen flüssigen Energiebedarf von bis zu dreimal dem Körpergewicht und einem Nektar-Brennstoff mit 50% Zuckeranteil? Gäbe es dann auch riesige Tiere wie den Blauwal? In unserer modernen Zivilisation existieren ebenfalls überzeugende Beispiele von Technologien, die anfangs übermäßig viel Energie verschlangen, sich später aber als wirtschaftlich machbar und sehr nützlich erwiesen. Ich denke an die Verkehrstechnologien und an die Raumfahrt. Energieintensive Technologien zu entdecken, mit ihnen umzugehen, sie allmählich zu verbessern und möglichst effizient zu gestalten, kann also Vorteile und intelligente Anwendungen erschließen. Wer weiß, welch träge, langweilige biologische Welt sich ergeben hätte, wenn selbstorganisierte Systeme dazu tendiert hätten, nur minimale Energieumsätze zu realisieren? Wahrscheinlich wären sie eingeschlafen.
Selbstorganisierte Information, Geist, begleitet von hohem Energieumsatz, als Ziel der Evolution fordert philosophisch sehr interessante Fragen heraus. Ohne über die möglichen Gründe für diese Zielsetzung der Evolution nachzudenken, kann argumentiert werden, dass gerade solch geistige Fähigkeiten des Menschen als Strategie gegen die Bedrohung durch maximalen Energieumsatz prädestiniert wären. Alles zusammen macht Sinn. Der Drang nach immer höherem Energieumsatz stimulierte die Kreativität und schuf schließlich ein Werkzeug, den Geist, mit dem Probleme besser gelöst werden könnten. In anderen Worten: Der Mensch ist aufgerufen, seine Intelligenz zu nutzen, um mit Energieexzessen, einschließlich der Atomener-

gie, und Umweltproblemen zurecht zu kommen, die vom hohen Energieumsatz in verschiedenen Tätigkeitsgebieten und dessen Folgen herrühren. Das gefährliche Spiel des Menschen mit Nuklearwaffen zeigt übrigens sehr klar das Risiko, auf das er sich beim Umgang mit einem übermäßigen Energieumsatz eingelassen hat und noch immer einlässt. Der Treibhauseffekt, ebenso wie Konsequenzen, die sich durch den industriellen Abfall und die Ausbeutung von Pflanzen, Tieren und Ökosystemen für die Energie- und Nahrungsmittelproduktion ergeben, sind Herausforderungen für seine intellektuellen Fähigkeiten. Die reale Bedrohung durch ein Schicksal, das auf zu hohem Energieumsatz beruht, könnte durch intellektuelle Kreativität reduziert und in Schach gehalten werden. Angesichts einer wachsenden Bedrohung durch sich anhäufende Entropie, scheint es die größte Herausforderung für die Zivilisation zu sein, ihre Kreativität und ihren Geist auf das Überleben durch Nachhaltigkeit zu konzentrieren.

Bis heute hat der wissenschaftliche Fortschritt mit all seinem Segen noch nicht bewiesen, dass er ein langfristiges Überleben der Menschheit garantieren könne. Nukleare Waffen, Toxizität in der Umwelt, Übervölkerung, Ausbeutung von Ressourcen, Umweltzerstörung, Wasserknappheit, Hormone im Trinkwasser und Klimaveränderungen bleiben signifikante Bedrohungen. Aber wenn wir unsere Situation im Universum logisch begreifen würden, wir unsere Probleme besser eingrenzten, dann könnten wir unsere Kräfte so kanalisieren, dass wir eine langfristige Chance hätten, unseren delikaten Lebensraum zu erhalten und weiter zu stabilisieren. Die Evolution, wie sie in diesem Buch verstanden wird, gibt der menschlichen Zivilisation, nachdem sie ihre Konkurrenten um Energie weitgehend ausgeschaltet und ihre Energieansprüche maximiert hat, die Möglichkeit, ihren Geist zur Lösung der eskalierenden Umweltprobleme einzusetzen. Das Leben in einem geistreichen Universum setzt Maßstäbe.

32 Geld als Äquivalent für Energie

Geld kann von den Höhenflügen menschlicher Zivilisation nicht getrennt werden, ebenso wenig wie von ihren Katastrophen. Ein paar grundsätzliche Überlegungen sollen diesem komplexen Thema deswegen gewidmet werden. In diesem Zusammenhang habe ich finanzielle Krisen und entsprechende Phänomene schon eingangs kurz erwähnt. Auch in diesen Krisen war und ist ein bestimmter Grad an Irrationalität involviert. Fiktives Geld und Waren, die in der Realität nicht existieren, können guten Profit in realem Geld erzielen, eine Bank aber auch in die finanzielle Katastrophe führen. Dabei wären mehr Rationalität und Transparenz wünschenswert. Es besteht eine interessante Verbindung zwischen Energie und Geld. Eine neue Theorie über Energie kann auch neue Information über die Dynamik des Geldumsatzes liefern, da Geld in der Ökonomie schon seit langem als Äquivalent für Energie erkannt wurde. Wenn die neue Theorie mehr und besser über Energie aussagen kann als die alte, dann ist dies ein Beleg für ihre stärkere Aussagekraft – auch in Bezug auf Finanzen. Heute scheint kaum jemand die Dynamik des Geldes wirklich zu verstehen, was die immer wieder aufkommenden finanziellen Turbulenzen zeigen. Geldflüsse anhand eines neuen Energiemodells zu begreifen, wird deswegen ein interessantes Experiment und ein möglicher Test für die Konsistenz des Dynamischen Energiemodells sein.

Dass Geld in der Ökonomie ein Äquivalent für Energie ist, kann leicht beobachtet werden. Es bezahlt für Dienstleistungen, Arbeit, Materialien, Waren und Wissen, für deren Verfügbarkeit Energie aufgewendet werden muss. Und Energie hat ihren Preis. Können wir mehr über die Mechanismen des Geldmarktes erfahren, wenn wir Energie anders als die gegenwärtige Wissenschaft verstehen?

Es gibt im Wesentlichen zwei Faktoren, die beim hier vorgestellten Energieansatz abweichend und innovativ sind. Einer ist, dass Energie keine passive, sondern eine dynamische Größe ist. Sie ist bestrebt, ihre Anwesenheit pro Zustand zu reduzieren und erzeugt dabei Wirkung. Der andere Faktor ist, dass Energie in Form von Information als „Information über Energie" gehandhabt werden kann. Information hängt mit Energie zusammen und ist zu ihr proportional. Sie ist eine Art Informationsabbild von Energie. Dies haben wir gelernt, als wir versuchten, das Verhalten von Energie in der Quantenphysik, nach der sie in Form von Teilchen oder Welle existieren kann, zu verstehen (Information ist das Punktmuster in Fig. 19 b).

Arbeitet unser Geldsystem wirklich so, als würde Geld dazu tendieren, seine Anwesenheit pro Zustand zu verringern? Ich würde dies bejahen, da Geld auf einem typischen Konto der Inflation ausgesetzt ist und allein schon deshalb, sowie durch das Ausgeben, um Güter und Dienstleistungen zu erwerben, weniger wird. Die herkömmliche, klassische Vorstellung von Energie ist, dass sie zwar Arbeit verrichten kann, aber daran kein Interesse hat, wenn sie nicht von außen dazu angestoßen wird. Die Analogie, wie sie von Einstein als Beispiel beschrieben wurde, ist die eines Bettlers, der in Wahrheit ein Millionär ist, wovon aber niemand weiß (Fig. 12). Solche Bettler sind selten. Wenn sich jeder so verhielte und kein Interesse am Ausgeben von Geld hätte, würde das Geldsystem nicht funktionieren. Es könnte auch in Abwesenheit einer gewissen Inflation kaum florieren. Industrielle Innovationen

und Steigerungen der Produktivität haben ihren Preis. Die Industrie muss ihr Einkommen erhöhen, um all dies zu bezahlen und Gehälter anzupassen. Die Spirale soll sich zum Wohle der Ökonomie drehen. Eine Inflation in mäßigem Rahmen erfolgt, um ökonomische Stagnation zu vermeiden. Unser Geldsystem funktioniert darum nur, wenn es zeitorientiert ist, genauso wie ich es als Eigenschaft für die Energie fordere. Alles, was sich in der Vergangenheit im Finanzsystem abspielte, war irreversibel und entwickelte sich in nur eine Richtung. Dies ist untypisch für einen Bettler, der eigentlich ein Millionär ist. Unser Geldsystem wird besser durch eine Person repräsentiert, die ihren Reichtum über ihr Haus, ihr Auto, ihre Kleidung und ihren allgemeinen Lebensstandard offenlegt. Mein Vorschlag der Dynamischen Energie, das Verstehen einer Energie, die nicht nur das Potential, sondern auch das Interesse hat, Veränderungen zu erzeugen, ergibt eine charakteristischere Beschreibung der Aktivitäten im Zusammenhang mit Geld.
In der Praxis sichert nur Geld, das ausgegeben wird, den Wert des Geldes und eine gesunde Wirtschaft. Sie blüht, wenn Personen und Gesellschaften interessiert sind, Geld auszugeben. Eine geringe Inflation, eine Situation, in welcher der Wert des Geldes allmählich abnimmt, stimuliert das Interesse, Geld auszugeben. All diese Beobachtungen unterstreichen die Schlussfolgerung, dass eine Dynamische Energie, eine Energie, die dazu tendiert, ihre Anwesenheit pro Zustand zu verringern, eine viel bessere Analogie für die Rolle darstellt, die Geld in einer florierenden Marktwirtschaft spielt als eine klassische, „schlafende" Energie. Das gegenwärtig in der Physik benutzte Energiekonzept einer „schlafenden" Energie eignet sich nicht für die Beschreibung einer aktiven Wirtschaft. Es beschreibt eine versagende Wirtschaft, in der Geld keine Wünsche erfüllen kann. Das Dynamische Energiemodell ist das wirkliche Äquivalent einer funktionierenden Geldwirtschaft. Eine Wirtschaft ist immer zeitorientiert und entwickelt sich in nur eine Richtung. Im Kapitel 28 wurde gezeigt, dass es, im Gegensatz zum jetzigen Verständnis, in der biologischen Evolution ein Ziel in Richtung zunehmenden Energieumsatzes gibt. Auch menschliche Gesellschaften sind selbstorganisiert und entwickeln sich. Infolgedessen sollte eine Tendenz in Richtung zunehmenden Geldausgebens zu erkennen sein. Dies kann real bestätigt werden, wenn man auf die Nationalhaushalte und die angehäuften Schulden blickt. Aus der Erfahrung ist klar, dass die Ausgaben und Schulden zunehmen, wenn die Einschränkungen gelockert werden, was auch von vielen Staatshaushalten her bekannt ist. Aufbauend auf diese neue Einsicht haben wir nun die Gelegenheit, die Geldwirtschaft, die nicht auf Realwerte, sondern auf Spekulation beruht, die Finanzwirtschaft, aus dem Blickwinkel der Dynamischen Energie zu durchleuchten.

33 Was ist das Äquivalent für Wertpapierhandel und Finanzwirtschaft?

Ein wichtiger Grund für vergangene und gegenwärtige finanzielle Krisen ist offensichtlich weit gefächerte Spekulation. Zu viel Reichtum an „Geld“ wird nicht in die reale Wirtschaft, sondern in offenbar attraktivere Anlageformen wie Hedge-Fonds, Derivate und Währungen, die Teil der Finanzökonomie sind, investiert. Um 2008 überstiegen die Finanzwerte von drei führenden Banken allein in Island das Zehnfache des Bruttoinlandsproduktes (BIP) des Landes. Diese Finanzwerte beruhen nicht mehr auf realen Werten, sondern auf Erwartungen, Versprechungen und Spekulationen. 2008 betrugen sie weltweit schon 99,6% aller Investitionen. Dies bedeutet, das Volumen der Spekulation in der „Finanzökonomie“ war ungefähr 250-mal größer als das Geldvolumen, das auf der „Realökonomie“ basierte. Die Finanzökonomie handelt mit Versprechungen, Geld zu bekommen, dem Absichern dieser Versprechungen oder mit Wetten, welche die Entwicklung von Währungen betreffen. Solange Menschen in solche Investitionen Vertrauen haben, können sie scheinbar Profite bringen. Um 2009 überstieg der Umfang der Spekulationen auf der Chicago Mercantile Exchange (CME), der Nahrungsmittel-Börse, allein den Wert des tatsächlich gehandelten Weizens 46 Mal. Die Spekulationen mit Mais überstiegen die Menge real gehandelten Maises 24 Mal. Spekulationen mit Baumwolle beginnen ein Jahr vor der Ernte. Relevante politische und wetterbezogene Informationen sind hochgeschätzt und werden konsequent bewertet. Bei diesen spekulativen finanziellen Aktivitäten ist es wesentlich, signifikante Informationen zu erhalten. Jedoch ist bekannt, dass auch gut platzierte, fehlleitende Informationen relevant sein und drastische Veränderungen des finanziellen Wertes auslösen können. Bankinstitutionen beschäftigen Mathematiker, um aus kleinen Kursschwankungen maximale Vorteile zu berechnen. Leistungsfähige Computer reagieren innerhalb von Sekundenbruchteilen auf die geringsten Veränderungen. Manchmal wird in der Hoffnung auf größere Profite der Handel verzögert und manipulierte Information eingesetzt, um die Erwartungen zu beeinflussen. In der jüngeren Zeit versuchen Händler verstärkt, Ergebnisse über ihre auf sozialen Medien kommunizierten Meinungen zu steuern. Die Investoren lesen diese Empfehlungen und reagieren entsprechend.

Wenn Geld das Äquivalent von Energie ist, was ist dann das Äquivalent von Geldspekulationen, die nicht auf realem Geld beruhen, sondern auf Informationen über das Geld? Was ist das Äquivalent von Information über Geld? Wie ist es möglich, Finanzvermögen zu verkaufen, ohne es zu besitzen, wie es bei den „short sale“-

Geschäften gemacht wird? Die Dynamische Energietheorie berücksichtigt Information über Energie als Teil der Energieeigenschaften.
Solche Information ist ein Abbild der Energie oder Materie und wurde verwendet, um, nach Formel (11), verteilte Energie in konzentrierte Energie zurück zu führen. Von Information dieser Art können Energieeigenschaften wiedergewonnen und kontrolliert werden. Für die Geldwirtschaft bedeutet es, dass an Hand von Information über Geld (Finanzökonomie) reale Geldwerte (Realökonomie) im Prinzip zurückgewonnen werden können. Information über Energie ist demzufolge äquivalent zu Information über Geld. Ebenso wie die Gravitation, gedeutet als Information über Materie und Energie, mit dieser Energie verbunden ist, sollte auch Information über Geld mit diesem in Austausch stehen. Information über Geld findet sich also dort, wo Geld vorhanden ist.
Es wurde vorher, in Kapitel 28 und 29, gezeigt, dass sich unter gewissen Bedingungen Information wie Materie selbstorganisieren kann und daraus wohlorganisierte Informationsstrukturen resultieren können. Die Stabilität und die Eigenschaften dieser Strukturen hängen von charakteristischen Parametern ab. Finanzielle Aktivitäten und Spekulationen außerhalb der realen Ökonomie sind offenbar Produkte solch „selbstorganisierter" Information. Unser Dynamisches Energiemodell hat infolgedessen ein ziemlich überzeugendes Schema geschaffen, um die reale Wirtschaft sowie die Finanzökonomie zu beschreiben und auch zwischen diesen beiden zu unterscheiden. Wie es in der neuen dynamischen Quantenphysik gilt, „Energie" und „Information über Energie" gemeinsam zu berücksichtigen, trifft dies auch in der Wirtschaft auf „Geld" und „Information über Geld" zu. Erlauben uns solche Denkprogramme als „symbolische Formen" auch die Konsequenzen der Finanzökonomie zu verstehen? Eine Herausforderung mit der virtuellen Finanzökonomie ist, dass diejenigen, die in solche Spekulationen investieren, am Ende Vorteile in Form realen Geldes sehen wollen. Außerdem müssen, im Falle eines Börsenkrachs, Steuerzahler die Banken mit realem Geld retten. Dieses Geld ist aber viel rarer als das fiktive Geld, das in Wirklichkeit Information über Geld ist. Eskalieren die Spekulationen, sind Schwierigkeiten unvermeidlich.
Ziehen wir auf der Basis von Energie ein einfaches Beispiel heran, um eine Realwirtschaft von einer virtuellen Wirtschaft, die auf selbstorganisierter Information beruht, zu unterscheiden. Eine reale Ökonomie kann beispielsweise durch Bauern im antiken Ägypten, Fellachen, die ihr Land bebauen und Nahrung produzieren, repräsentiert werden. Eine Geldwirtschaft, basierend auf selbstorganisierter Information in einer Finanzwirtschaft, wird durch einen Pharao repräsentiert, der beabsichtigt, seine Pyramide zu bauen. Mittels seiner Priester überzeugt er die Bauern,

dass der Bau einer Pyramide den Göttern gefallen und Fruchtbarkeit über das Land bringen werde. Deswegen arbeiten die Fellachen für den Pharao, indem sie die Pyramide bauen und dafür ihren Anteil aus der realen Ökonomie spenden.

Kommen wir zur Finanzökonomie zurück. Indem spekulierende Investoren auf das Ergebnis der Weizenernte wetten, entziehen sie letztlich Geld aus dem Einkommen der Bauern, die den Weizen anbauen. Sie nutzen ein selbstorganisiertes Informationssystem, das ihnen erlaubt, der Ernte auf der Spur zu bleiben und ihren Anteil abzubekommen. Zusätzliche Information, etwa über eine bevorstehende Dürre, kann den finanziellen Gewinn erhöhen, weil die Käufer bereit sind, mehr zu bezahlen. Noch ein Beispiel einer selbstorganisierten Informationsstruktur aus unserer gegenwärtigen Wirtschaft: Handys eröffnen die Möglichkeit, Information zu erlangen und auszutauschen. Dadurch, dass Kommunikationsgesellschaften die Infrastruktur für Selbstorganisation anbieten, können sie Geld verdienen. Indem sie die Informationswerkzeuge immer interessanter gestalten, vermehren sie ihren Gewinn. Ein anders Beispiel, bei dem Information reales Geld aktivieren kann, sind soziale Netzwerke. Sie bieten eine selbstorganisierte Struktur für die Kommunikation. Die Unternehmen dahinter generieren ihr Einkommen, indem sie die Platzierung von Werbung ermöglichen. Die Kosten dafür werden letztlich von den Kunden bezahlt, welche die beworbenen Produkte kaufen. Wenn innerhalb einer Finanzökonomie Geldspekulationen zu großzügig erlaubt werden, können sie zu viel wirkliches Geld aus einer Realökonomie abziehen. Eine logische Idee wäre, sie so zu handhaben und zu besteuern wie Lotteriespiele.

Eine weitere Art von Spekulation ist jene, bei der große Investoren Vorteile darin sehen, auf ganze Länder zu wetten, diese in wirtschaftliches Chaos zu führen und gewinnbringend Hand an ihren wertvollen Besitz zu legen. Die betroffene Bevölkerung zahlt dann den Preis. Alle diese Informationsstrukturen zielen darauf ab, Geld aus der realen Wirtschaft abzuziehen. Für die Mehrheit der Menschen wäre es erfreulich, dieses Ausmaß der Spekulationen in einem gesunden Gleichgewicht zur Realwirtschaft zu halten. Ein Pharao sollte für seine persönlichen, religiösen und politischen Zwecke nur einen Teil der Arbeitsfähigkeit, einen Teil der Energie seiner Bauern in Anspruch nehmen. Denn sonst bräche die Wirtschaft, auch die auf Information gebaute, letztlich zusammen.

Die Erkenntnis, dass Information über Geld und Muster der Selbstorganisation benutzt werden, um mit Geld (Energie) umzugehen und zu spekulieren, ist ein interessanter Aspekt der hier diskutierten Energietheorie. Sie kann nun helfen, die komplizierten Fließmuster des Geldes zu veranschaulichen. Von der vorgeschlagenen, neuen Interpretation der Quantentheorie konnte hier abgeleitet werden, dass

die „Realität“ nur logisch verstanden werden kann, wenn Energie (Materie) und Information über Energie (Materie) gemeinsam berücksichtigt werden (Beziehung 11a). Wenn wir uns der Finanzwirtschaft zuwenden, kann in Analogie dazu geschlossen werden, dass diese „nur rational zu verstehen und zu handhaben ist, wenn Geld und Information über Geld gemeinsam berücksichtigt werden“. Eine solche Schlussfolgerung klingt einleuchtend, es dürfte aber Zeit kosten, tiefer über ihre Bedeutung zu reflektieren und daraus praktische Konsequenzen zu ziehen.
Mehr über Information in Zusammenhang mit Finanzaktivitäten zu lernen, ist nicht Gegenstand dieses Buches. Es ist eine komplexe Thematik, die sorgfältiges weiteres Nachdenken erfordert. Aber Eines ist offensichtlich: Die Dynamische Energie kann als Äquivalent von Geld deutlich mehr Fragen aus der Finanzwelt beantworten als die bisher etablierte „schlafende“ Energie.

34 Ein Weltbild ohne Irrationalitäten

Schon immer hat die Vorstellung, welche sich Menschen von der Natur und ihrer eigenen Existenz machten, ihre Einstellung, Persönlichkeit, Lebensweise und ihr Verhalten mitgeprägt. Früh in der Geschichte standen die Erde und der Mensch im Mittelpunkt des Universums. Der Mensch fühlte sich an die Hand genommen. Später wurde die Erde zu einem unbedeutenden Ort irgendwo im Universum, bewohnt von einer zufällig entstandenen Spezies. Der Mensch fühlte sich verlassen. Wie sieht nun ein Naturverständnis aus, das dem Zeitpfeil als Spur der Energie unterworfen ist?
Mein Feldzug gegen Irrationalität, Zeitneutralität und Unlogik in der Naturwissenschaft wurde mit einer einfachen, aber in ihren Konsequenzen tiefgehenden, alternativen Definition der Energie eingeleitet. Energie sollte nicht nur das Potential haben, Arbeit zu verrichten, sondern auch die „Entschlossenheit“ zeigen, dies zu tun. Energie muss die Tendenz haben, ihre Anwesenheit pro Zustand, und damit die enthaltene Information, zu verringern und zu minimieren. Energie hat den Drang, sich zu verdünnen und damit einen fundamentalen Zeitpfeil als Spur der Energie anzutreiben. Sie kann so den zeitneutralen Charakter unseres gegenwärtigen Weltmodells überwinden. Die Verdünnung von Energie ist ein Prozess, wie wir ihn überall in unserer Umgebung erfahren. Wärme durchläuft diesen, wenn sie sich in den umgebenden Raum ausbreitet. Jedes Licht absorbierende Material zeigt diese Eigenschaft. Während der Lichtabsorption werden Elektronen in einen höheren

Zustand gezwungen. Von diesem aus wird Energie solange umverteilt, bis viele Zustände involviert sind und Energie in Form von thermischen Schwingungen, Wärme und ausgesandter Strahlung niedrigerer Energie vorliegt. Warum ist dann meine Forderung etwas Neues? Tatsache ist, dass die Natur gegenwärtig als zeitneutral angesehen wird und kein grundlegendes physikalisches Gesetz existiert, das eine fundamentale Zeitorientierung für Naturprozesse festlegt. Die Wissenschaft schreibt der Energie bisher keinen direkten Zusammenhang mit Veränderungen zu. Derzeit hat sie die Fähigkeit, aber kein Interesse daran, Arbeit zu leisten. Im Gegensatz dazu beansprucht meine Forderung, dass Energie in direktem Zusammenhang mit der Zeit und mit Veränderungen steht. In Wirklichkeit handelt es sich dabei nicht um eine Forderung, denn es wurde gezeigt, dass das Dynamische Energiemodell vom fundamentalen und allgemein anerkannten „Prinzip der kleinsten Wirkung" herzuleiten ist (Fig. 16). Als sich die klassische Wissenschaft mit dem Prinzip der kleinsten Wirkung beschäftigte, hat sie diese fundamentale Eigenschaft nicht erkannt oder nicht berücksichtigt. Der Grund ist, dass sie eine Energie verwendet, die lediglich eine Zahl ausdrückt, und eine Zeit, die nur eine Folge von Zahlen darstellt. Die Wissenschaft konnte so, durch drei Jahrhunderte hindurch, die wirkliche, dynamische Bedeutung des Prinzips der kleinsten Wirkung nicht erkennen und verstehen, obwohl es für die Herleitung fundamentaler Gesetze und dynamischer Abläufe so wichtig geworden ist.

Eine orientierte Dynamische Energie und eine über den Fluss der Wirkung orientierte Zeit stellen infolgedessen einen Paradigmenwechsel in der Physik dar. Wenn sich dieser Wechsel durchsetzt, bedeutet er eine Wende im allgemeinen Naturverständnis. Die hier vorgestellte Interpretation der Energie führt zum Anspruch, dass diese Energie das Prinzip der kleinsten Wirkung in korrekter Weise umsetzt. Es wurde gezeigt, dass das Prinzip der kleinsten Wirkung das Äquivalent der Dynamischen Energieaussage ist. Daraus folgt eine Kette von Konsequenzen.

Die erste ist, dass der zweite Hauptsatz der Thermodynamik unmittelbar aus dem Postulat der Dynamischen Energie resultiert. Dieser Hauptsatz sagt aus, dass die Entropie, die Unordnung in Form von nicht nutzbarer Energie, in einem geschlossenen Volumen bis zum Maximum zunimmt. Dieser Hauptsatz hört nun jedoch auf, ein rein empirisches Postulat zu sein. Er kann jetzt von einem noch grundlegenderen Postulat, der neuen symbolischen Form für Energie, und vom dynamisch gedeuteten Prinzip der kleinsten Wirkung abgeleitet werden. Dies war bisher nicht möglich. Auch ein Gesetz für die Irreversible Thermodynamik, jenem Gebiet, das sich mit den energieverbrauchenden, dynamischen, offenen Systemen beschäftigt, zu denen auch das Leben gehört, folgt daraus. Wenn eine Zeitorientierung vorliegt,

dann sind Rückkopplungsprozesse möglich und die Selbstorganisation wird zu einer notwendigen Konsequenz. Die klassische Herausforderung, irreversible Prozesse von völlig zeitumkehrbaren fundamentalen Mechanismen abzuleiten, verliert ihre Bedeutung. Es ist nicht mehr nötig, mathematische Manipulation, die Information wegwirft, zu diesem Zweck einzusetzen. Die Selbstorganisation von Materie wird dadurch zu einem zwangsläufigen und zielführenden Prozess, der die strukturbildende Kreativität biologischer und galaktischer Mechanismen erst ermöglicht. Im nichtlinearen Gebiet der Irreversiblen Thermodynamik, wo diese Prozesse ablaufen, ist eine maximale Entropie- (Energie-)Produktion, innerhalb der Einschränkungen des Systems, die Folge. Eine solche ist zu erwarten, da Mechanismen der Entropieproduktion die Reaktionsgeschwindigkeit bestimmen und rückgekoppelte Prozesse diese Reaktionsgeschwindigkeit anheizen. Damit erklärt sich wohl der erstaunliche Energiehunger lebender Systeme.
Wenn das Dynamische Energieparadigma auf die Quantenphysik angewendet wird, muss es sich zuerst mit der Teilchen-Welle-Dualität auseinandersetzen. Es versteht diese Dualität so, dass das Teilchen versucht, seine Energie pro Zustand dadurch zu verringern, dass es sich in eine Welle ausdehnt. Energie wird dabei nicht in Arbeit umgewandelt, aber es wird Entropie erzeugt, da sich Energie im Raum ausbreitet. Deswegen wird, um den experimentell festgestellten Teilchen-Welle-Dualismus aufrecht zu erhalten, Information benötigt, um die Welle wieder zurück in ein Teilchen zu verwandeln. Diese wechselseitige Umwandlung zwischen Teilchen und Welle (Fig. 19 c) ist der neue Quantenzustand. Es soll hier betont werden, dass der klassischen Quantenphysik beim Verstehen der Teilchen-Welle-Dualität zwei Fehler unterlaufen sind: Sie ging von einer zeitneutralen Natur aus und übersah zudem die Bedeutung des Raumes für die Energie. Konzentrierte und verdünnte Energie wirken nicht identisch. Mit dem zweiten Fehler, der die Tatsache ignoriert, dass eine Ausdehnung von Energie Entropie erzeugt und Information verliert, nimmt die Irrationalität in der Quantentheorie ihren Anfang. In Wirklichkeit muss Information dabei helfen, die wechselseitige Umwandlung von Teilchen und Welle zu vermitteln. Information über Materie ist damit Teil des Quantenzustandes, ebenso wie Information über Analog-Digital Umwandlung Teil eines Analog-Digital Konverters ist. Diese Information muss berücksichtigt werden, was Konsequenzen mit sich bringt. Man versteht jetzt über die involvierte Information, warum im Doppelschlitzexperiment der zweite Schlitz von einem Teilchen, das sich durch den ersten bewegt, registriert wird. Es erübrigt sich anzunehmen, dass sich das Teilchen an zwei Orten gleichzeitig aufhalte, wenn es durch den Schirm mit dem Doppelschlitz tritt. Die Information, die an diesem dynamischen Zustand be-

teiligt ist, erlaubt uns, die Rolle des zweiten Schlitzes zu verstehen. Die Paradoxie der Nichtlokalität ist damit eliminiert. Die Welle ist nicht länger mit der Wahrscheinlichkeit verknüpft, die Anwesenheit des Teilchens festzulegen. Die Welle ist lediglich die Folge des Bestrebens eines Teilchens, durch Verteilung der Energie in den Raum ihre Anwesenheit pro Zustand zu verringern. Auf ähnliche Weise kann die Quantenkorrelation, die seltsame Eigenschaft von Quantenteilchen, über größere Entfernungen miteinander zu kommunizieren, rational verstanden werden. Wenn Teilchen aufspalten, muss auch Information über diese Teilchen aufgespalten und umgeschichtet werden. Dies ist offensichtlich keine leichte Aufgabe, wenn Naturgesetze, wie der Satz von der Drehimpulserhaltung, respektiert werden müssen. Deswegen hält ein Anteil gemeinsamer Information noch eine Verbindung zwischen den sich trennenden Teilchen aufrecht (Fig. 28). Die Tatsache, dass bei der Beschreibung des Quantenzustandes Information über die Materie beteiligt ist, erklärt das bisher rätselhafte Phänomen der Quantenkorrelation problemlos. Auch das Phänomen der Quantisierung ergibt sich daraus.

Die dynamische Selbstorganisation, die wegen der Zeitorientierung dynamischer Prozesse möglich ist, wird auch für die Erklärung der Vielfalt von Elementarteilchen und ihrem Verhalten herangezogen. Wenn Dynamische Energie (sie hat fundamentale Zeitorientierung) Rückkopplungsprozessen unterworfen ist, dann kann sie sich selbstorganisieren und dadurch Teilchen von unterschiedlicher Stabilität und verschiedenen Eigenschaften erzeugen. Masse erweist sich damit automatisch proportional zur Energie, wie es bereits das Schulwissen vermittelt. Im Prinzip können Elementarteilchen ähnlich verstanden werden wie Virionen, inaktive Viren, mit verschiedenen Größen und Eigenschaften. Es sind selbstorganisierte Systeme, aber keine lebenden Organismen. Wenn Elementarteilchen oder Atome zerfallen, geschieht dies mit statistischer Wahrscheinlichkeit. Doch dieser Prozess ist nicht von einer Ursache abgekoppelt. Er ist deterministisch, zielorientiert. Er entsteht aus einem deterministischem Chaos heraus, das selbstorganisierte Systeme ermöglichen. Die Paradoxie der Nichtkausalität der Quantenphysik ist damit eliminiert.

Die fortlaufende Wiederherstellung eines Lichtteilchens aus der Welle durch das Informationsabbild eröffnet schließlich einen logischen Weg, die immerwährende Konstanz der Lichtgeschwindigkeit zu erklären. Diese ist ja unabhängig von der Geschwindigkeit des Bezugssystems, in dem das Licht vermessen wird. Es kann angenommen werden, dass Photonen so „programmiert“ sind, dass sie über die Information einfach mit vorgegebener konstanter Lichtgeschwindigkeit rekonstruiert werden. Der Mechanismus gleicht einem Prozess, bei dem Information einen dreidimensionalen Drucker betreibt. Dieser wandelt Material mittels Information in

ein funktionierendes Produkt um, zum Beispiel in ein Modellauto, das mit konstanter Geschwindigkeit fährt (Fig. 25). Die Übertragung der Information funktioniert bei jeder relativen Geschwindigkeit des Bezugsystems gleich. Es ist kein besonderer vierdimensionaler Raum nötig, um Licht in immer konstante Geschwindigkeit zu zwingen, wie es experimentell beobachtet wird. Die Paradoxie der Immer-konstanten-Lichtgeschwindigkeit wird auf diese Weise eliminiert. Unabhängig von Geschwindigkeiten kann Information immer vergleichbare Wirkung erzeugen, in diesem Fall eine konstante Geschwindigkeit eines Lichtteilchens. Die neue Deutung der Immer-konstanten-Lichtgeschwindigkeit kann anschaulich verstanden werden (Fig. 25), was ein bemerkenswertes Ergebnis ist. Dazu kommt, dass über das Informationsabbild-der-Materie auch die Gravitation zwanglos gedeutet werden kann. Die Gravitation ist genau diese Information über Materie und zwingt diese Materie, ihre verfügbare Energie nach dem Prinzip der kleinsten Wirkung zu reduzieren und sie in nicht verfügbare umzuwandeln und aufzuteilen.
Eine lokale, auf das Photon konzentrierte Ursache sowohl für die konstante Lichtgeschwindigkeit als auch für die Erklärung der Gravitation über Information bringt ziemlich dramatische Konsequenzen. Es besteht keinerlei Notwendigkeit anzunehmen, dass eine sehr spezielle vierdimensionale Raumzeit für die Durchsetzung einer konstanten Lichtgeschwindigkeit und die Erzeugung der Gravitation verantwortlich wäre. Auf diese Weise ist die Raumzeit-Paradoxie eliminiert, eine Paradoxie, die einerseits die Größe von Objekten und andererseits die Uhrzeit, die ein Objekt erlebt, manipuliert. Die Spezielle und die Allgemeine Relativitätstheorie haben dann nur mehr eine begrenzte Bedeutung. Sie dienen nur noch als mathematische Werkzeuge, um Quantenphänomene über Messungen zu beschreiben, die über elektromagnetische Strahlung mit Lichtgeschwindigkeit erfolgen. Die Relativitätstheorien beschreiben Zeit- und Längendehnung bei Phänomenen, bei denen Energie nicht umgewandelt wird und von der Zeit entkoppelt ist.
Wenn jedoch Energie umgewandelt wird und die Zeit antreibt, dann müssen beide, Energie und Zeit als Produkt, als Wirkung gemeinsam transformiert werden. Wirkung ist selbst in der Relativitätstheorie invariant, bleibt also erhalten. Energieumwandelnde Systeme können deswegen nicht in der Zeit reisen. Die Paradoxie der Zeitreisen ist auf diese Weise eliminiert und auf die phantasievollen Science-Fiction Produktionen zurückgedrängt.
In der gegenwärtigen Physik steht die Zeit für ein Photon, das mit Lichtgeschwindigkeit reist, still. Es kann nur Energie verlieren, wenn es mit Materie oder Gravitation wechselwirkt. Dies ist für das neue Dynamische Energiemodell anders. Es erlaubt nicht nur, sondern erfordert Umsatz von Energie, wenn Entropiegesetze dies

einfordern. Und die Uhrzeit Einsteins spielt hierin keine Rolle. Licht, das sich von Sternen und Galaxien in den Raum ausbreitet, muss entropische, nicht nutzbare Energie erzeugen. Es handelt sich dabei ja um einen irreversiblen Prozess, der Entropieerzeugung mit sich bringt. Die Quantenphysik übersieht wiederum die Rolle des Raumes für Energie. Sie erlaubt es den sich ausbreitenden Photonen nicht, Entropie zu erzeugen. Dieser Mangel ist hier korrigiert. Das Phänomen des Energieverlustes und der Entropieerzeugung, das vom zweiten Hauptsatz der Thermodynamik eingefordert wird, erzeugt eine mit wachsender Entfernung von der Lichtquelle zunehmende Rotverschiebung des Sternenlichtes. Die Rotverschiebung des Sternenlichtes – gegenwärtig vor allem als Konsequenz der Big Bang Explosion des Universums und einer damit verbundenen Streckung des leeren Raumes angesehen – wird hier hauptsächlich durch fortlaufenden Energieverlust, wegen Entropieerzeugung durch sich ausbreitende Photonen, verursacht.

Die sich wie ein Gas verteilenden Photonen (Einstein, 1905) erzeugen Entropie, chaotische Abfallenergie. Dies erklärt, warum wir uns im Zentrum eines weitgehend homogenen Universums zu befinden scheinen. Wir sehen lediglich den Energieverlust von Licht von Raumobjekten unterschiedlicher Entfernung. Wenn diese durch unvermeidbare Entropieerzeugung bedingte Rotverschiebung ernst genommen wird, müssen Struktur und Dynamik des Universums neu evaluiert werden. Dazu folgen einige Details:

Die Mikrowellenstrahlung vom Hintergrund des Universums wird hier als „entropische“ Energie angesehen, als Abfallenergie, die sich im Laufe von Milliarden Jahren angesammelt hat. Große Schwarze Löcher, die mit Quasaren vergesellschaftet sind, werden als selbstorganisierte Strukturen verstanden, die auf maximale Entropieproduktion abzielen. Vier weitere Irrationalitäten werden eliminiert oder wenigstens in Frage gestellt: der Big Bang Ursprung des Universums, die Aufblähung des leeren Raumes, dunkle Energie und dunkle Materie. Das Phänomen der Rotverschiebung des Sternenlichtes ist entsprechend neu zu bewerten. Licht, das sich in den unendlichen Raum ausbreitet, verliert über die Entropieerzeugung letztlich all seine Energie. Tatsächlich können die wesentlichen Paradoxien und Irrationalitäten in der physikalischen Wissenschaft durch Änderung des Energieparadigma und die Anerkennung eines fundamentalen Zeitpfeils vermieden werden (Fig. 39). Im zu entwickelnden Formalismus muss für die Energie in der Quantenphysik definitiv die Rolle des Raumes berücksichtigt werden, die bisher ignoriert wurde. Daraus resultiert bei der Beschreibung fundamentaler Prozesse schon die notwendige Berücksichtigung eines Abbildes-der-Materie in Form von Information.

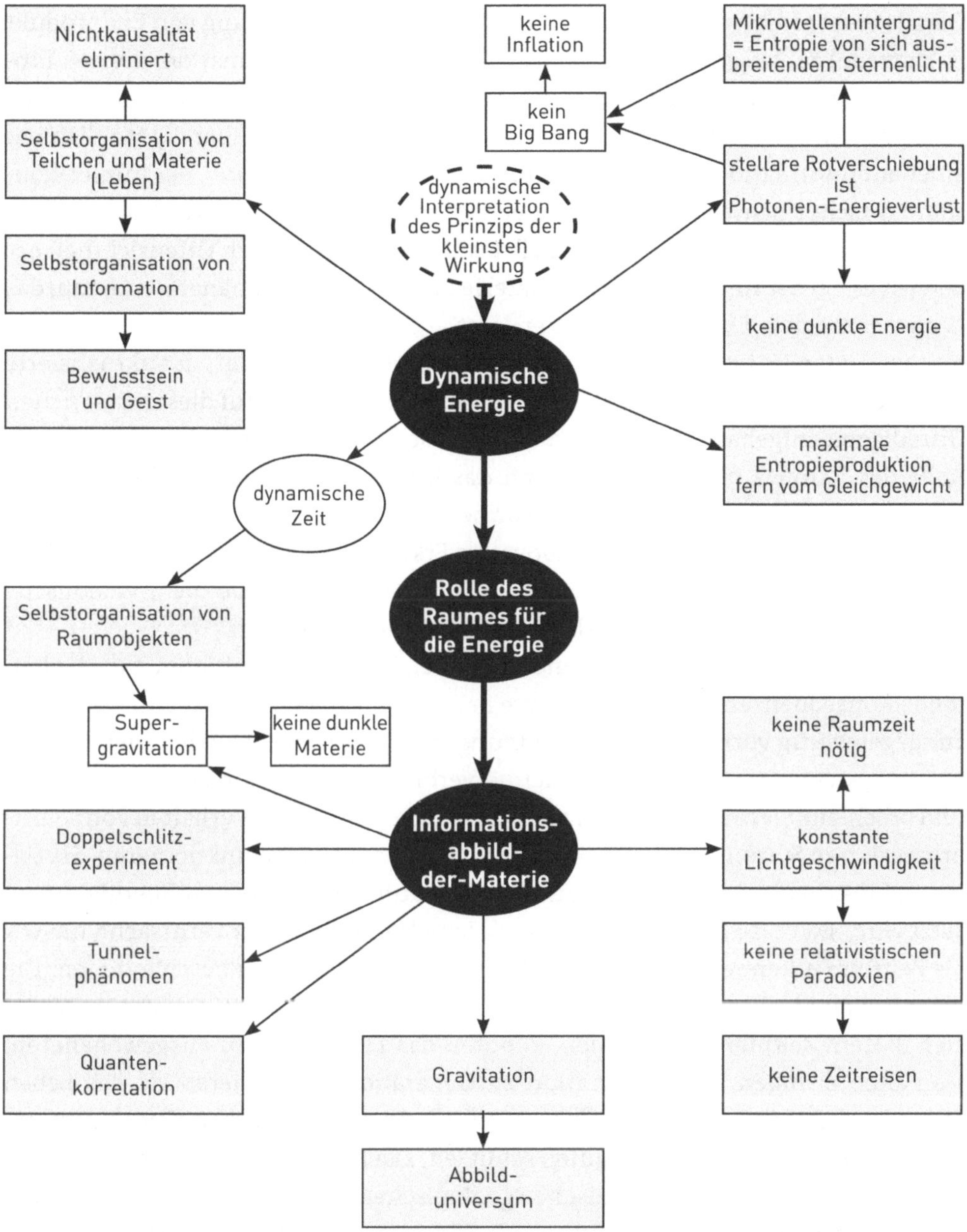

Fig. 39. Die neue symbolische Form ist eine fundamental Dynamische „Energie-Zeit-Welt". Sie respektiert die Rolle des Raumes für die Energie und berücksichtigt ein Abbild-der-Materie in Form von Information. Die drei grundlegenden Forderungen für die neue symbolische Form werden im Diagramm als schwarz gefärbte Ellipsen gezeigt. Wesentliche Schlussfolgerungen sind dargestellt.

Gerade dieses Informationsabbild-der-Materie, diese Verbindung von Endprodukt (Lichtwelle) zu Ausgangsstoff (z.B. Lichtteilchen) durch Information, die den Prozess umkehrbar macht, hat sich als für die Auflösung von Paradoxien wesentlich erwiesen. Außerdem hat das Informationsabbild-der-Materie über die Möglichkeit einer auf Information beruhenden Interpretation der Gravitation, der Immer-konstanten-Lichtgeschwindigkeit sowie der Entropieerzeugung durch sich ausbreitendes Licht zu einem völlig neuen Modell des Universums geführt. Offensichtlich haben wir es bei der Information über Materie mit einem Naturphänomen zu tun, das noch weitere tiefe Einsichten erwarten lässt.
Fig. 39 zeigt, wie die hier neu strukturierte „symbolische Form", das aktualisierte intellektuelle Werkzeug für die physikalische Wissenschaft, auf diesen drei neuen Grundlagen aufgebaut ist: Es sind dies das Postulat der Dynamischen Energie, die Rolle des Raumes für die Energie und das Informationsabbild-der-Materie. Das Schema zeigt, wie die symbolischen Formen funktionieren, wo Paradoxien eliminiert werden und beschreibt, wie innovative Erklärungen mit den vorgeschlagenen Postulaten in Zusammenhang stehen. Auf diese Weise wurde die „symbolische Form" für das Verstehen physikalischer Realität neu entworfen.
Aus der Berücksichtigung eines fundamentalen Zeitpfeils resultieren auch bedeutende Konsequenzen für andere Gebiete der Wissenschaft. So erhält, im Gegensatz zur gegenwärtig vorherrschenden Meinung, die Evolution ein eindeutiges Ziel. Lebende Systeme, die zunehmend Energie verbrauchen, konkurrieren um Energie und beschleunigen den Energieumsatz. Dies stimmt mit dem Verhalten von selbstorganisierten Systemen überein, die fern vom Gleichgewicht funktionieren. Sie zielen auf maximale Entropieproduktion, die abläuft, wenn maximal Energie umgesetzt wird. Da diese Energieumwandlung jene Veränderungen verursacht, die wir als Zeitfluss erkennen, scheint sich die Evolution ebenfalls zu beschleunigen. Die genetischen Mechanismen, die gelernt haben, die Evolution zu steuern, mussten sich diesem Zeitpfeil unterordnen, konnten das Leben aber zu ausgewogenerem Verhalten zwingen. Von Generation zu Generation manövrieren sie das Leben durch Mutationen und Auslese, indem sie es vor unkontrolliertem Energieumsatz und weiteren destruktiven Abläufen schützen. Die Zeit selbst läuft nicht schneller, da sie über die Uhrzeit an periodischen geologischen Phänomenen geeicht ist. Aber es erfolgen mehr Veränderungen in einer gemessenen Zeit, während der mehr Energie umgesetzt wird. Dies stimuliert neue Erfindungen. Eine sich beschleunigende Evolution wurde kürzlich tatsächlich nachgewiesen (Hawks et al., 2007). Man erkennt die immer schneller ablaufende Evolution auch, wenn man die gegenwärtige Zeitperiode der menschlichen Zivilisation mit früheren vergleicht.

Dasselbe gilt auch für die biologische Evolution. Zwei Milliarden Jahre vergingen mit nur bakteriellem Leben, fünfhundert Millionen für die Entwicklung von Pflanzen und höheren Tieren. Es vergingen nur zwei Millionen Jahre für die Evolution des Menschen und seiner Intelligenz. Seit zweihundert Jahren nimmt der von ihm ausgelöste technologische Fortschritt so grundlegenden Einfluss auf die Biosphäre, dass es zur Ausrottung unzähliger Arten kommt.

35 Evolution – Geist inbegriffen

Eines der wichtigsten Ergebnisse des Dynamischen Energiemodells, in Hinblick auf das Begreifen der Natur, besteht darin, dass es die Vorstellung einer ziellosen Evolution zu Fall bringt und auch die Lücke zur Evolution von Bewusstsein und Intelligenz schließen kann. Die Natur erlaubt die Entwicklung von Lebewesen, die Geist haben und versuchen, die Natur zu verstehen. Es sollte ihnen gelingen, eine vernünftige Sicht von ihrer Stellung in der Welt zu erlangen. Eine sehr wichtige Herausforderung ist die Frage, wie der Geist, das Bewusstsein und die Intelligenz Bestandteil des Universums sein können. Es handelt sich dabei offensichtlich um einen fundamentalen Aspekt der Natur. Die Forderung eines Philosophen wie Thomas Nagel (Nagel 2014) ist relevant. Er besteht darauf, dass die Natur schon vor dem Erscheinen des Menschen auf unserem Planeten die Fähigkeit gehabt haben muss, Geist zu erschaffen. Das Dynamische Energiemodell mit seinem Zeitpfeil erlaubt es, diese Brücke zur Existenz und zum Wesen des Geistes, ohne jegliche zusätzliche Annahmen, zu bauen. Genauso wie sich Energie in Form von Elementarteilchen und Materie in Form von lebenden Organismen selbstorganisieren kann, ist dies auch mit Information möglich. Sie beruht ebenfalls auf einem Energieumsatz. Eine Voraussetzung besteht lediglich darin, dass sich ein gewisses Ausmaß an Ordnung in Informationsstrukturen zuvor entwickelt haben muss. Die an der Selbstorganisation beteiligten Elemente der Informationsverarbeitung können chemischer Natur sein, wie sie im genetischen Code realisiert sind, oder elektrochemischer Natur, wie sie im menschlichen Gehirn funktionieren. Das Ergebnis der Selbstorganisation bringt eine viel höhere Hierarchie rechnerischer Abläufe mit sich. Eine Wissenschaft, wie sie heute – aufbauend auf Zeitneutralität, zeitumkehrbare Gesetze und ein zeitneutrales Energiephänomen – die Natur zu verstehen glaubt, konnte und kann Bewusstsein und Geist nicht sinnvoll erklären. Die mit der Dynamischen Energievorstellung erfolgte Einführung eines fundamentalen Zeit-

pfeiles ist für eine Verschiebung des Systems weg vom Gleichgewicht und in Richtung notwendiger Rückkopplungsprozesse entscheidend. Das hier vorgestellte Modell der Evolution ist viel besser geeignet, die Realität der Natur zu beschreiben als traditionelle Vorstellungen. Es eliminiert zudem deren charakteristische Irrationalitäten und Paradoxien. Das diskutierte Dynamische Modell der Evolution schafft einen Rahmen, von dem aus mehrere, bisher unverstandene Zusammenhänge plötzlich einleuchten. Es erklärt zum Beispiel, dass der erstaunliche Drang der Lebewesen nach Nahrung, Licht und Energie aus der Umwelt nichts anderes ist, als das Streben selbstorganisierter Systeme nach maximalem Energie-(Entropie-)Umsatz. Genetische Mechanismen und andere Einschränkungen der Systeme haben diesen Drang so gezähmt, dass er sich zum Motor eines langfristigen Überlebens herausbilden konnte. Die Entwicklung von Geist, durch Selbstorganisation von Information, konnte die Überlebensfähigkeit weiter verbessern. Unser gegenwärtiges Informationszeitalter mit dem Technologieschub der Digitalisierung ist ein Beleg dafür. Gleichzeitig sind aber Geist und Intelligenz fähig, zerstörerische Technologien zu entwickeln, die eine Zivilisation gefährden können.
Ein weiteres interessantes Thema für Reflexionen über die Dynamische Energie und den Zeitpfeil ist die Gravitation. Sie wurde hier im Zusammenhang mit dem Teilchen-Welle-Dualismus als Abbild-der-Materie in Form von Information interpretiert (Fig. 19 b). In der derzeitigen Physik gibt die Gravitation immer noch Rätsel auf und wird als seltsame Kraft diskutiert. Im Standardmodell der Elementarteilchen kann sie überhaupt nicht erklärt werden. In der hier entwickelten Studie ergibt sich, dass Gravitation einfach Information über Materie ist, die deren Eigenschaften beschreibt und dabei eine Minimierung von freier Energie pro Zustand bewirkt. Wie schon erwähnt, ist auch diese Information über Materie in der Lage, sich selbstzuorganisieren. Voraussetzung ist, dass genug Energie umgesetzt wird, um das System weit weg vom Gleichgewicht zu verschieben. Eine signifikant höher und besser entwickelte Gravitation, eine Art von „lebender" Gravitation oder Supergravitation ist die Konsequenz. Ein von dieser selbstorganisierten Gravitation erfüllter Raum kann wie ein lebender Organismus auch räumlich strukturiert sein. Dieses Phänomen ist zum Beispiel im Zentrum von Galaxien zu suchen, wo hohe Konzentrationen von Materie anwesend sind und miteinander wechselwirken. Aber Supergravitation könnte auch weit über den Raum verteilt existieren und diesen strukturieren. Die Astrophysiker kennen ein Phänomen, das „großer Attraktor" genannt wird. Es zieht Galaxien einschließlich unserer Milchstraße an. Diese Erscheinung lässt eine Auswirkung der Selbstorganisation von Gravitation vermuten. Die daraus resultierende Supergravitation wird in Hinblick auf die Wechsel-

wirkung mit Materie deutlich höher entwickelte, anziehende Eigenschaften haben. Es ist zu erwarten, dass die Fähigkeit, Energie pro Zustand zu reduzieren, was ja die Information als Gravitation bewirkt, viel effektiver sein wird. Es wird eine viel stärkere Anziehung zwischen Materie erfolgen. Andererseits ist Gravitation so strukturiert vorstellbar, wie es lebende Wesen sind. Bereiche hoher Gravitation können direkt neben Bereichen niedriger oder fehlender Gravitation auftreten. Dies könnte hoch strukturierte galaktische Phänomene, wie gebündelte Energiestrahlen, im Zusammenhang mit Schwarzen Löchern erklären. Gleichzeitig ist auch vollkommen verständlich, warum Licht eine Supergravitationszone durchdringen kann, wenn auch – wegen des auftretenden Fata Morgana Effektes – mit Abweichungen. Die Abläufe sind ähnlich, wie wenn sich unter besonderen Wetterbedingungen auf der Erde eine gewöhnliche Luftspiegelung entwickelt. Auch Wetterphänomene in unserer Atmosphäre, die Luftspiegelungen erzeugen, sind selbstorganisiert. Gravitationslinsen im Weltraum werden es auch sein. Alle diese Mechanismen funktionieren nur mit einem energiegetriebenen Zeitpfeil. Dies ist ohne Zweifel eine alternative Theorie zur dunklen Materie. Sie erklärt eine intensive und räumlich strukturierte Gravitation, ohne zusätzlich neuartige Materie zu benötigen. Es würde sich erübrigen, mit aufwendigen Methoden nach unsichtbaren Teilchen einer sogenannten dunklen Materie zu suchen.
Aber in der Umgebung von Supergravitation muss eine Quelle für den erforderlichen Energieumsatz vorkommen, die das Gravitationssystem weit weg vom Gleichgewicht verschiebt, während sie dieses mit Energie versorgt. Wenn dies wirklich eine bisher unerkannte Eigenschaft der Gravitation ist, eine Selbstorganisation der Gravitation, dann sind weitere Überlegungen möglich. Da Gravitation als Information identifiziert wurde, sollten Supergravitationsgebiete, die sich meist in Zentren der Galaxien oder in Haufen von Galaxien befinden, Fähigkeiten in Richtung einer höheren Hierarchie der Informationsverarbeitung und eines primitiven Erkennens besitzen. Es gibt draußen im Weltraum etwas Geheimnisvolles, eine Art von anorganischer Intelligenz. Sie ist viel raffinierter, als wir es von einem einfachen Big Bang Ursprung des Universums und seiner zunehmend schnelleren Ausdehnung erwarten könnten.
Das komplizierte Netzwerk von Galaxien, das man in den dichten Regionen des Universums unter Berücksichtigung der vermuteten dunklen Materie anhand umfangreicher Computersimulation herausarbeitete, ähnelt organischen Strukturen (Fig. 40). Gegenwärtig interpretiert man diese aus fluktuierenden Gasdichten errechneten Strukturen der Millennium-Simulation (Springel et al., 2005) derart, dass dunkle Materie, mit ihrem etwa 23%-Anteil an der Weltraummasse, diese

Struktur vorgibt und sich sichtbare Materie, mit ihrem 4%-Anteil, durch Gravitation daran orientiert. Man fragt sich, wie in einer eigentlich zeitneutralen Welt solche Strukturen aus Variationen von Gasdichten errechnet werden konnten. Wenn man sich die Rechnungen ansieht, erfährt man den Grund. Eine gerichtete Zeit, dynamisches Verhalten und hochgradige Nichtlinearität wurden – über die verwendeten nichtlinearen Differenzialgleichungen für das Verhalten der Materie, und über eine dynamisch angenommene expandierende Raumzeit – in die Rechnungen eingebracht. Faktisch wurde eine Zeitorientierung eingeführt, um der beobachteten Realität gerecht zu werden.

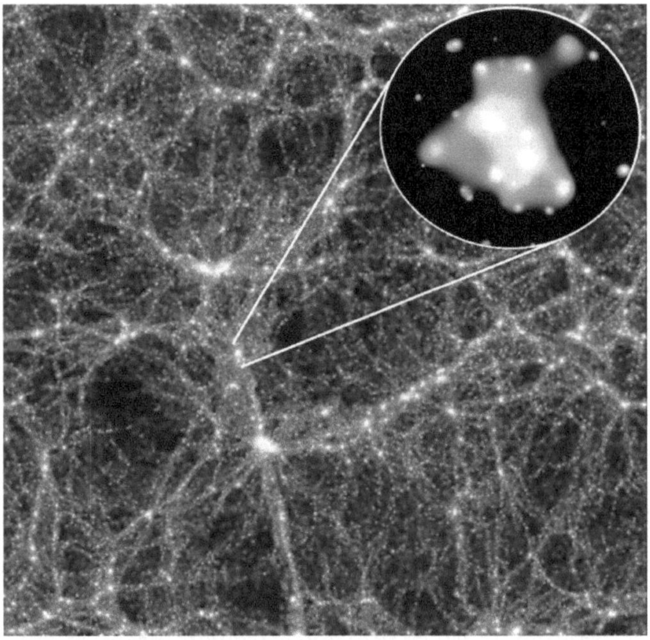

Fig. 40. Die Galaxien im Universum nehmen in dieser Computersimulation eine komplexe Ordnung von Haufen, Linien oder Leerräumen an, was einen Mechanismus der Selbstorganisation von Gravitation (Information) nahelegt, der über größere Entfernungen funktioniert. Eine zeitumkehrbare Physik kann eine dermaßen komplexe Strukturierung ohne Annahme von Rückkopplung (die in der Simulation durch gekoppelte nichtlineare Differentialgleichungen eingeführt wurde) nicht erklären. Das Bild zeigt ein XMM-Newton Röntgenbild eines wirklichen Galaxienhaufens, einem errechneten Netzwerk von Galaxien in einem dichten Gebiet des Universums überlagert (Quelle: NASA, ESA, Virgo Consortium: Jenkins et al, 1998, http://chandra.harvard.edu/press/05_releases/press_040805.html).

Mit dem Zeitpfeil als Spur der Energie sieht die Erklärung des Raumgewebes aus Galaxien (Fig. 40) anders aus. Gravitation, Information, hat sich als Supergravitation selbstorganisiert und räumliche Strukturen besetzt, welche die Materie, mit der die Gravitation verbunden ist, entsprechend umverteilte. Wir haben es im Weltraum mit einer Einbettung sichtbarer Himmelskörper in ein strukturiertes, selbstorganisiertes Gravitationsgewebe zu tun, ohne dunkle Materie zu brauchen.

Die Gravitation, das Informationsabbild-der-Materie, spielt bei der allgemeinen Dynamik des Universums eine zentrale Rolle. Selbstorganisierte Gravitation legt sogar einen verfeinerten Mechanismus der Wechselwirkung zwischen kosmologischen Objekten nahe. Selbstorganisierte Gravitation könnte nicht nur den Effekt der Supergravitation in den Galaxien und die oft hoch strukturierte Wechselwirkung zwischen den Galaxien bewirken. Sie könnte auch daran beteiligt sein, das ausgelaugte alternde Universum zurück in den Urzustand zu transformieren, ähnlich wie eine Welle zurück in ein Teilchen verwandelt wird (Fig. 38).
Selbstorganisierte Information im Gehirn wurde als Erklärung für das Phänomen Geist vorgeschlagen. Selbstorganisierte „Information über Materie" könnte in ähnlicher Weise tendenziell analoge Eigenschaften entwickeln. Demnach gibt es Geist nicht nur in unserem menschlichen Gehirn und in den Informationsstrukturen von vielen lebenden organischen Wesen draußen in den stellaren Systemen des Weltraums. Eine Art aktiven Geistes könnte auch in manch lebensfeindlichen Strukturen des Weltraumes (Fig. 40) existieren. Seine Funktion genauer zu verstehen dürfte für die menschliche Zivilisation eine langfristige Herausforderung bleiben.

Angesichts der vorstellbaren Phänomene, die ein energiegetriebener Zeitpfeil in unserem Universum theoretisch ermöglicht, sollte man sich darüber Gedanken machen, warum gegenwärtige irrationale Denkmodelle ein sich chaotisch expandierendes Weltall zeichnen, das dem menschlichen Leben nur eine zufällige Erscheinung zubilligt und die Entwicklung von Intelligenz und Geist völlig ignoriert. Die Einführung eines energiegetriebenen Zeitpfeiles in die Physik und das Begreifen von Energie und Information als dynamische, zeitabhängige Phänomene können die Naturwissenschaft auf einen vielversprechenden neuen Weg führen. Er wird auch beitragen, die Naturwissenschaft von den derzeitigen dominierenden irrationalen Theorien zurück auf ein reales Fundament zu stellen, von dem aus sinnvoll und rational weitergebaut werden kann. Die logische Wirklichkeit ist deutlich faszinierender als die erfundene Irrationalität.
Wenn die Evolution des Universums auf maximalen Energieumsatz in selbstor-

ganisierten Systemen, in komplizierten Raumobjekten und in organischem Leben abzielt, dann sind auch Intelligenz und Bewusstsein eine unmittelbare Konsequenz daraus. Sie setzen ja hohen Energieumsatz voraus. Dies erlaubt uns, eine weitreichende Frage zu stellen: Wäre es denkbar, dass das wirkliche Endziel der Evolution die Entwicklung von Geist ist? Geist und Intelligenz schaffen nicht nur die Voraussetzung, sich an der Natur und ihrer Schönheit tiefergehend zu erfreuen und sie zu verstehen, sondern auch, ihre Möglichkeiten effektiver zu nutzen. Verständlicherweise sind diese neu erkannten Fähigkeiten eines energiegetriebenen Zeitpfeils auch ein wichtiger Mechanismus in Richtung einer Diversifizierung der Evolution.

Die Vision einer solch gezielten, durch Naturgesetze fixierten Strategie, innerhalb des sich entwickelnden Universums, steht in faszinierendem Gegensatz zur aktuellen Ansicht der Wissenschaft vom höheren Leben als Zufallsprodukt. Das Leben profitierte vermeintlich von einer sehr günstigen Konstellation von wichtigen, aber im Grunde zufällig vorhandenen anorganischen und organischen Voraussetzungen. Ein Beispiel für solch einen anorganischen Parameter ist die Größe der Gravitationskonstante, die durchschnittliche Temperatur und die Verfügbarkeit von Wasser an der Erdoberfläche sind zusätzliche Faktoren.
Günstige Bedingungen sind selbstverständlich notwendig. In einer Dynamischen Energiewelt ist die Situation aber komplizierter: Selbstorganisierte Systeme werden sich allmählich in Richtung größerer Ordnung weiterentwickeln, indem sie ihren Energieumsatz erhöhen und ihre Funktion gegebenen äußeren Parametern anpassen. Es sei hier ein Beispiel ausgewählt, um das konstruktive Zusammenwirken von selbstorganisierten Prozessen im Rahmen der Evolution zu verdeutlichen: Während sich die um die Sonne rotierende kalte Materie zum Planeten Erde verdichtete, schmolz ihr Kern. Dies erlaubte den Strömungen von flüssigem Metall die Selbstorganisation, sodass ein erdmagnetisches Feld erzeugt wurde. Es bildete sich zu einem sehr wichtigen Schutzschild für das Leben auf der Erde aus. Dann entwickelten sich die Atmosphäre und das Klima in Richtung maximalen Entropieumsatzes. Sauerstoff aus der Photosynthese erzeugte Ozon und schützte die Biosphäre gegen energiereiche Strahlung von der Sonne. Es bildeten sich Ozeane mit selbstorganisierten Strömungsmustern und alles passte sich den sich entwickelnden, driftenden Kontinenten an. Eingebettet in diese selbstorganisierten Systeme, entstand das Leben als ein zusätzlicher selbstorganisierter Prozess. Daraus resultierte schließlich der menschliche Geist als selbstorganisierte Information. Das Leben selbst hatte über die Photosynthese und die Wasserverdunstung natürlich eine starke Rückwirkung auf die Entwicklung der Atmosphäre und des Klimas. Und die

heutige Zivilisation lebt von Kohle, Öl und Gas, das selbstorganisierte Lebewesen von einst hinterlassen haben. Mit Kalkstein verbaut sie auch Materialien, die lebende Organismen seinerzeit in ihren Schutzhüllen verwendeten.

Selbstorganisierte Systeme können zusätzliche Energiequellen leicht integrieren und mit ihnen weiterwachsen. Das zeigt auch die Belousov-Zhabotinsky Reaktion, wenn ein geeigneter Farbstoff zugesetzt wird. Ihre periodischen Wellen werden dann durch projiziertes Licht gesteuert und genährt. Auf ähnlich einfache, zielführende Weise könnte vor über drei Milliarden Jahren, über zufällig entstandene lichtempfindliche Moleküle von der Art des Chlorophylls, auch ein erster, primitiver photosynthetischer Mechanismus erschlossen worden sein. Selbstorganisierte Prozesse integrieren ohne größere Schwierigkeiten neue Energiequellen, sofern sie das System aufrechterhalten und unterstützen. Diese ungewöhnliche Eigenschaft würde viele wichtige Prozesse der Energieernte und der Symbiose zwischen einzelligen Organismen und vielzelligen Lebewesen während der frühen Evolution des Lebens recht zwanglos erklären (Tributsch, 2018 b). Man stelle sich im Gegensatz dazu vor, wie der komplizierte, Lichtenergie umwandelnde, photosynthetische Prozess der frühen Cyanobakterien durch reine statistische Mutationen ohne Ziel hätte entstehen können. Nicht physikalisch-chemische Parameter alleine, sondern vielmehr Bedingungen, die selbstorganisierte Systeme durch ihren Energiehunger hervorriefen, waren die Speerspitze und Frontlinie der Evolution. Sie waren, natürlich innerhalb der Einschränkungen der Systeme, auf eine maximale Entropieproduktion ausgerichtet und haben die Umwelt in dieser Hinsicht ausgebeutet, aber auch gestaltet.

Diese Sucht nach Energie kann man an Hurrikanen eindrucksvoll verfolgen. Wenn die Energie in der Umgebung zur Verfügung steht, wird sie genutzt, umgesetzt und macht die Stürme größer und größer, bis neue Einschränkungen auftreten. Ohne Zeitpfeil, der von Energie bewegt wird, wäre eine zielstrebige Entwicklung selbstorganisierter Systeme im Universum überhaupt nicht vorstellbar.

Die Evolution des Geistes wurde erst möglich, nachdem andere selbstorganisierte Systeme die notwendigen Voraussetzungen dafür – etwa eine hinreichend komplexe Gehirnstruktur und einen, die Körpertemperatur regulierenden Organismus – vorbereitet hatten. Eine besonders wichtige Voraussetzung aber war, dass für die Selbstorganisation von Information ein angemessen hohes Maß an Energieumsatz bereitgestellt wurde. Selbstorganisierte Systeme, die einem energiegetriebenen Zeitpfeil ausgesetzt sind, ermöglichen dies. Das ist andererseits genau der Grund, warum die Naturwissenschaft, aufbauend auf zeitneutrale Grundlagen und einer Unkenntnis der Gesetzmäßigkeiten von Systemen fern des Gleichgewichts, bisher keine Erklärung für die Evolution des Geistes anbieten oder ein Ziel der Evolution erkennen konnte. Für das hochentwickelte menschliche Leben wurde schließlich der Geist zu einem wichtigen Werkzeug in Richtung Diversifizierung, erhöhter Kreativität und Perfektion. Erst hoher Energieumsatz hat diese Kreativität ermöglicht. Wie hat all dies funktioniert? Wie manifestiert und entwickelt sich Geist weiter? Geist hängt untrennbar mit dem Bewusstsein, dem Abbild unseres Selbst, auf Grundlage verfügbarer Information, zusammen. Das Bewusstsein als selbstorganisierte Informationsstruktur hilft uns, die Daten von innerhalb und außerhalb des Körpers zu sortieren, uns selbst zu charakterisieren und Programmvorschläge für das Verhalten zu erstellen. Unmittelbar damit hat Intelligenz zu tun, die eine analoge selbstorganisierte Programmstrategie nutzt, um Daten und Erfahrungen aus der Natur und Umwelt zu hinterfragen, zu verarbeiten und daraus neue, intelligente Erkenntnisse als Schlussfolgerungen abzuleiten. Diese geistige Eigenschaft wurde als menschliche Intelligenz und Kreativität zur Triebkraft in Richtung einer sich beschleunigenden technologischen Entwicklung. Intelligenz und absichtliches Handeln sind für eine dynamische, zeitorientierte Natur charakteristisch. Hier wird abgeleitet, dass diese Mechanismen über Selbstorganisation von Information funktionieren können. Sie eröffnen neue Dimensionen für das Verstehen der menschlichen Persönlichkeit und deren Bewusstsein. Abgesehen davon, hat ein materialistischer Mechanismus für die Entstehung und Weiterentwicklung von Geist eine tiefgreifende Bedeutung für die Philosophie und das Verhältnis zwischen Wissenschaft und Religion.

Wie kann sich der Mensch in einem solchen geistreichen Universum fühlen? Er ist dann keine Zufälligkeit mehr, sondern – mit seinem Bewusstsein und seinem Geist – ein logisches, weit entwickeltes Produkt einer sich zielstrebig, entlang des Zeitpfeils entfaltenden Natur. Es erlaubt ihm, darin seine Situation zu erkennen und die Geheimnisse der Natur zu ergründen. Weil er in einem geistreichen Universum sein eigenes Schicksal begreifen und seine Chancen erkennen kann, sollte der Mensch dieses Universum als konstruktiv und hilfreich empfinden.

Der Mensch ist wegen des Gesetzes, das selbstorganisierten Systemen maximale Entropieproduktion auferlegt, jedoch gleichzeitig mit den gefährlichen Produkten zunehmenden Energieumsatzes konfrontiert. Die Gefahr eskaliert in diesem Jahrhundert, da der Mensch seine Aktivitäten zur Gewinnung und Umsetzung von Energie mit immer weniger wirksamer Konkurrenz vorantreibt. Sein Geist sollte darum verstärkt als kreatives Werkzeug gegen die zerstörerische Ansammlung von Entropie als Folge des Energieumsatzes aktiv werden. Für unseren Planeten scheint eine solche Situation herangereift zu sein. Die Menschheit ist aufgefordert, Geist und Intelligenz einzusetzen, um mit den Herausforderungen fertig zu werden. Ein Selbstorganisationsprozess, der sich dieses Problems annimmt und es längerfristig löst, sollte in Gang gesetzt werden.

Die scheinbaren und auch echten Fortschritte, die durch hohen Energieumsatz ermöglicht wurden, müssen durch intelligente, nachhaltige Technologien und selektive Einschränkungen ausbalanciert werden. Dies könnte eine Richtschnur für das Überleben fortschrittlicher Zivilisationen werden. Nur die Kombination von hohem Energieumsatz und einem entwickelten Geist verspricht eine weiterführende, nachhaltige Zukunft. Eine Entwicklung auf ein hohes Niveau an Energieverbrauch, ohne einen vernünftig steuernden Geist, würde in eine Sackgasse führen. Wenn sie ungebremst sind, tendieren lebende Organismen und menschliche Gesellschaften dazu, ihre Umwelt allmählich auszubeuten und herunterzuwirtschaften.

Die Geschichte der Menschheit kennt zahlreiche Beispiele. Viele Regionen, vom Mittelmeergebiet, dem vorderen Orient bis nach Zentralasien in die Taklamakan-Wüste, in denen einst hochentwickelte Kulturen über längere Perioden herrschten, sind heute verkarstet, versteppt, unfruchtbar oder verwüstet. Wie diffizil es für eine betroffene Bevölkerung ist, sinnvolle Entscheidungen zu treffen, zeigt die jüngere Geschichte: Im China Mao Tse-tungs hatte man den Einfall, die Ernte durch Ausrotten der Sperlinge zu erhöhen. Man erreichte dies, indem man sie durch erzeugten Lärm zu Tode hetzte. Die Folge davon war eine dramatische Zunahme von Insektenschädlingen. Dazu kamen noch weitere Katastrophen und schließlich verhungerten 30 Millionen Menschen. Das ursprüngliche Ziel war gewesen, eine einzelne Einschränkung für die Nahrungs- (Energie-) Produktion zu lockern. Das Ergebnis bestand aber darin, dass Einschränkungen für Schädlinge aufgehoben wurden, sich diese dramatisch vermehrten und so neue Einschränkungen für die menschliche Ernährung aufbauten. Dies zeigt deutlich, wie wichtig für das Gedeihen und das Wechselspiel selbstorganisierter Systeme eine ausgewogene Balance von Begrenzungen ist. Aber ausgestattet mit einem einsichtigeren Geist und einer vernünftigen Einstellung könnte die Menschheit ihre Probleme meistern und mit etwas Glück die Evolution langfristig fortsetzen. So gesehen ist die Evolution des Geistes vielleicht auch ein nützliches Werkzeug der Evolution. Sie „entwickelt" Geist, um ein durch ein Naturgesetz vorgegebenes Hindernis, die mögliche Selbstzerstörung einer erfolgreichen Art, zu bewältigen. Und dasselbe Naturgesetz, welches das Umweltproblem erzeugt, erlaubt auch die Entstehung von Geist. Locker ausgedrückt könnte man das Problem also mit den eigenen Waffen schlagen. Ein hoher technischer Standard in der Evolution kann langfristig nur mit einem wohl entwickelten und konstruktiven Geist erreicht werden. Für eine fortgeschrittene Gesellschaft existiert demnach die Herausforderung, eine ausgewogene Weitsicht und eine zielführende Evolution des Geistes sicher zu stellen. Dies müsste auch beinhalten, eine intakte Natur mitsamt ihrer Vielfalt an Tieren und Pflanzen in die Zukunft der Zivilisation hinüberzuretten. Denn die gewachsene Natur ist nicht nur eine wichtige Voraussetzung für ein stabiles Klima und ein sensibler emotioneller Faktor für den menschlichen Geist, sondern auch eine nie versiegende Quelle für Inspirationen in Richtung technischer Nachhaltigkeit. Dabei handelt es sich um Technologien, die für eine von hohen Energieumsätzen getragene Zivilisation große Bedeutung erlangen könnten.

EINE RATIONAL VERSTÄNDLICHE NATUR

36 Was können wir von einer dynamischen Energiewelt lernen?

Was ist Natur und was treibt sie an?

Der zeitgenössische deutsche Philosoph Gernot Böhme hat in seinem Buch „Natürlich Natur“ (1992) die Naturwissenschaft dahingehend charakterisiert, dass sie sich mehr mit isolierten Objekten, Phänomenen, Energiefeldern, sowie ihren Gesetzen beschäftige, als sich mit der tatsächlichen komplexen Natur auseinander zu setzen. So beantworte sie, abgesehen von Versuchen in der Kosmologie, auch nicht die Frage: Was ist die Natur? Dabei sehe sie vor allem in der technischen Realisierbarkeit ihrer Objekte ein Ideal und weniger im Erkennen größerer Zusammenhänge. Im vorliegenden Buch gelingt es in gewisser Hinsicht, diese Tendenz zu durchbrechen, indem Mechanismen angesprochen werden, die für ein breiteres Naturverständnis unvermeidbare Voraussetzungen sind. Sie begleiten den Zeitpfeil als Spur der Energie, der durch seine Zeitorientierung sowie die Ermöglichung von Rückkopplung den Zusammenhang zwischen Quantenwelt und Kosmologie erklärt und den Weg zum Verständnis der Selbstorganisation von Materie und Information ebnet. Die Frage, was die Natur ist, könnte im Sinne des Zeitpfeils folgendermaßen beantwortet werden:

„Natur ist die Selbstverwirklichung von Energie über den Zeitpfeil“ (20)

Diese Selbstverwirklichung erfolgt im Wesentlichen in drei miteinander gekoppelten, aufeinander folgenden Richtungen: Dynamische Energie selbstorganisiert sich zu Elementarteilchen, Gravitation und den Elementen, also zu Materie (Kap. 20). Diese Materie organisiert sich selbst zu anorganischen Strukturen und zum Leben weiter (Kap. 26, 27). Materie und Leben mobilisieren Information, die sich wiederum selbstorganisiert (Kap. 28, 29). Es entwickelt sich Geist, der die Natur durchdringt, diese teilweise reorganisiert und sie sogar verstehen lernt.

Im Folgenden soll Schritt für Schritt zusammengefasst und analysiert werden, wie die Energie ihr rätselhaftes Wesen zur Entfaltung bringen konnte. Die im Buch durchgeführte Studie begann mit einer Erkundung irrationaler Vorstellungen in existierenden Modellen und Theorien in Zusammenhang mit physikalischen Prozessen, die in unserer Welt und im Weltraum ablaufen. Sind die Gesetze der Natur selbst teilweise irrational oder ist es unsere gegenwärtige Wissenschaft, welche die Natur nicht genügend versteht und sich mit Irrationalitäten behilft, um die aktuellen Theorien zu konstruieren? Es müsste auch gefragt werden: Warum können der Geist, das Bewusstsein und die Zielorientiertheit menschlicher Aktivitäten noch nicht von grundlegenden physikalisch-biologischen Mechanismen abgeleitet werden? Ist es die Irrationalität von Gedankenmodellen, die den Zugang zum Verständnis blockiert? Kann es sein, dass uns die Vorstellung von Wirkung ohne Ursache oder vom Fehlen einer grundlegenden Zeitorientierung in einer vermeintlich zeitneutralen Welt daran hindert, das Bewusstsein zu verstehen? Dieses Buch zeigt, dass ein neuer, rationaler Zugang zu den fundamentalen Problemen der heutigen Naturwissenschaft möglich ist. Er gelingt mit der Einführung eines energiegetriebenen Zeitpfeils zur Erklärung natürlicher Prozesse wie der Selbstorganisation von Energie, Materie und Information. Erst die Eigenschaften dieses Zeitpfeils als Spur der Energie führen zu einem hinreichend konsistenten rationalen Verständnis der Natur und zu vernünftigen sekundären Fragen und Herausforderungen. Wir brauchen nur die überall sichtbare Tatsache, dass sich die Abläufe der Natur ausschließlich in eine Richtung bewegen, in das Naturverständnis und die erkannten Gesetze einzubauen. Dies stellt sich als rationaler Schlüssel zu einem andersartigen, geistreicheren Universum heraus. Er hilft uns zu verstehen, wohin Naturphänomene zielen und was, von der Natur aus, das Schicksal der Menschheit ist. Dieser rationale Schlüssel könnte uns Menschen einen sichereren und ausgewogeneren Weg in die Zukunft weisen als gegenwärtige Projektionen.

Am Anfang dieses Buches wurden einige Gedanken über Rationalität im Verhältnis zu Irrationalität geäußert. Auch Mechanismen, mit denen wir unsere physikalische Welt besser verstehen können, wurden diskutiert. Sie sollten dazu dienen, die Suche nach dem Ursprung von Widersprüchen und Irrationalitäten in unseren physikalischen Denkmodellen einzuleiten. Ausgegangen wurde von der Hypothese, dass in der historisch gewachsenen Quantentheorie Information fehlt und dieses Fehlen eine Quelle für Irrationalität wurde. Da Information einen Energieinhalt hat, also Energie benötigt wird, um Information umzusetzen, konzentrierte sich die Aufmerksamkeit auf etablierte Vorstellungen über Energie. Sie könnten unvollständig oder teilweise falsch sein.

Kritische Überlegungen zur historisch gewachsenen Definition von Energie wurden deswegen zur strategischen Richtschnur für diese Studien. Was fehlt, was ist falsch und was ist der Unterschied in Energievorstellungen, wie sie – im Gegensatz zur von Paradoxien gezeichneten Quantenphysik – in der rational verständlichen klassischen Mechanik und Thermodynamik angewandt werden? Vor zweieinhalbtausend Jahren begann die Entwicklung des Energiekonzeptes als eine Suche nach etwas, das innerhalb all der Veränderungen in der natürlichen Umwelt erhalten bleibt. Vor mehr als zweihundert Jahren setzte sich dann die Überzeugung durch, dass es die Energie sei, die durch alle ablaufenden Veränderungen hindurch nicht verloren gehe. Tatsächlich bleibt Energie erhalten, wenn sie auch bei der Energieumwandlung in kleinere, chaotische Mengen zerlegt wird. Jedoch ergibt sich die verblüffende Tatsache, dass die gegenwärtig etablierte Energievorstellung jede Beziehung zu Veränderungen abgelegt und verloren hat. Dies ist erstaunlich, da man ursprünglich nach einer stabilen Eigenschaft einer sich ständig verändernden Welt gesucht hatte. Demnach müsste die Energie (jene Größe, die erhalten bleibt) eine Beziehung zu Veränderungen aufzeigen. Energie, wie sie heute definiert ist, hat zwar die Fähigkeit, aber keinerlei Interesse, Arbeit zu leisten. Zusätzliche Mechanismen sind nötig, um dies zu bewirken. In der Physik wurde die Energie zu einer neutralen Größe ohne Orientierung, ohne Bezug zu Veränderungen. Diese besondere, modern etablierte Art der Definition der Energie wird hier als Hauptursache für die Irrationalitäten in physikalischen Theorien erkannt.

Ich definiere die Energie als eine dynamische Größe, welche die Tendenz hat, sich in Zeit und Raum zu ändern. Sie erhält als strukturierender Faktor in der Natur eine herausragende, aktive Rolle. Sie opfert Ordnung und Information, um auf dem Weg von nutzbarer zu nicht mehr nutzbarer Energie, unter Erhaltung ihrer Gesamtmenge, Dynamik auszulösen. Die materielle Struktur einer chemischen Bindung zwischen Kohlenstoff und Wasserstoff, oder die eines Lichtteilchens, transformiert sich bei einer typischen Energieumwandlung in Schritten in die chaotische Verteilung von Wärmeschwingungen. Während dieses Prozesses wird Nutzenergie, zum Beispiel für mechanische Bewegung, bereitgestellt. Die Energie wird auf diese Weise von wenigen Zuständen auf viele umverteilt, wobei Information aufgegeben wird (Aussage (7)). So gewinnt Energie dadurch, dass sie dynamisch wird, wieder den Zusammenhang mit Veränderungen, wobei sie den beteiligten Informationsabbau als eine innere Eigenschaft in ihre Energiebilanz aufnimmt. Sie verfolgt damit die Tendenz und das Interesse, ihre Anwesenheit pro Zustand, und damit ihren Informationsgehalt, zu reduzieren und zu minimieren. Die Energie treibt mit ihrem Umsatz von Information, und der dadurch ausgelösten Erzeugung von Wirkung, den Zeitpfeil an, setzt sich dabei in kleinere Einheiten um, bleibt aber in ihrer Gesamtheit erhalten. Damit wird offensichtlich, dass unsere Welt nicht als grundlegend zeitneutral betrachtet werden kann. Vielmehr ist der Zeitpfeil die Spur, welche der Energieumsatz in unserer Umwelt und unserem Organismus hinterlässt.

Die Energie mit ihrer Eigenschaft, nicht verloren zu gehen, aber mit der Tendenz, innewohnende Information auf dem Wege von einer nützlichen zu nicht mehr nutzbarer Form abzubauen, wurde wiederum Teil einer veränderlichen Natur. Eine „Zeitpfeil-Wende" ist es, die hier erforscht wurde und gefordert wird, um die Natur und die Menschen darin besser verstehen zu können.
Für mich ist diese hier vorgenommene Interpretation der Energie und der Zeit schlüssig. Sie steht auch völlig im Einklang mit dem, was Menschen seit jeher mit Energie in Zusammenhang gebracht haben. Jemand, der Energie besitzt, möchte sie auch anwenden und Veränderungen in der Umgebung auslösen. Ich konnte auch sehr einfach demonstrieren, dass die Idee der Dynamischen Energie von einem grundlegenden Prinzip abgeleitet werden kann. Es ist das Prinzip der kleinsten Wirkung, ein für die Natur sehr fundamentales Prinzip. Obwohl bisher niemand erklären konnte, warum die Natur dieses Prinzip der kleinsten Wirkung angenommen hat, wurde es ein Angelpunkt für die Begründung und Ableitung zahlreicher Naturgesetze. Mathematisch wird das Prinzip der kleinsten Wirkung als Zeitintegral über die umzusetzende Energie eines Systems beschrieben, welches ein Minimum werden muss (Fig. 15). Die historisch gewachsene Wissenschaft vertraut allerdings auf eine Energie, die keine Verbindung und Beziehung zu Zeit zu Veränderungen hat. Sie baut auch generell auf fundamentale Gesetze, die zeitumkehrbar sind. Trotzdem schaffte es die physikalische Wissenschaft, aus dem Prinzip der kleinsten Wirkung Bewegung abzuleiten. Sie konzentrierte sich dabei aber nicht auf eine mögliche zusätzliche Bedeutung des Prinzips der kleinsten Wirkung, sondern auf die mathematische Manipulation des Integrals, weil dies die gewünschten Ergebnisse brachte. Seine fundamentale Aussage kann erkannt werden, wenn das Zeitintegral über die Energie in eine Summe infinitesimal schmaler Integrale über die Energie aufgespalten wird. Sie alle müssen die Fähigkeit haben, einem Minimum zuzustreben. Was bedeutet dies aber für die Energie? Die schmalen Zeitintegrale über die Energie können nur minimal werden, wenn die Energie selbst ihre Anwesenheit pro Zustand minimiert, also Information abbaut, und eine orientierte, veränderliche Zeit an dieses Verhalten gekoppelt ist. Dies ist aber genau das Paradigma der Dynamischen Energie, das in diesem Buch vorgeschlagen wird. Infolgedessen kann behauptet werden, dass es vom Prinzip der kleinsten Wirkung abgeleitet werden kann. Wenn man die Minimierung der Wirkung mathematisch durch Differenzierung des Integrals durchführt, gelangt man tatsächlich zur vorgeschlagenen Aussage über die Dynamische Energie. Das Prinzip der kleinsten Wirkung und die Konsequenzen einer Dynamischen Energie sind identisch: Das Prinzip der kleinsten Wirkung ist ein dynamisches Prinzip und hat ihren Ursprung in einer

Energie, welche die Zeit antreibt. Zum ersten Mal kann erklärt werden, warum die Natur das Prinzip der kleinsten Wirkung so konsequent befolgt. Sein Ablauf reflektiert die Wirkung eines Zeitpfeiles. Die Natur ist so. Sie setzt einfach die Eigenschaften einer Dynamischen Energie um. Diese „verwirklicht" sich auf diese Weise selbst und „bewirkt" eine fundamental gerichtete und irreversible Welt. Sie sagt uns, dass die Realität in unserer Welt nicht Stagnation, sondern zielstrebig ablaufende Veränderungen sind.
Diese Schlussfolgerungen zur Gerichtetheit der Energie werden durch eine zusätzliche Beobachtung unterstützt. Der Zusammenhang zwischen freier, verfügbarer Energie und chaotischer, entropischer, nicht mehr verfügbarer Energie erinnert an das Zusammenspiel zwischen Ordnung und Chaos in selbstorganisierten Systemen. Man könnte freie Energie, die fähig ist Arbeit zu leisten, als „strukturierte", geordnete Energie ansehen. Dann wäre die nicht mehr nutzbare, entropische Energie die „unstrukturierte", ungeordnete Form. Nur von Systemen, die in einer zeitorientierten Welt mit Energie versorgt und von ihr durchströmt werden, weiß man, dass sie Eigenschaften zwischen Ordnung und Chaos entwickeln können. Information mit ihrem Energieinhalt, wie sie über einen Maxwell Dämon bereitgestellt werden kann (Fig. 10), ist in der Lage, einen chaotischen Zustand wieder in Ordnung zu überführen und damit aus chaotischer Energie freie Energie zurückzugewinnen (Fig. 34). Dies bestätigt die Vorstellung, dass nutzbare Energie durch mehr Information charakterisiert ist als nicht mehr nutzbare. Auch während der Selbstorganisation wird, durch Energie von außerhalb, die selbst Information mitbringt, Ordnung, Information aufgebaut. So kann man sich vorstellen, dass Energie von sich aus, durch Umverteilung aus ihrem eigenen Vorrat, zusätzliche Energie konzentriert, um sich lokal zu organisieren und Ordnung in Form von Elementarteilchen, also Materie, aufzubauen.
Daraus könnte man vereinfacht schließen, dass nützliche Energie bei ihrer Umwandlung „innere Struktur", Information, aufgibt, um den Aufbau und die Wirkung von lokaler Ordnung in einem energetisch aktivierbaren oder selbstorganisierten System zu ermöglichen. Informationsumsatz spielt demnach eine Schlüsselrolle bei Prozessen der Energieumwandlung.
Als Konsequenz muss festgestellt werden, dass die gegenwärtig in der Physik angewandte Vorstellung einer „schlafenden" Energie, einer Energie, die selbst keine Veränderungen auslöst und in eine zeitneutrale Materiewelt von Elementarteilchen eingebettet ist, einen Irrweg darstellt und aufgegeben werden muss. Eine derartige Auslegung eignet sich lediglich als Vereinfachung und Näherung, die erlauben, bewährte Vorstellungen aus der klassischen Physik und physikalischen Che-

mie zu rechtfertigen. Dies ist aber eine gute Botschaft. Das bisher angehäufte Wissen kann so weiter genutzt werden, ist aber für Prozesse der Selbstorganisation und für hoch dynamische Vorgänge fern vom Gleichgewicht nicht zuständig. Es trägt auch nicht zu weitreichenden philosophischen Konsequenzen bei.

Um auf Einsteins Vergleich des historisch verstandenen Energieverhaltens mit einem Bettler zurück zu kommen, der in Wirklichkeit ein Millionär ist (Fig. 12): Der Bettler wurde von mir überzeugt, wie eine durchschnittliche Person zu leben und seinen Reichtum für Notwendigkeiten und Verführungen des täglichen Lebens auszugeben. Dies räumte selbstverständlich mit den Geheimnissen (Irrationalitäten) um den Bettlermillionär auf. Dadurch, dass sein Geheimnis öffentlich gemacht und sein Reichtum zur Schau gestellt wurde, verschwanden auch die Geheimnisse um ihn. Sein Geld wurde zum Motor für alle möglichen Aktivitäten und sein Leben wurde durchsichtiger. Es war zu erwarten, dass dasselbe geschieht, wenn „schlafende Energie" in „Dynamische Energie" verwandelt wird. Irrationalitäten verschwinden und neue Möglichkeiten für ein Verstehen werden eröffnet.

Zum Beispiel kann der zweite Hauptsatz der Thermodynamik, der aussagt, dass in einem geschlossenen System die Entropie einem Maximum zustrebt, direkt von der Dynamischen Energie abgeleitet werden. Dies erwies sich ohne den energiegetriebenen Zeitpfeil bis heute als unmöglich und war für die historisch gewachsene Physik mit ihren zeitneutralen Teilchen und Gesetzen immer eine beschämende Tatsache. Die Dynamische Energie erklärt den zweiten Hauptsatz zwanglos. Dadurch, dass die Zunahme an Entropie, und die gleichzeitige Abnahme an Information, an einen Energieprozess, den Zeitpfeil, gekoppelt ist, stimmt trotz einer Zunahme von Unordnung auch die Energiebilanz. Dies ist beim statistischen Zeitpfeil der zeitneutralen Physik nicht der Fall. Wo bleibt bei diesem Prozess die mit der Information verlorene Energie?

Was bisher ebenfalls nicht möglich war, findet nun eine Antwort: Eine maximale Entropieproduktion, innerhalb der Einschränkungen des Systems kann als fundamentale Eigenschaft von selbstorganisierten Systemen, die weit entfernt vom Gleichgewicht funktionieren, erkannt werden (Fig. 17). Dazu gehören das Leben, Ökosysteme, Hurrikane, so wie Schwarze Löcher oder Galaxien im Kosmos. An Hurrikanen wird gut sichtbar, dass sie, wenn es die Bedingungen zulassen, in kurzer Zeit gewaltige Ausmaße erreichen können. Dies ist immer dann möglich, wenn die Einschränkungen, die von der Umwelt auf das System ausgeübt werden, gelockert sind. Weil Hurrikane unsere Umwelt so offensichtlich in Mitleidenschaft ziehen, war ihr, den Entropiestrom maximierendes Verhalten der erste Hinweis auf ein „Ziel" in selbstorganisierten Prozessen wie der Evolution des Lebens.

Energie muss, wegen der darin umgesetzten Information, welche die eigentliche Nützlichkeit ausmacht, als dynamische Größe verstanden werden, die Veränderungen auslöst. Sie treibt die Zeit dadurch voran, dass sie die Umwandlung der freien Energie, über eine Abnahme an Information und deren Wirkung im Energiesystem, in eine „chaotische", nicht länger verfügbare Energieform „bewirkt". Dieses Produkt der Energieumwandlung trägt zur Entropie, zur Unordnung, bei. Es ist wie Geld, das ausgegeben wurde, das noch immer in der Umgebung vorhanden, aber für den, der es ausgegeben hat, nicht mehr verfügbar und nützlich ist.

Quanten verraten dem Zeitpfeil ihre Geheimnisse

Nach der Charakterisierung dieses „dynamischen" Paradigmas für Energie, das erstmals einen fundamentalen Zeitpfeil in die Physik einführt, wurden die Untersuchungen mit dem Studium der Irrationalitäten und Paradoxien in Quantenprozessen fortgesetzt. Zuerst musste das hergeleitete fundamentale Energieprinzip auf Quantenzustände angewandt werden. Auch die Quantenwelt wird als energiegetrieben verstanden und Energie sollte versuchen, ihre Anwesenheit pro Zustand zu reduzieren. Aber solange sie funktionieren, erlauben Quantenzustände einem System nicht, Energie umzuwandeln. Wie sollte zum Beispiel ein Elementarteilchen, wie ein Elektron oder ein Photon, seinen Gehalt an freier Energie verringern? Energie könnte sich einfach in den Raum ausbreiten! Hier wurde erkannt: Dies ist genau der mysteriöse Zwillingszustand eines Teilchens mit seiner Eigenschaft, als Welle zu erscheinen. Energie versucht, sich von einem Teilchen in eine Welle umzuwandeln. Man kann Materie nicht nur als Teilchen, sondern auch als Welle, der man – nach dem derzeitigen physikalischen Verständnis – dieselbe Energie zuordnet, beschreiben. Dies gehört seit einem Jahrhundert zum Standardwissen der Quantenphysik. Nach meinem Verständnis jedoch hat die Energie in der im Raum verteilten Welle einen geringeren energetischen Wert und muss deshalb anders beschrieben werden. Dieser Einwand ist relevant, da bei einer niedrigen Energie des Quantums sich die Welle kilometerweit ausdehnen kann. Infolgedessen gibt es keine Äquivalenz zwischen Teilchen und Welle, wie sie in der Quantenphysik heute behauptet wird. Deswegen muss gefordert werden, dass Dynamische Energie zwar ein Teilchen in eine Welle umwandelt, diese aber weniger freie, verfügbare Energie enthält, da die Energie im Raum dann ausgebreitet ist (Fig. 19 b). Die Differenz zur Energie des Teilchens ist „nicht verfügbare Energie" (Entropie, formal multipliziert mit der absoluten Temperatur). Für einen im Raum isolierten Quantenzustand ist eine Energieumwandlung über Teilchen wie auch Welle unterdrückt. Die Transformation eines Teilchens in eine Welle und die Existenz der Energie in Form des Teilchens wie auch der Welle bleiben aber der Ausdruck und die charakteristische Eigenschaft des Quantenzustandes. Um die Gegenwart beider Zustände zu ermöglichen, erforderte es eine neue Überlegung. Die Rückumwandlung der ausgebreiteten Welle in ein konzentriertes Teilchen benötigt Information. Infolgedessen muss der Quantenzustand auf neue und unterschiedliche Weise formuliert werden (Beziehung (11)). Die Beschreibung schließt nun beides ein, die Realität in Form von Teilchen und Welle, und Information über diese Realität, damit die Rückumwandlung der Welle in ein Teilchen gelingt. Beide Faktoren werden nun benötigt, um ein Quantensystem zu beschreiben und zu verstehen. Um zu zeigen, dass eine solche Rolle von Information technologisch vernünftig und notwendig ist, wurde das Funktionsprinzip eines Analog-Digital-Analog Konverters als Beispiel erläutert (siehe Kap.13).

Woher kommen nun die Irrationalitäten in der herkömmlichen Quantenphysik und was sind die Konsequenzen einer dynamisch interpretierten Quantenphysik?

In der historisch gewachsenen Quantenphysik erfährt der interessierte Beobachter nicht genug, um den Quantenprozess zu verstehen. Da Information und Energie in Form von Entropie einen Energieinhalt haben, ist die vorgenommene Ergänzung der gesuchte Unterschied in der Energievorstellung zwischen klassischer Physik und Quantenphysik. Dieser Unterschied, das bisherige Weglassen der Information über den Zustand der Materie im Quantenzustand, war für die Entstehung der Paradoxien verantwortlich.

Die Strategie, mit der dieses Problem hier angegangen wurde, ist im Schema zusammengefasst, das in Fig. 41 abgebildet ist. Ernst Cassirers Überlegungen zur Bedeutung symbolischer Formen, als „Werkzeuge des Verstehens zum Sammeln von Erkenntnis", halfen uns, das Problem der Irrationalitäten und Paradoxien anzusprechen. Die Energievorstellung, die als symbolische Form für das Verstehen der physikalischen Realität verwendet wird, unterscheidet sich in der historisch gewachsenen Quantenphysik und in der klassischen Physik und Thermodynamik (Fig. 6). Der Verlust an Arbeitsfähigkeit, wenn Energie im Raum verdünnt wird, findet seine Berücksichtigung in der klassischen Physik und Thermodynamik. Dieser Verlust wird aber in der Quantenphysik nicht beachtet. Zusätzlich, für beide Gebiete, muss die Energie als dynamisch angenommen werden, da für beide das Prinzip der kleinsten Wirkung gilt, das dynamisch verstanden werden muss.

Aussagen über Energie sind definitiv „symbolische Formen". Widersprüchliche symbolische Formen können jedoch nicht zu konsistentem und rationalem Erkennen führen. Interessanterweise sah Ernst Cassirer zu seiner Zeit selbst kein Problem

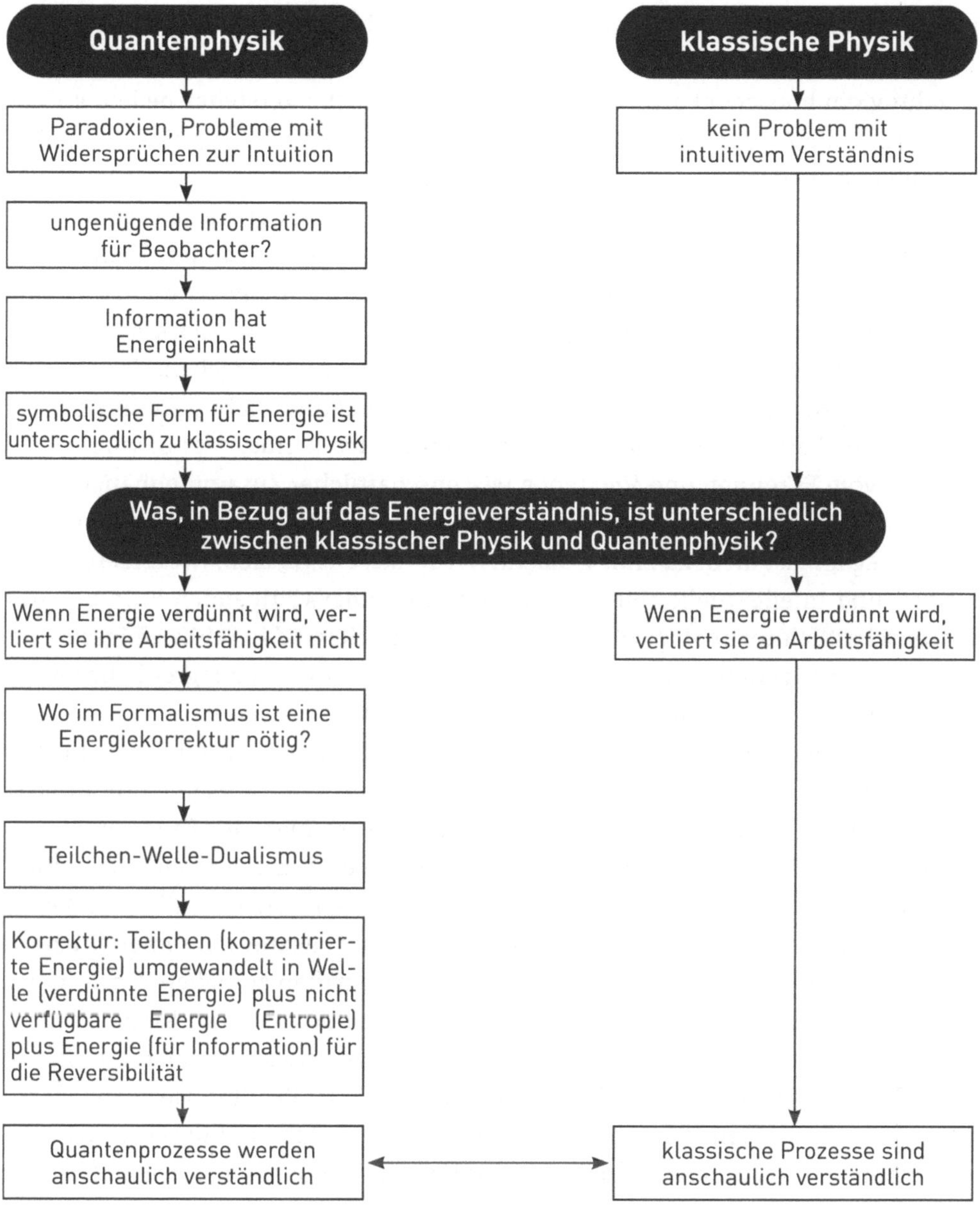

Fig. 41. Schema, das die Strategie erklärt, die angewendet wurde, um die Art der fehlenden Information in der Quantenmechanik, im Vergleich zur klassischen Mechanik, zu verstehen. Ziel war die Eliminierung von Paradoxien.

in der Quantentheorie. Im Gegenteil, er kam zur Überzeugung, dass die „Kompliziertheit des Quantenverstehens einen Fortschritt in Richtung einer idealen Verwendung symbolischer Formen für das wissenschaftliche Verstehen bedeutete". Er unterstrich dieses Verstehen dadurch, dass er als symbolische „a priori" Form den Stoff (Masse m, die mit Energie über $E = mc^2$ zusammenhängt) durch eine Funktion ersetzte (wie zum Beispiel durch allgemeine Kovarianz, die berücksichtigt, wie sich Variable gemeinsam ändern). Er interpretierte Paradoxien und andere Komplikationen in der Quantentheorie nur als Symptome eines noch unvollständigen Überganges zu einem neuen Verstehen (Cassirer, 1921).Allerdings hat sich ein rationales Verstehen der Quantenphysik in einem Jahrhundert nicht ergeben. Die Energie und ihre Eigenschaften scheinen aber zu fundamental und wichtig zu sein, um als symbolische Form zur Seite geschoben zu werden. Ich meine, dass Cassirers Vorstellung vom Erkennen und Verstehen wissenschaftlicher Zusammenhänge überzeugend ist. Nur seine Interpretation der Quantenparadoxien führt auf einen falschen Weg und ist nicht zu Ende gedacht. Ich denke, dass er sich, wie andere Philosophen und Intellektuelle seiner Zeit, unter dem überwältigenden Eindruck des wissenschaftlich-technologischen Fortschritts einfach mit den Schlussfolgerungen der Physiker abgefunden hatte, die behaupteten, die wahre unbegreifliche Quantenwelt und Welt der Relativität richtig erkannt und vermessen zu haben.
Ein anderes Beispiel für die stillschweigende Übernahme von unbegreiflichem Physikwissen dürfte der wohlbekannte Schriftsteller Hermann Hesse liefern: Er lässt einen Helden aus seinem Werk Siddhartha, das 1922 erschien, den Fährmann Vaseduva fragen: „Hast Du vom Fluss das Geheimnis gelernt, dass es keine Zeit gibt?" Und die Antwort endete mit: „Nichts war, nichts wird sein, alles ist, alles hat Wesen und Gegenwart". Hermann Hesse ist eigentlich dafür bekannt, in seinen Büchern altes indisches philosophisches Gedankengut aufgegriffen zu haben. Doch in der berühmten indisch-vedischen Schrift Bhagavad Gita hört man Gott Krishna sagen: „Ich bin die Zeit. Und ich bin gekommen, um die Menschen zu vernichten". In der hinduistischen Religion ist die Zeit keine Illusion. Sie ist Realität. Hermann Hesse ist von der indischen Zeitvorstellung deutlich abgewichen. Ausgerechnet sein Fährmann ignoriert auch die Erfahrung des Heraklit, dass man nie zweimal in denselben Fluss steige. Hermann Hesse war wohl von Zeitlosigkeit, vom Fehlen der Kausalität und ähnlichen Vorstellungen beeindruckt. Solche Gedanken können ihn fast nur über die zu seiner Zeit viel diskutierte Relativitäts- und Quantentheorie erreicht haben. Er ist somit ein Beispiel dafür, wie sich verwirrende Wege der Physik im literarischen Bewusstsein und im Denken der Menschen niederschlagen. Was hat die zitierte Aussage aus Hermann Hesses viel gelesenem Buch in jungen

Lesern bewirkt? Wahrscheinlich hat dies niemand erforscht, aber hat sie Verwirrung ausgelöst? Haben manche junge Menschen deswegen aufgehört, Pläne für die Zukunft zu schmieden, weil alles „Gegenwart ist"? Dies zeigt auf, wie wichtig es für die Psyche des denkenden Menschen wäre, dass die Natur, in der er lebt, von der Wissenschaft richtig interpretiert würde. Wir sind der Natur ausgeliefert und auch moderne Technik unterliegt ihren Gesetzen.

Die hier in diesem Buch erkannte und verstandene Realität in der Natur zeichnet neue Konturen. Wie wir gesehen haben, ermöglicht sie tatsächlich das anschauliche Verstehen von Quantenphänomenen. Durch die Einführung einer dynamischen Eigenschaft der Energie in die Quantentheorie über eine modifizierte Teilchen-Welle-Dualität (Formel (11)) wird die erforderliche zusätzliche Information zur Ausmerzung von Quantenparadoxien geliefert (wie in Fig. 19 b erklärt). Man versteht auch, warum sich die konzentrierte Dynamische Energie eines Teilchens, als Folge der Bemühung die Energie pro Zustand zu verringern, in die verdünnte Energie der Welle umwandelt. Insgesamt wird durch das Quantensystem ein minimaler Betrag an verfügbarer, freier Energie angestrebt und eingehalten, wobei die Energie für Information miteingeschlossen ist.

Wie anhand des Doppelschlitz-Beugungsexperiments, des Rätsels der Quantisierung, der Erklärung der Quantenkorrelation und der Interpretation der konstanten Lichtgeschwindigkeit gezeigt wurde, können diese verblüffenden physikalischen Phänomene nun rational verstanden werden. Die angenommene Mobilisierung von Information, als Kompensation für die Erzeugung von Entropie während der reversiblen Verdünnung von Energie in den Raum, stellte sich als Schlüssel für die Ausmerzung von Irrationalität aus der Quantenphysik heraus. Es handelt sich dabei um eine Art Informationsabbild-der-Materie. Sie kann genau als jene Information betrachtet werden, die in der historisch gewachsenen Quantentheorie für den Beobachter unterdrückt wurde. Wenn sie in die Quantenvorstellung eingefügt wird, hilft sie nun dem Beobachter, Eindrücke, die der Intuition widersprechen, und damit Irrationalitäten zu vermeiden. Diese zusätzliche Information macht die Experimente verständlich, ohne dass die experimentellen Tatsachen in Frage gestellt würden. Im Gegenteil. Sie liefert außerdem noch eine vernünftige Erklärung für das bisher unverstandene begleitende Phänomen der Gravitation, das nicht nur große Massen, sondern auch die Elementarteilchen zeigen. Ziehen wir nochmals das Doppelschlitzexperiment heran. Hier wird die Information, die durch die Welle von den Konturen des zweiten Schlitzes vermittelt wird (sie ist in der „negentropischen" Energie E_n, der Energie des Informationsabbildes in Formel (11) enthalten), in die Energie des Teilchens E_p zurückverwandelt. Dadurch kann dem Teilchen die

in Bezug auf den zweiten Schlitz gesammelte Information aufgeprägt werden, wenn dieses den ersten Schlitz verlässt (Fig. 23). Einzelne Teilchen, die durch die Schlitze treten, brauchen nun nicht mehr gleichzeitig innerhalb zweier Schlitze anwesend zu sein, um ein Beugungsmuster zu erzeugen. Sie sondieren vielmehr den zweiten Schlitz, indem sie kontinuierlich und dynamisch entsprechend der Formel (11) von der Teilchenform in die Wellenform wechseln. Auf diese Weise „wissen" einzelne Teilchen, während sie nur durch einen Schlitz hindurchtreten, vom zweiten Schlitz. Sie erhalten die Information von diesem über E_n, der Energie, die im Zusammenhang mit dem Informationsabbild des Teilchens steht. Das Informationsabbild erfährt ja den zweiten Schlitz, der die Welle begrenzt. Es ist wichtig, bei einer solchen Transformation die notwendige Rolle der Information zu begreifen. Aus diesem Grunde wurden technische Analog-Digital Wandler als funktionierendes praktisches Beispiel diskutiert.
Da diese Vorstellung einer Dynamischen Energie als symbolische Form für das Erkennen im klassischen Sinne funktioniert, wird hier vorgeschlagen, dieser „Dynamischen Energie" die Bedeutung eines grundlegenden Energiegesetzes zuzuschreiben. Die Gültigkeit eines solchen Gesetzes wird dadurch unterstützt, dass es die Ausmerzung relevanter Paradoxien ermöglicht, die das rationale Erkennen im klassischen Sinn unmöglich machten. Die historisch gewachsene Quantentheorie konfrontierte uns mit einer Welt, in welcher der Raum für die Energie keine Bedeutung hat. Wo der Raum verschwindet, können sich Objekte gleichzeitig an zwei verschiedenen Positionen aufhalten. Auch kann die Wirklichkeit verschwommen sein und können Austauschphänomene zwischen Quanten augenblicklich ablaufen. Mit der Einführung des Raumes in die Gleichung (11) (sie beschreibt die Erzeugung von entropischer Energie und die Bereitstellung von Informationsenergie, um erstere zu neutralisieren) verschwinden die Paradoxien.
Wenn sich ein solches Teilchen in zwei quantenkorrelierte Tochterteilchen aufspaltet, dann muss auch diese Information unterteilt, verändert und aufgespalten werden. Es ist sehr schwierig, dieses Informationsabbild (der Materie) angemessen umzuformen und zu teilen, wenn verbindende Erhaltungssätze für die Teilchen, wie die Erhaltung des Drehimpulses, zu berücksichtigen sind. Dies ist die Ursache dafür, dass zwischen sich trennenden, aber immer noch „quantenkorrelierten" Teilchen eine Informationsverbindung aufrecht erhalten bleibt. Die Teilchen sind weiterhin durch ein Informationsabbild verbunden, sodass die Manipulation eines Teilchens unmittelbar das Schwesterteilchen beeinflussen und verändern kann. Ein Teil der Information bleibt dann noch über größere Entfernungen verbunden, während sich die quantenkorrelierten Teilchen trennen (Fig. 21). Wir haben es hier

mit einem speziellen Phänomen der Gravitation zu tun, da es sich beim Informationsabbild um Gravitation handelt. Eine derartige Folge von Vorgängen und die neue Bedeutung der Quantenkorrelation sind völlig logisch erklärbar und machen die von Einstein gesehene „gespenstische Wechselwirkung auf Entfernung“ anschaulich verständlich. Bei den Quantenprozessen bleibt keine fundamentale Irrationalität übrig. Teilchen spalten einfach auf. Neu ist aber das Informationsabbild-der-Materie, die Gravitation, die fortfährt, die Teilchen über eine Entfernung hinweg zu verbinden. Das Phänomen der Nichtlokalität braucht damit nicht mehr als Erklärung herangezogen zu werden. Die sich trennenden Teilchen sind wie zwei Personen verbunden, die ihre Aktivitäten über Handys und den damit aufrecht erhaltenen Informationsaustauch koordinieren. Wenn ein Partner die Kommunikation unterbricht, merkt dies der andere. Aber natürlich gibt es für die Physik dabei noch sehr viel zu lernen, da der Gravitation als ein Informationsphänomen bedeutsame neue Eigenschaften zugeordnet werden. Wie gelingt es rein materiell, die Gravitation zu einem Informationsstrang auseinander zu ziehen (Fig. 28, links oben)? Die mit solchen Eigenschaften bedachte Gravitation im Detail zu erforschen, wird eine interessante Herausforderung sein.

Es ist es wert, an die Behauptung des berühmten Bell-Theorems zu erinnern, dass keine lokale Theorie, die verborgene Variable einsetzt, die Vorhersagen der Quantentheorie reproduzieren könne. Jedoch hat das „Dynamische Energiemodell“ das Informationsabbild-der-Materie eingeführt und damit erreicht, eine rationale Erklärung für das Doppelschlitzexperiment und andere Paradoxien zu geben. Die Annahme, dass sich ein Teilchen an zwei Orten gleichzeitig aufhielte, erübrigte sich. Die Theorie bleibt „lokal“. Es gelang auch, eine vernünftige Erklärung für das Phänomen der Quantenkorrelation zu geben. Die Teilchen sind auch in diesem Fall lokal beschreibbar, aber über einen Informationsstrang miteinander verbunden. Eine solche Situation ist logisch zu erklären. Wie kann dieser Widerspruch zur Schlussfolgerung von Bell (1964) erklärt werden? Die Formel von Bell bezieht sich wohl auf das enge Gebiet zeitneutraler Mechanismen. Der energiegetriebene Zeitpfeil hat es aufgesprengt und neue Wege zu einem tieferen Verständnis eröffnet.

Ein kritischer Test für die Existenz des postulierten Informationsabbildes-der-Materie, der vermittelnden ausschlaggebenden Information, war notwendig und ließ sich auch durchführen. Da ein Umsatz von Information einen Umsatz von Energie beinhaltet, musste das Informationsabbild von Teilchen in der Natur beobachtbar und messbar sein. Dieses Phänomen von Information und Energie sollte um Materie herum anwesend und registrierbar sein. Es sollte auch umso konzentrierter sein, je höher die Konzentration der Materie ist. Es würde zwangsläufig auch weiter weg von Materie weniger konzentriert sein. Und es musste auch innerhalb von Materie existieren und durch Materie hindurch wirken können. Es wurde gezeigt, dass es sich hierbei nur um die bisher wenig verstandene, aber überall gegenwärtige Gravitation handeln kann. Gravitation ist also das Medium, das diese Information über Materie darstellt, mitteilt und umsetzt. Es ist auch das Medium, das die bisher rätselhafte Quantenkorrelation aufrechterhält. Information, das Informationsabbild-der-Materie, wird somit zu einem fundamentalen Phänomen, über welches die natürliche Welt rational besser verstanden werden kann. Ihre Berücksichtigung eliminiert Quantenparadoxien und ermöglicht einen neuen Zugang zum Verständnis des Universums.

Die menschliche Gesellschaft erlebt gegenwärtig eine eindrucksvolle Entwicklung in der Informationstechnologie. Sie beruht auf Naturgesetzen. Es wird damit völlig glaubhaft, dass wir es beim Informationsabbild-der-Materie mit einem wichtigen und realistischen Naturphänomen zu tun haben. Die von Menschen geschaffene Informationstechnologie beruht auf modulierten elektromagnetischen Wellen und einer ausgearbeiteten Vielfalt technischer Einrichtungen, die sie nutzen. Die Natur setzt offenbar die Gravitation für die Übertragung und Umsetzung von Information ein. Wir müssen wohl erst lernen, wie die Materie damit umgeht und mit ihr wechselwirkt. Dass die Natur ebenfalls in großem Maßstab Information umsetzt, sollte Menschen in unserem Informationszeitalter nicht mehr verwundern. Wenn wir mit unseren Aktivitäten Information umsetzen, agieren wir ja innerhalb der Gesetze der Natur. Sie kann mit Information umgehen.

Es spricht für die Konsistenz dieser neuen Quanteninterpretation und der damit zusammenhängenden Gravitation, dass zusätzlich Paradoxien und alte Rätsel einfache Erklärungen finden. Warum emittieren Elektronen auf Umlaufbahnen um Atomkerne keine Strahlen und kollidieren letztlich nicht mit dem Kern? Da Elektronen auf Umlaufbahnen um einen Atomkern auch darauf abzielen, eine Welle zu erzeugen und da ein Minimum an Energie erreicht werden soll, muss auch das Informationsabbild minimiert werden. Dies bedeutet, dass nur einfachste Wellenmuster um den Atomkern herum akzeptabel sind. Nur die einfachsten Wellenmuster erreichen ein Minimum an Information. Ein Wellenmuster dieser Art entspricht ganzen Zahlen voller Wellenlängen um das Atom herum. Eine solche Bedingung erzwingt die Quantisierung (Fig. 20). Wenn Licht in einem Atom absorbiert wird und ein Elektron von einem niedrigen Zustand in einen höheren gehoben wird, sucht das Informationsabbild-der-Materie, Gravitation, in beiden Zuständen ein Minimum. Auf diese Weise wird die Quantisierung ebenfalls verständlich. Es ist die Folge einer lokalen Minimierung von Information (Gravitation).

Die ganze Welt der Quanten und ihrer Quantisierung steht also mit Information und ihren Eigenschaften und Aussagen in Zusammenhang. Zusätzlich wäre dann die Tatsache, dass es eine Quantisierung in der Natur gibt, eine Bestätigung dafür, dass Energie, und damit Information, wirklich versucht, minimale Werte pro Zustand anzunehmen. Die Quantisierung ist die Konsequenz einer fundamental irreversiblen Welt. Wenn ein Photon von einem erhitzten Körper ausgesandt wird, um zur Planck'schen Strahlungsformel beizutragen, trägt es die Erinnerung an das dynamisch an ein Minimum angepasste Informationsabbild-der-Materie für die beteiligten Elektronenzustände und das nun freigesetzte Photon mit sich. Dieses Informationsabbild wird auch helfen, die Rotverschiebung von Sternenlicht über Entropieverluste zu erklären.
Auch der Behauptung der klassischen Quantenphysik, dass die Kausalität nicht gelte, wird hier widersprochen. Es ist keineswegs nichtkausale Statistik, die den Zerfall radioaktiver Teilchen bestimmt, sondern „deterministisches" Chaos. Der Grund ist der, dass in einer zeitorientierten Energiewelt Elementarteilchen als Produkte einer Selbstorganisation von Energie verstanden werden müssen. Bevor ein Teilchen zerfällt, driftet es – als Folge einer kleinen Änderung von Parametern – ins Chaos. Es zerfällt dann nach statistischen Gesetzmäßigkeiten, die durch deterministisches Chaos bestimmt sind. Diese daraus resultierende deterministische Wahrscheinlichkeit kann nicht von rein willkürlicher statistischer Wahrscheinlichkeit unterschieden werden. Die experimentellen Belege, welche die Physik präsentierte, bleiben also gültig. Sie müssen nur anders gedeutet werden.
Ähnlich kann die Vorstellung der Nichtlokalität in der Quantenphysik auch noch mit dem folgenden Argument ausgeschieden werden: Ein Teilchen ist nicht länger statistisch entlang der Welle verteilt. Eine Welle ist vielmehr ein Energieprodukt, das aus einem Teilchen erzeugt wird. Deswegen werden Teilchen nicht mehr gleichzeitig an voneinander entfernten Orten gefunden. Experimente mit verschränkten, quantenkorrelierten Teilchen stützen eine Nichtlokalität genauso wenig. Die Verbindung, die zeitweise zwischen sich trennenden, quantenkorrelierten Teilchen existiert, ist eine Verbindung über Information (Fig. 21). So lange sie existiert, können die Teilchen zwar als verbunden betrachtet werden, diese Verbindung aber ist logisch verständlich. Ich verglich sie mit der von zwei Personen, die ihre Aktivitäten über Handys koordinieren. Ihr Mechanismus der „Korrelation" birgt kein prinzipielles Geheimnis. Eine derartige Realität kann rational und lokal verstanden werden. Man muss nur lernen, wie die Natur mit Information umgeht. Es besteht aber keine Notwendigkeit, eine solche Aktivität als Zeichen von Nichtlokalität zu betrachten. Die Quantenparadoxie der Nichtlokalität von Teilchen, eine

Fähigkeit an zwei Orten gleichzeitig anwesend zu sein, verschwindet. Erfreulicherweise handelt es sich dabei nicht um eine „Eigenschaft des Universums", wie Quantenphysiker behaupten.
Mit dem Zeitpfeil gibt es die Aussicht auf viel tiefere Einblicke in fundamentale Aspekte der Quantenphysik. Man kann mit ihm die Interpretation der Quantenmechanik drastisch modifizieren, ohne die experimentellen Tatsachen in Frage zu stellen. Es wird allerdings Zeit brauchen, alle Konsequenzen in ihrer Tragweite zu verstehen und mit einem angepassten Formalismus auch quantitativ zu bewerten. Das Problem der Einführung eines neu beanspruchten Naturgesetzes, eines fundamentalen Zeitpfeils als Spur der Energie, in der Natur und das seiner Gültigkeit könnte nach den Vorschlägen des Wissenschaftsphilosophen Karl Popper gehandhabt werden. Der Zeitpfeil sollte als „teilweise gültige" Behauptung vorgeschlagen und durch Versuche, sie zu widerlegen (Popper, 1997), systematisch geprüft werden. Dieser Vorschlag hat einen Grund: Nur solche Behauptungen können als wissenschaftlich betrachtet werden, von denen umrissen werden kann, unter welchen Bedingungen sie widerlegt, also falsifiziert werden können. Entsprechende Vorschläge folgen weiter unten.
Der von dieser hier entwickelten Initiative erwartete Vorteil besteht darin, dass neue Fronten des Erkennens dort überschritten werden können, wo bisher verwirrende Paradoxien bizarre Vorstellungen nahelegten und ein Weiterdenken verhinderten. Diese Paradoxien reichen von einer gleichzeitigen Anwesenheit von Objekten an unterschiedlichen Orten bis hin zur Energieerzeugung aus dem Nichts und der Existenz von nichtkausalen Phänomenen.
Wenn man die hier vorgebrachten Argumente zusammenfasst, dann kann man sagen, dass die ein Jahrhundert alte Bemühung seitens der Quantenphysiker, die Öffentlichkeit von einer irrationalen Grundlage der Physik zu überzeugen, darauf zurückzuführen ist, dass zur Gewinnung von Erkenntnis teilweise falsche und unvollständige Mechanismen eingesetzt wurden. Die im vorigen Jahrhundert empirisch abgeleiteten Quantengesetze haben Eigenschaften der Energie eingebettet, die, als symbolische Formen benutzt, im Vergleich zur historisch gewachsenen klassischen Physik unterschiedliche Rahmenbedingungen schafften und teilweise widersprüchlich sind. Wenn man die Quantenbeschreibung auf dieselben Eigenschaften der Energie hin korrigiert (was die Bedeutung des Raumes für die Energie betrifft) und die Zeitneutralität aufgibt, um eine Dynamik des Quantenprozesses zu ermöglichen, dann wird der Widerspruch zur menschlichen Intuition und Logik überwunden und die Paradoxien verschwinden.

Warum die Raumzeit in die Irre führt

Ein bemerkenswertes paralleles Ergebnis der vorgeschlagenen Vorstellung ist, dass die experimentell bestätigte, in allen relativen Bezugssystemen konstante Lichtgeschwindigkeit ebenfalls anschaulich verstanden wird. Die Konstanz wird einfach durch das beteiligte Informationsabbild-der-Materie implementiert. Sie ist die Folge einer alternierenden, dynamischen Anwesenheit des Lichtteilchens in Form von Information (E_n in Beziehung (11), Fig. 19 c). Sie erklärt die Wiedergewinnung einer identischen Photoneneigenschaft E_p mit vorgegebener Geschwindigkeit in jedem Bezugssystem. Diese konstante Lichtgeschwindigkeit ist offensichtlich durch ein fundamentales Naturgesetz, das dabei eingehalten wird, fixiert. Wenn sie nicht fixiert wäre, könnte ein Beobachter auf einem extrem schnellen Objekt, das sich einer Lichtquelle von hoher Geschwindigkeit aus entgegengesetzter Richtung annäherte, Überlichtgeschwindigkeit messbar feststellen. Die Situation, die tatsächlich gegeben ist, entspricht dem Registrieren von Licht über digitale Signale als identische Informationsmuster (wie beim Fernsehen oder Betreiben eines dreidimensionalen Druckers) bei völlig verschiedenen Geschwindigkeiten des Empfängers (Fig. 25). Ein solcher Vorgang von Informationsübertragung ist anschaulich vollkommen verständlich und funktioniert in der Anwendung.

Einstein erklärte die konstante Lichtgeschwindigkeit, die vorher experimentell festgestellt wurde (Experimente von Michelson und Morley), einfach als Eigenschaften des Raumes. Als notwendige Voraussetzung musste er die vierdimensionale Raumzeit postulieren. Sie ist zu einer völlig akzeptierten Vorstellung geworden, die gegenwärtig das Bild vom Universum prägt. Gewertet an der hier beschriebenen, sich zwanglos ergebenden, trivialen lokalen Deutung der konstanten Lichtgeschwindigkeit ist diese Vorstellung unglaublich kompliziert und zudem nicht richtig, ja im Grunde abenteuerlich, da der leere Raum keine erklärbare Infrastruktur besitzt, welche solche Eigenschaften implementieren könnte. Innerhalb der Relativitätstheorie war diese Verbindung von Raum und Zeit, bei der Raum- und Zeitkoordinaten zu einer vierdimensionalen Struktur vermischt wurden, als einzig mögliche Konsequenz aus der experimentell verifizierten Paradoxie der Immer-konstanten-Lichtgeschwindigkeit angesehen worden. Wenn jedoch die Konstanz der Lichtgeschwindigkeit lokal erklärt werden kann, wenn sie als Eigenschaft von Quanten, die laufend aus Information in Richtung immer identischer Eigenschaften zusammengebaut werden, zu verstehen ist, würde dies keinen vierdimensionalen Raum, der eine konstante Lichtgeschwindigkeit erzwingen muss, erfordern. Diese Eigenschaft ist schon vorhanden, durch den Informationscharakter der „dynamischen" Quanten hervorgerufen und durch die Identität dieser Information mit der Gravitation weiter zementiert. Die in der Allgemeinen Relativitätstheorie angenommene Krümmung der Raumzeit durch Masse sowie energieführende Objekte und auch die „gekrümmte" Zeit, eine Zeit, die manipuliert wird, um Beschleunigungen zu erklären, müssten der neuen, viel einfacheren Interpretation weichen, dass das Informationsabbild-der-Materie die Gravitation selbst darstellt. Um zu lernen, wie Licht mit Gravitation wechselwirkt, wäre es nun zum Beispiel notwendig, die Auswirkung der Gravitation (Information) einer Masse auf den neu definierten Quantenzustand, der über Beziehung (11) erklärt wird und Information beinhaltet, zu berücksichtigen. Wir hätten es bei diesem Phänomen dann mit einer Wechselwirkung und Überlagerung von Information zu tun. Zwei unterschiedliche Informationsprogramme wechselwirken miteinander. Die später in Kap. 37 diskutierte „relativistische" Wirkung von Gravitation auf Atomuhren wird so erklärt.

Dieses so wichtig gewordene Informationsabbild-der-Materie erklärt gleichzeitig den grundlegenden Zusammenhang zwischen Quantenprozessen und kosmologischen Vorgängen, was bisherige Theorien nicht vermögen. Dabei ist zu bemerken, dass ein vierdimensionaler Raum ebenso wenig logisch verständlich ist, wie weitere Mechanismen, die in der Kosmologie mit ihm in Zusammenhang gebracht werden: der Big Bang, die Inflation des Raumes, dunkle Energie. Außerdem wurde oben gezeigt, dass die Aussagen der Relativitätstheorie beträchtlich variieren, wenn die angenommene Lichtgeschwindigkeit für die Signalübermittlung verändert wird. Eine ideale, unendlich schnelle Signalübertragung, die eine Gleichzeitigkeit im ganzen Raum garantieren würde, eliminiert alle relativistischen Längen- und Zeitverkürzungen. Es ist also nicht allein die hohe Geschwindigkeit des zu vermessenden Systems, sondern auch die Geschwindigkeit der Signalübertragung, die Lichtgeschwindigkeit dafür verantwortlich. Wir haben es wohl mit einer relativistischen Illusion zu tun, die durch die Signalübermittlung manipuliert wird. Zur Verwirrung trägt auch eine Uhrzeit bei, die lediglich als Maßstab wirkt und nichts mit Energieumsatz oder Veränderungen zu tun hat. Wollen wir das Universum so verstehen, wie es durch die vorgegebene Lichtgeschwindigkeit, die Signalübermittlung und eine passive Uhrzeit manipuliert wird? Oder wollen wir das Universum so begreifen, wie es wirklich ist, indem wir uns einen idealen Mechanismus der Informationsübertragung vorstellen?

Das Dynamische Energiemodell bietet, verglichen mit der vierdimensionalen Raumzeit, eine deutlich einfachere und überzeugendere „symbolische Form" zum Erkennen der Realität. Es liefert zudem eine logische und physikalisch einleuchtende Interpretation der Gravitation. Man stelle sich, im Gegensatz dazu, einen „leeren" Raum vor, der in der Allgemeinen Relativitätstheorie so komplizierte

Eigenschaften ausübt, wie Bewegungen auszulösen, Objekte zu beschleunigen und die Zeit zu manipulieren. Dabei wird von einer Zeit ausgegangen, die nur ein Ordnungsparameter, an sich eine „Illusion" ist. Das liegt daran, dass in der Relativitätstheorie die Uhrzeit verwendet wird. Sie hat nichts mit Energieumwandlung zu tun, enthält weder Substanz noch Energie und kann deswegen auch nicht direkt wie ein Materiestrom gemessen werden. Zeitintervalle, die von Naturkonstanten und Materialparametern geprägt sind, werden in Quarzuhren oder Atomuhren einfach als Kette periodischer Vorgänge aufsummiert und an astronomischen Perioden geeicht. Dadurch verliert die Uhrzeit jede Beziehung zur Energie, obwohl Uhren durch Energie betrieben werden, um diese Zeitintervalle, die durch Naturkonstanten fixiert sind, zu registrieren. Die Uhrzeit passt damit perfekt in die zeitneutrale Welt der klassischen Physik. Sie hat nichts mit Energie zu tun, die Veränderungen bewirkt, aber kann Veränderungen registrieren, welche tatsächlich existieren.

Die wirkliche Zeit ist die Spur der Energie

Die physikalisch direkt messbare und dynamisch wirksame Realität der Zeit kann deswegen nicht über den Ordnungsparameter Uhrzeit, sondern nur über die Wirkung (Energie mal Zeit, fließender Sand) ausgedrückt werden. Auf Grundlage der hier entwickelten Überlegungen ist der Fluss der Wirkung, Energie mal Zeit, das eigentliche Phänomen, das die Zeit in der Natur vorgibt. Äquivalent kann man sie als einen Fluss aufgegebener Information verstehen. Der Fluss der Wirkung ist das, was den Fluss der wirklichen Zeit „bewirkt". Er kann auch als „Verlust von Information über die Vergangenheit" beschrieben werden. Dieser Fluss, die „Wirkungszeit" ist es, den wir überall in unserer Umgebung an ablaufenden Prozessen erkennen und der auch im Gehirn abläuft, der das eigentliche Rätsel der Zeit darstellt. Es blieb im Wesentlichen ungelöst und verwirrte viele kluge Köpfe, weil die historisch gewachsene Wissenschaft darauf bestand, dass die Natur mit ihrer Materie zeitneutral reagiert und sich höchstens in Richtung größerer Wahrscheinlichkeit entwickelt. Die Energie hat dabei kein Interesse, die Zeit anzuschieben und die Uhrzeit keine Fähigkeit, an Energiephänomenen mitzuwirken.

Im Gegensatz dazu, in einer Welt des hier beschriebenen Zeitpfeils als Spur der Energie, sollte uns nur die Wirkung sagen, was im Weltraum geschieht und deswegen nur sie, die „Wirkungszeit", und nicht die Uhrzeit in anderen Bezugssystemen, auf bewegten Objekten, hinterfragt werden. Dann ist die „bewirkte" Zeit keine Illusion mehr, läuft in verschieden bewegten Systemen bei analoger Eichung als Uhrzeit gleich ab und entspricht auch dem, was wir empfinden. Im Gegensatz dazu hinterfragt die Relativitätstheorie nur die Uhrzeit, den von Energie entkoppelten Ordnungsparameter für Veränderungen, und glaubt, daran eine durch Bewegung manipulierte Zeit, die Dynamik des leeren Raumes sowie die Möglichkeit von Zeitreisen zu erkennen. Wie in Kapitel 17, 18 und 19 ausführlicher diskutiert, ist dies eine Sackgasse. Die Uhrzeit, die als Illusion erkannt wurde, weil sie nichts mit Energie zu tun hat, kann, wenn hinterfragt, nur Illusion erzeugen. Aber natürlich eignet sie sich als reiner Maßstab zur begleitenden Erfassung von Veränderungen und diktiert mit ihrem Takt auch den Rhythmus der modernen Welt.

Die vorgenommene Änderung der Energievorstellung ist ein Paradigmenwechsel und ermöglicht einen neuen Zugang zur Deutung verschiedener Phänomene. Diese reichen, wie eben gezeigt, von der Zeit (dem Fluss der Wirkung als Spur der Energie beziehungsweise dem Fluss verlorener Information über die Vergangenheit) über die Dynamik des Raumes bis zum Bewusstsein (eine Selbstorganisation von Information durch eine zeittreibende Energie). Eine energieumwandelnde Welt, in der die Zeit fundamental ist und in der die Energie ihre Anwesenheit pro Zustand zu verringern sucht, kann sich selbstorganisieren, da Rückkopplungsprozesse möglich sind. Diese bauen, wenn Energie durch das System fließt, höhere Ordnung aus sich selbst auf. Die historisch gewachsene, etablierte Vorstellung von der physikalischen Welt, in der fundamentale Prozesse zeitumkehrbar sind und Zeit nur eine Illusion oder ein statistischer Weg in Richtung Entropiezunahme ist, kann zeitorientierte, selbstorganisierte Realität nicht angemessen erklären. Wenn dies trotzdem versucht wird, zum Beispiel durch Mechanismen der „Symmetriebrechung", bei welcher zeitneutrale Vorgänge gerichtet werden sollen, greifen die Theorien auf waghalsige mathematische Interpretationen zurück (diskutiert in Kapitel 8).

Die Vorstellungen, die hier auf Grundlage des Zeitpfeils entwickelt wurden, lassen erwarten, dass, wenn natürliche Prozesse ablaufen, diese nach dem Prinzip der kleinsten Wirkung funktionieren. Wirkung wird umgesetzt, was allmählich die Erscheinung unserer Umwelt verändert. Diese Wirkung „bewirkt" dadurch, dass sie von Bewegungen, Veränderungen begleitet wird, den Fluss der Zeit. Ist dies etwas verblüffend Neues? Erinnern wir uns an den griechischen Naturforscher und Philosophen Aristoteles, den Lehrer Alexanders des Großen, der im 4. Jahrhundert vor Christus gelebt hat. Er sagte: „Die Zeit ist das Maß einer Bewegung, die sich von einem Vorher zu einem Nachher vollzieht". Seine Zeitvorstellung ließ ihn keine Illusion erkennen, keinen Parameter, der als Zahlenfolge Veränderungen registriert, sondern er erkannte erlebte Bewegung, energiegetriebene Realität. Er beschrieb Wirkung, wie sie ein von einem Hügel herunterrollender Stein oder in einer Sanduhr fließende Sandkörner zum Ausdruck bringen. Aristoteles hat die Zeit als irreversibel verstanden. Bewegungen entwickeln sich nur in Richtung der erlebten Zeit. Warum hat er dieses irreversible und energiegesteuerte Wesen der Zeit in so unvoreingenommener Weise erkannt, anders als unsere historisch gewachsene Wissenschaft? Damals standen Naturforscher noch näher am Puls der Natur. Sie waren nicht hoch spezialisiert und in ihrer Meinung wohl weniger von bereits festgeschriebenen Konventionen abhängig.

Welche Vorteile es bringt, die Zeit, dieses seit Aristoteles so viel diskutierte Phänomen, richtig zu verstehen, soll an einem kleinen Beispiel erläutert werden. Da der Zeitpfeil als Spur der Energie ein Energiephänomen ist und weil Geld ein Äquivalent für Energie ist (Kap. 32), könnte man den Zeitpfeil in wirtschaftlicher Hinsicht auch als „Spur des Geldes" definieren. Wo Geld ausgegeben wird, gibt es Veränderungen. Man versteht sofort, dass der bekannte, auf Benjamin Franklin zurückgehende Spruch „Zeit ist Geld" intuitiv die richtige Aussage trifft. Aber man kann noch viel mehr über die Zeit und das Geld herausfinden, wenn man sich daran erinnert, dass selbstorganisierte Systeme maximale Entropie- (Energie-)Umsätze anstreben und diese Tendenz verstärkt wird, wenn Einschränkungen während der Evolution der Systeme reduziert werden. Die Folge müsste sein, dass die ablaufende Zeit, die Geldumsätzen beziehungsweise Energieumsätzen gleichzusetzen ist, welche einen Fluss von Wirkung erzeugen, immer intensiver genutzt wird. Am Beispiel der Geschichte der Industriegesellschaft ist dies unmittelbar nachzuvollziehen. Zuerst wurden Uhren entwickelt und eingesetzt, um die Zeit zu organisieren, Fahrpläne zu erstellen sowie die Arbeit besser einzuteilen. Dann folgten Fließbandarbeit und Zeitkarten sowie eine maximale Ausnutzung der Zeit durch die Industrie. Im jetzigen Informationszeitalter häufen sich Applikationen für die Zeitorganisation und Aktivitäten, die einfach auf die Seite der Kunden, denen dadurch Zeit genommen wird, geschoben werden. Sie reichen vom Internetbanking, wo man alle Arbeitsschritte selbst durchführen muss, dem privaten Zusammenbau von Möbeln bis zum passiven Sammeln von Nutzerinformationen aus der Informationsflut des Internets. Der Trend in Richtung maximaler Zeitnutzung, der mit dem „burnout" und dem „karoshi", dem Tod durch Arbeit, traurige Bekanntheit erreicht hat, könnte demnach als Naturphänomen und Systemproblem gedeutet werden, das durch die Dynamische Energie-Theorie verstanden werden kann. Dieser Trend in Richtung intensiverer Zeitnutzung reflektiert offensichtlich den innewohnenden Drang selbstorganisierter Systeme in Richtung maximalen Entropieumsatzes. Wenn die Einschränkungen gelockert werden, passiert dies, wird pro Zeiteinheit einfach immer mehr Energie (Geld) umgesetzt. Das Problem ist aber interessanterweise auch Teil der Lösung. Geist entwickelte sich aus einem solchen Drang nach mehr Energieumsatz heraus: Der Einsatz von Geist zur Wahl angemessener Einschränkungen gegen exzessive Zeitnutzung wäre demnach der vielversprechendste Weg zur Steuerung.

Gravitation und das Universum signalisieren Intelligenz

Richten wir den Blick von den Problemen der modernen Zivilisation hinaus in den Weltraum. Die Vorstellung von der Dynamische Energie und des daraus resultierenden Zeitpfeils erlauben dem Sternenlicht, das sich in den Raum hinaus ausbreitet, auf dem Weg dahin Energie umzusetzen und Entropie zu erzeugen. Auf diese Weise kann das Licht ein thermodynamisches Gesetz respektieren, das von sich irreversibel ausbreitendem Licht die Erzeugung von Entropie verlangt. In dieser wichtigen Situation, wiederum, vernachlässigt die historisch gewachsene Quantenphysik den Einfluss des Raumes auf die Energie: Photonen können, einmal ausgesendet, nur Energie abgeben, wenn sie mit Materie oder Gravitation wechselwirken. Im Gegensatz dazu können sie im Dynamischen Modell, das an den Zeitpfeil als Spur der Energie gekoppelt ist, jederzeit Energie abgeben und Entropie erzeugen. Sie machen dies bei der Rückumwandlung der Welle in das Photon, die von Information gesteuert wird und Faktoren der Umwelt berücksichtigen kann. Die im Raum durch sich verdünnendes Sternenlicht angesammelte Entropie wird als die Mikrowellenhintergrundstrahlung interpretiert. Sie ist nicht, wie gegenwärtig behauptet, das „Echo" der Big Bang Explosion. Wegen der daraus resultierenden Konsequenzen und der Notwendigkeit, die Rotverschiebung von Sternenlicht neu zu interpretieren, wird sowohl die Big Bang Theorie als auch die Aufblähung des leeren Raumes nach dem Big Bang, die Inflation, in Frage gestellt. Dies betrifft auch die gängige Interpretation von schwarzen Löchern und Quasaren als Phänomene, die nahe am oder im Gleichgewicht ablaufen sollen. Der gigantische Strahlungsfluss von Quasaren, der mit schwarzen Löchern in Verbindung steht, wird als maximaler Entropieumsatz fern vom Gleichgewicht interpretiert, dem Zustand, dem sich selbstorganisierte Systeme annähern.

Wirklich interessant und bahnbrechend ist auch die Erkenntnis, dass die Information, die zwischen Teilchen und Welle vermittelt und wohl auch das sich ausbreitende Licht steuert, die Gravitation ist. Die Gravitation ist ein Phänomen, das von der modernen Wissenschaft bisher sehr wenig verstanden wird. Im Standardmodell für Elementarteilchen wird sie deswegen sogar ausgeklammert, in der Relativitätstheorie führt ihre Deutung als Eigenschaft der gekrümmten Raumzeit nicht weiter. Die hier gelieferte neue Vorstellung von der Gravitation beruht, verglichen mit der Allgemeinen Relativitätstheorie, auf einer völlig unterschiedlichen und zudem noch naheliegenden rationalen Erklärung. Die Relativitätstheorie kann nicht verständlich machen, was Gravitation wirklich ist. Niemand wird jemals verstehen, wie ein leerer Raum so raffinierte Fähigkeiten, wie von der Allgemeinen Relativitätstheorie hineininterpretiert, entwickeln könnte. Die so gegebene Erklärung ist eine Sackgasse für den Verstand, äquivalent einer Aussage wie „dies ist Zauberei". Es gibt eine weitere beunruhigende technische Frage: In Kapitel 21 haben wir gelernt, dass zwischen der Gravitation eines Neutrons und einer Masse von einem Kilogramm 54 Größenordnungen liegen. Kann ein hypothetisches Verbiegen des leeren Raumes um eine Masse herum über so ein gewaltiges Variationsspektrum für die präzise Umsetzung der Gravitation sorgen? Kein Ingenieur würde dies für möglich halten, da ein analoges Signal, wie es ein gekrümmter Raum darstellt, nur auf vier Stellen hinter dem Komma (0,01% des Maximalsignals) genau vermessen werden kann. Aber ein Informationssystem, das die Gravitation digital, also numerisch, umsetzt, könnte dies. Dasselbe Argument gilt auch für eine Atomuhr. Sie kann die Änderung in der Gravitation schon registrieren, wenn sie um nur einen Meter hochgehoben wird. Könnte sie durch Vermessung des über dem Erdboden gekrümmt angenommenen Raumes (die Gravitation der Relativitätstheorie) eine solche Empfindlichkeit erreichen? Wie genau kann Gravitation überhaupt gemessen werden? Einen Hinweis auf die Genauigkeit von Gravitationsmessungen erhält man von Messungen der Gravitationskonstanten (z.B. über Torsionswaagen), die über die wohlbekannte Formel hergeleitet wird, welche die Gravitationskräfte mit Massen und ihren Abständen verknüpft. Der gegenwärtig empfohlene Wert ist $6{,}67430 \times 10^{-11}\ m^3kg^{-1}s^{-2}$ mit einer Unsicherheit von $2{,}2 \times 10^{-5}$, was vor allem auf die Tatsache zurückzuführen ist, dass die Erdmasse nicht genau bekannt ist. Dieser Umstand erfordert Messungen im Labor mit ziemlich kleinen Testmassen und entsprechenden Ungenauigkeiten. Es herrscht aber die Erwartung vor, dass eine Genauigkeit von sechs Ziffern erreichbar ist. Auf der Erdoberfläche betragen die Schwankungen in der Gravitation von $g = 9{,}81\ ms^{-2}$ aufgrund des Breitengrades +/- 0,03, aufgrund von geologischen Variationen +/- 0,0006, aufgrund der Gezeiten +/- 0,000003. Die besten Beschleunigungsmesser können die Gravitation auf zwei Einheiten pro Milliarde, also auf +/- 0,000000002 genau messen. In einen ähnlichen Empfindlichkeitsbereich, und darüber hinaus, sind auch Gravitationswellenmessungen vorgedrungen (LIGO-Experimente). Kann der gebogene Raum der Relativitätstheorie um die Erde herum wirklich mit einer Genauigkeit von 5 bis 9 Dezimalstellen gemessen werden? Dies ist bereits eine zwei bis sechs Größenordnungen höhere Genauigkeit, als die Vermessung eines analogen Signals, wie es ein gekrümmter Raum vorgibt, aufgrund von Erfahrungen erwarten lässt. Und es gibt ein weiteres Problem: Gebogene Flächen können nicht ohne Weiteres durch Vermessung nur eines Punktes erfasst werden. Mehrere Punkte im Abstand müssten vermessen oder die Fläche zur Erhaltung digitaler Werte abgetastet werden. Es kann gefolgert werden, dass Gravitation als gekrümmter Raum nicht mit dieser großen Genauigkeit vermessen werden kann. Da Gravitationsänderungen so genau gemessen werden, gibt es auch keinen gekrümmten Raum.

Das Dynamische Energiemodell kann die Gravitation eindeutig als Energieform identifizieren, die mit dem Informationsabbild-der-Materie identisch ist. Die Gravitation ist dadurch präzise als Phänomen charakterisiert, das am Quantenzustand beteiligt ist. Die involvierte Information kann sich beliebig über Größenordnungen anpassen und die erforderliche Wirkung vervielfachen. Eine genaue Messung der Gravitation wäre, auch punktweise, möglich. Als Information kann sie zudem auf ein Objekt wirken wie eine Fernsteuerung. Diese zielt darauf ab, die Energie pro Zustand des gesteuerten Systems zu reduzieren und setzt dabei das Prinzip der kleinsten Wirkung um. Infolgedessen kann man den unmittelbaren Zusammenhang zwischen den großdimensionierten Effekten der Gravitation im Raum und ihrer Rolle in Quantenprozessen erkennen. Ein solcher Zusammenhang wurde bisher in der Physik erwartet, aber vergeblich gesucht.

Es gibt auch eine weitere interessante Konsequenz. Die Rolle der Information als ein aktiver Schlüssel für die Reversibilität zwischen konzentrierter, aktiver Energie und ausgebreiteter, teilweise degradierter Energie sollte nicht nur für Quantenprozesse gelten. Gravitation ist für das Verstehen der Weltraumdynamik bekanntlich sehr essentiell. Als Gravitation im Raum, als Information im Raum, dürfte sie deswegen auch eine Erneuerung eines ausgelaugten Universums zum Ur-Universum hin ermöglichen (Fig. 37). Dies ist ein Hinweis auf eine Selbstähnlichkeit, die zwischen der Funktion der submikroskopischen Quantenwelt und dem Universum besteht (Fig. 38). Diese Selbstähnlichkeit würde wiederum auf die Notwendigkeit hinweisen, für das Verstehen unserer Welt eine fundamental Dynamische Energie und eine orientierte Zeit anzunehmen. Eine solche Vorstellung legt auch ein Universum nahe, das seine Fähigkeit, so zu funktionieren, wie wir es heute beobachten, zyklisch erneuern kann. Das Informationsabbild in Form von Gravitation, die über den Raum verteilt ist, wird schließlich das ausgelaugte Universum regenerieren und seinen ursprünglichen oder einen ähnlichen Zustand wiederherstellen. Es ist eine Rückkehr von einem „chaotischen" Universum, mit wenigen hoch geordneten Inseln, zu einem informationsreichen Universum mit viel arbeitsfähiger Energie. Dies spielt sich, ausgelöst durch Änderung von Parametern und den Einsatz von

Information beziehungsweise Energie (Fig. 34), wie bei einer Rückkehr vom Chaos zur Ordnung ab. Die nötige Information war ja als Informationsabbild beiseitegestellt worden.

Die grundlegende Eleganz eines solchen Mechanismus fällt auf. Wir erinnern uns, dass Energieumsätze, die Flüsse von Wirkung erzeugen, mit einem Abbau von Information gekoppelt sind. Ein alterndes Universum verliert also über die Aktivität seiner arbeitsfähigen Energie Information über die Vergangenheit. Eben diese aufgegebene Information, die als Energie im chaotischen Energiereservoir endete, würde bei einer zyklischen Erneuerung wieder in das gealterte Universum investiert werden. Meiner Meinung nach stünde ein Mechanismus dieser Art, eine Konsequenz aus der Dynamischen Energievorstellung, nicht in Widerspruch zur wissenschaftlichen Erfahrung, die der Mensch bis heute angesammelt hat.

Ein solches Universum, ein Abbilduniversum, macht Sinn. Es erneuert sich periodisch, um der Energie, Materie und Information in Abständen immer wieder zu ermöglichen, Mechanismen der Selbstorganisation in Richtung von Leben, Geist und Intelligenz hervorzubringen. Das Universum kann dadurch lokal über Selbstorganisation auch ein hohes Maß an Ordnung und Perfektion entwickeln, während es insgesamt Entropie erzeugt. Ein solches Modell über die Entstehung und Funktion des Universums ist anschaulich und wissenschaftlich überzeugender als ein Big Bang Universum, das aus dem Nichts Energie im Chaos entstehen lässt und von Anfang an Entropie, chaotische Unordnung, im Überfluss aufweist. Bei jenem Entstehungsmodell des Universums musste durch einen erdachten expandierenden „leeren" Raum erst hypothetisch neuer Platz für entropieerzeugende Mechanismen geschaffen werden, die dabei Strukturen aufbauen. Ein explodierender Weltraum, der noch dazu von einer zeitumkehrbaren Physik beherrscht werden soll, der den Menschen als ein Zufallsprodukt erlebt und schließlich ausgelaugt und in Dunkelheit endet, beantwortet gestellte Fragen nicht in überzeugender Weise. Einer solchen Vorstellung fehlt jede Eleganz und jeder intelligente philosophische Gedanke. Wie kann man einer so grandiosen Natur eine so primitive Entstehung und Funktion unterstellen! Ein Motiv, ein Ziel im Evolutionsexperiment des Universums anzunehmen, ist in einer irreversiblen Welt gerechtfertigt, da rückgekoppelte, selbstorganisierte Mechanismen, die ein Abbilduniversum charakterisieren, ein Ziel anstreben, also teleologischen Charakter haben. Sie verhalten sich, auf materialistischer Grundlage, genau wie sich rückkoppelnde zielorientierte kybernetische Systeme (Rosenblueth et. al., 1943). Ein Abbilduniversum ist wissenschaftlich schlüssiger und respektiert die Erfahrung der Wissenschaft mit dem geologischen Alter der Erde und einem endlichen Alter unseres jetzigen Universums.

Es erlaubt auch viel mehr Spielraum für philosophische und religiöse Überlegungen zu unserer Existenz. Gleichzeitig zeichnet es darüber hinaus die Natur versöhnlicher und ewig funktionierend. Dies ist ein Universum, das der Mensch leichter verstehen und respektieren kann. Durch seinen Geist wird er Teil der Zielsetzung und für diese mitverantwortlich. Ein Abbilduniversum beantwortet auch die vom Philosophen Nagel (2012) gestellte Frage nach der Natur eines Universums, das Kreaturen hervorbringt, welche sich bemühen, es zu verstehen. Wenn es Geist hervorbringt, muss es auch auf Geist eingestellt sein. Und es ist auch darauf eingestellt: Geist im Sinne von selbstorganisierter Information ist nicht nur in den neuronalen Strukturen hoch entwickelter Lebewesen und in den informationsübertragenden genetischen Mechanismen zu suchen. Dieser, Ordnung aufbauende Mechanismus ermöglicht in geeignetem Umfeld auch dem als Gravitation identifizierten Informationsabbild-der-Materie Formen von räumlich geordneten höherwertigen Informationsstrukturen auszubilden. Sie könnten als Supergravitation, als Platzhalter für dunkle Materie, auftreten, aber auch als strukturierte Gravitation, die viele erstaunliche Feinstrukturen im Universum erklären könnte (Fig. 40). Auf dieser anorganischen Grundlage in den Weiten des Universums könnte sich auch eine Form von Geist entwickelt haben. Und Information, vielleicht Geist, wird letztlich auch bei der Erneuerung des schließlich ausgelaugten, nunmehr informationsarmen Universums aktiv. Und dieses Universum erklärt durch seine Gesetze, warum Menschen einen Sinn in ihrem Dasein suchen. Also ist Geist im Universum ein kontrollierender Faktor. Darum führte die Wahrheitssuche auf Grundlage von Logik und Rationalität zu diesem „geistreichen" Universum.

Abschied von der Sackgasse der Paradoxien

In einer Übersicht (Fig. 42) ist gezeigt, wie die Idee der Dynamischen Energie und des Zeitpfeils, die mathematisch vom Prinzip der kleinsten Wirkung hergeleitet wurde (Kapitel 10), half, Irrationalitäten und Paradoxien (als P1 bis P10 gekennzeichnet) in verschiedenen Gebieten der Naturwissenschaft zu eliminieren und wie sie neue Vorstellungen und Theorien ergab. Die Irrationalitäten, die ausgemerzt wurden, sind markiert. Die Rolle der Information und ihre Verwurzelung in Quanten- und Weltraummechanismen wird betont.
Versuchen wir nun zu rekapitulieren, welche Konsequenzen der hier vollzogene grundlegende Schritt in eine irreversible, nicht umkehrbare Welt für historisch gewachsene Paradoxien erbracht hat. Sie können in Figur 42 nachverfolgt werden. Die Bedeutung der Symbole ist am unteren Bildrand von Fig. 42 erläutert.

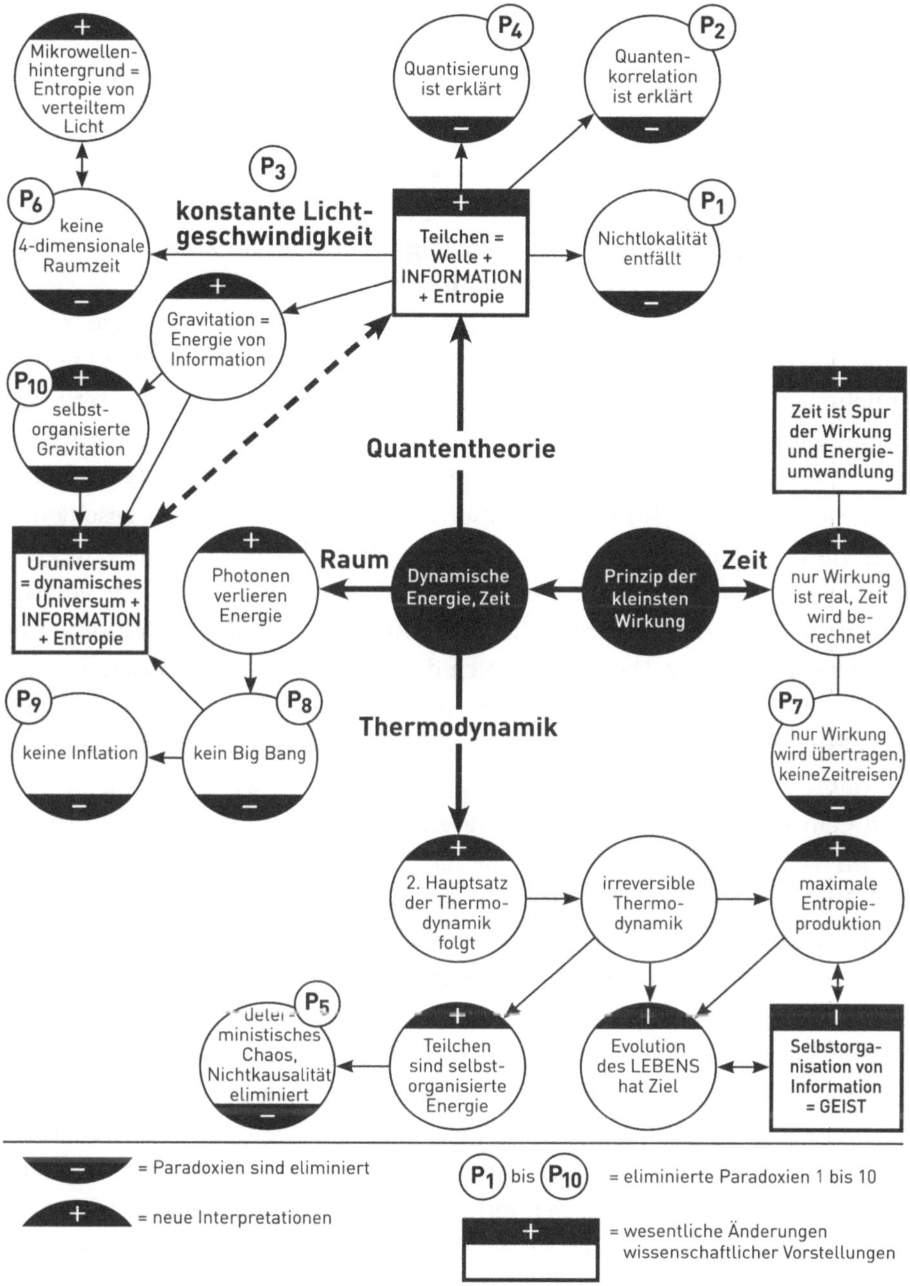

Fig. 42. Übersicht, die erklärt, wie die Dynamische Energievorstellung, Wissensgebiete umgestalten kann. Sie reichen von der Quantenphysik und der Thermodynamik bis zur Kosmologie und zu Vorstellungen von Evolution und Zeit. Gezeigt ist, wo Paradoxien eliminiert werden (P1 bis P10) oder sich neue Interpretationen ergeben.

Zuerst wurde eine relativ einfache, aber radikale Korrektur im Verständnis der Energie umgesetzt und diese als dynamisch erkannt. Es wurde gezeigt, dass diese Korrektur vom Prinzip der kleinsten Wirkung hergeleitet werden kann (Fig. 16), was unter Berücksichtigung des Einflusses des Raumes auf die Energie für die Quantenphysik über Beziehung (11) ausgedrückt wurde. Diese Korrektur eliminierte das Problem der Nichtlokalität (Doppelschlitzexperiment, Fig. 23) (Paradoxie 1) und erklärte die Quantenkorrelation (Fig. 28) (Paradoxie 2). Sie löste auch das Paradoxon der Immer-konstanten-Lichtgeschwindigkeit (Paradoxie 3). Die Quantisierung wurde über die Information in Zusammenhang mit der Teilchen-Welle-Dualität verständlich (Fig. 20). Die Information muss einen minimalen Energieinhalt annehmen (Paradoxie 4). Als Folge des Verhaltens selbstorganisierter Elementarteilchen konnte die Nichtkausalität durch die Statistik des deterministischen Chaos ersetzt werden (Paradoxie 5). Durch das dynamische Teilchen-Welle Modell erübrigte sich, auch als Konsequenz einer immer konstanten Lichtgeschwindigkeit, eine vierdimensionale Raumzeit zu fordern (Paradoxie 6). Da die Energie nun so definiert ist, dass sie zeitorientiert und damit auf die Zeit bezogen zu verstehen ist, erweist sich nur der Fluss der Wirkung, Energie mal Zeit, als „Wirkungszeit" real und transformierbar. Damit wird auch die Paradoxie der Zeitreisen eliminiert, da die Wirkung gegenüber Transformationen unveränderlich bleibt (Paradoxie 7). Die Gleichsetzung der Gravitation mit Information, die den Zusammenhang zwischen konzentrierter und verdünnter Energie und ebenso zwischen dem Ur-Weltraum und dem entropiereichen, ausgelaugten Raum vermittelt, führte zu fruchtbaren neuen Theorien und einer völlig neuen Vorstellung über die Rolle der Gravitation.Durch den massiven Einsatz dieser noch wenig verstandenen Information (Gravitation) erscheint das Universum viel intelligenter als bisher angenommen. Der Big Bang Mechanismus mit seiner Entstehung von Energie aus dem Nichts (Paradoxie 8) und die Inflation des leeren Raumes bis zur gegenwärtig beobachtbaren Dimension (Paradoxie 9) werden als nicht notwendige, irrationale Spekulationen ausgeschlossen. Die Mikrowellenhintergrundstrahlung wird als chaotische Energie, oder Energie in Form von Entropie, identifiziert. Sie wird von sich ausbreitendem Sternenlicht und den selbstorganisierten Aktivitäten der Galaxien freigesetzt. Der Supergravitationseffekt der vermuteten unsichtbaren dunklen Materie (Paradoxie 10) wurde rational als selbstorganisierte Gravitation (Information) erklärt und die Existenz der dunklen Energie und eines explodierenden Universums in Frage gestellt. Dies scheint ein ziemlich erstaunliches Ergebnis zu sein, vor allem, wenn man berücksichtigt, dass im Grunde nur zwei wesentliche Änderungen eingeführt wurden. Eine ist die Forderung nach einer zeitorientierten, dynamischen

Energie. Sie wurde mathematisch vom Prinzip der kleinsten Wirkung abgeleitet, das in der seit Jahrhunderten gewachsenen Wissenschaft schon immer als das fundamentalste Prinzip der Natur anerkannt worden ist. Seine dynamische Interpretation wird als gleichwertig mit der Forderung der Dynamischen Energie angesehen. Die zweite Änderung ist die Korrektur eines Irrtums, den seinerzeit die Quantenphysik in die Quantentheorie einführte. Es ist die falsche Annahme, dass verdünnte und konzentrierte Energie bei der Beschreibung von Welle und Teilchen identisch seien. Diese Behauptung ignorierte einfach die Bedeutung des Raumes für die Energie. Die all dies berücksichtigenden logischen Korrekturen haben nicht nur die Quantenparadoxien eliminiert, sondern auch die Hinweise auf ein explodierendes Universum anzweifeln lassen.

So bemerkenswerte Ergebnisse bei der Auflösung von Paradoxien und der Vermeidung von nichtanschaulichen mathematischen Spekulationen sind Anlass genug, die Behauptung von Wissenschaftlern in Frage zu stellen, dass wesentliche Grundlagen der Natur irrational seien (Zeilinger, 1999, 2000). Ich komme in diesem Buch zum Schluss, dass der gegenwärtig weitgehend akzeptierte Formalismus zur Beschreibung der fundamentalen Natur fehlerhaft und unvollständig ist. Die Natur ist in ihren elementaren Prozessen nicht zeitneutral, sondern einem energiegetriebenen Zeitpfeil unterworfen. Die Leichtigkeit, mit der die relativ kleinen und einleuchtenden, hier eingeführten Veränderungen (Zeitpfeil, Rolle des Raumes in Quantenphysik) erlaubt haben, wesentliche Grundlagen zum Verständnis der Natur neu zu strukturieren und wichtige Irrationalitäten und Paradoxien zu eliminieren, ist eine weitere überzeugende Stütze für die eingeschlagene Strategie. Ein zusätzlicher Hinweis auf die fundamentale Konsistenz des neuen Denkmodells ist auch die Einfachheit, mit der die Herausforderung der Gravitation bewältigt und wie sie, als mit Quantenprozessen verknüpft, erkannt werden konnte.

Warum die Evolution eine Richtung kennt

Überraschend ist auch, wie ein völlig neuer Ansatz für ein besseres Verständnis der biologischen Evolution gefunden werden konnte. Es handelt sich dabei nicht um einen ziellosen, nur durch Mutationen gewürfelten und durch Auslese geprägten Vorgang. Vielmehr entwickeln selbstorganisierte Systeme, wie das Leben sie darstellt, einen ausgeprägten Energiehunger. Sie maximieren ihren Entropie- beziehungsweise Energieumsatz innerhalb der Einschränkungen, denen sie ausgesetzt sind und geben dem Leben die Stoßkraft. Zu den Einschränkungen, denen lebende Systeme unterliegen, zählt die genetische Kontrolle durch die DNA, die das selbstorganisierte Leben stabilisieren und die Evolution seiner Formen und Funktionen steuern konnte.

Da sich auch chemische Information, wie sie in der DNA vorliegt, selbstorganisieren kann, kommen bei ihr ebenfalls typische Mechanismen der Selbstorganisation ins Spiel. Weil selbstähnliche Abbilder charakteristische Produkte selbstorganisierter Systeme sind, gelingt die Erzeugung von Kopien genetischer Information. Damit sind wesentliche Eigenschaften des Lebens skizziert, das einen Energiehunger entwickelt und Information in Form von Kopien weitergibt. Es ist demnach erst das Zusammenwirken von Selbstorganisation von Materie und Selbstorganisation von genetischer Information, was den Stoßkeil der Evolution ausmacht. Dabei funktionieren der genetische Mechanismus und die Auslese so, dass die Evolution in Richtung maximalen Energie- und Informationsumsatzes innerhalb der vorliegenden Einschränkungen voranschreitet. Da selbstorganisierte Systeme ihre Aktivitäten auch synchronisieren können, entspringen dieser neu erkannten Situation neue Interpretationsmöglichkeiten für Mechanismen der Evolution. Die Evolution könnte, auf Grundlage des Zusammenwirkens von Selbstorganisation von Materie und Information, deutlich synergetischer funktionieren als gegenwärtig angenommen. Es wird wesentlich leichter zu verstehen sein, warum Systeme in der Natur sich zu solch erstaunlicher Perfektion entwickeln konnten.

Es ist auch lehrreich zu verfolgen, wie folgenschwer die Grundannahme einer zeitneutralen Materie für das Verständnis der Natur in der historisch gewachsenen Physik war (Tributsch, 2019). Da die Energie zeitneutral bleiben musste, konnte das Prinzip der kleinsten Wirkung nicht begriffen werden. Die Identität von Teilchen und Welle in der Welt der Gleichzeitigkeit der Quantenphysik generierte die Paradoxien und verschleierte den Blick auf die Gravitation als das Informationsabbild-der-Materie. Die Notwendigkeit, für die Gravitation und die Immer-konstante-Lichtgeschwindigkeit dennoch eine Erklärung zu finden, führte in die bizarre vierdimensionale Welt der Relativitätstheorie. Auch der Energieverlust durch Entropieerzeugung bei der Ausbreitung von Sternenlicht konnte über eine zeitneutrale Quantenphysik nicht gehandhabt werden und zeitigte ein chaotisch in die Lichtgeschwindigkeit hinein explodierendes Universum. Die zeitneutrale Energie blockierte auch das Verständnis des Entropiegesetzes, das fern vom Gleichgewicht das Leben steuert. Damit gab es für die Evolution auch kein Ziel und ebenso wenig die Entwicklung von Geist. Erst der Zeitpfeil als Spur der Energie erlaubt Rückkopplungsprozesse und damit auch eine Selbstorganisation von Informationsstrukturen zur Ausbildung von Bewusstsein und Geist. Das Standardmodell der Elementarteilchen fand keine Erklärung für die Gravitation. Sie stellte sich unter dem

Zeitpfeil als Information, als Informationsabbild-der-Materie heraus. Das Universum wird damit im Wesentlichen von dieser Information über Materie und ihren selbstorganisierten informatischen Strukturen beherrscht. Damit ändert sich die Sicht auf das Universum grundlegend. Der Zeitpfeil als Spur der Energie ist die Quelle für die Kreativität des Universums. Nicht der Zufall, sondern der Zeitpfeil hat das ermöglicht, was wir mit unserem Geist an der existierenden Natur bewundern und zu begreifen versuchen: Es handelt sich dabei um die Selbstverwirklichung der Energie, die immer noch weiter voranschreitet.

Der Franziskanermönch William von Ockham schlug im 14. Jahrhundert vor, dass man „nicht mehr Ursachen für natürliche Ereignisse zulassen sollte, als für ihre Erklärung unbedingt nötig". Diese Daumenregel für Wissenschaftler, auch als Ockhams Rasiermesser bekannt, würde den hier vorgestellten Dynamischen Energieansatz gegenüber den irrationalen, auf Zeitneutralität beruhenden, hier kritisierten Theorien für verschiedene Naturphänomene deutlich begünstigen. Mehrere historisch gewachsene Theorien, die zu irrationalen Schlussfolgerungen führen, konnten herausgefordert und ersetzt werden, dazu noch mit deutlich weniger Grundannahmen. Außerdem ist es nicht dasselbe, die Natur über Paradoxien zu beschreiben und sie für fundamental zu deklarieren, wie die Natur rational zu erklären. Der Menschenverstand wird immer rationale Erklärungen bevorzugen und für einfacher und einleuchtender halten.

In diesem Zusammenhang sei auf den in den letzten zwei Jahrzehnten eskalierten Disput zwischen Naturwissenschaft und Religion verwiesen, auf den wir noch in Kapitel 38 genauer zurückkommen werden. Der Biowissenschaftler und ehemalige Professor an der Universität Oxford, Richard Dawkins, behauptet in seinem viel gelesenen Buch „der Gotteswahn", dass der Glaube an Gott in hohem Grade irrational sei (Dawkins, 2006). Vorhin in diesem Kapitel und in Fig. 42 angezeigt, wurden gerade 10 Irrationalitäten und Paradoxien diskutiert, die das gegenwärtige naturwissenschaftliche Weltbild prägen und die durch das Dynamische Energiemodell überwindbar sind. Wie kann eine Naturwissenschaft, die selbst irrationale Grundpfeiler mit großer Selbstverständlichkeit akzeptiert und verbreitet, der Religion vorwerfen, irrational und damit nicht glaubhaft zu sein? Etwas einschränkend muss man allerdings feststellen, dass sich nur wenige Naturwissenschaftler zu solchen Angriffen auf die Religion verleiten lassen. Trotzdem soll man ihnen entschieden begegnen, weil ihre Behauptungen, wegen der großen Verbreitung in den Medien, unter Menschen eine einseitige Meinung von der Überlegenheit des gegenwärtig vorherrschenden physikalisch-biologischen Weltbildes prägen. Das hier vorgestellte neue Weltmodell unter dem Zeitpfeil als Spur der Energie (Fig. 42) hat

Paradoxien abgestreift, ist im Prinzip, da logisch, wesentlich einfacher und es steht in seinen Aussagen nicht in Widerspruch zur Religion. Der erwähnte Vorschlag des Franziskanermönchs William von Ockham könnte demnach auch insofern Unterstützung finden, als Einfachheit und Wahrheit durch weniger Information und damit weniger offen gelassenen Fragen charakterisiert sind. Die Wahrheit ist in der Regel einfacher und zielführend. Interessanterweise vermittelt sie, was das Weltbild der Dynamischen Energie betrifft, Achtung vor Religionen.
Die in diesem Buch erfolgte dynamische Interpretation der Energie und ihrer Auswirkungen auf die Quantenphysik, auf die Relativitätstheorie und Vorstellungen über das Leben und den Weltraum motivieren zu einer Neuevaluierung von etablierten Denkmustern. Die Möglichkeit zu einer konsequent logischen Weltsicht und Wissenschaftsgrundlage zurückzukehren, scheint zusätzliche Forschungsbemühungen zu rechtfertigen. Mein konsequenter, theoretischer Ansatz in Richtung eines absoluten, durch Energieumsatz getriebenen Zeitpfeiles empfiehlt einige naheliegende, einfache, aber entscheidende Experimente, um seine Relevanz durch den Versuch der Falsifizierung (Widerlegung) zu überprüfen.
Um die Vorstellung einer Dynamischen Energie in Frage zu stellen, sollte versucht werden herauszufinden, ob ein vernünftig komplizierter Energieumwandungsprozess zeitlich völlig umgekehrt werden könnte. Dies würde die Existenz zeitneutraler und zeitumkehrbarer Prozesse unterstützen. Skeptische Wissenschaftler sollten auch versuchen zu zeigen, dass Energie ihre volle Arbeitsfähigkeit behielte, wenn sie im Raum erheblich verdünnt würde. Sie sollten vor allem, wegen der Relevanz für das Verständnis des Universums, nachzuweisen versuchen, dass Entropieerzeugung durch sich ausbreitende Lichtstrahlung letztlich nicht zu einem totalen Verlust der Photonenenergie, wie von Beziehung (4) und (5) erklärt, führte. Sollte ihnen dies gelingen (wobei sie allerdings auch gegen den empirischen zweiten Hauptsatz der Thermodynamik verstießen), wäre mein Ansatz falsch. Eine weitere Möglichkeit der Falsifizierung betrifft selbstorganisierte Systeme und die hier diskutierten neuen Vorstellungen zur Evolution. Der vorgeschlagene Mechanismus wäre falsifiziert, wenn der Nachweis gelänge, dass das Leben kein selbstorganisierter Prozess wäre oder dass solche Prozesse keine maximale Entropieproduktion (innerhalb ihrer Einschränkungen) anstrebten. Diese Vorschläge zur Falsifizierung der vorgeschlagenen Hypothese eines fundamentalen energiegetriebenen Zeitpfeils in der Natur machen diese damit zu einer wissenschaftlichen Theorie (Popper, 1978) – zur „Theorie des Zeitpfeils als Spur der Energie".
Zahlreiche Experimente zur weiteren Überprüfung der vorgeschlagenen Gedankengänge bieten sich an. Energie, die sich in den Raum ausbreitet, ist, wie wir be-

reits gesehen haben, ein sensibles Thema im Zusammenhang mit Irrationalität und Paradoxien in der Quantenphysik und Kosmologie. Ein weiterer wichtiger Test könnte sich auf mein Argument beziehen, dass Information in mathematisch statistischen Berechnungen der Entropie nicht einfach weggelassen werden kann. Ich beziehe mich dabei auf Vorgehensweisen, wie sie von Boltzmann und später innerhalb von moderneren Rechenverfahren zur Ableitung des „statistischen" Phänomens der Entropiezunahme und der „Symmetriebrechung", ausgehend von zeitneutralen Teilchen, eingesetzt wurden. Sollte man, gegen meine Überzeugung, zum Schluss kommen, dass deutliche Vereinfachungen mathematischer Ableitungen, und damit ein Wegwerfen von Information, erlaubt seien, warum entwickelt sich die Zeit in der Realität dann trotzdem nur in eine Richtung (bekannt als Loschmidt Paradox)?
Die neue Deutung der Gravitation als Informationsabbild-der-Materie ist ebenfalls ein relevantes Ergebnis, das tiefergehend erforscht und überdacht werden könnte. Lassen sich ernstzunehmende Gegenargumente finden? Die Deutung der Gravitation als Information eröffnet neue Möglichkeiten, dieses mysteriöse Phänomen zu verstehen, das Materie durchdringt, nicht abgeschirmt werden kann und kein entgegengesetztes Vorzeichen, keine Antigravitation, kennt. Die Verbindung zwischen Quantenphysik und Kosmologie, in Form von Information, ist eine faszinierende Erkenntnis und beinhaltet weitreichende Schlussfolgerungen. Neue Experimente sind denkbar. Mit der Feststellung, dass Gravitation tatsächlich eine fundamentale Art von Information über Materie und Energie ist, wird es eine große Herausforderung für die Zukunft sein, diese Information zu lesen, zu entschlüsseln, um zu verstehen, wie sie mit Materie wechselwirkt und Mechanismen auslöst.
Ein weiterer kritischer Test wären Untersuchungen zur Ableitung der Dynamischen Energie vom Prinzip der kleinsten Wirkung (Kapitel 10). Ich betrachte meine mathematischen Argumente als korrekt und konsistent. Von nicht dynamischen Größen kann man keine Dynamik ableiten. Würde dies akzeptiert, wie könnte man dann annehmen, dass Energie keine Orientierung habe, sondern schlafe und lediglich als Zahl wirke? Da gibt es noch ein anderes interessantes Argument. Die etablierten Theorien, die Quantentheorie, die Relativitätstheorien, die Big Bang Theorie und die Inflationstheorie, die auf Irrationalitäten aufbauen oder solche erzeugen, berücksichtigen in keiner Weise das kreative Potential, das die Information als Grundlage für zielführende Mechanismen mit sich bringt. Als diese Theorien während des letzten Jahrhunderts geboren wurden, waren die theoretischen und praktischen Möglichkeiten von Informationsmechanismen auch noch nicht so offensichtlich. Aber die moderne Welt wurde Zeuge einer regelrechten Revolution der

Informationstechnologien, deren Fortentwicklung noch weit in die Zukunft reichen dürfte. Warum sollten fundamentale Prozesse in der Natur nicht von diesen unglaublichen Möglichkeiten profitiert haben, welche die Information auf der Grundlage von Naturgesetzen bietet? Auch unsere moderne Informationstechnologie funktioniert auf Grundlage von existierenden Naturgesetzen. Beim Dynamischen Energiemodell, das hier vorgestellt wurde, stellte sich Information als fundamental heraus. Sie erwies sich auch als Schlüssel, um Irrationalitäten und Paradoxien zu überwinden und um Energieprozesse, die Zeit, Gravitation und Geist neu zu verstehen. Dies gibt den vorgestellten Ideen Glaubwürdigkeit.

Dem Enigma der Energie einen Schritt näher

Verstehen wir mit der Dynamischen Energie jetzt wirklich besser, was Energie bedeutet? In Kap. 25 haben wir von Richard Feynman erfahren, dass die Physik bisher nicht wisse, was Energie eigentlich ist. Sie kenne nur einige Gesetze, die diese Energie befolgt. Nehmen wir die Spur der Dynamischen Energie auf und versuchen wir unter ihrem Blickwinkel mehr Einsicht zu gewinnen:

Dynamische Energie kann seine rätselhafte Substanz, Energie, verdichten oder verdünnen und variiert dabei den Anteil der mit Energie verbundenen Information. Bei hoher Dichte von Energie ist sie hoch, bei niedriger gering. Dabei bleibt die Gesamtenergie einschließlich der Energie in Information erhalten, denn Information hat einen Energieinhalt und wird mitgerechnet. Nutzbare Dynamische Energie, also Energie hoher Dichte, hat die Eigenschaft und Tendenz, diese beigeordnete Information in Raum und Zeit zu reduzieren. Das ist das Wesen der Irreversibilität in der Natur sowie auch der sich entfaltende Prozess der Energieumwandlung. Der Fluss der dabei abgegebenen Information ist die noch nicht normierte, nicht gemittelte Wirkungszeit, die bei der Erzeugung von Wirkung verrinnt.

Energie hoher Dichte kann sich, im Bestreben sich zu verdünnen, selbstorganisieren und erzeugt dabei Masse. Diese so entstandene Masse sind die Elementarteilchen. Sie wurden in Kap. 20 mit inaktiven Viren verglichen. Dabei werden Einschränkungen und Eigenschaften generiert, welche die weitere Abreaktion der Energie temporär oder langfristig stoppen und die Eigenschaftenn der Elementarteilchen definieren. Wenn diese Einschränkungen durch spezielle Eingriffe gelockert werden, wird massiv Energie umgesetzt. Es handelt sich um Nuklearprozesse. In atomaren und molekularen Strukturen ist Energie in chemischen Bindungen und Elektronenübergängen weniger „dicht“ gespeichert. Sie kann bei chemischen oder durch Licht ausgelösten Prozessen mobilisiert werden. Dabei wird Informa-

tion reduziert, diese zum Teil auf andere Akteure der Energieumwandlung wie Dampf, bewegliche Teile, Lichtemission übertragen und letztlich durch Umverteilung der Energie in den Raum minimiert.
Können wir diese komplizierten Zusammenhänge bei der Umwandlung von Energie mit etwas vergleichen, was uns vertrauter ist? Es ist in Kap. 32 und 33 ausgeführt, dass Energie mit Geld gleichgesetzt werden kann und Dynamische Energie auch die Information über Geld berücksichtigt, die in der Finanzökonomie die Spekulation ermöglicht.
Was Energie durch dynamische Reaktivität und Selbstorganisation an der Natur bewirkt, macht ähnlich eine Geldwährung mit der Wirtschaft. Die Finanzökonomie lässt es zu, dass sich Firmen und Konzerne selbstorganisieren und dabei Geld umsetzen. Sie gewährleistet, dass viele Dinge bewegt werden, indem Geld ausgegeben wird. Geld kann auch gehortet werden. Sie ermöglicht alle möglichen Spekulationen mit Geld, also auch die Selbstorganisation von Information für diesen Zweck. In erster Näherung könnte man deswegen, auf die Aussage über die „Natur als Selbstverwirklichung der Energie über den Zeitpfeil" (20) zurückkommend, folgendes über eine von Geld kontrollierte Wirtschaft sagen:

„Die Wirtschaft ist die Selbstverwirklichung des Geldes über die Zeit"

Diese Aussage klingt nicht unvernünftig. Man kann sie nachvollziehen. Sie sollte zu weiterem Nachdenken über das komplizierte Wesen von Energie, beziehungsweise Geld, motivieren. Geld muss nicht als Material, Metall oder Papier vorliegen. Es kann ebenso gut bargeldlos als Information, wie Kreditkarte oder Bitcoin, funktionieren. Auch Dynamische Energie funktioniert, wie gezeigt wurde, über Information als Maß für nützliche Energie. Ist Information dann das ultimative Geheimnis der Energie und warum ist dies der Fall? Wird deswegen alles Wesentliche, was im Universum tatsächlich geschieht, letztlich durch Information ausgelöst?

37 Die Zeit und das Schicksal der Menschheit neu verstanden

Ein wichtiges, gänzlich unerwartetes Ergebnis dieser hier unternommenen Suche nach einer rational verständlichen Natur ist die überraschende, ja revolutionierende Schlussfolgerung über die Evolution. Sie ist nicht mehr ziellos, sondern entwickelt sich auf einen maximalen Entropie- (Energie-) Umsatz hin. Diesem Prozess sind genetische Mechanismen überlagert, die so funktionieren und sich entwickeln, dass sie die selbstorganisierten Systeme mit diesem gerichteten Energiehunger von Generation zu Generation fortpflanzen und überlebensfähig halten. Diese Schlussfolgerung berücksichtigt das Entropiegesetz, das für selbstorganisierte Systeme, die weit vom Gleichgewicht funktionieren, hergeleitet werden konnte. Das Leben, Ökosysteme und menschliche Gesellschaften sind solch selbstorganisierte Systeme. Für sie erwartet man eine maximale Entropieproduktion innerhalb der gegebenen Einschränkungen. Dies entspricht einem maximalen Energieumsatz, da letztlich – gegebenenfalls mit Zeitverzögerung – Energie in chaotische, entropische Energie, also Unordnung umgesetzt wird.

Wenn man von selbstorganisierten lebenden Systemen ausgeht, kann man die Unausweichlichkeit einer Evolution in Richtung eines maximalen Energie- und Entropieumsatzes anhand eines einfachen Gedankenmodells nachvollziehen (Fig. 43). Wollen wir uns selbstorganisierte lebende oder anorganische Systeme vorstellen, die, wie in Kapitel 11 erklärt, um maximale Entropieproduktion innerhalb ihrer Einschränkungen konkurrieren. Blicken wir in die Zeit früher Menschen – mit wilden Rindern und Vögeln in der sie umgebenden Wildnis, einem natürlichen Wald und einem Fluss, der seinen gewundenen Weg frei wählen konnte – zurück. Der frühe Mensch hat sich zur gegenwärtigen Menschheit weiterentwickelt. Der Wald wurde in eine Agrikulturlandschaft und der Fluss in einen energieerzeugenden, kanalisierten Wasserlauf verwandelt. Die Rinder wurden für die Fleisch- und Milchproduktion, die Vögel für die Eierproduktion domestiziert. Der Energie- und Entropieumsatz des Menschen ist auch anhand der großen Metropolen, des intensiven Verkehrs, der Industriekomplexe, der Ausbeutung fossiler Energiereserven und der Freisetzung von Treibhausgasen offensichtlich. Auch der stark zunehmende Informationsumsatz trägt zum Energieumsatz bei, der sich seit der Zeit des primitiven Menschen und des einfachen Jäger- und Sammlerlebens um das Hundertfache vermehrt hat. Das selbstorganisierte System „Mensch" entwickelte sich weiter, indem es viele der vorher koexistierenden selbstorganisierten Systeme ausbeutete, versklavte und zusätzliche Energiequellen aus der Erde aktivierte.

Die Tätigkeiten des Menschen im Zusammenhang mit der Energiegewinnung haben die Landschaften der Welt grundlegend verändert. Der Mensch wurde zu einem geologisch bestimmenden, mit einer Naturkatastrophe vergleichbaren Faktor. Als Folge davon benannten Wissenschaftler die von ihm beeinflusste Epoche „Anthropozän". Man erkennt den Weg der Evolution und auch den Fortgang der Zeit als die Spur des fortschreitenden und zunehmenden Energieverbrauchs.

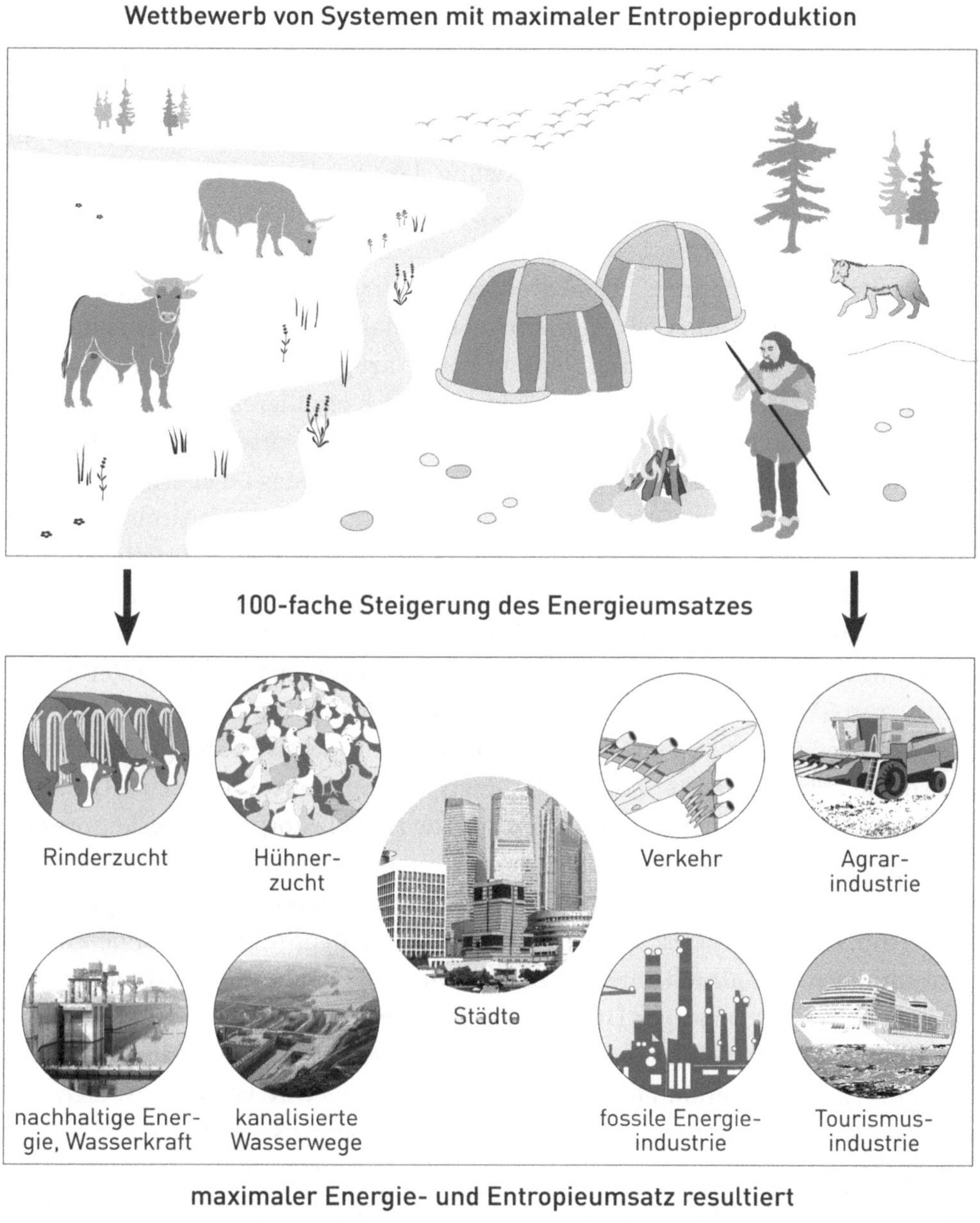

Fig. 43. Wenn man den Wettbewerb zwischen selbstorganisierten Systemen während der Zeit des frühen Menschen mit den gegenwärtigen Aktivitäten des Menschen vergleicht, erkennt man deutlich den Trend zum steigenden Energieumsatz sowie die Auswirkungen von Zeitfluss und Evolution. Sie sind sichtbar als Spur der Energieumwandlung, die das Aussehen der Landschaften markant verändert hat.

Es ist eine Spur von Wirkung – die Konsequenz des Zeitpfeils als Spur der Energie. Ohne eine durch den modernen Menschen steigende Geschwindigkeit des Energieumsatzes hätte es solch dramatische Veränderungen niemals gegeben. Die Menschheit maximiert ihren Entropieumsatz, und damit den Energieumsatz, weil sie als selbstorganisiertes System bereitwillig dazu tendiert, neue Energiequellen zu erschließen und auszubeuten. Das liegt daran, dass die typischen Aktivitäten und Eigenschaften, die das Leben unterstützen, damit erleichtert, verbessert und ausgeweitet werden können. So hat die Menschheit während der letzten zwei Jahrzehnte weltweit rund 700 GW (Gigawatt) an nachhaltiger elektrischer Leistung aus der Solarenergie (Windkraft und Photovoltaik) dazugewonnen. Diese Anpassung folgt demselben Gesetz, wie man es bei der chemisch oszillierenden Belousov-Zhabotinsky Reaktion beobachtet, wenn man einen Farbstoff zusetzt und sie der Sonnenenergie aussetzt. Sie passt sich an und integriert diese neue Energiequelle, indem sie lichtabhängige Muster produziert und mit mehr Energieumsatz weiter funktioniert. Der große Zugewinn an nachhaltiger Solarenergie ist für die Menschheit ein erfreuliches Zeichen der Besinnung. Gegenwärtig verbraucht unsere Zivilisation allerdings schon 16.000 GW. Ende des Jahrhunderts wird, wegen der Bevölkerungszunahme und dem Aufholbedarf von Schwellenländern, ein Verbrauch von 45.000 GW erwartet. Um diese enorme Herausforderung durch Bereitstellung nachhaltiger Energie zu bewältigen, wird es neben massiver Energieeinsparung notwendig sein, bewährte biologische Energietechnologien zu erschließen. Der Zeitpfeil als Spur der Energie mit seinem Zugang zur Selbstorganisation könnte den wissenschaftlichen Weg dafür ebnen.

Die Erkenntnis, dass für die Menschheit ein Evolutionsgesetz gilt, das maximalen Energieumsatz anstrebt, ist wichtig und gleichzeitig beunruhigend. Ohne Zweifel wird damit jener Eindruck unterstützt, den kritische Beobachter vom Zustand und der Entwicklung der heutigen Umwelt seit längerer Zeit erhalten. Dadurch, dass wir zu viel Entropie erzeugen, schädigen wir unsere Lebensgrundlage, die uns ernährende und am Leben erhaltende Umwelt gravierend. Es wird vertiefte Studien und viel Intelligenz erfordern um herauszufinden, wie die fortschreitende Zivilisation mit dieser ernsten Situation einigermaßen geschickt zurechtkommen kann. Bemerkenswerterweise gibt es unter dem Begriff „Transformationsdesign“, bereits eine regelrechte Fachdisziplin mit dem Anspruch, die Bedürfnisse der menschlichen Gesellschaft in Hinblick auf Energie- und Materialverbrauch zurückzuschrauben (z.B. Sommer, Welzer, 2014). Das Problem, das auf die Menschheit zukommt, ist also als Phänomen erkannt. Mit den Gesetzmäßigkeiten des Zeitpfeils aber wird klar, dass es fundamentaler Natur ist, also unausweichlich, wenn nicht durch vernünftige Initiativen dagegen gesteuert wird. Daraus ergibt sich die philosophische Frage, warum die Evolution einer Spezies, die aus dem Wettkampf der Arten siegreich hervorgegangen ist, auf so schonungslose Weise mit einer für die Existenz so bedrohlichen Schranke konfrontiert wird. Es kann sich hierbei, wie auch erkannt, nur um ein Naturgesetz handeln, das in eine offensichtliche Sackgasse führt. Welchen Sinn macht ein derartiges Naturgesetz?

Es gibt eine faszinierende alternative Deutung des möglichen Zieles der Evolution. Als Voraussetzung für die Selbstorganisation von Information und die Entwicklung von Verstand und Geist wurde hier eine Entwicklung in Richtung maximalen Energie- und Entropieumsatzes erkannt (Fig. 27).

Informationssysteme müssen weit genug weg vom Gleichgewicht gedrängt werden, um Selbstorganisation zu entwickeln. Das erfordert einen erheblichen Durchfluss von Energie. Man sollte in Erinnerung rufen, dass das menschliche Gehirn mit seinem Gewicht von nur 1,3 kg nahezu ein Viertel des Energieverbrauchs des Menschen beansprucht. Ist das eigentliche Ziel der Evolution vielleicht die Schaffung von Bedingungen für hohen Energiedurchfluss, um Geist und Intelligenz zu ermöglichen? Ist die Bereicherung des Universums mit hoch entwickelten Zivilisationen, die von Bewusstsein, Geist und der Intelligenz profitieren, das tatsächliche Ziel der Evolution? Es gibt zwei unterschiedliche Deutungsmöglichkeiten für das Ziel der Evolution. Eine ist negativ und dramatisch: Es ist das selbstorganisierte lebende System, das seine Umwelt unter maximalem Energieumsatz beherrschen und durch exzessive Entropieerzeugung letztlich zerstören wird. Die andere ist positiv: Intelligenz und Geist helfen dem lebenden System, seine Situation zu erkennen und gegen die allmähliche Ansammlung von Entropie, die sein Ökosystem zerstört, geistreich zu handeln.

Die Evolution von Intelligenz und Geist wäre ein Ziel, das als positiv, ja sogar als attraktiv verstanden werden könnte. Die Intelligenz wäre das Werkzeug, das für Zivilisationen verfügbar wäre, um mit den belastenden Nebeneffekten eines zu hohen Energieverbrauchs zurechtzukommen. Die Zivilisationen könnten so die Evolution konstruktiv mitgestalten. Diese Überlegungen über ein Ziel der Evolution, die sich aus den selbstorganisierten Aktivitäten fern vom Gleichgewicht ergeben, haben also überraschend neue Alternativen für menschliche Vorstellungen von der ihn umgebenden Welt erschlossen.

Das Universum ist plötzlich freundlicher geworden. Es akzeptiert uns, will mit seinen Gesetzen und Möglichkeiten „weiterhelfen", vorausgesetzt, dass wir sie verstehen und zu respektieren lernen. All dies bringt nicht nur mehr Raum für tiefergehende wissenschaftliche Überlegungen, sondern auch für religiös-philosophische

Gedanken. Die Lücke zwischen rational-wissenschaftlichen Schlussfolgerungen und den Vorstellungen von Gemeinschaften, die auf göttliche Schöpfung bauen, ist kleiner geworden. Eine interessante, unerwartete neue Perspektive bietet dazu die hier entwickelte Vorstellung des Abbilduniversums (Fig. 37). Sie ermutigt den Menschen in psychologischer Hinsicht, sich besser und mit mehr Vision zu behaupten und in einem faszinierenden Projekt, das Evolution heißt, mitzuarbeiten. Intelligenz und Geist als Ziel der Evolution scheinen die Tür zu einem mystischen Universum zu öffnen. Es ist ein Universum, das, trotz seiner oft unbarmherzigen physikalischen Realität, konstruktiv und hilfsbereit sein kann, wenn man seine Gesetze richtig interpretiert und respektiert. Ich erinnere an den Quantenphysiker Erwin Schrödinger, den Vater der mysteriösen Schrödinger-Katze, die gleichzeitig lebendig und tot sein kann. Als er über die sehr rätselhaften Geheimnisse der Quantenphysik nachdachte, kam ihm folgender tröstender Gedanke: „Eine rein rationale Weltvorstellung ganz ohne Mystik ist absurd". Ich habe hier versucht, mehr Rationalität in die fundamentale Physik und Quantenphysik zu bringen und die mysteriöse Katze zu verscheuchen. Dabei begegnete mir neue Mystik an einer anderen Front: die Entwicklung von Geist als Ziel der Evolution! Was bedeutet ein solches Ziel für das menschliche Empfinden, für den menschlichen Geist? Einerseits fühlt man sich hochgehoben, aber dann auch beobachtet, zur Verantwortung gezogen. Man hat etwas mitbekommen, wofür man Verantwortung trägt und das sinnvoll eingesetzt werden sollte, es ist dieser Geist.

Um besser zu verstehen, warum der in diesem Buch beschrittene Weg notwendig war, soll noch folgende Frage gestellt werden: Warum ist Rationalität für den Menschen so wichtig und Irrationalität ein Problem? Zunächst soll betont werden, dass ein wissenschaftliches Modell, das Irrationalitäten und Paradoxien vermeidet, bereits gezeigt hat, die Wirklichkeit überzeugender erklären zu können. Dies ist zum einen eine philosophische Aussage, die auf der Annahme beruht, dass die Natur auf einer logischen Grundlage funktioniert, den Zusammenhang zwischen Ursache und Wirkung einrichtet und sich unsere Instinkte und der Verstand so entwickelt haben, dass wir dies begreifen. Es ist zum anderen auch eine wissenschaftliche Aussage, die darauf beruht, dass unter dem energiegetriebenen Zeitpfeil durch Energieumsatz Wirkung ausgelöst wird, die über ein Zeitfenster mit nützlicher Energie als Ursache verknüpft ist.

Es wurde gezeigt, dass nützliche Energie dabei Ordnung, Information, aufgibt und Zeit auch als Fluss aufgegebener, verlorener Information über die Vergangenheit beschrieben werden kann. Damit vermittelt Information zwischen Ursache und Wirkung. Wirkung ohne Verknüpfung (durch Energieprozesse und Informations-

umsatz) mit einer Ursache, wäre aufgrund dieser Überlegungen nicht möglich. Ein solcher Mechanismus verstieße auch gegen das Gesetz der Energieerhaltung. Instinktiv zu erkennen, dass die Verbindung zwischen Ursache und Wirkung nur den über Information vermittelten, zeitlichen Zusammenhang zwischen ablaufenden Energieprozessen darstellt, war eine Voraussetzung für das Überleben. Auf irrationaler Grundlage und ohne diese Einsicht hätten wir lebenswichtige Zusammenhänge in unserer Umwelt nicht begreifen können.
Wenn wir die Evolution von Verstand und Geist als Ziel der Evolution akzeptieren, kommen wir um Rationalität und Logik ebenfalls nicht herum. Geist ohne Rationalität macht keinen Sinn. Geist kann sich, wenn er wachsen soll, nur auf logischer Grundlage entwickeln. Mit eingebauten Irrationalitäten wäre die Wissensstruktur letztlich instabil.
Ich möchte zu einer zusammenfassenden Aussage kommen und die Frage einschließen, ob Irrationalität in physikalischen Vorgängen Bestandteil der Natur ist oder nur eine irrige Erscheinung in unserer gegenwärtigen Wissenschaft darstellt. Ich formuliere diese Aussage folgendermaßen:

„Die Natur ist rational, weil sie funktioniert. Erworbene Instinkte und der sich entwickelnde Geist helfen, damit umzugehen" (21)

Und tatsächlich wurden keinerlei irrationale Mechanismen innerhalb des Reichtums an technologischen Prozessen in der lebenden, biologischen Natur ausgemacht. Das Wissensgebiet der Bionik versucht, diese in Technologie zu übertragen, wo sie für Menschen ebenfalls logisch verständlich sind oder dies erwarten lassen. Es gab allerdings zwischendurch auch Bestrebungen von Physikern, Phänomene wie den menschlichen Geist über Quantenparadoxien, also prinzipiell unverständliche Sinnwidrigkeit, zu erklären (z.B. Penrose, 1989; Görnitz, 2009). Sie haben nicht weit geführt. Kann man auf der Grundlage irrationaler fundamentaler Phänomene und Gesetze eine völlig rationale Technologie überhaupt erwarten (Fig. 44)? Die Wissenschaft sollte definitiv zu einer rationalen Beschreibung der Natur zurückkehren. Sie beruht nicht auf zeitneutraler Materie und zeitneutralen Gesetzen, wie bisher angenommen, sondern ist einem energiegetriebenen Zeitpfeil mit dadurch selbstorganisierter Energie und Materie unterworfen. Wenn man dies berücksichtigt, werden die Grundlagen der Natur logisch erklärbar. Allerdings ergibt sich auch die Vorstellung von einem völlig andersartigen Universum. Es verspricht uns über Logik, Geduld und Bescheidenheit, näher an die Wahrheit unserer Existenz zu führen. Denn es gibt einen praktischen Grund, warum die Natur den Menschen mit einem tiefgehenden Gefühl für Kausalität und rationale Zusammenhänge in der Natur geformt hat. Das Überleben hängt davon ab. Wir sind auf die Wahrheit und die Logik angewiesen, um auch in Zukunft überleben zu können. Ein gut entwickelter Geist hilft uns nur, wenn wir rational verstehen und dementsprechend agieren können.

Das hier geschriebene Buch wurde „Zeitpfeil als Spur der Energie" genannt, weil für die Entwicklung eines einleuchtenden Weltmodells die korrekte Idee von Zeit unverzichtbar ist. Über das Wesen der Zeit wird seit der Antike gerätselt. Bekannt wurden die tiefgehenden Überlegungen des um 400 n. Chr. lebenden Kirchenvaters Augustinus, der in erdachten Zwiegesprächen mit Gott herausfinden wollte, warum die Zeit für den Menschen so wichtig und für die Ewigkeit Gottes unbedeutend ist. Er kam zu dem Schluss, dass Zeit nicht etwas Absolutes sei, sondern mit dem Bewusstsein des Menschen im Zusammenhang stehe. Nachdem sich unzählige weitere Persönlichkeiten den Kopf über die Zeit zerbrochen hatten (z.B. Reichenbach, 1956; Withrow, 1972, 1980; Davies, 1974; Zeh, 1992), versuchte die moderne Wissenschaft einen Schlusspunkt zu setzen. Für sie ist Zeit relativ, nur eine Illusion, ein Ordnungsparameter, allenfalls ein beobachtetes Driften in Richtung höherer Wahrscheinlichkeit, zunehmender Entropie und abnehmender Information. Es wurde bereits darauf hingewiesen, dass aufgegebene Information weggeworfene Energie bedeutet. Nur wenn man, wie mit dem energiegetriebenen Zeitpfeil, die Zeit an Energie koppelt, ist der Erhaltungssatz für Energie erfüllt. Was kann, nach all den hier vollzogenen Überlegungen, zusammenfassend über die Zeit, dieses hartnäckige Rätsel, gesagt werden?

Entsprechend den Ideen, die in diesem Buch vorgestellt werden, ist das Universum einem energiegetriebenen Zeitpfeil und damit fundamental irreversiblen Mechanismen ausgesetzt. Der Zeitpfeil wird durch Energie angetrieben, die Wirkung und auf diese Weise physikalisch-chemische Abläufe erzeugt. Diese Abläufe, die einen gerichteten Fluss von Wirkung (Energie mal Zeit) darstellen, sind es, die das eigentliche, real messbare Wesen der Zeit ausmachen. Ich nenne sie „Wirkungszeit" und man kann sie sich auch als Fluss aufgegebener, verlorener Information über die Vergangenheit vorstellen. Es ist der „Zeitpfeil als Spur der Energie". Was das Prinzip der kleinsten Wirkung umsetzt, eben Wirkung, äquivalent dem von einem Hügel rollenden Stein, ist der eigentliche, gerichtete „Zeitfluss". Ein anderes Beispiel ist auch der schon erwähnte rieselnde Strom von Sand in einer Sanduhr. Dieser Fluss von Wirkung ist direkt messbar und hat in der hier analysierten irreversiblen Welt wegen der gerichteten Energie einen vektoriellen Charakter. Man kann ihm, indem man durch die umgesetzte, gerichtete Energie dividiert, diese also hinaus-

wirft, einen Ordnungsparameter für die Registrierung von Veränderungen entnehmen. Es kann eine in reinen Zahlen beschreibbare Menge von angehäuftem Sand sein, die auch einen Uhrzeiger bewegen könnte. Dies wäre dann die Uhrzeit selbst, die so als „Alias“ oder „Illusionszeit“ gewonnen wird und unserem modernen Lebensrhythmus den Takt vorgibt. Sie mittelt über ablaufende Phänomene mit viel oder wenig Wirkungsumsatz, mit viel oder wenig Verlust an Information, indem sie die beteiligte Energie hinauswirft. Die geeichten Schwingungsperioden einer Quarzuhr oder einer Atomuhr können diese Messung der Uhrzeit sehr präzise leisten. In dieser Uhrzeit steckt aber keine messbare Dynamik, keine Orientierung, keine Verbindung mehr zu energetischen Prozessen. Es ist aber die Uhrzeit, wie sie in der Relativitätstheorie und in kosmologischen Theorien eingesetzt wird, um uns die Funktion des Universums zu erklären. Was sich neben der wirklichen, energiegetriebenen Zeit nur passiv mitbewegt, sollte selbst auch nicht die Realität wiedergeben. Und damit sollte sie als reine Uhrzeit in Theorien, welche die Natur beschreiben, den zu berechnenden, ablaufenden dynamischen Mechanismen auch nicht ohne weiteres aufgedrängt werden. Oder in anderen Worten: Man sollte nicht die Uhrzeit, die nur als Folge von Zahlen ein durch Natur- und Materialkonstanten beschreibbares Maßband darstellt, allein berechnen, sondern den Fluss von Wirkung, der die Energieumwandlung begleitet und die Wirkungszeit ausmacht.
Die Relativitätstheorie baut nämlich ihre Welt mit der reinen Uhrzeit. Um herauszufinden, wie die gerichtete „Wirkungszeit“ auf sich bewegenden Objekten verläuft, muss man, wie schon erwähnt, den Fluss der Wirkung dort vermessen. Man findet, dass er unverändert bleibt. Eine Relativbewegung ändert nichts am zeitlichen Ablauf der Aktivitäten eines energieverbrauchenden Systems, wie es eine lebende Person darstellt. Hiermit ist eine präzise Definition der Natur der „wirksamen“, von Wirkungsflüssen „bewirkten“ Zeit aufgestellt. Es ist nicht die Uhrzeit mit ihrer reinen Zahlenfolge, sondern die gerichtete, vektorielle „Wirkungszeit“ (Energie mal Zeit), die fundamental für den Zeitablauf verantwortlich ist.
Die „Wirkungszeit“ ist keine Illusion und läuft unter gleichen Bedingungen, auch auf verschieden bewegten Systemen, gleich schnell ab. In Kap. 26 wurde über den Lehrsatz (17a) festgestellt, dass das Wesen der hier eingeführten Irreversibilität in der Natur darin besteht, dass Information über Energie (mit welcher nutzbare Energie zusätzlich beschrieben werden muss (11 a)) fortschreitend aufgegeben wird und verloren geht und damit nicht mehr nutzbare Energie entsteht. Die Wirkungszeit beschreibt die Geschwindigkeit, mit welcher dieser Verlust an Information über die Vergangenheit voranschreitet. Es ist dieser Informationsumsatz, der die Umverteilung von Energie auf viele Zustände auslöst. Bei großen Energieereignissen kann

er hoch sein, bei kleinen niedrig. So funktioniert die von uns gesehene Welt der Veränderungen. Aussagen, die mit Information zusammenhängen, bleiben für Systeme mit unterschiedlicher relativer Geschwindigkeit natürlich ebenfalls konstant, was anhand von Fig. 25 bereits ausführlich diskutiert wurde. Man versteht anschaulich, warum der Fluss an Wirkung keine relativen Veränderungen erlebt, wenn er für ein sich bewegendes System berechnet wird. Im Gegensatz zur Behauptung der Relativitätstheorie laufen Energieprozesse in relativ zueinander bewegten Systemen gleich schnell ab. Dieses neue Verständnis der wirklichen Zeit hat das Potential, die gegenwärtige theoretische Vorstellung von der Funktion des Universums zu untergraben und neu zu strukturieren:

„Die wirkliche Zeit, die Wirkungszeit, ist der fortschreitende Informationsverlust, der die Umverteilung von nützlicher Energie auf eine zunehmende Zahl von Zuständen auslöst“ (22)

Was ist dann aber letztlich die im Alltag so wichtige und in der Relativitätstheorie verwendete Uhrzeit? Da hier der Fluss der Wirkung, Energie mal Zeit, mit dem dafür aufgewandten Informationsumsatz gleichgesetzt wurde, ist die Uhrzeit gleich dem Informationsumsatz, dividiert durch die umgesetzte Energie. Es ist eine genormte Zeit, der Informationsverlust über die Vergangenheit, pro umgesetzter Energie – einfach eine Skala, welche die Proportionalität zwischen Information und Energie ausdrückt. In der Relativitätstheorie ist diese Uhrzeit jedoch abhängig von einer, in verschieden bewegten Systemen unterschiedlich registrierten Energie. Je größer diese Energie wahrgenommen wird, umso langsamer ist dann, weil die Zeitspannen länger werden, dieser relativistische Fluss der Uhrzeit. Dies würde schlicht bedeuten, dass der Energieumsatz pro Informationsumsatz in verschieden bewegten Systemen unterschiedlich wäre. Das ist eine problematische Aussage und sollte im Widerspruch zum Relativitätsprinzip stehen, demzufolge grundlegende Naturgesetze unverändert bleiben müssten. Warum sollte sich der Energieumsatz, der mit Information in Zusammenhang steht, ändern? Begegnen „Zeitreisende“ auch einem ernsthaften Problem mit der Information, die sie mit sich führen? Die Relativitätstheorie hat nicht nur das Wesen der Uhrzeit falsch verstanden, sondern kommt auch mit den Gesetzen der Energie in Konflikt. Vielleicht liegt dies daran, dass sie das Energiegesetz überhaupt nicht berücksichtigt.
Demnach ist nicht nur die Uhrzeit eine Illusion, sondern auch das Bild, das die Relativitätstheorie mittels der Uhrzeit, dem Alias oder Pseudonym der Wirkungszeit, dem Menschen vom Universum vermittelt. Die am Ende von Kap. 25 erwähnte

Kritik an der Zeitvorstellung Einsteins durch den Philosophen Henri Bergson war also gerechtfertigt.
Die Hypothese vom Zeitpfeil als der Wirkungszeit, dem Fluss der Wirkung, beziehungsweise vom Fluss des sie auslösenden Informationsumsatzes, wird zur Theorie, wenn ein Kriterium für ihre Falsifizierung aufgestellt wird (Popper, 1997): Sie ist falsch, wenn gezeigt wird, dass sich ein Energie und damit Wirkung umsetzender Prozess auf einem relativ bewegten System unterschiedlich schnell entwickelt. Dazu muss gesagt werden, dass selbst die Relativitätstheorie bei einer Transformation auf einen bewegten Körper die Wirkung als invariant, unveränderlich, erkennt. Wäre dies nicht der Fall, würde ein Naturgesetz, wie das Prinzip der kleinsten Wirkung, auf relativ zueinander bewegten Systemen nicht mehr identisch sein. Ein anderer Test könnte sich auf die digitale, numerische Natur der Gravitation als Information über Materie beziehen, wie sie – im Vergleich zur analogen Natur der Raumzeit-Krümmung – innerhalb der Dynamischen Energie erklärt wird. Eine Erklärung, auf der Grundlage des Zeitpfeils, für die gemessene „relativistische" Zeitverschiebung in atomaren Uhren wurde in Kapitel 25 gegeben: Durch überlagerte Gravitation von außen (ebenfalls Information über Materie) wird der während der Quantisierung angestrebte minimale Wert der Information über Materie verschoben. Dadurch ändern sich die gemessenen Zeitintervalle. Tatsächlich messen atomare Uhren eine Sekunde mit einer Abweichung von lediglich 10^{-17}, das sind 17 Stellen hinter dem Komma. Eine Genauigkeit von 16 Stellen hinter dem Komma ist ausreichend, um eine Gravitationsänderung zu messen, die durch einen Meter Höhenunterschied verursacht wird. Atomuhren registrieren sogar die vom Mond ausgelösten Gezeiten. Die Relativitätstheorie erklärt die Gravitation jedoch als eine Krümmung des Raumes. Dies ist eine analoge Messgröße. Analoge Signale sind typischerweise nur auf vier Stellen hinter dem Komma (0,01% des Maximalwertes) genau und müssen regelmäßig geeicht werden. Eine Messung von Gravitationsänderungen bei einer Höhenänderung von einem Meter erfordert eine Messgenauigkeit von wenigstens sechs Stellen (0,0001% des Maximalwertes). Und der bereits erwähnte Gravitationsunterschied von 54 Größenordnungen zwischen einem Neutron und dem Gewicht von einem Kilogramm könnte über ein analoges Gravitationssignal, verursacht durch Raumkrümmung, schon gar nicht ausgelesen und umgesetzt werden. Analoge Signale erlauben bei weitem keine derartige Auflösung. Dies spricht eindeutig für die hier vorgeschlagene informationsbasierte Natur der Gravitation und skizziert Experimente in Richtung ihrer experimentellen Verifizierung. Also können die „relativistischen" Zeitverschiebungen, die mit reisenden Atomuhren gemessen wurden, als reine Effekte sich ändernder, äußerer

Parameter (wie der Gravitation) interpretiert werden. Sie verändern die Kalibrierung der Zeitskala und bedeuten nicht eine Veränderung des Zeitflusses selbst. Selbstorganisationsprozesse sind eine natürliche Folge des energiegetriebenen Zeitpfeils, der „Wirkungszeit", da Rückkopplungsprozesse möglich und erlaubt sind und die Prozesse sich damit selbst aufbauen und beschleunigen können. Infolgedessen beherrschen sie die Evolution, indem sie Elementarteilchen, Atome, Moleküle, Planeten und Galaxien, ebenso wie biologische Lebensformen, gestalten. Der Zeitpfeil, die „Wirkungszeit", und die darin wirksame Dynamische Energie sind es, welche die strukturbildende Evolution erst ermöglichen. Die Mechanismen, über welche Energie bei der Verrichtung von Arbeit von ihrer nützlichen Form über Informationsverlust in die nicht nützliche, chaotische Form umgewandelt wird, folgen zielsicheren Gesetzmäßigkeiten. Wir erkennen im Fluss der voneinander abhängigen energetischen Prozesse logische Abläufe. Die Energiegesetze und Energieabläufe erzeugen, durch die ihnen eigenen Mechanismen, logische Verhältnisse, weil sie funktionieren! Diese energetischen Gründe sind es, die unsere Welt auch insgesamt logisch erscheinen lassen und wir kausale Zusammenhänge beobachten (vergleiche auch Fig. 44). Das menschliche Gehirn, das denselben Prozessen unterworfen ist, erkennt deswegen natürliche Mechanismen als rational verständlich. Ich bin überzeugt, dass eine rationale Grundlage des Verstehens auch einen geringeren Umsatz an Information erfordert (die ja Energie umsetzt), wenn deren Inhalt verstanden wird. Das Gehirn ist dann mit der Antwort zufrieden gestellt, was eine Anpassung der Natur sein könnte. Im praktischen Leben stellen sich logische Situationen als weniger frustrierend und beunruhigend heraus, weil die Umstände nachvollzogen werden können. Im Gegensatz dazu hält eine irrationale „Wissensstruktur" vielfach mehr Denkprozesse und unbeantwortete Fragen aktiviert. Es ist nicht zu erwarten, dass die Reaktionen des Gehirns in diesem Fall ausgeglichen sind. Studenten, die einen unverständlichen Sachverhalt, wie den eines ohne Ursache zerfallenden radioaktiven Atoms, hinnehmen müssen, sind mit einer solchen Erklärung instinktiv nicht zufrieden. In ihr wird ja das Versagen der Rationalität für fundamental gehalten. Wenn man andererseits einem eingeborenen Naturmenschen zum ersten Mal ein Radio hinhält, das er noch nie gesehen und erlebt hat, ist seine Funktion für ihn zunächst ebenfalls rational unverständlich. Aber wenn er lernt und über die Zusammenhänge aufgeklärt wird, wird die Funktion dieses Radios nachträglich auch für ihn rational begreifbar. Paradoxien und fundamentale Irrationalitäten hingegen sind grundsätzlich nicht, auch nicht durch Gewöhnung, rational zu verarbeiten.

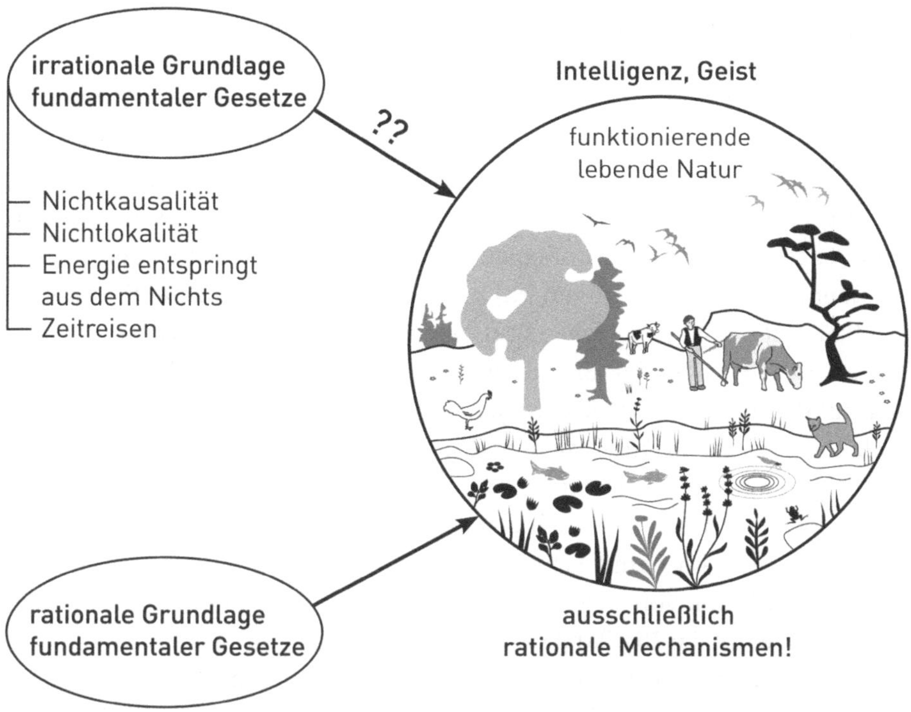

Fig. 44. Der Reichtum an biologischer Kreativität kann auf rein rationaler Grundlage verstanden werden, denn der Mensch hat einen Instinkt für Rationalität und Kausalität. Dies wäre auf der Basis einer irrationalen Grundlage der Natur nicht glaubhaft. Wir sollten von einer rationalen Funktion der komplexen lebenden Natur ableiten, dass wir in einem rational fundierten und funktionierenden Universum existieren. Behauptungen von Irrationalitäten in der Natur sind Aussagen, die Unwissenheit zementieren wollen.

Von entscheidender Bedeutung ist, dass die Bemühung, die physikalische Welt auf der Grundlage einer Dynamischen Energie und eines Zeitpfeils rational zu verstehen, auch dazu führte, das Bewusstsein und den Geist in den Bauplan der Natur zu integrieren. Dies ist eine bemerkenswerte Leistung und ein weiterer erfolgreicher Prüfstein für das Dynamische Energiemodell. Dadurch, dass man der Information, als einer mit Energie zusammenhängenden Größe, erlauben kann, sich selbstzuorganisieren, schließt sich eine Lücke, welche existierende Theorien bisher nicht überbrücken konnten.

Dieser Geist eröffnet die Möglichkeit, diejenigen Phänomene und Fähigkeiten, die es dem Menschen erlauben, seine Position in der Natur zu verstehen, zu erschließen und die Gesetze, die sie steuern, zu erforschen. Die Wirkungszeit, mit ihrer

Fähigkeit, Information umzusetzen und in eine Zeitfolge zu bringen, hat diesen Zugang zum Geist erst ermöglicht.

Der Philosoph Thomas Nagel fragt, was für ein Universum es sei, das einem Geschöpf erlaubt, dieses verstehen zu lernen (Nagel, 2012). Man erkennt an dieser Frage, wie notwendig es ist, dass ein gültiges Weltmodell die Rolle des Geistes innerhalb eines solchen Universums erklärt. Thomas Nagel hat an anderer Stelle kommentiert, dass „jede grundlegende Entdeckung hinsichtlich der Frage, warum wir über Bewusstsein verfügen (...) uns auch fundamental neue Wahrheiten über den Baustoff des ganzen Universums gewinnen lassen wird" (Nagel, 1992). Hier in diesem Buch wird gezeigt: Ein wesentlicher „Baustoff" dieses Universums ist Information. Ihr Umsatz kontrolliert energetische Prozesse, prägt den Zeitpfeil und ist auch am Aufbau von Ordnung in Selbstorganisationsprozessen beteiligt. Information selbst kann sich durch Energie von außen und Selbstorganisation zu Geist aufbauen. Ein Universum mit solch erstaunlichen Eigenschaften muss letztlich rational strukturiert sein, damit es funktioniert und auch verstanden werden kann. Und da es die Evolution von Geist zulässt und fördert, ist es deutlich freundlicher und konstruktiver als das Big Bang Universum.

Dass die Evolution ein Ziel in Form maximalen Energieumsatzes in lebenden Strukturen verfolgt, führte letztlich zum überraschenden Schluss, dass das eigentliche Ziel der Evolution die Ermöglichung von Intelligenz und Geist ist.Das Bewusstsein und die Intelligenz benötigen, als Voraussetzung für die Selbstorganisation, einen hohen Energieumsatz. Wenn solch hohe Energieumsätze erreicht werden, erhalten ausgewählte lebende Systeme deswegen über selbstorganisierte Informationsverarbeitung im Gehirn die Gelegenheit, bewusst und intelligent zu existieren. Da die Evolution in diese Richtung fortschreitet und überall, wo angemessene Bedingungen herrschen, funktionieren sollte, kann man schließen, dass die Entwicklung von Bewusstsein und Intelligenz eine Speerspitze der kosmologischen Entwicklung ist. Man kann diese erstaunliche und wichtige Schlussfolgerung auch noch mit einem anderen Argument untermauern. Da Gravitation als Information erkannt wurde, ist nachvollziehbar zu behaupten, dass Information das Universum beherrscht. Der Zeitpfeil als Spur der Energie, mit der Fähigkeit maximale Energie- (Entropie-)Umsätze zu erlauben, führt zwangsläufig zu einer Selbstorganisation der Materie (an der ebenfalls Information beteiligt ist). Er führt auch zur Ausbildung entwickelter, zur Informationsverarbeitung fähiger Strukturen, welche eine Selbstorganisation von Information zulassen. Da eine solche geordnete Informationsstruktur damit in ihren Fähigkeiten eine deutliche Hierarchie höher rückt und Intelligenz und Geist erklärt, müssten diese erstaunlichen Eigenschaften letztlich das markante, hochgesteckte Ziel der biologischen Evolution sein. Es ist die Entwicklung von Geist, als selbstorganisierte Information, innerhalb eines von Information beherrschten Universums. Ein Universum, das von Information und Geist geprägt ist und vielleicht ungeahnte Intelligenz beherbergt, kann nur Geist als Ziel der Evolution auf seinem „Programm" haben. Man kann ruhig von einem Programm sprechen, da selbstorganisierte Systeme aus sich selbst heraus Programme entwickeln können. Dies ist schon anhand der markanten Lebensprofile existierender biologischer Organismen nachvollziehbar.

Dieses verblüffende Ergebnis schlägt eine Brücke zwischen der Wissenschaft, der Philosophie und der Religion. In einer „dynamischen" Energiewelt ist dies nur möglich, weil laufend Energie umgesetzt und Wirkung erzeugt wird. Diese Voraussetzungen treiben den Zeitpfeil an, der die Selbstorganisation ermöglicht. Geist und Bewusstsein können nur entwickelt werden, weil das Phänomen des gerichteten, von nützlicher Energie getriebenen Zeitpfeils existiert. Bemerkenswert ist nun, dass nützliche Energie dabei Information umsetzt und aufgibt. Ein Teil davon erscheint als selbstorganisierte Information auf einer höheren Rangordnung – als Bewusstsein und Geist.

Die fließende Zeit, der Zeitpfeil in Form von Wirkungsströmen oder der Verlust von Information über die Vergangenheit, ist also der untrennbare Schrittmacher der Evolution oder, in religiöser Interpretation, der Schöpfung. Instinktiv begriffen dies schon frühe Philosophen und Religionsstifter: In den alten Indischen Veden, die aus vorchristlicher Zeit stammen, darin dem Bhagavad Gita (Bg. 11. 32), lässt man Gott Krishna sagen: „Ich bin die Zeit, die große Zerstörerin der Welten." Der Fluss der energiegetriebenen Wirkungszeit ist ein fundamental schöpferisches und auch zerstörerisches Element. Dadurch, dass die Wirkungszeit über die Rückkopplung die Selbstorganisation ermöglicht, wird sie zu einem Werkzeug der Kreativität, aber, wenn ein selbstorganisiertes System dadurch ins Chaos geführt wird, auch der desintegrierenden Zerstörung. Wäre die Zeit eine Illusion oder nur ein Parameter, der Veränderungen registrierte, wie die Wissenschaft sie heute versteht, dann gäbe es unsere kreative Welt nicht.

Diese Neubewertung der grundlegenden charakteristischen Funktion der Natur über einen Zeitpfeil als Spur der Energie, eröffnet das Potential eines tiefergehenden Verständnisses unserer materiellen Welt und unserer Existenz. Antworten auf wichtige Fragen, von der Quantenphysik bis zur Gravitation, von der Evolution bis zur Kosmologie, stellen sich als von den bisher in der Physik vorgeschlagenen Deutungen verschieden heraus. Bemerkenswerterweise ergeben sich relevante Erklärungen zwanglos und ohne wesentliche Zusatzannahmen aus den Eigenschaften

des energiegetriebenen Zeitpfeils (vergleiche Fig. 42). Die Suche nach einer Wissensstruktur, die frei von Irrationalitäten und Paradoxien ist, hat demnach ein Tor zu einer einfacher strukturierten Natur und zu neuen wissenschaftsphilosophischen Herausforderungen geöffnet: Wie kann Gravitation als Information über Materie verstanden und weiter erforscht werden? Wie handhabt die Natur grundsätzlich Information? Warum ist die Evolution von Geist ein Ziel der Evolution? Wie entstand Leben durch Selbstorganisation von Materie und DNA-Information? Wie verfährt der genetische Mechanismus mit dem Drang selbstorganisierter Materie nach maximalem Energie- (Entropie-) Umsatz? Wie entstand und wie entwickelt sich ein informationsbasiertes Universum? Wie schafft es der Mensch mit seinem Geist, seinen zunehmenden Energie- (Entropie-) Umsatz in den Griff zu bekommen? Welche sind die wesentlichen Etappen in der Evolution von Geist? Wohin entwickelt sich unser Geist? Ein Universum, das aus Information geschaffen wurde und in dem die Evolution des Geistes, selbstorganisierter Information, die erkannte langfristige Bestimmung ist, begreift man als ein freundliches, konstruktives Universum. Es entstand nicht aus dem Chaos, ohne Ziel, der reinen Zufälligkeit ausgesetzt, um letztlich einem ewigen Kältetod entgegen zu driften, wie es das Big Bang Szenario erklärt. Vielmehr stand Information am Anfang, lenkte (als Gravitation) die anorganische und organische Strukturbildung, erlaubte über den gerichteten Zeitpfeil ihre Selbstorganisation, unter besonders günstigen Bedingungen die Weiterentwicklung zum Geist und beinhaltet letztlich die Fähigkeit zur Regenerierung und Neuordnung. Der sich entwickelnde Geist findet, inmitten einer sonst harschen und manchmal unerbittlichen Natur, hinreichend günstige Voraussetzungen für eine langfristige Zukunft. Dies setzt aber voraus, dass der Geist seine vollen Fähigkeiten entfaltet und die beanspruchten hohen Energieumsätze aus seiner Umwelt nachhaltig in den Griff bekommt.
Diese erstaunliche Erkenntnis kann man in einem einfachen Lehrsatz zusammenfassen, der beansprucht, ein tiefgründiges, bisher nicht erkanntes Geheimnis des Universums zu offenbaren:

„Ziel der Evolution ist die Entwicklung von Geist, selbstorganisierter Information, in einem von Information beherrschten Universum“ (23)

Eine solche Schlussfolgerung hebt das Universum und den Menschen von einer durch Naturgegebenheiten geprägten Zufälligkeit auf das Niveau eines von Information ausgelösten und durch Selbstorganisation gelenkten gigantischen Experimentes. Es zu beobachten und allmählich zu erforschen, könnte das Schicksal der menschlichen Zivilisation mitbestimmen. Dabei besteht die große Herausforderung darin, die Informationstechnologie in der Natur zu begreifen. Information ist nicht nur als Eigenschaft von Energie und Materie in Form von Gravitation allgegenwärtig. Sie entwickelt sich auch in materiellen Strukturen und kann sich dort in eine höhere Hierarchie selbstorganisieren und Bewusstsein und Geist entfalten. Angetrieben wird dabei alles durch nützliche Energie, indem sie Information aufgibt und informationsarme, nicht verfügbare chaotische Energie abgibt. Die Zeit, die auf diese Weise abläuft, ist keine Illusion. Sie ist ein Strom von Wirkung, oder noch präziser, ein Aufgeben von Information innerhalb nützlicher Energie. Dieses Aufgeben von Information über die Vergangenheit ist es letztlich, was diese selbstorganisierte Energie umbaut und dabei den Strom von Wirkung auslöst. Wenn wir über das Vergehen der Zeit nachdenken, können wir uns jetzt vorstellen, dass Energie dabei laufend Information verliert, die sich dann, unter Erhaltung der Energie, als Abfallenergie in der entstehenden Unordnung wiederfindet. Der an Energieumsätze geknüpfte Verlust an Information ist es, der die fundamentale Irreversibilität unseres Universums erklärt und auch die Erwartung nährt, dass ein Informationsabbild unseres Universums es einst wieder erneuern wird.

Aus den hier präsentierten Untersuchungen ergeben sich relevante wissenschaftsphilosophische Schlussfolgerungen. Wird der energiegetriebene Zeitpfeil ernst genommen und werden bestehende irrationale Theorien aufgegeben, können über logisches Verstehen völlig andersartige und deutlich transparentere Modelle für die Realität unserer Welt und des Universums abgeleitet werden. Versuchsweise könnte man darüber nachdenken, was passierte, wenn der Zeitpfeil immer langsamer laufen würde. Immer weniger Informationen über die Vergangenheit würden verloren gehen, bis der Fluss an Information ganz aufhörte. Dies wäre die zeitneutrale Welt, welche die Physik heute zu erkennen glaubt. Sie hätte weder Vergangenheit noch Zukunft. Man begreift, dass es eine rein fiktive Welt ist, die nicht den menschlichen Erfahrungen entspricht. Die reale Welt wird vom Zeitpfeil gezeichnet, der von einem kontinuierlichen Verlust von Information über die Vergangenheit begleitet wird.

Auf der Grundlage eines Universums unter dem Zeitpfeil als Spur der Energie besteht auch die Möglichkeit, dass der Mensch sensible Informationen über seine spirituelle Situation gewinnen kann. Was bedeutet es, wenn Entwicklung von Geist Ziel der Evolution ist? Was bedeutet maximaler Geist? Ich vertrete die Meinung, dass diese Verknüpfung von Naturforschung mit der Suche nach einer Erklärung und einem Sinn menschlicher Existenz einem fundamentalen Bedürfnis des Menschen entspringt. Es hat wohl schon beim Ursprung des Schamanismus und bei der

Entwicklung von Religionen eine fundamentale Rolle gespielt. Wichtige spirituelle Vorstellungen entsprangen Deutungen von Naturphänomenen (Tributsch, 1986, 2018 d). Der Zeitpfeil als Spur der Energie hat, mit seiner Entdeckung von Information und Geist als Schlüsselphänomene im Universum, diese Möglichkeit, die Natur auf spirituelle Fragen hin zu deuten, auf einer neuen Ebene wiederbelebt. Durch Naturforschung lernen wir über mögliche Hintergründe unserer Existenz. Naturforschung sollte kein Widerspruch zu spirituellen Fragen sein. Stattdessen könnte sie solche Fragen anregen und orientieren. Sorgsam identifizierte spirituelle Ziele könnten, wenn sie als übergeordnet anerkannt wären, der Spezies Mensch das Überleben erleichtern.

Durch den Zeitpfeil als Spur der Energie ist auch der bisher enge Zugang zur Erforschung und Erschließung der Welt der Selbstorganisation weit aufgestoßen. Diese kann, ohne äußere steuernde Elemente, aus sich selbst heraus, in kreativer Weise, höhere strukturelle Ordnung aufbauen und kontrollieren. Man sieht dies ganz deutlich an der Vielfalt des Lebens. Auf den wichtigen Gebieten der Biomimetik von Katalysatoren und Energiesystemen sowie der „tensilen" Wassertechnologie der Pflanzen, bei welcher Verdunstungsenergie Wasser hundert Meter hochziehen kann, würden Forschungsinitiativen durch Konventionen einer zeitneutralen Welt nicht mehr abgebremst werden. Der energiegetriebene Zeitpfeil erlaubt beides, die Erschließung der irreversiblen, erstaunlich kreativen Welt und gleichzeitig die Tolerierung, als Näherungen und Weiterführung, bisher gesammelter relevanter zeitneutraler Ergebnisse und Mechanismen. Umgekehrt aber würde dies nicht funktionieren. Der Schritt von historisch gewachsenen, zeitneutralen Naturgesetzen zu einem von Energie angetriebenen Zeitpfeil macht einen großen Unterschied. Dies zeigt, wie fragil die Grundlagen unserer etablierten Naturwissenschaft auch heute noch sind. Hier wird argumentiert, dass die rationalen, aus dem energiegetriebenen Zeitpfeil folgenden Denkmodelle die richtigen und zielführenden sind. Wenigstens bieten sie eine wesentlich größere Wahrscheinlichkeit, korrekt und wegweisend zu sein, da sie einfacher, eleganter, effektiver, aussagekräftiger und faszinierender sind. Oder aus anderer Sichtweise: Die Wissenschaft musste sich immer mehr auf irrationale oder abstrakt mathematische Erklärungen stützen, weil sie unter Annahme einer zeitneutralen fundamentalen Welt von falschen Voraussetzungen ausging (Tributsch, 2019). Von einer zeitumkehrbaren Welt kann man die irreversible, kreative Welt, die es wirklich gibt, nicht ohne weiteres ableiten. Man muss in widersprüchliche, unlogische Annahmen flüchten, um solch ein Gedankengebäude auszubauen und aufrecht zu erhalten. Muss man das aber wirklich, wenn man keine logischen Erklärungen findet?

Anstatt der Menschheit zu erzählen, dass die Natur in wesentlichen Mechanismen fundamental unbegreiflich, irrational und in zusätzlichen Dimensionen oder Multiwelten utopisch sei, sollte die Wissenschaft wieder gelegentlich zugeben, dass sie einfach nicht alles erklären könne. Im Modell eines Quantenzustandes und im Modell unseres Universums, wie es als Folge des Zeitpfeils diskutiert wurde (Fig. 38), wäre solch ein Geheimnis zum Beispiel der Mechanismus, über den das Informationsabbild-der-Materie und der -Energie, das mit der Gravitation identifiziert wurde, ein Teilchen oder sogar die ursprüngliche Welt wiederherstellen kann. Von dreidimensionalen (3D) Druckern wissen wir, dass Information materielle und dynamische Realität erzeugen kann. Im Prinzip funktioniert dies also. Aber wie macht es die Natur? Wie verschlüsselt sie ihre Information?
Johann Wolfgang von Goethe widmete sich neben seinem literarischen Wirken leidenschaftlich auch privater wissenschaftlicher Forschung. Gleichzeitig bewahrte er dabei ein gesundes Maß an Selbstkritik. So sagte er einmal, dass es „das schönste Glück des denkenden Menschen ist, das Erforschliche erforscht zu haben und das Unerforschliche ruhig zu verehren“. Es ist wohl korrekter und menschlicher, zuzugeben, dass man etwas nicht verstehe, als zu behaupten und darauf zu bestehen, dass die Realität irrational und unserem Verständnis nicht zugänglich sei. Wirkung ohne Ursache, ein leerer Raum voll wundersamer Eigenschaften, Energie aus dem Nichts oder Multiwelten sind bequeme Ausreden, die davon ablenken, dass man nicht genug versteht. Wissenschaftler und Ingenieure, die dies zur Kenntnis nähmen und realistisch blieben, würden dann auch konsequenter versuchen, rationale Erklärungen und Lösungen für die Probleme und Herausforderungen unserer Zeit zu finden. Das hier skizzierte geistreiche, freundlichere Universum, welches Lebewesen ermöglicht, selbst Geist zu entwickeln und die Natur zu verstehen, gibt Hoffnung, dass die Menschheit die anstehenden Aufgaben mit mehr Geduld und Weitsicht bewältigen wird. Die Wissenschaftler, die ihr dabei helfen werden, sind nicht mehr so hoch spezialisiert und werden Fragen stellen, die dem Leben näherstehen. Sie werden enger am Puls der Natur forschen und jene von ihr entfaltete, für das Überleben besser angepasste, kreative Dynamik erlernen. Wenn Entwicklung von Geist das herausragende Ziel der Evolution ist, dann braucht es schöpferischen Geist zum Überleben. Ihn zu pflegen, wird eine Herausforderung für die nächsten Generationen sein.

38 Anmerkungen zum Disput zwischen Wissenschaft und Religion

Als die Naturwissenschaften während der letzten Jahrhunderte zunehmend eigene und unterschiedliche Standpunkte gegenüber der Religion entwickelten, wurden Konfrontationen unvermeidlich. Hervorstechende Beispiele waren das heliozentrische Weltbild des Galileo Galilei (1564-1642) und die Evolutionstheorie von Charles Darwin (1809-1882). Die Erfahrung mit Galilei zeigt, dass überzeugende Entdeckungen allmählich auch von der Religion anerkannt werden. Aber Darwins Vorstellung, dass die Evolution nur auf statistisch zufällige Mutationen mit nachfolgender Selektion beruhe, findet auch in der gegenwärtigen Zeit noch hartnäckigen Widerstand. Er kommt nicht nur von „Kreationisten", welche die kirchliche Ansicht vertreten, sondern auch von Kritikern, die in einem „intelligenten Design" keine Zufälligkeit wiederentdecken können. Das Buch des Rechtsprofessors Phillip Johnson (1991) „Darwin vor Gericht" (Darwin on Trial) gab – indem es den Standpunkt vertritt, dass Darwins Vorstellungen nach wie vor eine Hypothese seien – den Vertretern des „intelligenten Designs" erheblichen Auftrieb. Allerdings fiel die Kritik von Naturwissenschaftlern daran sehr harsch aus (z.B. Gould, 1992).
In den letzten Jahrzehnten sah es zeitweise so aus, als ob eine gewisse Koexistenz der Wissensgebiete dadurch möglich wäre, dass sich beide zurückhielten und gegenseitig respektierten. Die Naturwissenschaft sollte sich nicht zu sehr in religiöse Vorstellungen einmischen und die Religion muss die Notwendigkeit von wissenschaftlichem Fortschritt und Bildung respektieren. Die beiden Disziplinen arbeiten schließlich auf unterschiedlichen Ebenen. Als Vertreter dieser integrierenden und aufklärenden Initiative könnte der Theologe Hans Küng gelten.
Die Bemühung in Richtung einer Koexistenz zwischen Wissenschaft und Religion manifestiert sich auch darin, dass sowohl Papst Benedikt XVI im Jahre 2008 als auch Papst Franziskus im Jahre 2016 sogar den medienwirksamen Astrophysiker Stephen Hawking empfingen, obwohl er in seinen viel gelesenen Büchern behauptete, dass die Physik eine Welt ohne Gott erklären könne (Hawking, 1991). Ist aber das, was Hawking überzeugte – die zeitneutralen Grundgesetze, der chaotische Big Bang, Energie aus dem Nichts, ein Universum mit null Energie und die „alleserklärende" vierdimensionale Verkrümmung des Raumes – wirklich Wissen, das bleibende Gültigkeit behalten wird?
Eine Ablösung des historisch gewachsenen zeitneutralen Weltmodells durch Einführung eines energiegetriebenen Zeitpfeils zeichnet ein deutlich unterschiedliches Universum. Es legt irrationale und paradoxe Eigenschaften ab, lässt die Evolu-

tion von Bewusstsein und Geist begreifen und gibt der Evolution ein markantes Ziel. Man erkennt damit die Konturen eines geistreicheren Universums, das von Information geschaffen, von dieser weitgehend gesteuert wird und Entstehung sowie Weiterentwicklung von Geist zum Ziel hat. Welche Konsequenzen hätte dies in soziologischer und religionsphilosophischer Hinsicht?
Das vorliegende Buch zeigt schon, wie eine kleine, logische Veränderung in den physikalischen Grundannahmen – der Schritt von einer zeitneutralen hin zu einer nicht umkehrbaren, also irreversibel ausgerichteten Natur, wie eigentlich jeder sie wahrnehmen kann – ein historisch gewachsenes Weltmodell in Frage stellen und umformen kann. Aber die gegenwärtige Naturwissenschaft vertraut auf ihre, in harter Arbeit erworbenen, vermeintlichen Fundamente und provoziert dabei auch immer mehr die Konfrontation mit der Religion. Das zeigt sich zum Beispiel im schon erwähnten, viel gelesenen Buch „Der Gotteswahn" des Oxforder Biologieprofessors Richard Dawkins (2006). In diesem vertritt er die Meinung, dass, im Gegensatz zu den Aussagen der Naturwissenschaft, der Glaube an Gott irrational und sogar schädlich für die Gesellschaft wäre. Die Tatsache, dass atheistische Diktaturen wie jene von Stalin oder Mao Tse-tung, die religiöse Traditionen gezielt vernichteten, menschenverachtend und gesellschaftlich rücksichtslos gewirkt hatten, relativiert allein schon die letztere Schlussfolgerung. In Hinblick auf Dawkins vorgebliche Irrationalität der Religion soll hier Folgendes kommentiert werden: Erstens basiert die moderne Naturwissenschaft auf einer ganzen Reihe von Irrationalitäten und Paradoxien (wie in Fig. 42 zusammengefasst), auf die sie zunächst selbst das Augenmerk richten sollte. Zweitens haben die Überlegungen zum Zeitpfeil die Selbstorganisation von Information und damit die Entwicklung von Geist als Ziel der Evolution identifiziert. Geist war bisher eine reine Domäne der Religion. Entwicklung von Geist als Eigenschaft des Universums verschafft der Religion nun eine naturwissenschaftliche Komponente, an der sie sich orientieren und anhand derer sie sich weiterentwickeln könnte. Sie irrational zu nennen, ist nicht gerechtfertigt. Abgesehen davon stellt Gott für viele Menschen ein rationales, logisches Element dar. Als Naturwissenschaftler ist Dawkins vorsichtig genug, nicht beweisen zu wollen, dass es Gott nicht gebe. Dennoch zeichnet er ihn so extrem unwahrscheinlich wie die „spontane Entstehung eines Großraumflugzeuges".
Dawkins wurde kritisiert. Man warf ihm vor, die Situation einseitig von der Naturwissenschaft her zu zeichnen und sich als Naturwissenschaftler selbst zu überschätzen. Auch wurde ihm wenig Wissen über Religionsphilosophie nachgesagt. Es wurde auch bemerkt, dass sein neuer Atheismus eine Art Gegenreligion zeichne, die fundamentalistische Züge habe. Selbst von einem Kollegen seiner Universität

(McGrath, 2007) wurde ihm Wissenschaftsgläubigkeit vorgeworfen. Interessant ist, dass gerade Biowissenschaftler wie Dawkins, wohl wegen der Fortschritte in ihrer Disziplin, einen gewissen Übermut entwickeln, der fachliche Grenzen verkennen lässt. Die Biowissenschaft besteht auf einer Evolution ohne Ziel, die auf rein statistischen Mutationen und Auslese beruht und im Laboratorium lernt, das Leben über die Genetik zu manipulieren. Dies vermittelt den Schein von Wissen und Macht. Aber führt eine genetische Manipulation, die Implantation eines veränderten Gens, ohne einen funktionierenden Körper, der über Selbstorganisation funktioniert und sich über die natürliche Evolution entwickelt hat, zum Erfolg?

Wenn sich die Schlussfolgerungen des vorliegenden Buches – dass die Evolution ein Ziel hat und dieses Ziel letztlich die Entwicklung von Geist als Produkt eines informationsgesteuerten intelligenteren Universums ist – durchsetzen, dann ändert sich alles, auch der scheinbare Konflikt zwischen Naturwissenschaft und Religion. Denn ein solches Ziel gäbe dem Menschen einen gewissen Sinn für Ordnung und Bedeutung sowie ein Gefühl für Zusammenhalt. Und die Menschen hätten das Bedürfnis, mehr über diesen Sinn, die damit verbundenen Herausforderungen und ihre eigene Rolle bei der Erhaltung der Umwelt zu erfahren. Gerade solche menschlichen Grundbedürfnisse bewirkten aber auch die Entwicklung und Funktion von Religionen als moralisch lenkende und selbst staatsbildende Organisationen. Auch die Wissenschaft könnte in eine solche Richtung wirken.

Bemerkenswert ist, dass gerade die Überwindung und Eliminierung von Irrationalitäten – also ein Schritt in Richtung Zeitpfeil und Rationalität – zu dieser neuen Vorstellung führt, die der Religion viel näher steht. Die Naturwissenschaft müsste damit einsehen, dass sie zu wenig weiß, um Hochmut zu entwickeln. Sie müsste zugeben, dass Religionen (und die Philsophie) schon vorher, instinktiv und durch intellektuelle Bemühungen geahnt haben, dass etwas wie ein höherer Geist in der Natur existiert. Denn wenn die Natur ein so hochgestecktes Ziel wie die Evolution des Geistes vorgibt, dann muss man sich fragen, warum es dieses Ziel gibt. Und Geist innerhalb eines geistreichen Universums regt an, darüber nachzudenken, was weiterentwickelter Geist bedeutet und ob maximal entwickelter Geist existiert. Wie kann man ihn sich vorstellen und wie unterscheidet er sich von den gewachsenen Gottesvorstellungen vieler Kulturen? Kann man einen solchen Geist oder auch Gott beschreiben und verstehen? Welche Beziehung könnte ein solcher Geist zu 500 Milliarden Galaxien haben, die heute als existent erkannt sind? Jede dieser Galaxien mit geschätzten 100 Milliarden Sternen könnte Leben und Geist entwickelt haben. Naturwissenschaft und Religionsphilosophie bräuchten einander nicht zu bekämpfen. Sie könnten immer mehr zusammenwachsen, sich in konstruktiver

Weise annähern. Jede Disziplin mit ihren jeweiligen Erfahrungen und Methoden könnte zu etwas gemeinsam Neuem beitragen. Vielleicht überwinden beide zusammen die Gefahr, dass unkontrollierter technischer Fortschritt und ein sich Verlieren in nebensächlichen Dingen die Menschheit von wesentlichen Fragen des Überlebens ablenkt und ihr dadurch große Krisen oder sogar den Untergang beschert. Möglicherweise erreichen sie es gemeinsam, dass die Menschheit die wirklichen Herausforderungen begreift und eine ausgewogenere und zukunftsorientiertere Rolle in einem faszinierenden Universum findet. Die Suche nach spirituell relevanten Hinweisen aus rein naturwissenschaftlicher Forschung könnte sie dabei unterstützen. Letztlich gilt es auch zu verstehen, wie ein Universum es durch seine Naturgesetze schafft, Lebewesen zu generieren, die es immer besser zuwege bringen, seine Funktion und seine Größe zu begreifen.

Ich gebe ein kleines Beispiel dafür, wie Anregungen aus diesem Buch weiter gedacht werden könnten, um neue Fragen aufzuwerfen: Immanuel Kant hat in seinem Werk „Kritik der reinen Vernunft" drei wichtige Arten von Gottesbeweisen, den ontologischen, den kosmologischen und den teleologischen, widerlegt. Er machte dies, indem er vorgab, dass Gott keine „Sache", sondern eine „Idee" wäre und sich relevante Begriffe lediglich auf erfahrbare „Sachen" in Raum und Zeit bezögen. Geist, maximaler Geist, der mit Gott in Zusammenhang gebracht werden könnte, hat aber als selbstorganisierte Information definitiv einen Energieinhalt. Damit wäre ein solcher Begriff in Raum und Zeit erfahrbar und Kants Widerspruch aufgehoben. Auch von der Religion her gesehen gäbe es kein Problem mit einer spirituellen Komponente in Form von Information im Universum.

Ich erinnere an die Bibelworte (Joh. 1, 1-3): „Am Anfang war das Wort, und das Wort war bei Gott, und Gott war das Wort. Dasselbe war im Anfang bei Gott". Gott wird demnach auch in der Religion als Information identifiziert und wäre nicht lediglich eine spirituelle Idee. Er wäre eine naturgegebene Realität und stellte den Menschen hinein in einen kosmischen Plan, wie Religionen es immer schon sahen. Im Gegensatz dazu hat der moderne Humanismus, in seinem Pakt mit der Naturwissenschaft, einen solchen Plan immer abgelehnt.

Aber gleichzeitig kontrastieren solche Gedanken über ein spirituelles Universum auch mit Ideen, die heute auf Grund der Fortschritte in den Gebieten der „künstlichen" Intelligenz, der Genetik, der Neurologie und anderer moderner Technologien die Weltmeinung beflügeln. Ich denke an Tom Stonier (1988) und seine frühen Überlegungen zur Maschinenintelligenz und die Langzeitzukunft der menschlichen Spezies oder an das Buch: „Homo Deus - Eine Geschichte von Morgen" des israelischen Historikers Yuval Noah Harari (2018). Harari zeichnet darin einen Menschen, der sich über den technischen Fortschritt und ein manipuliertes Gehirn zu gottähnlicher Macht stilisiert, dadurch in seiner Autorität aber auch teilweise entmündigt wird. Intelligente Maschinen, die von einem Bewusstsein entkoppelt sind, übertreffen und ersetzen nämlich den Menschen in einer Welt, die den Sinn und das Begreifen der Natur nur mehr in Datenströmen und Algorithmen wiederspiegelt. Die Theorie vom Zeitpfeil als Spur der Energie widerspricht den drei am Ende des Buches von Harari aufgeführten Hauptthesen:

Wirkliche menschliche Intelligenz kann nicht vom Bewusstsein abgekoppelt werden. Beide Phänomene befinden sich in einer Hierarchie, einer Rangordnung über der einer rein algorithmischen, aber immer schnelleren Datenverarbeitung, wie sie heutige „intelligente" Maschinen durchführen (Kosko, 2017), und interagieren miteinander (Antwort auf die erste These). Deswegen können uns „hochintelligente" Algorithmen niemals besser kennen als wir uns selbst, außer in Teilgebieten über die Verfügbarkeit, Berechnung und Auswertung reiner Messdaten (Antwort auf die zweite These). Zu einem Dogma der Wissenschaft, dass Lebewesen Algorithmen und das Leben lediglich eine Verarbeitung von Daten seien, wird es nicht kommen. Beide Phänomene, Leben und Geist, sind selbstorganisierte Prozesse und stehen in der Rangordnung über der einer Maschine und reiner Datenverarbeitung (Antwort auf die dritte These).

Eine erkennbare Gefahr durch sogenannte „intelligente" Maschinen besteht nicht darin, dass sie von sich aus Macht über die Menschen gewinnen und diese ihrer ökonomischen und kreativen Nützlichkeit berauben. Sie besteht vielmehr darin, dass sie von skrupellosen Individuen und Regierungen benutzt werden könnten, um Menschen übermäßig zu kontrollieren und in ihrer Freiheit einzugrenzen. Gesunde Gesellschaften sollten aber in der Lage sein, dies durch entsprechende Regelungen zu unterbinden. Einen Homo Deus wird es so nicht geben! Dies bekräftigen auch die Schlussfolgerungen des französischen Professors für künstliche Intelligenz, Jean-Gabriel Ganascia (2017), in seinem Buch „Der Mythos der Singularität: Kann man der künstlichen Intelligenz glauben?" (Le mythe de la Singularité: Faut-il craindre l'intelligence artificielle?). Darin warnt er vor übertriebenen Prophezeihungen zur Maschinenintelligenz als „Sieg des Mythos über die Vernunft".

Es verlockt, am Ende dieses Kapitels über Religion und die Erkenntnisse und Erwartungen der Wissenschaft an ein dazu passendes Graffiti zu erinnern, das irgendein Verzweifelter in New York ganz groß auf eine Wand geschmiert hat: „Gott ist tot, sprach Nietzsche". Später hat ein anderer, ein nachdenklicher Zeitgenosse, der vielleicht zufällig vorbeikam, klein dazu geschrieben: „Nietzsche ist tot, sprach Gott".

39 Der „Panpsychismus“ oder das ewige Rätseln um Geist in der Natur

Die in diesem Buch durchgeführte Untersuchung hatte ursprünglich nicht das Ziel, die Evolution von Bewusstsein und Geist zu erforschen. Es ging zunächst vielmehr darum, über die Hintergründe für die Zunahme von irrationalen Theorien und paradoxen Erklärungen in den Naturwissenschaften nachzudenken.

Die daraus resultierende Einführung des Zeitpfeils, als Spur der Energie und Ausdruck fundamentaler Irreversibilität in der Natur, ermöglichte die Rückkopplung und damit die Selbstorganisation in molekularer Umgebung und in Informationsstrukturen. Durch die Selbstorganisation von Information entsteht eine höhere Hierarchie von Ordnung, in Analogie zum materiellen Leben eine Art „lebende“ Information, Bewusstsein und Geist.

Der Zeitpfeil als Spur der Energie hat also durch rein materialistische Überlegungen in Richtung einer logisch verstehbaren Welt zu einem Universum geführt, das von Information gesteuert wird und aus dem sich durch Selbstorganisation aus dieser Information Geist herausbildet und weiterentwickelt. Genau genommen sind es drei Arten von Information, die beim Zeitpfeil ins Spiel kommen. Eine ist das Informationsabbild-von-Materie beziehungsweise -Energie, das bereits den Quantenzustand mitbestimmt und als die allgegenwärtige Gravitation identifiziert werden konnte. Eine zweite Art ist die Information im genetischen Schlüssel. Die dritte Art betrifft die Information in den Strukturen des Gehirns. Da der Zeitpfeil mit seinem Vorher und Nachher die Rückkopplung ermöglicht und wenn gleichzeitig Energie das Informationssystem speist, kann sich Information zu einer höheren Rangordnung mit neuen Strukturen und Programmen organisieren. Dies kann mit Information genauso ablaufen wie mit Materie, die sich durch Selbstorganisation zum Leben mit all seinen markanten Strukturen und Funktionen aufbaute und immer weiter entwickelt. Das sich entfaltende Universum lässt Geist entstehen und sich weiter entwickeln.

Mit dieser Vision von Geist im Universum ist, auf Grundlage des Zeitpfeils, die Suche nach einer logisch verständlichen Welt in die unmittelbare Nähe einer schon lang existierenden philosophischen Strömung gerückt. Diese hat die Auseinandersetzung mit dem Leib-Seele-Problem zum Inhalt, genauer mit dem Verhältnis zwischen Materie und Geist. Man nennt sie „Panpsychismus“, was sich von griechisch „pan“ (alles) und „psyche“ (Geist, Seele) herleitet. Ihre Vertreter sehen einen unmittelbaren Zusammenhang zwischen Materie und Geist. Eine solche Verbindung wurde in den Überlegungen zum Zeitpfeil mit der Information und ihrer Selbstorganisation auch gefunden. Vorstufen des Geistes sollen im Panpsychismus schon in der Grundstruktur der Materie enthalten sein. Daraus würden sie sich allmählich zum Geist entwickeln. Dem entsprechen beim Zeitpfeil die schon im Quantenzustand enthaltene Information über Materie und Energie, die sich in ihrem Wesen als Gravitation herausstellte. Dazu zählt auch die Information in genetischen und neuronalen Strukturen. Diese Informationsarten können sich, indem sie unter Energiezufuhr von außen neue Informationsstrukturen und Programme ausbilden, zu Formen des Geistes, einer Art „lebender Information“ einer höheren Rangordnung, selbstorganisieren.

Seit der Antike haben sich intelligente Köpfe mit dem möglichen Zusammenhang von Materie und Geist auseinandergesetzt und in dieser Weltvorstellung, dem Panpsychismus, eine Antwort auf wichtige Fragen ihrer Existenz gefunden (der heute benutzte Name Panpsychia für diese Strömung tauchte erstmals wohl als Buchtitel des Francesco Patrizi im 16. Jh. auf).

Bereits die frühesten bekannten Philosophen, vorsokratische Persönlichkeiten wie Thales von Milet aus dem 6. Jh. v. Chr., Anaximenes und Anaxagoras gingen davon aus, dass geistige Eigenschaften als ordnendes Prinzip überall im Kosmos wirken. Auch die rätselhafte Persönlichkeit des Pythagoras stand zu dieser Meinung. Der bedeutende Philosoph Plato war von einer Weltseele überzeugt, die dieser Welt innewohne und alles bewege. Auch die Stoiker aus der Schule der Stoa, die seit dem Begründer, Zenon von Kition, über Seneca bis Mark Aurel fünf Jahrhunderte lang ihre besonderen Vorstellungen vertraten, glaubten, dass der Kosmos überall verbindende geistige Eigenschaften berge.

Der italienische Philosoph Giordano Bruno (1548-1600) nahm überall im von ihm als unendlich angenommenen Universum geistige Eigenschaften an. Er wurde deswegen als Ketzer verbrannt. Er ist ein wichtiger Vertreter des Panpsychismus.

Der Philosoph Spinoza (1632-1677) glaubte an eine Ursubstanz, die er mit Gott und auch der Natur gleichsetzte und in allem Seienden vermutete. Geist und Materie waren für ihn keine gegensätzlichen Erscheinungen. Auch er war absolut davon überzeugt, dass die Natur rational verstanden werden könne. Gottfried Wilhelm Leibniz (1646- 1716) sah ebenfalls physische und geistige Ereignisse in Einklang miteinander. Der Vertreter des Deutschen Idealismus, Hegel (1770-1831), propagierte einen Weltgeist. Alles Wirkliche sei Ableitung dieser geistigen Idee. Seine panpsychischen Vorstellungen wurden von den britischen Philosophen Bradley, McTaggert und Royce weitergeführt.

Eine ähnliche Überzeugung vertrat auch der deutsche Naturphilosoph Schelling (1775- 1854). Er sah in der Natur einen Organismus, der von lebloser Materie über

Leben zum Geist voranschreite (vergleiche dazu die im vorliegenden Buch gemachten Aussagen (18), (19) und (23)). Nach ihm sei die Natur letztlich eine Art Selbstverwirklichung Gottes (des Geistes), der in seiner Größe am Ende dieser Entwicklung stehe. Man könne, seiner Meinung zufolge, Geist und Leben nur verstehen, wenn man sie als lebendige Urkraft begreife.

In seinen „Naturwissenschaftlichen Schriften" vertrat auch Johann Wolfgang von Goethe den Panpsychismus, indem er glaubte, dass materielle und geistige Eigenschaften verknüpft seien und es eine Weltseele gebe.

Arthur Schopenhauer (1788-1860) sah in der Welt zwei Prinzipien. Neben der Wirklichkeit gebe es als eine Manifestation des Geistes einen Willen, der die materielle Natur bewege.

Für die erste Hälfte des 20. Jahrhunderts sind als Vertreter dieser Geistesrichtung vor allem A.N. Whitehead (1861-1947) und Teilhard de Chardin (1881-1955) zu nennen. Der letztere, ein Jesuit, ging davon aus, dass allen materiellen Vorgängen geistige Eigenschaften innewohnen und sich Materie und Geist im gegenseitigen Austausch weiterentwickeln, um sich auf ein höheres Niveau hin zu vervollkommnen.

Auch der schon erwähnte US-amerikanische Philosoph Thomas Nagel, der die moderne Wissenschaft für das Versagen bei der Erklärung des Geistes kritisiert (Nagel, 2012), hat sich mit dem Panpsychismus intensiv auseinandergesetzt.

Seit zweieinhalb Jahrtausenden also haben sich tiefgründige Köpfe schon bemüht, die mögliche Rolle von Geist beim Funktionieren der Natur und des Universums zu verstehen sowie den Zusammenhang zwischen Materie und Geist zu begreifen. Ohne Geist war ihnen eine so gut funktionierende und sich entwickelnde materielle Welt nicht vorstellbar. Damit haben sie einen uralten menschlichen Instinkt wachgerufen, der in den ältesten Vorstellungen der Menschheit verankert ist und hinter materiellen Abläufen eine geistige Ordnung, eine sinngebende Struktur erkennt. Es ist das Dao der Chinesen, das Dharma der Inder, das Maat der alten Ägypter, das Hokma der Israeliten, das Logos der Griechen. In diesen frühen Visionen der Menschheit hat sich der in ihr erwachende Geist zu Wort gemeldet. Er hat angeklopft, um zu signalisieren, dass er Teil der Natur ist. Das letzte Jahrhundert aber war vom Aufstieg der modernen Naturwissenschaft geprägt, die den Geist zwar nutzt, um die Natur zu verstehen, ihn aber nicht erklärt. Sie beurteilt das Leben wie den Kosmos noch dazu als reines Zufallsprodukt ohne Ziel und ohne geistige Bezugspunkte für philosophische Überlegungen.

Für das Verstehen und Weiterforschen an einem geistreichen Universum angesichts des Zeitpfeils als Spur der Energie ist die lange zurückreichende Erfahrung des Panpsychismus ein Geschenk. Sie wird helfen, konstruktiv an der Idee weiter zu arbeiten, dass ein von Information beherrschtes Universum – durch Selbstorganisation dieser Information – Geist auf einer höheren Rangordnung einblendet und fortentwickelt. Die damit geschaffenen, neu entstehenden und möglichen Informationsprogramme zeichnen ein kreatives, intelligentes Universum auf rein materialistischer Grundlage. Es hat das Potential, das gegenwärtig etablierte, passiv explodierende Big Bang Universum, mit dem als Zufallsereignis gedeuteten Leben, zu überwinden und neue Ufer anzusteuern. Es führt zu einem geistreichen Universum, das die großartige Eigenschaft besitzt, es hinreichend entwickelte Geschöpfe begreifen zu lassen. Allein diese Tatsache sollte Anlass für die Naturwissenschaften sein, dem Zusammenhang von Materie, Information und Geist in einer fundamental irreversiblen Natur ernsthaft nachzugehen.

40 Abschließende Bemerkungen

Auf der Suche nach einem tieferen Verständnis für Abläufe in der Natur führte ich den Leser entlang eines mir logisch erscheinenden neuen Pfades – dem Zeitpfeil als Spur der Energie – durch die komplexe und oft verwirrende Gedankenwelt der modernen Naturwissenschaft. Ihn zu erkunden war ein einsames Unternehmen, auch wenn es eine konsequente Entscheidung und immer wieder faszinierend für mich war. Gerne hätte ich meine Erfahrungen von Anfang an geteilt. Aber sagte nicht ein russischer Schriftsteller, ich glaube es war Boris Pasternak, dass man nicht in eine Marschkolonne gehöre, wenn man nach der Wahrheit sucht? Bisher war es mir nicht möglich, meine Hypothese von der Dynamischen Energie, vom Zeitpfeil und dem Abbilduniversum gemeinsam mit anderen Wissenschaftlern aus den Gebieten der Physik, Chemie oder Biologie zu hinterfragen. Dass dies keine erstrebenswerte Situation war, ist mir bewusst. Wissenschaftler sollten ihr Urteilsvermögen in Diskussionen schärfen. Da mein Vorgehen interdisziplinär war, erwiesen sich nahe Kollegen, die meist auf dem Gebiet der physikalischen Chemie arbeiteten, als zu spezialisiert, um an den in diesem Buch angeschnittenen Fragen ernsthaft interessiert zu sein. Oder sie waren nicht breit genug fundiert, um zu meinen Fragen Stellung zu nehmen. Ich unterhielt freundschaftliche Beziehungen zu einem Wissenschaftler aus der Quantenphysik. Als ich mit meinen Ideen an ihn herantrat, war er schockiert. Er sagte, er könne unmöglich darauf eingehen und rechtfertigte sich, indem er bemerkte: „Ich lebe von der Quantenphysik". Deswegen versuchte ich, die nötige Reaktion aus der Wissenschaftsgemeinschaft zu beziehen, indem ich Publikationen an relevante Zeitschriften schickte. Dies funktionierte nicht. Über einen Zeitraum von zwei Jahrzehnten bemühte ich mich mehr als zwanzigmal, Manuskripte einzureichen, die meine Überlegungen zur Energie und Information betrafen. Sie wurden, mit Ausnahme eines kleinen Beitrages in einem wenig gelesenen Journal, alle abgelehnt. In den meisten Fällen wurde das Manuskript nicht einmal an Gutachter weitergeleitet und ohne wissenschaftliche Kritik zurückgeschickt. Einmal wurde kommentiert: „Die Quantentheorie hat bewiesen, dass sie richtig und vollständig ist". Die Physiker haben offensichtlich gelernt, mit Irrationalität zu leben und fühlten sich dabei entspannt. Als Konsequenz änderte ich meine Strategie. Ich dachte, Philosophen sollten daran interessiert sein, unlogische, irrationale Vorstellungen aus der Wissenschaft loszuwerden. Ich versuchte, meine Arbeiten dem Stil und der Ausdrucksweise der Philosophie anzupassen und reichte sie fünfmal bei wohl etablierten philosophischen Zeitschriften ein. Vergeblich, sie wurden abgelehnt. Zum Teil wurde kein Kommentar gegeben oder man sah zu wenig Relevanz für die Philosophie. Eine Antwort erstaunte mich: „Es stimmt nicht, dass die immerwährende Konstanz der Lichtgeschwindigkeit unverständlich ist".

Wie soll man nur anschaulich verstehen, dass Licht, welches von sich nähernden und sich entfernenden Quellen hoher Geschwindigkeit ausgesandt wird, immer mit genau derselben Geschwindigkeit ankommen kann, ohne die in diesem Buch gegebene Erklärung zu kennen, dass Information über eine „dynamische" Quantenphysik involviert ist?

Ich begriff, dass sich auch Philosophen mit der Irrationalität im etablierten Weltbild der Physik abgefunden haben und sie für unvermeidlich halten. Natürlich war ich über so viel vergebliche Mühe und Arbeit nicht erfreut. Aber ich führte die erlebten Schwierigkeiten nicht auf eigene Unerfahrenheit oder Ungeschick zurück. Ich hatte zahlreiche wissenschaftliche Arbeiten veröffentlicht und fühlte mich auf dem Gebiet der Forschung, die mit Energie und der biologischen Natur zusammenhängt, kompetent. Ich fand allmählich Genugtuung darin, dass diejenigen, die an einer irrationalen, mathematisch verschlüsselten Interpretation der Natur festhielten, nie damit rechnen könnten, sie wirklich zu verstehen. Als Wissenschaftler strafen sie sich selbst. Eine Wissenschaft, die sich mit Irrationalitäten überladet, ist keine wirklich sinnvolle Wissenschaft. Sie vermittelt nur eine Illusion von Wissenschaft und unterstützt damit zweifelhafte Karrieren.

Mit diesem Buch möchte ich vor allem Menschen erreichen, die einfach an der Natur, dem Schicksal unserer Welt und dem Universum interessiert sind. Es sind Menschen, die sich wegen der Faszination, die Natur und Wissenschaft ausstrahlen, dafür begeistern, die aber unglücklich sind, mit irrationalen und abstrakten Erklärungen leben zu müssen. Die Möglichkeit, relevante wissenschaftliche Information über Internet und Dokumentationen im Fernsehen zu beziehen, hat es vielen Menschen erleichtert, ohne Gelegenheit zu einem Studium oder einer Wissenschaftskarriere einen recht guten Wissensstand zu erreichen. Ich möchte sie ansprechen und interessieren. Ich will auch Studenten ermutigen, sich weniger auf unlogisch abstrakte mathematische Theorien zu konzentrieren, als sich mehr auf rationale Erklärungen der Naturphänomene und den ererbten menschlichen Instinkt zu verlassen. Unsere Gesellschaft muss rational und in ihrer Vorstellungswelt hinreichend transparent bleiben, um ihre zunehmenden, realen Probleme zu lösen. Dazu gehören auch Energietechnologien, mit denen die Natur das Leben ermöglicht und das Klima angepasst hat. Ich hoffe auch, dass mein kritischer Umgang mit der Irrationalität und Weltfremdheit in wissenschaftlichen Theorien letztlich zukünftige Studenten davor verschonen wird, unverständliche Interpretationen von Quanten- und Relativitätsphänomenen verarbeiten und akzeptieren zu müssen. Ich habe dies selbst durchgemacht.

Dieser hier beschriebene gedankliche Pilgerpfad, vom Zeitpfeil als Spur der Energie, weiter durch eine veränderte „Dynamische Quantenphysik“, über die Gravitation zur Evolution und hin zum Geist, war meine persönliche Suche nach einem tieferen Verständnis der Natur. Mein Anspruch dabei war, rational zu denken und mit „den Füssen am Boden“ voran zu schreiten. Ich fühlte mich nach dieser geistigen Wanderung wie ein taoistischer Mönch, der nach langen Entbehrungen tiefere Einsichten erfahren hat und sich vor der Erhabenheit des Begriffenen verneigt. Nicht umsonst habe ich zwischendurch auch den schroffen, heiligen taoistischen Berg Hua Shan im westlichen China bestiegen, um mir für die Suche nach Wissen über die Geheimnisse der Natur symbolisch Kraft zu holen. Dort oben, in den Felsennestern über tiefen Abgründen und nahe am Himmel, war den Mönchen jede Ablenkung und Verirrung fern. Eine solche Suche war immer mit großem Verzicht verbunden. Aber der Lohn, der winkte, der Blick in die Unendlichkeit, schien dies alles aufzuwiegen.

Im deutschen Sprachgebrauch ist ein Wissenschaftler jemand, der Wissen „schafft“. Irrationalitäten und Paradoxien sind genau genommen kein Wissen, sondern vielmehr Zugeständnisse über das „Nichtverstehen“. Meine Bemühung, Irrationalitäten und abstrakte mathematische Theorien in der Wissenschaft herauszufordern, war Teil meiner Mission und gefühlten Verantwortung. Dieses Vorhaben hat sich für mich gelohnt, weil es neue, faszinierende Fronten eröffnet und späte Antworten auf übriggebliebene Fragen aus meiner Studentenzeit gebracht hat. Ich konnte zum Beispiel nie akzeptieren, dass in der Quantenphysik so verschiedene

Energieprodukte wie Welle und Teilchen als äquivalent gleichgesetzt wurden. Jetzt verstehe ich, dass Quantenparadoxien dort ihren Ursprung nahmen.
Die Wissenschaftsgemeinschaft hat sich offensichtlich an ein von Irrationalitäten und abstrakten mathematischen Modellen geprägtes Weltbild gewöhnt und gegenwärtig wenig Zeit, zuzuhören. Dies ist der Grund, warum dieses Buch geschrieben wurde. Nach Veröffentlichung einer Version in englischer Sprache (Tributsch, 2015), versuchte ich noch dreimal, die wesentlichen Ergebnisse in europäischen und amerikanischen physikalischen Zeitschriften zu publizieren. Die Arbeiten wurden ohne fachliche Argumente abgelehnt. Ich erhielt dann eine Einladung einer in China basierten internationalen Zeitschrift, zu einem Sonderband über Quantenphysik beizutragen und ging diesen Weg (Tributsch, 2016 a, 2016 b, 2018 a, 2018 b, 2019). Vielleicht haben Rationalität und Sinn für neue Ideen in Asien zurzeit mehr Zukunft. Aber ich bin sicher, dass das freundlichere, von Information und Evolution des Geistes bestimmte Universum, das meine Überlegungen gezeichnet hat, letztlich auch die westliche Kultur überzeugen wird.

Literaturhinweise

- Aharonov, Y., Rohrlich, D., 2005, Quantum Paradoxes. Quantum Theory for the Perplexed. ISBN-13: 978-3-527-40391-2, Wiley-VCH.
- Amelino-Camelia, G., 2000, Quantum theory's last challenge. Nature 408, 661-664.
- Antoniou, I.E., Prigogine, I., 1993, Intrinsic irreversibility and integrability of dynamics. Physica A 192, 443.
- Arp, H.C. ,1987, Quasars, Redshifts and Controversies. Interstellar Media.
- Arteha, S.N., 2003, Criticism of the Foundations of the Relativity Theory. DOI:http://doi.org/10.5281/zenodo.2578952. http://vixra.org/pdf/1201.0082v1.pdf.
- Aspect, A., et al., 1981, Experimental Tests of Realistic Local Theories via Bell's Theorem. Phys. Rev. Lett. 47, 460.
- Aspect, A., Grangier, P., Roger, G., 1982, Experimental Realization of Einstein-Podolsky-Rosen-Bohm Gedankenexperiment: A New Violation of Bell's Inequalities. Physical Review Letters, Vol. 49, Iss. 2, pp.91-94. DOI: 10.1103/PhysRevLett.49.91.
- Aspect, A., Dalibard, J., Roger G., 1982, Experimental Test of Bell's Inequalities Using Time-Varying Analyzers. Physical Review Letters, Vol. 49, Iss. 25, pp. 1804-1807.
- Baumgartner, M., 2008, Regularity theories reassessed. http://philsci-archive.pitt.edu/2874/1/regul_recon.pdf (eingesehen 06/04/2014).
- Bell, J. S., 1964, On the Einstein-Podolsky-Rosen Paradox. Physics 1, 195-200.
- Berkovitz, J., 1998 a, Aspects of Quantum Non-Locality I: Superluminal Signalling, Action-at-a-Distance, Non-Separability and Holism. Studies in History and Philosophy of Science Part B. 29 (2):183-222.
- Berkovitz, J., 1998 b, Aspects of Quantum Non-Locality II: Superluminal Causation and Relativity. Studies in History and Philosophy of Science Part B. 29 (4): 509-545.
- Berliner, L.M., 1992, Statistics, Probability and Chaos. Statistical Science, Vol. 7, No. 1, pp. 69-90.
- Black hole, 2014, http://en.wikipedia.org/wiki/Black_hole (eingesehen 04/05/2014).
- Böhme, G., 1992, Natürlich Natur. Über Natur im Zeitalter ihrer technischen Reproduzierbarkeit. Suhrkamp, Frankfurt/M.
- Bohm, D., 1980, Wholeness and the Implicate Order. London, Routledge.
- Bohm, D., Hiley, B., 1993, The Undivided Universe. London, Routledge.
- Brillouin, L., 1951, Maxwell's demon cannot operate. Information and entropy. I. J. Appl. Phys. 22, 334-337.
- Bricmont, J., 2016, Making Sense of Quantum Mechanics. Springer.
- Bub, J., 1979, Some Reflections on Quantum Logic and Schrödinger's Cat. British Journal for the Philosophy of Science 30 (1):27-39.

- Butterfield, J., 1995, Quantum Theory and the Mind. Proceedings of the Aristotelian Society. 69:113-158.
- Buxton, O.M., Cain, S.W., O'Connor, S.P., Porter, J.H., Duffy, J.F., Wang, W., Czeisler, C.A., Shea, S.A., 2012, Adverse Metabolic Consequences in Humans of Prolonged Sleep Restriction Combined with Circadian Disruption. Science Translation Medicine 4(129) DOI:10.1126/scitranslmed.3003200; stm.sciencemag.org/content/4/129/129ra43.
- Canales, J., 2016, Physicist and the Philosopher. Einstein, Bergson and the Debate that Changed our Understanding of Time. Princeton University Press, ISBN: 9780691173177.
- Capra, F., 1975, The Tao of Physics: An Exploration of the Parallels Between Modern Physics and Eastern Mysticism. Shambhala.
- Cassirer, E., 1923, 1924, 1929, 1997, Philosophie der symbolischen Formen, Die Sprache, 1923, Bd. 1; Das mythische Denken, 1924, Bd. 2; Phänomenologie der Erkenntnis, 1929, Bd. 3; Darmstadt, 1997.
- Cassirer, E., 1964, Zur modernen Physik. Darmstadt.
- Cassirer, E., 1921, 1937, a) Determinismus und Indeterminismus in der modernen Physik, in E. Cassirer: Zur modernen Physik. Oxford, 1957, 127-379 (first print: Göteborg, 1937); b) Zur Einsteinschen Relativitätstheorie, Berlin, 1921.
- Cattani, C., 2010, Mathematical Problems in Engineering, Volume 2010, Article ID 507056, http://dx.doi.org/10.1155/2010/507056.
- Chronology of the universe, 2014, http://en.wikipedia.org/wiki/Chronology_of_the_universe (eingesehen 04/02/2014).
- Clauser, J.F., Shimony, A., 1978, Bell's theorem. Experimental tests and implications. Reports on Progress in Physics 41, 1881.
- Clauser, J., Freedman, St., 1972, Experimental Test of Local Hidden-Variable Theories. Phys. Rev. Lett. 28, 938, DOI: http://dx.doi.org/10.1103/PhysRevLett.28.938.
- Climont, J. de, 2012, The Worldwide List of Dissident Scientists. Editions d'Assailly, https://de.scribd.com/doc/229428780/The-Worlwide-List-of-Dissident-Scientists-Jean-de-Climont (eingesehen 25/03/2019).
- Conservapedia, 2014, www.conservapedia.com/Theory_of_relativity.
- Collins, J., Hall, N., Paul, L.A., editors, 2004, Causation and Counterfactuals. MIT Press, Cambridge.
- Cresswell, J., von Hausegger, S., Jackson, A.D., Liu, H., Naselsky, P., 2017, On the time lags of the LIGO signals. Instrumentation and Methods for Astrophysics, arXiv:1706.04191 [astro-ph.IM], DOI: 10.1088/1475-7516/2017/08/013.
- Daecke, S.M., Einstein, A., 1991, Worte in Zeit und Raum. p. 124, Herder.
- David-Néel, A., 1994, Mein Weg durch Himmel und Hölle. Scherz-Verlag, (original edition: Voyage d'une Parisienna à Lhasa, Librairie Plon, Paris).
- Davies, P.C.W., 1974, The Physics of Time Asymmetry. Surrey University Press.
- Dawkins, R., 2006, The God Delusion. Houghton Mifflin, Boston; Auf Deutsch: 2007, Der Gotteswahn. Ullstein.
- Dickson, W.M., 1998, Quantum Chance and Non-Locality: Probability and Non-Locality in the Interpretations of Quantum Mechanics. Cambridge University Press.

- Einstein, A., 1905, Über einen die Erzeugung und Verwandlung des Lichtes betreffenden heuristischen Gesichtspunkt. Ann. der Physik, (4),17, p. 132, (1905).
- Einstein, A., 1911, Die Relativitäts-Theorie. In: Naturforschende Gesellschaft, Zürich, Vierteljahresschrift. 56, S. 1-14.
- Einstein, A., 1920, Ether and Theory of Relativity. Lecture given at the University of Leiden on May 5th.
- Einstein, A., Podolsky, B, Rosen, N., 1935, Can quantum-mechanical description of physical reality be considered complete? Phys. Rev. 47, p. 777-780, DOI:10.1103/PhysRev.47.777.
- Feynman, R.P., Leighton, R.B., Sands, M., 1964, Feynman Lectures on Physics. Volume II, Chap. 19, page 8, Addison Wesley.
- Feynman, R.P., Leighton, R.B., Sands, M., 2015, Feynman Lectures on Physics, Volume I, Chap. 4.1. Hachette, UK.
- Fractal antenna, 2010, http://en.wikipedia.org/wiki/Fractal_antenna.
- Driver, J.A., Beiser, A., Au, R., Kreger, B.E., Spiansky, G.L., Kurth, T., Kiel, D.P., Lu, K.P., Seshadri, S., Wolf, P.A., 2012, Inverse Association Between Cancer and Alzheimer`s Disease: Results from the Framingham Heart Study. British Medical Journal, 2012; 344:e1442 DOI: 10.1136/bmj.e1442 http://www.medscape.com/viewarticle/760142.
- French, S., 2001, Symmetry, structure and the constitution of objects. http://philsci-archive.pitt.edu/327/.
- Galaxies, 2013, http://www.dailygalaxy.com/my_weblog/2013/06/500-billion-a-universe-of-galaxies-some-older-than-milky-way.html (eingesehen 04/02/2014).
- General relativity, 2014, http://en.wikipedia.org/wiki/Mathematics_of_general_relativity.
- Gödel, K., Köhler, E., Buldt, B., 2003, Kurt Gödel: Wahrheit und Beweisbarkeit. Öbv & Hpt, ISBN 3209038341.
- Görnitz, T., Görnitz, B., 2009, Die Evolution des Geistigen: Quantenphysik - Bewusstsein - Religion. Vandenhoeck & Ruprecht.
- Gould, St.J., 1998, Illusion Fortschritt: Die vielfältigen Wege der Evolution. Frankfurt/M.
- Gould, St.J., 1992, Impeaching a Self-Appointed Judge. Scientific American, 267 (1).
- GPS, 2014, http://www.alternativephysics.org/book/GPSmythology.htm.
- Gravity probe B, 2014, http://physics.aps.org/articles/v4/43.
- Gregg, B.A., Nozik, A.J., 1993, Existence of a light intensity threshold for photoconversion processes. J. Phys. Chem., 97,13441-13443.
- Gut, B.J., 1981, Immanent-logische Kritik der Relativitätstheorie. Oberwil b. Zug: Kugler.
- Hall, N., 2004, Two Concepts of Causation. In: Collins, J., Hall, N., Paul, L.A., editors, Causation and Counterfactuals. Cambridge: MIT Press, 225-276.
- Harari, Y.N., 2018, Homo Deus: Eine Geschichte von Morgen. C.H. Beck.
- Hawking, S., 1991, Eine kurze Geschichte der Zeit (A brief history of time). Rowohlt, ISBN 3-499-60555-4.
- Hawking, S., 1998, A Brief History of Time. From the Big Bang to Black Holes. Bantam Books, New York.

- Hawks, J., Wang, E.T., Cochran, G.M., Harpending, H.C., Moyzis, R.K., 2007, Recent acceleration of human adaptive evolution. PNAS, 104 (52): 20753-20758, DOI: 10.1073/pnas.0707650104.
- Healey, R., 2012, Quantum Theory: a Pragmatist Approach. British journal of Philosophy of Science, preprint.
- Hume, D., 1740, (Selby-Bigge, L. A. and Nidditch, P. H., editors), A Treatise of Human Nature. Oxford: Clarendon Press 1978.
- Hume, David, 1748, An Enquiry Concerning Human Understanding, Oxford: Oxford University Press 1999.
- Ihmig, K.-N., 1999, Ernst Cassirer and the structural conception of objects in modern science: The importance of the "Erlanger Programm". Science in Context 12, 513-529.
- Iorio, L., 2009, On the recently determined anomalous perihelion precession of Saturn. The Astronomical Journal 137, 3615-3618.
- Itzkoff, S.W.,1997, Ernst Cassirer: Scientific Knowledge and the Concept of Man. University of Notre Dame Press.
- Irrationality, 2014, http://en.wikipedia.org/wiki/Irrationality.
- Ives, H.E., 1952, Derivation of the mass-energy relation. In: Journal of the Optical Society of America. 42, S. 540-543.
- Jaynes, E.T.,1957, Information theory and statistical mechanics I. Physical Review 106:620; Information theory and statistical mechanics II. Physical Review 108:171.
- Jaffe, R.L., 2005, The Casimir Effect and the Quantum Vacuum. Phys. Rev. D72(2005)021310; arXiv:hep-th/0503158v1, DOI:10.1103/PhysRevD.72.021301.
- Johnson, P.E., 1991, Darwin on Trial. Paperbackausgabe von 2010, InterVarsity Press, ISBN-10:0830838317.
- Johannsen, W., 2016, Information und ihre Bedeutung in der Natur, Springer, ISBN 879-3-662-50254-9.
- Kant, I., 1781, Critique of Pure Reason; 1958, Norman Kemp translator, London, Macmillan.
- Kohaut, E., Weiss, W., 2007, Das Rätsel Gravitation. Edition Va Bene, ISBN-13: 978-3851671957.
- Kosko, B., 2017, Denkmaschinen = alte Algorithmen schnelleren Computer. In J. Brockmann, John (Herausgeber), Was sollen wir von künstlicher Intelligenz halten? Fischer Taschenbuch, S 494-497.
- Krenn M., Huber M., Fickler R., Lapkiewicz R., Ramelow S., Zeilinger A., 2014, Generation and Confirmation of a (100 x 100)-dimensional entangled Quantum System, PNAS; DOI: 10.1073/pnas.1402365111).
- Kuhn, T.S., 1970, The structure of scientific revolutions. University of Chicago Press.
- Laloe, F., 2001, Do we really understand quantum mechanics? Am. J. Phys. 69, 655-701.
- Layzer, D., 1975, The Arrow of Time. Scientific American, 233: 56-69.
- Layzer, D., 1977, Information in Cosmology, Physics and Biology, Int. J. Quantum Chem. 12 (suppl. 1): 185-95.

- Layzer, D., 1988, Growth of Order in the Universe. In: Entropy, Information, and Evolution: New Perspectives on Physical and Biological Evolution. Ed. B.H. Weber, D.J. Depew, J.D. Smith, 23-40. MIT Press.
- Layzer, D., 1990, Cosmogenesis: The Growth of Order in the Universe (section: Biological Order). Oxford University Press.
- Layzer, D., 1990, Cosmogenesis, www.informationphilosopher.com/solutions/scientists/layzer/.
- Lewis, D., 2004, How Many Lives Has Schrödinger's Cat? Australasian Journal of Philosophy 82 (1): 3-22.
- Lichnerowicz, A., 1955, Theories relativistes de la gravitation et de l'elctromagnetisme. Paris, Masson et Cie.
- Lindsay, R.B., 1971, The concept of energy and its early historical development. In: Foundations of Physics, 1, 383-393. http://dx.doi.org/10.1007/BF00708586.
- Lindsay, R.B., Ed.,1975, Energy: Historical Development of the Concept. Benchmark Papers on Energy. v. 1. Dowden, Hutchinson & Ross, Inc., Stroudsburg.
- Liu Y., Liu Ch., Wang D., 2011, Understanding Atmospheric Behaviour in Terms of Entropy: A Review of Applications of the Second Law of Thermodynamics to Meteorology. Entropy, 13, 211-240; DOI:10.3390/e13010211.
- Lucia, U., 2007, Irreversible entropy variation and the problem of the trend to equilibrium. Physics A, 376, 289-292.
- Ma, X.S., Herbst, T., Scheidl, T., Wang, D., Kropatschek, S., Naylor, W., Wittmann, B., Mech, A., Kofler, J., Anisimova, E., Makarov, V., Jennewein, T., Ursin, R., Zeilinger, A., 2012, Quantum teleportation over 143 kilometres using active feed-forward. Nature 489, 269-273, DOI: 10.1038/nature11472.
- McGrath, A., 2007, The Dawkins Delusion. Atheist fundamentalism and the denial of the divine. ISBN 978-0-281-05927-0.
- Malinowski, B., 1948, Magic, Science and Religion: Doubleday Anchor Books, Garden City, NY.
- Marmet, L., 2014, On the interpretation of redshifts: A quantitative comparison of redshift mechanisms. http://www.marmet.org/cosmology/redshift/mechanisms.pdf.
- Mathematik-Zitate, 2014, http://www.arndt-bruenner.de/mathe/Allgemein/zitate.htm.
- Meyenn, K.v., Hg., 1994, Quantenmechanik und Weimarer Republik. p. 48, Vieweg, Braunschweig.
- Nagel, T., 1992, Der Blick von nirgendwo. Frankfurt/M.
- Nagel, T., 2012, Mind and Cosmos: Why the Materialist Neo-Darwinian Conception of Nature is Almost Certainly False. Oxford University Press.
- Naica-Loebell, A., 2001, Interview with A. Zeilinger, 07/05/2001. http://www.heise.de/tp/artikel/7/7550/1.html.
- Napier, W.M., Guthrie, B.N.G., 1997, Quantized redshifts: A status report. J. Astrophys. Astr. (1997) 18, 455-463.

- Nath, R.D., Abrams, M., Lea Goentoro L. et al., 2017, The Jellyfish Cassiopea Exhibits a Sleep-like State. Current Biology. Published online September 21, 2017. DOI: 10.1016/j.cub.2017.08.014.
- NGC, 2014, Hubble_interacting_Galaxy_NGC_5257_(2008-04-24).jpg.
- Nicolis, G., Prigogine, I., 1977, Self-Organization in Nonequilibrium Systems. John Wiley, 231.
- Nicolis, G., Nicolis, C., 1980, On the entropy balance of the earth-atmosphere system. Quart. J. Roy. Meteorol. Soc. 125, 1859-1878.
- Nucleosynthesis, 2014, http://en.wikipedia.org/wiki/Nucleosynthesis.
- Ohanian, H.C., Ruffini, R., 1994, Gravitation and Spacetime, W. W. Norton & Company, ISBN 0-393-96501-5.
- Olinto de Pretto, 1903, http://en.wikipedia.org/wiki/Olinto_De_Pretto.
- Paal, G., 1970, The global structure of the universe and the distribution of quasi-stellar objects. Acta Phys. Acad. Sci. Hung, 30, 51-54.
- Paltridge, G.W., 1979, Climate and thermodynamic systems of maximum dissipation. Nature, 279, 630-631.
- Pais, A., 1979, Einstein and the quantum theory. Reviews of Modern Physics 51, 863-914, p. 907.
- Pais, A., 1995, Ich vertraue auf Intuition: Der andere Albert Einstein. Spektrum, Heidelberg, p. 196.
- Penrose, R.,1994, Shadows of the Mind: A Search for the Missing Science of Consciousness. Oxford University Press.
- Penrose, R., 1989, The Emperor's New Mind: Concerning Computers, Minds, and the Laws of Physics. Oxford Univ. Press.
- Planck`s Radiation theory, 1897, Chapter III, on irreversible radiation processes. UC Press E-Books Collection, http://publishing.cdlib.org/ucpressebooks/view?docId=ft4t1nb2gv&chunk.id=d0e2674&toc.depth=1&brand=ucpress.
- Popper, K.R., 1979, Die beiden Grundprobleme der Erkenntnistheorie. Herausgeber: Troels Eggers Hansen, 426-427, J.C.B. Mohr (Paul Siebeck) Tübingen.
- Prigogine, I.,1980, From Being to Becoming. San Francisco.
- Prigogine, I., Stengers, I.,1984, Order out of Chaos. Toronto.
- Quantum nonlocality, 2014, http://en.wikipedia.org/wiki/Quantum_nonlocality (eingesehen 17/05/2014).
- Redshift I, 2014, http://en.wikipedia.org/wiki/Redshift (eingesehen 16/05/2014).
- Redshift II, 2014, http://hyperphysics.phy-astr.gsu.edu/hbase/astro/redshf.html#c3, (eingesehen 16/05/2014).
- Rees, M., 2017, Die organische Intelligenz hat keine langfristige Zukunft. In: Was sollen wir von künstlicher Intelligenz halten? J. Brockmann (Hg.), Fischer Taschenbuch.
- Reichenbach, H., 1956, The Direction of Time. University of California Press.

- Relativity criticism, 2014, http://en.wikipedia.org/wiki/Criticism_of_the_theory_of_relativity; http://www.ekkehard-friebe.de/95yearsrelativity.pdf (eingesehen 30/01/2014).
- Relativity, 2014, http://www.metaresearch.org/cosmology/gps-relativity.asp.
- Relativity theory, 2014, www.kritik-relativitaetstheorie.de, http://www.anti-relativity.com/ (eingesehen 30/01/2014).
- Ritz, W., Ann. Chim. Phys., 1908, 8(13):145.
- Rorty, R., 2003, Wahrheit und Fortschritt, Suhrkamp Taschenbuch.
- Rosenblueth, A., Wiener, N., Bigelow, J., 1943, Behaviour, Purpose and Teleology. Philosophy of Science 10(1):2, DOI: 10.1086/286788. JSTOR 184878.
- Ross, J., 2008, Thermodynamics and Fluctuations Far From Equilibrium. 12.5: Invalidity of the principle of Maximum Entropy production, pgs. 119. Springer.
- Rusu, M.V., Baican, R., 2010, Fractal Antenna Applications. In: Microwave and Millimeter Wave Technologies: From Photonic Bandgap Devices to Antenna and Applications. Igor Minin (Ed.), published by In-Teh, ISBN: 978-953-7619-66-4.
- Ryckman, T.A.,1999, Einstein, Cassirer, and General Covariance - Then and Now. Science in Context, 12, 585-619.
- Sagittarius A*, 2014, http://de.wikipedia.org/wiki/Schwarzes_Loch (eingesehen 29/04/2014).
- Saphiro, R., 1986, Origins_ A Sceptic`s Guide to the Creation of Life on Earth. New York.
- Scott, D., 1971, Feather / Hammer Drop on Moon, www.youtube.com/watch?v=5C5_dOEyAfk (eingesehen 30/06/2018).
- Selleri, F., 1990, Quantum Paradoxes and Physical Reality (ed. Van der Merwe, A.), ISBN 0-7923-0253-2.
- Schmitz-Rigal, Ch., 2002, Die Kunst offenen Wissens: Ernst Cassirers Epistemologie und Deutung der modernen Physik. Cassirer Forschungen, Band 7, Hamburg, Hutchinson, London.
- Seidl, G., 2014, www.geryseidl.at.
- Sheldrake, R., 1995, A New Science of Life: The Hypothesis of Morphic Resonance. Park Street Press, ISBN-10: 0892815353.
- Smarandache, F., Yuhua, F., Fengjuan, Z., 2013, Unsolved Problems In Special and General Relativity. Beijing, www.gallup.unm.edu/~smarandache/UnsolvedProblemsRelativity.pdf.
- Solar sail, 2014, http://en.wikipedia.org/wiki/Solar_sail.
- Sommer, B., Welzer, H., 2014, Transformationsdesign. Wege in eine zukunftsfähige Moderne. Oekom-Verlag, München.
- Springel, V. et al., 2005, Simulations of the formation, evolution, and clustering of galaxies and quasars. Nature 435, Nr. 7042, 629-636, DOI: 10.1038/nature03597, http://viavca.in2p3.fr/presentations/supercomputer_simulations_of_the_emergence_of_cosmic_structure.pdf.
- Standard model, 2014, http://en.wikipedia.org/wiki/Standard_Model.

- Stonier, T., 1988, Machine Intelligence and the Long-Term Future of the Human Species. In Al and Society 2(2):133-139.
- Stonier, T., 1990, Information and the Internal Structure of the Universe. Springer, ISBN 978-0387195995.
- Swenson, R., 1997, Advances in Human Ecology, Vol. 6, p. 1-47, JAI Press, Inc. http://rodswenson.com/humaneco.pdf.
- Szilard, L., 1929, Über die Entropieverminderung in einem thermodynamischen System bei Eingriffen intelligenter Wesen. Zeitschrift für Physik 53:840-856.
- Time paradoxes, 2014, http://en.wikipedia.org/wiki/Temporal_paradox (eingesehen 04/2/2014).
- Tifft, W.G., 1973, Fine Structure within the Redshift-Magnitude Correlation for Galaxies. In: The Formation and Dynamics of Galaxies: Proceedings from IAU Symposium no. 58 held in Canberra, Australia, August 12-15, 1973. Edited by John R. Shakeshaft. International Astronomical Union. Symposium no. 58. Dordrecht Boston: Reidel, p. 243.
- Toyabe, S., Sagawa, T., Ueda, M., Muneyuki, E., Sano, M., 2010, Experimental demonstration of information-to-energy conversion and validation of the generalized Jarzynski equality. Nature Physics, DOI: 10.1038/nphys1821.
- Tributsch, H., 1979, Rückkehr zur Sonne. Safari, Berlin.
- Tributsch, H., 1986, Die Gläsernen Türme von Atlantis: Erinnerungen an Megalith Europa. Ullstein Sachbuch, Frankfurt / Berlin.
- Tributsch H., 2003, Coupling bio-geochemical processes to regenerative energy for an industrial carbon cycle. Hydrometallurgy, 71, 1-2, 293-300.
- Tributsch H., Cermak J., Nadezhdina N., 2005, Kinetic Studies on the Tensile State of Water in Trees. J. Phys. Chem. B, 109, 17693-17707.
- Tributsch H., 2006, Quantum Paradoxes, Time, and Derivation of Thermodynamic Law: Opportunities from Change of Energy Paradigm. J. for General Philosophy of Science, 37, 287-306.
- Tributsch, H., 2008 a, Energie, Zeit und Bewusstsein. Shaker Media, Aachen.
- Tributsch, H., 2008 b, Erde, wohin gehst Du? Solare Bionik-Strategie: Energie-Zukunft nach dem Vorbild der Natur. Shaker Media, Aachen, ISBN 978-3-86858-044-0.
- Tributsch, H., 2012 a, Energy Bionics: The Bio-Analogue Strategy for a Sustainable Energy Future. In: Carbon-Neutral Fuels and Energy Carriers, (N.Z. Muradov, T.N. Veziroglu, eds), p. 415-464. CRC Press, Taylor & Francis Group, ISBN 978-1-4398-1857-2.
- Tributsch, H, 2012 b, Hydrogen from stormy oceans. In: Sustainable Energy Harvesting Technologies: Past, Present and Future. ISBN: 978-953-307-438-2, http://www.intechopen.com/articles/show/title/hydrogen-from-stormy-oceans.
- Tributsch, H., 2015, Irrationality in Nature or in Science? Probing a rational energy and mind world. CreateSpace, A company of Amazon, ISBN-13:978-15147224859.
- Tributsch, H., 2016 a, On the Fundamental Meaning of the Principle of Least Action and Consequences for a "Dynamic" Quantum Physics. Journal of Modern Physics, 7, 365-374. http://dx.doi.org/10.4236/jmp.2016.74037.

- Tributsch, H., 2016 b, A Fundamentally Irreversible World as an Opportunity towards a Consistent Understanding of Quantum and Cosmological Contexts. Journal of Modern Physics, 7, 1455-1482. DOI: 10.4236/jmp.2016.712133.
- Tributsch, H., 2018 a, Elementary Particles Subject to an Energy Driven Fundamental Time Arrow. Journal of Modern Physics, 9, 1361-1380, https://doi.org/10.4236/jmp.2018.97082.
- Tributsch, H., 2018 b, Evolution Subject to an Energy Driven Fundamental Time Arrow. Advances in Anthropology, 8, 140-174. https://doi.org/10.4236/aa.2018.83008.
- Tributsch, H., 2018 c, The Challenge of Water Splitting in View of Photosynthetic Reality and of Research Trends. In: Advances in Photoelectrochemical Water Splitting: Theory, Experiment and Systems Analysis. David Tilley, S. Lany, R. van de Krol (Eds.), Energy and Environment Series No. 20, S. 1-28, The Royal Society of Chemistry (RSC).
- Tributsch, H., 2018 d, Shamanic Trance Journey with Animal Spirits: Ancient "Scientific" Strategy Dealing with Inverted Otherworld. Advances in Anthropology, 8, 91-126. https://doi.org/10.4236/aa.2018.83006.
- Tributsch, H., 2019, Space-Time Universe versus Energy Driven Time Arrow Universe: Time-Neutrality Confronted with Fundamental Irreversibility, Journal of Modern Physics, 10, 1029-1064. https://doi.org/10.4236/jmp.2019.108068.
- Turing, A.M. ,1950, Computing Machinery and Intelligence. Mind, 59, 433-460.
- Ulianov, P. Y., Mei, X., Yu, P., 2016, Was LIGO`s Gravitational Wave Detection a False Alarm? J. Mod. Phys. 7, 1845-1865, http://www.scirp.org/journal/jmp; DOI: 10.4236/jmp.2016.714164.
- Von Neumann, J., posthumous 1966, Theory of Self-Reproducing Automata. University of Illinois Press, Urbana.
- Werkmeister, W.H., 1958, Cassirer's Advance beyond Neo-Kantianism. In: P.A. Schilpp (ed.), The Philosophy of Ernst Cassirer (The Library of Living Philosophers), 757-798, Open Court Publishing Company, La Salle, Illinois.
- Will, C.M., 2006, The Confrontation between General Relativity and Experiment. Living Rev. Relativ. 9:3, https://doi.org/10.12942/lrr-2006-3.
- Withrow, G.J., 1979, What is Time? Thames and Hudson, London.
- Withrow, G.J., 1980, The Natural Philosophy of Time. Charendon Press.
- Wittgenstein, L., 1918, 1922, Tractatus Logico-Philosophicus.
- Yourgrau, P., 2005, Gödel, Einstein und die Folgen: Vermächtnis einer ungewöhnlichen Freundschaft. C. H. Beck.
- Zeh, H.D., 1992, The Physical Basis of the Direction of Time. Springer, Berlin.
- Zeilinger, A., 1999, A foundation principle for quantum mechanics. Foundations of Physics 29, 631.
- Zeilinger, A., 2000, The quantum centennial. Nature 408, 639.
- Zeilinger, A., 2007, Einsteins Spuk: Teleportation und weitere Mysterien der Quantenphysik. Goldmann.
- Zukav, G., 1979, Dancing Wu Li Masters: An Overview of the New Physics. Rider.

Diskutierte Formeln und hergeleitete Sätze

$P_1 = f(E_1)$ beschreibt, wie eine Erkenntnis P_1 von der benutzten symbolischen Form E_1 abhängt (1)

$P_2 = f(E_2)$ beschreibt, wie eine andere Erkenntnis P_2 von einer anderen benutzten symbolischen Form E_2 abhängt (2)

$P \neq P_1 + P_2 = f(E_1, E_2)$ beschreibt, wie die Gesamterkenntnis P in einem übergreifenden Gebiet nicht mehr funktioniert, weil die symbolischen Formen E_1 und E_2 nicht übereinstimmen (3)

$\Delta S = nR \ln(V / V_0)$ beschreibt den Entropiezuwachs, wenn Teilchen sich vom Volumen V_0 auf das Volumen V ausbreiten (4)

$T\Delta S = nRT \ln(V / V_0)$ beschreibt den Energieverlust in Form von Entropie, wenn Teilchen sich vom Volumen V_0 auf das Volumen V ausbreiten (5)

$|\psi\rangle_{AB} = \frac{1}{\sqrt{2}}(|0\rangle_A |1\rangle_B - |1\rangle_A |0\rangle_B)$ beschreibt quantenkorrelierte Teilchen, wenn sie sich im Raum voneinander entfernen (6)

„Energie hat, innerhalb der Einschränkungen des Systems, die Tendenz, ihre Anwesenheit pro Zustand zu verringern und zu minimieren“ (7)

„Eine Verdünnung der Energiedichte verringert die Arbeitsfähigkeit der Energie“ (8)

„Es gibt einen fortwährenden Wechsel zwischen dem Zustand eines Teilchens und dem einer Welle“ (9)

„Zeit ist die Spur, die der Umsatz von Energie in unsere Umwelt oder in unser Gedächtnis gräbt, indem er Sequenzen von Wirkung erzeugt“ (10)

„Weit weg vom Gleichgewicht wird die Entropieproduktion (und der gleichzeitige Aufbau von Ordnung und Information) innerhalb der Einschränkungen des Systems einem Maximum zustreben“ (10a)

$h\nu = E_p \longleftrightarrow \sum_w E_w + E_e + E_n$ beschreibt den Quantenzustand im Bild des Zeitpfeils als Spur der Energie (11)

„Realität, Materie und Energie, sowie Information über diese Realität, müssen gemeinsam berücksichtigt werden, um ein rationales Verstehen von Quantenprozessen zu erzielen“ (11a)

$l = l_0\sqrt{1 - v^2 / c^2}$ Längenänderung nach der Relativitätstheorie (12)

$E = \frac{mc^2}{\sqrt{1 - v^2 / c^2}}$ Energieänderung nach der Relativitätstheorie (13)

$$\Delta t' = \frac{\Delta t}{\sqrt{1 - v^2 / c^2}}$$ Veränderung der Zeitintervalle nach der Relativitätstheorie (14)

$v = H_o D$ Hubble-Gesetz über Fluchtgeschwindigkeiten v von Sternen in Abhängigkeit von Entfernung D (15)

$f = F_o D$ Frequenz f von Licht in Abhängigkeit von seiner Ausbreitung über die Distanz D, die von der Lichtfrequenz als Entropieverlust abgezogen werden muss (16)

„Der Zeitpfeil ist der durch energetische Prozesse hervorgerufene fortlaufende Abbau von Information über die Vergangenheit" (17)

„Energie wirkt unter Energieerhaltung aufgrund einer Eigenschaft, bei der Information (Ordnung) umgesetzt, genauer, abgebaut wird" (17a)

„Das grundlegende Wesen der Irreversibilität in der Natur besteht darin, dass bei Prozessen der Energiewandlung Information über Energie und Materie fortschreitend umgestaltet und aufgegeben wird. Als Folge davon reorganisiert sich die Energie in Richtung größerer Unordnung" (17b)

„Wenn die Evolution bestrebt ist, ihre Systeme in Richtung maximalen Entropie- (Energie-) Umsatzes zu lenken, ist die Herausbildung und Weiterentwicklung von Geist als selbstorganisierte Information ein äquivalentes und übergeordnetes Ziel" (18)

„Wenn Entwicklung von Geist Ziel der Evolution ist, dann muss die Natur rational strukturiert sein, damit man sie begreift“ (19)

„Natur ist die Selbstverwirklichung von Energie über den Zeitpfeil“ (20)

„Die Natur ist rational, weil sie funktioniert. Erworbene Instinkte und der sich entwickelnde Geist helfen, damit umzugehen“ (21)

„Die wirkliche Zeit, die Wirkungszeit, ist der fortschreitende Informationsverlust, der die Umverteilung von nützlicher Energie auf eine zunehmende Zahl von Zuständen auslöst“ (22)

„Ziel der Evolution ist die Entwicklung von Geist, selbstorganisierter Information, in einem von Information beherrschten Universum“ (23)

Einige benutzte Fachausdrücke

Algorithmus

Eine Handlungsvorschrift, oft innerhalb eines Computerprogramms, bestehend aus vielen Einzelschritten, für die Lösung eines Problems.

Dynamische Quantenphysik

Die in diesem Buch als fundamental irreversibel verstandene Quantenphysik, welche die Paradoxien eliminiert.

Dynamische Energie

Die in diesem Buch (im Gegensatz zur gegenwärtig verstandenen zeitneutralen) eingeführte zeitorientierte Energie, die bestrebt ist, ihre Anwesenheit pro Zustand zu minimieren (Information abzubauen), dabei Wirkung zu erzeugen und auf diese Weise nicht mehr nutzbare, chaotische Umgebungsenergie freizusetzen.

Entropie

Maß für Unordnung.

Entropische Energie

bezeichnet nicht mehr nutzbare, chaotische Energie, wie sie typisch für die Wärmeenergie in der Umwelt ist.

Informationsabbild-der-Materie

Die in diesem Buch als Folge der zugrunde gelegten Zeitorientierung eingeführte, die Materie begleitende Information, die an der Teilchen-Welle-Dualität beteiligt ist. Sie hilft, eine ausgebreitete Welle in ein Teilchen zurück zu verwandeln und umgibt Materie, sodass sie als Gravitation gedeutet werden kann. Ihre Berücksichtigung eliminiert Paradoxien und erklärt den Zusammenhang zwischen Quantenphysik und Universum.

Kausalität

Beschreibt die Vorstellung, dass jede Wirkung eine Ursache hat. Sie wird in der herkömmlichen Quantenphysik nicht respektiert, was in diesem Buch als falsch beurteilt wird.

Klassische, herkömmliche oder historisch gewachsene Quantenphysik

Lehrbuchphysik, die sich von einer zeitneutralen Welt herleitet und im Wesentlichen auf die Kopenhagener Schule mit ihren bekannten Paradoxien aufbaut.

Maxwell-Dämon

Eine nach Maxwell benannte intellektuelle Hilfe, in Form eines imaginären Dämons, um herauszufinden, wie Information komplexe Mechanismen ermöglicht, die ohne sie nicht ablaufen könnten. Diese Strategie hilft in diesem Buch zu erkennen, wie eine dynamische Teilchen-Welle-Dualität formuliert werden muss. Sie führt zu einem neuen Verständnis der Gravitation, die Elementarteilchen begleitet.

Paradigma

Ein Muster oder ein Spektrum von Vorstellungen, welche eine breite Akzeptanz in der Wissenschaft gefunden haben. Das zeitneutrale Verhalten von Materie ist ein solches Paradigma, das in diesem Buch in Frage gestellt wird.

Paradoxon

Aussage oder Befund, welche der intuitiven Erwartung und der allgemeinen Vorstellung zuwiderlaufen. Ein Beispiel ist Wirkung ohne Ursache oder gleichzeitige Anwesenheit an zwei Orten, wie die klassische Quantenphysik es lehrt.

Prinzip der kleinsten Wirkung

Dieses empirisch gefundene und bisher nicht verstandene grundlegende Funktionsprinzip unserer Welt dient seit dreihundert Jahren zum Ableiten wichtiger Naturgesetze. In diesem Buch wird es als Folge einer dynamischen Energieeigenschaft und eines energiegetriebenen Zeitpfeils erkannt. Es ist der hier neu definierten dynamischen Energieeigenschaft äquivalent.

Quantenkorrelation

Eine zunächst rätselhafte Kopplung auf größere Entfernung zwischen quantenmechanischen Teilchen, über die schon seit einem Jahrhundert kontrovers diskutiert wird. In diesem Buch wird gezeigt, dass es sich dabei um eine Eigenschaft der Gravitation handelt, die als Information erkannt wird, die über diese Teilchen vorliegt. Wenn sich solche Teilchen räumlich trennen, bleibt zwischen ihnen ein Informationsstrang erhalten, der Information enthält, die nicht geteilt werden kann.

Rotverschiebung von Sternenlicht

Von je weiter Sternenlicht auf der Erde ankommt, umso mehr Energie hat es verloren. Das Licht erfährt eine Rotverschiebung. Diese wird heute im Wesentlichen mit zunehmender Fluchtgeschwindigkeit der Galaxien und ein sich aufblähendes Universum erklärt. In diesem Buch wird daran erinnert, dass sich ausbreitendes Licht durch Verdünnung Entropie, und damit Abfallenergie, erzeugt. Die Vorstellung einer dynamischen Quantenphysik kann dies berücksichtigen. Die Dynamik des Universums muss überdacht werden.

Rückkopplung

Wenn ein Ergebnis wieder in den Anfangsvorgang hineingesteckt wird, nennt man dies Rückkopplung. Sie verlangt eine Unterscheidung zwischen einem „Vorher" und einem „Nachher", also eine Zeitorientierung. Selbstorganisierte Systeme (wie das Leben eines ist) sind fundamental auf rückgekoppelte Mechanismen angewiesen, weil erst diese auf Kosten von Unordnung lokale Ordnung aufbauen können.

Selbstorganisation

Man spricht davon, wenn sich unter Energieverbrauch und auf Kosten von nicht mehr nutzbarer Energie (Unordnung) aus Materie lokale Ordnung aufbaut. Beispiele sind ein Hurrikan, ein Wasserwirbel oder organisches Leben. In diesem Buch wird diskutiert, dass auch Information, die einen Energieinhalt besitzt, sich selbstorganisieren kann und zu einer Hierarchie über der normalen Informationsverarbeitung führt. Sie kann Bewusstsein und Geist erklären, ebenso wie intelligentere Mechanismen in der Evolution und Supergravitationsphänomene im Weltraum.

Skalar

Ein Skalar ist (im Gegensatz zum Vektor) eine Größe, die keine gerichtete Eigenschaft aufweist. Sie ist nur als Zahl definiert. Ein typisches Beispiel ist die in diesem Buch kritisierte klassische Vorstellung von der Energie, die als Skalar definiert ist. Sie hat zwar das Potential, aber kein Interesse Arbeit zu leisten.

Symbolische Form

Eine Art „intellektuelle Stütze", ein „logisches Werkzeug", oder ein „Schema", eine „Synthese von Information und Intuition", derer sich der menschliche Geist bedienen muss, um Vorgänge in unserer Welt rational zu verstehen.

Teleologie

Sagt aus, dass Handlungen oder Mechanismen an Zwecken orientiert und zielgerichtet sind. In den Naturwissenschaften und vor allem in der Biologie sind teleologische Aussagen verpönt. In diesem Buch wird darauf hingewiesen, dass rückgekoppelte, selbstorganisierte Systeme, zu denen das Leben gehört, zwangsläufig teleologischer Natur sind. Die Evolution hat demnach ein Ziel. Dies wurde bisher nicht erkannt, da bei einer zeitneutralen Interpretation unserer Welt das für selbstorganisierte Prozesse, wie das Leben, geltende Entropiegesetz nicht abgeleitet werden konnte.

Thermodynamik

Beschäftigt sich mit der Wärmelehre und der Umwandlung von Wärme in Arbeit. Dadurch, dass sie sich mit Systemen von vielen Teilchen auseinandersetzte, gelang ihr auch der Zugang zu wichtigen empirischen Aussagen über Energie (Hauptsätze der Thermodynamik).

Zeitpfeil

Ist das Phänomen, das Mechanismen in zeitlicher Folge ablaufen lässt. Die klassische Physik kennt nur die statistische Zeitorientierung, welche die Richtung steigender Wahrscheinlichkeit wählt. Die Welt entwickelt sich dorthin, wo die Wahrscheinlichkeit größer wird. In diesem Buch wird im Gegensatz dazu ein fundamental energiegetriebener Zeitpfeil eingeführt, der die Zeit als Fluss von Wirkung, als Spur der ablaufenden Energiewandlung versteht.

Vektor

Bezeichnet eine Größe mit gerichteten Eigenschaften, zum Beispiel eine Kraft. In diesem Buch wird vorgeschlagen, die Energie nicht als Skalar (als reine Zahl) zu betrachten, sondern als Vektor, der nach dem dynamisch verstandenen Prinzip der kleinsten Wirkung die Zeit antreibt.

Zusammenfassungen des Buchinhaltes

Zeitpfeil als Spur der Energie
Logischer Schlüssel zu einem geistreichen Universum

Kurzer Überblick 1

Prozesse in der Natur sind nicht zeitneutral, sondern fundamental orientiert und irreversibel, einem von dynamischer Energie getriebenen Zeitpfeil unterworfen. Dieser Zeitpfeil eliminiert die Paradoxien und Irrationalitäten der Quantenphysik und Kosmologie.
Interpretiert man die Natur auf diese Weise neu, versteht man Quanten und Gravitation rational. Man begreift das Universum als logisch und intelligent, alternativ zum Big Bang Szenario.
Die Evolution ist keineswegs nur Zufall. Sie treibt ihre Systeme zu mehr und mehr Energieumsatz, verfolgt damit aber ein faszinierendes Ziel: die Entwicklung von Verstand und Geist.
Insgesamt erklärt sich die Natur als Selbstverwirklichung der Energie über den Zeitpfeil. Die Zeit des Zeitpfeils ist keine Illusion, sondern durch Energiewandlung ausgelöste Veränderung und der Verlust von Information über die Vergangenheit.

Kurzer Überblick 2

Vom Prinzip der kleinsten Wirkung und anderen Argumenten kann hergeleitet und belegt werden, dass Energie den Zeitpfeil antreibt und die Natur fundamental irreversibel ist. Daraus ergibt sich das Gesetz, das selbstorganisierte Systeme bestimmt: maximaler Entropie- und Energieumsatz. Damit hat die Zivilisation, die ihre Einschränkungen immer mehr zurückdrängt, ein Problem: die allmähliche Zerstörung der Umwelt. Aber sie hat auch eine Chance, denn die Evolution hat ein Ziel. Es ist die Entwicklung von Bewusstsein und Geist, nämlich die Selbstorganisation von Information, die von hochgradigem Energieumsatz profitiert. Die bisher bestrittene Gerichtetheit der Evolution, der daraus entstehende Energiehunger des Lebens, ergibt sich zwanglos aus dem Zeitpfeil. Er ermöglicht Rückkopplung zum Aufbau von Ordnung in den Lebensprozessen, denen sich der genetische Code steuernd überlagert. Der energiegetriebene Zeitpfeil wirft neues Licht auf eine Natur, die logisch verständlich wird, die jene Paradoxien und Irrationalitäten nicht mehr duldet, welche die historisch gewachsene Naturwissenschaft mit ihrem zeitneutralen Fundament angehäuft hat. Und es ergibt sich ein völlig andersartiges Universum. Es wird von Information bestimmt, die als die bisher kaum verstandene Gravitation um Materie herum und im Raum in Erscheinung tritt. Dieses Universum ist deutlich freundlicher und faszinierender als die Big-Bang-Version ohne ein Ziel und entstanden im Chaos, denn es ist kreativ und unterstützt die Evolution von Geist, der bemüht ist, die Natur zu verstehen.

Kurzer Überblick 3

Die heutige Physik ist wegen ihrer irritierenden Paradoxien vielen Menschen schwer zugänglich. Oder versteht man, warum es eine Wirkung ohne Ursache geben, wie sich ein Teilchen gleichzeitig an zwei unterschiedlichen Plätzen aufhalten, wie sich leerer Raum aufblähen oder wie mit Zeitreisen das Schicksal manipuliert werden sollte? Jeder Mensch erkennt, dass das Leben eine Richtung hat, nur die Wissenschaft behauptet, die Natur und ihre Gesetze seien zeitneutral, die Zeit sei eine Illusion.

Helmut Tributsch spürt der Frage nach, ob es die Natur selbst oder die Wissenschaft ist, welche solche Irrationalitäten produziert. Er kommt mit der Entdeckung, dass die Physik eine fundamentale energiegetriebene Zeitorientierung braucht, die in einer Dynamischen Energie steckt, zu erstaunlichen Antworten. Die Paradoxien verschwinden und die Natur wird rational verständlich. Es ist die Wissenschaft, die mit ihrer Forderung nach Zeitneutralität Verwirrung stiftet und irrationale Weltmodelle begünstigt.

Korrigiert man diese Vorstellungen durch einen energiegetriebenen Zeitpfeil, findet man, dass das Universum ganz anders funktioniert. Information erhält eine tragende Rolle, von der Quantenwelt, über die Evolution bis zum Kosmos. Wenn sich Information selbstorganisiert, erzeugt sie das Phänomen, das wir Bewusstsein und Geist nennen. Geist als Konsequenz des Zeitpfeils und als materialistischer Aspekt der Natur hat das Potential, unser Weltbild gründlich zu verändern. Das Buch widerspricht Stephen Hawking, liefert die Antwort für Thomas Nagel, ergänzt Anton Zeilinger, zieht die Grenzen zu Albert Einsteins Welt und kritisiert Richard Dawkins sowie Yuval Harari. Es beinhaltet einerseits die Chance, die Wissenschaft der Physik auf einen Weg des rationalen Verstehens zurückzubringen. Andererseits bestärkt die verblüffende Erkenntnis, dass die Entwicklung von Geist ein Ziel der Evolution ist, all jene, die einen Sinn in unserer Existenz suchen.

Ausführlicherer Überblick 4

Die Natur um uns verändert sich in eine Richtung, in Richtung der gelebten Zeit, und unsere Umwelt verstehen wir logisch. Die physikalische Wissenschaft andererseits, die uns die Welt erklärt, lebt in einer zeitneutralen Welt, will nur zeitumkehrbare Naturgesetze kennen. Sie verlässt sich immer mehr auf irrationale Vorstellungen, beispielsweise von Wirkung ohne Ursache oder von Teilchen, die gleichzeitig an verschiedenen Orten verweilen. Sie erlaubt Reisen in vergangene Zeiten oder spricht von einem leeren Raum, der sich aufbläht. Zeit ist für sie eine Illusion und selbst die Energie, die alles bewegt, scheint nicht an Bewegung interessiert zu sein. Vom wichtigen Prinzip der kleinsten Wirkung, einem sehr fundamentalen Ordnungsprinzip der Natur, kann man jedoch ableiten, dass Energie dynamische Eigenschaften haben muss. Sie bewirkt Veränderungen und prägt den Fluss der Zeit. Die Welt ist demnach fundamental irreversibel und einem energiegetriebenen Zeitpfeil unterworfen.

Dieser fundamentale Zeitpfeil muss aber auch auf Quantenprozesse angewendet werden. Die Folge ist, dass Teilchen und Welle nicht mehr äquivalent sind. Was man nun braucht, ist Information über die Materie, um die ausgebreitete Welle wieder in ein Teilchen zurück zu führen, damit die Äquivalenz von Teilchen und Welle gewahrt bleibt. Das ist im Prinzip eine analoge Informationstechnologie, wie sie in Mobiltelefonen bei der Umwandlung von Analog- in Digitalsignale gebraucht wird. Wenn nun Information als Mechanismus in die fundamentale Physik eingeführt wird, leiten sich Konsequenzen daraus ab. Sie sind erstaunlich:

Man kann damit das Quantenverhalten rational verstehen. All die seltsamen Irrationalitäten und Paradoxien der fundamentalen Physik können eliminiert werden. Das Buch zeigt dies Schritt für Schritt auf. Bemerkenswererweise stellt sich diese Information, die am Quantenzustand teilnimmt, als das bisher kaum verstandene Phänomen der Gravitation heraus, das bereits bei Elementarteilchen auftritt. Damit haben wir es aber auch mit einem Universum zu tun, das letztlich von Information bestimmt und kontrolliert wird.

Wenn die wissenschaftliche Vorstellung von unserer Welt fundamental zeitorientiert ist, muss sie neu beschrieben werden – von der Quantenphysik über die biologische Evolution bis zum Verstehen unseres Universums. Der Leser wird durch diese neue Welt geführt.

Selbstorganisierte Systeme konkurrieren um maximale Energie- und Entropieumsätze, sodass sich diese mehr und mehr erhöhen. Das Leben ist ein solches System und der genetische Mechanismus der Vererbung hatte sich damit zu arrangieren. Innerhalb gegebener Einschränkungen strebt deswegen auch das Leben nach ei-

nem steigendem Energieumsatz. Dies ist an sich beunruhigend, weil die Nebenerscheinungen der Energieumwandlung immer stärker zu spüren sein werden. Maximaler Energieumsatz ermöglicht aber auch die Selbstorganisation von Information: die Evolution von Bewusstsein und Geist. Er, der Geist, ist es, der uns schließlich helfen könnte, die Nebenerscheinungen der Energieumwandlung in den Griff zu bekommen. Und es ergibt sich eine neue Frage: Ist die Entwicklung von Intelligenz und Geist die Bestimmung der kosmischen Evolution? Diese Frage wird hier zum ersten Mal auf wissenschaftlicher Grundlage aufgeworfen. Sie stellt jede Diskussion um den Sinn unserer Existenz und um Religionen auf eine neue Ebene.
Dieses Buch zeigt, wie eine längst fällige Korrektur im derzeitigen Verständnis von Energie eine wesentliche Änderung der Weltsicht mit sich bringt. Sie führt von einer zeitneutralen hin zu einer, von einem energiegetriebenen Zeitpfeil beherrschten, dynamisch orientierten Natur. Diese Vorstellung eliminiert Irrationalitäten und Paradoxien der Physik. Sie erklärt auch stimmig das Zusammenwirken von Quantenphysik und Kosmologie über Gravitation in Form von Information. Die Evolution ist keineswegs nur Zufall. Sie treibt ihre Systeme zu mehr und mehr Energieumsatz, verfolgt damit aber ein faszinierendes Ziel: die Entwicklung von Geist – selbstorganisierte Information – in einem von Information gesteuerten Universum. Die Natur insgesamt erklärt sich als Selbstverwirklichung der Energie über die Zeit. Die Zeit des Zeitpfeils ist keine Illusion, sondern durch Energieumsatz ausgelöste Veränderung und Verlust von Information über die Vergangenheit.

Bildquellen

Illustrationen: Barbara Baumgartner-Tributsch
Fig. 22: B. Kaiser, TU Darmstadt
Fig. 30, 31, Galaxie Umschlag: NASA
Fig. 40: ESA, NASA
Portrait Autor: Barbara Baumgartner-Tributsch
Alle anderen Fotos: Autor

Über den Autor

Helmut Tributsch ist Physiker und Professor für physikalische Chemie. Er lehrte von 1982 bis 2008 am Institut für physikalische und theoretische Chemie der Freien Universität Berlin und war gleichzeitig Leiter der Abteilung Solare Energetik am Helmholtz-Zentrum für Materien und Energie (früher Hahn-Meitner Institut). Zehn weitere Jahre forschte er an ausländischen Institutionen, wie als Postdoktorand an der Universität von Kalifornien, Berkeley, als Heisenberg-Stipendiat am CNRS in Paris und als Walter Schottky Professor an der Universität Stanford. Seine Hauptinteressen sind die Erforschung nachhaltiger Energie sowie dabei insbesondere die Mechanismen der Biomimetik in Energiesystemen, ein Thema, das er noch bis 2018 an der Fachhochschule Kärnten unterrichtete. Er ist ein erfahrener Wissenschaftler und hat 450 wissenschaftliche Arbeiten und 10 Bücher publiziert, die über 10.000-mal zitiert wurden. Er lebt auf seinem Bergbauernhof in Friaul, Italien.

www.helmut-tributsch.it